南开大学"十四五"规划精品教材丛书

# 数字逻辑电路

（修订版）

孙昊　李文宇　孙青林　杨文霞　著

南开大学出版社
天津

### 图书在版编目(CIP)数据

数字逻辑电路 / 孙昊等著. -- 2版，修订版. --
天津：南开大学出版社，2025.7. -- (南开大学"十四
五"规划精品教材丛书). -- ISBN 978-7-310-06757-2

Ⅰ. TN79

中国国家版本馆 CIP 数据核字第 20258GB710 号

## 版权所有　　侵权必究

数字逻辑电路(第2版)
SHUZI LUOJI DIANLU (DI-ER BAN)

南开大学出版社出版发行
出版人：王　康
地址：天津市南开区卫津路94号　邮政编码：300071
营销部电话：(022)23508339　营销部传真：(022)23508542
https://nkup.nankai.edu.cn

天津创先河普业印刷有限公司印刷　全国各地新华书店经销
2025年7月第2版　2025年7月第1次印刷
260×185 毫米　16 开本　26.5 印张　3 插页　612 千字
定价：98.00元

如遇图书印装质量问题，请与本社营销部联系调换。电话：(022)23508339

## 内容简介

本书是为高等学校电子类、计算机类、自动化类以及其他相近专业编写的教材。本书的特点是在介绍基本理论和基本分析方法的基础上，增加了数字系统设计的内容，初步介绍了 EDA 和硬件描述语言，强化了可编辑逻辑器件的内容。

主要内容有：逻辑代数基础、门电路、硬件描述语言、组合逻辑电路、触发器、时序逻辑电路分析与设计、脉冲波形的产生和整形、半导体存储器和可编程逻辑器件、数字系统设计、数／模和模／数转换器。

本书既注重基本理论的阐述，又重视实际应用能力的培养。既可作为高等学校电子、自动化类以及相近专业的专业基础课教材，也可为从事电子技术工作的人员提供参考。

# 目录

## 第1章 逻辑代数基础 ········· 1
- 1.1 数字逻辑电路概述 ········· 1
- 1.2 数 制 ········· 3
- 1.3 码制与编码 ········· 7
- 1.4 逻辑代数 ········· 10
- 1.5 逻辑代数的基本公式和定理 ········· 17
- 1.6 逻辑函数及其表示方法 ········· 20
- 1.7 逻辑函数的化简 ········· 29
- 1.8 小结 ········· 37

## 第2章 门电路 ········· 42
- 2.1 半导体二极管、三极管和MOS管的开关特性 ··· 42
- 2.2 分立元件门电路 ········· 49
- 2.3 TTL 集成门电路 ········· 54
- 2.4 其他类型的双极型数字集成电路 ········· 74
- 2.5 CMOS 集成门电路 ········· 77
- 2.6 TTL 电路与 CMOS 门电路之间的连接 ········· 87
- 2.7 小结 ········· 90

## 第3章 硬件描述语言 ········· 95
- 3.1 硬件描述语言概述 ········· 95
- 3.2 数字电路仿真工具 ········· 97
- 3.3 Verilog HDL 语言 ········· 99
- 3.4 仿真验证 ········· 116
- 3.5 小结 ········· 122

## 第4章 组合逻辑电路 ········· 124
- 4.1 组合逻辑电路简介 ········· 124
- 4.2 组合逻辑电路的分析与设计 ········· 125
- 4.3 常用组合逻辑电路 ········· 130
- 4.4 用中规模集成电路（MSI）设计组合逻辑电路 ········· 155
- 4.5 组合逻辑电路中的竞争—冒险 ········· 159
- 4.6 组合逻辑电路的硬件描述语言实现 ········· 162
- 4.7 小结 ········· 167

## 第 5 章　触发器 … 174

- 5.1　概　述 … 174
- 5.2　基本 RS 触发器 … 175
- 5.3　同步触发器 … 179
- 5.4　主从型触发器 … 187
- 5.5　边沿触发器 … 194
- 5.6　触发器的逻辑功能及其描述方法 … 200
- 5.7　触发器的动态参数 … 204
- 5.8　触发器的 Verilog 语言实现 … 205
- 5.9　小结 … 210

## 第 6 章　时序逻辑电路分析与设计 … 216

- 6.1　时序逻辑电路概述 … 216
- 6.2　时序逻辑电路的分析 … 220
- 6.3　若干常用时序逻辑电路 … 224
- 6.4　同步时序电路的设计方法 … 245
- 6.5　异步时序逻辑电路的设计 … 255
- 6.6　时序逻辑电路的 Verilog 语言实现 … 259
- 6.7　小结 … 264

## 第 7 章　脉冲波形的产生和整形 … 269

- 7.1　概　述 … 269
- 7.2　多谐振荡器 … 271
- 7.3　单稳态触发器 … 276
- 7.4　施密特触发器 … 285
- 7.5　集成函数信号发生器 … 289
- 7.6　脉冲信号发生器的 Verilog 描述实现 … 294
- 7.7　小结 … 295

## 第 8 章　半导体存储器和可编程逻辑器件 … 298

- 8.1　概　述 … 298
- 8.2　可编程逻辑器件的表示方法和基本结构 … 300
- 8.3　只读存储器 … 306
- 8.4　随机存取内存 … 316
- 8.5　初级可编程逻辑器件 … 321
- 8.6　现场可编程门阵列 … 342
- 8.7　复杂可编程逻辑器件 … 348
- 8.8　可编程逻辑器件的 Verilog 实现 … 360
- 8.9　小结 … 361

# 第 9 章　数字系统设计 ... 363
## 9.1　数字系统设计概述 ... 363
## 9.2　控制子系统的设计工具 ... 372
## 9.3　控制子系统的实现方法 ... 380
## 9.4　数字系统设计举例 ... 385
## 9.5　数字系统的 Verilog 实现 ... 391
## 9.6　小结 ... 393

# 第 10 章　数/模和模/数转换 ... 395
## 10.1　概　述 ... 395
## 10.2　D/A 转换器 ... 396
## 10.3　A/D 转换器 ... 402
## 10.4　小结 ... 414

参考文献 ... 416

# 第1章

# 逻辑代数基础

**内容提要** 逻辑代数是分析和设计数字逻辑电路的数学工具。本章首先介绍数字系统中常用的几种数制和码制,然后介绍逻辑代数中的基本公式、常用公式和基本定理以及逻辑函数的表示方法,最后重点介绍逻辑函数的化简方法。

## 1.1 数字逻辑电路概述

### 1.1.1 数字信号和数字电路

电子技术中的工作信号分为模拟信号和数字信号两大类。模拟信号是指时间上和数值上都是连续变化的信号,如电视的图像和伴音信号,在生产过程中由传感器检测的由某种物理量(如温度、压力)转化成的电信号等。传输、处理模拟信号的电路称为模拟电路。数字信号是指时间上和数值上都是不连续变化的离散信号,如生产中记录零件个数的计数信号、电子表的秒信号等。它们的变化发生在一系列离散的瞬间,数值的大小和增减总是某一最小单位的整数倍。传输、处理数字信号的电路称为数字逻辑电路,简称数字电路。

### 1.1.2 数字电路的特点

在数字电路中,数字信号往往表现为突变的电压或电流,因此用0和1组成的二值量表示数字信号最为简单。在数字电路中常用0和1分别代表电压的高、低,脉冲的有、无两个离散值。所以数字电路在电路结构、工作状态、研究内容和分析方法等方面都与模拟电路不同，具有如下一些特点：

① 数字信号常用二进制数来表示。由于数字电路中只有 0 和 1 两个数字，所以在数字运算时采用二进制数制比较方便。电路上可用 0 和 1 表示电子器件的开、关两种对立的状态。

② 数字电路在稳态时，电子器件（如三极管）工作于开关状态，即工作在饱和区和截止区。由于三极管的饱和和截止两种状态的外部表现为电流的有、无，电压的高、低，所以这两种状态可分别对应于 1 和 0 两个数码。而在模拟电路中，电子器件通常工作于放大状态。

③ 数字电路的基本单元电路简单，对元件的精度要求不高，允许有较大的误差。因为数字信号的 0 和 1 没有数量的含义，而只是状态的含义，所以电路工作时只要能可靠地区分 0 和 1 两个状态即可。因此数字电路便于集成化、系列化生产，具有使用方便、可靠性高、价格低廉等优点。

④ 数字电路研究的对象是输入信号和输出信号之间的逻辑关系。而模拟电路研究的对象是电路对输入信号的放大和变换功能。

⑤ 数字电路的分析工具是逻辑代数，表达电路功能主要用功能表、真值表、逻辑表达式和波形图等。而模拟电路采用的分析方法是图解法和微变等效电路。

⑥ 数字电路能对数字信号进行各种逻辑运算和算术运算，所以在各种数控装置、智能仪表以及计算机中得到广泛应用。

由于数字电路具有误差小、抗干扰性强、精度高、数据容易保存等优点，使得数字电路近年来得到长足的发展，数字系统和数字设备已经广泛应用于各个领域。

而在数字电路中，时钟信号 clk 是最核心的信号之一，它控制电路中所有时序逻辑的同步行为，时钟信号驱动时序电路（如寄存器、触发器等），确保电路按预期的顺序和时间运行，通常由晶体振荡器或环形震荡器等产生，更详细的相关内容将在第 7 章进行介绍。时钟信号在数字电路中的表现形式是一个周期性变化的方波信号。这个方波信号在时间轴上不断在高电平（1）和低电平（0）之间切换，形成一个周期性的脉冲。方波的上升沿是从低电平（0）向高电平（1）的转换，下降沿是从高电平（1）向低电平（0）的转换，一个完整的时钟周期由一个上升沿和一个下降沿组成，如图 1.1.1 所示。

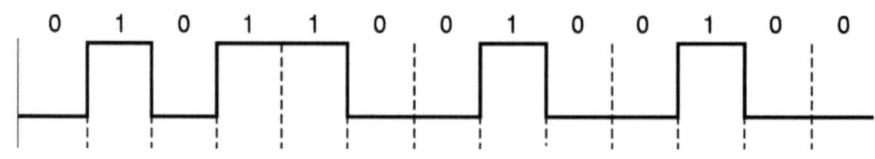

图 1.1.1　时钟信号

### 1.1.3　数字电路的分类

数字电路按其组成的结构不同可分为分立元件电路和集成电路两大类。其中，集成电路按集成度大小又分为小规模集成电路（SSI，集成度为 1～10 门/片）、中规模集成电路（MSI，集成度为 10～100 门/片）、大规模集成电路（LSI，集成度为 100～1000 门/片）和超大规模集成电路（VLSI，集成度大于 1000 门/片）。

按电路所用器件的不同，数字电路可分为双极型和单极型电路。其中，双极型电路又有 DTL、TTL、ECL、IIL、HTL 等多种；单极型电路有 JFET、NMOS、PMOS、CMOS 四种。

根据电路逻辑功能的不同特点，数字电路又可分为组合逻辑电路和时序逻辑电路两大类。

## 1.2 数　制

在用数字量表示物理量的数值大小时，对于比较大的数字，一位数显然不够，需要用多位数码。多位数中每一位的构成方式和进位规则称为数制。数制是用计数符号的个数（也称基数）来命名的。日常生活中最常用的是十进制。而在数字系统中，多采用二进制，有时也采用八进制和十六进制。

一种进位计数制包含两个基本因素：

（1）基数

基数是计数制中所用计数符号（数码）的个数，常用 R 表示。例如，在十进制中，包含 0，1，2，…，9 等 10 个计数数码，进位规则是"逢 10 进 1"，所以它的基数是 10。

（2）位权

在一个多位数中，处在不同数位的同一数码代表着不同的数值。每一数位的数值是由该位数码的值乘以处在该位的一个固定常数，这一常数称为位权值，也称位权或权值。例如，在十进制中，个位的位权是 $10^0$，十位的位权是 $10^1$，百位的位权是 $10^2$，依此类推。由此可见，数位的位权是基数的幂。或者说，数码 1 在该位的数值即是该位的权值。

### 1.2.1 十进制

基数 R=10 的数制就是十进制（decimal），它是我们最熟悉的一种计数体制。它有 0～9 十个计数符号，按照一定的规律排列起来，表示数值的大小。低位向高位的进位规则是"逢 10 进 1"。每个数位的权值是基数从 0 开始的连续次幂。任意一个十进制数 $(N)_{10}$ 可表示为

$$(N)_{10} = k_{n-1} \times 10^{n-1} + k_{n-2} \times 10^{n-2} + \cdots + k_0 \times 10^0 + k_{-1} \times 10^{-1} + \cdots + k_{-m} \times 10^{-m}$$
$$= \sum_{i=-m}^{n-1} k_i \times 10^i \tag{1.2.1}$$

式中，$k_i$ 是第 i 位的系数，它的取值为 0～9 十个数码中的任意一个。10 是基数，$10^i$ 为第 i 位的权值，n 为整数的位数，m 为小数的位数。由此可见，任何一个十进制数都可以写成按权值展开的形式。如十进制数 $(123.45)_{10}$ 按权值展开为

$$(123.45)_{10} = 1 \times 10^2 + 2 \times 10^1 + 3 \times 10^0 + 4 \times 10^{-1} + 5 \times 10^{-2}$$

十进制数的表示方法可以推广到任意进制数。任意进制数的一般表示式为

$$(N)_R = \sum_{i=-m}^{n-1} k_i \times R^i \qquad (1.2.2)$$

式中，R 为基数，$R^i$ 为第 i 位的权值，$k_i$ 是第 i 位的系数，它的取值为 $0 \sim R-1$ 中的任一个。

### 1.2.2 二进制

二进制（binary）就是以 2 为基数的计数体制。它的特点是只有 0、1 两个计数符号，进位规则是"逢 2 进 1"。任意一个二进制数 $(N)_2$ 可表示为

$$(N)_2 = k_{n-1} \times 2^{n-1} + k_{n-2} \times 2^{n-2} + \cdots + k_0 \times 2^0 + k_{-1} \times 2^{-1} + \cdots + k_{-m} \times 2^{-m} = \sum_{i=-m}^{n-1} k_i \times 2^i \qquad (1.2.3)$$

式中符号的意义同十进制，只是系数 $k_i$ 的取值仅为 0 和 1 中的一个。例如，二进制数 $(1101.101)_2$ 可展开为

$$(1101.101)_2 = 1\times 2^3 + 1\times 2^2 + 0\times 2^1 + 1\times 2^0 + 1\times 2^{-1} + 0\times 2^{-2} + 1\times 2^{-3}$$

### 1.2.3 八进制和十六进制

用二进制表示一个较大的数时，位数太多，书写和阅读均不方便。因此在计算机中还常常使用八进制（octadic）和十六进制（hexadecimal）。对于同一个数表示起来位数少，并且它们和二进制之间的转换也很方便。

八进制是基数为 8 的计数体制，用计数符号为 0，1，2，3，4，5，6，7。进位规则是"逢 8 进 1"。一个八进制数可表示为

$$(N)_8 = \sum_{i=-m}^{n-1} k_i \times 8^i \qquad (1.2.4)$$

系数 $k_i$ 的取值为数码 $0 \sim 7$ 中的一个。八进制数 $(123.45)_8$ 按权值展开为

$$(123.45)_8 = 1\times 8^2 + 2\times 8^1 + 3\times 8^0 + 4\times 8^{-1} + 5\times 8^{-2}$$

十六进制就是以 16 为基数的计数体制，用 $0 \sim 9$ 和 A、B、C、D、E、F 十六个符号表示，进位规则是"逢 16 进 1"。一个十六进制数的一般表示为

$$(N)_{16} = \sum_{i=-m}^{n-1} k_i \times 16^i \qquad (1.2.5)$$

十六进制数 $(3A.4B)_{16}$ 按权值展开为

$$(3A.4B)_{16} = 3\times 16^1 + 10\times 16^0 + 4\times 16^{-1} + 11\times 16^{-2}$$

为了区别不同数值，需要加下标加以标注。有时下标可用不同数制的英文字头表示。如 $(N)_B$、$(N)_O$、$(N)_D$ 和 $(N)_H$ 分别表示二进制、八进制、十进制和十六进制数。

### 1.2.4 各种数制之间的转换

在实际应用中，常常需要进行各种数制之间的相互转换。数制之间的转换可归为两类：十进制数和非十进制数之间的转换；$2^n$ 进制数之间的转换。分别介绍如下。

**1. 十进制数和非十进制数之间的转换**

（1）非十进制数转换成十进制数

由二进制、八进制、十六进制数的表示式可知，只要将它们按位权展开，求出各位

数值之和，即可得到对应的十进制数。

【例 1.2.1】将二进制数（1011.01）$_2$ 转换为十进制数。

**解** 将（1011.01）$_2$ 按位权展开如下：

$$(1011.01)_2 = 1 \times 2^3 + 0 \times 2^2 + 1 \times 2^1 + 1 \times 2^0 + 0 \times 2^{-1} + 1 \times 2^{-2}$$
$$= 8 + 2 + 1 + 0.25 = 11.25$$

所以，（1011.01）$_2$ =（11.25）$_{10}$。

【例 1.2.2】将十六进制数（A2.8C）$_{16}$ 转换为十进制数。

**解**

$$(A2.8C)_{16} = 10 \times 16^1 + 2 \times 16^0 + 8 \times 16^{-1} + 12 \times 16^{-2}$$
$$= 160 + 2 + \frac{1}{2} + \frac{3}{64} = (162\frac{35}{64})_{10}$$
$$\approx (162.547)_{10}$$

（2）十进制数转换成非十进制数

十进制数转换成非十进制数时，要将其整数部分和小数部分分别转换，再把结果合并成目的数制。

① 整数部分的转换——除基（R）取余法。

整数部分转换采用除基取余法。即用目的数制的基数去除十进制数，第一次所得的余数为目的数的最低位，把得到的商再除以 R，所得余数为目的数的次低位，依此类推，直至商为 0 时，所得余数为目的数的最高位。这种方法称为"除基取余法"。

【例 1.2.3】将十进制数（29）$_{10}$ 转换为二进制数、八进制数和十六进制数。

**解** 因为是十进制整数，按照除基取余法，转换为二进制数应逐次除以 2 取余数：

```
2 | 29        余数
  2 | 14 ……… 1    (k₀)
    2 | 7 ……… 0    (k₁)
      2 | 3 ……… 1    (k₂)
        2 | 1 ……… 1    (k₃)
            0 ……… 1    (k₄)
```

所以，（29）$_{10}$ =（11101）$_2$。

同一方法可把十进制数（29）$_{10}$ 转换为八进制数和十六进制数。

```
8 | 29        余数
  8 | 3 ……… 5    (k₀)
      0 ……… 3    (k₁)
```

```
16 | 29        余数
   16 | 1 ……… 13    (k₀)
        0 ……… 1    (k₁)
```

所以，$(29)_{10}=(35)_8$，$(29)_{10}=(1D)_{16}$。

② 小数部分的转换——乘基（R）取整法。

小数部分的转换采用乘基取整法。即用目的数制的基数 R 乘以十进制数，第一次相乘，其结果的整数部分为目的数的最高位（$k_{-1}$），把结果的小数部分再乘以 R，所得结果的整数部分为目的数的次高位，依此类推，直至小数部分为 0 或者达到要求的精度为止。所以这种方法称为"乘基取整法"。

**【例 1.2.4】** 将十进制数（$0.625$）$_{10}$ 转换为二进制数、八进制数和十六进制数。

**解** 按乘基取整的方法，有：

$0.625 \times 2 = 1.25$    $1 \cdots (k_{-1})$        $0.625 \times 8 = 5.00$        $0.625 \times 16 = 10.00$

$0.25 \times 2 = 0.50$    $0 \cdots (k_{-2})$

$0.5 \times 2 = 1.00$     $1 \cdots (k_{-3})$

所以，$(0.625)_{10}=(0.101)_2=(0.5)_8=(0.A)_{16}$。

如果转换中小数部分一直不为 0，则根据精度要求，确定位数。转换成二进制数时，末位采用"0 舍 1 入"的原则。转换成其他进制数时，方法类似。

**【例 1.2.5】** 将十进制数（$3.42$）$_{10}$ 转换为二进制数（保留 4 位小数）。

**解** 对十进制数的整数和小数部分分别进行转换，然后合并结果即可。

整数部分                        小数部分

2 | 3         余数          $0.42 \times 2 = 0.84 \cdots\cdots 0$  （$k_{-1}$）

2 | 1  ………  1  （$k_0$）    $0.84 \times 2 = 1.68 \cdots\cdots 1$  （$k_{-2}$）

　　0  ………  1  （$k_1$）    $0.68 \times 2 = 1.36 \cdots\cdots 1$  （$k_{-3}$）

　　　　　　　　　　　　　　　$0.36 \times 2 = 0.72 \cdots\cdots 0$  （$k_{-4}$）

　　　　　　　　　　　　　　　$0.72 \times 2 = 1.44 \cdots\cdots 1$  （$k_{-5}$）

所以，$(3.42)_{10}=(11.0111)_2$。

如果十进制数的位数较多，作除法非常烦琐，可以先把十进制数写成二进制数的按权展开式，然后写出二进制形式。这样可以简化转换过程。如将 （1214）$_{10}$ 转换为二进制数：

$$(1214)_{10} = 2^{10} + 2^7 + 2^5 + 2^4 + 2^3 + 2^2 + 2^1$$
$$= (10010111110)_2$$

**2. $2^n$ 进制数之间的转换**

（1）二进制数与八进制数之间的转换

由于八进制数的基数 $8 = 2^3$，所以 3 位二进制数构成 1 位八进制数。若要将二进制数转换成八进制数，只要将二进制数的整数部分自右向左每 3 位一组，最后一组不足 3 位时以 0 补足；小数部分自左向右每 3 位一组，最后一组不足 3 位时以 0 补齐。再把每组对应的八进制数写出即可。

**【例 1.2.6】** 将二进制数（$1100110.0101$）$_2$ 转换为八进制数。

**解** 按以上方法有

001 100 110 . 010 100

 1   4   6  .  2   4

所以，(1100110.0101)₂ =(146.24)₈。

反之，若要将八进制数转换成二进制数，只要将每 1 位八进制数写成 3 位二进制数，按顺序排列起来即可。

**【例 1.2.7】** 将八进制数 (45.36)₈ 转换为二进制数。

**解**
```
  4    5  .  3    6
  ↓    ↓     ↓    ↓
 100  101 . 011  110
```

所以，(45.36)₈ = (100101.01111)₂。

（2）二进制数与十六进制数之间的转换

由于十六进制数的基数 $16 = 2^4$，所以每 4 位二进制数对应 1 位十六进制数。按照二进制数转八进制数相同的步骤，只要将二进制数每 4 位分组，即可实现二进制数与十六进制数之间的相互转换。

**【例 1.2.8】** 将二进制数 (1011110.110101)₂ 转换为十六进制数。

**解**
$$\underline{0101}\ \underline{1110}.\underline{1101}\ \underline{0100}$$
$$\ \ 5\ \ \ \ \ \ \ E\ \ .\ \ D\ \ \ \ 4$$

所以，(1011110.110101)₂ = (5E.D4)₁₆。

（3）八进制数和十六进制数之间转换

八进制数和十六进制数之间相互转换通常采用间接转换法：先将八进制数或十六进制数转换为二进制数，再将二进制数转换为相应的目的进制数。

**【例 1.2.9】** 将八进制数 (36.47)₈ 转换为十六进制数。

**解**  (36.47)₈ = (011110.100111)₂ = (1E.9C)₁₆

从上面的例子可以看出，直接由十进制数转换为八进制和十六进制比较烦琐，计算容易出错。一般先化成二进制数，然后再化为八进制或十六进制数。如果十进制数位数较多，作除法也同样很麻烦，这时可先把十进制数写成二进制数的按权展开式，然后写出二进制形式。这样可以简化转换过程。如将 (1214)₁₀ 转换为八进制和十六进制数：

$$(1214)_{10} = 2^{10} + 2^7 + 2^5 + 2^4 + 2^3 + 2^2 + 2^1$$
$$= (10010111110)_2$$
$$= (2276)_8 = (4BE)_{16}$$

## 1.3 码制与编码

在各种数制中，数码是用来表示数值大小的。实际上数码不仅可以表示数量的大小，也可以用来表示不同事物，如学生的学号、教室的编号等。在这些情况下，数码已没有了数量大小的含义，只是用来表示不同事物的代号。这些数码称为代码。另外我们知道，计算机可以存储和处理很多不同的信息，而实际上机器只能识别二进制数，因而这些信息都是用各种不同的数码来表示的。用数码表示信息的方法很多，建立信息和数码对应关系的过程称为编码。为便于记忆和查找方便，编码时要遵循一定的规则，这些不同的编码规则称为码制。同样，在计算机和其他数字系统体中，0，1，2，…，9 这 10 个十进制数在用二进制数码表示时，就有不同的编码规则。通常将这些代码称为二—十进制代码（Binary Coded Decimal，简称 BCD）。下面介绍几种常用的编码。

### 1.3.1 原码、反码和补码

实际中经常用到带符号的数，在计算机中，正、负数的表示方法是：把一个数的最高位作为符号位，用"0"表示"正"，用"1"表示"负"，连同符号位一起作为一个数，称为机器数。原来的数值称为机器数的真值。

例如：

正数 $X_1 = +1011$，负数 $X_2 = -1011$，表示成机器数为：$X_1 = 01011$，$X_2 = 11011$。

在计算机中，表示机器数的方法很多，常用的有原码、反码和补码。

**1. 原码**

用原码表示带符号的数时，只需要将符号位用 0 和 1 表示即可，后面的数值保持不变。

例如：

$X = -1011$，则 $(X)_原 = 11011$

**2. 反码**

用反码表示一个带符号的数时，符号位与原码相同。正数反码的数值部分与原码相同。而负数反码的数值部分是原码的数值按位求反。

例如：

$X_1 = +1011$，则 $(X_1)_反 = 01011$

$X_2 = -1011$，则 $(X_2)_反 = 10100$

**3. 补码**

补码的符号位与原码相同，正数的补码数值部分也与原码相同。负数补码的数值是原码的数值按位求反，然后在最低位上加 1 得到。

例如：

$X_1 = +1011$，则 $(X_1)_补 = 01011$

$X_2 = -1011$，则 $(X_2)_补 = 10101$

由此可见，正数的原码、反码、补码的表示方法相同，负数的原码、反码、补码的表示方法则完全不相同。

### 1.3.2 二—十进制码（BCD 码）

BCD 码就是用二进制数码按照不同的码制来表示十进制数。这样的二进制数既具有二进制的形式，又具有十进制的特点。便于计算机传递、处理。

一个十进制数有 10 个不同的数码，需要用 4 位二进制数来表示。4 位二进制数可组成 16 种不同的状态，从 16 种状态中取出 10 种用来表示 0～9 的编码有多种方式。一般可分为有权码和无权码两类。有权码是指 4 位二进制数中的每一位有固定的权值，按权展开即为所表示的十进制数。无权码是指 4 位二进制中的每一位没有固定的权值，它所表示的十进制数需要用另外的规则得出。表 1.3.1 列出了几种常用的 BCD 码。

由表 1.3.1 可以看出，8421 码、2421 码、5211 是有权码；余 3 码、循环码、余 3 循环码是无权码。2421 码以 4、5 为界，互为反码；循环码又称格雷码、反射码，它的特点是任何两个相邻的十进制数的循环码仅有一位不同，这样可大大减少代码变化时出现错误的概率，循环码具有镜面反射特性。

表 1.3.1 几种常用的 BCD 码

| 十进制数 | 8421 码 | 余 3 码 | 2421 码 | 5211 码 | 循环码 | 余 3 循环码 |
|---|---|---|---|---|---|---|
| 0 | 0000 | 0011 | 0000 | 0000 | 0000 | 0010 |
| 1 | 0001 | 0100 | 0001 | 0001 | 0001 | 0110 |
| 2 | 0010 | 0101 | 0010 | 0100 | 0011 | 0111 |
| 3 | 0011 | 0110 | 0011 | 0101 | 0010 | 0101 |
| 4 | 0100 | 0111 | 0100 | 0111 | 0110 | 0100 |
| 5 | 0101 | 1000 | 1011 | 1000 | 0111 | 1100 |
| 6 | 0110 | 1001 | 1100 | 1001 | 0101 | 1101 |
| 7 | 0111 | 1010 | 1101 | 1100 | 0100 | 1111 |
| 8 | 1000 | 1011 | 1110 | 1101 | 1100 | 1110 |
| 9 | 1001 | 1100 | 1111 | 1111 | 1101 | 1010 |
| 权 | 8421 |  | 2421 | 5211 |  |  |

### 1.3.3 ASCII 码

目前在微型机中最普遍采用的是 ASCII 码（American Standard Code for Information Interchange，美国标准信息交换码）。ASCII 码是一种用 7 位二进制数码表示数字、字母或符号的代码，它已成为计算机通用的标准代码。表 1.3.2 就是 ASCII 码的编码方式。

表 1.3.2 ASCII 码

| $b_3b_2b_1b_0$ \ $b_6b_5b_4$ | 000 | 001 | 010 | 011 | 100 | 101 | 110 | 111 |
|---|---|---|---|---|---|---|---|---|
| 0000 | NUL | DEL | SP | 0 | @ | P | ` | p |
| 0001 | SOH | DC1 | ! | 1 | A | Q | a | q |
| 0010 | STX | DC2 | " | 2 | B | R | b | r |
| 0011 | ETX | DC3 | # | 3 | C | S | c | s |
| 0100 | EOT | DC4 | $ | 4 | D | T | d | t |
| 0101 | ENQ | NAK | % | 5 | E | U | e | u |
| 0110 | ACK | SYN | & | 6 | F | V | f | v |
| 0111 | BEL | ETB | ' | 7 | G | W | g | w |
| 1000 | BS | CAN | ( | 8 | H | X | h | x |

续表

| $b_3b_2b_1b_0$ \ $b_6b_5b_4$ | 000 | 001 | 010 | 011 | 100 | 101 | 110 | 111 |
|---|---|---|---|---|---|---|---|---|
| 1001 | HT | EM | ) | 9 | I | Y | i | y |
| 1010 | LF | SUM | * | : | J | Z | j | z |
| 1011 | VT | ESC | + | ; | K | [ | k | { |
| 1100 | FF | FS | , | < | L | \ | l | \| |
| 1101 | CR | GS | - | = | M | ] | m | } |
| 1110 | SO | RS | . | > | N | ^ | n | ~ |
| 1111 | SI | US | / | ? | O | _ | o | DEL |

## 1.4 逻辑代数

逻辑就是指事物的各种因果关系。在数字电路中，因果关系表现为电路的输入（原因或条件）与输出（结果）之间的关系。这些关系是通过逻辑运算电路来实现的。在分析和设计数字电路系统时使用的数学工具是逻辑代数，又称布尔代数。它是英国数学家乔治·布尔（George Boole）在 1849 年提出的，是描述客观事物之间逻辑关系的一种数学方法。

### 1.4.1 逻辑变量和逻辑函数概念

在逻辑代数中，固定不变的量称为逻辑常量，逻辑代数中只有 0 和 1 两个逻辑常数。逻辑代数中的变量称为逻辑变量，用字母 A、B、C 等表示。逻辑变量只能有两种可能的取值：0 或 1。这里的 0 或 1 并不表示数量的大小，只表示两种完全对立的状态。比如是与非、真与假、有与无，等等。在数字电路中，这两种对立的状态用三极管的饱和、截止来表示，分别称作高电平和低电平。

如果用 1 表示高电平，0 表示低电平，这种逻辑称为正逻辑。反之，用 0 表示高电平，1 表示低电平，则这种逻辑称为负逻辑。一般情况下，无特殊说明，本书均采用正逻辑。

在具有因果关系的事件中，用 1 表示条件具备或事件发生；用 0 表示条件不具备或事件不发生。例如，在图 1.4.1 所示的电路中，指示灯是否亮取决于开关是否接通。如果定义：A=1 表示开关接通，A=0 表示开关断开，Y=1 表示灯亮，Y=0 表示灯灭。那么，Y 就是 A 的逻辑函数。Y 的逻辑表达式为 Y=f（A）。

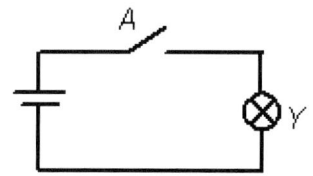

图 1.4.1　指示灯开关电路

在逻辑表达式中，A 和 Y 都称为逻辑变量，A 称为输入逻辑变量（自变量），Y 称为输出逻辑变量或逻辑函数（因变量）。如果逻辑函数是多变量的函数，则 Y=f（A，B，C，…），逻辑函数的表达式就比较复杂。逻辑函数的表达式是由逻辑变量和逻辑运算符号"·"（与）、"+"（或）、"-"（非）及括号、等号等组成。例如：

$$Y = (A + \overline{B}) \cdot C$$

其中，A、C 称作原变量，加上划线的变量称作反变量，如 $\overline{B}$ 是变量 B 的反变量。

### 1.4.2　三种基本逻辑及其运算

1. 与逻辑（AND）

当决定一个事件的全部条件全具备时，事件才发生，这种因果关系称为与逻辑关系。如图 1.4.2 所示的开关串联电路中，当两个开关全部接通时，灯才亮。

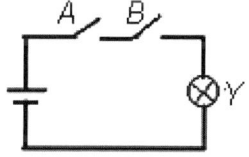

图 1.4.2　与逻辑

如果用"1"表示开关"闭合"及"灯亮"；用"0"表示开关"断开"及"灯灭"。那么灯的状态 Y 与两个开关的状态 A、B 的逻辑关系就是与逻辑。与逻辑关系又称为与运算或者逻辑乘。逻辑关系可用逻辑表达式来描述，以上与逻辑的表达式为：

$$Y = A \cdot B \quad (1.4.1)$$

式中"·"为与运算的运算符号，逻辑式读作"Y 等于 A 与 B 或 A 乘 B"。在运算中，与运算符号"·"可以省略，所以式（1.4.1）也可写为：

$$Y = AB$$

灯和开关之间的逻辑关系可以列成一个表格，这个表格称作真值表，如表 1.4.1 所示。

表 1.4.1　与逻辑真值表

| A | B | Y |
|---|---|---|
| 0 | 0 | 0 |
| 0 | 1 | 0 |
| 1 | 0 | 0 |
| 1 | 1 | 1 |

由真值表可以看出，与逻辑的运算规则是：仅当 A、B 的值皆为 1 时，Y 的值才为 1，在 A、B 其他取值的情况下，Y 的值全为 0。

逻辑关系可以用电子电路来实现，这种电路称作门电路。实现"与"逻辑关系的电路称作与门电路，简称"与门"。在工程中，一般用逻辑符号来表示逻辑门。与门的逻辑符号如图 1.4.3 所示。

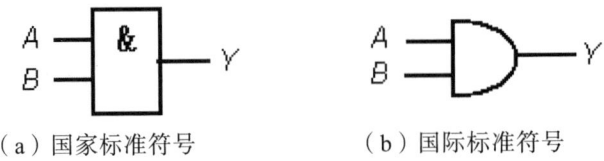

（a）国家标准符号　　　　（b）国际标准符号

图 1.4.3　与门逻辑符号

2. 或逻辑（OR）

当决定一个事件的各种条件中，有一个或者几个条件具备时，事件就发生，这种因果关系称为或逻辑关系。或逻辑关系又称为或运算或者逻辑加。在图 1.4.4 所示的并联开关电路中，当两个开关中有一个接通或两个都接通时，灯就亮。

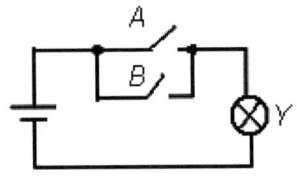

图 1.4.4　或逻辑

和与门相同，如果用"1"表示开关"闭合"及"灯亮"；用"0"表示开关"断开"及"灯灭"，那么灯 Y 与开关 A、B 之间的逻辑关系就是或逻辑。或逻辑关系的表达式为：

$$Y=A+B \tag{1.4.2}$$

式中"+"为或运算的运算符号，逻辑式读作"Y 等于 A 或 B 或者 A 加 B"。

灯与开关之间的逻辑关系的真值表如表 1.4.2 所示。由真值表很容易看出，Y 与 A、B 之间的逻辑关系是或逻辑。实现"或"逻辑关系的电路称作或门电路，简称"或门"。或门的逻辑符号如图 1.4.5 所示。

表 1.4.2　或逻辑真值表

| A | B | Y |
|---|---|---|
| 0 | 0 | 0 |
| 0 | 1 | 1 |
| 1 | 0 | 1 |
| 1 | 1 | 1 |

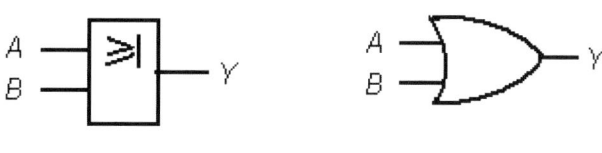

（a）国家标准符号　　　　　（b）国际标准符号

图 1.4.5　或门逻辑符号

3. 非逻辑（NOT）

非逻辑又称非运算或逻辑非，它的逻辑意义是：决定事件的条件只有一个，当条件具备时，事件不发生；而当条件不具备时，事件发生。如图 1.4.6 所示，开关闭合时灯灭；开关断开时灯亮。

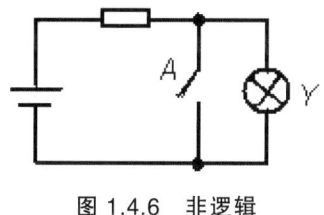

图 1.4.6　非逻辑

非运算符号用"‾"表示，非逻辑的表达式为：

$$Y = \overline{A} \tag{1.4.3}$$

读作"Y 等于 A 非或 A 反"。

表 1.4.3 是非逻辑的真值表，非门的逻辑符号如图 1.4.7 所示。

表 1.4.3　非逻辑真值表

| A | Y |
|---|---|
| 0 | 1 |
| 1 | 0 |

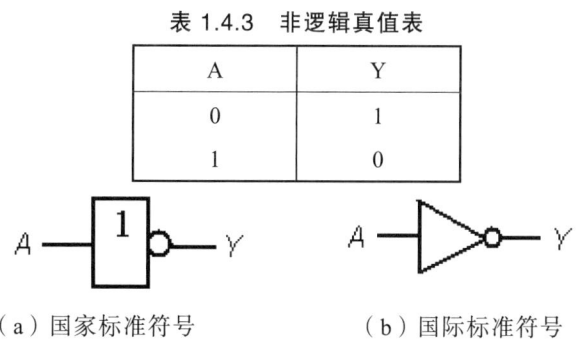

（a）国家标准符号　　　　　（b）国际标准符号

图 1.4.7　非门逻辑符号

与运算、或运算、非运算是逻辑代数中三种基本的逻辑运算，它们的组合可以构成各种复杂的逻辑关系。

### 1.4.3　复合逻辑运算

实际的逻辑问题往往是很复杂的。但是多么复杂的逻辑问题都可以用与、或、非逻辑的组合来实现。常见的复合逻辑有以下五种。

1. 与非运算

与非运算是由与运算和非运算组合而成的运算。其逻辑函数表达式为：

$$Y = \overline{A \cdot B} \quad (1.4.4)$$

运算规则是先与运算后非运算。其真值表和与运算正好相反，如表 1.4.4 所示。

表 1.4.4　与非逻辑真值表

| A | B | Y |
|---|---|---|
| 0 | 0 | 1 |
| 0 | 1 | 1 |
| 1 | 0 | 1 |
| 1 | 1 | 0 |

由真值表可以看出，与非逻辑是这样的逻辑关系：在决定事件的所有条件都具备时，结果不发生；而当至少有一个条件不满足时，结果却发生。

与非门的逻辑符号如图 1.4.8 所示。

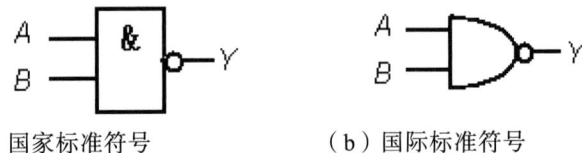

（a）国家标准符号　　　　（b）国际标准符号

图 1.4.8　与非门的逻辑符号

2. 或非运算

或非运算是或运算和非运算的组合，或非运算的逻辑表达式为：

$$Y = \overline{A + B} \quad (1.4.5)$$

运算规则是先或运算后非运算。其真值表如表 1.4.5 所示。图 1.4.9 是或非门的逻辑符号。

表 1.4.5　或非逻辑真值表

| A | B | Y |
|---|---|---|
| 0 | 0 | 1 |
| 0 | 1 | 0 |
| 1 | 0 | 0 |
| 1 | 1 | 0 |

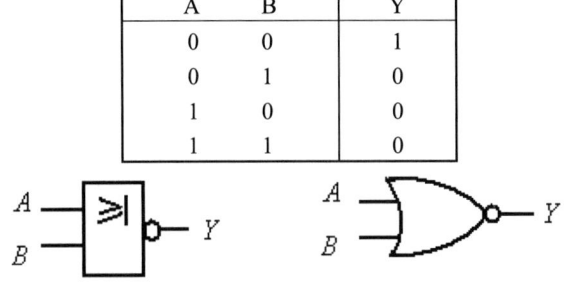

（a）国家标准符号　　　　（b）国际标准符号

图 1.4.9　或非门的逻辑符号

3. 与或非运算

与或非运算是与运算、或运算和非运算的组合，其逻辑表达式为：

$$Y = \overline{A \cdot B + C \cdot D} \quad (1.4.6)$$

运算顺序是：先与运算，再或运算，最后非运算。与或非逻辑的真值表如表 1.4.6 所示。

表 1.4.6 与或非逻辑的真值表

| A | B | C | D | Y |
|---|---|---|---|---|
| 0 | 0 | 0 | 0 | 1 |
| 0 | 0 | 0 | 1 | 1 |
| 0 | 0 | 1 | 0 | 1 |
| 0 | 0 | 1 | 1 | 0 |
| 0 | 1 | 0 | 0 | 1 |
| 0 | 1 | 0 | 1 | 1 |
| 0 | 1 | 1 | 0 | 1 |
| 0 | 1 | 1 | 1 | 0 |
| 1 | 0 | 0 | 0 | 1 |
| 1 | 0 | 0 | 1 | 1 |
| 1 | 0 | 1 | 0 | 1 |
| 1 | 0 | 1 | 1 | 0 |
| 1 | 1 | 0 | 0 | 0 |
| 1 | 1 | 0 | 1 | 0 |
| 1 | 1 | 1 | 0 | 0 |
| 1 | 1 | 1 | 1 | 0 |

由真值表看出，与或非逻辑关系是这样一种逻辑关系：把 A、B 和 C、D 看成两组变量，只有当每组至少有一个变量为 0 时，输出才为 1；否则输出为 0。

与或非门的逻辑符号如图 1.4.10 所示。

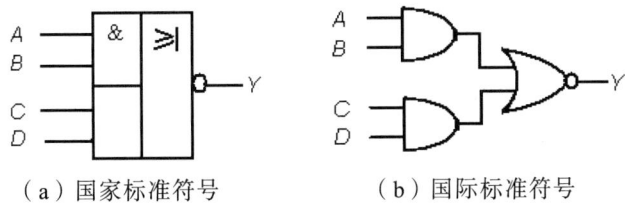

（a）国家标准符号　　　　（b）国际标准符号

图 1.4.10 与或非门逻辑符号

4. 异或运算

异或运算是这样一种逻辑关系：当两个输入变量 A、B 相同时，输出为 0；相反时输出为 1。异或运算的逻辑表达式为：

$$Y = A \oplus B = A \cdot \overline{B} + \overline{A} \cdot B \quad (1.4.7)$$

其中，⊕是异或运算符号，它是与、或、非运算的组合运算。异或逻辑的真值表如表 1.4.7

所示。

表 1.4.7  异或逻辑的真值表

| A | B | Y |
|---|---|---|
| 0 | 0 | 0 |
| 0 | 1 | 1 |
| 1 | 0 | 1 |
| 1 | 1 | 0 |

异或逻辑的逻辑符号如图 1.4.11 所示。

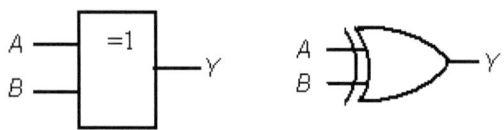

（a）国家标准符号　　　（b）国际标准符号

图 1.4.11  异或门逻辑符号

5. 同或运算

同或逻辑和异或逻辑正好相反，只有当 A、B 的值相同时，输出为 1；否则，输出为 0。逻辑表达式为：

$$Y = A \odot B = \overline{A} \cdot \overline{B} + A \cdot B = \overline{A \oplus B} \quad (1.4.8)$$

其中，⊙为同或运算符。

同或逻辑的真值表如表 1.4.8 所示。

表 1.4.8  同或逻辑的真值表

| A | B | Y |
|---|---|---|
| 0 | 0 | 1 |
| 0 | 1 | 0 |
| 1 | 0 | 0 |
| 1 | 1 | 1 |

图 1.4.12 是同或逻辑的逻辑符号。

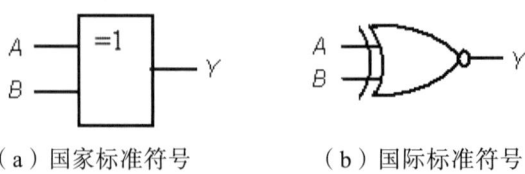

（a）国家标准符号　　　（b）国际标准符号

图 1.4.12  同或门逻辑符号

在这一节中，对逻辑代数中的基本运算和常用的运算作了介绍。以上 8 种运算关系的门电路市面上有集成电路出售。其他复杂的逻辑关系由它们的组合去完成。这里对逻辑运算和逻辑门作几点简要说明：

① 逻辑运算不同于算术运算。逻辑运算是一位数的运算,没有进位和借位。
② 逻辑表达式中变量的取值只有 0 或 1,比算术运算简单。
③ 逻辑运算的顺序是先括号、再乘、最后加。与运算符号"·"可省略。
④ 非门只有一个输入,异或、同或门两个输入,其他门可以多个输入。

## 1.5 逻辑代数的基本公式和定理

逻辑代数和普通代数一样,用字符表示变量和函数,不同的是在逻辑代数中,变量和函数的取值范围只有 0 和 1。

逻辑代数遵循普通代数运算规则,因逻辑变量和逻辑运算符有特殊的定义,所以它又有特殊的运算规则。逻辑代数是数字逻辑电路分析和设计的有力工具,必须很好地掌握。

### 1.5.1 逻辑代数的基本公式

**1. 常量间的基本公式**

逻辑代数中的常量是 0 和 1,它们之间存在着简单的运算关系:

逻辑加　　$0+0=0$　　$0+1=1$　　$1+0=1$　　$1+1=1$

逻辑乘　　$0 \cdot 0=0$　　$0 \cdot 1=0$　　$1 \cdot 0=0$　　$1 \cdot 1=1$

逻辑非　　$\overline{0}=1$　　$\overline{1}=0$　　$\overline{\overline{0}}=0$　　$\overline{\overline{1}}=1$

这些公式无需证明,只要根据与、或、非的逻辑定义,就可以得到。

**2. 常量与变量间的基本公式**

$0+A=A$　　$1+A=1$　　$A+A=A$　　$A+\overline{A}=1$

$0 \cdot A=0$　　$1 \cdot A=A$　　$A \cdot A=A$　　$A \cdot \overline{A}=0$　　$\overline{\overline{A}}=A$

在这些公式中,只要使变量 A 分别取 0 和 1,就可以证明以上公式的正确性。这里引入逻辑函数相等的概念:设逻辑函数 $F_1 = f(A_1, A_2, \cdots, A_n)$, $F_2 = f(A_1, A_2, \cdots, A_n)$,如果对应于 $A_1, A_2, \cdots, A_n$ 的任何一组取值,$F_1$ 和 $F_2$ 的值都相同,则称 $F_1$ 和 $F_2$ 是相等的逻辑函数,记作 $F_1 = F_2$。

### 1.5.2 基本定律

表 1.5.1 列出了逻辑代数中的基本定律。

表 1.5.1　逻辑代数的基本定律

| 定律名称 | 公 | 式 |
|---|---|---|
| 交换律 | $A+B = B+A$ | $A \cdot B = B \cdot A$ |
| 结合律 | $(A+B)+C = A+(B+C)$ | $(A \cdot B) \cdot C = A \cdot (B \cdot C)$ |
| 分配律 | $A+B \cdot C = (A+B) \cdot (A+C)$ | $A \cdot (B+C) = A \cdot B + A \cdot C$ |
| 吸收律 1 | $A+AB = A$ | $A \cdot (A+B) = A$ |

续表

| 定律名称 | 公式 | |
|---|---|---|
| 吸收律 2 | $\overline{AB} = \overline{A} + \overline{B}$ | $(A+B)(A+\overline{B}) = A$ |
| 吸收律 3 | $A + \overline{A}B = A + B$ | $A(\overline{A}+B) = AB$ |
| 吸收律 4 | $AB + \overline{A}C + BC = AB + \overline{A}C$ | $(A+B)(\overline{A}+C)(B+C) = (A+B)(\overline{A}+C)$ |
| 反演律（摩根定律） | $\overline{A+B} = \overline{A} \cdot \overline{B}$ | $\overline{A \cdot B} = \overline{A} + \overline{B}$ |

根据逻辑函数相等的概念，很容易用真值表证明这些基本定律。

【例 1.5.1】用真值表证明分配律 $A + B \cdot C = (A+B) \cdot (A+C)$。

证　列真值表如表 1.5.2 所示。

表 1.5.2　例 1.5.1 的真值表

| A B C | B·C | A+B | A+C | A+BC | (A+B)(A+C) |
|---|---|---|---|---|---|
| 0 0 0 | 0 | 0 | 0 | 0 | 0 |
| 0 0 1 | 0 | 0 | 1 | 0 | 0 |
| 0 1 0 | 0 | 1 | 0 | 0 | 0 |
| 0 1 1 | 1 | 1 | 1 | 1 | 1 |
| 1 0 0 | 0 | 1 | 1 | 1 | 1 |
| 1 0 1 | 0 | 1 | 1 | 1 | 1 |
| 1 1 0 | 0 | 1 | 1 | 1 | 1 |
| 1 1 1 | 1 | 1 | 1 | 1 | 1 |

由真值表得：

$$A + B \cdot C = (A+B)(A+C)$$

证毕。

【例 1.5.2】用真值表证明摩根（Morgan）定律：$\overline{A+B} = \overline{A} \cdot \overline{B}$，$\overline{A \cdot B} = \overline{A} + \overline{B}$。

证　列真值表如表 1.5.3 所示。

表 1.5.3　例 1.5.2 的真值表

| A B | $\overline{A} \cdot \overline{B}$ | $\overline{A+B}$ | $\overline{AB}$ | $\overline{A}+\overline{B}$ |
|---|---|---|---|---|
| 0 0 | 1 | 1 | 1 | 1 |
| 0 1 | 0 | 0 | 1 | 1 |
| 1 0 | 0 | 0 | 1 | 1 |
| 1 1 | 0 | 0 | 0 | 0 |

由真值表得：

$$\overline{A+B} = \overline{A} \cdot \overline{B}, \quad \overline{A \cdot B} = \overline{A} + \overline{B}$$

证毕。

**【例 1.5.3】** 用公式法证明吸收率：A+AB=A，A（A+B）= A。

证

$$A+AB=A(1+B)=A$$
$$A(A+B)=AA+AB=A+AB=A$$

证毕。

**【例 1.5.4】** 用公式法证明 $AB+\overline{A}C+BC = AB+\overline{A}C$。

证

$$AB+\overline{A}C+BC$$
$$= AB+\overline{A}C+(A+\overline{A})BC$$
$$= AB+\overline{A}C+ABC+\overline{A}BC$$
$$= (AB+ABC)+(\overline{A}C+\overline{A}BC)$$
$$= AB+\overline{A}C$$

证毕。

### 1.5.3 逻辑代数的三个基本定理

**1. 代入定理**

在任意逻辑等式中，如果等式两边所有出现某一变量 A 的位置都代之以一个逻辑函数，则等式仍然成立。这就是代入定理。

因为变量 A 只有 0 和 1 两个对立的状态，而逻辑函数同样也只有这两个不同的值，用函数代替所有 A，等式自然成立。所以，代入定理无需证明。

利用代入定理，可把前面提到的公式推广为多变量公式。譬如，摩根定律 $\overline{A+B} = \overline{A} \cdot \overline{B}$，$\overline{A \cdot B} = \overline{A} + \overline{B}$。若用 B+C 或 BC 代替 B，则有：

$$\overline{A+(B+C)} = \overline{A} \cdot \overline{B+C} = \overline{A} \cdot \overline{B} \cdot \overline{C}$$
$$\overline{A \cdot (BC)} = \overline{A} + \overline{BC} = \overline{A} + \overline{B} + \overline{C}$$

由此，可以得到多变量的摩根定律：

$$\overline{A+B+C+\cdots+N} = \overline{A} \cdot \overline{B} \cdot \overline{C} \cdots \overline{N}$$
$$\overline{A \cdot B \cdot C \cdots N} = \overline{A} + \overline{B} + \overline{C} + \cdots + \overline{N}$$

**2. 反演定理**

将任意一个逻辑函数式 Y 中的 "·" 换成 "+"，"+" 换成 "·"，"0" 换成 "1"，"1" 换成 "0"，原变量换成反变量，反变量换成原变量，得到的新函数就是原来函数的反函数 $\overline{Y}$。这就是反演定理。

利用反演定理可以很方便地求出逻辑函数的反函数。但是，在使用反演定理时必须遵守以下规则：

① 保持原函数的运算顺序不变，仍然遵守 "先括号，然后乘，最后加" 的原则。

② 不属于单个变量上的反号应去掉，反号下的内容应保留不变。

**【例 1.5.5】** 求 Y = A（B + C）+ CD 的反函数。

**解**
$$\overline{Y} = (\overline{A} + \overline{BC})(\overline{C} + \overline{D}) = \overline{A}\,\overline{C} + \overline{BC}\,\overline{C} + \overline{A}\,\overline{D} + \overline{BC}\,\overline{D} = \overline{A}\,\overline{C} + \overline{BC} + \overline{A}\,\overline{D}$$

为了保持原来函数的运算顺序，有时需要加括号。

**【例 1.5.6】** 求 $Y = \overline{AB + \overline{CD} + AB\overline{C}}$ 的反函数。

**解** 应用反演定理，有：
$$\overline{Y} = \overline{(\overline{A} + \overline{B}) \cdot \overline{\overline{C} + \overline{D}} \cdot (\overline{A} + \overline{B} + C)} = [\overline{A} + \overline{B} + (\overline{C} + \overline{D})](\overline{A} + \overline{B} + C)$$
$$= (AB + \overline{C} + \overline{D})(\overline{A} + \overline{B} + C) = \overline{A}\,C + \overline{A}\,\overline{D} + \overline{B}\,C + \overline{B}\,\overline{D} + ABC + C\overline{D}$$

**3. 对偶定理**

对于任何一个逻辑函数式 Y，如果将式中所有的"·"换成"+"，"+"换成"·"，"0"换成"1"，"1"换成"0"，得到一个新的逻辑函数，这个新的逻辑函数称作原函数的对偶式，用 Y'表示。显然，Y 和 Y'互为对偶式。

若两个逻辑式相等，则它们的对偶式也相等，这就是对偶定理。

有了对偶定理，就不难理解为什么前面给出的逻辑函数的基本公式和定律都是成对出现的。如公式 $A + B \cdot C = (A + B) \cdot (A + C)$ 和 $A \cdot (B + C) = A \cdot B + A \cdot C$ 中，$A + B \cdot C$ 和 $A \cdot (B + C)$ 互为对偶式；$(A + B) \cdot (A + C)$ 和 $A \cdot B + A \cdot C$ 互为对偶式。

**【例 1.5.7】** 证明 $(A + B)(\overline{A} + C)(B + C) = (A + B)(\overline{A} + C)$。

**证** 在例 1.5.4 中已证明 $AB + \overline{A}C + BC = AB + \overline{A}C$，对其两边取对偶式，得：
$$(A + B)(\overline{A} + C)(B + C) = (A + B)(\overline{A} + C)$$

证毕。

### 1.5.4 异或运算的公式

（1）常量和变量　　　　$A \oplus 1 = \overline{A}$　　$A \oplus 0 = A$　　$A \oplus A = 0$　　$A \oplus \overline{A} = 1$

（2）交换律　　　　　　$A \oplus B = B \oplus A$

（3）结合律　　　　　　$(A \oplus B) \oplus C = A \oplus (B \oplus C)$

（4）分配律　　　　　　$A(B \oplus C) = AB \oplus AC$　　（运算顺序先与、再异或）

（5）因果互换律　　　　如果 $A \oplus B = C$，则有 $A \oplus C = B$，$B \oplus C = A$

## 1.6 逻辑函数及其表示方法

逻辑代数中的变量称为逻辑变量，对逻辑变量进行与、或、非等各种逻辑运算得到的表达式，称为逻辑函数。任何一个具体的因果关系都可用一个逻辑函数来描述。

例如，在一个举重裁判器电路中，设有甲、乙、丙三个裁判。裁判规则规定：甲为主裁判，乙、丙为副裁判，只有甲同意和乙、丙中至少一个同意时，运动员才通过，否则不通过。对于这样一个因果问题，显然可以用图 1.6.1 来模拟。三个开关的状态代表三个裁判的意见，开关闭合表示同意，开关断开表示不同意；逻辑变量 A、B、C 对应开关状态，1表示开关闭合，0表示开关断开。用灯亮表示通过，灯灭表示不通过。逻辑变量 Y=1 对应灯亮，Y=0 对应灯灭。显然 Y 是 A、B、C 的逻辑函数，或者说，Y= f（A、B、C）。

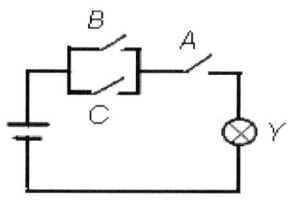

图 1.6.1　裁判器模拟图

对于一个逻辑函数，通常有四种不同的表示方法。它们分别是：真值表表示法、逻辑表达式表示法、逻辑电路图表示法和卡诺图表示法。这里先介绍前三种表示方法，卡诺图表示法在函数化简时介绍。

### 1.6.1　逻辑函数的几种表示方法

1. 逻辑函数的真值表

将输入变量所有取值情况下对应的输出值找出来，列成表格，此表格即真值表。在前面的举重裁判器电路中，裁判同意为 1，不同意为 0；运动员通过为 1，通不过为 0。根据这一设定，可列出表 1.6.1 所示的逻辑函数的真值表。

表 1.6.1　举重裁判器真值表

| 输 | 入 | | 输　出 |
|---|---|---|---|
| A | B | C | Y |
| 0 | 0 | 0 | 0 |
| 0 | 0 | 1 | 0 |
| 0 | 1 | 0 | 0 |
| 0 | 1 | 1 | 0 |
| 1 | 0 | 0 | 0 |
| 1 | 0 | 1 | 1 |
| 1 | 1 | 0 | 1 |
| 1 | 1 | 1 | 1 |

逻辑函数的真值表能直观、明了地反映函数的逻辑功能，各种取值情况下的函数值一目了然。但是它只能适用于变量少的情况。如果变量数目多，用真值表表示逻辑函数就变得非常烦琐。

2. 逻辑函数的表达式

逻辑函数的表达式是一种数学公式形式，它是用输入变量的与、或、非等逻辑运算的组合来描述输出函数。上述举重裁判器电路的逻辑函数表达式可由裁判规则直接得到：

$$Y = A \cdot (B+C) = AB + AC$$

A 与 B 或者 A 与 C 中至少一个为 1，运动员即通过。

从表 1.6.1 中也可看出,在三种情况下,运动员得分:

A、C 同意,B 不同意;

A、B 同意,C 不同意;

A、B、C 都同意。

上述三种情况可以用下面的表达式来描述:

$$Y = A\overline{B}C + AB\overline{C} + ABC$$

由以上分析知,同一个逻辑问题,可以有不同的逻辑表达式,但是它们是逻辑相等的。不同的只是前者为两项和,每项两个变量;后者为三项和,且每项三个变量。显然前者比后者简单。

逻辑表达式的特点是:高度概括、抽象,表示简单、明了,便于运算、变换和化简。

3. 逻辑电路图

用图形符号来表示逻辑函数,即为逻辑电路图,简称逻辑图。例如,前面举重裁判器的逻辑电路图如图 1.6.2 所示。

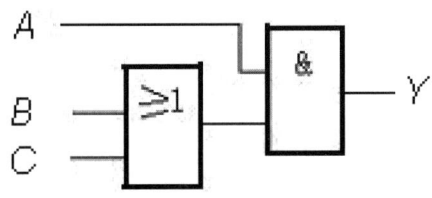

图 1.6.2 举重裁判器逻辑图

逻辑图直观地显示了各个逻辑门和它们之间的连接关系,也便于帮助设计人员清楚地定位问题发生的具体部分,因此在实际工程上一般将电路转化成逻辑图。

4. 几种表示方法之间的互换

既然同一个逻辑函数可以有几种不同的表示方法,那么这几种方法之间必然可以相互转换。

(1) 由真值表到逻辑函数式

如果已知一个逻辑函数的真值表,那么可以从真值表得出逻辑函数的表达式。下面通过一个具体例子加以说明。

【例 1.6.1】已知一个多数表决器的真值表如表 1.6.2 所示,写出逻辑函数的逻辑函数式。

**解** 由真值表看出,三人中有两个以上的人同意,则为通过;否则不通过。也就是说,输入变量在以下四种取值情况下,函数值为 1:

$$A=0,B=1,C=1$$
$$A=1,B=0,C=1$$
$$A=1,B=1,C=0$$
$$A=1,B=1,C=1$$

当 A=0、B=1、C=1 时,必然使得乘积项 $\overline{A}BC$ 的值等于 1;当 A=1、B=0、C=1 时,

必然使得乘积项 $A\bar{B}C$ 的值等于 1；当 A=1、B=1、C=0 时，必然使得乘积项 $AB\bar{C}$ 的值等于 1；当 A=1、B=1、C=1 时，必然使得乘积项 ABC 的值等于 1。而当这些乘积项等于 1 时，逻辑函数的值也恰恰为 1。因而逻辑函数应等于这些乘积项相或，即

$$Y = \bar{A}BC + A\bar{B}C + AB\bar{C} + ABC$$

表 1.6.2 例 1.6.1 真值表

| A | B | C | Y |
|---|---|---|---|
| 0 | 0 | 0 | 0 |
| 0 | 0 | 1 | 0 |
| 0 | 1 | 0 | 0 |
| 0 | 1 | 1 | 1 |
| 1 | 0 | 0 | 0 |
| 1 | 0 | 1 | 1 |
| 1 | 1 | 0 | 1 |
| 1 | 1 | 1 | 1 |

通过此例可以得出从真值表写出逻辑表达式的一般方法：

① 从真值表中找出使逻辑函数值为 1 的输入变量取值组合。

② 写出每组输入变量取值组合所对应的一个乘积项，其中取值为 1 写成原变量，取值为 0 写成反变量。

③ 将这些乘积项相加，即得函数的逻辑函数式。这样得到的函数式称作最小项表示式。

（2）由逻辑函数式到真值表

如果逻辑函数的表示式已知，只要将输入变量的所有组合状态代入逻辑函数式中，求出函数值，列成表格，即为逻辑函数的真值表。

【例 1.6.2】一个逻辑函数的函数表达式为 $Y = AB + \bar{B}C$，求出它的真值表。

**解** 把输入变量 A、B、C 取值的八种组合分别代入逻辑表达式，计算出对应的函数值，列成表格，即是函数的真值表，如表 1.6.3 所示。

表 1.6.3 例 1.6.2 真值表

| A | B | C | Y |
|---|---|---|---|
| 0 | 0 | 0 | 0 |
| 0 | 0 | 1 | 1 |
| 0 | 1 | 0 | 0 |
| 0 | 1 | 1 | 0 |
| 1 | 0 | 0 | 0 |
| 1 | 0 | 1 | 1 |
| 1 | 1 | 0 | 1 |
| 1 | 1 | 1 | 1 |

另外也可以利用公式把函数的表达式进行变换，然后直接填出真值表。过程如下：

$$Y = AB + \overline{B}C$$
$$= AB(C+\overline{C})+(A+\overline{A})\overline{B}C$$
$$= AB\overline{C} + AB C + A\overline{B}C + \overline{A}\,\overline{B}C$$

和例 1.6.1 中的方法相反，只要在真值表的表格中，在输入变量取值组合为 001、101、110、111 处，函数值填 1，其他情况填 0 即可。

（3）从逻辑函数式到逻辑图

在实际应用中，总需要将逻辑函数式变换为逻辑电路图，以方便用逻辑门实现。变换的方法是：将表达式中所有的与、或、非运算符号用图形符号代替，然后依照运算优先顺序把这些图形符号连接起来。

【例 1.6.3】已知逻辑函数式 $Y = \overline{AB} + \overline{A}B\overline{C}$，画出对应的逻辑电路图。

**解**  将表达式中所有的与、或、非运算符号用图形符号代替，得到图 1.6.3 所示逻辑图。

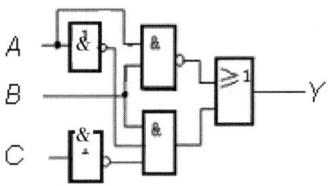

图 1.6.3  例 1.6.3 的逻辑图

（4）从逻辑图到逻辑式

对于从逻辑图到逻辑式，只要从输入端到输出端，逐个写出每个图形符号对应的逻辑式，就可以得到输出的逻辑函数式了。如例 1.6.3 中，根据逻辑图可以写出逻辑表达式为：

$$Y = \overline{AB} + \overline{A}B\overline{C}$$

### 1.6.2  逻辑函数式的两种标准形式

从逻辑函数的表示方法可以看出，同一个逻辑函数可以有不同的函数表达式。它可以表示为乘积项的和，也可以是相加项（和项）的积。即使是乘积项的和，也还可以有不同的表示形式。

**1. 逻辑函数式的几种表示形式**

一个逻辑问题可以用多种形式的逻辑函数来描述，通常每一种函数式对应着一种逻辑电路。常用的五种逻辑函数式如下。以对逻辑函数 $F = AB + \overline{A}C$ 的表示为例：

（1）$Y = AB + \overline{A}C$   ——与—或式

（2）$Y = (A+C)(\overline{A}+B)$   ——或—与式

（3）$Y = \overline{\overline{AB} \cdot \overline{\overline{A}C}}$   ——与非—与非式

（4）$Y = \overline{\overline{A+C} + \overline{\overline{A}+B}}$   ——或非—或非式

（5）$Y = \overline{\overline{AC} + A\overline{B}}$   ——与—或—非式

其中与—或表达式又称"积之和"式，或—与表达式又称"和之积"式。与—或式和或—与式是逻辑函数表达式的两种基本形式，由它们可以很容易地转换为其他形式。如从与—或式转换为与非—与非式：

$$Y = AB + \overline{AC} = \overline{\overline{AB + \overline{AC}}} = \overline{\overline{AB} \cdot \overline{\overline{AC}}}$$

在各种表示式中，有两种称作标准形式——标准与—或式和标准或—与式。

2. 标准与—或式——最小项之和式

（1）最小项

在具有 n 个变量的逻辑函数中，若 m 为包含 n 个因子的乘积项。在这个乘积项中，每个变量都以原变量或反变量的形式出现一次，则称这个乘积项 m 为最小项。n 个变量有 $2^n$ 个最小项。例如，A、B、C 三变量有 $\overline{ABC}$、$\overline{AB}C$、$\overline{A}B\overline{C}$、$\overline{A}BC$、$A\overline{BC}$、$A\overline{B}C$、$AB\overline{C}$、$ABC$ 八个最小项。为了书写方便，常把最小项进行编号，记作 $m_i$。最小项的编号 i 是这样来确定的：把使最小项的值为 1 的变量取值组合表示成一个二进制数，这个二进制数所对应的十进制数就是 i 的值。例如，三变量中的 $\overline{ABC}$，使其值为 1 的变量取值组合是 000，000 对应的十进制数是 0，所以 $\overline{ABC} = m_0$。使 $A\overline{B}C$ 的值为 1 的变量取值是 101，101 对应的十进制数是 5，所以 $A\overline{B}C = m_5$。根据这种编号方式，可得三变量最小项的编号表，如表 1.6.4 所示。

表 1.6.4  三变量最小项编号表

| 最小项 | 使最小项为 1 的变量取值 | | | 对应的十进制数 | 编号 |
|---|---|---|---|---|---|
| | A | B | C | | |
| $\overline{ABC}$ | 0 | 0 | 0 | 0 | $m_0$ |
| $\overline{AB}C$ | 0 | 0 | 1 | 1 | $m_1$ |
| $\overline{A}B\overline{C}$ | 0 | 1 | 0 | 2 | $m_2$ |
| $\overline{A}BC$ | 0 | 1 | 1 | 3 | $m_3$ |
| $A\overline{BC}$ | 1 | 0 | 0 | 4 | $m_4$ |
| $A\overline{B}C$ | 1 | 0 | 1 | 5 | $m_5$ |
| $AB\overline{C}$ | 1 | 1 | 0 | 6 | $m_6$ |
| $ABC$ | 1 | 1 | 1 | 7 | $m_7$ |

若两个最小项中只有一个因子不同，这两个最小项称作逻辑相邻的最小项。或者说它们具有逻辑相邻性，如 $\overline{ABC}$ 和 $\overline{AB}C$、$\overline{ABC}$ 和 $\overline{A}B\overline{C}$ 等。

（2）最小项的性质

我们以两个变量的逻辑函数为例来说明最小项的性质。

对于两个变量的逻辑函数来说，有四个最小项，它们分别是 $\overline{AB}$、$\overline{A}B$、$A\overline{B}$、$AB$。最小项真值表如表 1.6.5 所示。

由表可以看出最小项有如下性质：

表 1.6.5 两变量最小项真值表

| A B | $\overline{AB}$ | $\overline{A}B$ | $A\overline{B}$ | AB |
|---|---|---|---|---|
| 0 0 | 1 | 0 | 0 | 0 |
| 0 1 | 0 | 1 | 0 | 0 |
| 1 0 | 0 | 0 | 1 | 0 |
| 1 1 | 0 | 0 | 0 | 1 |

① 在输入变量的任何取值下，必有且仅有一个最小项的值为 1。
② 全部最小项之和为 1。
③ 任意两个不同的最小项乘积恒为 0。
④ 具有逻辑相邻性的两个最小项之和可合并成一个乘积项，并消去一对变化了的因子。

（3）逻辑函数的标准与—或式——最小项之和式

在一个逻辑函数的与—或表达式中，如果每一个乘积项都是一个最小项，则称该表达式为函数的标准与—或式，或称为最小项之和式。任一个逻辑函数都可表示为最小项之和式。

如果逻辑函数以真值表的形式给出，可直接由真值表得到逻辑函数的最小项之和式。

【**例 1.6.4**】一个逻辑函数的真值表如表 1.6.6 所示，写出逻辑函数的最小项之和式。

表 1.6.6 例 1.6.4 的真值表

| A | B | C | Y |
|---|---|---|---|
| 0 | 0 | 0 | 0 |
| 0 | 0 | 1 | 1 |
| 0 | 1 | 0 | 1 |
| 0 | 1 | 1 | 0 |
| 1 | 0 | 0 | 1 |
| 1 | 0 | 1 | 0 |
| 1 | 1 | 0 | 0 |
| 1 | 1 | 1 | 1 |

**解** 根据由真值表到函数表示式的方法，可以直接得到逻辑函数的最小项之和式。由真值表得：

$$Y = \overline{A}\,\overline{B}C + \overline{A}B\overline{C} + A\overline{B}\,\overline{C} + ABC$$
$$= m_1 + m_2 + m_4 + m_7$$
$$= \sum m(1, 2, 4, 7) \tag{1.6.1}$$

如果逻辑函数以任意逻辑表示式形式给出，可先变换为与—或式，再利用公式 $A + \overline{A} = 1$，可得到逻辑函数的最小项之和式。

【例 1.6.5】 将逻辑函数 Y（A，B，C）= A + $\overline{B}$C 化为最小项之和式。

**解**

$$\begin{aligned}
Y(A,B,C) &= A + \overline{B}C \\
&= A(B+\overline{B}) + \overline{B}C(A+\overline{A}) \\
&= AB + A\overline{B} + A\overline{B}C + \overline{A}\overline{B}C \\
&= AB(C+\overline{C}) + A\overline{B}(C+\overline{C}) + A\overline{B}C + \overline{A}\overline{B}C \\
&= ABC + AB\overline{C} + A\overline{B}C + A\overline{B}\overline{C} + A\overline{B}C + \overline{A}\overline{B}C \\
&= \overline{A}\overline{B}C + A\overline{B}\overline{C} + A\overline{B}C + AB\overline{C} + ABC \\
&= m_1 + m_4 + m_5 + m_6 + m_7 \\
&= \sum m(1,4,5,6,7)
\end{aligned}$$

一个逻辑函数的最小项之和式是唯一的。

3. 标准或—与式——最大项之积式

（1）最大项

在 n 变量逻辑函数中，若 M 为 n 个变量之"和"项，在"和"项中，每个变量都以原变量或反变量的形式出现一次，则称 M 为 n 变量的一个最大项。n 变量有 $2^n$ 个最大项。例如，3 个变量有 8 个最大项，它们分别是 $\overline{A}+\overline{B}+\overline{C}$ 、$\overline{A}+\overline{B}+C$、…、$A+B+C$ 为了书写方便，最大项常用 $M_i$ 表示，i 是这样来确定的：把使最大项的值为 0 的变量取值组合表示成一个二进制数，这个二进制数所对应的十进制数就是 i 的值。例如，三变量中最大项 A+B+C，使其值为 0 的变量取值组合是 000，二进制数 000 对应的十进制数是 0，所以 A+B+C=$M_0$。依此类推可得三变量最大项的编号表如表 1.6.7 所示。

表 1.6.7 三变量最大项编号表

| 最大项 | 使最大项为 0 的变量取值 | | | 对应的十进制数 | 编号 |
|---|---|---|---|---|---|
| | A | B | C | | |
| $\overline{A}+\overline{B}+\overline{C}$ | 1 | 1 | 1 | 7 | $M_7$ |
| $\overline{A}+\overline{B}+C$ | 1 | 1 | 0 | 6 | $M_6$ |
| $\overline{A}+B+\overline{C}$ | 1 | 0 | 1 | 5 | $M_5$ |
| $\overline{A}+B+C$ | 1 | 0 | 0 | 4 | $M_4$ |
| $A+\overline{B}+\overline{C}$ | 0 | 1 | 1 | 3 | $M_3$ |
| $A+\overline{B}+C$ | 0 | 1 | 0 | 2 | $M_2$ |
| $A+B+\overline{C}$ | 0 | 0 | 1 | 1 | $M_1$ |
| $A+B+C$ | 0 | 0 | 0 | 0 | $M_0$ |

（2）最大项的性质

从最大项编号表可以得出最大项的性质：

① 在输入变量的任何取值下，必有且仅有一个最大项的值为 0。

② 全部最大项之积为 0。

③ 任意两个不同的最大项之和恒为 1。

④ 具有逻辑相邻性的两个最大项之积可合并成一个和项，并消去一对变化了的因子。这里相邻的最大项是指只有一个变量不同的最大项。例如：

$$(A+B+C)\cdot(\overline{A}+B+C)=B+C$$

（3）逻辑函数的标准或—与式——最大项之积式

在一个逻辑函数的或—与表达式中，如果每一个和项都是一个最大项，则称该表达式为函数的标准或—与式，称为最大项之积式。任一个逻辑函数都可以表示为最大项之积式，并且最大项之积式也是唯一的。

如果逻辑函数以真值表的形式给出，可直接得到逻辑函数的最大项之积式。

**【例 1.6.6】** 一个逻辑函数的真值表如表 1.6.6 所示，写出它的最大项之积式。

**解** 求逻辑函数的最大项之积式的方法是：

① 找出使函数值为 0 的输入变量取值组合。

② 每组取值组合写出对应的一个最大项，取值为 0 写作原变量，取值为 1 写作反变量。

③ 将这些最大项相乘，即得逻辑函数的最大项之积式。

根据以上方法，可写出 4 个最大项，它们是 $A+B+C$、$A+\overline{B}+\overline{C}$、$\overline{A}+B+\overline{C}$ 和 $\overline{A}+\overline{B}+C$ 把它们相乘，即是函数的最大项之积式。所以：

$$Y=(A+B+C)\cdot(A+\overline{B}+\overline{C})\cdot(\overline{A}+B+\overline{C})\cdot(\overline{A}+\overline{B}+C)$$
$$=M_0\cdot M_3\cdot M_5\cdot M_6$$
$$=\prod M(0,3,5,6) \quad (1.6.2)$$

比较式（1.6.1）和式（1.6.2）可以发现：

$$Y=\sum m(1,2,4,7)=\prod M(0,3,5,6)$$

即

$$Y=\sum_i m_i=\prod_{j\neq i} M_j \quad (1.6.3)$$

由此可见，如果一个逻辑函数是某些最小项的和，那么它可以表示为和这些最小项编号不同的最大项的积。因此，有了一种标准形式即可得到另一种标准形式。

**【例 1.6.7】** 已知 $Y(A,B,C)=\sum m(3,5,7)$，求它的最大项之积式

**解** 根据公式（1.6.2）得：

$$Y(A,B,C)=\sum m(3,5,7)$$
$$=\prod M(0,1,2,4,6)$$
$$=(A+B+C)(A+B+\overline{C})(A+\overline{B}+C)(\overline{A}+B+C)(\overline{A}+\overline{B}+C)$$

如果逻辑函数以任意逻辑表示式形式给出，可先变换为或—与式，再利用公式 $A\overline{A}=0$，可得到逻辑函数的最大项之积式。

**【例 1.6.8】** 将逻辑函数 Y（A，B，C）= AB + $\overline{A}$C 化为最大项之积式。

**解**
$$Y(A,B,C) = AB + \overline{A}C = (AB + \overline{A})(AB + C)$$
$$= (\overline{A} + B)(A + C)(B + C)$$
$$= (\overline{A} + B)(A + C) = (\overline{A} + B + C\overline{C})(A + C + B\overline{B})$$
$$= (\overline{A} + B + \overline{C})(\overline{A} + B + C)(A + \overline{B} + C)(A + B + C)$$
$$= \prod M(0, 2, 4, 5)$$

## 1.7 逻辑函数的化简

逻辑函数的化简是逻辑电路设计中的重要课题。化简的目的，就是要得到一个最简的等效表达式，以使得实现此函数的电路所用的集成块数最少、速度快、可靠性高。在各种逻辑函数表达式中，最常用的是与—或表达式，所以一般将逻辑函数化简为最简与—或式。如果需要的话，可通过最简与—或式转换为其他形式。最简与—或表达式的标准是：

① 乘积项最少。
② 每个乘积项中因子数最少。
逻辑函数化简的方法有公式化简法和图形化简法。

### 1.7.1 公式化简法

公式化简法就是运用逻辑代数的基本公式和运算规则对函数式进行等效变换，消除多余项和多余变量，以获得最简表达式。公式化简法也称代数化简法。

现将经常使用的化简方法归纳如下：

1. 并项法

并项法是利用公式 AB + A$\overline{B}$ = A，即相邻的两个最小项可以合并为一项，消去一对因子。根据代入规则，A 和 B 都可以是任何复杂的逻辑式。

**【例 1.7.1】** 用并项法化简下列逻辑函数为最简与—或式。
$$Y_1 = AB\overline{C} + \overline{A}B\overline{C} + \overline{A}BC$$
$$Y_2 = ABC + ABD + AB\overline{CD}$$

**解**
$$Y_1 = AB\overline{C} + \overline{A}B\overline{C} + \overline{A}BC = B\overline{C}(A + \overline{A}) + \overline{A}B(\overline{C} + C) = B\overline{C} + \overline{A}B$$
$$Y_2 = ABC + ABD + AB\overline{CD} = AB(C + D) + AB\overline{C + D} = AB$$

2. 吸收法

吸收法是利用公式 A + AB = A 将 AB 项吸收掉。

**【例 1.7.2】** 利用吸收法法化简下列逻辑函数为最简与一或式。

$$Y_1 = \overline{AB}\overline{C} + A\overline{C} + \overline{BC}$$
$$Y_2 = \overline{AB}CD + \overline{A(B+C)} + \overline{BCD}$$

**解**

$$Y_1 = AB\overline{C} + A\overline{C} + \overline{BC} = A\overline{C}(B+1) + B + \overline{C} = A\overline{C} + B + \overline{C} = B + \overline{C}$$
$$Y_2 = \overline{AB}CD + \overline{A(B+C)} + \overline{BCD} = \overline{AB}CD + \overline{A} + \overline{BC} + \overline{BCD} = \overline{A} + \overline{BC}$$

**3. 消项法**

消项法是利用公式 $AB + \overline{A}C + BC = AB + \overline{A}C$ 将 $BC$ 项消去,同样 $A$、$B$ 和 $C$ 都可以是任何复杂的逻辑式。

**【例 1.7.3】** 利用消项法将函数 $Y = AC + A\overline{B} + \overline{B+C}$ 化简为最简与一或式。

**解**

$$Y = AC + A\overline{B} + \overline{B+C} = AC + A\overline{B} + \overline{B}\overline{C} = AC + \overline{B}\overline{C}$$

**4. 消因子法**

消因子法是利用公式 $A + \overline{A}B = A + B$ 将 $\overline{A}B$ 中的 $\overline{A}$ 消去。同样 $A$ 和 $B$ 都可以是任何复杂的逻辑式。

**【例 1.7.4】** 将下列函数化简为最简与一或式。

$$Y_1 = AB + \overline{A}\overline{B} + A\overline{B}CD + \overline{A}BCD$$
$$Y_2 = AC + AD + CD$$

**解**

$$Y_1 = AB + \overline{A}\overline{B} + A\overline{B}CD + \overline{A}BCD$$
$$= A(B + \overline{B}CD) + \overline{A}(\overline{B} + BCD)$$
$$= A(B + CD) + \overline{A}(\overline{B} + CD)$$
$$= AB + ACD + \overline{A}\overline{B} + \overline{A}CD$$
$$= AB + \overline{A}\overline{B} + CD$$

$$Y_2 = A\overline{C} + A\overline{D} + CD = A(\overline{C} + \overline{D}) + CD = A\overline{CD} + CD = A + CD$$

**5. 配项法**

配项法是利用公式 $A + \overline{A} = 1$ 可以在函数式中的某一项乘以 $A + \overline{A}$,或者利用公式 $AB + \overline{A}C + BC = AB + \overline{A}C$ 在函数式中加一冗余项,有时能得到更加简单的化简结果。

**【例 1.7.5】** 利用配项法将函数 $Y = A\overline{B} + \overline{A}B + B\overline{C} + \overline{B}C$ 化简为最简与一或式。

**解**

方法 1:

$$
\begin{aligned}
Y &= A\overline{B} + \overline{A}B + \overline{B}C + B\overline{C} \\
&= A\overline{B} + \overline{A}B\,(C + \overline{C}) + (A + \overline{A})\overline{B}C + B\overline{C} \\
&= A\overline{B} + \overline{A}BC + \overline{A}B\overline{C} + A\overline{B}C + \overline{A}\,\overline{B}C + B\overline{C} \\
&= (A\overline{B} + A\overline{B}C) + (B\overline{C} + \overline{A}B\overline{C}) + (\overline{A}BC + \overline{A}\,\overline{B}C) \\
&= A\overline{B} + B\overline{C} + \overline{A}C
\end{aligned}
$$

方法 2：

$$
\begin{aligned}
Y &= A\overline{B} + \overline{A}B + \overline{B}C + B\overline{C} \\
&= A\overline{B} + \overline{A}B + \overline{B}C + B\overline{C} + A\overline{C} \\
&= (A\overline{B} + \overline{B}C + A\overline{C}) + (\overline{A}B + B\overline{C} + A\overline{C}) \\
&= (\overline{B}C + A\overline{C}) + (\overline{A}B + A\overline{C}) \\
&= \overline{A}B + \overline{B}C + A\overline{C}
\end{aligned}
$$

由以上结果看出，逻辑函数的最简与—或式不是唯一的。但不同表达式的简化程度必须相同，即乘积项数目相同，乘积项中的因子数也相同。

用公式法化简逻辑函数时，需熟练地掌握逻辑代数的常用公式、基本定理和规则，化简复杂的逻辑函数时，往往需要灵活、交替地综合运用上述方法，才能得到最后的化简结果。

## 1.7.2　图形化简法

### 1. 卡诺图

卡诺图是由美国工程师卡诺（Karnaugh）首先提出的一种描述逻辑函数的特殊方法。n 变量有 $2^n$ 个最小项，将每个最小项用一个小方块表示，使具有逻辑相邻性的最小项在几何位置上也相邻地排列起来，构成一个矩形，这个图形叫作 n 变量的最小项卡诺图。几种变量的卡诺图如图 1.7.1 所示。

| | 0 | 1 |
|---|---|---|
| 0 | $\overline{A}\,\overline{B}$ | $\overline{A}B$ |
| 1 | $A\overline{B}$ | $AB$ |

二变量卡诺图

| A \ BC | 00 | 01 | 11 | 10 |
|---|---|---|---|---|
| 0 | $m_0$ | $m_1$ | $m_3$ | $m_2$ |
| 1 | $m_4$ | $m_5$ | $m_7$ | $m_6$ |

三变量卡诺图

| AB \ CD | 00 | 01 | 11 | 10 |
|---|---|---|---|---|
| 00 | $m_0$ | $m_1$ | $m_3$ | $m_2$ |
| 01 | $m_4$ | $m_5$ | $m_7$ | $m_6$ |
| 11 | $m_{12}$ | $m_{13}$ | $m_{15}$ | $m_{14}$ |
| 10 | $m_8$ | $m_9$ | $m_{11}$ | $m_{10}$ |

四变量卡诺图

| AB \ CDE | 000 | 001 | 011 | 010 | 110 | 111 | 101 | 100 |
|---|---|---|---|---|---|---|---|---|
| 00 | $m_0$ | $m_1$ | $m_3$ | $m_2$ | $m_6$ | $m_7$ | $m_5$ | $m_4$ |
| 01 | $m_8$ | $m_9$ | $m_{11}$ | $m_{10}$ | $m_{14}$ | $m_{15}$ | $m_{13}$ | $m_{12}$ |
| 11 | $m_{24}$ | $m_{25}$ | $m_{27}$ | $m_{26}$ | $m_{30}$ | $m_{31}$ | $m_{29}$ | $m_{28}$ |
| 10 | $m_{16}$ | $m_{17}$ | $m_{19}$ | $m_{18}$ | $m_{22}$ | $m_{23}$ | $m_{21}$ | $m_{20}$ |

五变量卡诺图

**图 1.7.1　几种变量卡诺图**

图中 0、1 表示使对应的最小项值为 1 时的变量取值，它们组成的二进制数对应的十进制数就是该最小项的编号。为保证几何位置上相邻的最小项逻辑上的相邻性，数码按循环码排列。除几何位置上相邻的最小项相邻外，任何一行或一列两端的最小项也是相邻的。变量等于 5 以后，相邻性更复杂。在五变量卡诺图中，除双竖线两边的两部分具有类似四变量的相邻性外，以双竖线为对称的两个最小项也是相邻的。例如，$m_4$ 和 $m_6$ 相邻，$m_1$ 和 $m_5$ 相邻等。

2. 逻辑函数的卡诺图

任一逻辑函数都可以表示成最小项之和式，而最小项可以用卡诺图中的一个方块表示，因而任一逻辑函数也可以用卡诺图来表示。

用卡诺图表示逻辑函数的方法是：首先把逻辑函数表示成最小项之和式，然后，在变量卡诺图中与这些最小项对应的位置上填入 1，在其余的位置上填入 0，就得到了逻辑函数的卡诺图。

**【例 1.7.6】**用卡诺图表示逻辑函数 $Y = A + BC$。

**解** 首先把逻辑函数化成最小项表示式：

$$
\begin{aligned}
Y &= A + BC \\
&= A(B+\overline{B})(C+\overline{C})+(A+\overline{A})BC \\
&= (AB+A\overline{B})(C+\overline{C})+ABC+\overline{A}BC \\
&= ABC+A\overline{B}C+AB\overline{C}+A\overline{B}\,\overline{C}+\overline{A}BC \\
&= \sum m(3,\ 4,\ 5,\ 6,\ 7)
\end{aligned}
$$

| A \ BC | 00 | 01 | 11 | 10 |
|---|---|---|---|---|
| 0 | 0 | 0 | 1 | 0 |
| 1 | 1 | 1 | 1 | 1 |

图 1.7.2　例 1.7.6 的卡诺图

画出三变量卡诺图，在对应于函数式中各最小项的位置填入 1，其余位置填入 0，得到如图 1.7.2 所示的卡诺图。有时为了简单，0 也可以不填。

由例 1.7.6 可见，逻辑函数的卡诺图是其真值表的一种变形，所以有时把逻辑函数的卡诺图称为真值图。

3. 用卡诺图化简逻辑函数

利用卡诺图化简逻辑函数的方法称为卡诺图化简法或图形化简法。化简的依据是具有相邻性的最小项可以合并，并消去不同的因子。由于在卡诺图中，几何位置上相邻的最小项就是逻辑相邻的最小项，因而从卡诺图中可直观地找出具有相邻性的最小项，将其合并化简。

（1）合并最小项的规则

两个相邻的最小项相加，可以合并为一项，消去一对因子，剩下公因子；四个最小项相邻同样可合并为一项，消去两对因子，剩下公因子；八个最小项相邻可合并为一项，消去三对因子，剩下公因子。以此类推，$2^n$ 个最小项相邻并排成一个矩形，相加可合并为一项，消去 n 对因子，剩下公因子。部分最小项的合并如图 1.7.3 所示。

（2）卡诺图化简的方法

利用卡诺图化简逻辑函数时，可以遵照以下步骤进行：

① 把逻辑函数化为最小项之和式。

② 画出逻辑函数的卡诺图。

③ 圈相邻的 $2^n$ 个最小项为一矩形圈，直到把所有的 1 都圈完。

④ 每一矩形圈写成一个乘积项，把它们相或即得逻辑函数的最简与一或式。

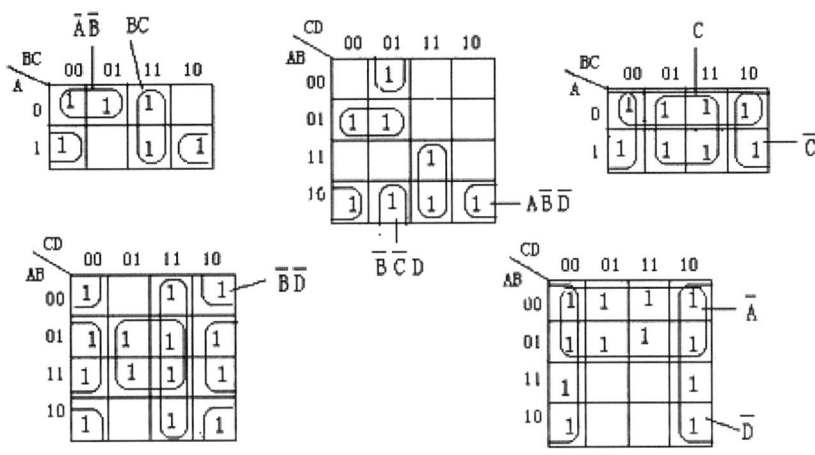

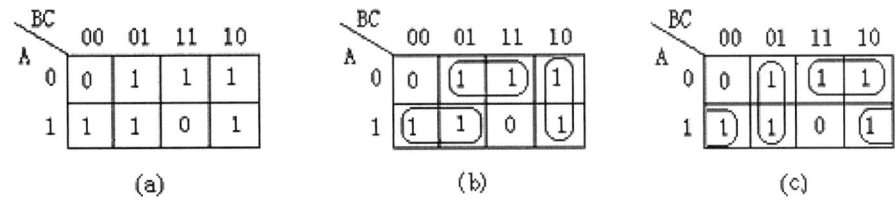

图 1.7.3　部分最小项的合并

【**例 1.7.7**】用卡诺图法化简逻辑函数 $Y = \overline{A}B + A\overline{B} + \overline{B}C + B\overline{C}$ 为最简与或式。

**解**　① 先把函数化为最小项表达式；即：

$$Y = \overline{A}B + A\overline{B} + \overline{B}C + B\overline{C} = \overline{A}B\overline{C} + \overline{A}BC + A\overline{B}\overline{C} + A\overline{B}C + \overline{A}\overline{B}C + AB\overline{C}$$

② 画出逻辑函数的卡诺图如图 1.7.4（a）所示。

③ 根据卡诺图画圈，得到如图 1.7.4（b）和图 1.7.4（c）的图形。

图 1.7.4　例 1.7.7 的卡诺图

④ 由图得：

$$Y = \overline{A}C + A\overline{B} + B\overline{C} \quad \text{或} \quad Y = \overline{A}B + \overline{B}C + A\overline{C}$$

两个都是 Y 的最简与一或式。

在熟悉了卡诺图和最小项的关系后，化简步骤的第一步可以省去，只要得到函数的与一或式，可以直接填出函数的卡诺图。

【例 1.7.8】用卡诺图法化简逻辑函数 $Y = A + \overline{A}BD + \overline{B}\overline{C}\overline{D} + \overline{ABCD}$ 为最简与—或式。

**解** ① 函数已为与—或式，直接画出函数卡诺图如图 1.7.5（a）所示。

② 根据卡诺图画圈，得到如图 1.7.5（b）的图形。

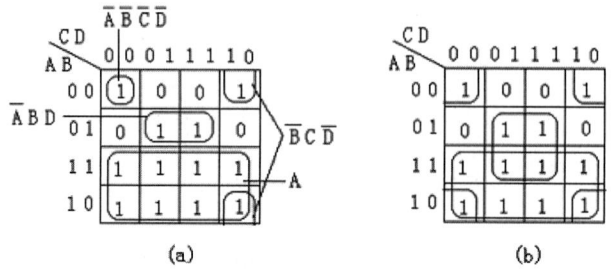

图 1.7.5　例 1.7.8 的卡诺图

③ 由图得：

$$Y = A + BD + \overline{B}\overline{D}$$

【例 1.7.9】化简函数 $Y(A, B, C, D) = \sum m(0, 1, 2, 3, 5, 7, 8, 10, 15)$ 为最简与—或式。

**解**

① 画出函数卡诺图如图 1.7.6 所示。

② 根据卡诺图画圈。

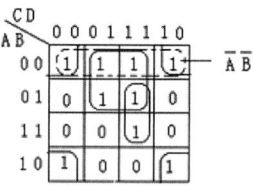

图 1.7.6　例 1.7.9 的卡诺图

③ 由图得：

$$Y = \overline{B}\overline{D} + \overline{A}D + BCD$$

图中虚线圈的圈为冗余项，不应该出现在最简式中。

由前面几个例子可以看出，圈相邻的最小项时，应遵循以下原则：

① 矩形圈画得尽量大，越大越好——消去的因子数多。

② 矩形圈的数目尽量少，越少越好——乘积项少。

③ 一个最小项可重复被圈，因为 A+A=A。

④ 每一个矩形圈里至少有一个最小项没被其他圈用过，否则这个圈为多余项，应该去掉。

遵照以上原则，得到的函数式一定是最简的与—或表达式。

另外还可以利用卡诺图求逻辑函数的最简或与—式，也可以求函数的反函数。

【例 1.7.10】已知函数的卡诺图如图 1.7.7（a）所示，利用卡诺图求其反函数。

**解**　可用两种方法。

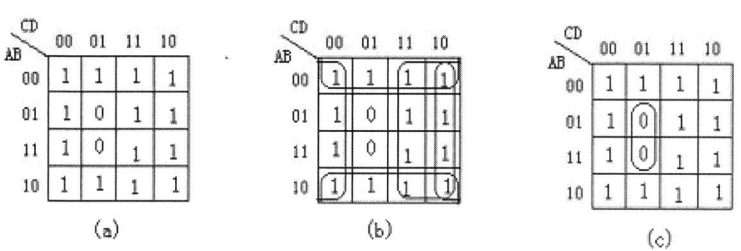

图 1.7.7 例 1.7.10 的卡诺图

**方法 1** 利用图形法求出函数的最简与—或式，再对函数求反，得到函数的反函数。画矩形圈后的卡诺图见图 1.7.7（b），由图得：

$$Y = \overline{B} + C + \overline{D}$$

$$\overline{Y} = \overline{\overline{B} + C + \overline{D}} = B\overline{C}D$$

**方法 2** 利用在函数卡诺图中圈 0 的方法，直接得出函数的反函数。

根据公式（1.6.3）有：

$$\overline{Y} = \overline{\sum_i m_i} = \overline{\prod_{j \neq i} M_j} = \sum_{j \neq i} \overline{M_j} = \sum_{j \neq i} m_j \qquad (1.7.1)$$

公式（1.7.1）说明，如果原函数等于某些最小项之和，那么它的反函数则等于那些编号不同的最小项之和。这一结论也可以由公式 $Y + \overline{Y} = 1$ 得到证明：因为全体最小项之和为 1，如果 Y 等于一些最小项之和，那么它的反函数一定等于 Y 中没有的那些最小项之和。

基于以上结论，可在函数卡诺图中采用圈 0 的方法，求出函数的反函数，而且是反函数的最简与—或式。此题中圈 0 的图形如图 1.7.7（c）所示，由图得

$$\overline{Y} = B\overline{C}D$$

另外，可以用圈 0 的方法，直接得到函数的最简或—与式。由图 1.7.7（c）可得：

$$Y = \overline{B} + C + \overline{D}$$

在这里，每个圈写成一个和项，变化了的变量消去，取值为 0 的变量，写其原变量，取值为 1 写反变量，最后把所有的和项相与，即为函数的最简或—与式。例中只有一个圈，所以只有一个和项，变量 A 变化了，所以消去，结果为一个三变量的和项。

在变量少时，利用卡诺图化简逻辑函数简单、直观，不易出错，但变量多时，由于最小项的相邻性比较复杂，应用起来比较困难，可用其他方法化简，读者可参考其他文献，这里不再赘述。

### 1.7.3 具有无关项的逻辑函数及其化简

**1. 有关约束的几个概念**

约束——对输入变量所加的限制称为约束。在实际的逻辑问题中，并不是所有的变量取值组合都是允许出现的，如路口的交通灯，正常时每次只有一个灯亮。不允许两个以上的灯同时亮。这样的一组变量称为具有约束变量。所对应的函数叫作具有约束的逻辑函数。

约束项——不允许出现的变量取值组合所对应的最小项叫作约束项。因为一个最小

项只有一组变量取值使其值为1，所以约束项的值恒等于0。

约束条件——在具有约束的逻辑函数中，所有约束项之和恒等于 0。即：
$$\sum 约束项 = 0。$$

任意项——输入变量的某些取值下，函数值是 1 是 0 均可，这些变量取值组合所对应的最小项叫作任意项。

无关项——约束项和任意项统称为无关项。

在卡诺图或真值表中用"×"表示无关项，既可以认为是1，也可以认为是0。

2. 具有无关项的逻辑函数的化简

在化简具有无关项的逻辑函数时，如果能够合理利用无关项，就可以使得更多最小项相邻，得到更加简单的结果。化简的方法和普通逻辑函数一样，分公式法和图形法，举例说明如下。

【例 1.7.11】化简具有约束的逻辑函数为最简与—或式

$$Y = \overline{A}BCD + A\overline{BCD} + A\overline{B}CD + AB\overline{C}D$$

$$\overline{ABCD} + \overline{AB}\overline{C}D + \overline{A}B\overline{C}D + \overline{A}BC\overline{D} + AB\overline{C}\overline{D} + ABCD = 0 \text{（约束条件）}$$

**解** 如果不利用约束条件，逻辑函数已不能化简，但是利用了约束条件，函数就可以进一步化简。

（1）公式法

$$\begin{aligned}
Y &= \overline{A}BCD + A\overline{BCD} + A\overline{B}CD + AB\overline{C}D \\
&= (\overline{A}BCD + \overline{ABCD}) + (A\overline{BCD} + \overline{AB}\overline{C}D) + (A\overline{B}CD + \overline{A}B\overline{C}D) \\
&\quad + (AB\overline{C}D + ABCD) \\
&= \overline{A}BD + A\overline{BC} + A\overline{BC} + ABD \\
&= (\overline{A}BD + ABD) + (A\overline{BC} + A\overline{BC}) \\
&= BD + A\overline{B}
\end{aligned}$$

由此可见，通过利用约束项使函数化得更为简单。在这里，用到的约束项加进函数式，不需要的无须考虑。如果利用卡诺图法化简，会更容易些。

（2）卡诺图法

画出函数的卡诺图如图 1.7.8（a）所示。

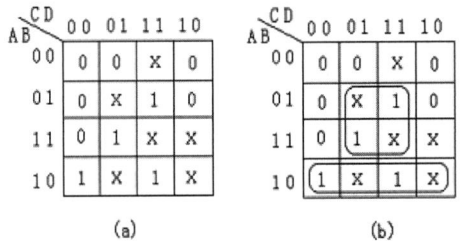

图 1.7.8 例 1.7.11 的卡诺图

利用卡诺图画出两个矩形圈，直接写出函数的最简与—或式为：
$$Y = BD + A\overline{B}$$
可以看出，利用卡诺图化简更简单。需要注意的是：不需要的约束项一定不要圈进矩形圈，否则会使表达式变复杂。和无约束的函数一样，有时会出现几种不同的最简式。

【例 1.7.12】具有约束的逻辑函数的卡诺图如图 1.7.9（a）所示，求其最简与—或式。

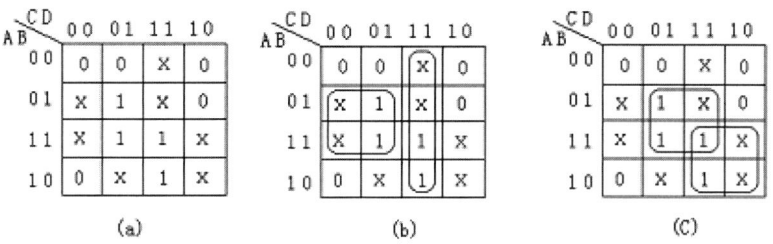

图 1.7.9　例 1.7.12 的卡诺图

**解**　此题画圈的方式有多种，选择两种如图 1.7.9（b）和图 1.7.9（c）所示，由图得：
$$Y = B\overline{C} + CD \text{ 或 } Y = BD + AC$$
两个式子看起来完全不同，但考虑到约束项不会出现，它们的结果是完全相同的。

## 1.8　小结

本章的主要内容是逻辑代数的基本公式、定理，逻辑函数的表示方法以及逻辑函数的化简等。

对于逻辑函数的基本公式，常用定理必须熟练掌握。只有这样才能迅速有效地对逻辑函数进行化简，提高运算速度。

逻辑函数的表示方法有真值表、卡诺图、逻辑函数式和逻辑电路图，熟悉它们之间的相互转换，根据不同情况，选择合适的表示方法。

逻辑函数的化简是本章的重点内容。本章介绍的化简方法有公式法和卡诺图化简法。公式法化简不受变量多少限制，任意复杂的逻辑函数都可以利用公式法化简。但是没有固定的步骤可循，需要熟记公式，并能灵活运用，才能得到最简结果。卡诺图法化简法具有简单、直观、易学的优点，并且只要按照化简步骤和画矩形圈的规则去做，就可以得到最简的结果，但是变量超过 5 个时，由于最小项相邻性变得复杂，从而失去了它的优点。其他的化简方法可以查阅有关的参考文献。

**习题**

1.1　简述数字信号与模拟信号在传输方式、信号表示、噪声容忍度及应用场景方面的主要区别。

1.2　解释原码、反码和补码的概念，并说明它们在带符号二进制数表示中的作用和区别。

1.3 解释BCD码的概念，并讨论其在数字系统中的应用，同时列举几种常见的BCD码类型及其特点。

1.4 简述逻辑函数化简的目的，并列举几种常用的逻辑函数化简方法，分析它们的适用场景和各自的特点。

1.5 总结并解释：

（1）从真值表写出逻辑函数式的方法。

（2）从逻辑函数式列出真值表的方法。

（3）从逻辑图写出逻辑函数式的方法。

（4）从逻辑函数式画出逻辑图的方法。

1.6 解释约束项、任意项和无关项在逻辑函数中的含义，并讨论它们在逻辑函数设计、优化及化简过程中的作用。

1.7 将下列二进制数转换为等值的十进制数。

（1）$(11011)_2$； （2）$(10010111)_2$； （3）$(1101101)_2$；

（4）$(11111111)_2$； （5）$(0.0111)_2$； （6）$(0.0111)_2$；

（7）$(11.001)_2$； （8）$(101011.11001)_2$。

1.8 将下列十进制数转换为等值的二进制数。

（1）$(49)_{10}$； （2）$(52.625)_{10}$； （3）$(2.168)_{10}$； （4）$(67.9)_{10}$；

1.9 将下列二进制数转换为等值的十六进制数和八进制数。

（1）$(1010111)_2$； （2）$(110011010)_2$；

（3）$(10110.011010)_2$； （4）$(101100.11)_2$。

1.10 将下列数转换为等值的二进制数。

（1）$(8C)_{16}$； （2）$(3D.BE)_{16}$； （3）$(8F.FF)_{16}$；

（4）$(10.0)_{16}$； （5）$(136.45)_8$； （6）$(372)_8$。

1.11 将下列BCD码转换为十进制数。

（1）$(010101111001)_{8241BCD}$； （2）$(10001001.01110101)_{8241BCD}$；

（3）$(010011001000)_{5421BCD}$； （4）$(001110101100.1001)_{5421BCD}$；

（5）$(010011011011)_{2421BCD}$； （6）$(11001101.11100010)_{2421BCD}$；

1.12 写出下列二进制数的原码、反码和补码。

（1）+011011； （2）+001101； （3）-111011； （4）-001011。

1.13 列出下列各有权BCD代码的码表。

（1）6421码； （2）631-1码； （3）4321码； （4）8421码。

1.14 求下列各式的对偶式和反演式。

（1）$F = AB + \overline{AB}$；　　　　　（2）$F = \left[(A\overline{B}+C)D+E\right]B$；

（3）$F = AB\overline{C} + (A+\overline{B}+D)(\overline{A}B\overline{D}+\overline{E})$；

（4）$F = (A+\overline{B})(\overline{A}+C)(B+\overline{C})(\overline{A}+B)$。

1.15 将下列逻辑函数化为最小项之和及最大项之积的形式。并求$\overline{F}$和$F'$的最小项之和的形式。

（1） $F=\overline{A}BC+A$ ；　　（2） $F=\overline{A\overline{C}+BC}$ ；　　（3） $F=\overline{(A+\overline{B})(A+C)}$ ；

（4） $F=\overline{(B+\overline{C})(\overline{A}+\overline{B})}$ 。

1.16　将下列函数化为最简与一或形式。

（1） $Y=A\overline{B}+\overline{A}C+\overline{C}D+D$

（2） $Y=\overline{(\overline{A}+\overline{B})D}+\overline{(AB+BD)\overline{C}}+\overline{ACBD}+\overline{D}$

（3） $Y=A\overline{B}D+\overline{ABCD}+\overline{B}CD+\overline{AB}+C(B+D)$

（4） $Y=\overline{A\overline{B}CD}+\overline{A\overline{C}DE}+\overline{B\overline{D}E}+\overline{\overline{A}CDE}$

1.17　将下列函数化为最简与一或形式。

（1） $Y=\overline{A+C+D}+\overline{A}BC\overline{D}+AB\overline{C}D$

约束条件为　　$\overline{A}\overline{B}C\overline{D}+\overline{A}B\overline{C}D+AB\overline{C}\overline{D}+A\overline{B}C\overline{D}+AB\overline{C}D+ABCD=0$

（2） $Y=C\overline{D}(A\oplus B)+\overline{AB}\overline{C}+\overline{A}C\overline{D}$

约束条件为　　$AB+CD=0$

（3） $Y=(A\overline{B}+B)C\overline{D}+\overline{(A+B)(\overline{B}+C)}$

约束条件为　　$ABC+ABD+ACD+BCD=0$

（4） $Y(A,B,C,D)=\sum(m_3,m_5,m_6,m_7,m_{10})$

约束条件为　　$m_0+m_1+m_2+m_4+m_8=0$

（5） $Y(A,B,C)=\sum(m_0,m_1,m_2,m_4)$

约束条件为　　$m_3+m_5+m_6+m_7=0$

（6） $Y(A,B,C,D)=\sum(m_2,m_3,m_7,m_8,m_{11},m_{14})$

约束条件为　　$m_0+m_5+m_{10}+m_{15}=0$

1.18　已知函数

$$Y_1(A,B,C)=\overline{A}B\overline{C}+A\overline{BC}+AB\overline{C}+ABC$$

$$Y_2(A,B,C,D)=A\overline{C}D+\overline{A}BD+BCD+\overline{B}C\overline{D}$$

（1）试用最少的与或非门画出 $Y_1$ 和 $Y_2$ 的逻辑电路图；

（2）试用最少的与非门画出 $Y_1$ 和 $Y_2$ 的逻辑电路图。

1.19　用公式法将下列函数化简为最简与一或式。

（1） $Y=A\overline{B}+B+\overline{A}C$

（2） $Y=\overline{\overline{ABC}+A\overline{B}}$

（3） $Y=A\overline{B}CD+ABD+A\overline{C}D$

（4） $Y=A\overline{C}+ABC+AC\overline{D}+CD$

（5） $Y=A\overline{B}(\overline{ACD}+\overline{AD}+\overline{BC})(\overline{A}+B)$

（6） $Y=(\overline{A}+B)(\overline{B}+C)(\overline{C}+D)(\overline{D}+A)$

（7） $Y=AC(\overline{CD}+\overline{AB})+BC\overline{\overline{\overline{B}+AD+CE}}$

（8） $Y=A\overline{B}C\overline{D}+\overline{A}BC\overline{D}+\overline{\overline{B}C\overline{D}}$

1.20 用图形法化简下列函数为最简与—或式。

（1） $Y(A, B, C)=\sum(m_0, m_1, m_2, m_5, m_6, m_7)$

（2） $Y(A, B, C)=\sum(m_1, m_3, m_5, m_7)$

（3） $Y(A, B, C, D)=\sum(m_0, m_1, m_2, m_3, m_4, m_6, m_8, m_9, m_{10}, m_{11}, m_{14})$

（4） $Y(A, B, C, D)=\sum(m_0, m_1, m_2, m_5, m_8, m_9, m_{10}, m_{12}, m_{14})$

1.21 画出用最少数目的与非门和反相器实现下列函数的逻辑图。

（1） $Y=AB+BC+AC$

（2） $Y(A, B, C, D)=\sum(m_0, m_1, m_3, m_5, m_8, m_{10}, m_{11}, m_{14})$

（3） $Y=A\overline{BC}+\overline{\overline{AB}}+\overline{AB}+BC$

（4） $Y(A, B, C, D)=\sum(m_0, m_1, m_2, m_6, m_7, m_8, m_9, m_{10}, m_{14}, m_{15})$

1.22 写出图 P1.22 中各逻辑图的逻辑函数式，并化简成最简与—或式。

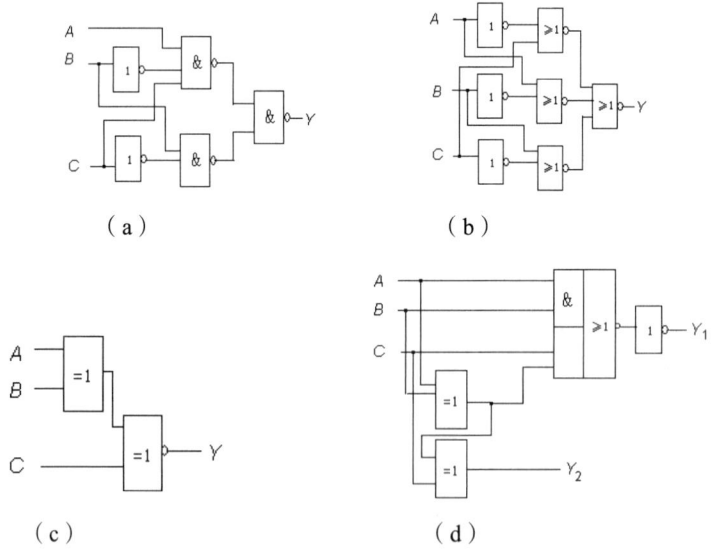

图 P1.22

1.23 已知逻辑函数的真值表如表 P1.23（a）、P1.23（b）所示，写出对应的逻辑函数式。

表 P1.23

(a)

| A | B | C | Y |
|---|---|---|---|
| 0 | 0 | 0 | 0 |
| 0 | 0 | 1 | 1 |
| 0 | 1 | 0 | 1 |
| 0 | 1 | 1 | 0 |
| 1 | 0 | 0 | 1 |
| 1 | 0 | 1 | 0 |
| 1 | 1 | 0 | 0 |
| 1 | 1 | 1 | 1 |

(b)

| M | N | P | Q | Z |
|---|---|---|---|---|
| 0 | 0 | 0 | 0 | 0 |
| 0 | 0 | 0 | 1 | 0 |
| 0 | 0 | 1 | 0 | 0 |
| 0 | 0 | 1 | 1 | 1 |
| 0 | 1 | 0 | 0 | 0 |
| 0 | 1 | 0 | 1 | 0 |
| 0 | 1 | 1 | 0 | 1 |
| 0 | 1 | 1 | 1 | 1 |
| 1 | 0 | 0 | 0 | 0 |
| 1 | 0 | 0 | 1 | 0 |
| 1 | 0 | 1 | 0 | 0 |
| 1 | 0 | 1 | 1 | 1 |
| 1 | 1 | 0 | 0 | 1 |
| 1 | 1 | 0 | 1 | 1 |
| 1 | 1 | 1 | 0 | 1 |
| 1 | 1 | 1 | 1 | 1 |

# 第 2 章

## 门电路

**内容提要** 本章主要介绍数字电路的基本逻辑单元——门电路。首先介绍二极管、三极管和 MOS 管的开关特性和分立元件门电路，然后重点介绍 TTL 和 CMOS 集成门电路的结构、原理和电气特性。对其他的一些集成门电路也作简要介绍。

## 2.1 半导体二极管、三极管和 MOS 管的开关特性

### 2.1.1 半导体二极管的开关特性

二极管的基本结构为一个 PN 结，因此它的电气特性类似于一个 PN 结的电气特性。当外加正向电压时导通，外加反向电压时截止，所以相当于一个受外加电压极性控制的开关。开关电路如图 2.1.1 所示。

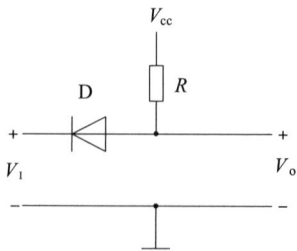

图 2.1.1 二极管开关电路

设输入信号的高电平 $V_{IH}=V_{CC}$，低电平 $V_{IL}=0V$，二极管 D 为理想开关，正向导通电

阻为 0，反向电阻为无穷大。当 $V_I = V_{IH}$ 时，D 截止，$V_O = V_{OH} = V_{CC}$；当 $V_I = V_{IL} = 0V$ 时，D 导通，$V_O = V_{OL} = 0V$。

以上假定是把二极管看作一个理想开关，而实际的二极管特性并非如此。根据半导体物理理论得知，一个二极管的特性可用方程（2.1.1）描述，对应的伏安特性曲线如图 2.1.2 所示。

$$i = I_s(e^{V/V_T} - 1) \tag{2.1.1}$$

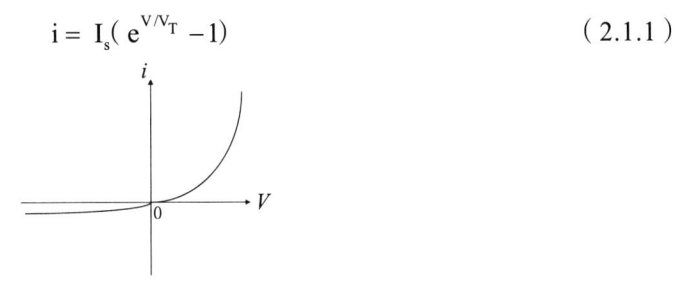

图 2.1.2 二极管的伏安特性

其中 i 为流过二极管的电流，V 为加到二极管两端的电压，$V_T = \dfrac{kT}{q}$。k 为玻尔兹曼常数，T 为绝对温度，q 为电子电荷，常温下（T=300 K）$V_T \approx 26\,mV$。$I_S$ 称为反向饱和电流，它与二极管的材料、工艺和几何尺寸有关，对于每一只二极管而言是一个定值。

由曲线（图 2.1.2）和方程（2.1.1）可以看出，二极管不是一个理想开关，反向电阻不是无穷大，正向电阻不是 0。在实际应用中，为了简化计算，一般采用近似的简化特性。图 2.1.3 给出了二极管的三种近似的伏安特性曲线和对应的等效电路。

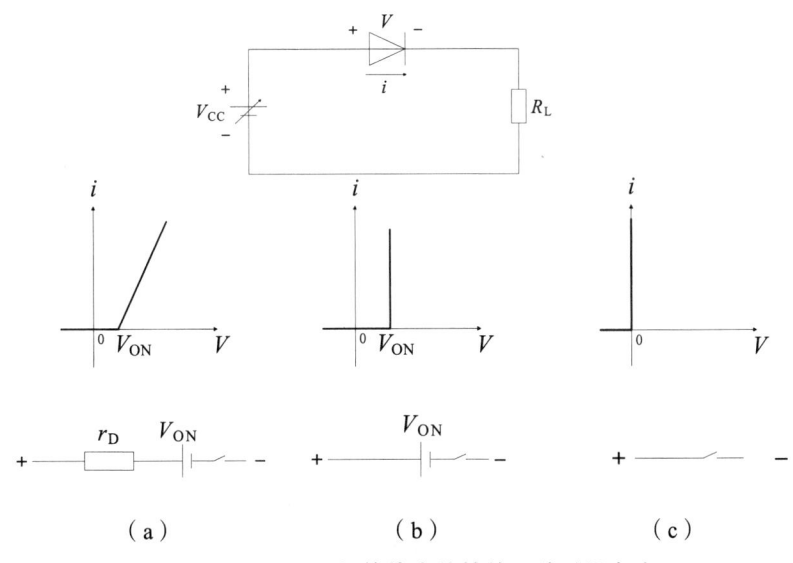

图 2.1.3 二极管伏安特性的三种近似方法

图中 $V_{ON}$ 为二极管的正向导通压降（开启电压），$r_D$ 为导通电阻，$r_D = \dfrac{\Delta v}{\Delta i}$。当外加电压 $V_{cc}$ 和负载电阻 $R_L$ 都很小时，二极管的正向导通压降和正向导通电阻都不能忽略，伏安特性曲线可用图 2.1.3（a）的折线代替，二极管的等效电路由 $r_D$、$V_{ON}$ 和理想开关构成；当外加电压 $V_{cc}$ 较小，而 $r_D$ 和 $R_L$ 比较可忽略时，可采用图 2.1.3（b）的近似。这时的二级管导通时有一固定压降 $V_{ON}$，当外加电压小于 $V_{ON}$ 时，流经二极管的电流近似为 0。在开关电路中，多数采用这种近似方法；当正向导通压降 $V_{ON}$ 和正向导通电阻与外加电源 $V_{cc}$ 和负载电阻 $R_L$ 相比均可忽略时，可采用图 2.1.3（c）的曲线近似，此时二极管相当于一个理想开关：加正向电压时，电流无穷大；加反向电压时，电流为 0。

以上讨论的是静态情况。在外加电压突变的情况下，流过二极管的电流将如何变化呢？图 2.1.4 说明了二极管的动态特性。

当外加电压由反向突然变为正向时，并不马上有大的正向电流，要等到 PN 结内部建立起一定的电荷浓度梯度分布后，才开始有扩散电流形成，所以正向导通电流形成要滞后一段时间；而当外加电压由正向变为反向时，因为 PN 结内存储电荷的存在，这些电荷在反向电压作用下，形成较大的瞬间反向电流。随着电荷的消散，电流迅速减小，并逐渐趋于稳态时的反向饱和电流。

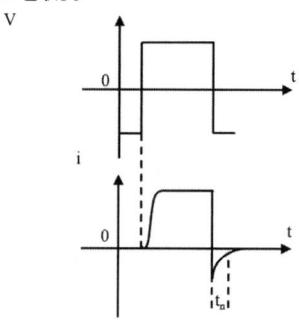

图 2.1.4 二极管动态特性

瞬间反向电流的大小和持续时间的长短取决于正向导通时电流的大小、反向电压值和外电路电阻的阻值，而且与二极管本身的特性有关。反向电流持续的时间用反向恢复时间 $t_{re}$ 来描述。它是指反向电流从峰值衰减到峰值的十分之一时所经历的时间。一般 $t_{re}$ 数值很小，在几纳秒以内。

### 2.1.2 半导体三极管的开关特性

半导体三极管是数字电路中最基本的元件。在数字电路中，三极管工作在饱和区或者截止区，相当于开关的"闭合"或"断开"。研究它的开关特性，就是要找出它的饱和或者截止的条件。不仅要了解它的静态特性，还要了解它的动态特性。

1. 半导体三极管的开关特性

半导体三极管具有截止、放大、饱和三种工作状态，下面以 NPN 型三级管的共发射极组态为例，分析三种状态的特点。三极管开关电路及其输入、输出特性曲线如图 2.1.5 所示。

（1）截止状态和截止条件

当输入电压 $V_I$ 小于管子的开启电压 $V_{ON}$ 时，由输入特性曲线可知，$i_B \approx 0$，$i_C \approx 0$，

输出电压 $V_O=V_{CE}=V_{CC}-i_CR_C\approx V_{CC}$，对应于输出特性曲线中的截止区。三极管的这种工作状态称为截止状态，此时的 b-e 和 c-e 之间都相当于一个断开的开关。等效电路如图 2.1.6（a）所示。

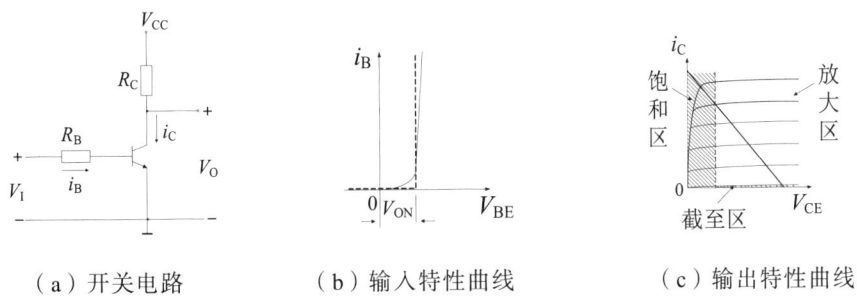

（a）开关电路　　　　（b）输入特性曲线　　　　（c）输出特性曲线

图 2.1.5　三极管开关电路及特性曲线

对于 NPN 型的三极管，其截止条件为 $V_{BE}\leq 0.5V$，可靠截止条件为 $V_{BE}\leq 0V$。

（2）放大状态

当输入电压 $V_I>0.7V$ 时，$V_{BE}>V_{ON}$，发射结导通，$i_C=\beta i_B$。β 为共发射极组态下的电流放大系数。$V_O=V_{CE}=V_{CC}-i_CR_C$。输出电压随输入电压 $V_I$ 的增加而线性降低（反相）。这种工作状态称为放大状态。随着输入电压 $V_I$ 的进一步增加，$V_{CE}$ 越来越小，逐渐进入饱和区。

（3）饱和状态和饱和条件

在线性区，随着输入电压 $V_I$ 的增加，基极电流 $i_B$ 增加，$i_C$ 也线性增加。但当 $i_B$ 增加到一定数值时，$i_C$ 将不再随 $i_B$ 明显变化，此时的三极管进入饱和状态。对应于输出特性曲线上的饱和区。刚刚进入饱和区时的 $i_B$ 用 $I_{BS}$ 来表示，称为临界饱和基极电流。此时 c-e 间的电压称为三极管的饱和压降，用 $V_{CES}$ 表示。随着 $i_B$ 的进一步加大，三极管的饱和深度增加，$V_{CES}$ 也有所下降。对于 NPN 型管子，临界饱和时，$V_{CES}=0.7V$，深度饱和时，一般取 $V_{CES}=0.3V$。

由此可见，三极管在饱和时，相当于一个闭合的开关，但是这个开关有一个小的电压降（$V_{CES}$）。为使开关的电压降减小，必须使三极管处于深度饱和状态。

三极管可靠饱和的条件为 $i_B\geq I_{BS}$，即基极电流等于或大于临界饱和基极电流。$I_{BS}$ 可由开关电路得到：

$$I_{BS}=\frac{V_{CC}-V_{CES}}{\beta R_C} \qquad (2.1.2)$$

综合（1）（3）分析可知，三级管作为一个开关，它的等效电路如图 2.1.6。

在实际应用中，常用理想开关去等效三极管，此时 $V_{CES}$ 可近似为 0V。

在数字系统中，三级管作为一个基本的开关元件使用，其截止状态相当于开关断开，饱和状态相当于开关闭合。这就要求输入信号为低电平时，应使三极管可靠截止；输入信号为高电平时，应使三极管进入可靠的深度饱和状态。否则的话，将使三极管工作在放大状态，输出的逻辑电平是"0"或是"1"不可确定，造成逻辑混乱。

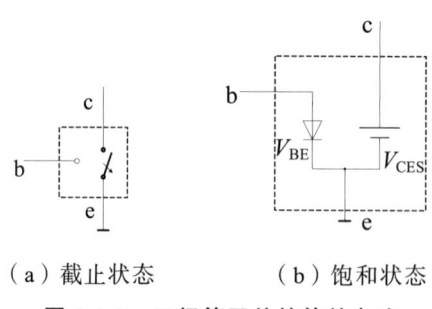

（a）截止状态　　（b）饱和状态

图 2.1.6　三极管开关的等效电路

2. 三极管的动态开关特性

在数字电路中，三极管开关电路中的输入信号是高低电平交替变化的，三极管的状态也在饱和、截止之间转换。这时的特性即动态开关特性。三极管的动态开关特性如图 2.1.7 所示。

由图 2.1.7 可见，集电极电流 $i_C$ 的变化滞后于输入电压 $V_I$ 的变化，输出电压 $V_O$ 也同样滞后于 $V_I$ 的变化。这种滞后现象完全可以用三极管的 b-c、c-e 间存在结电容来解释。可见，三极管从截止到饱和与从饱和到截止都是需要时间的。三极管从截止到饱和所需时间称为开启时间，用 $t_{ON}$ 表示，它是指从信号正跃变开始到 $i_C$ 上升到最大值 $I_{CMAX}$ 的 90%所经历的时间；三极管从饱和到截止所需时间称为关闭时间，用 $t_{OFF}$ 表示，它是指从信号负跃变开始到 $i_C$ 下降到最大值 $I_{CMAX}$ 的 10%所经历的时间。对于小功率开关管而言，开启时间和关闭时间一般约几十纳秒，并且通常 $t_{OFF}>t_{ON}$。要提高开关管的开关速度，就要设法缩短 $t_{ON}$ 和 $t_{OFF}$，尤其是要缩短 $t_{OFF}$。

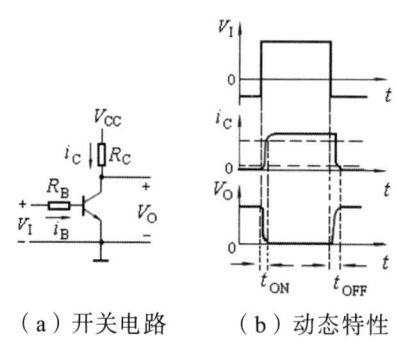

（a）开关电路　　（b）动态特性

图 2.1.7　三极管的动态开关特性

### 2.1.3　MOS 管的开关特性

1. MOS 管的结构

MOS 管是金属—氧化物—半导体场效应管（Metal-Oxide-Semiconductor Field-Effect Transistor）的英文简称，有时也用 MOSFET 表示。它是一种仅有多数载流子参与导电的电压控制器件，也称单极性器件。按导电沟道极性的不同，分为 P 沟道和 N 沟道两种，P 沟道的 MOS 管称为 PMOS 管，N 沟道的 MOS 管称为 NMOS 管。每一种沟道又按工作模式的不同，分为增强型和耗尽型两类。需要在 MOS 管的栅极、源极间加电压 $V_{GS}$，

且要求 $V_{GS}$ 值大于某数值时导电沟道才能形成的称为增强型模式，沟道出现时对应的 $V_{GS}$ 称为阈值电压，用 $V_{GST}$ 表示。在栅源间不需要加电压（$V_{GS}=0$）导电沟道就存在的称为耗尽型模式。下面以增强型 NMOS 管为例说明 MOS 管的结构。

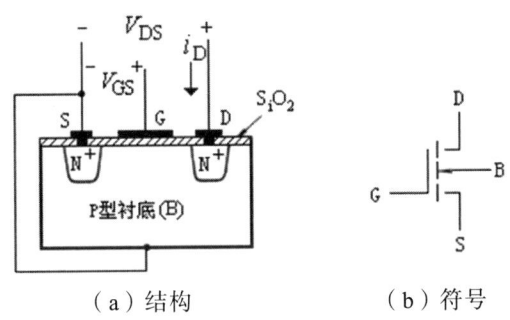

(a) 结构　　　　　(b) 符号

图 2.1.8　增强型 NMOS 管的结构和符号

图 2.1.8 给出了增强型 NMOS 管的结构示意图和符号，在 P 型半导体衬底上，制作两个高掺杂浓度的 N 型区，形成 MOS 管的源极 S（Source）和漏极 D（Drain）。第三个电极是栅极 G（Gate），通常用金属铝或铜制作。栅极和衬底之间被二氧化硅绝缘层隔开。

如果在漏极和源极之间加上正电压 $V_{DS}$，而栅、源间不加电压（$V_{GS}=0$），则漏极和源极之间相当于两个 PN 结背向串联，所以 D-S 间不导通，漏极电流 $i_D=0$。

当栅、源间加有正电压 $V_{GS}$，并且 $V_{GS}>V_{GST}$ 时，由于栅极与衬底间存在电场，会使衬底中的少数载流子—电子聚集到栅极下面的衬底表层，形成一个 N 型的导电沟道。这时若在漏、源间加有正电压 $V_{DS}$，于是有电流 $i_D$ 从漏极流向源极。随着 $V_{GS}$ 的增大，沟道加厚，电阻值下降，在同样的 $V_{DS}$ 条件下，漏极电流 $i_D$ 上升。

由于导电沟道是 N 型的，而且在 $V_{GS}=0$ 时导电沟道不存在，必须加足够的栅、源电压才有导电沟道形成，所以这种类型的 MOS 器件称作 N 沟道增强型 MOS 管。

为了防止电流从漏极直接流入衬底，通常将衬底与源极相连，或将衬底接到系统的最低电位上。

2. MOS 的输出特性曲线

同双极型三极管一样，MOS 管在运用中也有三种组态：共源接法、共栅接法和共漏接法。这里以共源接法说明 MOS 管的特性曲线，如图 2.1.9 所示。

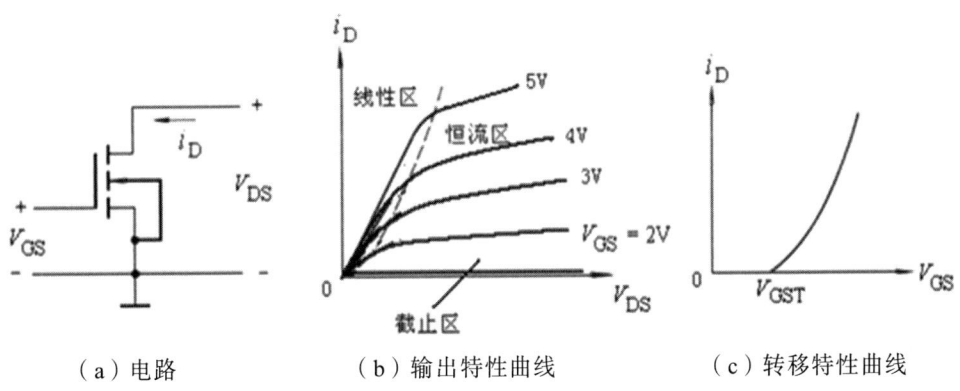

(a) 电路　　　　(b) 输出特性曲线　　　　(c) 转移特性曲线

图 2.1.9　MOS 管共源接法及特性曲线

若以栅、源间回路为输入回路,以漏、源间回路为输出回路,这种接法称为共源接法,如图 2.1.9(a)所示。栅、源间被二氧化硅层隔开,在栅、源间加正偏压 $V_{GS}$ 时,不会有栅极电流。

图 2.1.9(b)给出了共源接法的输出特性曲线,也称漏极特性曲线。它是指栅、源电压 $V_{GS}$ 一定时,漏极电流 $i_D$ 与漏、源间电压 $V_{DS}$ 的关系曲线。与三极管类似,曲线分为三个区域:截止区、恒流区和线性区。

截止区:当栅源间电压 $V_{GS}$ 小于开启电压 $V_{GST}$ 时,即 $V_{GS}<V_{GST}$ 时,MOS 管截止,此时漏源间没有导电沟道,D-S 间的电阻很大,用 $R_{OFF}$ 表示,$R_{OFF}$ 可达 $10^9\Omega$ 以上。$V_{DS}$ 在其允许值的范围内变化时,$i_D \approx 0$。因此把曲线上 $V_{GS}<V_{GST}$ 的区域称为截止区。

恒流区:图中虚线右侧的区域称为恒流区。当 $V_{GS}$ 增加到 $V_{GS}>V_{GST}$,且 $V_{DS}>0$ 时,若 $V_{GD}<V_{GST}$,则 MOS 管工作于特性曲线的恒流区。此时 D-S 间的沟道在漏极夹断,随着 $V_{GS}$ 的增加夹断区加长,$i_D$ 不随 $V_{DS}$ 增加而增加了,所以称为恒流区。

线性区:曲线中虚线左侧的区域称为线性区,也称可变电阻区。当 $V_{GS}>V_{GST}$,且 $V_{DS}>0$ 时,若 $V_{GD}>V_{GST}$,则 MOS 管工作在线性区。此时 D-S 间有导通沟道,呈低阻状态,$i_D$ 随 $V_{DS}$ 增大线性上升。$V_{GS}$ 不同,曲线斜率不同。显然漏源之间可以看成是一个由 $V_{GS}$ 控制的可变电阻,$V_{GS}$ 越大电阻值越小,曲线越陡。导通电阻用 $R_{ON}$ 表示,一般在 1kΩ 以下。

描述 $i_D$ 与 $V_{GS}$ 之间关系的曲线称为 MOS 管的转移特性曲线,如图 2.1.9(c)所示。

3. MOS 管的基本开关电路

由增强型 NMOS 管构成的开关电路如图 2.1.10 所示。

源极接地,漏极通过电阻 $R_D$ 接电源 $V_{DD}$,栅极接输入电压 $V_I$,控制 MOS 管工作。管子的开启电压为 $V_{GST}$。

当 $V_I=V_{GS}<V_{GST}$ 时,MOS 管工作在截止区,$i_D \approx 0$,$V_O=V_{DD}-i_D R_D \approx V_{DD}$,漏源间的电阻 $R_{OFF}$ 很大,约 $10^9\Omega$ 以上,D 与 S 之间相当于开关断开。

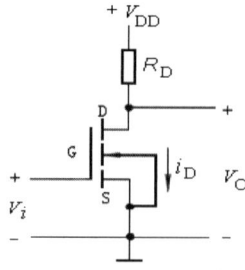

图 2.1.10 增强型 NMOS 开关电路

当 $V_I>V_{GST}$ 并且 $V_{DS}$ 较高的情况下,MOS 管工作在恒流区,随着 $V_I$ 的升高 $i_D$ 增加,而 $V_O$ 随之下降。这时 MOS 管工作在放大状态。

当 $V_I$ 继续升高后,MOS 管的导通电阻 $R_{ON}$ 变得很小,约 1kΩ 以下,只要满足 $R_D \gg R_{ON}$,输出电压将很低,$V_O \approx 0$。这时 MOS 管的 D-S 间相当于一个闭合的开关。

从以上分析可知,只要电路参数选择合理,就可以使得输入低电平时,管子截止,输出高电平;输入高电平时,管子导通,输出低电平。其开关等效电路如图 2.1.11 所示。

图中 $C_I$ 是栅源间的输入电容，数值一般为多少 pF。

**4. MOS 管的四种类型**

按沟道类型和工作模式，MOS 管可分为四种类型：增强型 NMOS 管、增强型 PMOS 管、耗尽型 NMOS 管和耗尽型 PMOS 管。表 2.1.1 列出了它们的符号与它们之间的比较。

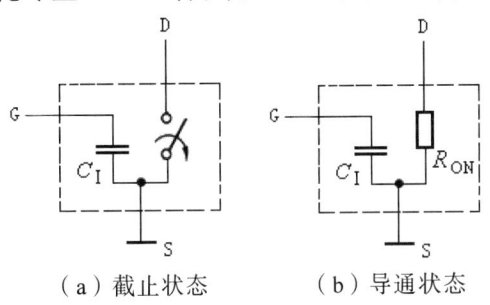

（a）截止状态　　（b）导通状态

图 2.1.11　MOS 管的开关等效电路

需要指出的是，耗尽型在 $V_{GS}=0$ 时已存在导电沟道，所以它的 $V_{GS}$ 的极性可以是正的，也可以是负的。只有在 $|V_{GS}|>|V_{GST}|$ 时，漏极电流才为 0。对于耗尽型 MOS 管，$V_{GST}$ 称为夹断电压。

表 2.1.1　四种 MOS 管的比较

| MOS 管类型 | 衬底材料 | 导电沟道 | 开启电压 | 夹断电压 | 电压极性 $V_{DS}$ | 电压极性 $V_{GS}$ | 符号 |
|---|---|---|---|---|---|---|---|
| N 沟道增强型 | P 型 | N 型 | ＋ |  | ＋ | ＋ |  |
| P 沟道增强型 | N 型 | P 型 | － |  | － | － |  |
| N 沟道耗尽型 | P 型 | N 型 |  | － | ＋ | ± |  |
| P 沟道耗尽型 | N 型 | P 型 |  | ＋ | － | ∓ |  |

## 2.2　分立元件门电路

### 2.2.1　二极管与门电路

两输入端的二极管与门电路的组成和逻辑符号如图 2.2.1 所示。其中 A、B 为与门的输入信号，即输入逻辑变量；Y 为输出信号，即输出逻辑变量或输出逻辑函数。$D_1$、$D_2$ 为二极管，它们的导通压降 $V_D=0.7V$。设输入信号的高电平为 $V_{IH}=3V$，低电平 $V_{IL}=0V$。

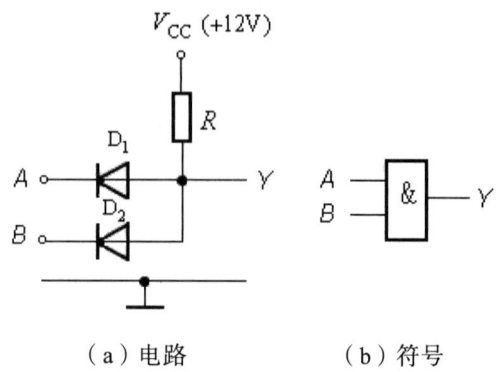

（a）电路　　　　（b）符号

图 2.2.1　二极管与门电路及逻辑符号

在输入变量的四种不同取值的情况下，二极管 $D_1$、$D_2$ 的状态和输出端 Y 的电平如下：

* 　　A=0V　　B=0V　　$D_1$ 导通　　$D_2$ 导通　　Y=0.7V
* 　　A=0V　　B=3V　　$D_1$ 导通　　$D_2$ 截止　　Y=0.7V
* 　　A=3V　　B=0V　　$D_1$ 截止　　$D_2$ 导通　　Y=0.7V
* 　　A=3V　　B=3V　　$D_1$ 导通　　$D_2$ 导通　　Y=3.7V

表 2.2.1　与门电路真值表

| 输　入 | | 输　出 |
|---|---|---|
| A | B | Y |
| 0 | 0 | 0 |
| 0 | 1 | 0 |
| 1 | 0 | 0 |
| 1 | 1 | 1 |

若将 0~0.7V 视为低电平，用逻辑 0 表示；将 3.0~3.7V 视为高电平，用逻辑 1 表示，则输出与输入之间的逻辑关系可用表 2.2.1 来描述。由表知，只有当 A、B 同为高电平时，输出才为高电平。所以 Y 与 A、B 之间的关系为逻辑与，即 Y=A·B。图 2.2.1（a）是与门电路图，它的逻辑符号如 2.2.1（b）所示。

### 2.2.2　二极管或门电路

两输入端的二极管或门电路和逻辑符号如图 2.2.2 所示。A、B 为或门输入，Y 为输出，输入高、低电平及二极管特性如与门电路。

在四种不同输入情况下，二极管的状态和输出端 Y 的电平如下：

* 　　A=0V　　B=0V　　$D_1$ 导通　　$D_2$ 导通　　Y=−0.7V
* 　　A=0V　　B=3V　　$D_1$ 截止　　$D_2$ 导通　　Y=2.3V
* 　　A=3V　　B=0V　　$D_1$ 导通　　$D_2$ 截止　　Y=2.3V
* 　　A=3V　　B=3V　　$D_1$ 导通　　$D_2$ 导通　　Y=2.3V

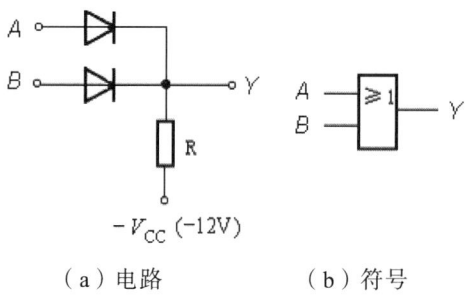

(a)电路　　　　(b)符号

图 2.2.2　二极管或门电路及符号

若将-0.7~0V 视为低电平,用逻辑 0 表示;将 2.3~3V 视为高电平,用逻辑 1 表示,则 Y 与 A、B 之间的关系可用表 2.2.2 来描述。由表可知,只有 A、B 同为低电平时,输出才为低电平,所以 Y 与 A、B 之间的关系为逻辑或,即 Y=A+B。图 2.2.2(a)所示电路为或逻辑门电路,逻辑符号用图 2.2.2(b)表示。

表 2.2.2　或门电路真值表

| 输 | 入 | 输 出 |
|---|---|---|
| A | B | Y |
| 0 | 0 | 0 |
| 0 | 1 | 1 |
| 1 | 0 | 1 |
| 1 | 1 | 1 |

输入变量多于两个时,可增加二极管的个数,但也不能无限制地增加,应视电路的负载情况而定。

由前面分析可以看出,在输入高、低电平不变的情况下,输出的高、低电平却不同。对于与门,输出的高、低电平分别为 3.7V 和 0.7V;对于或门,输出的高、低电平为 2.3V 和-0.7V。造成不同的原因是因为二极管的导通压降。这种现象称为电平偏移。如果几个门串联起来,造成的电平偏移会更大,可能造成逻辑混乱。

总之,二极管门电路结构简单,但不足的是存在电平偏移,不适合多级串联使用。

### 2.2.3　三极管非门电路

前面讨论的三极管开关电路就是一个三极管非门电路,或称三极管反相器。为了在输入为低电平时,使三极管 T 能可靠截止,在图 2.2.3 所示的三极管非门电路中,增加了一个负电源-$V_{BB}$ 和电阻 $R_2$。

为使电路实现逻辑非的关系,必须满足输入信号为低电平时,三级管 T 可靠截止,$i_C \approx 0$,输出为高电平;当输入信号为高电平时,三极管饱和,输出为低电平,输出电压等于三级管的饱和压降 $V_{CES}$。饱和的条件是:

$$i_B \geqslant \frac{V_{CC} - V_{CES}}{\beta R_C}$$

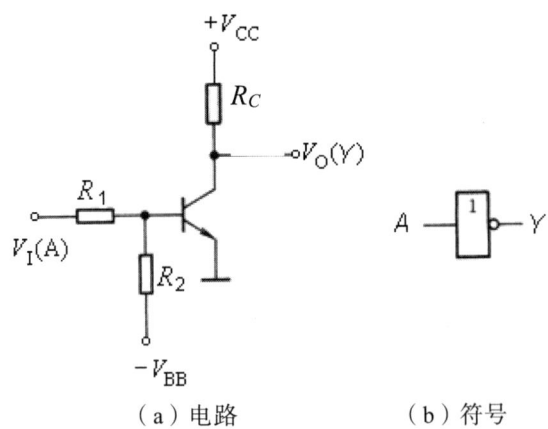

(a)电路　　　　　　　(b)符号

图 2.2.3　三极管非门及符号

电路中引入了负电源$-V_{BB}$和$R_2$，这就保证了在$V_I$为低电平时，基极电位$V_B<0$，使三极管可靠截止，保证输出为高电平。同时也提高了电路在输入低电平时抗正向干扰的能力。

【例 2.2.1】在图 2.2.3 的非门电路中，若$V_{CC}$=5V，$V_{BB}$= −8V，$R_C$=1kΩ，$R_1$=2kΩ，$R_2$=10kΩ，三极管的电流放大系数 β=30，管子的饱和压降$V_{CES}$=0.2V，输入的高、低电平分别为$V_{IH}$=3.2V，$V_{IL}$=0.2V，计算输入高、低电平时的输出电平，说明电路参数设计是否合理。

**解**　根据戴维宁定理，可把输入回路简化成一个由等效电源$V_B$和等效内阻$R_B$串联的单回路，如图 2.2.4 所示。

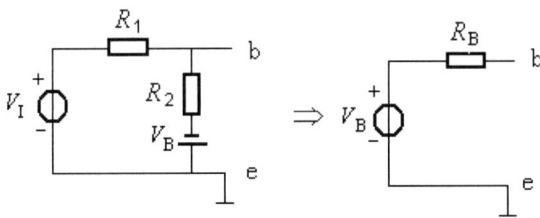

图 2.2.4　输入电路的简化

其中$V_B$为 b-e 两端的开路电压，$R_B$为电压源短路时的等效电阻。

$$\begin{cases} V_B = V_I - \dfrac{V_I - V_{BB}}{R_1 + R_2} R_2 \\[2mm] R_B = \dfrac{R_1 R_2}{R_1 + R_2} = 1.67 \text{ k}\Omega \end{cases} \quad (2.2.1)$$

当$V_I= V_{IL}$=0.2V 时，由式（2.2.1）得：

$$V_B = 0.2 - \frac{0.2+8}{2+10} \times 2 = -1.2\text{V}$$

所以三极管截止，$i_C$=0，$V_O$=$V_{CC}$=5V。

当 $V_I = V_{IH} = 3.2V$ 时，由式（2.2.1）得：

$$V_B = 3.2 - \frac{3.2+8}{2+10} \times 2 = 1.3V$$

$$i_B = \frac{V_B - V_{BE}}{R_B} = \frac{1.3-0.7}{1.67\times 10^3} = 0.36 \text{ mA}$$

饱和时的基极电流：

$$I_{BS} = \frac{V_{CC} - V_{CES}}{\beta R_C}$$

$$= \frac{5-0.2}{30 \times 1 \times 10^3} \text{A} = 0.16 \text{ mA}$$

满足 $i_B \geq I_{BS}$，三极管处于深度饱和状态，输出电压 $V_O = V_{CES} = 0.2V$。

因此，电路的参数设计是合理的。

由以上分析可以看出，图 2.2.3 所示非门的输出高电平等于 $V_{CC}$，即 $V_{CC}$ 决定了输出高电平电压值。为了使输出高电平符合标称值（3.2V），常在输出端另加一电源和一个二极管，称为钳位电源和钳位二极管，如图 2.2.5 所示。

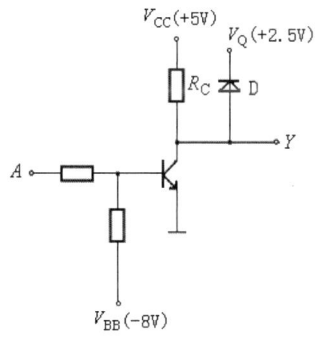

图 2.2.5 具有钳位电路的非门

当输入低电平时，三极管截止，这时二极管 D 导通，输出电压钳位于 $V_Q+0.7$。若要 $V_{OH}=3.2V$，则 $V_Q=2.5V$ 即可。

分立元件的与非门可由二极管与门串接三极管非门组成。同样，二极管或门串接三极管非门可构成或非门。这种电路也称 DTL（Diode Transistor Logic）门电路。一个 DTL 的与非门如图 2.2.6 所示。

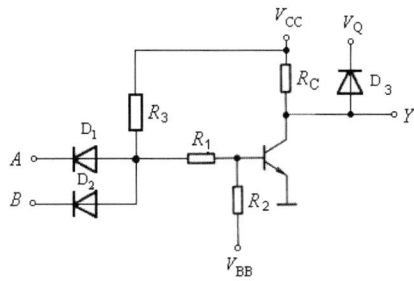

图 2.2.6 DTL 与非门

## 2.3 TTL 集成门电路

### 2.3.1 数字集成电路的分类

集成电路 IC（Integrating Circuit）就是将半导体器件、电阻、电容等元件都制作在一个半导体芯片上，构成一个完整的功能电路，然后封装起来而成。与分立元件电路相比，集成电路具有体积小、重量轻、功耗低、可靠性高和工作速度快等优点。自 20 世纪 60 年代初问世以来，集成电路，尤其是数字集成电路得到了广泛的应用。通常把单块芯片上集成的三极管的个数称为集成度。按集成度划分，集成电路可分为小规模、中规模、大规模和超大规模集成电路。目前集成度正以每两年翻一番的速度发展。对于数字集成电路，集成度常以单块芯片上门数的多少划分。以集成度划分的数字集成电路如表 2.3.1 所示。

表 2.3.1 以集成度划分的数字集成电路

| 阶段 | 类别 | 元件数/每片 | 门数/每片 | 规格 |
| --- | --- | --- | --- | --- |
| 第一代 | SSI | <100 | <10 | 小规模 |
| 第二代 | MSI | 100～1000 | 10～100 | 中规模 |
| 第三代 | LSI | 1000～100000 | 100～10000 | 大规模 |
| 第四代 | VLSI | >100000 | >10000 | 超大规模 |

注：SSI—Small Scale Integration，小规模集成；MSI—Medium Scale Integration，中规模集成；LSI—Large Scale Integration，大规模集成；VLSI—Very Large Scale Integration，超大规模集成。

根据制造工艺的不同，集成电路又分为两大类：一类是以双极型晶体管为基本元件，称为双极型集成电路；另一类是以 MOS 管为基本元件，称为单极型集成电路。

双极型数字集成电路又分为：

DTL（Diode-Transistor Logic） 二极管—晶体管逻辑
HTL（High-Threshold Logic） 高阈值逻辑
TTL（Transistor-Transistor Logic） 晶体管—晶体管逻辑
ECL（Emitter-Coupled Logic） 发射极注入逻辑
$I^2L$（Integrated Integrated Logic） 集成注入逻辑

应用较多的双极型类型是 TTL 门电路。TTL 集成门电路的种类很多，国际常见的有四个系列：54/74 标准系列、54H/74H 高速系列、54S/74S 肖特基系列和 54LS/74LS 低功耗肖特基系列。国产的集成电路 CT1000、CT2000、CT3000、CT4000 系列分别和上述四个系列相对应。

### 2.3.2 TTL 与非门

**1. TTL 与非门的电路结构与工作原理**

（1）电路结构

74 系列中两输入端与非门 7400 的电路如图 2.3.1 所示，电路由输入级、倒相级和输出级三部分组成。

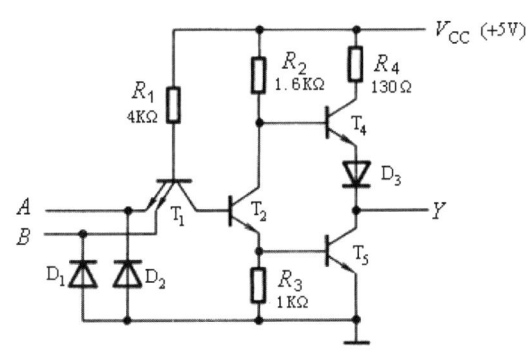

图 2.3.1  7400TTL 与非门

① 输入级。

输入级由多发射三极管 $T_1$、电阻 $R_1$ 和二极管 $D_1$、$D_2$ 组成。多发射极三极管可看成是两个发射极独立，而基极和集电极分别并联在一起的两个三极管，如图 2.3.2 所示。在功能上实现 A 和 B 相与的逻辑关系。

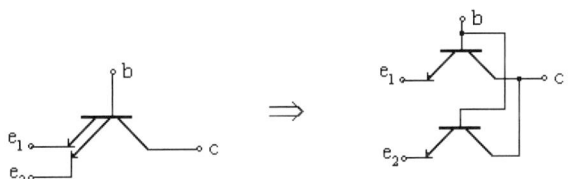

图 2.3.2  多发射极三极管

$D_1$、$D_2$ 是保护用二极管，当输入端电压过低时，将输入端钳位在负 0.7V，以免因流过 $T_1$ 的电流过大而损坏器件。

② 反相级。

反相极由三极管 $T_2$ 和电阻 $R_2$、$R_3$ 组成。在三极管 $T_2$ 的发射级和集电极可得到和基极逻辑电平为同相和反相的两种不同的逻辑输出，去驱动输出电路。

③ 输出级。

晶体管 $T_4$、$T_5$、二极管 $D_3$ 和电阻 $R_4$ 构成输出电路。稳态时，$T_4$ 和 $T_5$ 总是一个导通、另一个截止，这种结构称为推拉式输出或图腾柱输出。这种输出方式可有效地降低功耗和提高负载能力。$D_3$ 的作用一是使输出高电平平移 0.7V，二是提高抗干扰能力。

（2）TTL 与非门的工作原理

TTL 与非门的工作原理如下：

设输入信号的高电平 $V_{IH}$=3.6V，低电平 $V_{IL}$=0.3 V。

① 输入信号至少有一个为低电平。

当输入信号 A、B 中至少有一个为低电平时,包括 A、B 同为低,A 为低、B 为高和 A 为高、B 为低三种情况。在这三种情况下,电路的工作状态完全相同。此时 $T_1$ 管的基极电位将被钳位在 1.0V 左右,这时 $T_1$ 管的基极电流 $i_{B1}$ 为:

$$i_{B1} = \frac{V_{CC} - V_{B1}}{R_1} = \frac{5 - 1.0}{4} = 1.0 \text{ mA}$$

$T_1$ 管的基极电位 $V_{B1}$=1.0V,不足以通过 $T_1$ 的集电结使 $T_2$ 的发射结导通,因此 $T_2$ 截止。此时 $T_1$ 管的集电极等效负载电阻很大,$i_{C1}$≈0,$I_{B1}$ 全部从 $T_1$ 的发射极流出,$T_1$ 工作于深度饱和状态,$V_{CE1}$= $V_{CES1}$≈0.1V。$T_2$ 截止,$i_{C2}$=0,因此 $V_{E2}$ 为低电平,$T_5$ 管截止。$V_{C2}$ 为高电平,使 $T_4$ 和 $D_3$ 导通。电路输出为高电平 $V_{OH}$。空载时,

$$V_O = V_{OH} = V_{CC} - V_{R2} - V_{BE4} - V_{D3} \approx V_{CC} - V_{BE4} - V_{D3} = 3.6 \text{ V}$$

② 输入全为高电平。

当输入 A、B 全为高电平 3.6V 时,这时 $T_1$ 管的基极电位 $V_{B1}$ 将被 $T_1$ 管的集电结、$T_2$ 管和 $T_5$ 管的发射结钳位,$V_{B1}$ 为:

$$V_{B1} = V_{BC1} + V_{BE2} + V_{BE5} = 0.7 + 0.7 + 0.7 = 2.1 \text{V}$$

$T_1$ 管的发射结处于反偏状态($T_1$ 管倒置运用)。$T_1$ 的基极电流经集电结流入 $T_2$ 管的基极。$i_{B1}$ 的数值为:

$$i_{B1} = \frac{V_{CC} - V_{B1}}{R_1} = \frac{5 - 2.1}{4} = 0.7 \text{ mA}$$

$T_2$ 管的基极电流 $i_{B2}$=$i_{B1}$=0.7mA,通过计算可知,只要 $T_2$ 的电流放大倍数 β>10(这是很容易做到的),就足以使 $T_2$ 处于饱和状态。设 $T_2$ 管的饱和压降 $V_{CES2}$=0.1V,则 $T_2$ 管的集电极点位 $V_{C2}$ 为:

$$V_{C2} = V_{E2} + V_{CES2} = 0.7 + 0.1 = 0.8 \text{V}$$

0.8V 的电压不足以使 $T_4$ 和 $D_3$ 导通,所以 $T_4$、$D_3$ 截止。由于它们的截止使得 $T_5$ 的集电极电流 $i_{C5}$ 在空载的情况下为 0,而 $T_5$ 的基极电流可通过计算求出。

$$i_{R2} = \frac{V_{CC} - V_{C2}}{R_2} = \frac{5 - 0.8}{1.6} = 2.6 \text{ mA}$$

$$i_{E2} = i_{B2} + i_{C2} = i_{B2} + i_{R2} = 2.6 + 0.7 = 3.3 \text{ mA}$$

$$i_{B5} = i_{E2} - i_{R3} = i_{E2} - \frac{V_{E2}}{R_3} = 3.3 - \frac{0.7}{1} = 2.6 \text{ mA}$$

显然 $T_5$ 处于深度饱和状态,输出:

$$V_O = V_{CES5} \approx 0.1 \text{V}$$

综合以上①、②两点可知,电路实现了与非的逻辑功能,$Y=\overline{AB}$。各管的工作状态如下:

* A、B 中至少有一个为低电平时,$T_1$ 深度饱和,$T_2$ 截止,$T_4$ 导通,$T_5$ 截止;
* A、B 全为高电平时,$T_1$ 倒置运用,$T_2$ 饱和,$T_4$ 截止,$T_5$ 深度饱和。

2. TTL 与非门的电气特性

TTL 与非门的电气特性主要包括电压传输特性、输入特性和输出特性。

（1）电压传输特性

TTL 与非门的输出电压 $V_O$ 随输入电压 $V_I$ 变化的关系称为电压传输特性。测试电路如图 2.3.3（a）所示。

与非门的一个输入端接高电平，另一输入端信号从 0V 开始连续变化。测得的输出电压随输入电压的变化曲线即是电压传输特性曲线。TTL 与非门的电压传输特性曲线如图 2.3.4 所示。在图中，把曲线分成四个区域：截止区、线性区、转折区和饱和区。

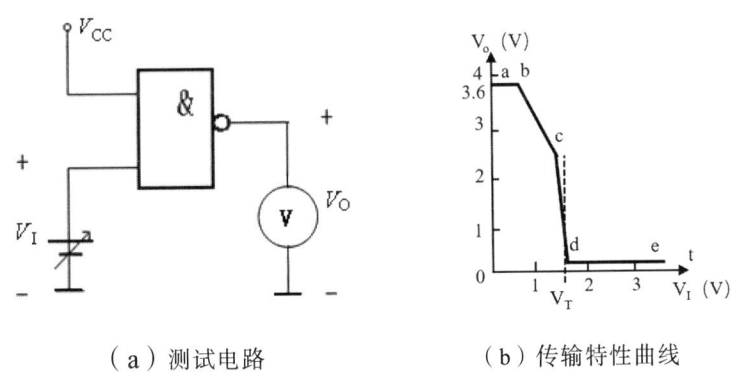

（a）测试电路　　　　　（b）传输特性曲线

图 2.3.3　TTL 与非门传输特性的测试电路和传输特性曲线

① 截止区。

图中的 ab 段为截止区。此时 $V_I<0.6V$。当 $V_I<0.6V$ 时，$T_1$ 管的基极电压 $V_{B1}<1.3V$，$T_2$、$T_5$ 截止，$T_4$、$D_3$ 导通，故输出为高电平 $V_{OH}\approx3.6V$。一般以 $T_5$ 的状态表示与非门的工作状态，在 ab 段 $T_5$ 截止，所以称与非门处于截止状态或关门状态。因此这一段称为截止区。

② 线性区。

当输入电压满足 $0.6\leqslant V_I\leqslant1.3V$ 时，对应图中的 bc 段，称为线性区（或放大区）。在此区间，$T_2$ 管处于放大状态，而 $T_5$ 处于截止状态。$T_2$ 管的集电极电位随 $V_I$ 的上升而线性下降，下降的速率为：

$$\frac{\Delta V_{C2}}{\Delta V_I}\approx\frac{R_2}{R_3}$$

由于 $T_4$ 管的射极跟随作用，输出 $V_O=V_{C2}-V_{BE4}-V_{D3}$ 也随输入的上升而线性下降。因而这一段称为线性区。由于 $T_2$ 处于放大状态，也称放大区。由于 $T_5$ 截止，与非门仍处于关门状态。

③ 转折区。

曲线上的 cd 段称为转折区。此时 $V_I$ 在 1.4V 左右。当 $V_I>1.3V$ 后，$T_5$ 开始导通，$T_2$ 仍工作于放大状态。但是，由于 $T_5$ 导通时的输入电阻并联于 $R_3$ 上，使得下降速率加大，所以曲线在 cd 段急剧下降。$V_I$ 在 1.4V 时，$T_2$ 和 $T_5$ 相继进入饱和，$T_4$ 截止，与非门完成了由关门到开门的转换。因此 cd 段称为转折区。

④ 饱和区。

de 段称为饱和区。此时 $V_I>1.4V$，当 $V_I>1.4V$ 时，$T_2$ 和 $T_5$ 均已饱和，随着 $V_I$ 的继

续增加,由于 $T_1$ 管的 $V_{B1}=2.1V$ 基本不再变化,所以输出的低电平也基本不变(随着输入电压的增加稍有降低),数值为 $T_5$ 的饱和压降 $V_{CES5}$。因此 de 段称为饱和区,与非门处于开门状态。

根据电压传输特性,可以得出 TTL 与非门的一些重要参数:

* 输出高电平 $V_{OH}$

TTL 与非门空载时输出高电平 $V_{OH}$ 约为 3.6V,加有负载时,输出电平会有所下降。所以输出高电平为某个范围内的电压值。TTL 产品规定输出高电平的标准值 $V_{OSH}=3V$,高电平的下限值 $V_{OH(min)}=2.4V$。

* 输出低电平 $V_{OL}$

同样,TTL 输出的低电平值也有一个电压范围。空载时,$T_5$ 处于深度饱和,$V_{OL}≈0.1V$,带上负载后,$T_5$ 的饱和深度降低,$V_{OL}$ 随之上升。标准值 $V_{OSL}=0.3V$,上限值 $V_{OL(max)}=0.5V$。

* 关门电平 $V_{OFF}$

TTL 与非门的输入为低电平时,输出为高电平,这时与非门处于关门状态。当输入低电平升高时,输出高电平会下降,当输出电压降低到标准值 $V_{OSH}$ 的 0.9 倍时,所对应的输入电压称为关门电平 $V_{OFF}$。显然曲线上 $V_O=2.7V$ 所对应的输入电压即为 $V_{OFF}$。TTL 产品规定 $V_{OFF}≥0.8V$。

* 开门电平 $V_{ON}$

同样,对于 TTL 与非门,当输入高电平下降时,输出低电平会升高。当输出上升到 $V_{OSL}$ 时,所对应的输入高电平值称为开门电平 $V_{ON}$。TTL 产品规定 $V_{ON}≤1.8V$。

综合③④可以看出,关门电平 $V_{OFF}$ 是保持与非门处于截止状态的输入低电平的最大值;开门电平 $V_{ON}$ 是保持输出处于开门状态的输入高电平的最小值。

* 阈值电压 $V_T$

在电压传输特性曲线上,转折区 cd 段的中点所对应的输入电压称为阈值电压,用 $V_T$ 表示,如图 2.3.3(b)中虚线对应的输入电压。它是输出高低电平的分界线,同时也是 $T_5$ 管截止和饱和的分界线。可以认为输入 $V_I<V_T$ 时,与非门处于关门状态,输出为高电平 $V_{OH}$;输入 $V_I>V_T$ 时,与非门处于开门状态,输出为低电平 $V_{OH}$。

* 输入噪声容限 $V_N$

在实际的电路中,总是多级门电路相互联接起来,完成一定的逻辑功能。图 2.3.4 表示两个与非门串接。

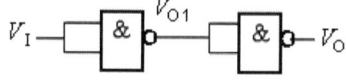

图 2.3.4 两个串接的与非门

正常情况下,必须保证 $V_I$ 为低电平时,$V_{O1}$ 为高电平,$V_O$ 为低电平;反之则正好相反。

但是,信号在传输过程中,由于种种原因不可避免会受到干扰,干扰以噪声的形式叠加在两极之间的连线上。这时能否保证电路正常的逻辑关系，取决于电路的抗干扰能力——输入噪声容限。

由传输特性曲线可以看出，当输入低电平偏离标准值 0.3V 时，输出高电平并不立即降低；同样当输入高电平低于标准值 3V 时，输出低电平并不立即升高。由此可见，只要噪声电压不超过允许的限度，就不会破坏电路的正常逻辑功能。

在保证输出高电平的条件下，输入低电平上允许的最大干扰电压称为低电平噪声容限，用 $V_{NL}$ 表示。计算公式为：

$$V_{NL} = V_{IL(max)} - V_{OL(max)} = V_{OFF} - V_{OL(max)}$$

$V_{NL}$ 越大，表示与非门输入低电平时，抗正向干扰的能力越强。也可用公式 $V_{NL}= V_{OFF} - V_{OSL}$ 表示。

同样，在保证输出低电平的条件下，输入高电平上允许的最大干扰电压称为高电平噪声容限，用 $V_{NH}$ 表示。

$$V_{NH} = V_{OH(min)} - V_{IH(min)} = V_{OH(min)} - V_{ON}$$

$V_{NH}$ 表示与非门输入高电平时，抗负向干扰的能力。$V_{NH}$ 越大，抗干扰能力越强。也可用公式 $V_{NH} = V_{OSH} - V_{ON}$ 表示。

（2）输入伏安特性

TTL 与非门的输入电流 $i_I$ 随输入电压 $V_I$ 变化的关系称为输入伏安特性。图 2.3.5（a）给出了测试电路。在输入电压变化的情况下，测得的伏安特性如图 2.3.5（b）所示。

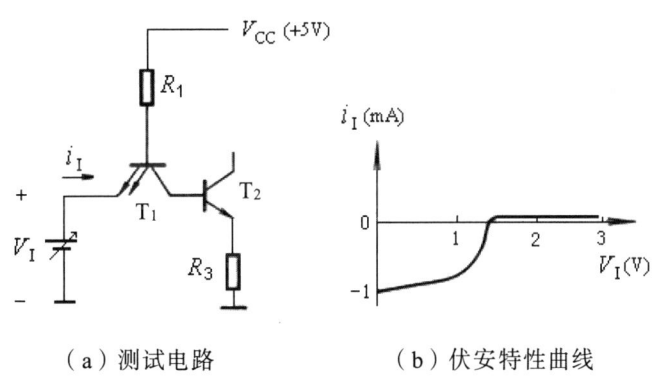

（a）测试电路　　　　（b）伏安特性曲线

**图 2.3.5　TTL 与非门输入特性的测试电路和伏安特性曲线**

① 输入低电平时。

当输入低电平 $V_I=V_{IL}=0.3V$ 时，$T_1$ 的发射结导通，此时 $i_I$ 向外流出，所以为负值。此时电流称为低电平输入电流 $I_{IL}$，其值为：

$$I_{IL} = -\frac{V_{CC} - V_{BE1} - V_{IL}}{R_1} \approx -1\text{mA} \qquad (2.3.1)$$

输入端 $V_I=0$ 时的电流称为输入短路电流 $I_{IS}$，这是 TTL 与非门的一个重要参数。显然 $I_{IS}$ 比 $I_{IL}$ 略大，通常 TTL 与非门的输入端为低电平时，流出电流 $i_I$ 常用 $I_{IS}$ 代替。

② 输入高电平时。

当输入为高电平 $V_{IH}=3.6V$ 时，由于 $T_2$、$T_5$ 同时导通，$T_1$ 的 $V_{B1}$ 钳位在 2.1V，$T_1$ 处

于倒置运用状态。这时三极管的放大倍数很小（在 0.01 以下），所以 $i_I$ 很小，是流进 $T_1$ 管的，大小在微安量级，用 $I_{IH}$ 表示。$I_{IH}$ 称为高电平输入电流，也称输入漏电流。对于标准型的 TTL 门电路，$I_{IH} \leqslant 40\mu A$。

当输入电压介于高、低电平之间时，TTL 门电路的工作情况要复杂一些。通常只发生在信号跃变的短暂瞬间，这里不再详细讨论。

通常输入短路电流 $I_{IS}$ 和输入漏电流 $I_{IH}$ 可由输入特性曲线得到，或者由器件手册查到。

由测试电路可以看出，低电平输入电流 $I_{IL}$ 的大小和输入端并接的个数无关；而当输入为高电平时，流进 $T_1$ 管的电流等于 $I_{IH}$ 和与非门输入端并联个数的乘积。

（3）输入负载特性

门电路在实际应用中，往往会遇到输入端经电阻接地或接信号的情况。这时由于电阻中有电流流过，电阻上的电压将对输入信号 $V_I$ 产生影响。输入电压与所接电阻 $R_I$ 之间的关系称为输入负载特性。图 2.3.6 是负载特性的测试电路和负载特性曲线。

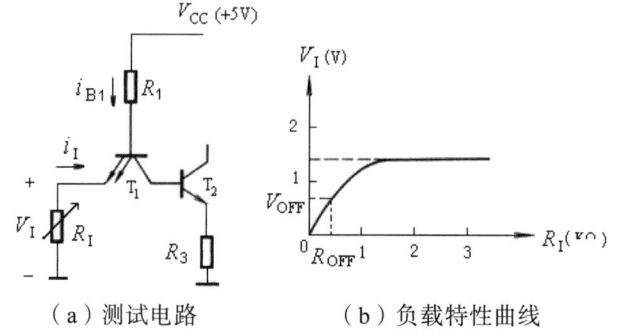

（a）测试电路　　　　（b）负载特性曲线

图 2.3.6　TTL 与非门负载特性的测试电路和负载特性曲线

当 $R_I=0$ 时，$V_I=0$，与非门处于截止状态，输出高电平。

当 $R_I$ 由 0 逐渐增大时，

$$V_I = i_I R_I = \frac{V_{CC} - V_{BE1}}{R_1 + R_I} \cdot R_I \qquad (2.3.2)$$

由式（2.3.2）可知，在 $R_I$ 较小时，$V_I$ 随 $R_I$ 的增大近似线性增加。当 $V_I$ 上升到 1.4V 时，$T_2$、$T_5$ 相继导通，TTL 与非门处于开门状态。$V_{BE1}$ 钳位于 2.1V，$V_I$ 不再随 $R_I$ 的增加而上升了，基本保持在 1.4V 不变。

当 $V_I$ 上升到 TTL 与非门的关门电平 $V_{OFF}$ 后，所对应的 $R_I$ 称作关门电阻，用 $R_{OFF}$ 表示。标准系列 TTL 门电路的关门电平 $V_{OFF}=0.8V$，代入式（2.3.2）可计算出 $R_{OFF}=0.91k\Omega$。所以两个 TTL 门电路通过一个电阻串接时，电阻的阻值不应超过 0.91 k$\Omega$。一般常选用 $R_{OFF} \leqslant 0.7$ k$\Omega$。

当 $V_I$ 随 $R_I$ 的增大而上升到输入高电平的最小值 $V_{IH(min)}$ 时，与非门由截止转为饱和状态，此时对应的 $R_I$ 称为开门电阻，用 $R_{ON}$ 表示。由于此时的 $T_2$ 已导通，所以 $R_{ON}$ 不能用前面公式确定。可由试验方法确定，或由输入负载特性曲线得到。对于标准系列的 TTL 门电路，$R_{ON}$ 约 2.5k$\Omega$。一般常选用 $R_{OFF} \geqslant 3$k$\Omega$。

由输入负载特性可得下述重要结论：

① 若 TTL 与非门的输入端接负载电阻，若 $R_I < R_{OFF}$，则输入为逻辑低电平；若 $R_I > R_{ON}$，则输入为逻辑高电平。

② TTL 门电路输入端开路（悬空），相当于输入为逻辑高电平。

（4）TTL 与非门的输出特性

TTL 门电路的输出电压与输出电流之间的关系称为输出特性，其关系式为

$$V_O = f(i_L)$$

其中，$i_L$ 为输出负载电流。

根据电路输出状态不用，又将其分为高电平输出特性和低电平输出特性。

① 高电平输出特性。

当与非门的输入中有低电平时，输出为高电平。此时 $T_4$、$D_3$ 导通，$T_5$ 截止，输出端的等效电路如图 2.3.7（a）所示，其中 $R_L$ 为负载电阻，$i_L$ 为输出负载电流，流进与非门为电流正方向。

由图 2.3.7（a）可见，此时，实际电流是从 TTL 门电路流出的，称为拉电流，而负载电阻也就称为拉电流负载。当负载变化时，输出电流 $i_L$ 会变化，输出电压 $V_O$ 也随之变化，$V_O$ 随 $i_L$ 变化的曲线如图 2.3.7（b）所示。

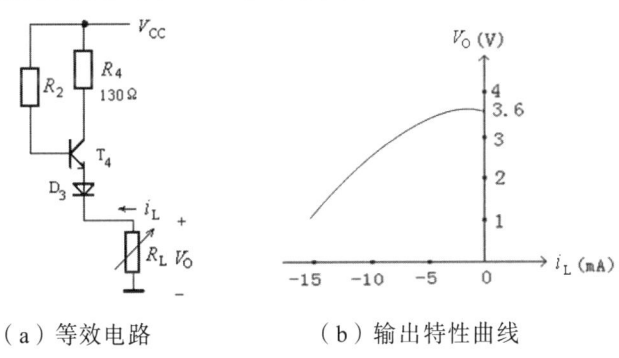

（a）等效电路　　　　（b）输出特性曲线

图 2.3.7　高电平输出等效电路和输出特性曲线

在负载电流较小时，$T_4$ 为射极跟随输出状态，电路输出内阻小，输出电压为 3.6V 基本不变。

随着电流的增大，$R_4$ 上电压增加，$T_4$ 逐渐进入饱和，此时，

$$V_O = V_{CC} - V_{CES4} - V_{D_3} - i_L R_4$$

显然，$V_O$ 随 $i_L$ 的增加而线性下降。为使输出保持高电平，$i_L$ 不能太大。从图 2.3.7（b）的曲线上看出，如果要保证输出电压不低于输出高电平的最小值 $V_{OH(min)}$（2.4V），则 $i_L$ 应不大于十几毫安。但实际运用时，考虑到功耗，对于 74 系列 TTL 门电路，输出为高电平时，允许的最大负载电流不超过 0.4 mA。最大允许的拉电流用 $I_{OH}$ 表示。

② 低电平输出特性。

当与非门的输入全为高电平时，输出为低电平。此时 $T_4$、$D_3$ 截止，$T_5$ 饱和导通。等效电路及输出特性如图 2.3.8 所示。

因为 $T_5$ 饱和导通时，c-e 间的内阻很小，所以负载电流 $i_L$ 增加时输出的低电平 $V_{OL}$

变化很小，只稍有升高。由图 2.3.8（b）可见，在 $i_L$ 变化比较大的范围内，$V_{OL}$ 与 $i_L$ 基本呈线性关系。

由于实际电流是流进门电路的，这种电流称为灌电流，负载电阻称为灌电流负载。保证输出低电平在规定范围内的最大允许灌电流用 $I_{OL}$ 表示。

在实际应用中，门电路输出端往往串接另外的门电路，在计算中必须同时考虑门电路的输入特性和输出特性。

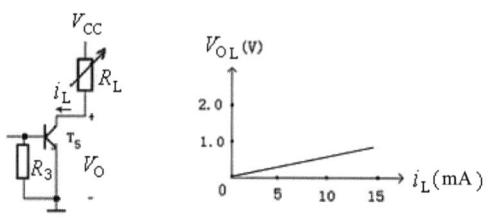

（a）等效电路　　（b）输出特性曲线

图 2.3.8　低电平输出的等效电路及输出特性曲线

门电路的负载能力用其能带的最大负载电流来描述。允许的负载电流越大，负载能力越强。通常用扇出系数定量描述负载能力。扇出系数是门电路能够驱动同类负载门的最大个数。用 N 表示。但是输出低电平时的扇出系数 $N_L$ 和输出高电平时的扇出系数 $N_H$ 往往是不相同的，这时取二者中的最小值，即

$$N = \min[N_L, N_H]$$

【例 2.3.1】在图 2.3.9 电路中，计算与非门 $G_1$ 的扇出系数。已知电路的 $I_{IS}=1$ mA，$I_{IH} = 40$ μA，与非门的最大允许灌电流 $I_{OL}=16$ mA，最大允许拉电流 $I_{OH}=0.4$ mA。

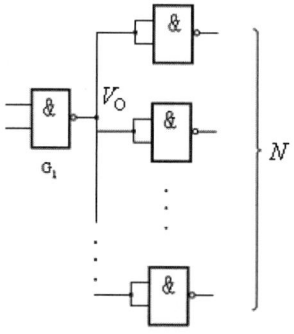

图 2.3.9　例 2.3.1 的电路

**解**　首先计算输出低电平时的扇出系数 $N_L$。

每一个负载门是两个输入端并在一起。输出低电平时，每一个负载门灌向 $G_1$ 的电流为一个 $I_{IS}$，根据题意，有：

$$I_{OL} \geqslant N_1 I_{IS}$$

即：

$$N_1 \leqslant \frac{I_{OL}}{I_{IS}} = \frac{16}{1} = 16$$

$N_1$ 即是输出低电平时 $G_1$ 能驱动的门电路的个数。

再计算输出为高电平时的扇出系数 $N_H$。

由于每一个负载门有两个输入端,在 $V_O$ 为高电平时,负载门的 $T_1$ 管倒置运用,每一个输入端相当于一个三极管的集电极,有一个输入漏电流 $I_{IH}$ 流入负载门,对于 $G_1$ 形成拉电流负载。根据题意,有:

$$I_{OH} \geqslant N_2 \cdot 2I_{IH}$$

即:

$$N_2 \leqslant \frac{I_{OH}}{I_{IH}} = \frac{0.4}{2 \times 0.04} = 5$$

$N_2$ 即是输出高电平时 $G_1$ 能驱动的门电路的个数。

取 $N_1$ 和 $N_2$ 中的小者,所以 $G_1$ 的扇出系数为 5。

(5) TTL 门电路的传输延迟时间 $t_{pd}$

由于在 TTL 门电路中,器件的开关速度有限,且存在寄生电容和杂散电容,当一个理想矩形波加到 TTL 电路的输入端时,输出电压波形不仅要比输入波形滞后,而且上升沿和下降沿也要发生畸变,如图 2.3.10 所示。

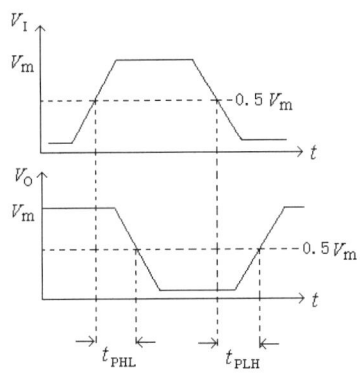

图 2.3.10　TTL 与非门的延迟时间

把输出电压波形滞后于输入电压波形的时间叫作传输延迟时间,用 $t_{pd}$ 表示。把输出由高电平跳变为低电平的延迟记作 $t_{PHL}$,把输出由低电平跳变为高电平的延迟记作 $t_{PLH}$。它们的定义方法如图 2.3.10 所示。用二者的平均值作为门电路的传输延迟时间,也称平均传输延迟时间,即:

$$t_{pd} = \frac{t_{PHL} + t_{PLH}}{2}$$

74 系列的 TTL 门电路的 $t_{pd}$ 约 10 ns。它反映了集成电路的工作速度。

### 2.3.3　其他类型的 TTL 门电路

1. 其他逻辑功能的门电路

前面比较详细地分析了 TTL 门电路中典型的一种门电路——TTL 与非门。对于其他逻辑功能的电路,分析方法基本相同,这里只做简要介绍。

(1) TTL 反相器(非门)

标准 74 系列非门的电路如图 2.3.11 所示。和与非门电路不同之处只是 $T_1$ 管为一普通三极管。

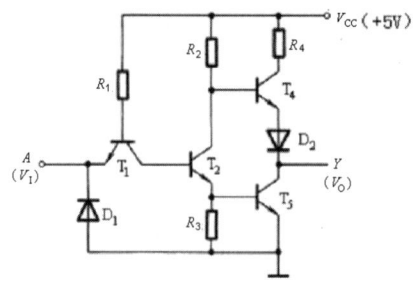

图 2.3.11  TTL 非门电路

当 A 为低电平 0.3V 时，$V_{B1}$ 钳位于 1.0V。$T_2$、$T_5$ 都不导通，$T_4$、$D_2$ 导通，输出为高电平；当 A 为高电平时，$V_{B1}$ 钳位于 2.1V，$T_4$、$D_2$ 截止，$T_2$、$T_5$ 导通，输出为低电平。因此，Y 和 A 之间为非的逻辑关系，即 $Y=\overline{A}$。

非门的输入特性和输出特性和与非门相同。

（2）或非门

TTL 或非的电路如图 2.3.12 所示。和 TTL 非门相比，增加了由 $T_1'$、$T_2'$ 与 $R_1'$ 组成的和 $T_1$、$T_2$ 与 $R_1$ 完全相同的电路。$T_2$ 和 $T_2'$ 的集电极和发射极分别并在一起，这里以 P 点的电位说明其工作原理。

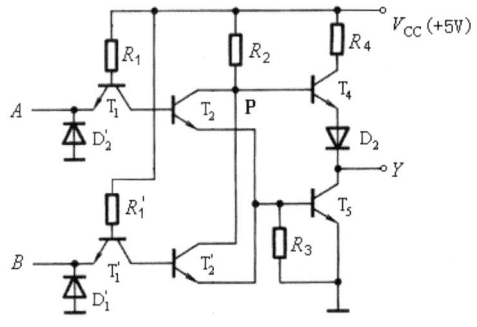

图 2.3.12  TTL 或非门电路

由图 2.3.12 可以看出，当 A、B 均为低电平 0.3V 时，$V_{B1}$ 和 $V_{B1}'$ 均钳位于 1.0V，$T_2$ 和 $T_2'$ 都不导通，此时 P 点电位约为 $V_{CC}$，$T_4$、$D_2$ 导通，输出高电平 $V_{OH}$；当 A、B 中至少一个为高电平时，$T_2$ 和 $T_2'$ 中至少一个导通，P 点电位降低（约 1.0V），$T_4$、$D_2$ 截止，$T_5$ 导通，输出为低电平 $V_{OL}$。当输入均为低电平时输出才为高电平，所以 Y 与 A、B 间为或非的逻辑关系，即：

$$Y=\overline{A+B}$$

（3）与或非门

将或非门电路中的 $T_1$ 和 $T_1'$ 改用多发射极的三极管，就得到了与或非门电路，如图 2.3.13 所示。

和或非门的分析相同，只有 A、B 和 C、D 每一组输入中至少有一个为低电平时（AB=0，CD=0），$T_2$ 和 $T_2'$ 同时截止，P 点电位约为 $V_{CC}$，输出为高电平；至少有一组输入均为高电平时（AB=1 或者 CD=1），输出为低电平。所以 Y 与 A、B 及 C、D 之间为与或非的逻辑关系，即：

$$Y = \overline{AB + CD}$$

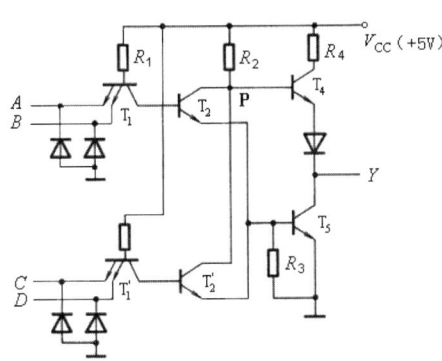

图 2.3.13　TTL 与或非门

**2. 集电极开路门电路（OC 门）**

在数字电路系统中，往往需要把几个门的输出端并联。但是前面介绍的推拉式输出的 TTL 门电路不能这样使用。图 2.3.14 是两个推拉式 TTL 门电路的并联电路。

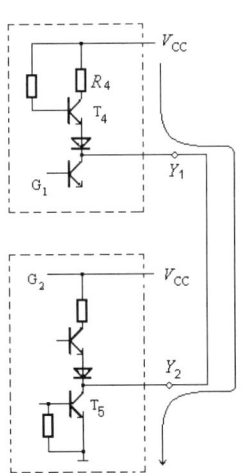

图 2.3.14　推拉式输出级并联情况

若 $G_1$ 门输出为高电平，$T_4$ 导通，$G_2$ 门输出为低电平，$T_5$ 导通。由于在推拉式输出的电路中，无论输出是高电平还是低电平，输出电阻都很小，输出端并联后，将会有很大的电流流过这两个门的导通管。这个电流将远远超过正常的工作电流，可能使门电路损坏。

另外，推拉式输出的 TTL 门电路有规定的电源电压（一般为+5V），输出高电平为固定值。不能满足对不同输出高电平值的要求。此外，推拉式输出结构的电路负载能力也较小。为克服这些局限性,输出级可采用集电极开路的三极管结构,做成集电极开路的门电路(Open Collector Gate),简称 OC 门。OC 门电路可以有不同逻辑功能,下面介绍集电极开路的与非门。

(1)集电极开路与非门的结构和符号

图 2.3.15 是两输入端的集电极开路与非门的电路结构和逻辑符号。虚线左侧是 OC 门的电路,右侧的电阻 $R_L$ 和电源 $V'_{CC}$ 是在电路工作时外加的。当然 $V'_{CC}$ 也可以用 $V_{CC}$ 代替。只要负载电阻 $R_L$ 的阻值和电源电压 $V'_{CC}$ 选择合适,就能够做到既能保证输出的高、低电平值符合要求,输出端三极管的负载电流又不至于过大。

(2)工作原理

外加负载后的电路如图 2.3.15(a)。当 A、B 中至少有一个为低电平 0.3V 时,$T_1$ 管的 $V_{B1}$ 钳位于 1.0V,$T_2$、$T_5$ 截止,输出为高电平 $V_{OH}$,$V_{OH} \approx V'_{CC}$。

当 A、B 全为高电平时,$V_{B1}$ 钳位于 2.1V,$T_2$、$T_5$ 导通,输出为低电平 $V_{OL}$,$V_{OL} \approx V_{CES5} \approx 0.2V$。

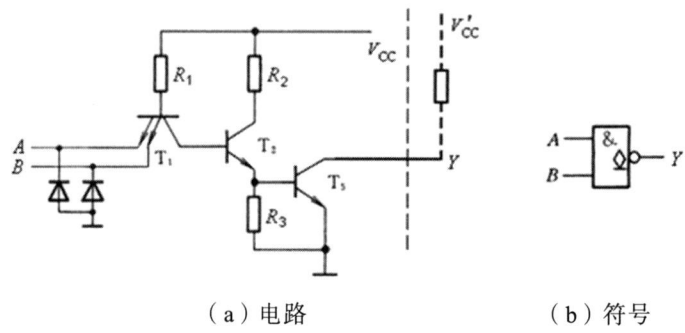

(a)电路　　　　　(b)符号

图 2.3.15　TTL 集电极开路与非门

所以 Y 与 A、B 的关系为与非逻辑,即:

$$Y = \overline{A \cdot B}$$

几个 OC 门的输出可以直接并联在一起,通过一个负载电阻 $R_L$ 接到电源 $V'_{CC}$ 上,如图 2.3.16 所示。$R_L$ 也称作上拉电阻。

显然,只有 $Y_1$ 和 $Y_2$ 都是高电平时,输出 Y 才为高电平;否则,输出 Y 为低电平。所以 Y 与 $Y_1$、$Y_2$ 的关系为 $Y=Y_1 \cdot Y_2$,即:

$$Y = Y_1 \cdot Y_2 = \overline{AB} \cdot \overline{CD} = \overline{AB + CD}$$

这种靠线的连接形成与逻辑功能的方式称为"线与"。

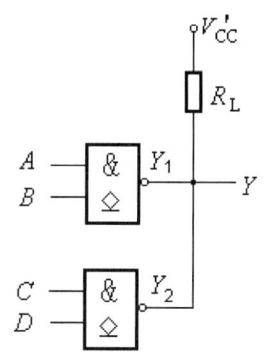

图 2.3.16 两个 OC 门实现线与

（3）$R_L$ 的选择

当几个 OC 门通过上拉电阻实现"线与"，并且后面接有负载门时，必须合适地选择 $R_L$ 才能保证 OC 门的输出为要求的高、低电平值。$R_L$ 的大小取决于并在一起的 OC 门的个数、所接负载情况以及 OC 门的逻辑状态。在图 2.3.17 中，设有 n 个 OC 门输出端并接，负载是个 TTL 与非门，共有 m 个输入端。

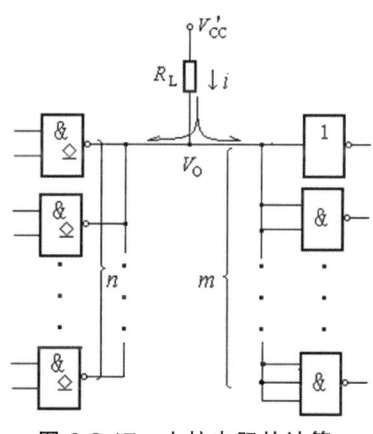

图 2.3.17 上拉电阻的计算

当所有的 OC 门都截止时，输出 $V_O$ 为高电平。为了保证输出高电平值不低于规定的最小值 $V_{OH(min)}$，$R_L$ 取值不能太大，必须满足：

$$V'_{CC} - (nI_{OH} + mI_{IH})R_L \geqslant V_{OH(min)}$$

即：
$$R_{L(max)} = \frac{V'_{CC} - V_{OH(min)}}{nI_{OH} + mI_{IH}} \qquad (2.3.3)$$

式中，$V'_{CC}$ 为外接电源电压，$I_{OH}$ 是 OC 门输出三极管截止时的漏电流，$I_{IH}$ 是 TTL 与非门每个输入端的高电平输入电流（输入漏电流）。

当输出为低电平时，流过电阻 $R_L$ 的电流 $I_R$ 和每个 TTL 与非门输入端的电流 $I_{IL}$ 都流进 OC 门。最不利的情况是只有一个 OC 门导通时，全部电流都流进这个导通的 OC 门。如果电流太大，会使 OC 门的输出三极管退出饱和，使输出低电平升高。为了保证输出低电平不高于规定值 $V_{OL(max)}$，$R_L$ 取值不能太小。计算公式为：

$$R_{L(min)} = \frac{V'_{CC} - V_{OL(max)}}{I_{OL(max)} + m'I_{IS}} \qquad (2.3.4)$$

式中，$I_{OL(max)}$ 为 OC 门的最大允许电流，$I_{IS}$ 为 TTL 与非门的输入短路电流，$m'$ 为负载门的个数。

综合以上分析，$R_L$ 应满足的公式为

$$\frac{V'_{CC} - V_{OH(min)}}{nI_{OH} + mI_{IH}} > R_L > \frac{V'_{CC} - V_{OL(max)}}{I_{OL(max)} + m'I_{IS}} \qquad (2.3.5)$$

除了 OC 型的与非门外，反相器、或门、与门、或非门都可以做成 OC 型的输出结构。外接负载电阻的计算方法也相同，只是因具体门电路的输入结构不同，公式稍有变化。下面通过一个例子来说明。

【例 2.3.2】试计算图 2.3.18 中的外接负载电阻 $R_L$ 的值。已知 $G_1$、$G_2$ 为 OC 门，输出管截止时的漏电流 $I_{OH}=200\ \mu A$，输出管导通时的最大允许电流 $I_{OL(max)}=16\ mA$。$G_3$、$G_4$、$G_5$ 均为 74 系列门电路，它们的 $I_{IS}=1mA$，输入漏电流 $I_{IH}=40\ \mu A$。$V'_{CC}=5\ V$，要求 OC 门输出的高电平 $V_{OH} \geq 3.0\ V$，低电平 $V_{OL} \leq 0.4\ V$。

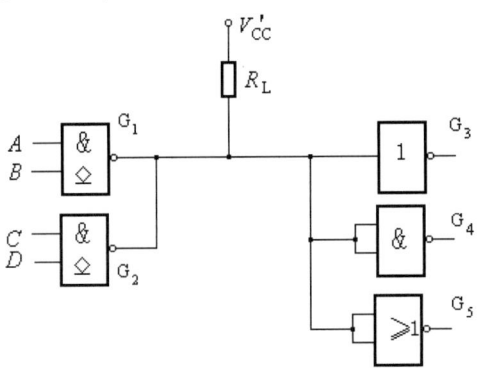

图 2.3.18 例 2.3.2 的电路

**解** 根据公式（2.3.3），$R_L$ 的最大值为：

$$R_{L(max)} = \frac{V'_{CC} - V_{OH(min)}}{nI_{OH} + mI_{IH}}$$

本题中，两个 OC 门相并，$n=2$，$m$ 应为负载门的输入端的个数，故 $m=5$，代入公式得：

$$R_{L(max)} = \frac{5-3}{2 \times 0.2 + 5 \times 0.04} = 3.34\ k\Omega$$

根据公式（2.3.4），$R_L$ 的最小值为：

$$R_{L(min)} = \frac{V'_{CC} - V_{OL(max)}}{I_{OL(max)} + m'I_{IS}}$$

本题中，非门和与非门各有一个 $I_{IS}$ 电流流入 OC 门，但是两个输入端的或非门有两个 $I_{IS}$ 电流流出，所以 $m'=4$，代入公式，得：

$$R_{L(min)} = \frac{5-0.4}{16-4\times1} = 0.38 \text{ k}\Omega$$

即 $R_L$ 应在 0.38 kΩ 与 3.34 kΩ 之间选取。故可选标准值 $R_L$= 2 kΩ。

3. 三态输出 TTL 门电路（TSL）

三态输出门电路简称三态门，用 TSL（Three-State Logic）表示。三态门的主要特点是输出共有三种状态，即逻辑高电平、逻辑低电平和高阻态。三态门在系统的总线结构和计算机的外围电路以及自动控制等多个领域得到广泛应用。

普通推拉式输出的门电路输出只有高电平或低电平两种状态，而三态门除具有前面所述两种状态外，还有第三种状态——高阻态。高阻态既不是高电平，也不属于低电平，它是一种悬浮状态。

（1）TTL 三态门的电路结构及原理

图 2.3.19 所示为 TTL 型三态门的电路结构和逻辑符号。

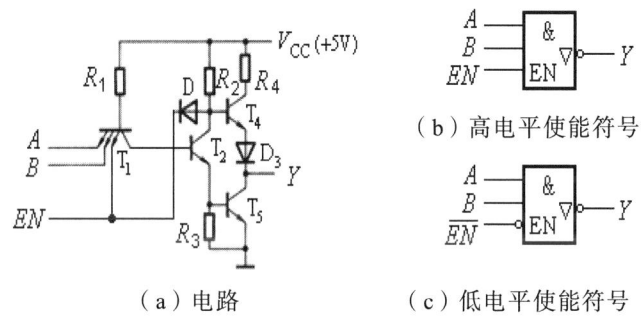

(a) 电路　　(c) 低电平使能符号

图 2.3.19　TTL 三态门电路结构及逻辑符号

从图中看出，它的结构和与非门基本相同，只是在三极管 $T_1$ 的一个发射极和 $T_2$ 管的集电极之间接入一个二极管 D。图中 EN 为输入控制端，也称使能端。A、B 为输入逻辑变量，Y 为电路的输出。

电路的工作原理如下：

① 当 EN 为高电平时，二极管 D 截止。电路的工作状态和普通与非门完全相同，即 $Y=\overline{A \cdot B}$。Y 的状态完全由 A、B 的状态决定，不是高电平就是低电平。

② 当 EN 为低电平时，$T_2$、$T_5$ 截止，同时二极管 D 导通，$T_4$ 的基极钳位在约 1.0V，使得 $T_4$ 截止。由于 $T_4$、$T_5$ 同时截止，所以输出端呈高阻状态。亦即输出呈悬浮状态。

由于这种电路输出存在高电平、低电平和高阻三种状态，故称这种门电路为三态输出门电路，简称三态门。又因为电路在 EN 为高电平时，完成正常的与非逻辑关系，故称作高电平有效的三态门，或高电平使能的三态门。

如果在 EN 前再制作一个非门电路，输入控制用 $\overline{EN}$ 表示，则电路为低电平有效的三态门，或低电平使能的三态门。

同 OC 门一样，有各种不同逻辑功能的三态门电路，如三态非门、三态与门等。

（2）三态门的应用

三态门在数字系统中有着广泛的应用，如多路开关、数据的双向传输、多路数据分时传送等方面都需要用三态门电路。

图 2.3.20 是由三态门构成的多路开关电路。图中 $G_1$、$G_2$ 是低电平使能的同相器，$G_3$ 是普通的反相器。

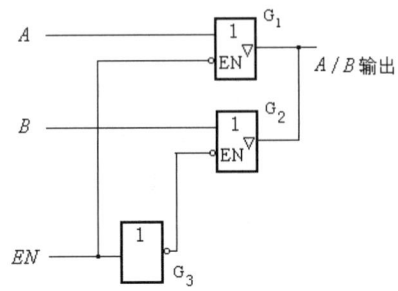

图 2.3.20　三态门构成的多路开关

当 EN=0 时，$G_1$ 使能，$G_2$ 被禁止，A 路数据传送到输出端；当 EN=1 时，$G_1$ 被禁止，$G_2$ 使能，B 路数据传送到输出端。

图 2.3.21 是由三态门实现双向传输的电路。

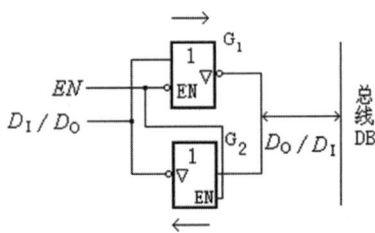

图 2.3.21　数据双向传输

图中，$G_1$ 和 $G_2$ 分别为低、高电平使能的三态反相器。当 EN=0 时，$G_1$ 使能，$G_2$ 被禁止，这时数据 $D_I$ 通过 $G_1$ 送入数据总线（DB——Data Bus）；当 EN=1 时，$G_2$ 使能，$G_1$ 禁止，总线的数据 $D_I$ 通过 $G_2$ 送出。

### 2.3.4　其他系列的 TTL 电路

前面讨论的电路都是基于 74 标准系列的门电路。为了提高电路的工作速度和降低功耗，相继研制和生产出其他系列的产品，如 74H 系列、74S 系列、74LS 系列等改进的 TTL 电路。现将几种系列的电路及特点作一简单介绍。

**1. 74H 系列**

74H 系列是指高速系列门电路。74H00 的电路结构如图 2.3.22 所示。

74H00 和 7400 相比有两点不同：一是所有电阻的阻值降低了将近一倍，二是用 $T_3$、$T_4$ 构成达林顿管取代原来的 $T_4$ 和 $D_3$。

电阻的减小可以使电路中各点电位的上升或下降时间缩短，加速了三极管的开关过程，使得 74H 系列门电路的平均传输延迟时间比 74 系列缩短了一半，通常在 10 ns 以内。达林顿结构使高电平输出时的输出电阻进一步减小，增强了负载能力，也提高了对负载电路的充电速度，改善了输出波形。

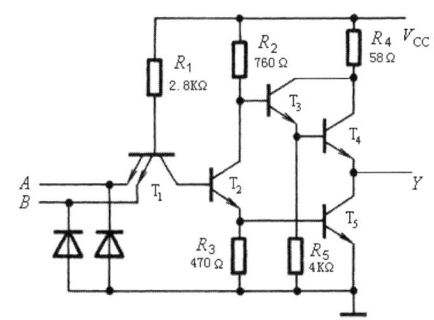

图 2.3.22　74H00 与非门的电路结构

但是由于电阻的减少，使 74H 系列的静态功耗约为 74 系列的两倍。

2. 74S 系列

74S 系列是指肖特基系列门电路。和 74H 系列比较，74S 系列门电路作了如下改进：引入了抗饱和的肖特基三极管 SBT（Schottky Barrier Transistor），增加了有源泄放电路。

通过对 74 系列门电路的动态特性分析看到，三极管导通时工作在深度饱和状态是产生传输延迟时间的一个主要原因。如果能使三极管导通时避免进入深度饱和状态，就可以使门电路的延迟时间减少，提高工作速度。基于这种考虑，在 74S 系列的门电路中，用抗饱和的肖特基三极管替代了电路中可能进入饱和状态的三极管。

肖特基三极管属于一种抗饱和的三极管，它是由普通的双极型三极管和肖特基二极管 SBD（Schottky Barrier Diode）组合而成。其结构和符号如图 2.3.23 所示。

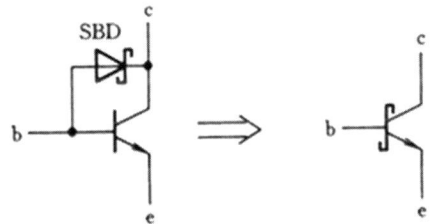

图 2.3.23　肖特基三极管

和普通 PN 结构成的二极管不同，肖特基二极管 SBD 属于金属半导体二极管，由金属和半导体接触而形成。金属一侧为 SBD 的阳极，半导体一侧为阴极。肖特基二极管的特点：导通电压低，只有 0.3~0.4V；多数载流子导电，无少数载流子存储效应；正向工作时无扩散电容。由于以上的特点，所以在普通三极管的 b-c 间制作一个 SBD，当三极管的 b-c 结进入正向偏置后，SBD 首先导通，使得 b-c 间电压钳位在 0.3~0.4V。同时，从基极注入的过驱动电流从 SBD 流走，从而有效地制止了三极管进入深度饱和状态。

图 2.3.24 是 74S00 与非门的电路结构图。

$T_4$ 工作时不会进入饱和，所以仍采用普通三极管。除 $T_4$ 外的所有三极管都采用肖特基三极管 SBT。电阻仍采用较小的阻值。

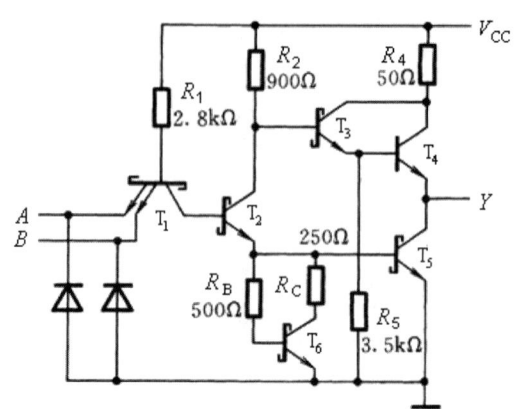

图 2.3.24  74S00 与非门的电路结构

电路的另一个改进是用 $T_6$、$R_B$、$R_C$ 构成的有源泄放电路代替了原有的 $R_3$。其主要作用如下。

① 加速 $T_5$ 管的导通。

$T_2$ 管由截止变为导通时，由于 $R_B$ 的存在，$T_5$ 管先于 $T_6$ 管导通。$T_2$ 管的发射极电流全部注入到 $T_5$ 管的基极，加快了 $T_5$ 管的导通过程。

② 加速了 $T_5$ 管的关断。

随着 $V_{B5}$ 的上升，$T_6$ 管开始导通并进入饱和状态。$i_{C6}$ 将分流 $i_{B5}$ 中的部分电流，使 $T_5$ 的饱和深度降低，从而缩短了 $T_5$ 从饱和到截止的时间。另外当 $T_2$ 从饱和变为截止时，因 $T_6$ 仍处于导通状态，为 $T_5$ 的基极提供了一个瞬间的低阻泄放电路，使 $T_5$ 迅速截止。

③ 改善了门电路的传输特性。

因为 $T_2$ 的发射结必须经 $T_5$ 或 $T_6$ 的发射结才能导通，所以不存在 $T_2$ 导通、$T_5$ 截止的情况，也就没有了传输特性曲线中的线性区。74S00 的电压传输特性曲线如图 2.3.25 所示。它的阈值电压 $V_T$ 有所降低，在 1.2V 左右。这是由于 $T_1$ 的 b-c 结存在 SBD 所致。

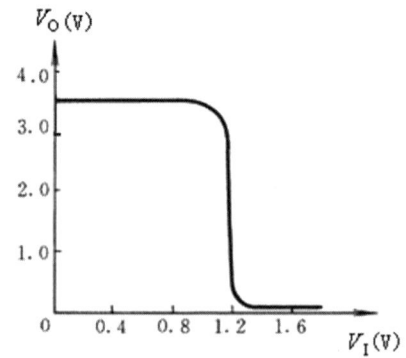

图 2.3.25  74S 系列门电路的电压传输特性

肖特基抗饱和结构和有源泄放电路的引入使 74S 系列集成门电路的平均传输延迟时间达到 2~3 ns。但是它的缺点是功耗大；而且由于肖特基三极管的饱和深度低，所以输出低电平值比较高（最大可达 0.5V）。

3. 74LS 系列

理想的门电路是工作速度快，功耗小。然而从前面的分析看，缩短传输延迟时间和降低功耗往往是相互矛盾的。只有用它们的乘积 DP（Delay-Power Product）来评价电路性能的优劣。74LS 系列是 DP 更小的一种门电路。

图 2.3.26 是 74LS 系列与非门 74LS00 的典型电路。

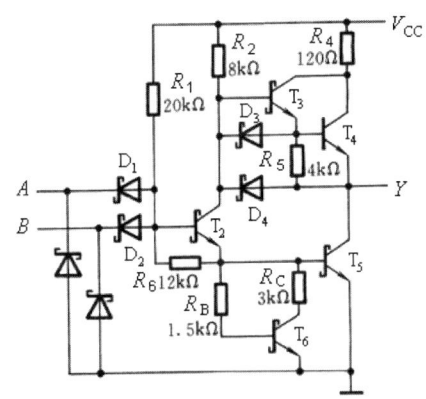

图 2.3.26　74LS00 与非门电路

除与 74S 同样采用抗饱和三极管和引入有源泄放电路外，主要的改进如下。

① $T_1$ 管改用肖特基二极管 SBD。

由于 SBD 无电荷存储效应，有利于提高工作速度。

② 提高电阻值。

为降低功耗，提高了电路中的电阻值，并且 $R_5$ 由接地改为接输出。使得功耗仅为 74S 系列的五分之一，74H 系列的十分之一。

③ 引入了 SBD 管 $D_3$、$D_4$ 作为泄放电路，可缩短 $V_O$ 由 $V_{OH}$ 转为 $V_{OL}$ 的时间。

同 74S 系列相同，74LS 系列门电路的电压传输特性曲线也没有线性区。另外，它的阈值电压在 1V 左右。74LS 系列是目前用得最多的一种 TTL 门电路。

54 系列的 TTL 门电路和 74 系列电路具有完全相同的电路结构和电气性能。不同的是，74 系列的工作环境温度规定为 0~70℃，电源电压为 5（±5%）V；而 54 系列的工作环境温度为-55~+125℃，电源电压为 5（±10%）V。

为便于比较，将不同系列的 TTL 门电路的延迟时间、功耗和延迟积（DP）列于表 2.3.2 中。

表 2.3.2　不同系列的 TTL 门电路的性能比较

| 性能 | 74/54 | 74H/54H | 74S/54S | 74LS/54LS | 74AS/54AS | 74ALS/54ALS |
|---|---|---|---|---|---|---|
| $t_{pd}$（ns） | 10 | 6 | 4 | 10 | 1.5 | 4 |
| P/每门（mW） | 10 | 22.5 | 20 | 2 | 20 | 1 |
| DP 积（ns·mW） | 100 | 125 | 80 | 20 | 30 | 4 |

## 2.4 其他类型的双极型数字集成电路

双极型集成逻辑电路中，除 TTL 型外，还有 DTL、HTL、ECL 和 $I^2L$ 等几种类型。下面对发射极耦合逻辑（ECL）和集成注入逻辑（$I^2L$）两种电路作简略介绍。

### 2.4.1 ECL 门电路

ECL 门电路是一种非饱和型数字集成电路，它的平均传输延迟时间可以在 2 ns 以下，是双极型电路中速度最高的。

1. ECL 门电路的基本单元

ECL 门电路的基本单元是一个差动放大器，如图 2.4.1 所示。$V_R$ 为参考电位，$V_{EE}$ 为一个负电源。$V_I$ 为输入信号，输入高电平为 -0.8V，低电平为 -1.6V。

根据差动放大器原理，$V_{C1}$ 与 $V_{C2}$ 大小相等，相位相反，即 $V_{C1}=-V_{C2}$，它们与 $V_I$ 的逻辑关系为 $V_{C1}=\overline{V_I}$，$V_{C2}=V_I$。

当输入为低电平时，$V_I=V_{IL}=-1.6V$，$T_1$ 管截止，$T_2$ 管导通，此时：

$$V_E = V_R - V_{BE2} = -1.2 - 0.7 = -1.9 \text{ V}$$

$$i_E = \frac{V_E - V_{EE}}{R_E} = \frac{-1.9-(-5)}{0.6} = 5.2 \text{ mA}$$

$$V_{C2} = -i_E R_2 = -5.2 \times 0.14 = -0.73 \text{ V}$$

$$V_{C1} = 0 \text{ V}$$

这时，$T_2$ 的集电结处于反偏状态（$V_{BC2}=-1.2+0.73=-0.47V$），即 $T_2$ 处于放大状态，而不是截止状态。

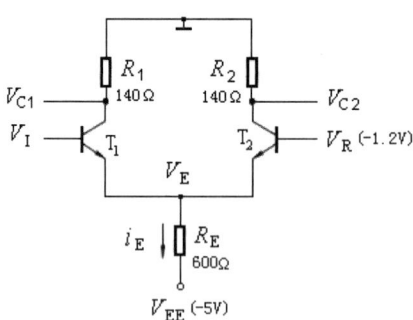

图 2.4.1 ECL 的基本单元

同理可证明，输入为高电平 $V_{IH}=0.8V$ 时，$T_1$ 处于放大状态，$T_2$ 截止。

由以上分析可知，$T_1$ 和 $T_2$ 管起一个电流开关作用，$i_E$ 近似为恒流。当 $V_I$ 为低电平时，$i_E$ 流过 $T_2$ 管；$V_I$ 为高电平时，$i_E$ 流过 $T_1$ 管。并且 $T_1$ 和 $T_2$ 在导通时都没有进入饱和状态，所以开关速度高。由于 $T_2$ 管的输入是通过发射极电阻 $R_E$ 耦合过来的，所以称为发射极耦合逻辑电路。

2. ECL 电路构成的或/或非门

图 2.4.2 是 ECL 或/或非门的典型电路和逻辑符号。

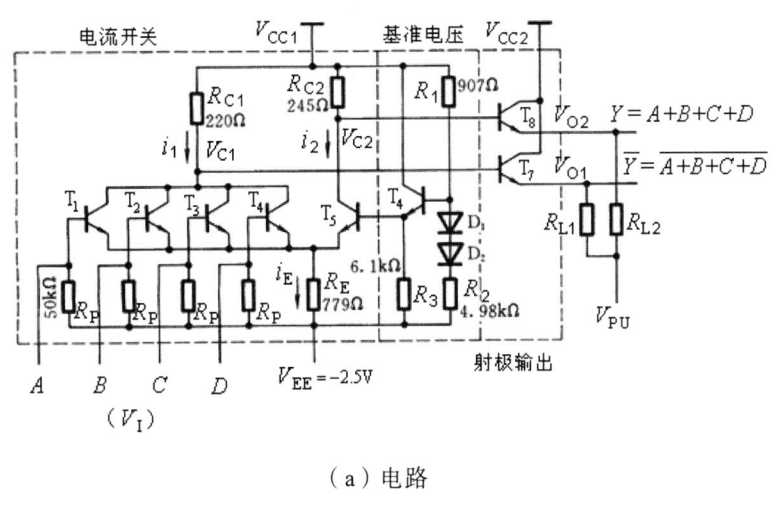

（a）电路

（b）符号

图 2.4.2　ECL 或/或非门的电路与逻辑符号

电路由三部分组成：电流开关、基准电压源和射极输出电路。其中 $V_{EE}=-5.2V$，$V_{CC1}=V_{CC2}=0V$，$V_{IL}=-1.75V$，$V_{IH}=-0.92V$。左侧虚线框中的电路为电流开关，输入为 A、B、C、D，所以由 $T_1$、$T_2$、$T_3$ 和 $T_4$ 四个三极管代替了单元电路中的 $T_1$ 管。$T_5$ 相当于单元电路中的 $T_2$ 管。中间虚线框里为基准电压源，$T_6$ 提供的基准电压 $V_R$ 约-1.3V。$T_7$、$T_8$ 分别构成射极输出器，以便使输出高、低电平转换为-0.92V 和-1.75V，另外也提高了电路的负载能力。$R_{L1}$ 和 $R_{L2}$ 为外接负载。电源 $V_{PU}$ 为牵引电源，可取与 $V_{EE}$ 相同或不同的电压值。Y 与 $\overline{Y}$ 端为两个相反的输出端。

因为 $T_1 \sim T_4$ 四个管子的输出是并在一起的，所以只有 A、B、C、D 同时为低电平时，$V_{C1}$ 才为高电平，$V_{C2}$ 才为低电平；只要 A、B、C、D 中有一个为高电平，则 $V_{C1}$ 为低电平，$V_{C2}$ 为高电平。所以 $V_{C2}$ 或者 Y 与 A、B、C、D 之间的逻辑关系为：

$$Y = A+B+C+D$$

而 $V_{C1}$（$\overline{Y}$）与 A、B、C、D 的逻辑关系为：

$$\overline{Y} = \overline{A+B+C+D}$$

电路的逻辑符号如图 2.4.2（b）中所示。

ECL 电路的优点是工作速度高，带负载能力强。但也有明显缺点：功耗大；逻辑摆幅小（约 0.8V），且电平与其他 TTL 电路不兼容；噪声容限小。主要用在高速、超高速的数字系统中。

### 2.4.2 I²L 门电路

为了提高集成度以满足制造大规模集成电路的需要，不仅要求每个逻辑单元的电路结构简单，而且要求电路的功耗低。显然无论是 TTL 电路还是 ECL 电路都不具备这两个条件。而 20 世纪 70 年代初研制成功的 I²L 电路具备了电路结构简单、功耗低的特点，因此特别适于制造大规模集成电路。

1. I²L 电路的基本逻辑单元

I²L 电路的基本单元是一只多集电极三极管构成的反相器，如图 2.4.3 所示。T 为多集电极三极管，T'为普通三极管。

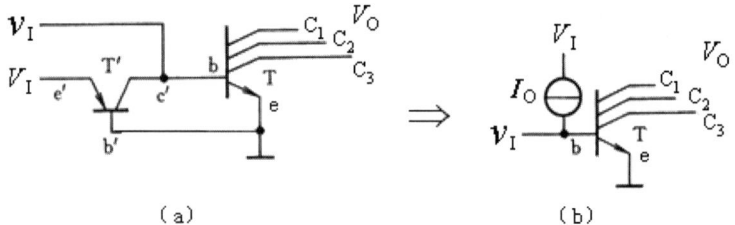

图 2.4.3　I²L 的基本单元电路

由于 T'的基极接地，发射极接固定电源 $V_I$，所以 T 工作在恒流状态。$V_I$ 向 T'的发射极注入电流，然后经 T'的集电极送到三极管 T 的基极。因此 T'的发射极 e'称为注入端，这种电路叫作集成注入逻辑电路。可以用一恒流源 $I_O$ 代替 T'，如图 2.4.3（b）所示。

多集电极三极管的基极作为信号输入端，当 $V_I=0$ 时，$I_O$ 从输入端流出，T 截止。若 $C_1$、$C_2$、$C_3$ 分别通过负载电阻接至正电源，则输出为高电平。反之当输入端悬空或经过大电阻接地时，T 饱和导通，$C_1$、$C_2$、$C_3$ 输出为低电平。可见每个输出端与输入端之间都是反相的逻辑关系。

2. I²L 电路构成的或/或非门

I²L 电路的多集电极输出结构在构成复杂的逻辑电路时十分方便。图 2.4.4 是由 I²L 基本单元构成的或/或非逻辑门的电路图。

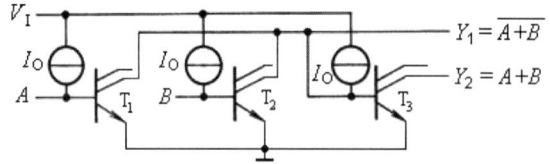

图 2.4.4　I²L 或/或非门电路

和 OC 门类似，通过线与的方式把几个门的输出端并联通过负载电阻接到电压源上，以获得所需要的逻辑功能。由图 2.4.4 看出，当 A、B 同为低电平时，$T_1$、$T_2$ 截止，输出为高电平；当 A、B 中至少有一个为高电平时，$T_1$ 和 $T_2$ 至少一个导通，输出为低电平。所以，

$$Y = \overline{A+B}$$

而，
$$Y_2 = \overline{Y_1} = A+B$$

3. I²L 电路特点

① 电路简单，集成度高（可达 500 门/mm²），功耗低。

② I²L 电路中各逻辑单元不需要隔离，所有单元的多集电极三极管的发射极是接在一起的。

③ I²L 电路能在低电压，微电流下工作。I²L 反相器的工作电流可小于 1 nA，是目前双极型数字集成电路中功耗最低的一种。

I²L 电路的缺点是噪声容限小，因而抗干扰能力差。I²L 输出电压幅度小，在 0.6 V 左右，所以抗干扰能力也就很差了。另外开关速度慢。因是饱和型电路，限制了它的开关速度，I²L 反相器的开关速度可达 20 ~ 30 ns。

目前 I²L 电路主要用于制作大规模集成电路的内部逻辑电路，很少用来制作中、小规模集成电路产品。

## 2.5 CMOS 集成门电路

CMOS 集成电路全称为互补对称型金属—氧化物半导体（Complementary Symmetry Metal-Oxide Semiconductor）集成电路，与 TTL 类似，是目前应用最为广泛的集成电路之一。与其他集成电路相比，CMOS 集成电路具有如下特点：

① 输入阻抗高，通常 $R_I$ 高达 $10^8$ Ω 以上；

② 功耗低，在 5 V 电源下，静态功耗 $P_D$=2.5 ~ 5 μW/门；

③ 电源电压范围宽，CC4000 系列为 3 ~ 18 V；

④ 逻辑摆幅大，约为电源电压；

⑤ 扇出系数大，通常 N >50；

⑥ 抗干扰能力强；

⑦ 抗辐射能力强；

⑧ 成本低。

缺点是速度较慢，平均传输延迟时间约 50 ~ 110 ns。

### 2.5.1 CMOS 反相器

1. 电路结构和工作原理

CMOS 反相器是 CMOS 逻辑门电路的基本逻辑单元。CMOS 反相器的基本结构如图 2.5.1 所示。

图中 $T_P$ 为增强型 PMOS 管，$T_N$ 为增强型 NMOS 管。把两个管子的栅极连在一起作为反相器的输入端，两管的漏极连在一起作为输出端。$T_P$ 管的源极接正电源 $V_{DD}$，$T_N$ 的源极接地。设 $T_P$ 和 $T_N$ 管的开启电压分别为 $V_{GSTP}$ 和 $V_{GSTN}$，且，

$$|V_{GSTP}| = V_{GSTN}$$

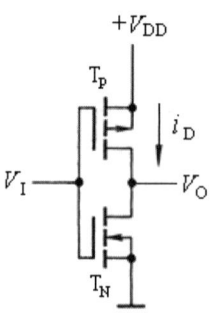

图 2.5.1 CMOS 反相器电路

同时，电源电压必须满足：

$$V_{DD} > V_{GSTN} + |V_{GSTP}|$$

输入信号的高、低电平分别为 $V_{DD}$ 和 0V。

当 $V_I = V_{IL} = 0V$ 时，$T_N$ 管的 $V_{GS}=0V < V_{GSTN}$，处于截止状态，截止电阻 $R_{OFF}$ 约 $10^9\Omega$。$T_P$ 管的 $V_{GS} = -V_{DD} < V_{GSTP}$，所以 $T_P$ 处于导通状态，导通电阻 $R_{ON}$ 约 $10^3\Omega$。由于 $R_{OFF} \gg R_{ON}$，因此输出信号为高电平，$V_O = V_{OL} \approx V_{DD}$。

当输入 $V_I = V_{IH} = V_{DD}$ 时，$T_N$ 管的 $V_{GS} = -V_{DD} > V_{GSTN}$，$T_N$ 导通，$T_P$ 管的 $V_{GS} = 0V > V_{GSTP}$，$T_P$ 截止，因此输出为低电平，$V_O = V_{OL} \approx 0V$。

综上所述，输出为低电平时，输出为高电平；输入为高电平时，输出为低电平。输出、输入之间的关系满足反相的要求。另外，无论输出是高电平，还是低电平，上下两管总是处于一管导通，而另一管截止状态，即两管为互补状态，所以把这种电路结构形式称为互补对称式 CMOS 电路。

由于在静态情况下，无论输入是高电平还是低电平，总有一管是截止的，而截止时的电阻又极高，因此流过两管的静态电流极小，因而 CMOS 电路的静态功耗很低，通常每门平均功耗约为 2.5～5.0μW。这是 CMOS 电路最突出的一大优点。

2. 反相器的电气特性

同 TTL 门电路类似，CMOS 门电路的电气特性包括：

* 电压传输特性     $V_O = f(V_I)$
* 电流传输特性     $i_D = f(V_I)$
* 输入特性     $i_I = f(V_I)$
* 输出特性     $V_O = f(i_{OL})$
* 平均传输延迟时间     $t_{pd}$

（1）电压传输特性

CMOS 反相器的输出电压随输入电压的变化而变化，其变化曲线如图 2.5.2 所示。

同 TTL 与非门的电压传输特性分析类似，可将图中曲线分为 AB、BC、CD、DE、EF 5 段，各段所对应的 $T_N$、$T_P$ 工作状态为：

① AB 段：输入 $V_I$ 小于 $V_{GSN}$，$T_N$ 截止，$T_P$ 导通，输出为高电平，$V_O \approx V_{DD}$。

② BC 段：$V_I$ 略大于 $V_{GSN}$，$T_N$ 开始导通，$T_P$ 导通，输出开始下降。

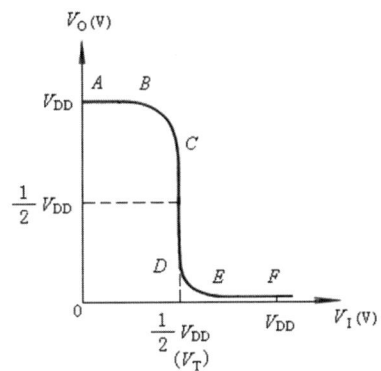

图 2.5.2　CMOS 反相器的电压传输特性

③ CD 段：$V_I$ 接近于 $V_{DD}$ 的中间值，$T_N$、$T_P$ 都导通。
④ DE 段：$V_I$ 大于 $1/2V_{DD}$，$T_N$ 导通，$T_P$ 转向截止。
⑤ EF 段：$V_I$ 再增加，$T_N$ 导通，$T_P$ 截止，输出为低电平，$V_O \approx 0$。

由以上分析可得下述结论：

① CMOS 反相器的输出高电平电压值为 $V_{DD}$，低电平电压值为 0V。
② 特性曲线的转折区约在 $1/2V_{DD}$ 处，即 CMOS 反相器的阈值电压 $V_T \approx 1/2V_{DD}$。
③ 特性曲线随 $V_{DD}$ 的不同而变化，$V_{DD}$ 增大，曲线右移，$V_{DD}$ 减小，则曲线左移，但 $V_T$ 始终在 $1/2V_{DD}$ 处。

（2）电流传输特性

漏极电流 $i_D$ 随输入电压 $V_I$ 变化的关系称为 MOS 电路的电流传输特性。CMOS 反相器典型的电流传输特性曲线如图 2.5.3 所示。

图中 AB、BC、CD、DE、EF 5 段分别和电压传输曲线上的 5 段相对应。其中 AB、EF 两段对应于一管导通、一段截止的情况，所以 $i_D=0$；CD 段对应于两管均处于导通状态，所以 $i_D$ 最大；BC、DE 段对应于一管导通、一管刚开始导通或将转为截止的状态，故电流 $i_D$ 变化大。

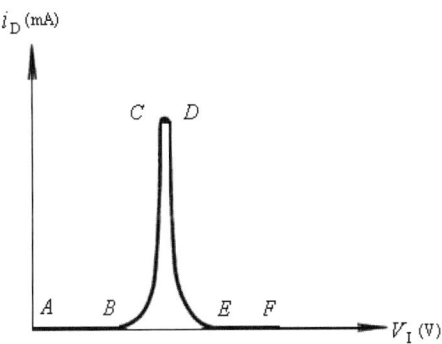

图 2.5.3　CMOS 反相器电流传输特性

从电流传输曲线看出，CMOS 反相器在稳定状态下功耗近似为 0；而在状态转换过程中，动态功耗远大于静态功耗，并且 $V_I$ 在 $1/2V_{DD}$ 附近功耗最大。在使用 CMOS 器件时，应避免输入电压在 CD 处，以防止器件因功耗过大而损坏。

（3）输入特性

CMOS 反相器的输入电流和输入电压之间的关系即为输入特性。实际的 CMOS 反相器在集成时，输入端增加了保护电路，如图 2.5.4 所示，虚线左侧为保护电路。

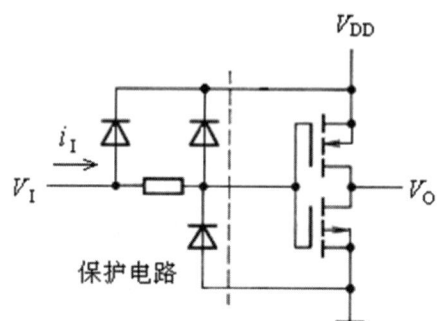

图 2.5.4　加有保护电路的 CMOS 反相器

图中的二极管为保护二极管，设其导通压降为 $V_D$ 。在输入信号的正常范围内（ 0 ~ $V_{DD}$ ）二极管都截止，因为 MOS 管无栅极电流，所以输入电流 $i_I=0$；当 $V_I$ 大于 $V_{DD}+V_D$ 时，上方的二极管导通，$V_I$ 钳位于 $V_{DD}+V_D$，这时 $i_I$ 经二极管流向 $V_{DD}$；当 $V_I$ 小于 $-V_D$ 时，下方二极管导通，$V_I$ 钳位于 $-V_D$，$i_I$ 由地经二极管流向 $V_I$ 端。具有输入保护电路的 CMOS 反相器输入特性曲线如图 2.5.5 所示。

由曲线可看出，当正常输入时，$i_I=0$。若输入高电平电压过高或低电平电压过低，都会有较大的输入电流，可能会损坏保护电路，进而使 MOS 管的栅极击穿。为避免这种情况发生，应注意器件的正确使用。另外当上方二极管导通时，下方二极管处于反向偏压状态，反之亦然，为使保护二极管不被击穿，$V_{DD}$ 值不应太高。

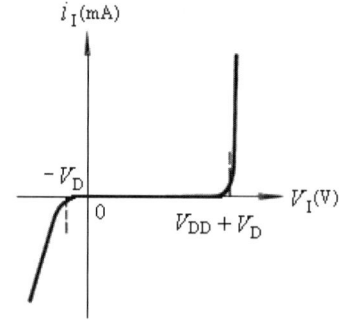

图 2.5.5　CMOS 反相器的输入特性

（4）输出特性

同 TTL 门电路一样，分高电平输出特性和低电平输出特性。

① 低电平输出特性 $V_O = f(i_{OL})$。

当 $T_N$ 导通、$T_P$ 截止时，输出为低电平。此时负载电流为灌电流，如图 2.5.6（a）所示。输出电流就是 $i_{DN}$，输出电压就是 $V_{DSN}$，所以 $V_{OL}$ 与 $i_{OL}$ 的关系曲线就是 $T_N$ 的漏极特性曲线。

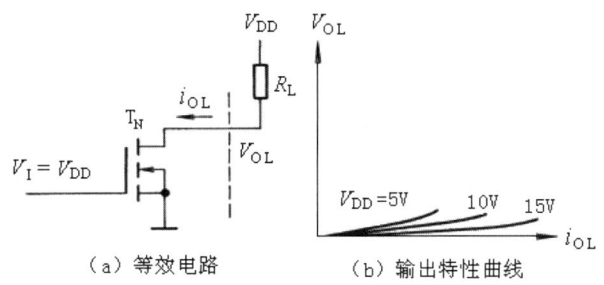

(a) 等效电路　　　(b) 输出特性曲线

图 2.5.6　CMOS 反相器低电平输出特性

图 2.5.6（b）给出了几种不同输入电压下的输出特性曲线。从曲线上可以看出，当输入高电平一定时，随着输出电流的增加，输出的低电平 $V_{OL}$ 也随之上升；当输入的高电平值 $V_{GSN}=V_{DD}$ 越大，$V_{OL}$ 上升越慢，即在同样的 $i_{OL}$ 下，$V_{DD}$ 越大，$V_{OL}$ 越小。

② 高电平输出特性。

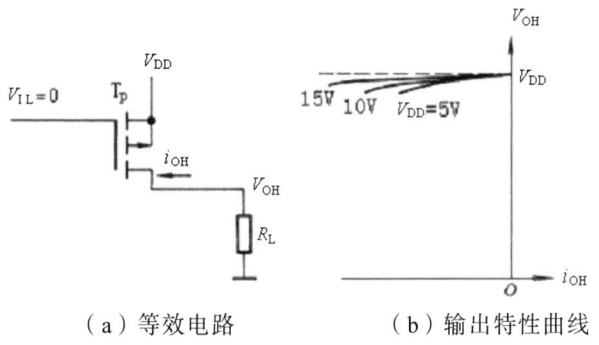

(a) 等效电路　　　(b) 输出特性曲线

图 2.5.7　CMOS 反相器高电平输出特性

当 CMOS 反相器的输出为高电平时，$T_N$ 管截止，$T_P$ 管导通，此时的负载电流为拉电流，图 2.5.7（a）为其等效电路。规定流进 MOS 管的电流为正，则实际电流为负值。图 2.5.7（b）给出了几种不同电源电压 $V_{DD}$ 下的输出特性曲线。由等效电路可以看出，输出电压 $V_{OH}$ 的数值等于 $V_{DD}$ 减去 $T_P$ 管的导通压降。由于输入低电平 $V_{IL}=0V$，当 $V_{DD}$ 一定时，$T_P$ 管的导通电阻不变，随着负载电流的增加，输出高电平降低；$V_{DD}$ 值越大，$T_P$ 管的导通电阻越小，随着 $i_{OH}$ 的上升，输出高电平降低的速度越慢。

（5）平均传输延迟时间 $t_{pd}$

CMOS 反相器的平均传输延迟时间的定义同 TTL 门电路，如图 2.5.8 所示。

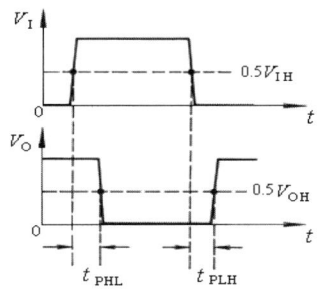

图 2.5.8　CMOS 反相器的延迟时间

$$t_{pd} = \frac{t_{PHL} + t_{PLH}}{2}$$

通常 $t_{pd}$ 的大小和电源电压有关，$V_{DD}$ 增大，$t_{pd}$ 下降。这一点有别于 TTL 门电路。

### 2.5.2 CMOS 门电路

CMOS 集成门电路种类很多，除反相器外还有或非门、与非门、或门、与门、与或非门、异或门等。按电路结构不同，还有漏极开路的门电路（OD 门）、三态（TS）门电路以及传输门等。下面重点介绍几种常用的门电路。

1. CMOS 与非门

图 2.5.9 是两输入的 CMOS 与非门电路。其中 $T_1$、$T_2$ 是两个串联的 NMOS 管，$T_3$、$T_4$ 是两并联的 PMOS 管。

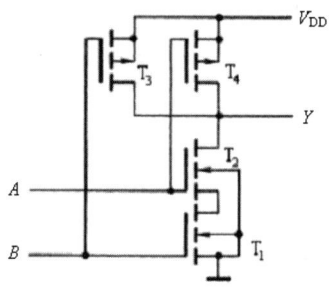

图 2.5.9 CMOS 与非门

$T_1$、$T_3$ 的栅极相连作为一个输入端 B，$T_2$、$T_4$ 的栅极相连作为另一个输入端 A。Y 是输出端。工作原理如下：

① A=B=0 时，$T_1$、$T_2$ 截止，$T_3$、$T_4$ 导通，输出为高电平，Y=1。
② A=0、B=1 时，$T_1$、$T_3$ 导通，$T_2$、$T_4$ 截止，输出为高电平，Y=1。
③ A=1、B=0 时，$T_1$、$T_3$ 截止，$T_2$、$T_4$ 导通，输出同样为高电平，Y=1。
④ 当 A=B=1 时，$T_1$、$T_2$ 导通，$T_3$、$T_4$ 截止，输出为低电平，Y=0。

由以上分析可知，只有当两个输入信号同为高电平时，输出才为低电平。其他情况下，输出都是高电平。故电路实现了与非的逻辑关系，即

$$Y = \overline{A \cdot B}$$

2. CMOS 或非门

CMOS 或非门的电路如图 2.5.10 所示。它由两个并联的 NMOS 管 $T_1$、$T_2$ 和两个串联 PMOS 管 $T_3$、$T_4$ 构成。

同样的分析可知，只要 A、B 中有一个是高电平，输出就是低电平。换言之，只有输入全为低电平时，输出才为高电平。因此，Y 和 A、B 之间是或非关系，即：

$$Y = \overline{A + B}$$

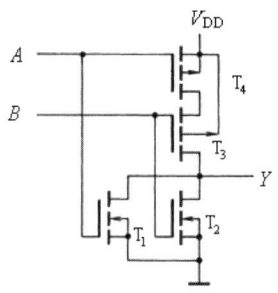

图 2.5.10 CMOS 或非门电路

由于 CMOS 与非门的输出低电平为所有串联的 NMOS 管的导通电压降之和，而 CMOS 或非门的输出高电平为 $V_{DD}$ 与所有串联的 PMOS 管导通电压降之差值。因此，当输入端数增加时，串联的管越多，与非门输出低电平值越高，或非门输出高电平值越低。而且输出电阻也随输入端数变化。显然，CMOS 门电路的输入端不宜太多，一般不超过 4 个。此外，输入端工作状态不同时，还将对电压传输特性产生影响。为克服这些缺点，一般在 CMOS 电路中采用带缓冲器的结构，就是在每个输入端，输出端各增加一个反相器，这些反相器称为缓冲器。图 2.5.11 和图 2.5.12 给出了带缓冲器的 CMOS 电路。

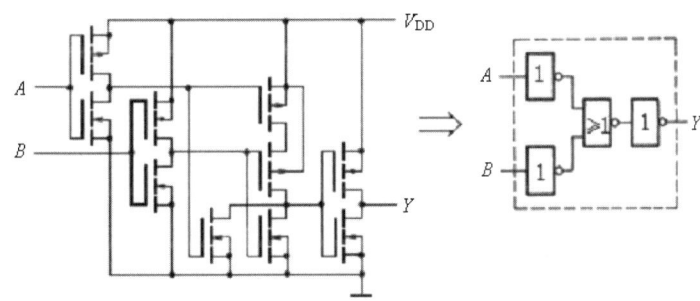

图 2.5.11 带缓冲器的 CMOS 与非门电路

这些带缓冲器的门电路其输出电阻、输出的高、低电平以及电压传输特性将不受输入端状态的影响。

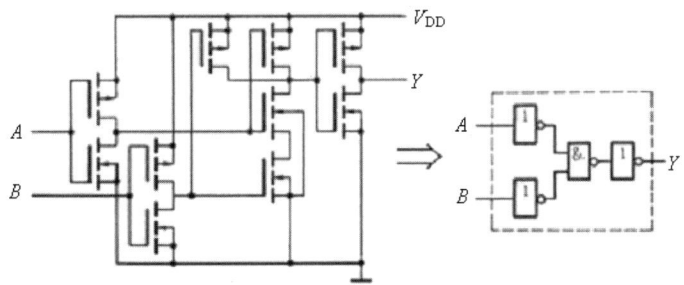

图 2.5.12 带缓冲器的 CMOS 或非门电路

### 3. CMOS 漏极开路门电路（OD 门）

同 TTL 门电路相同，CMOS 门的输出电路也可以做成漏极开路的形式，简称 OD 门。这种电路经常用在输出缓冲/驱动器当中，或者用于电平转换，此外也可实现"线与"逻辑。OD 门可以有不同逻辑功能的电路，这里介绍与非型的 OD 门。

图 2.5.13 是两输入端与非型 OD 门 CC40107 的逻辑图。它的输出电路是一只漏极开路的 NMOS 管，$R_L$ 是外接负载电阻，$V'_{DD}$ 是外接电压源，也可为 $V_{DD}$。在输出低电平 $V_{OL} < 0.5V$ 的条件下，它能吸收的最大负载电流可达 50mA。

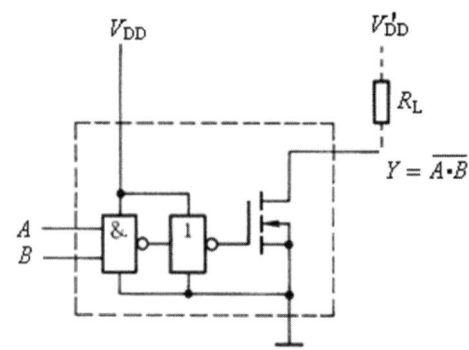

图 2.5.13 漏极开路的与非门 CC40107

前面两个门实现逻辑与，然后接一个非门，完成"与非"的逻辑关系。如果输入信号的高电平 $V_{IH}=V_{DD}$，外接电源为 $V'_{DD}$，则输出的高电平为 $V_{OH}=V'_{DD}$，这样就把高低电平为 $V_{DD}$ 和 0V 的输入信号转换成了高低电平为 $V'_{DD}$ 和 0V 的输出信号。

### 4. CMOS 传输门

利用 NMOS 管和 PMOS 管的互补性可构成一种控制开关——CMOS 传输门。同 CMOS 反相器一样，它也是构成多种逻辑电路的一种基本单元电路。

（1）传输门的结构

传输门的电路和逻辑符号如图 2.5.14 所示。图中 $T_N$ 为一个增强型 NMOS 管，$T_P$ 为一个增强型 PMOS 管。$T_N$ 和 $T_P$ 的漏极和源极分别连接在一起，作为传输门的输入端和输出端。因为 MOS 管的源极和漏极在结构上完全相同，所以输入和输出可以互换。C 和 $\overline{C}$ 是一对互补的控制信号，控制开关的通、断。

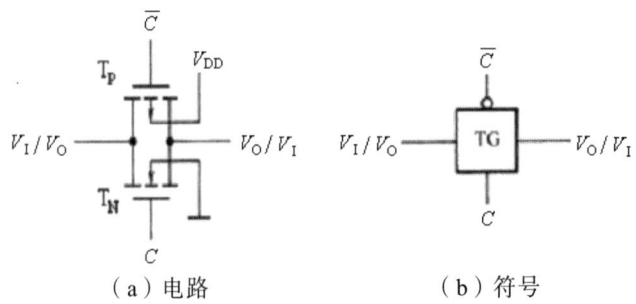

（a）电路　　　　　　（b）符号

图 2.5.14 CMOS 传输门的电路和逻辑符号

（2）工作原理

设控制信号 C 的低电平为 0V，高电平为 $V_{DD}$，输入信号 $V_I$ 可在 0～$V_{DD}$ 范围内变化。

当 C=0，$\overline{C}$=1 时，只要输入信号 $V_I$ 的变化不超过 0～$V_{DD}$ 的范围，$T_N$ 和 $T_P$ 都处于截止状态，因为截止电阻约在 $10^9\Omega$，所以传输门处于断开状态。

当 C=1，$\overline{C}$=0 时，若 0V<$V_I$<$V_{DD}$-$V_{GSTN}$，则 $T_N$ 管的栅源电压大于开启电压，即 $V_{GS}$>$V_{GSTN}$，$T_N$ 管导通。而当 |$V_{GSTP}$|<$V_I$<$V_{DD}$ 时，$T_P$ 导通。因此，$V_I$ 在 0～$V_{DD}$ 之间变化时，$T_1$ 和 $T_2$ 至少有一个是导通的，使传输门的输入和输出之间呈低阻态（小于 1kΩ），在负载电阻远远大于 1kΩ 时，相当于闭合的开关。

由以上分析可知，CMOS 传输门是一个由 C 和 $\overline{C}$ 控制的模拟开关，当 C 为高电平、$\overline{C}$ 为低电平时，开关闭合，可以传输 0～$V_{DD}$ 的模拟信号；而当 C 为低电平、$\overline{C}$ 为高电平时，开关断开。

（3）传输门的用途

① 构成其他逻辑电路。

利用 CMOS 传输门和 CMOS 反相器可以组成各种复杂的逻辑电路，如触发器、寄存器、数据选择器、计数器等。

② 用作模拟开关。

CMOS 传输门是由 C 和 $\overline{C}$ 两个信号控制的开关。在 CMOS 传输门上加一个非门则称作模拟开关。其电路如图 2.5.15 所示。

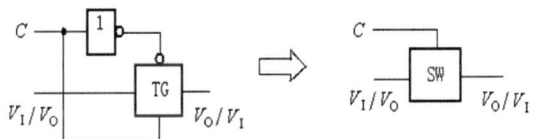

图 2.5.15　CMOS 模拟开关及逻辑符号

5. CMOS 三态门

CMOS 器件构成的三态门从逻辑功能和应用上来讲，和 TTL 门电路中的三态输出门没有什么区别。但是在电路结构上，CMOS 三态门要简单得多。三态输出的电路结构有多种形式，下面介绍两种形式的三态门电路。

（1）上下通道加控制管

上下通道加控制管的三态门电路结构如图 2.5.16 所示。

图中 $T_{N1}$ 和 $T_{P1}$ 构成反相器，$T_{N2}$ 和 $T_{P2}$ 分别为 NMOS 和 PMOS 型控制管，它们的通断由非门的输入 $\overline{EN}$ 控制。

当 $\overline{EN}$=0 时，$T_{N2}$ 和 $T_{P2}$ 同时导通，反相器正常工作，$Y=\overline{A}$。

当 $\overline{EN}$=1 时，$T_{N2}$ 和 $T_{P2}$ 同时截止，输出呈高阻态。

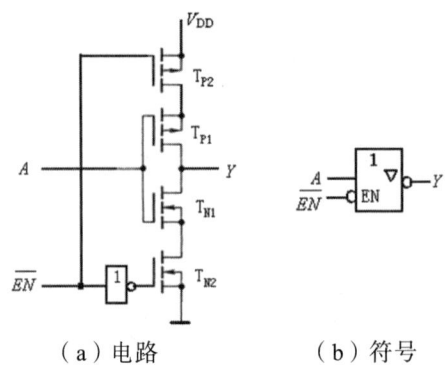

（a）电路　　　　（b）符号

图 2.5.16　上下通道加控制管的 CMOS 三态门电路及其逻辑符号

（2）用传输门控制的三态门

图 2.5.17 是由传输门和反相器构成的三态输出门电路。

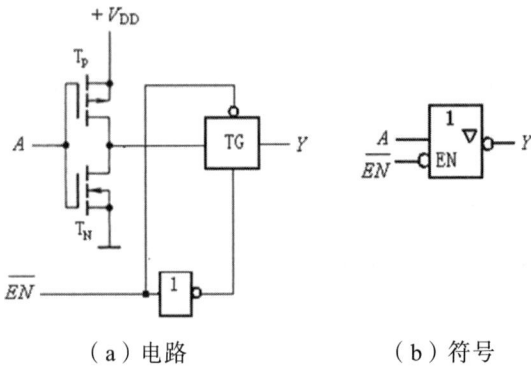

（a）电路　　　　（b）符号

图 2.5.17　由传输门和反相器构成的三态门电路及其逻辑符号

当 $\overline{EN}=0$ 时，传输门 TG 导通，反相器的输出通过传输门到达输出端，$Y=\overline{A}$。

当 $\overline{EN}=1$ 时，传输门 TG 截止，输出呈高阻态。

### 2.5.3　CMOS 门电路使用注意事项

使用 CMOS 电路时，应首先查阅有关手册，了解其性能参数。此外还应注意以下问题。

（1）输入端的静电保护

① CMOS 器件在存放、运输过程中应置于金属容器内或用导电材料包装，以防止外来感应电势将栅极击穿。

② 在组装、调试时，电烙铁、工作台应良好接地；要防止操作人员的静电感应。

（2）多余端的处理

对于 CMOS 器件，不用的输入端切勿悬空，应按逻辑需要接地或通过几十千欧到几百千欧电阻接到 $V_{DD}$。

（3）电源电压与输入信号

① CMOS 器件在未接电源前，不允许加输入信号，否则将导致输入端保护电路中二

极管损坏。

② 工作结束后先撤去输入信号，后去掉电源。

③ 禁止在电源接通的情况下，装拆线路或器件。

## 2.6 TTL 电路与 CMOS 门电路之间的连接

因为常用的集成电路多是 TTL 电路与 CMOS 门电路，经常会遇到它们之间的连接问题。无论是用 TTL 电路驱动 CMOS 门电路还是用 CMOS 门电路驱动 TTL 电路，驱动门必须为负载门提供合乎标准的高、低电平和足够的驱动电流，即必须同时满足下列各式：

$$
\begin{array}{lll}
\text{驱动门} & & \text{负载门} \\
V_{OH(min)} & \geqslant & V_{IH(min)} \quad (2.6.1)\\
V_{OL(max)} & \leqslant & V_{IL(max)} \quad (2.6.2)\\
I_{OH(max)} & \geqslant & nI_{IH(max)} \quad (2.6.3)\\
I_{OL(max)} & \geqslant & mI_{IL(max)} \quad (2.6.4)
\end{array}
$$

式中，n 和 m 分别为负载电流中 $I_{IH}$、$I_{IL}$ 的个数。

为便于比较，表 2.6.1 给出了 TTL 和 CMOS 两种电路输出电压、输出电流、输入电压和输入电流的参数。

表 2.6.1 TTL、CMOS 电路的输入、输出特性参数

| 参数名称 | TTL 74 系列 | TTL 74LS 系列 | CMOS 4000 系列 | 高速 CMOS 74HC 系列 | 高速 CMOS 74HCT 系列 |
|---|---|---|---|---|---|
| $V_{OH(min)}$/V | 2.4 | 2.7 | 4.6 | 4.4 | 4.4 |
| $V_{OL(max)}$/V | 0.4 | 0.5 | 0.05 | 0.1 | 0.1 |
| $I_{OH(max)}$/mA | −0.4 | −0.4 | −0.51 | −4 | −4 |
| $I_{OL(max)}$/mA | 16 | 8 | 0.51 | 4 | 4 |
| $V_{IH(min)}$/V | 2 | 2 | 3.5 | 3.5 | 2 |
| $V_{IL(max)}$/V | 0.8 | 0.8 | 1.5 | 1 | 0.8 |
| $I_{IH(max)}$/μA | 40 | 20 | 0.1 | 0.1 | 0.1 |
| $I_{IL(max)}$/mA | −1.6 | −0.4 | −0.1×10$^{-3}$ | −0.1×10$^{-3}$ | −0.1×10$^{-3}$ |

### 2.6.1 TTL 电路驱动 CMOS 电路

**1. 用 TTL 电路驱动 4000 系列和 74HC 系列 CMOS 电路**

由于 CMOS 的输入端几乎不取前级的电流，所以在用 TTL 系列门电路驱动 CMOS 系列电路时，式（2.6.2）、式（2.6.3）和式（2.6.4）都能在 m、n 大于 1 的情况下得到满足。但是达不到式（2.6.1）的要求，必须提高 TTL 门电路的输出高电平值到 3.5V 以上。

常用方法有三种。

（1）加上拉电阻

加上拉电阻的方法如图 2.6.1 所示。图中 $R_U$ 为上拉电阻。当 TTL 门的输出为高电平时，由于上拉电阻的存在，使得输出级的驱动管和负载管（$T_4$ 和 $T_5$）同时截止，故输出高电平约为 $V_{DD}$。

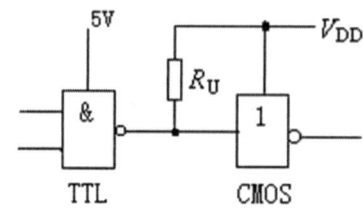

图 2.6.1　用上拉电阻提高输出高电平

（2）加 OC 门

当 $V_{DD}$ 太高时，有可能超出 TTL 输出端能承受的电压，此时改用 OC 门比较好，电路如图 2.6.2 所示。OC 门的负载能力强，输出的高电平约为 $V_{DD}$。

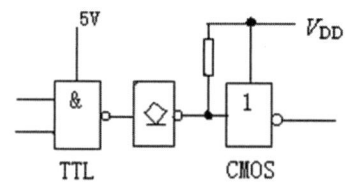

图 2.6.2　加 OC 门提高输出高电平

（3）加电平偏移电路

使用带电平偏移的 CMOS 电路实现电平转换也是常用的方法之一。CC40109 就是带电平偏移的门电路，如图 2.6.3 所示。

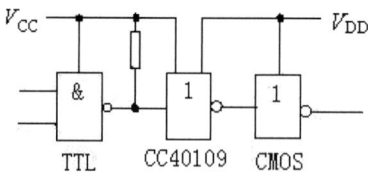

图 2.6.3　用 CC40109 实现电平转换

2. 用 TTL 电路驱动 74HCT 系列 CMOS 电路

由表 2.6.1 知，TTL 电路的输出可直接驱动 74HCT 系列 CMOS 电路，无须外加任何元器件。

### 2.6.2　CMOS 电路驱动 TTL 电路

**4000 系列 CMOS 电路驱动 74 系列 TTL 电路**

TTL 电路输入低电平时，有大的电流流入前级，CMOS 电路不能承受。因此需要扩大 CMOS 门电路输出低电平时的负载能力。常用方法有以下几种。

1. 并联使用 CMOS 电路驱动 TTL 电路

两个 CMOS 与非门并联使用如图 2.6.4 所示,负载能力提高为原来的两倍。

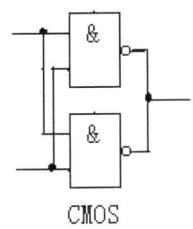

图 2.6.4　两个 CMOS 门并联使用

2. 加 CMOS 驱动器

加 CMOS 驱动器的电路如图 2.6.5 所示。CMOS 驱动器也可以选用漏极开路的电路,其负载能力更强。

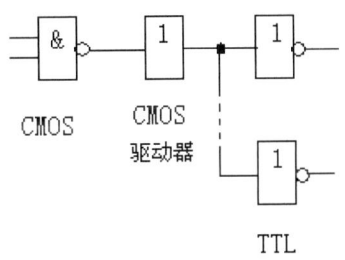

图 2.6.5　用驱动器驱动 TTL 电路

3. 加电流放大器

第三种方法是加电流放大器,既提高负载能力,又解决电平匹配问题。电路如图 2.6.6 所示。

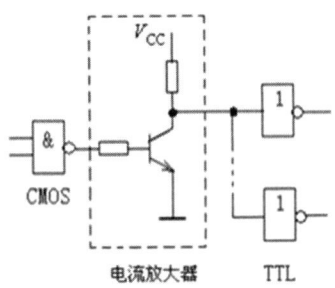

图 2.6.6　用电流放大器驱动 TTL 电路

## 2.7 小结

本章重点介绍了目前应用最广泛的 TTL 门电路和 CMOS 门电路。

在 TTL 门电路中，重点介绍了 TTL 与非门的电路结构、传输特性、输入特性和输出特性等。在 TTL 与非门的基础上，介绍了由其派生出的诸如或非门、与或非、异或门等多种 TTL 门电路。对于 TTL 门电路，重点是掌握它们的外部特性。外部特性包括两方面的内容：一是逻辑功能，即输出和输入之间的逻辑关系；二是外部电气特性，即电压传输特性、输入特性和输出特性等。对于 TTL 门电路的内部结构和工作原理应基本了解，这对于更好地运用 TTL 门电路是有帮助的。在 TTL 门电路中，还介绍了两种常用器件——集电极开路门电路和三态门，它们的应用广泛，对它们的特性和用法应很好掌握。

在 CMOS 门电路中，重点介绍了 CMOS 非门的电路结构、传输特性、输入特性和输出特性等。同时也介绍了派生出的与非门、或非门等多种 CMOS 门电路。同样，对于 CMOS 门电路，重点是掌握它们的外部特性。CMOS 门电路中也介绍了漏极开路门电路、CMOS 三态门电路，它们的用法和 TTL 门电路相同。在 CMOS 电路中也介绍了另一种常用电路——模拟开关。模拟开关不仅可作开关使用，在另外一些电路中也经常用到。

本章最后介绍了 TTL 电路和 CMOS 电路之间的连接问题，这也是在实际应用中经常遇到的问题。

### 习题

2.1 试说明多发射极晶体管的主要作用。

2.2 试说明在使用 CMOS 门电路时不宜将输入端悬空的理由。

2.3 MOS 集成门电路中为什么用 MOS 管作为负载？

2.4 在 TTL 集成门电路中，采用了哪些措施加速清除饱和晶体管的存储电荷，以提高工作速度？

2.5 试用 Multisim 测试 COMS 反相器的电压传输特性。

2.6 试说明下列各种门电路中哪些可以将输出端并联使用（输入端的状态不一定相同）。

（1）具有推拉式输出级的 TTL 电路； （2）TTL 电路的 OC 门；
（3）TTL 电路的三态输出门； （4）漏极开路输出的 CMOS 门；
（5）普通的 CMOS 门； （6）CMOS 电路的三态输出门。

2.7 试说明能否将与非门、或非门、异或门当作反相器试用？如果可以，各输入端应如何连接？

2.8 判断图 P2.8 所示电路中各三极管的工作状态，并求出基极和集电极的电流及电压。

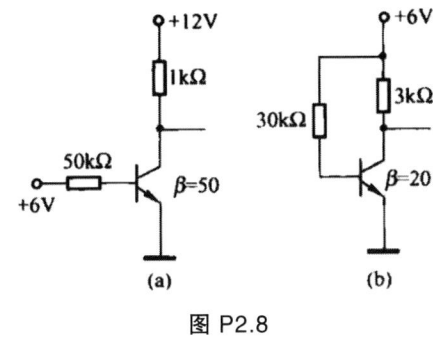

图 P2.8

2.9 二极管 D1、D2 组成的电路如图 P2.9（a）所示，二极管的导通电压 $V_D=0.6V$。若在 A、B 端加入如图 P2.9（b）所示的波形，画出输出端 $V_O$ 的波形，并标出相应的电平值。

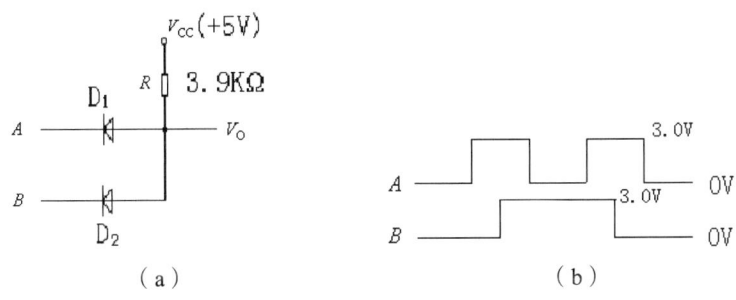

图 P2.9

2.10 电路同图 P2.9（a），试回答下列问题：
（1）A 端接地，B 端接 3V 时，$V_O$ 等于多少？
（2）A 端接 5V，B 段接 3V 时，$V_O$ 等于多少？
（3）A 端悬空，B 端接 3V 时，用万用表测 A 端和 $V_O$ 端的电压，各为多少？
（4）A 端悬空，B 端接 3.9kΩ 电阻，用万用表测 B 端和 $V_O$ 端的电压，各为多少？

2.11 在图 P2.11 所示电路中：
（1）若 $V_{BE}=0.3V$ 时，三极管可靠截止，则允许 $V_1$ 低电平的最大值为多少？
（2）要使三极管临界饱和，允许 $V_1$ 高电平的最小值为多少？

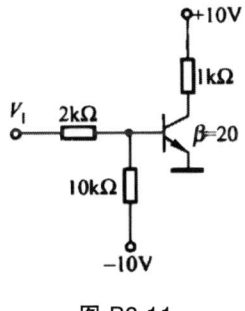

图 P2.11

2.12 图 P2.12 所示为一个三态逻辑 TTL 电路，这个电路除了输出高电平、低电平信号外，还有第三个状态——禁止态（高阻抗）。试分析说明该电路具有什么逻辑功能。

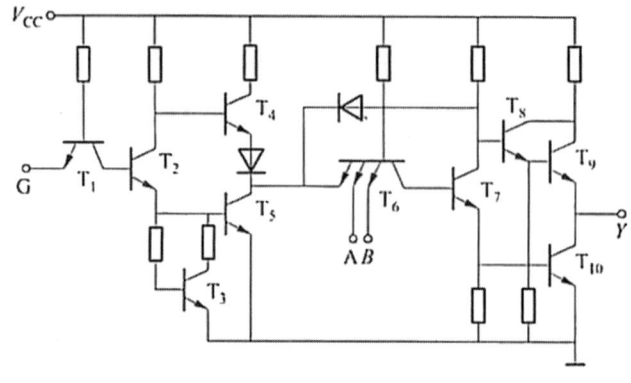

图 P2.12

2.13  指出图 P2.13 中各门电路的输出是什么状态（高电平、低电平或高阻态）。已知这些电路是 74 系列 TTL 门电路。

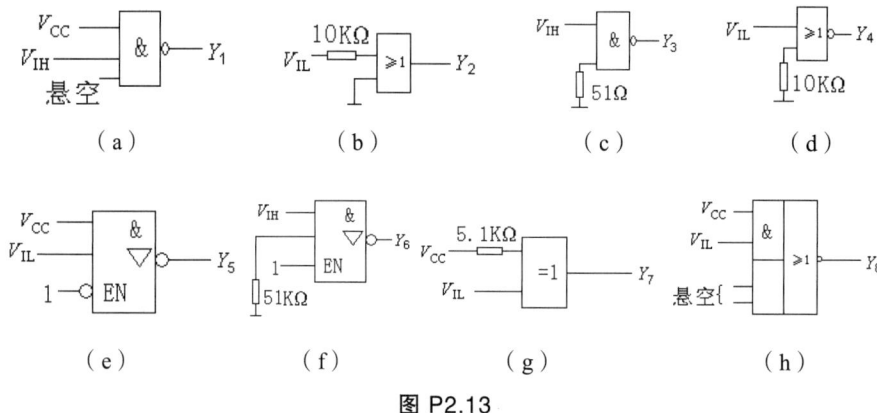

图 P2.13

2.14  在 CMOS 门电路中，有时采用图 P2.14 所示的方法扩展输入端。试分析图 P2.14（a）、（b）所示电路的逻辑功能，写出 Y 的逻辑表达式。假定 $V_{DD}=10V$，二极管的正向导通压降 $V_D=0.7V$。

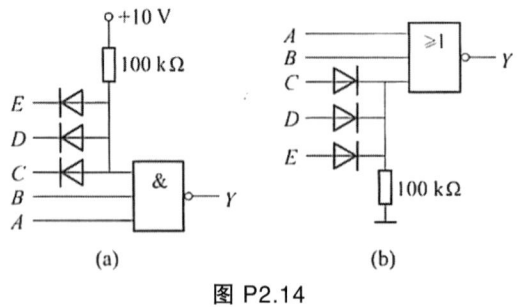

图 P2.14

2.15  指出图 P2.15 中各门电路的输出状态。已知门电路是 CC4000 系列 CMOS 门电路。

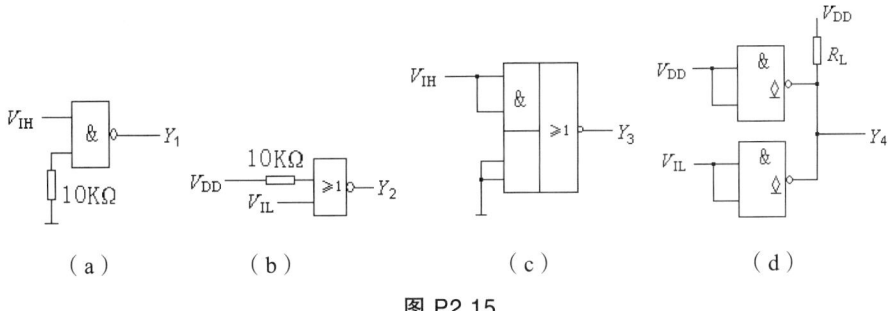

图 P2.15

2.16 计算图 P2.16 所示电路中上拉电阻 $R_L$ 的取值范围。其中 OC 门的参数为：截止时的漏电流 $I_{OH} \leqslant 100\mu A$，输出低电平 $V_{OL} \leqslant 0.4V$ 时最大负载电流 $I_{LM}=8mA$。与非门的参数为：输入电流 $I_{IL} \leqslant 0.4mA$，$I_{IH} \leqslant 20\mu A$。OC 门的输出高、低电平应满足 $V_{OH} \geqslant 3.2V$，$V_{OL} \leqslant 0.4V$。

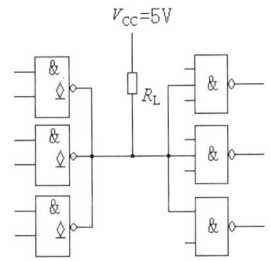

图 P2.16

2.17 门电路如图 P2.17（a）所示。
（1）写出电路输出 $Y_1 \sim Y_3$ 的逻辑表达式；
（2）已知输入波形如图 P2.17（b）所示，画出 $Y_1 \sim Y_3$ 的波形。

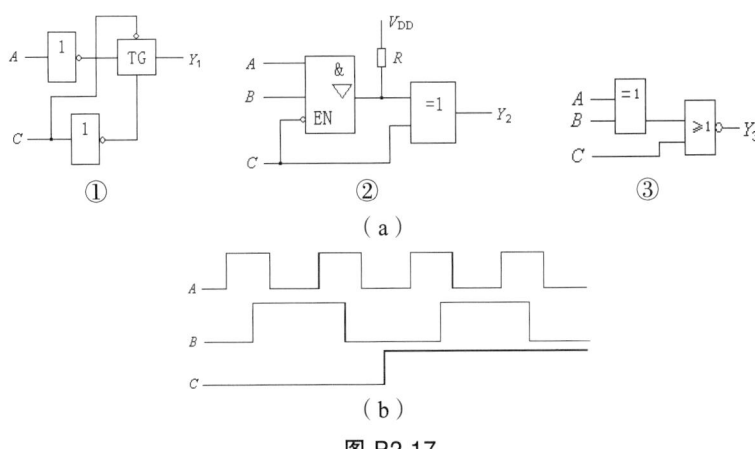

图 P2.17

2.18 图 P2.18 所示各电路中，要实现表达式规定的逻辑功能，电路连接上各有什么错误？请改正之。

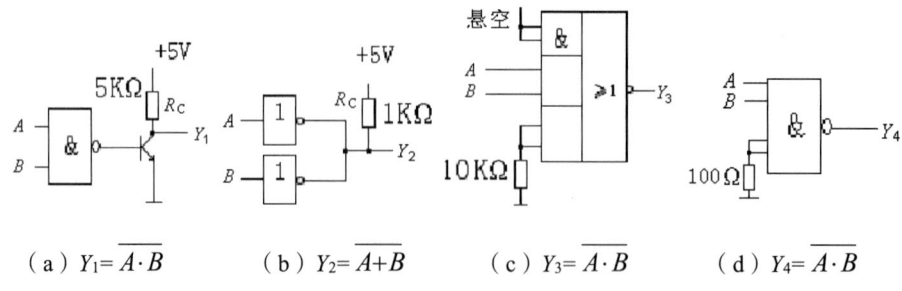

(a) $Y_1=\overline{A \cdot B}$ (b) $Y_2=\overline{A+B}$ (c) $Y_3=\overline{A \cdot B}$ (d) $Y_4=\overline{A \cdot B}$

图 P2.18

（1）电路中所示均为 TTL 门电路；

（2）电路中所示均为 CMOS 门电路。

2.19 试分析图 P2.19 中各电路的逻辑功能，写出输出逻辑函数式。

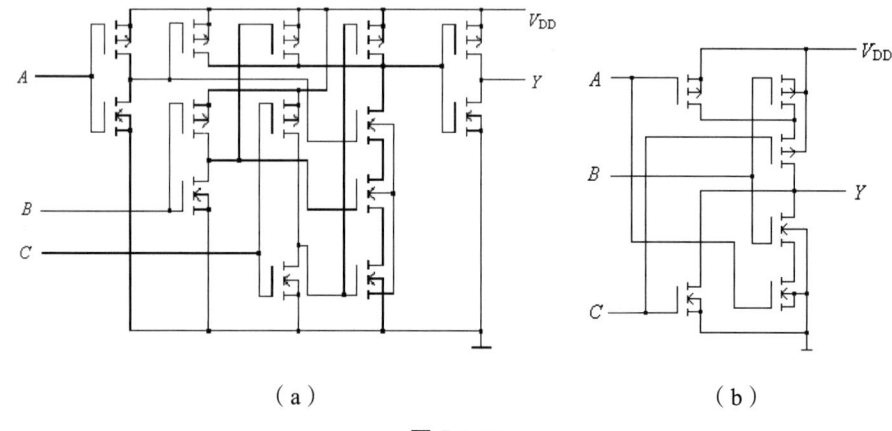

(a) (b)

图 P2.19

# 第 3 章

## 硬件描述语言

**内容提要** 伴随着科技进步，传统的手工设计电路方法被淘汰。自 20 世纪 70 年代至 80 年代，硬件描述语言（HDL）的出现，帮助硬件设计师用代码描述电路的行为和结构，简化了复杂电路的设计难度。同时，仿真工具的出现使得设计师能够在硬件实现之前验证电路设计，减少错误，提高设计效率。而上述的硬件描述语言以及自动化的仿真工具，也是目前数字电路设计的最重要手段。

## 3.1 硬件描述语言概述

硬件描述语言是一种专门用于描述和设计数字电路和系统的编程语言，起源于 20 世纪 80 年代，HDL 的产生是为了解决手工设计复杂数字电路的困难，提供一种高效的工具来精确描述电路的结构和行为，以高层次的抽象视角来进行硬件电路设计，支持行为级、结构级等不同级别的建模方式，主要用途包括数字电路设计、仿真、验证和综合等。通过 HDL，工程师可以精确描述电路在不同输入条件下的行为，进行功能仿真，捕捉设计错误，进行时序分析，验证电路在目标频率下的性能。此外，HDL 代码具有良好的可移植性和复用性，支持模块化设计，可大幅度提高设计效率和一致性。目前，HDL 在数字电路设计中的优势主要体现在以下几个方面。

① 描述精确、适用于复杂系统：HDL 能够描述复杂的数字系统，包括组合逻辑和时序逻辑等，支持层次化设计，使得复杂系统可以分解为多个子模块，便于管理和验证。

② 自动优化：通过综合工具，HDL 代码可以自动进行优化，如电路板面积优化、速度优化和功耗优化等，提高设计效率和性能。

③ 仿真和验证：HDL 提供强大的仿真能力，允许在硬件搭建前进行功能和时序验证，确保设计的正确性和性能。

④ 并行处理和高效实现：HDL 支持并行处理，能够描述多个并行执行的操作，适合描述复杂的数字系统，实现高效的并行计算。

⑤ 可移植性和模块复用：HDL 设计具有良好的可移植性，可以在不同的 EDA 工具和目标工艺之间迁移，支持模块复用，提高设计效率。

综上所述，硬件描述语言是现代数字电路和系统设计中不可或缺的重要工具，提供了从高层次抽象到具体实现的全流程支持。它通过精确描述、自动化综合、强大的仿真和验证能力，以及良好的可移植性和模块复用性，大幅提高了设计效率和质量，适应了不断发展的技术需求。HDL 在推动数字系统设计的复杂性和性能提升方面，发挥了至关重要的作用，目前主流的硬件描述语言包含 Verilog HDL、VHDL（VHSIC Hardware Description Language）等，下面将分别进行介绍。

### 3.1.1 Verilog HDL

Verilog HDL，后文也简称 Verilog。该语言由 Gateway Design Automation 公司在 1984 年开发，并于 1995 年成为 IEEE 标准（IEEE 1364），它的语法与 C 语言相似，易于学习和使用，提供模块化设计方法，支持层次化和结构化设计。Verilog 可实现多级建模，包含行为级建模：描述电路在高层次的行为，便于快速验证设计思路；寄存器传输级（数据流）建模：描述寄存器和逻辑门之间的数据流动，适合综合工具生成硬件实现；结构级建模：描述电路的具体实现细节，包括门级连接。Verilog 还支持并行处理，能够描述多个并行执行的操作，适合描述复杂的数字系统，支持模块化设计，可以复用已有的模块，提高设计效率和一致性，并被众多 EDA 工具广泛支持，如 ModelSim、VCS、QuestaSim、Vivado 等。

Verilog 的语法与 C 语言相似，易于学习和使用，本版教材也将使用 Verilog 语言进行硬件描述，并给出对应的仿真验证。随着技术的发展，HDL 不断演进，以满足现代数字系统日益复杂的设计需求。SystemVerilog 结合了面向对象编程和高级验证功能，如随机测试和覆盖率收集，适合系统级设计和验证。

### 3.1.2 VHDL

VHDL 起源于 20 世纪 80 年代初，由美国国防部为了应对其超大规模集成电路（VHSIC）计划而开发。其目标是为复杂电子系统提供一个标准化的描述语言，以便在设计和验证过程中提高效率。1987 年，VHDL 正式成为 IEEE 1076 标准，此后不断发展，包括 1993 年、2000 年、2002 年、2008 年和 2019 年的多个版本更新，逐步增强其功能和适应性，主要应用于各种数字系统和集成电路的设计与验证。

VHDL 可实现强类型系统和严格的语法检查，减少设计错误，提升设计的可靠性和可维护性，支持并行处理，通过进程（Process）和信号（Signal）等机制，实现对并行硬件行为的自然描述。同时，VHDL 也支持从行为级（Behavioral）到结构级（Structural）和门级（Gate-level）的多层次描述，适应不同设计阶段的需求，还具有广泛的仿真器、综合器和验证工具支持，便于设计、测试和实现，通过包（Package）和库（Library）等机制，支持代码的重用和模块化设计。

### 3.1.3　SystemC

SystemC 的开发始于 20 世纪 90 年代末，由 Open SystemC Initiative（OSCI）主导，提供了系统级建模和硬件/软件协同设计的能力，适合嵌入式系统设计。其目的是提供一种基于 C++ 的硬件描述和系统级设计语言，以填补硬件和软件协同设计的需求。2005 年，SystemC 被标准化为 IEEE 1666，并在随后的几年中不断扩展和完善，以支持更复杂和多样化的设计需求，广泛应用于系统级设计（SLD），尤其嵌入式系统，包括各种嵌入式处理器和专用硬件加速器的开发。同时也应用于 SoC（系统级芯片）的研发，支持复杂片上系统的设计、验证和性能分析。

该语言基于 C++，允许使用面向对象和泛型编程技术，提升设计的灵活性和可扩展性，可有效简化跨域开发流程，并通过事件驱动的仿真内核，支持大规模复杂系统的快速仿真，通过模块和端口等机制，支持模块化设计和代码重用。

### 3.1.4　Chisel

Chisel（Constructing Hardware in a Scala Embedded Language）由加州大学伯克利分校开发，首次发布于 2010 年初。该语言基于 Scala 语言，旨在提供一种更高层次的硬件描述语言，以便简化硬件设计过程，特别是面向复杂和参数化硬件结构的设计需求，适用于各种数字电路和系统的开发，特别是在以下领域具有显著优势，用于探索和验证新型硬件架构和设计方法，利用 Scala 语言的高级特性，如函数式编程和强类型系统，提供高度可重用和模块化的硬件描述。同时也支持参数化模块和生成器，方便创建灵活的硬件设计，可通过生成 Verilog 等中间表示，兼容现有的综合和仿真工具链。

Chisel 和 SystemVerilog 等新兴语言提供了更高设计能力，进一步提高了设计效率和灵活性。同时，HDL 工具链也在不断发展，提供了从设计、仿真、综合到实现的全流程支持。商业仿真平台如 ModelSim、VCS、QuestaSim、Incisive 和 Vivado Simulator，以及开源工具如 GHDL、Verilator 和 Icarus Verilog，为工程师提供了强大的仿真和验证能力。自动化综合工具将 HDL 代码转换为高效的硬件实现，布局布线工具确保设计的物理实现满足时序和面积约束。

## 3.2　数字电路仿真工具

本教材基于 Verilog HDL 语言进行硬件描述和仿真测试，目前主流的仿真编译环境有 ModelSim 和 VCS 等，本书将基于 ModelSim 平台进行相关的仿真实验验证，下面将对主流的数字电路仿真工具进行介绍。

### 3.2.1 ModelSim

ModelSim 是由 Mentor Graphics（即西门子 EDA）开发的仿真工具，最早发布于 20 世纪 90 年代。作为 EDA（电子设计自动化）领域的一部分，在数字电路设计和验证中扮演着关键角色，致力于提供高效的仿真和验证工具，随着时间的推移，ModelSim 不断演进和更新，以适应日益复杂的硬件设计需求。

目前，ModelSim 主要用于数字电路设计中的功能仿真和时序仿真，广泛应用于 ASIC（专用集成电路）和 FPGA（现场可编程门阵列）设计流程中，设计工程师可用 ModelSim 来验证寄存器传输级代码的正确性，捕获和修复设计中的逻辑错误，确保设计电路的行为与预期一致。此外，ModelSim 还用于混合语言仿真，支持 Verilog、VHDL 和 SystemVerilog 等多种硬件描述语言的组合，这使得设计团队可以在一个项目中使用不同的 HDL 语言。ModelSim 还可通过自动化测试框架进行大规模回归测试，确保在代码修改后，所有功能仍然正确，用其强大的调试功能，如断点、波形查看和信号跟踪，帮助设计者深入分析和解决设计问题。

ModelSim 提供图形用户界面（GUI）和命令行接口（CLI），用户可以根据个人喜好选择使用。GUI 直观易用，适合初学者；CLI 功能强大，适合高级用户进行自动化仿真，相关功能包括波形查看、断点设置、单步执行和信号跟踪等功能，使得设计者可以精确定位和修复设计中的问题。ModelSim 采用先进的仿真引擎，能够快速仿真大规模设计。其增量编译技术进一步提高了仿真效率，并通过与 EDA 工具无缝集成，如综合工具、时序分析工具和版图工具，提供完整的设计验证解决方案。

ModelSim 在 IC 设计和验证过程中不可或缺，通过其强大的功能和灵活的使用方式，高效地完成数字电路的验证和优化。

### 3.2.1 VCS

Verilog/SystemVerilog Compiler（VSC）是用于数字电路仿真的高级编译器工具，支持 Verilog 和 SystemVerilog 语言，其历史可以追溯到 20 世纪 90 年代初期，当时硬件描述语言（HDL）逐渐普及，市场对高效的编译和综合工具需求不断增加。Verilog 作为一种主要的 HDL 语言，迅速在工业界得到了广泛应用，随之而来的便是对更强大、更高效的编译和综合工具的需求。VSC 正是在这种背景下发展起来的，并在此后的几十年里不断进化和完善。

VSC 广泛应用于从 RTL 级设计到门级网表综合的全过程。它的主要应用领域包括设计验证、性能优化、硬件生成等。VSC 采用先进的编译算法，能够快速处理大型设计，提高综合效率，减少了验证工作量，更能够进行多种优化，如逻辑优化、时序优化和面积优化，以满足设计的特定需求。同时，VSC 不仅支持传统的 Verilog，还支持 SystemVerilog，这是对 Verilog 的扩展，增加了许多高级特性，如类、接口和随机化测试等。

VSC 的出现和发展，大大提高了硬件设计的效率和质量，成为数字电路设计过程中不可或缺的工具。通过提供高效的编译和综合能力，VSC 帮助设计工程师在较短的时间内实现高性能的硬件设计。

## 3.3 Verilog HDL 语言

### 3.3.1 Verilog 语言基础

本书将采用 Verilog 语言进行电路设计，首先需要明确一个概念：硬件描述语言是一种通过编程方式描述硬件电路的工具。在理想情况下，单纯的电路设计只需要使用 Verilog 语言描述硬件电路，并按照该描述进行硬件电路搭建，即可实现完整的电路设计，该模块被称为硬件描述或硬件设计模块（DUT，Design Under Test），指的是待测试设备或模块。

目前，基于硬件描述语言进行自动电路搭建的技术虽然已经得到了广泛应用和实现，但上述情况属于一种理想状态，现今所设计的电路可能由几千万甚至上亿个门电路组成，因此在完成设计或设计的过程中，必须在搭建硬件实体电路前针对电路的功能进行大量仿真测试。因此，硬件描述语言也就自然的需要集成相关电路测试功能。

本书汇总 Verilog 硬件描述语言主要介绍两个程序模块。一是 DUT 模块：该模块主要用于描述电路的逻辑和结构，包括逻辑门、触发器、寄存器等组件及其互连，并用于描述电路的实际功能，最终转化为硬件实现。

二是 Testbench 模块，主要用于生成激励信号，对 DUT 模块进行仿真和测试，验证其在不同输入条件下的行为，并确保 DUT 模块在实际硬件生产前满足设计要求，辅助发现和修复设计中的错误。

由此可见，采用 Verilog 语言设计数字电路，需要先编写 DUT 模块，定义系统的输入输出、设计内部逻辑结构，再完成 TestBench 模块的程序编写，针对不同的数字电路设计激励信号的形式，测试电路功能。图 3.3.1～3.3.2 给出了一个与非门（NAND gate）的 Verilog 硬件描述以及对应 Testbench 模块程序，并应用 ModelSim 仿真平台进行编译和测试的案例。下面将针对这个简单案例对 Verilog 语言进行初步介绍。

1. 硬件描述电路

图 3.3.1～3.3.2 设计一个简单的与非门 DUT 和对应的 Testbench 模块。本节将对该程序进行简要介绍，让读者对 Verilog 语言有一个基础的认识，通过对比分析，可以看到 Verilog 语言与 C 语言的相似之处。

首先，将逐句分析图 3.3.1 中的硬件描述程序：

① line 3：采用关键字 module 定义一个模块 nand_gate，即与非门。

② line 4～6：定义了 A 和 B 两个 input（输入），并定义了 Y 为 output（输出）。

③ line 8：assign 为赋值关键字，主要用于定义输出 Y，可以看到 Y 在此电路中由 A 与 B 决定，表示为：Y =~（A & B），其中~是"非"号，& 是"与"号，综合来看即定义了该电路的逻辑为 Y = $\overline{AB}$。

图 3.3.1 与非门的 Verilog 硬件描述程序　　图 3.3.2 应用于与非门的一个 Testbench 模块程序

④ line 9：最后，应用 endmodule 关键字标记模块定义结束，至此完成对于一个与非门的硬件描述。

2. Verilog 语言中的 Testbench 模块

通过图 3.3.1 的程序，已经通过 Verilog 语言对一个与非门进行硬件描述，而图 3.3.1 仅给出了电路的硬件描述，而若想对该电路的功能进行验证，则需要为输入赋予不同的值，并观测输出是否满足于定设计要求。

因此，本节将针对图 3.3.2 的 Testbench 模块进行介绍，Testbench 模块主要用于初始化输入信号，并在不同时间点修改输入信号值，以测试与非门模块在不同输入条件下的输出，最后监视并输出信号的变化，便于观察和验证电路的行为。下面是对图 3.3.2 中程序的分析：

① line 3：timescale 指令用于定义仿真时间单位和时间精度，格式如下：

$$`timescale\ <time\_unit>\ /\ <time\_precision>$$

a. 时间单位（<time_unit>）：定义了模块中时间相关的操作（如延迟和周期）的基本单位。例中，1ns 表示仿真时间的基本单位为 1 纳秒。因此，如果在代码中写了#10，表示延迟 10 个时间单位，而由于在 timescale 中已经定义了时间单位为 1ns 时，例中的 #10

就表示 10 纳秒的延迟。

b. 时间精度（<time_precision>）：决定了仿真工具在处理时间值时的最小精度。在例中，1ps 表示仿真的最小时间分辨率为 1 皮秒，这意味着程序中所有的时间值都会根据这个精度进行四舍五入。例如，如果设定的延迟是#10.5ns，因为精度是 1ps，会四舍五入为#10.500ns。而在图 3.3.2 中，1ns 定义时间单位为 1 纳秒（1ns），意味着仿真中的所有时间延迟（如#10）都以 1 纳秒为单位进行解释。例中定义时间精度为 1 皮秒（1ps），这表示仿真工具将时间精确到 1 皮秒，所有时间值将根据这个精度进行四舍五入。

② line 5：首先用 module 声明一个模块 nand_gate_tb，tb 为 Testbench 的简写，表示这是一个用于与非门（nand_gate）的 Testbench 模块。

③ line 7～9：声明测试平台中使用的信号变量，reg 定义寄存器型变量，用于存储输入信号的值，wire 定义一个线型变量，用于连接输出信号。在 Verilog 中，wire 和 reg 是两种不同类型的信号，在电路设计中的使用有着不同的语义和用途。在定义与非门模块时，用 wire 定义输入端口，而在 Testbench 中用 reg 定义输入信号：

a. wire 可以用于定义连接信号，在 Verilog 中用于连接同一个模块的输入和输出端口，或连接不同模块之间的信号；wire 还可用于定义驱动信号，该信号不能存储值，必须由某个连续赋值语句（如 assign）或其他模块驱动，如代码例 3.3.1 中输出 Y 就是通过输入 A 和 B 的逻辑运算驱动的。

【例 3.3.1】与非门定义。

module nand_gate（input wire A, input wire B, output wire Y）；
　　assign Y = ~（A & B）；
endmodule

在例 3.3.1 中：A 和 B 作为输入端口，使用 wire 类型，由外部信号驱动，即从外部模块、信号获得相关数值；Y 作为输出端口，使用 wire 类型，由 assign 语句驱动。

b. reg 用于定义一个可以在过程块（如 initial 或 always 块）中存储和保持值的变量。reg 信号可以在这些块中被赋值，在下一次赋值之前，它们能够保持住上一次赋值的值。在 Testbench 中，因为需要在仿真过程中对这些信号进行赋值和控制，reg 通常用于定义输入信号。例如，在测试与非门时，需要在不同时间点为 A 和 B 赋不同的值来观察输出 Y 的变化。在例 3.3.2 的 Testbench 程序中：A 和 B 被定义为 reg 类型，因为它们的值在 initial 块中被赋予，且在仿真过程中这些值可以改变；Y 仍然是 wire 类型，因为它是由 nand_gate 模块的输出端口驱动的，属于连接信号。

【例 3.3.2】Testbench 模块中接口定义。

```
module nand_gate_tb;
    reg A;
    reg B;
    wire Y;
nand_gate uut (
    .A（A），
    .B（B），
    .Y（Y）
);
```

因此，在 DUT 模块设计中，输入端口通常使用 wire 类型，因为它们代表从外部驱动的信号。而在 Testbench 中，输入信号通常使用 reg 类型，因为测试平台需要控制和赋值这些信号，且它们需要保持所赋值的状态。这种区分是 Verilog 设计中信号使用的基本原则，有助于在仿真中正确地表达电路行为和信号的流动。

④ line 12～16：实例化被测试的与非门模块，并将测试平台中的信号连接到该实例的端口。其中：

nand_gate uut：声明了一个名为 uut（unit under test，被测试单元）的 nand_gate 模块实例；

.A（A）：将实例的输入端口 A 连接到测试平台的信号 A；

.B（B）：将实例的输入端口 B 连接到测试平台的信号 B；

.Y（Y）：将实例的输出端口 Y 连接到测试平台的信号 Y。

⑤ line 19：定义一个 initial 块，用于在仿真开始时生成测试激励信号，initial 关键字表示该块中的语句将在仿真开始时执行一次，begin 表示这个块的开始。

⑥ line 21～23：设置初始输入信号值，并显示这些信号值和输出信号值，其中：

A = 0、B = 0：将输入信号 A 和 B 初始化为 0；

#10：在仿真时间上等待 10 个时间单位，#10 表示延时操作；

$display（"A=%b, B=%b, Y=%b", A, B, Y）：使用系统任务 $display 打印当前时刻 A、B 和 Y 的值，格式符 %b 用于显示二进制值。

⑦ line 25～37：将 A 和 B 分别赋予不同的数值，均持续 10 个时间单位，并进行显示。

⑧ line 40：系统任务 $finish 用于停止仿真，关闭所有打开的文件并退出仿真环境。

⑨ line 42～43：end：结束 initial 块；endmodule：结束 nand_gate_tb 模块定义。

通过上述分析，可以看出，所设计的电路是一个与非门，两个输入分别被定义为 A 和 B，一个输出是 Y，其中 Y = $\overline{AB}$。而测试程序一共进行 40 个时间单位，均分为四段，AB 的值被定义为：00-01-10-11，那么可以预见，如果电路描述程序正确，那么输出 Y 的值应该是 1-1-1-0。而运行图 3.3.2 中的程序，最终在 ModelSim 平台中的仿真结果如图 3.3.3 所示。图 3.3.3 中，A、B 与 Y 的数值用类似示波器的方法显示，从结果中可以区分高低电平，高电平代表"1"，而低电平代表"0"。可以看出输入 A 和 B 按照预定数值变化，而输出 Y 也符合 $\overline{AB}$ 的计算结果，由此可以证明图 3.3.1 中设计的数字电路描述是正确的，可用于描述一个具有与非门功能的代码。

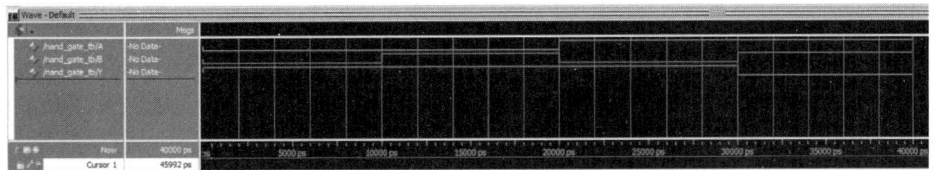

图 3.3.3 与非门仿真结果

通过本节对于一个硬件描述电路及其 Testbench 模块的介绍，我们可以初步了解如何编写一个简单的与非门电路仿真程序，并进行仿真验证。下面，本章将从 Verilog 的符号、行为语句以及关键字等方面，对 Verilog 语言进行详细介绍。

### 3.3.2 语言要素介绍

作为设计者与工程师的重要工具，Verilog 提供了一套丰富的语言要素，使得复杂的电路能够以简洁和高效的方式进行建模和实现，包括标识符、运算符、赋值语句、控制结构和模块化设计等，构成了设计和仿真的基础。

通过这些要素，Verilog 使设计者能够清晰地表达电路的行为和结构，不论是在行为级、数据流级还是结构级建模中。此外，Verilog 还支持并行操作和时间概念，使得设计过程更符合实际硬件的运行特性。在数字系统日益复杂的今天，深入理解 Verilog 的语言要素对于高效的电路设计和系统验证至关重要。本节将针对 Verilog 的重要语言要素进行介绍。

1. 标识符

标识符（identifier）用于命名模块、变量、寄存器、信号、端口、参数等，用于在 Verilog 代码中引用这些对象，标识符的命名规则与大多数编程语言类似，需要遵循一定的语法规则，相关的典型标识符定义如例 3.3.3 所示。

【例 3.3.3】典型的标识符定义。

```
1  module my_module;           // 模块名是 my_module
2     reg clk;                 // 时钟信号标识符 clk，是一个寄存器类型的变量
3     wire [3:0] data_bus;     // 4 位宽度的数据总线标识符 data_bus
4     parameter WIDTH = 8;     // 参数标识符 WIDTH，通常用来表示固定的值（如
                               // 宽度、延迟等）
5  endmodule
```

标识符的定义有一些预定法则，包含：

① 字母开头：标识符必须以字母（a~z，A~Z）或下划线（_）开头，不能以数字开头。

② 后续字符：字母开头后，标识符可以包含字母、数字（0~9）或下划线，但不能包含其他符号。

③ 区分大小写：Verilog 中标识符是区分大小写的，例如，signal1 与 Signal1 是两个不同的标识符。

④ 不能使用保留字：Verilog 中有一些关键字（如 module、always 等），这些不能作为标识符使用。

2. 关键字

关键字（keywords）是编程语言保留的字，具有特殊的含义，用于执行特定的操作或定义代码结构。关键字不能作为标识符使用，如不能用它们来命名变量、模块或信号，Verilog 语言中的关键字特点有：

① 固定含义：关键字的语义在 Verilog 语言中是固定的，用于特定的功能和操作。

② 区分大小写：Verilog 关键字是区分大小写的，比如 module 和 Module 是不同的，前者是 Verilog 关键字，后者则不是。

③ 不能作为标识符：程序员不能使用关键字作为变量、信号、模块等的名称，否则会引发编译错误。

表 3.3.1 核心关键字

| 关键字 | 描述 |
| --- | --- |
| module | 定义一个模块的开始，模块是 Verilog 中的基本构建块，用于描述硬件电路 |
| endmodule | 表示模块定义的结束 |
| wire | 用于定义组合逻辑信号，它不能存储值，值一般由连续赋值语句（Assign）控制 |
| reg | 用于定义存储信号（时序逻辑），通常在时钟边沿触发时更新，不仅可以用在时钟触发的逻辑中，也可以用于行为描述 |
| integer | 用于定义整数类型变量，通常用于循环计数等场合 |
| parameter | 定义一个常量，可以在模块中使用，也可以用于参数化模块 |
| input、output、inout | 定义模块的输入、输出和双向端口 |
| assign | 用于对 wire 类型的信号进行连续赋值，通常用于组合逻辑 |
| always | 定义一个行为块，通常在时钟的上升或下降沿触发，适用于时序逻辑或组合逻辑 |
| initial | 定义一个只执行一次的初始块，通常用于仿真中的初始化 |
| if / else | 条件语句，用于条件判断 |
| case | 多路选择结构，类似于 C 语言中的 switch-case |
| for、while | 循环结构，通常用于仿真或某些可综合的设计中 |
| posedge | 表示上升沿触发，通常用于时钟信号 |
| negedge | 表示下降沿触发，通常用于异步复位或时钟信号 |
| $display | 用于在仿真时打印输出，用于调试和查看仿真状态 |
| $monitor | 用于监视指定信号的变化并打印变化信息 |
| $finish | 用于结束仿真 |
| $stop | 用于暂停仿真，手动继续运行 |
| $time | 返回当前仿真时间 |
| $random | 用于生成随机数 |
| function | 定义功能，类似于软件编程中的函数 |
| task | 定义任务，可以有多个输出，通常用于复杂行为的描述 |

3. 逻辑值

Verilog 采用四值逻辑（4-Valued Logic），除了数字逻辑电路中的传统二值逻辑（0 和 1）外，Verilog 还允许对硬件电路中可能出现的其他状态进行建模，四值逻辑包括以下四个状态：

① 0：逻辑低（Low），表示低电平或假（False）。

② 1：逻辑高（High），表示高电平或真（True）。

③ x：未知（Unknown），表示不确定的值，可能是由于电路初始化不完全或者是多源驱动的冲突。

④ z：高阻态（High Impedance），表示三态逻辑下的高阻抗状态，通常用于总线上存在多驱动器情况。

【例 3.3.4】逻辑值定义。

| 1 | reg a; |
| 2 | wire b; |
| 3 | assign b = 1'bz;   // b 被分配为高阻态 |
| 4 | initial a = 1'bx;   // a 被初始化为未知值 |
| 5 | assign c = 1'b0;   // c 被分配为二进制的 0 |
| 6 | assign d = 1'b1;   // d 被分配为二进制的 1 |

在程序设计中，c = 1'b0 明确指定为 1 位宽的二进制常量；也可以如图 3.3.2 所示，直接以 A＝0 或 A＝1 以不指定位宽的方式定义高低电平，进行相关的逻辑运算。

4. 常量

【例 3.3.5】常量的定义方式

| 1 | 4'b1010      // 4 位二进制数，值为 1010（即 10） |
| 2 | 8'd255       // 8 位十进制数，值为 255 |
| 3 | 6'o37        // 6 位八进制数，值为 37（即十进制 31） |
| 4 | 16'h2A5F     // 16 位十六进制数，值为 2A5F |

常量在 Verilog 中用于表示固定的数值，常量可以是整数、二进制、八进制、十进制或十六进制，通常与指定的位宽一起使用。常量的表示通常有以下几部分组成：

<位宽>'<基数><值>

其中：位宽表示数值占用的位数，例如 4 表示 4 位；基数：表示数值的进制基数（b：二进制、o：八进制、d：十进制、h：十六进制）；值：实际的数值。

5. 运算符

Verilog 程序中的运算符包含算术运算符、逻辑运算符、关系运算符、逻辑运算符、位逻辑运算符等，下面将分别进行介绍：

（1）算术运算符

加法运算符，以"+"标识，也称为正值运算符；减法运算符，以"—"标识，也称为负值运算符；乘法运算符，以"*"标识；除法运算符，以"/"标识；模运算符，以"%"标识，也称为求余运算符；

（2）关系运算符

用于比较两个数值或信号，并返回一个布尔结果（1 表示真，0 表示假）。关系运算符广泛应用于条件判断中，如在 if 语句、always 块或其他逻辑控制结构中。

表 3.1.2　关系运算符

| 运算符 | 描述 | 示例 |
|---|---|---|
| == | 等于 | a == b，如果 a 等于 b，则结果为 1 |
| != | 不等于 | a != b，如果 a 不等于 b，则结果为 1 |
| > | 大于 | a > b，如果 a 大于 b，则结果为 1 |
| < | 小于 | a < b，如果 a 小于 b，则结果为 1 |
| >= | 大于等于 | a >= b，如果 a 大于或等于 b，则结果为 1 |
| <= | 小于等于 | a <= b，如果 a 小于或等于 b，则结果为 1 |

【例 3.3.6】相等运算符。

```
1  reg [3:0] a = 4'b1010;
2  reg [3:0] b = 4'b1010;
3  reg result;
4  initial begin
5    result = （a == b）;
     // result = 1，因为 a 和 b 相等
6    result = （a != b）;
     // result = 0，因为 a 和 b 相等，不
     //满足不等于条件
7  end
```

【例 3.3.7】大于-小于运算符。

```
1  reg [3:0] a = 4'b1100;   // a = 12
2  reg [3:0] b = 4'b1010;   // b = 10
3  reg result;
4  initial begin
5    result = （a > b）;
     // result = 1，因为 a 大于 b
6    result = （a < b）;
     // result = 0，因为 a 不小于 b
7  end
```

【例 3.3.8】逻辑运算符。

```
1  reg a, b;
2  reg result;
3  initial begin
4    a = 1;
5    b = 0;
6    result = a && b;    // result = 0（因为 a 为真，b 为假，结果为假）
7    result = a || b;    // result = 1（因为 a 为真，结果为真）
8    result = !a;        // result = 0（因为 a 为真，取反后为假）
9  end
```

（3）逻辑运算符和位逻辑运算符

在 Verilog 中，逻辑运算符和位逻辑运算符是两类不同的运算符，分别用于处理布尔逻辑和位级别的操作，在应用场景、操作对象和结果类型上存在明显区别。以下是对两者的详细说明。

① 逻辑运算符：逻辑运算符用于条件判断，其操作数通常是单个位或布尔值（1 表示真，0 表示假），逻辑运算符的结果总是布尔类型，即 1（逻辑真）或 0（逻辑假），不会对操作数的每一位进行操作，而是对整个表达式进行判断。

逻辑运算符的类型有：

逻辑与（&&）：如果两个操作数都为真（即非零值），则结果为真，否则结果为假；

逻辑或（||）：如果至少一个操作数为真，则结果为真，否则结果为假；

逻辑非（!）：将布尔值取反，真变为假，假变为真。

② 位逻辑运算符：位逻辑运算符是逐位操作的运算符，它们在每一位上进行逻辑操作，适用于多位信号或向量（如 4 位、8 位等），每个位将独立进行运算。

位逻辑运算符的类型有：

位与（&）：对操作数的每个位进行逻辑与操作，只有当两个操作数的对应位都是 1 时，结果位才为 1；

位或（|）：对操作数的每个位进行逻辑或操作，只要两个操作数中的一个对应位为 1，结果位就为 1；

位异或（^）：对操作数的每个位进行逻辑异或操作，当对应位的两个操作数不同（一个为 0，一个为 1）时，结果为 1；

位非（~）：对操作数的每个位进行逻辑取反操作。

【例 3.3.9】位逻辑运算符。

```
1   reg [3:0] a, b;
2   reg [3:0] result;
3   initial begin
4     a = 4'b1010;      // a = 1010
5     b = 4'b1100;      // b = 1100
6     result = a & b;   // result = 1000 （逐位与操作）
7     result = a | b;   // result = 1110 （逐位或操作）
8     result = a ^ b;   // result = 0110 （逐位异或操作）
9     result = ~a;      // result = 0101 （逐位取反操作）
10  end
```

同时，在这里要强调的是，当操作数只有一位时，在 Verilog 中使用逻辑运算符和位逻辑运算符的结果通常是相同的，因为无论是逻辑运算符还是位逻辑运算符，它们都会对这一位进行布尔运算，在处理多位信号时，才会出现区别。

（4）条件运算符

条件运算符（Ternary Operator）是一种简洁的选择结构，用于根据条件表达式的结果来选择执行不同的操作或赋值。它的形式与编程语言中的三元运算符类似，格式如下：

result =（condition）? true_expression : false_expression;

其中，condition：条件表达式，如果条件为真（高电平，1），则选择 true_expression 的值，如果条件为假（低电平，0），则选择 false_expression 的值；true_expression：条件为真时返回的表达式或值；false_expression：条件为假时返回的表达式或值。

6. 主要符号优先级

优先级决定了在表达式中各符号的计算顺序。优先级高的操作符会先进行运算，如果优先级相同，则根据操作符的结合性决定计算顺序，以下是 Verilog 中操作符的优先级表，从最高到最低，并附带了操作符的结合性说明。

表 3.3.3　部分主要符号优先级

| 优先级 | 操作符 | 结合性 |
| --- | --- | --- |
| 1 | ( ) | 从左到右 |
| 2 | ~, ! | 从左到右 |
| 3 | *, /, % | 从左到右 |
| 4 | +, - | 从左到右 |
| 5 | <<, >> | 从左到右 |
| 6 | ==, !=, ===, !== | 从左到右 |
| 7 | & | 从左到右 |
| 8 | ^, ^~, ~^ | 从左到右 |
| 9 | ? : | 从右到左 |

表格中，从左到右标识当操作符优先级相同时，表达式从左向右依次计算；从右到左则表示当操作符优先级相同时，表达式从右向左依次计算。

### 3.3.3　行为语句

在本节中，将针对 Verilog 的行为语句进行介绍，主要行为语句有过程语句、块语句、赋值语句、循环语句、条件语句等。

1. 赋值语句

在 Verilog 语言中，主要的赋值方法有连续赋值（Continuous Assignment）、阻塞赋值（Blocking Assignment）和非阻塞赋值（Non-blocking Assignment）。

（1）连续赋值

连续赋值用于组合逻辑描述，适用于 wire 类型的信号。这类赋值是实时更新的，当右侧的表达式发生变化时，wire 的值会立即更新，语法如下：

assign <信号名> = <表达式>;

例 3.3.10 中的输出为 a 与 b，而在 a 或 b 发生变化的同时，系统的输出 cont_out 也会同时发生变化，仿真结果如图 3.3.4 所示。

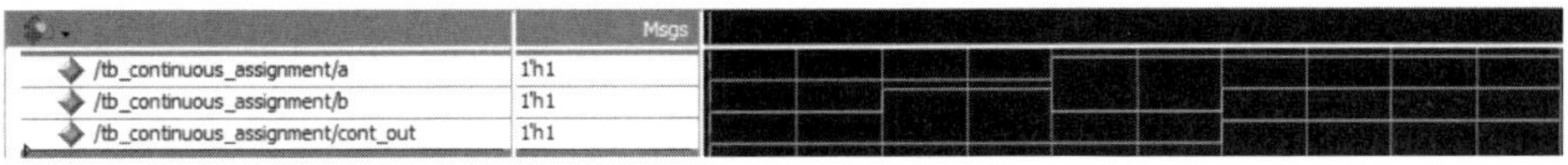

图 3.3.4 连续赋值仿真结果

【例 3.3.10】连续赋值。

```
1   module continuous_assignment（
2       input wire a,
3       input wire b,
4       output wire cont_out
5   ）;
    // 连续赋值：组合逻辑实时更新
6       assign cont_out = a & b;
7   endmodule
```

（2）阻塞赋值和非阻塞赋值

除连续赋值外，两种重要的赋值方式分别是阻塞赋值和非阻塞赋值，由于相关的详细内容最好应用于时序逻辑电路，因此先关内容先不多做赘述，将在第六章进行深入分析。在此仅需要明确以下两个概念。

①阻塞赋值：阻塞赋值用于过程块（initial 或 always），通过"="操作符赋值。赋值语句是顺序执行的，即当前语句必须执行完后才能执行下一条语句。

②非阻塞赋值：非阻塞赋值用于时序逻辑描述，使用"<="操作符。赋值是并行执行的，即所有赋值语句在同一个时间点并发更新，下一条语句不会等待上一条完成。

【例 3.3.11】阻塞赋值（伪代码）。

```
1   reg a, b, result;
2   a=1'b1;
3   b=1'b1;
4   always @（*）begin
5       a = 1'b1;
6       b = 1'b0;
7       result = a & b;
// 顺序执行，先给 a 和 b 赋值，再
// 计算 result，最终 result 为 0
8   end
```

【例 3.3.12】非阻塞赋值（伪代码）。

```
1   reg a, b, result;
2   a=1'b1;
3   b=1'b1;
4   always @（posedge clk）begin
5       a <= 1'b1;
6       b <= 1'b0;
7       result <= a & b;
// 并行执行，所有赋值语句同时进行
// 最终 result 为 1
8   end
```

其中，阻塞赋值和非阻塞赋值如例 3.3.11 与 3.3.12 所示，通过分析例子，可以看出两种赋值的区别，看似两个例子除了分别应用"="和"<="外没有区别，但其中 results 最终显示的数值完全不同。首先，两个例子都在 line 2~3 处将 a 与 b 均赋值为 1，并在 line 5~6 中将 a 与 b 分别赋值为 1 和 0。但在阻塞赋值的例子中，result 的值为 0，而在非阻塞赋值中 result 的值为 1。

原因就是例 3.3.11 的阻塞赋值为顺序执行，即在 line 7 实现 result 赋值前，已经对 a 和 b 进行了第二次赋值，即先将 a 赋值为 1、将 b 赋值为 0，再计算 result。

而在例 3.3.12 的非阻塞赋值中，line 7 和 line 5~6 是同时赋值，因此在对 result 赋值时，a 与 b 的值仍保持 line 2~3 对其赋予的数值（均为 1），因此在例 3.3.12 中 result 的最终值为 1。

2. 条件语句

Verilog 语言的主要条件语句有 if-else 语句和 case 语句两种。其中，if-else 语句根据条件的真或假，决定执行哪个分支，通常用于行为级建模。case 语句用于多路选择，类似于 C 语言中的 switch-case，用于处理离散值的多分支选择，常见于状态机或根据某个信号值执行不同操作的情况。

【例 3.3.13】if-else 语句。

```
1   if（condition）begin
       // 条件为真时执行
2   end else if（another_condition）begin
       // 另一个条件为真时执行
3   end else begin
       // 上述条件都不满足时执行
4   end
```

【例 3.3.14】case 语句。

```
1   case（expression）
    value1: begin
       // 当表达式的值为 value1 时执行
2   end
3   value2: begin
       // 当表达式的值为 value2 时执行
4   end
5   default: begin    //没有匹配的值时执行
6   end
7   endcase
```

在条件判断中，if-else 适合区间条件判断，case 适合离散值选择。两者在功能上可以实现相同效果，但结构上存在差异。

3. 循环语句

循环语句在硬件设计中用于重复执行某些操作，尤其在仿真和行为级描述中非常有用。常见的循环语句有 for、while 和 repeat。

① for 循环：类似于 C 语言中的 for 语句，用于在特定次数内重复执行一段代码，可以用于仿真中生成波形，或者在行为级建模中实现某些重复逻辑；

② while 循环：用于在条件满足的情况下重复执行某段代码，与 for 循环不同，while 循环可用于循环次数未知的场合；

③ repeat 循环：repeat 循环用于重复执行某段代码固定的次数，通常在仿真环境中使用，描述重复的事件。

综上可以看出 for 适合更复杂的循环控制，而 repeat 用于固定次数的简单重复操作。

【例 3.3.15】for 循环。

```
1 for ( initialization; condition; iteration ) 2 begin
      // 循环体
3 end
```

【例 3.3.16】while 循环。

```
1 while ( condition ) begin
      // 循环体
2 end
```

【例 3.3.17】repeat 循环。

```
1 repeat ( n ) begin
      // 循环体
2 end
```

### 3.3.4　数字逻辑电路中的 Verilog 语言描述方法

在数字逻辑电路的设计中，Verilog 提供了多种硬件描述方法。常见的描述方式包括行为级建模、结构级建模和数据流建模，它们分别适用于不同层次的硬件描述，三种建模的区别如表 3.3.4 所示。

表 3.3.4　三种描述方法

| 描述方法 | 特点 | 适用场景 |
| --- | --- | --- |
| 行为级建模 | 通过 always 块描述硬件的行为，接近软件编程 | 复杂控制逻辑 |
| 结构级建模 | 通过模块实例化描述电路结构，接近硬件的物理实现 | 层次化设计 |
| 数据流建模 | 使用 assign 语句描述信号之间的逻辑关系 | 组合逻辑 |

1. 行为级建模

行为级建模是最高层次的建模方式,它不直接描述硬件的结构,而是通过描述硬件的行为来实现。这种建模方式接近软件编程语言,更易于理解和编写,常用于设计复杂的控制逻辑。例 3.3.18 给出了一个 4 位计数器的行为级建模实现。

【例 3.3.18】4 位计数器(行为级建模)。

```
// 行为级建模:4 位计数器
1   module counter_behavioral (
2       input clk,              // 时钟信号
3       input rst,              // 重置信号
4       output reg [3:0] count  // 4 位计数器输出
5   );
// 行为级建模,描述计数器行为
6   always @ ( posedge clk or posedge rst ) begin
7       if ( rst )
8           count <= 4'b0000;   // 当复位信号有效时,计数器清零
9       else
10          count <= count + 1; // 否则每个时钟周期加 1
11  end
12  endmodule
```

在例 3.3.18 中:

① line 1~4:定义了计数器模块的输入和输出。

② line 6:通过 always 语句定义了系统的时钟和重置信号,两个信号都将在检测到上升沿启用。

③ line 7~11:定义了相关的技术器执行底层逻辑,当检测到复位信号出现上升沿时,则将计数器清零;而如果没有检测到复位信号的上升沿,那么如果检测到时钟信号的上升沿,那么计数器将加 1。

可以看出,正如表 3.3.4 所述,定义的行为级建模采用 always 语句描述硬件的行为,always 块内的代码会在某些触发条件下反复执行,因此用来描述电路中信号如何在时间或事件的驱动下变化,常用于时钟驱动的时序逻辑等。

always 块的触发条件通常由敏感列表(Sensitivity List)控制,当敏感列表中的信号发生变化时,always 块内的代码就会执行。例 3.3.18 中,敏感列表即为 line 6 中 @(*)的部分,其中关键字 posedge 通过查阅表 3.3.1,可以看到表示上升沿触发,即 clk 和 rst 信号出现上升沿后,启动例 3.3.18 中 line 7~11 的代码。

2. 结构级建模

结构级建模是一种较为底层的建模方式,它直接描述硬件的物理连接和模块化结构,该方法通过实例化基本逻辑门或子模块来构建更复杂的电路。例 3.3.19 给出了一个

2 位全加器的相关介绍，通过对比例 3.3.18 和 3.3.19，也可以更好地理解行为级建模和结构级建模的区别。

【例 3.3.19】2 位全加器（结构级建模）。

```
// 结构级建模：2 位全加器
// 半加器模块
1    module half_adder（
2        input a, b,
3        output sum, carry
4    );
5        assign sum = a ^ b;        // 异或实现和
6        assign carry = a & b;       // 与实现进位
7    endmodule
// 全加器模块，结构级建模
8    module full_adder（
9        input a, b, cin,
10       output sum, cout
11   );
12       wire s1, c1, c2;
    // 实例化两个半加器和一个或门
13       half_adder ha1（.a（a）,.b（b）,.sum（s1）,.carry（c1））;
14       half_adder ha2（.a（s1）,.b（cin）,.sum（sum）,.carry（c2））;
15       assign cout = c1 | c2;        // 进位由两个半加器的进位决定
16   endmodule
```

在例 3.3.19 中：

① line 1～4：首先定义了一个半加器模块，有两个输入 a、b，以及两个输出 sum、carry。

② line 5～6：定义了半加器输出，输出 sum 为当前位数值，carry 为进位数值。

③ line 8～11：定义了全加器的结构，有三个输入和两个输出，三个输入分别是相加的两位数（a 和 b）以及进位 cin；输出是相加后的本位数值以及下一位的进位标志。

④ line 12：定义了三个 wire 类型的信号，用于进行数据传输。

⑤ line 13～15：通过实例化两个半加器和一个或门，实现了一个全加器。首先，在 line 13，中，第一个半加器的两个输入为 a 和 b，输出位 s1 和 c1。再通过第二个全加器将 s1 与上一位的进位标志 cin 相加，得到全加器的当前位数值 sum 以及 c2；而 line 15 表示 c1 和 c2 只要有一个是高电平，即可代表存在进位，相关结果如图 3.3.5 所示。

由此，可以看出结构级建模与行为级建模的区别，结构级建模将首先构建相关的结构模块，通过对模块进行实例化的方式进行数字电路的描述。

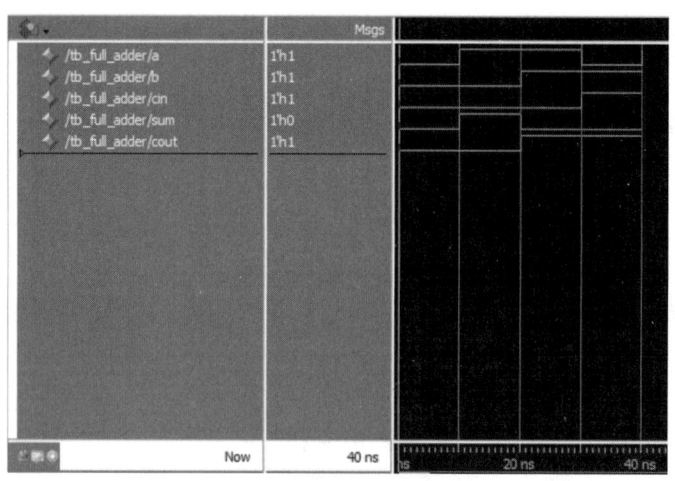

图 3.3.5　2 位全加器仿真结果

3. 数据流建模

数据流建模用于描述信号如何在电路中流动，通常使用 assign 语句定义信号之间的逻辑关系，该方法常用于组合逻辑的建模，如加法器、乘法器等。例 3.3.20 给出了 4 位加法器的数据流建模方法。

【例 3.3.20】4 位加法器（数据流建模）。

```
// 数据流建模：4 位加法器
1   module adder_dataflow（
2       input [3:0] a, b,      // 4 位输入
3       input cin,              // 输入进位
4       output [3:0] sum,       // 输出和
5       output cout             // 输出进位
6   );
// 使用 assign 语句进行数据流建模
7   assign {cout, sum} = a + b + cin;   // 加法器
8   endmodule
```

可以看到在例 3.3.20 的 line 7 中，直接使用 assign 语句对 cout 和 sum 进行了连续赋值，等号后的 a、b 和 cin 是加法操作数。在这里特别要注意的是{cout, sum}的表达形式，{}是一个拼接运算符，它将 cout 和 sum 这两个信号组合在一起，形成一个更宽的位宽，其中 cout 是高位，sum 是低位。这么做的原因是输入信号 a、b 和 cin 相加，其中 a 和 b 是四位二进制数，而 cin 是一个 1 位二进制数，这个加法操作可能会返回一个 5 位二进制数，因此采用这种方法对返回的信号进行存储，这样 count 储存的是最高的 1 位，即为进位信号；sum 储存低 4 位，即为相加后的四位二进制数。仿真结果如图 3.3.6 所示。

通过分析上述方法，可以看出行为级建模、结构级建模和数据流建模是三种描述数字逻辑电路的方式，其中：

（1）行为级建模描述的是设计的功能性行为，而不是具体的电路结构

设计师更多关注的是电路应该如何工作，而非具体电路是如何实现的，存在以下优势。

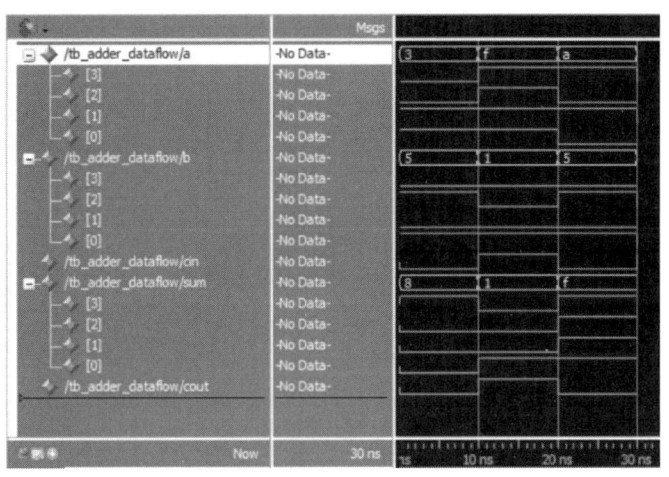

图3.3.6　4位加法器仿真结果（数据流建模）

①高抽象级别：让电路设计师能够专注于电路的功能，而不是底层的硬件实现，更适合于早期的系统设计或复杂逻辑的描述。

②易于理解和编写：由于不需要详细考虑电路的结构，代码更加简洁易懂，设计者能够在短时间内完成功能原型。

③便于验证和调试：设计验证容易，可以快速地进行仿真，检查功能是否正确。

④适合复杂控制逻辑：行为级建模非常适合描述复杂的状态机、算法或控制单元。

（2）结构级建模是最低层次的建模方法，它直接描述了电路中各个组件（如逻辑门、触发器等）之间的连接关系

电路设计师在这种方式下描述的是电路的实际物理结构，主要优势如下。

①精确描述硬件结构：设计师可以完全掌控硬件的实现方式，明确指定每个模块和子模块的连接方式以及电路的精确描述，特别适合用于 FPGA 或 ASIC 的物理实现，这种精确控制在硬件优化、定制设计或布局设计中非常重要。

②模块化设计：结构级建模可以通过实例化多个模块来构建大规模电路，适合复杂的、层次化的硬件设计。

（3）数据流建模描述的是信号如何在电路中流动，着重于数据的传递和运算关系

设计师定义的是信号间的关系，而不是逻辑门或触发器的具体连接。

①更接近硬件实现：相比行为级建模，数据流级建模更接近实际硬件的工作方式，能够直观地反映出信号在电路中的流动。

②适合组合逻辑：数据流级建模特别适合用于描述组合逻辑电路，如加法器、乘法器等。

③性能和面积优化：由于模型与实际硬件实现较为接近，设计者可以在优化电路的延迟、功耗和面积时有更多的控制权。

# 3.4 仿真验证

### 3.4.1 ModelSim 仿真平台

本文采用的是仿真平台是 ModelSim SE-64 10.6d，是 Mentor Graphics 公司推出的高性能硬件描述语言仿真工具的一个版本，专门用于 FPGA、ASIC 和其他数字电路设计的仿真、验证和调试。

这个版本主要支持 Verilog、VHDL 以及 SystemVerilog 等语言，适用于各种规模的硬件设计。下面本文将针对该仿真平台，完整地介绍一些基础的数字逻辑电路仿真流程，用于后续学习。

首先，如图 3.4.1 所示，在进入程序后，可通过自动弹出的 IMPORTANT Information 窗口查看相关的重要信息，并可通过直接点击 Jumpstart，在新窗口中点击 Create a Project 创建一个新的 Project，或点击 Open a Project 打开一个已有的 Project。

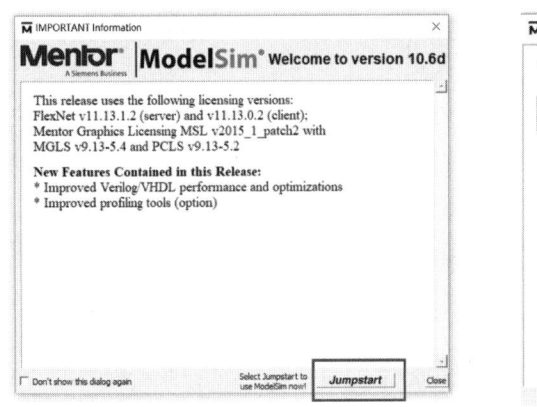 

图 3.4.1 项目创建

这里的项目（Project）是一个组织设计和管理仿真工作的工具，提供了一个集中式环境，用于管理设计文件、编译选项、仿真设置等，是设计工作中的一个整体概念，它将所有与特定设计相关的文件、库和配置统一管理起来，简化了数字逻辑电路设计过程中的操作，提高电路设计的效率。

如图 3.4.2 所示，以创建新项目为例，可在 Project Name 上进行对项目命名，选择项目的位置（Project Location）以及默认的软件库（Default Library Name），本文一般默认选择的软件库是 Work。

随后，可点击 Create New File，在该项目中创建文件，用于数字逻辑电路的编程仿真，这里一般需要创建两个文件，两个文件分别用于描述电路和 Testbench 模块。Library

（库）是用于存放和管理设计模块、仿真模型或已编译的 HDL 代码的容器，用于组织和隔离不同的设计单元，以便更好地管理大规模设计、避免模块名称冲突，并支持复用设计单元。

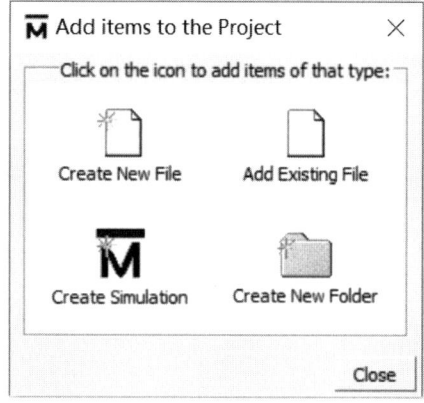

图 3.4.2　项目命名与新建文件

随后，在创建文件串口需要对文件命名，并在 Add file as type 框中选择 Verilog，如图 3.4.3 所示。

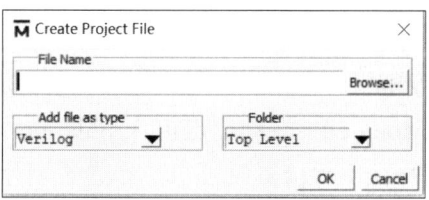

图 3.4.3　文件设定

在创建文件后，即可在 project 窗口中看到已经创建的两个文件，并可通过双击文件名，如图 3.4.4 所示，在打开的文件中进行相关的程序编写工作。图 3.4.4 给出了一个对比阻塞赋值和非阻塞赋值的数字逻辑电路设计案例。

图 3.4.4　Verilog 程序文件编写

而在编写完成后，如图 3.4.5 所示，可通过选定所有的文件，右键点击编译（Compile）

后，选择编译所有（Compile All）对文件进行编译，一般本书的程序包含硬件描述程序和 Testbench 模块。此项也是 ModelSim 此类仿真平台的优势所在，可以针对语法进行检验，若没有错误，通过编译后如图所示，文件的状态将从"？"变为"√"，证明文件没有问题，可以进行仿真验证。

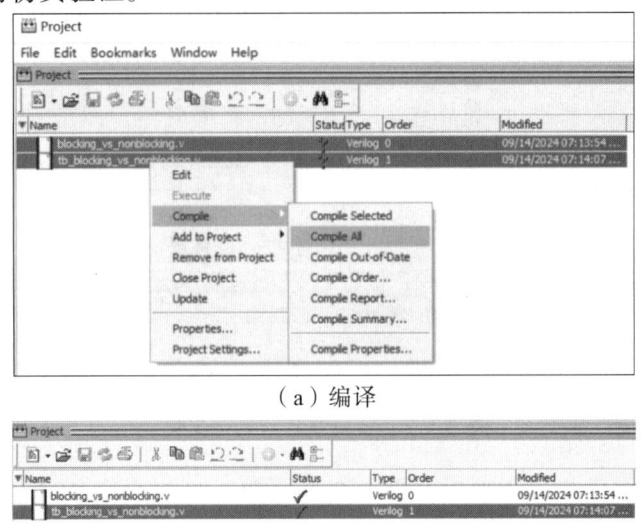

（a）编译

（b）编译成功提示

图 3.4.5　文件编译

如图 3.4.6 所示，编译完成后可返回主界面，选择之前选定的 Library，并选择之前编译好的 Testbench 模块（Module），右键后点击 Simulation without Optimization，进行编译。在 ModelSim 中，用户在执行仿真时可以选择是否启用优化选项（Optimization）。

图 3.4.6　开始仿真

非优化条件下，仿真工具不会对代码进行额外处理，而会逐步执行代码，所有的逻辑和信号在仿真过程中都会按顺序处理。启用全优化（Full Optimization）后，仿真工具会对设计进行各种形式的优化，包括消除冗余逻辑、简化信号传递、优化时序和减少不必要的计算，但由于优化会删除或简化一些信号、变量或中间状态，部分设计细节可能不再可见。这意味着在仿真波形中，某些信号可能无法观察到，尤其是那些在最终设计中并不重要的中间变量或逻辑，可能会降低代码的可观察性。

开始仿真后，如图 3.4.7(a)所示，可以将 Objects 框内的信号数据添加到波形（Wave）窗口中，以便在仿真过程中观察和分析信号的变化。随后，如图 3.4.7(b)所示，可选仿真时长，包含 Run 100（运行 100 个时间周期）、Run-All（运行完整时间周期）等。

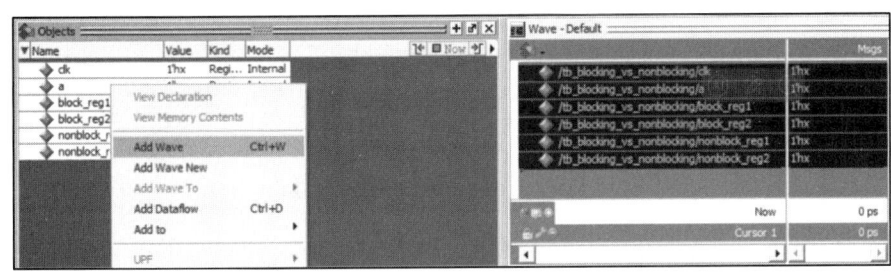

(a) Add Wave

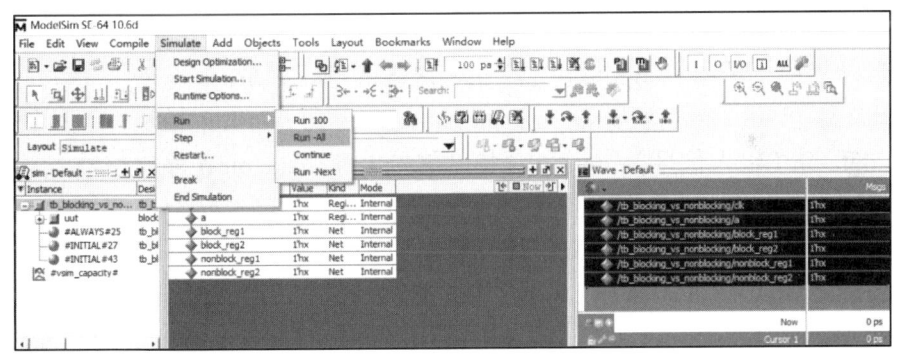

(b) 选择仿真时长

图 3.4.7　设定仿真参数

最后，可以在波形窗口检查多个信号的结果，波形窗口是硬件描述语言仿真平台中的一个图形化工具，用于显示设计中信号随时间变化的情况，帮助设计人员观察信号的时序行为，分析逻辑问题和验证电路设计的正确性。图 3.4.8 展示了例 3.4.4 的结果，结果证明所设计电路正确。

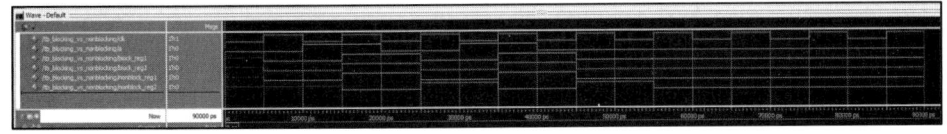

图 3.4.8　结果展示

### 3.4.2 数字逻辑电路的仿真实验验证

在介绍完相关仿真平台后,本节将通过一个例子对数字逻辑电路的仿真进行验证。本书 2.5 节介绍了 CMOS 门电路,因此本节将对 CMOS 传输门进行编程和仿真工作。本节将从数据流建模和结构级建模两种方式对传输门进行设计。

1. CMOS 传输门—数据流建模方法

【例 3.4.1】CMOS 传输门(数据流建模)。

```
// CMOS Transmission Gate  模块
1   module cmos_transmission_gate (
2     input wire data_in,      //输入信号
3     input wire control,      //控制信号
4     output wire data_out     //输出信号
5   );
    // 定义传输门: 当 control = 1 时,data_in 传输到 data_out
6   assign data_out = control ? data_in : 1'bz;
    // 如果控制信号为高电平,输出 data_in,否则输出高阻抗
7   endmodule
```

在例 3.4.1 中,采用 assign 语句定义信号之间的逻辑关系。

① line 1:定义一个名为 cmos_transmission_gate 的 Verilog 模块,模块的接口有三个端口:data_in(输入信号)、control(控制信号)和 data_out(输出信号)。

② line 2~4:声明输入端口 data_in、control 和输出端口 data_out,data_in 是输入信号,control 是控制信号,data_out 用于输出数据。

③ line 6:使用条件运算符(?:)实现传输门的逻辑,当 control 为 1 时,data_in 通过传输门输出到 data_out;当 control 为 0 时,输出 data_out 表现为高阻抗状态(1'bz),模拟传输门关闭的状态。

可以看到,例 3.4.1 采用数据流的方式建模,代码简洁,易于理解和编写,适合早期功能验证,更加关注电路的逻辑功能,而非物理实现。但该方法抽象程度高,不适用于详细硬件设计或物理电路仿真。

2. CMOS 传输门—结构级建模方法

除了数据流建模方法,例 3.4.2 则采用结构级建模对 CMOS 传输门进行了设计,以下将进行详细介绍。

① line 6~7:声明两个中间信号,nmos_out 和 pmos_out,用于连接 NMOS 和 PMOS 的输出。

② line 8:实例化 NMOS 器件,当控制信号 control = 1 时,NMOS 导通,data_in 传递到 nmos_out。

③ line 9:实例化 PMOS 器件。当控制信号 control = 0 时,PMOS 导通,data_in

传递到 pmos_out。

④ line10：根据控制信号，选择将 NMOS 或 PMOS 的输出传递到 data_out。当 control = 1 时，选择 nmos_out，否则选择 pmos_out。

在例 3.4.2 中，line 8～9 直接使用了 nmos（）和 pmos（）函数，由于 nmos 和 pmos 是 Verilog 的内建原语（Primitive），是一种类似于与门、或门的开关级别的电路基础模型，在设计语言中已经被预先定义好，因此在用户的代码中不需要再次定义，可以直接使用。原语的存在使得 Verilog 可以用于设计更底层的电路，如 MOS 晶体管级别的建模，允许用户以非常精确的方式描述晶体管的工作原理。

【例 3.4.2】CMOS 传输门（结构级建模）。

```
// CMOS Transmission Gate using NMOS and PMOS transistors
1    module cmos_transmission_gate  (
2        input wire data_in,      // 输入信号
3        input wire control,      // 控制信号
4        output wire data_out     // 输出信号
5    );
6        wire nmos_out;     // NMOS 的中间信号
7        wire pmos_out;     // PMOS 的中间信号
    // NMOS 导通时传递 data_in
8        nmos n1 （nmos_out, data_in, control）;
    // PMOS 导通时传递 data_in
9        pmos p1 （pmos_out, data_in, ~control）;
    // 输出信号只有当 nmos_out 和 pmos_out 都有效时才传递到 data_out
10       assign data_out = （control） ? nmos_out : pmos_out;
11   endmodule
```

在电路设计完成后，仿真结果如图 3.4.9 所示，可以看到在 control 信号为高电平时，data_in 的信号被传输到 data_out，当 control 信号为低电平时，data_out 信号显示未高阻态（蓝色线），满足传输门的功能需求，证明相关电路设计正确。

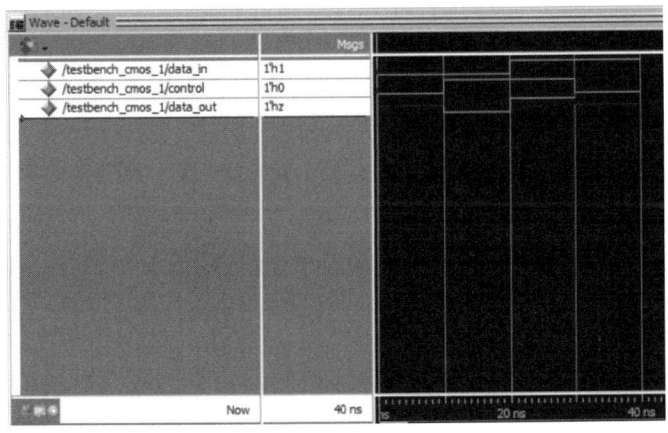

图 3.4.9　CMOS 传输门仿真结果

## 3.5 小结

本章对硬件描述语言 Verilog 进行了基础介绍，为初学者提供了一个学习硬件电路设计和验证的切入点。Verilog 作为一种硬件描述语言，在数字电路设计和集成电路开发领域扮演着重要的角色，它的应用范围广泛，既可以用于行为级别的描述，也能用于结构级别的设计，帮助工程师在复杂的硬件设计过程中进行功能验证和实现。

本章的核心内容之一是 Verilog 的基本语法结构。我们从 Verilog 的标识符、关键字和注释等基础概念开始，逐步深入到变量类型、操作符、逻辑值和赋值方式的详细介绍。本章还介绍了 Verilog 语言中的条件语句和循环语句，尽管它们的语法与软件编程语言（如 C 语言）有相似之处，但其背后用于描述硬件行为的机制却有很大的不同。在学习 Verilog 语言的过程中，本书不断强调了 Testbench 的重要性。Testbench 是验证硬件设计功能的关键工具，它用来模拟输入信号并监测输出信号，从而验证设计是否符合预期。通常，Testbench 包含了多个测试用例，通过施加不同的输入条件，帮助设计者发现并修正设计中的潜在问题。然而，本章中虽然介绍了一些基础的 Testbench 编写方法，但由于篇幅限制，部分 Testbench 的详细代码未在书中给出，读者可以参考电子版教材获取完整的 Testbench 示例代码。

Verilog 语言的功能非常丰富，它不仅支持行为级建模、数据流建模和结构级建模，还可以描述更低层次的晶体管级别的电路行为。通过 Verilog，设计者可以从高层次的逻辑功能验证逐步深入到电路的物理实现。然而，Verilog 的广泛性也意味着它的学习曲线较为陡峭。本章仅介绍了 Verilog 语言中的部分基础内容，许多高级特性（如时序约束、低功耗设计、混合信号电路设计等）因篇幅所限未能展开。对于有兴趣深入学习 Verilog 语言的读者，建议参考更多的学习资源。

最后，Verilog 作为一个标准化语言，还在不断发展和完善。随着硬件设计技术的不断进步，Verilog 也在不断加入新的特性和工具支持。未来的设计者不仅需要掌握 Verilog 的基础知识，还需要不断学习和适应新的设计方法和工具。

本书的修订旨在为初学者提供一个易于理解和上手的 Verilog 入门指南，帮助读者快速掌握数字电路的设计方法。然而，限于作者水平有限和篇幅所限，本书对 Verilog 的介绍仅是皮毛，许多高级特性和应用场景未能涉及。希望通过本书的学习，读者可以建立起对 Verilog 语言的初步认识，并在实际的设计工作中逐步深化对其各个方面的理解。我们也欢迎读者在学习过程中提出问题和建议，帮助我们在未来的修订版本中进一步完善内容。硬件设计是一门实践性很强的学科，Verilog 语言只是其中的一部分工具，真正的成长来源于实践中的不断摸索和积累。

### 习题

3.1 设计一个两输入与门模块，要求输入为 a 和 b，输出为 y，并设计 Testbench 程序测试该与门模块。

3.2 设计一个两输入与门模块，要求输入为 a 和 b，输出为 y，并在 Testbench 中测试该与门模块。

3.3 使用 Verilog 语言设计一个半加器模块。输入为 a 和 b，输出 sum 和 carry，并编写 Testbench 测试该模块。

3.4 设计一个简单的减法器，输入为 a 和 b，输出为 diff 和 borrow，并进行仿真测试。

3.5 使用 Verilog 设计一个 CMOS 三态门的模型。输入为 A 和 control，输出为 Y，要求在 Testbench 中验证其功能。

3.6 使用 Verilog 设计一个 2 位加法器，输入为两个 2 位二进制数 a 和 b，输出为 2 位的 sum 和 1 位的进位 carry。

3.7 设计一个 4:1 多路选择器，输入为 4 个数据输入 d0，d1，d2，d3 和 2 位选择信号 sel，输出为 y。测试其功能。

3.8 设计一个简单的 3 位计数器，每次时钟上升沿时计数，输出当前计数值。

# 第 4 章

## 组合逻辑电路

**内容提要** 本章首先介绍组合逻辑电路的结构特点,分析方法和设计方法;然后重点介绍数字系统中常用的组合逻辑电路,如编码器、译码器、数据选择器、加法器等。最后对组合逻辑电路中的竞争—冒险现象进行了简要介绍,并在最后对一些典型的组合逻辑电路进行了 Verilog 语言的仿真测试。

## 4.1 组合逻辑电路简介

在数字系统中,按电路的逻辑功能特点来划分,可把逻辑电路分为两大类。一类是组合逻辑电路(Combinational Logic Circuit),另一类称为时序逻辑电路(Sequential Logic Circuit)。

### 4.1.1 组合逻辑电路的特点

如果电路的输出仅由当前的输入信号决定,而与电路原来的状态无关,这种电路叫作组合逻辑电路,简称组合电路。

组合电路的方框图如图 4.1.1 所示。图中 $X_0$,$X_1$,$\cdots$,$X_{n-1}$ 是输入逻辑变量,$Y_0$,$Y_1$,$\cdots$,$Y_{m-1}$ 是输出逻辑变量。输出与输入之间的逻辑关系可表示为:

$$Y_0 = f_1(X_0, X_1, \cdots, X_{n-1})$$
$$Y_1 = f_2(X_0, X_1, \cdots, X_{n-1})$$
$$\vdots$$
$$Y_{m-1} = f_{m-1}(X_0, X_1, \cdots, X_{n-1})$$

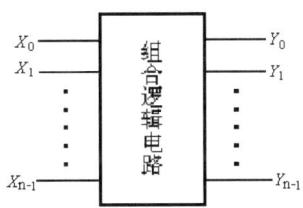

图 4.1.1 组合逻辑电路框图

由此可见，当输入给定后，输出函数就唯一地确定了。组合逻辑电路是数字系统中功能较为简单的一类电路。通常由一些逻辑门电路组成。电路中没有具有记忆功能的逻辑单元，也无反馈回路。

### 4.1.2 组合逻辑电路的功能描述

在组合逻辑电路中，电路的输出是输入的逻辑函数，因此电路的功能可用逻辑函数的表示方法来描述，即可用真值表表示法、逻辑表达式表示法、逻辑电路图表示法等来描述。

## 4.2 组合逻辑电路的分析与设计

### 4.2.1 组合逻辑电路的分析方法

分析电路就是从给定的电路出发，通过分析得出相应的逻辑功能。

1. 分析步骤

一般分析步骤如下：

① 根据给定的逻辑电路图，从输入端开始，逐级写出各输出的逻辑表达式，最后列出输出函数表达式；
② 对输出函数表达式进行化简；
③ 列出输出函数的真值表；
④ 对真值表进行分析，确定电路的逻辑功能。

2. 分析举例

【例 4.2.1】由门电路组成的组合逻辑电路如图 4.2.1 所示，试分析电路的逻辑功能。

**解** ① 根据逻辑电路图逐级写出逻辑表达式。

$$Y = A\overline{BC} + \overline{AB}C + \overline{A}B\overline{C} + ABC$$

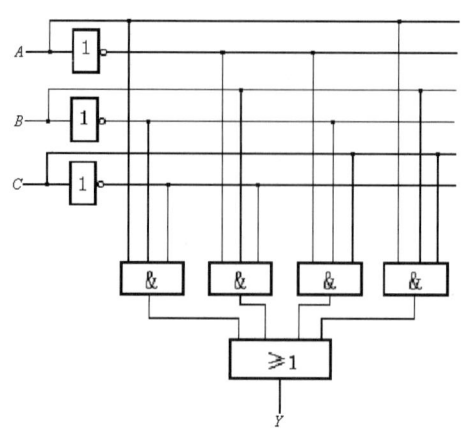

图 4.2.1 例 4.2.1 电路图

② 由逻辑表达式列出真值表。

由于为三变量函数，逻辑表达式为最小项之和形式，不用化简，即可很容易地列出真值表 4.2.1。

表 4.2.1 例 4.2.1 的真值表

| A | B | C | Y |
|---|---|---|---|
| 0 | 0 | 0 | 0 |
| 0 | 1 | 1 | 1 |
| 1 | 1 | 0 | 1 |
| 0 | 1 | 1 | 0 |
| 0 | 0 | 1 | 1 |
| 1 | 0 | 1 | 0 |
| 0 | 1 | 0 | 0 |
| 1 | 0 | 1 | 1 |

③ 说明功能。

逻辑函数的真值表示函数功能的最直观的一种描述方法，一般情况下，有了真值表，电路的功能会一目了然。由表 4.2.1 可以看出，若把 A、B、C 看成三位二进制数，三位数中有奇数个 1，则输出为 1，否则输出 0。这种电路称作奇偶校验电路。

【例 4.2.2】分析图 4.2.2 电路的逻辑功能。

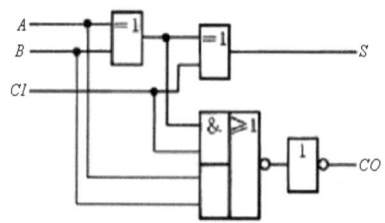

图 4.2.2 例 4.2.2 的电路图

**解** ① 写输出的逻辑表达式。

本题中有两个输出 S、CO。由电路图得：

$$S = A \oplus B \oplus CI = \overline{A}\overline{B}CI + \overline{A}B\overline{CI} + A\overline{B}\overline{CI} + ABCI$$
$$CO = AB + (A \oplus B)CI = AB + \overline{A}BCI + A\overline{B}CI$$
$$= AB + BCI + ACI$$

注意：这里的 CI、CO 分别为一个变量。

② 列出电路的真值表。

由逻辑表达式很容易列出电路的真值表，如表 4.2.2 所示。

表 4.2.2　例 4.2.2 的真值表

| A | B | CI | S | CO |
|---|---|----|---|----|
| 0 | 0 | 0  | 0 | 0  |
| 0 | 0 | 1  | 1 | 0  |
| 0 | 1 | 0  | 1 | 0  |
| 0 | 1 | 1  | 0 | 1  |
| 1 | 0 | 0  | 1 | 0  |
| 1 | 0 | 1  | 0 | 1  |
| 1 | 1 | 0  | 0 | 1  |
| 1 | 1 | 1  | 1 | 1  |

③ 说明电路的逻辑功能。

由真值表可以看出，电路是一位全加器电路。A、B、CI 分别是两个加数和低位的进位，S 为本位的和，CO 是向高位的进位输出。

## 4.2.2　组合逻辑电路的设计方法

根据给出的实际逻辑问题，求出实现这一逻辑功能的逻辑电路，这就是设计组合逻辑电路要完成的工作。

**1. 组合逻辑电路的设计步骤**

设计逻辑电路的过程与分析的过程正好相反，是把已知功能函数变成相应的逻辑电路的过程。可采用多种器件如门电路、中规模集成电路（MSI）、可编程逻辑器件（PLD）等来实现。这里主要是指用门电路来设计组合逻辑电路的方法。设计步骤如下。

① 分析事件的因果关系，确定输入变量和输出变量，明确各变量的取值意义。

② 根据给出的因果关系，列出逻辑真值表。

③ 写出逻辑表达式。由卡诺图进行化简，得到函数的最简与—或式，再按照设计要求进一步变换形式。

④ 画出逻辑电路图。

图 4.2.3 给出了组合逻辑电路设计过程的方框图。

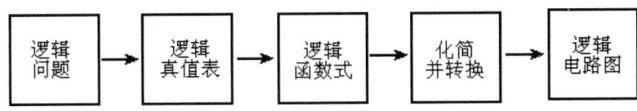

图 4.2.3　组合逻辑电路的设计过程

2. 举例

**【例 4.2.3】**设计用 3 个开关控制一个电灯的逻辑电路，要求改变任何一个开关的状态都能控制电灯由亮变灭或者由灭变亮。要求全部器件为与非门。

**解** ① 确定变量。设 3 个开关分别用 A、B、C 表示，灯用 Y 表示。开关打向上方为 1 状态，打向下方为 0 状态。灯亮为 1 状态，灯灭为 0 状态。并设定 A、B、C 3 个开关都打向下方时，灯不亮。

② 列逻辑真值表。根据题意，理出逻辑函数的真值表，如表 4.2.3 所示。

**表 4.2.3　例 4.2.3 的真值表**

| A | B | C | Y |
|---|---|---|---|
| 0 | 0 | 0 | 0 |
| 0 | 0 | 1 | 1 |
| 0 | 1 | 0 | 1 |
| 0 | 1 | 1 | 0 |
| 1 | 0 | 0 | 1 |
| 1 | 0 | 1 | 0 |
| 1 | 1 | 0 | 0 |
| 1 | 1 | 1 | 1 |

（3）写出逻辑表达式。由卡诺图进行化简，得到函数的最简与—或式。函数的卡诺图如图 4.2.4 所示。

| A \ BC | 00 | 01 | 11 | 10 |
|---|---|---|---|---|
| 0 | 0 | 1 | 0 | 1 |
| 1 | 1 | 0 | 1 | 0 |

**图 4.2.4　例 4.2.3 的卡诺图**

由卡诺图知，函数没有相邻的最小项，所以函数的最简与—或式为：

$$Y=\overline{A}\,\overline{B}C+\overline{A}B\overline{C}+A\overline{B}\,\overline{C}+ABC\text{；}$$

根据设计要求，把 Y 表达式转换成与非–与非式

$$Y=\overline{\overline{\overline{A}\,\overline{B}C+\overline{A}B\overline{C}+A\overline{B}\,\overline{C}+ABC}}$$

$$=\overline{\overline{\overline{A}\,\overline{B}C}\;\overline{\overline{A}B\overline{C}}\;\overline{A\overline{B}\,\overline{C}}\;\overline{ABC}}$$

（4）画出逻辑电路图。图 4.2.5 即为用与非–与非门实现题目要求的逻辑电路图。

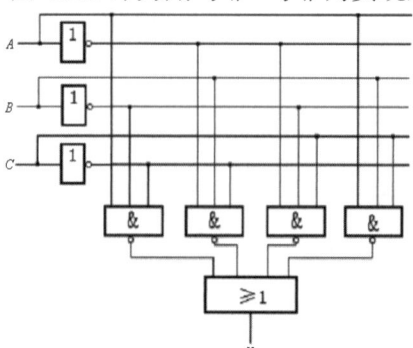

**图 4.2.5　例 4.2.3 的逻辑电路图**

由图 4.2.5 知，由 8 个与非门可实现电路。但如果用异或门，电路会更简单。因为，
$$Y = \overline{A}\overline{B}C + \overline{A}B\overline{C} + A\overline{B}\overline{C} + ABC = A \oplus B \oplus C$$
所以，用异或门设计的电路如图 4.2.6 所示。

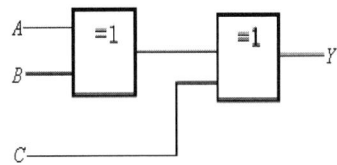

图 4.2.6　用异或门设计的电路

**【例 4.2.4】** 设计一个码转换器电路，将 8421BCD 码转换为循环码。

**解**　① 确定输入变量和输出变量。根据题意，给定的四位 8421BCD 码可直接作为输入变量，用 $B_3$、$B_2$、$B_1$、$B_0$ 表示；输出为四位循环码，用 $G_3$、$G_2$、$G_1$、$G_0$ 表示。

② 列真值表。8421BCD 码表示十进制数 0～9 有十组输入，其余六组为禁用码，不允许出现，可当作约束项处理。函数真值表如表 4.2.4 所示。

表 4.2.4　例 4.2.4 真值表

| 输　入 | | | | 输　出 | | | |
| --- | --- | --- | --- | --- | --- | --- | --- |
| $B_3$ | $B_2$ | $B_1$ | $B_0$ | $G_3$ | $G_2$ | $G_1$ | $G_0$ |
| 0 | 0 | 0 | 0 | 0 | 0 | 0 | 0 |
| 0 | 0 | 0 | 1 | 0 | 0 | 0 | 1 |
| 0 | 0 | 1 | 0 | 0 | 0 | 1 | 1 |
| 0 | 0 | 1 | 1 | 0 | 0 | 1 | 0 |
| 0 | 1 | 0 | 0 | 0 | 1 | 1 | 0 |
| 0 | 1 | 0 | 1 | 0 | 1 | 1 | 1 |
| 0 | 1 | 1 | 0 | 0 | 1 | 0 | 1 |
| 0 | 1 | 1 | 1 | 0 | 1 | 0 | 0 |
| 1 | 0 | 0 | 0 | 1 | 1 | 0 | 0 |
| 1 | 0 | 0 | 1 | 1 | 1 | 0 | 1 |
| 1 | 0 | 1 | 0 | × | × | × | × |
| 1 | 0 | 1 | 1 | × | × | × | × |
| 1 | 1 | 0 | 0 | × | × | × | × |
| 1 | 1 | 0 | 1 | × | × | × | × |
| 1 | 1 | 1 | 0 | × | × | × | × |

③ 根据真值表画出输出函数的卡诺图。此问题中，有四个输出变量，分别画出它们的卡诺图如图 4.2.7 所示。

④ 利用卡诺图化简函数，得出函数表达式。由卡诺图得到输出的逻辑函数式为：

$$G_3 = B_3$$
$$G_2 = \overline{B_3}B_2 + B_3\overline{B_2} = B_3 \oplus B_2$$
$$G_1 = \overline{B_2}B_1 + B_2\overline{B_1} = B_2 \oplus B_1$$
$$G_0 = \overline{B_1}B_0 + B_1\overline{B_0} = B_1 \oplus B_0$$

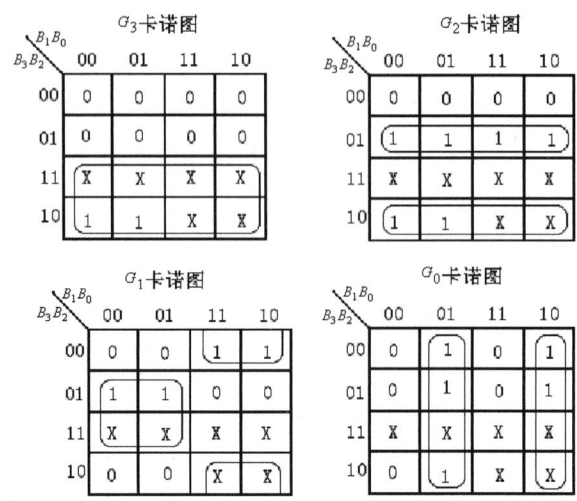

图 4.2.7　$G_3 \sim G_0$ 的卡诺图

其中的 $G_2$ 表达式没有化到最简。因在实际设计中，应尽量使元器件种类最少，此处是为了用同一门电路——异或门来完成逻辑设计。

⑤ 画出逻辑电路图。根据逻辑表达式，画出的电路如图 4.2.8 所示。

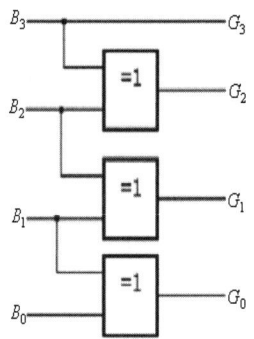

图 4.2.8　例 4.2.4 逻辑电路图

## 4.3　常用组合逻辑电路

在数字系统中，经常用到的组合逻辑电路有编码器、数据选择器、加法器、数值比较器，等等。为了使用方便，已经把这些电路制成中、小规模集成电路产品。下面按照设计的思路，对一些常用组合电路进行介绍。

### 4.3.1　编码器

编码器（Encoder）就是用二进制代码来表示给定的信息符号。实现编码功能的电路称为编码器。这些信息符号可以是数字符 0、1、…、9；字符 A、B、C、…、Z；运算符号"+""-""="或其他符号。

编码器分为普通编码器和优先编码器两种,它们都是有多个输入、多个输出的逻辑电路。

1. 普通编码器

普通编码器在任何时刻只允许输入一个编码信号,否则输出将发生混乱。例如,计算机的键盘输入,每次只能按下一个键。

现以 3 位二进制编码器为例,说明普通编码器的原理。3 位二进制普通编码器是一个 8 个输入端、3 个输出端的组合逻辑器件。8 个输入端分别用 $I_0$、$I_1$、$\cdots$、$I_7$ 表示,输出是 3 位二进制代码,用 $Y_2$、$Y_1$、$Y_0$ 表示。为此又把它叫作 8 线—3 线编码器。其框图如图 4.3.1 所示。

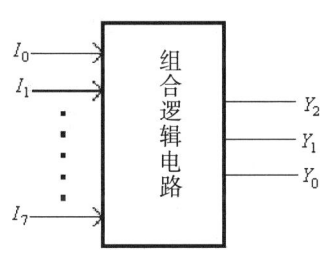

图 4.3.1　8 线—3 线编码器框图

设输入信号为 1 时,对其进行编码(输入高电平有效)。并且 $I_0$、$I_1$、$\cdots$、$I_7$ 对应的编码分别为 000、001、010、011、100、101、110、111。由于在任何时刻,只允许对一个输入信号进行编码,也就是说 $I_0$、$I_1$、$\cdots$、$I_7$ 是一组相互排斥的逻辑变量,因此真值表可以采用简化形式,如表 4.3.1 所示。

表 4.3.1　3 位二进制编码器真值表

| 输入 | 输出 | | |
|---|---|---|---|
| | $Y_2$ | $Y_1$ | $Y_0$ |
| $I_0$ | 0 | 0 | 0 |
| $I_1$ | 0 | 0 | 1 |
| $I_2$ | 0 | 1 | 0 |
| $I_3$ | 0 | 1 | 1 |
| $I_4$ | 1 | 0 | 0 |
| $I_5$ | 1 | 0 | 1 |
| $I_6$ | 1 | 1 | 0 |
| $I_7$ | 1 | 1 | 1 |

由于输入变量相互排斥,所以只需要将函数值为 1 的变量相加,便可以得到输出信号的最简与或表达式,即:

$$Y_2 = I_4 + I_5 + I_6 + I_7$$

$$Y_1 = I_2 + I_3 + I_6 + I_7$$

$$Y_0 = I_1 + I_3 + I_5 + I_7$$

根据以上的表达式可直接画出如图 4.3.2 所示的逻辑电路图。

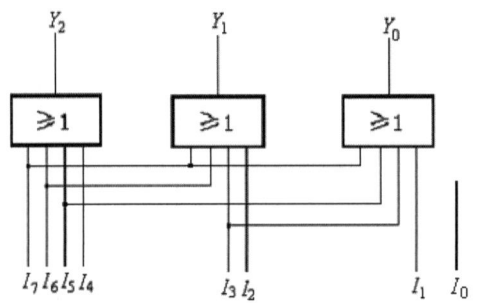

图 4.3.2　3 位二进制编码器

如果考虑用与非式来实现，则 $Y_2$、$Y_1$、$Y_0$ 的表达式可改写为：

$$Y_2 = \overline{\overline{I_4} \, \overline{I_5} \, \overline{I_6} \, \overline{I_7}}$$

$$Y_1 = \overline{\overline{I_2} \, \overline{I_3} \, \overline{I_6} \, \overline{I_7}}$$

$$Y_0 = \overline{\overline{I_1} \, \overline{I_3} \, \overline{I_5} \, \overline{I_7}}$$

用与非门构成的 3 位二进制编码器的电路如图 4.3.3 所示。为了简单起见，假设输入可提供反变量。

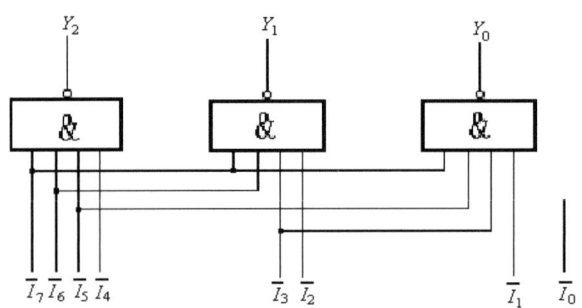

图 4.3.3　用与非门构成的编码器

从表面看，输出好像与 $I_0$ 无关。其实 $I_0$ 的编码是隐含着的，当 $I_1 \sim I_7$ 全为 0 时，输出即为 $I_0$ 的编码 000。

2. 优先编码器

普通编码器中，输入变量是相互排斥的。在优先编码器电路中，允许几个信号同时输入，但是电路只对优先级别最高的输入信号进行编码，对优先级别低的信号不予理睬。这样的编码器称作优先编码器。至于优先级别的高低，完全由设计人员在设计时决定。

一个 3 位二进制优先编码器的设计过程如下。

（1）真值表

与普通 3 位二进制编码器相同的是，同样有 8 个输入端分别以 $I_0 \sim I_7$ 表示；3 个输出端 $Y_2$、$Y_1$、$Y_0$。但真值表则完全不同。假定 $I_7$ 的优先级别最高，$I_6$ 次之，依此类推，$I_0$ 最低。它们的编码分别是 111、110、101、100、011、010、001、000。根据优先编码器的定义，可列出如表 4.3.2 所示的简化真值表。输入中的"×"表示取值为 0 或 1。

表 4.3.2  3 位二进制优先编码器真值表

| 输 入 | | | | | | | | 输 出 | | |
|---|---|---|---|---|---|---|---|---|---|---|
| $I_7$ | $I_6$ | $I_5$ | $I_4$ | $I_3$ | $I_2$ | $I_1$ | $I_0$ | $Y_2$ | $Y_1$ | $Y_0$ |
| 1 | × | × | × | × | × | × | × | 1 | 1 | 1 |
| 0 | 1 | × | × | × | × | × | × | 1 | 1 | 0 |
| 0 | 0 | 1 | × | × | × | × | × | 1 | 0 | 1 |
| 0 | 0 | 0 | 1 | × | × | × | × | 1 | 0 | 0 |
| 0 | 0 | 0 | 0 | 1 | × | × | × | 0 | 1 | 1 |
| 0 | 0 | 0 | 0 | 0 | 1 | × | × | 0 | 1 | 0 |
| 0 | 0 | 0 | 0 | 0 | 0 | 1 | × | 0 | 0 | 1 |
| 0 | 0 | 0 | 0 | 0 | 0 | 0 | 1 | 0 | 0 | 0 |

（2）逻辑表达式

由真值表可以直接得到输出的逻辑表达式为：

$$Y_2 = I_7 + \overline{I_7}I_6 + \overline{I_7 I_6}I_5 + \overline{I_7 I_6 I_5}I_4 = I_7 + I_6 + I_5 + I_4$$

$$Y_1 = I_7 + \overline{I_7}I_6 + \overline{I_7 I_6 I_5 I_4}I_3 + \overline{I_7 I_6 I_5 I_4 I_3}I_2 = I_7 + I_6 I_5 + \overline{I_5 I_4}I_3 + \overline{I_5 I_4}I_2$$

$$Y_0 = I_7 + \overline{I_7 I_6}I_5 + \overline{I_7 I_6 I_5 I_4}I_3 + \overline{I_7 I_6 I_5 I_4 I_3 I_2}I_1 = I_7 + \overline{I_6}I_5 + \overline{I_6 I_4}I_3 + \overline{I_6 I_4 I_2}I_1$$

（3）逻辑图

根据上述的输出表达式可画出如图 4.3.4 所示的逻辑图。图中 $I_0$ 的编码是隐含的。

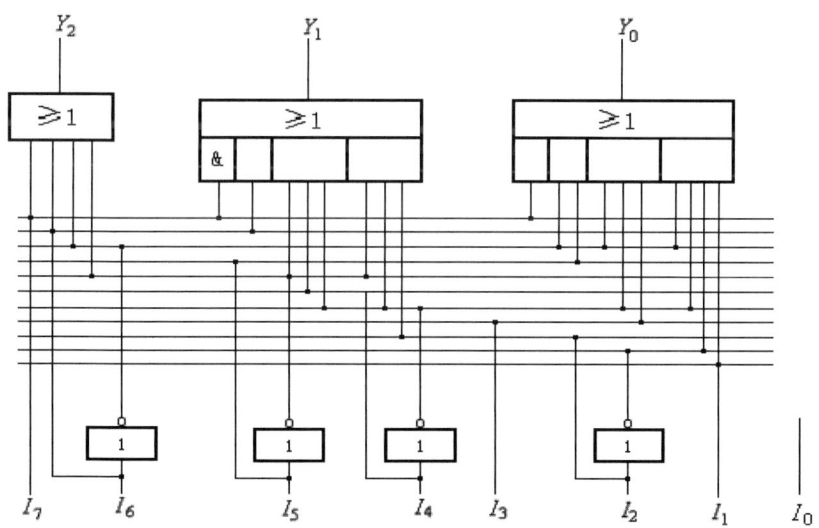

图 4.3.4  3 位二进制优先编码器

实际的集成优先编码器还要考虑一些附加功能，因而增加了一些输入端和输出端，主要用于电路的功能扩展和增加使用的灵活性。图 4.3.5 给出了 3 位二进制优先编码器 74LS148 的逻辑图。它实际上就是在图 4.3.4 的基础上增加了一些附加电路而得到的。其中附加输入端 $\overline{S}$ 称为选通输入端或"使能端"。当 $\overline{S}=0$ 时，编码器正常工作；当 $\overline{S}=1$ 时，禁止电路编码。$\overline{Y_S}$ 为选通输出端，$\overline{Y_{EX}}$ 为扩展端，主要用于功能扩展。

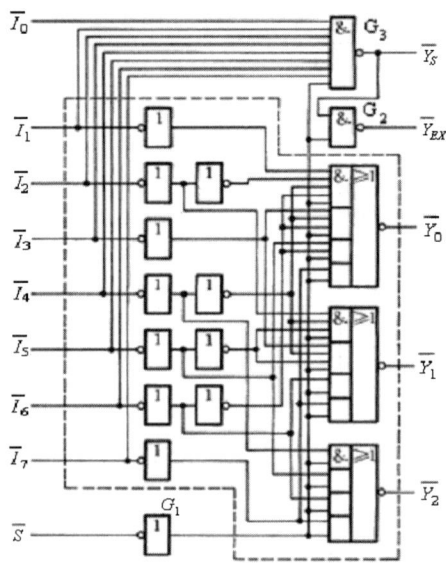

图 4.3.5 3位二进制优先编码器74LS148的逻辑图

由电路可得输出的表达式为：

$$\overline{Y_2} = \overline{(I_7 + I_6 + I_5 + I_4)S}$$

$$\overline{Y_1} = \overline{(I_7 + I_6 + \overline{I_5}\overline{I_4}I_3 + \overline{I_5}\overline{I_4}I_2)S}$$

$$\overline{Y_0} = \overline{(I_7 + \overline{I_6}I_5 + \overline{I_6}\overline{I_4}I_3 + \overline{I_6}\overline{I_4}\overline{I_2}I_1)S}$$

选通输出端 $\overline{Y_S}$ 和扩展端 $\overline{Y_{EX}}$ 的表达式为：

$$\overline{Y_S} = \overline{\overline{I_7}\overline{I_6}\overline{I_5}\overline{I_4}\overline{I_3}\overline{I_2}\overline{I_1}\overline{I_0}S}$$

$$\overline{Y_{EX}} = \overline{\overline{Y_S} \cdot S} = Y_S + \overline{S} = \overline{\overline{I_7}\overline{I_6}\overline{I_5}\overline{I_4}\overline{I_3}\overline{I_2}\overline{I_1}\overline{I_0}S} + \overline{S}$$

$$= \overline{I_7}\overline{I_6}\overline{I_5}\overline{I_4}\overline{I_3}\overline{I_2}\overline{I_1}\overline{I_0} + \overline{S} = \overline{(I_7 + I_6 + I_5 + I_4 + I_3 + I_2 + I_1 + I_0) \cdot S}$$

74LS148优先编码器的真值表如表4.3.3所示。

表 4.3.3 74LS148 的真值表

| | | | | 输 | 入 | | | | | | 输 | 出 | |
|---|---|---|---|---|---|---|---|---|---|---|---|---|---|
| $\overline{S}$ | $\overline{I_0}$ | $\overline{I_1}$ | $\overline{I_2}$ | $\overline{I_3}$ | $\overline{I_4}$ | $\overline{I_5}$ | $\overline{I_6}$ | $\overline{I_7}$ | $\overline{Y_2}$ | $\overline{Y_1}$ | $\overline{Y_0}$ | $\overline{Y_S}$ | $\overline{Y_{EX}}$ |
| 1 | × | × | × | × | × | × | × | × | 1 | 1 | 1 | 1 | 1 |
| 0 | 1 | 1 | 1 | 1 | 1 | 1 | 1 | 1 | 1 | 1 | 1 | 0 | 1 |
| 0 | × | × | × | × | × | × | × | 0 | 0 | 0 | 0 | 1 | 0 |
| 0 | × | × | × | × | × | × | 0 | 1 | 0 | 0 | 1 | 1 | 0 |
| 0 | × | × | × | × | × | 0 | 1 | 1 | 0 | 1 | 0 | 1 | 0 |
| 0 | × | × | × | × | 0 | 1 | 1 | 1 | 0 | 1 | 1 | 1 | 0 |
| 0 | × | × | × | 0 | 1 | 1 | 1 | 1 | 1 | 0 | 0 | 1 | 0 |
| 0 | × | × | 0 | 1 | 1 | 1 | 1 | 1 | 1 | 0 | 1 | 1 | 0 |
| 0 | × | 0 | 1 | 1 | 1 | 1 | 1 | 1 | 1 | 1 | 0 | 1 | 0 |
| 0 | 0 | 1 | 1 | 1 | 1 | 1 | 1 | 1 | 1 | 1 | 1 | 1 | 0 |

由真值表和逻辑表达式看出，74LS148 有如下主要特点：

① 电路为优先编码器，$\overline{I_7}$ 优先级别最高，$\overline{I_0}$ 级别最低；

② 输入信号低电平有效，即 $\overline{I_i}=0$ 时编码（i=0，1，…，7；$\overline{S}=0$ 的条件下）；

③ 输出 $\overline{Y_2}$、$\overline{Y_1}$、$\overline{Y_0}$ 为反码形式，即 $\overline{I_7}$ 的编码输出为 000，$\overline{I_0}$ 得编码为 111；

④ $\overline{S}$：选通输入端，低电平有效；

⑤ $\overline{Y_S}$：选通输出端，$\overline{Y_S}=0$ 时表示"电路工作，但无编码输入"；

⑥ $\overline{Y_{EX}}$：扩展输出端，$\overline{Y_{EX}}=0$ 时表示"电路工作，且有编码输入"。

和 74LS148 相类似的产品有 10 线—4 线 BCD 优先编码器 74LS147，亦称二—十进制编码器。它将 $\overline{I_0} \sim \overline{I_9}$ 10 个输入信号分别编成 10 个 BCD 代码。优先级别 $\overline{I_9}$ 最高，它的逻辑符号如图 4.3.6 所示。

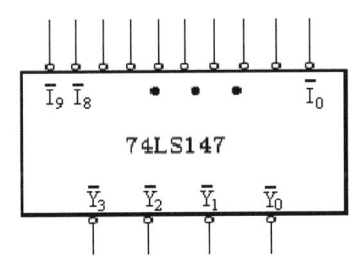

图 4.3.6  74LS147 的逻辑符号

3. 编码器的功能扩展

在许多应用场合，编码输入信号比较多，这时可采用扩展的方法来满足需要。下面通过一个具体例子，说明如何利用 $\overline{Y_S}$ 和 $\overline{Y_{EX}}$ 端的输出信号进行功能扩展。

【例 4.3.1】 试用两片 74LS148 接成 16 线—4 线的优先编码器。设输入信号为 $\overline{A_0} \sim \overline{A_{15}}$，要求反码输出，$\overline{A_{15}}$ 的优先级别最高。

**解** ① 74LS148 有 8 个输入端，题目要求为 16 个输入端，所以将 $\overline{A_0} \sim \overline{A_7}$ 和 $\overline{A_8} \sim \overline{A_{15}}$ 分别接到优先级别低的芯片①和优先级别高的芯片②的相应的输入端。

② 芯片②应总处于工作状态，所以 $\overline{S}$ 接地。而芯片①只有在芯片②无信号输入（$\overline{Y_S}=0$）时才工作，所以它的 $\overline{S}$ 应接芯片②的 $\overline{Y_S}$。

③ 因芯片不编码时输出端全为 1，所以可把两片相应的输出端"相与"作为编码输出的低三位；芯片②的输出扩展端 $\overline{Y_{EX}}$ 应作为编码输出的最高位，因为芯片②有编码信号输入时，它的 $\overline{Y_{EX}}=0$，无编码输入时 $\overline{Y_{EX}}=1$，正好可以用它作为输出编码的最高位，以区分两个芯片的编码。

根据以上分析，得到如图 4.3.7 所示的电路图。

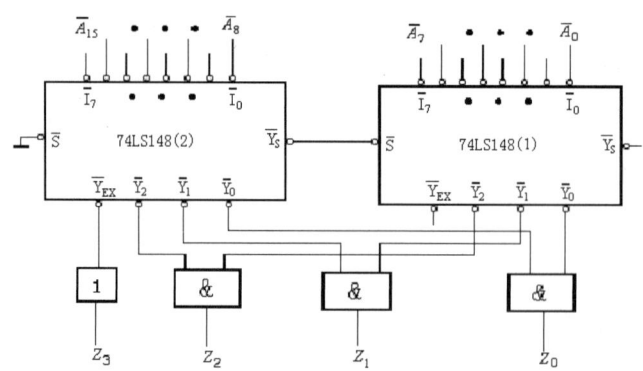

图 4.3.7　两片 74LS148 构成的 16 线—4 线优先编码器

为了更清楚地理解电路的工作过程，下面以几种输入情况加以说明：

当 $\overline{A}_{15} \sim \overline{A}_8$ 中任一输入端为低电平时，如 $\overline{A}_{11}=0$，则芯片（2）的 $\overline{Y}_S=1$，将芯片（1）封锁，使它的输出 $\overline{Y}_2\,\overline{Y}_1\,\overline{Y}_0=111$。芯片（2）的 $\overline{Y}_{EX}=0$，则 $Z_3=0$，$\overline{Y}_2\,\overline{Y}_1\,\overline{Y}_0=100$。最后的输出为 $Z_3\,Z_2\,Z_1\,Z_0=0100$，这正是要求的 $\overline{A}_{11}$ 的编码。如果 $\overline{A}_{15} \sim \overline{A}_8$ 中，有几个输入为低电平，电路也只对优先级别最高的信号编码。

当 $\overline{A}_{15} \sim \overline{A}_8$ 全为高电平时，意味着芯片（2）无信号输入，此时 $\overline{Y}_S=0$，芯片（1）的 $\overline{S}=0$，处于编码工作状态，对 $\overline{A}_7 \sim \overline{A}_0$ 中输入的低电平信号中优先级别最高的输入进行编码。如果 $\overline{A}_7=\overline{A}_6=\overline{A}_4=\overline{A}_0=1$，$\overline{A}_5=\overline{A}_3=\overline{A}_2=\overline{A}_1=0$，则芯片（1）的输出 $\overline{Y}_2\,\overline{Y}_1\,\overline{Y}_0=010$，芯片（2）的 $\overline{Y}_{EX}=1$，所以最后的编码输出 $\overline{Z_3Z_2Z_1Z_0}=1010$，即 $\overline{A}_5$ 的编码为 1010。

利用 74LS148 很容易构成 BCD 码优先编码器，电路如图 4.3.8 所示。它的原理读者可自行分析。

### 4.3.2　译码器

译码是编码的逆过程。在数字系统中，将输入的二进制代码的"含意"翻译出来的过程称为译码。完成译码功能的电路称为译码器（Decoder）。在译码器的输入端输入一个二进制代码时，在相对应的一个输出端产生输出，而其他输出端无信号。

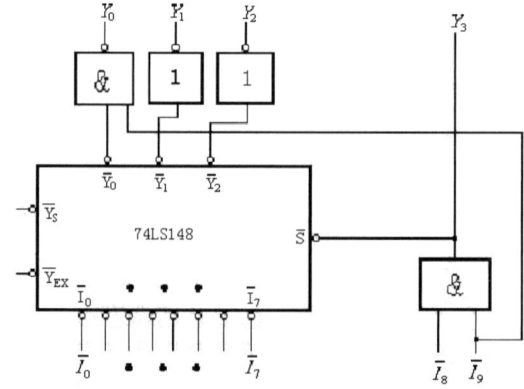

图 4.3.8　74LS148 构成的 BCD 码优先编码器

常用的译码器有二进制译码器、二—十进制译码器和显示译码器。

1. 二进制译码器

若译码器输入是 n 位的二进制代码，输出信号有 m 个，且 $m=2^n$，这样的译码器称为二进制译码器。这种译码器的输出信号与输入的二进制代码一一对应，如 2 线—4 线译码器、3 线—8 线译码器、4 线—16 线译码器等。这里以 3 线—8 线译码器来说明二进制译码器的原理。

（1）真值表

3 线—8 线译码器有 3 个输入端，用 $A_2$、$A_1$、$A_0$ 表示，8 个输出端用 $Y_0$、$Y_1$、…、$Y_7$ 表示。输出为高电平时表示译中（输出高电平有效）。根据以上设定，译码器的真值表如表 4.3.4 所示。

表 4.3.4　3 线—8 线译码器

| 输入 | | | 输出 | | | | | | | |
|---|---|---|---|---|---|---|---|---|---|---|
| $A_2$ | $A_1$ | $A_0$ | $Y_0$ | $Y_1$ | $Y_2$ | $Y_3$ | $Y_4$ | $Y_5$ | $Y_6$ | $Y_7$ |
| 0 | 0 | 0 | 1 | 0 | 0 | 0 | 0 | 0 | 0 | 0 |
| 0 | 0 | 1 | 0 | 1 | 0 | 0 | 0 | 0 | 0 | 0 |
| 0 | 1 | 0 | 0 | 0 | 1 | 0 | 0 | 0 | 0 | 0 |
| 0 | 1 | 1 | 0 | 0 | 0 | 1 | 0 | 0 | 0 | 0 |
| 1 | 0 | 0 | 0 | 0 | 0 | 0 | 1 | 0 | 0 | 0 |
| 1 | 0 | 1 | 0 | 0 | 0 | 0 | 0 | 1 | 0 | 0 |
| 1 | 1 | 0 | 0 | 0 | 0 | 0 | 0 | 0 | 1 | 0 |
| 1 | 1 | 1 | 0 | 0 | 0 | 0 | 0 | 0 | 0 | 1 |

（2）逻辑表达式：

由真值写出输出的逻辑表达式为：

$$Y_0 = \overline{A_2}\,\overline{A_1}\,\overline{A_0} = m_0$$
$$Y_1 = \overline{A_2}\,\overline{A_1}A_0 = m_1$$
$$Y_2 = \overline{A_2}A_1\overline{A_0} = m_2$$
$$Y_3 = \overline{A_2}A_1A_0 = m_3$$
$$Y_4 = A_2\overline{A_1}\,\overline{A_0} = m_4$$
$$Y_5 = A_2\overline{A_1}A_0 = m_5$$
$$Y_6 = A_2A_1\overline{A_0} = m_6$$
$$Y_7 = A_2A_1A_0 = m_7$$

（3）逻辑电路图

由逻辑表达式可画出译码器的电路图。电路可由二极管与门阵列或门电路来实现。图 4.3.9 是用二极管与门阵列构成的 3 线—8 线译码器。

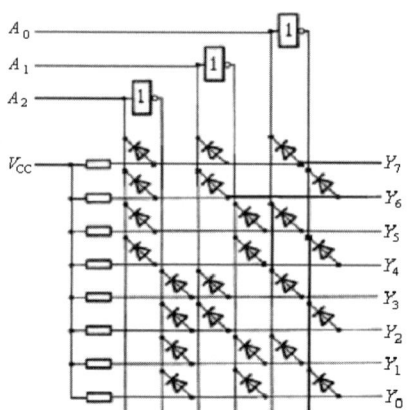

图 4.3.9 用二极管与门阵列组成的 3 线—8 线译码器

由真值表和输出逻辑表达式可知,二进制译码器将每一种输入的二进制代码都翻译出来了,它的每一个输出信号就是输入变量的一个最小项,即它的输出提供了全部最小项,所以二进制译码器是全译码的译码器,也称为最小项译码器。

(4)典型器件 74LS138 介绍

74LS138 是用 TTL 与非门组成的 3 线—8 线译码器的典型电路。它的逻辑电路及逻辑符号如图 4.3.10 所示。

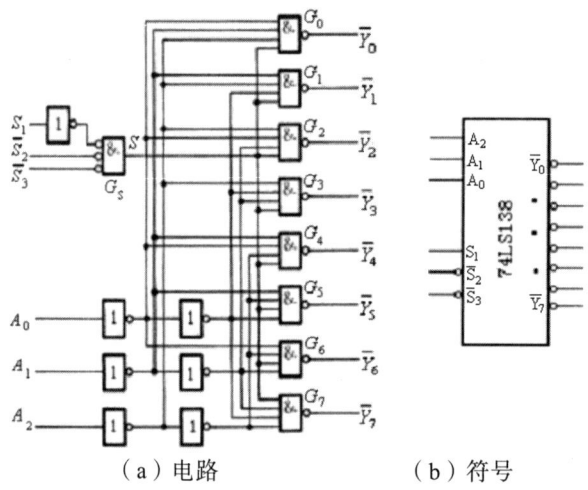

（a）电路　　　　（b）符号

图 4.3.10　74LS138 逻辑电路与符号

图中 $S_1$、$\overline{S}_2$ 和 $\overline{S}_3$ 是 3 个控制端,亦称"片选"输入端,主要用于译码器的功能的扩展。由图可见,只有在 $S_1=1$,$\overline{S}_2=\overline{S}_3=0$ 时,$G_S$ 门输出高电平,译码器才处于工作状态。否则,译码器被禁止,所有的输出均为高电平。

当 $G_S$ 输出为 1 时,可得输出的逻辑表达式为:

$$\overline{Y_0} = \overline{\overline{A_2}\,\overline{A_1}\,\overline{A_0}} = \overline{m_0}$$

$$\overline{Y_1} = \overline{\overline{A_2}\,\overline{A_1}\,A_0} = \overline{m_1}$$

$$\overline{Y_2} = \overline{\overline{A_2}\,A_1\,\overline{A_0}} = \overline{m_2}$$

$$\overline{Y_3} = \overline{\overline{A_2}\,A_1\,A_0} = \overline{m_3}$$

$$\overline{Y_4} = \overline{A_2\,\overline{A_1}\,\overline{A_0}} = \overline{m_4}$$

$$\overline{Y_5} = \overline{A_2\,\overline{A_1}\,A_0} = \overline{m_5}$$

$$\overline{Y_6} = \overline{A_2\,A_1\,\overline{A_0}} = \overline{m_6}$$

$$\overline{Y_7} = \overline{A_2\,A_1\,A_0} = \overline{m_7}$$

由此可见，74LS138 是一个全译码电路，只是输出低电平有效，每一个输出是一个最小项的反函数。74LS138 的功能表如表 4.3.5 所示。利用控制端很容易实现功能扩展。

表 4.3.5　74LS138 的功能表

| 输入 | | | | | 输出 | | | | | | | |
|---|---|---|---|---|---|---|---|---|---|---|---|---|
| $S_1$ | $\overline{S_2}+\overline{S_3}$ | $A_2$ | $A_1$ | $A_0$ | $\overline{Y_0}$ | $\overline{Y_1}$ | $\overline{Y_2}$ | $\overline{Y_3}$ | $\overline{Y_4}$ | $\overline{Y_5}$ | $\overline{Y_6}$ | $\overline{Y_7}$ |
| 0 | × | × | × | × | 1 | 1 | 1 | 1 | 1 | 1 | 1 | 1 |
| × | 1 | × | × | × | 1 | 1 | 1 | 1 | 1 | 1 | 1 | 1 |
| 1 | 0 | 0 | 0 | 0 | 0 | 1 | 1 | 1 | 1 | 1 | 1 | 1 |
| 1 | 0 | 0 | 0 | 1 | 1 | 0 | 1 | 1 | 1 | 1 | 1 | 1 |
| 1 | 0 | 0 | 1 | 0 | 1 | 1 | 0 | 1 | 1 | 1 | 1 | 1 |
| 1 | 0 | 0 | 1 | 1 | 1 | 1 | 1 | 0 | 1 | 1 | 1 | 1 |
| 1 | 0 | 1 | 0 | 0 | 1 | 1 | 1 | 1 | 0 | 1 | 1 | 1 |
| 1 | 0 | 1 | 0 | 1 | 1 | 1 | 1 | 1 | 1 | 0 | 1 | 1 |
| 1 | 0 | 1 | 1 | 0 | 1 | 1 | 1 | 1 | 1 | 1 | 0 | 1 |
| 1 | 0 | 1 | 1 | 1 | 1 | 1 | 1 | 1 | 1 | 1 | 1 | 0 |

**【例 4.3.2】** 试用两片 74LS138 构成 4 线—16 线译码器。

**解**　已知 74LS138 有 3 个输入端，而新的译码器有 4 个输入端，设 4 个输入端分别为 $D_3$、$D_2$、$D_1$、$D_0$。

只需要 $D_3=0$ 时，芯片（1）工作；$D_3=1$ 时芯片（2）工作即可。

显然可以让芯片（1）的 $S_1=1$，$\overline{S_2}=\overline{S_3}=D_3$；而芯片（2）的 $S_1=D_3$，$\overline{S_2}=\overline{S_3}=0$。扩展电路见图 4.3.11。

当然，还可以有另外的扩展方法。但如上的扩展方式不需增加任何门电路，电路设计更加明确和简单。

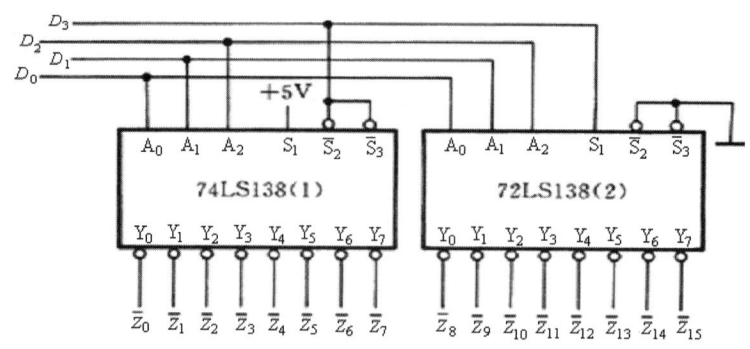

图 4.3.11 用 74LS138 接成的 4 线—16 线译码器

### 2. 二—十进制译码器

二—十进制译码器是将输入的 BCD 码译成 10 个高、低电平输出信号。典型的集成器件是 74LS42。它的基本结构同 74LS138，逻辑符号如图 4.3.12 所示。

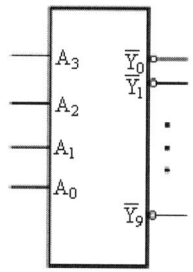

图 4.3.12 4 线—10 线译码器 74LS42 逻辑符号

它的输出为：

$$\overline{Y_0} = \overline{\overline{A_3}\,\overline{A_2}\,\overline{A_1}\,\overline{A_0}}$$
$$\overline{Y_1} = \overline{\overline{A_3}\,\overline{A_2}\,\overline{A_1}\,A_0}$$
$$\overline{Y_2} = \overline{\overline{A_3}\,\overline{A_2}\,A_1\,\overline{A_0}}$$
$$\overline{Y_3} = \overline{\overline{A_3}\,\overline{A_2}\,A_1\,A_0}$$
$$\overline{Y_4} = \overline{\overline{A_3}\,A_2\,\overline{A_1}\,\overline{A_0}}$$
$$\overline{Y_5} = \overline{\overline{A_3}\,A_2\,\overline{A_1}\,A_0}$$
$$\overline{Y_6} = \overline{\overline{A_3}\,A_2\,A_1\,\overline{A_0}}$$
$$\overline{Y_7} = \overline{\overline{A_3}\,A_2\,A_1\,A_0}$$
$$\overline{Y_8} = \overline{A_3\,\overline{A_2}\,\overline{A_1}\,\overline{A_0}}$$
$$\overline{Y_9} = \overline{A_3\,\overline{A_2}\,\overline{A_1}\,A_0}$$

当输入为 1010~1111 时，输出均为高电平，即拒绝伪输入。

### 3. 显示译码器

在数字系统中，经常需要将数字、文字、符号的二进制代码翻译成人们习惯的形式并直观地显示出来,供人们读取或识别。实际工作中,希望显示器和译码器配合使用,甚至直接利用译码器驱动显示器。因此,把这类译码器称作显示译码器。

(1) 七段字符显示器

为了能够以十进制数码直观地显示数字系统的运行数据,目前广泛使用七段字符显示器,或称七段数码管。这种字符显示器由七段可发光的线段拼合而成。常见的七段字符显示器有半导体数码管和液晶显示器两种。

① 七段 LED 显示器。

七段 LED(Light Emitting Diode)显示器是由 7 个半导体发光二极管按如图 4.3.13 所示的字形排列而成,带有小数点的显示器由 8 个发光二极管构成。

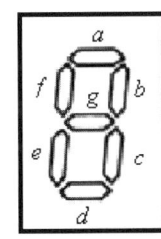

图 4.3.13　半导体数码管外形图

按二极管连接的不同,又分为共阳极和共阴极两类,如图 4.3.14 所示。

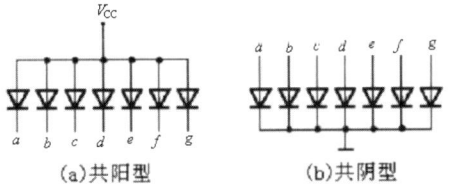

图 4.3.14　七段 LED 显示器结构

发光二极管是一种特殊的半导体器件,可以是砷化镓、磷化镓等材料制成的 PN 结。当外加正向电压时,可以将电能转换成光能,从而发出清晰悦目的光。半导体数码管具有工作电压低(1.5~3V)、体积小、寿命长(71000h)、响应时间短(<0.1μs)、颜色丰富等优点,在电子系统中得到广泛应用。

② 液晶显示器件 LCD。

由于 LED 工作电流比较大,在限制功耗的情况下,常用液晶显示器件(Liquid Crystal Display)。液晶是一种介于晶体和液体之间的化合物,既有液体的流动性和连续性,又有晶体的某些光学特性,它的透明度和呈现的颜色受外加电场的影响,利用这一特点便可作成字符显示器。

液晶显示器优点是功耗小,每平方厘米的功耗在 1μW 以下;工作电压低,在 1V 以下仍能工作。因此它在电子表以及各种小型、便携式仪器、仪表中得到广泛应用。缺点是亮度差、响应速度较低。

(2) BCD—七段显示译码器

LED 和 LCD 显示器都可以用 TTL 或 CMOS 集成电路直接驱动。这就需要使用显示译码器将 BCD 代码译成数码管所需要的驱动信号，以显示出 BCD 代码所表示的数值。

用 $A_3$、$A_2$、$A_1$、$A_0$ 表示显示译码器输入的 BCD 代码，以 $Y_a \sim Y_g$ 表示输出的 7 位二进制代码，这 7 个输出量分别和显示器的 a~g 端相对应。七段显示译码器的输入和输出的逻辑关系如表 4.3.6 所示。相应字段为 "1" 时，显示器亮；为 "0" 时显示器灭。

表 4.3.6 BCD—七段显示译码器真值表

| 数字 | 输入 | | | | 输出 | | | | | | | 字形 |
|---|---|---|---|---|---|---|---|---|---|---|---|---|
| | $A_3$ | $A_2$ | $A_1$ | $A_0$ | $Y_a$ | $Y_b$ | $Y_c$ | $Y_d$ | $Y_e$ | $Y_f$ | $Y_g$ | |
| 0 | 0 | 0 | 0 | 0 | 1 | 1 | 1 | 1 | 1 | 1 | 0 | |
| 1 | 0 | 0 | 0 | 1 | 0 | 1 | 1 | 0 | 0 | 0 | 0 | |
| 2 | 0 | 0 | 1 | 0 | 1 | 1 | 0 | 1 | 1 | 0 | 1 | |
| 3 | 0 | 0 | 1 | 1 | 1 | 1 | 1 | 1 | 0 | 0 | 1 | |
| 4 | 0 | 1 | 0 | 0 | 0 | 1 | 1 | 0 | 0 | 1 | 1 | |
| 5 | 0 | 1 | 0 | 1 | 1 | 0 | 1 | 1 | 0 | 1 | 1 | |
| 6 | 0 | 1 | 1 | 0 | 0 | 0 | 1 | 1 | 1 | 1 | 1 | |
| 7 | 0 | 1 | 1 | 1 | 1 | 1 | 1 | 0 | 0 | 0 | 0 | |
| 8 | 1 | 0 | 0 | 0 | 1 | 1 | 1 | 1 | 1 | 1 | 1 | |
| 9 | 1 | 0 | 0 | 1 | 1 | 1 | 1 | 0 | 0 | 1 | 1 | |

由表作出 $Y_a$ 的卡诺图，如图 4.3.15 所示。

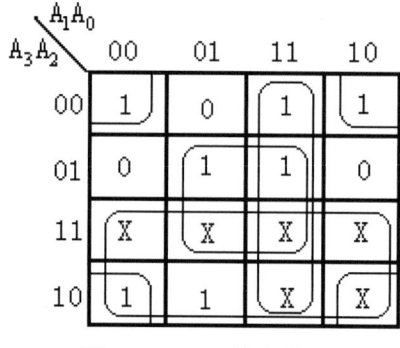

图 4.3.15  $Y_a$ 的卡诺图

由卡诺图得：

$$Y_a = A_3 + A_2 A_0 + A_1 A_0 + \overline{A_2} \, \overline{A_0}$$

按同样的方法，可求得：

$$Y_b = \overline{A_2} + A_1 A_0 + \overline{A_1} \, \overline{A_0}$$

$$Y_c = A_2 + \overline{A_1} + A_0$$

$$Y_d = A_2 \overline{A_1} A_0 + \overline{A_2} \, \overline{A_0} + \overline{A_2} A_1 + A_1 \overline{A_0}$$

$$Y_e = \overline{A_2} \, \overline{A_0} + A_1 \overline{A_0}$$

$$Y_f = A_3 + A_2 \overline{A_1} + \overline{A_2} \, \overline{A_0} + \overline{A_1} \, \overline{A_0}$$

$$Y_g = A_3 + A_2 \overline{A_1} + \overline{A_2} A_1 + A_1 \overline{A_0}$$

根据输出的逻辑表达式，可作出七段显示译码器的电路图。常用的七段显示译码器 7448 电路如图 4.3.16 所示。

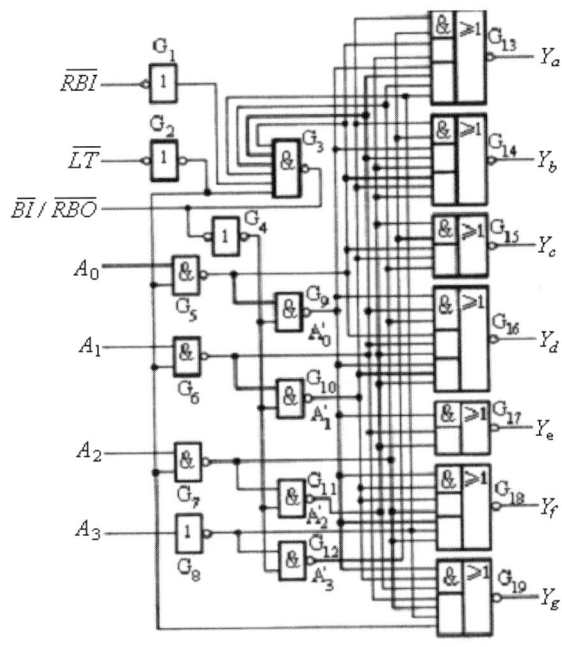

图 4.3.16　七段显示译码器 7448 的逻辑图

由图可见，它增加了一些附加电路，这些附加控制电路主要用于扩展电路功能，分别介绍如下：

$\overline{LT}$：灯测试输入端。$\overline{LT}=0$ 时，七段同时点亮，检查数码管各段能否正常发光。平时置高电平。

$\overline{RBI}$：灭零输入端。当 $A_3=A_2=A_1=A_0=0$ 时，若 $\overline{RBI}=0$，则使本应显示的零熄灭。用于把不希望显示的零熄灭。如数字 002.500，若显示为 2.5，则结果更醒目。

$\overline{BI}/\overline{RBO}$：灭灯输入/灭零输出端。这是一个输入/输出双功端。作为输入端，当 $\overline{BI}=0$ 时，输出各段全灭，可用于闪烁功能或降低功耗。作为输出端，当 $A_3=A_2=A_1=A_0=0$，且 $\overline{RBI}=0$ 时，$\overline{RBO}$ 会给出低电平，表示已将本该显示的零熄灭了。和 $\overline{RBI}$ 配合用于级联灭零控制。如图 4.3.17 所示。

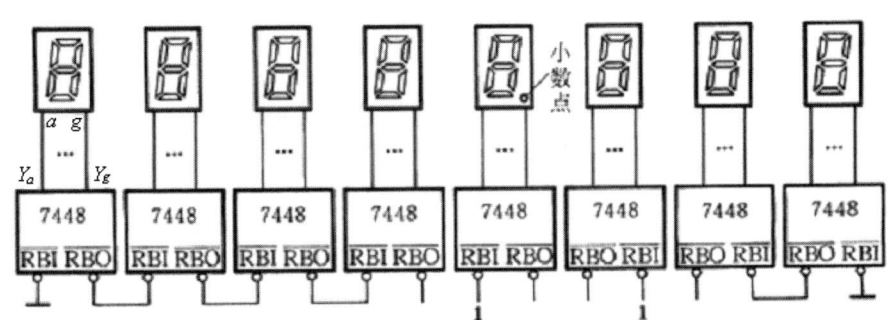

图 4.3.17　有灭零控制的数码显示系统

七段显示器连接时要加上拉电阻,如图 4.3.18 所示。

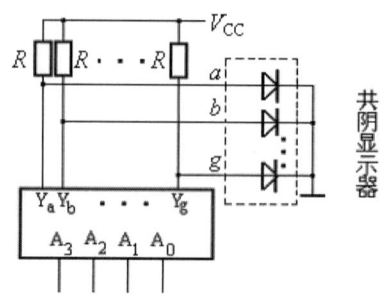

图 4.3.18  显示译码器和显示器的连接

另外 7448 不拒绝伪输入,在输入 1010~1111 等 6 种状态时,显示器将显示 6 种符号,如图 4.3.19 所示。最右侧的符号为 7 个发光二极管全灭。

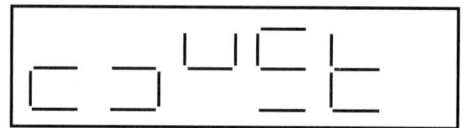

图 4.3.19  对应于伪码显示的 6 种符号

### 4.3.3  数据选择器和数据分配器

1. 数据选择器

数据选择器又称为多路转换器或多路开关(Multipleter),它是数字系统中常用的一种典型电路。其主要功能是从多路数据中选择其中一路信号发送出去。所以它是一个多输入、单输出的组合逻辑电路,逻辑示意图和逻辑符号如图 4.3.20 所示。

图中,$D_0 \sim D_{n-1}$ 为 $n$ 路数据输入端,$A_0 \sim A_{m-1}$ 为选择控制信号输入端,$Y$ 为输出端,其中 $n = m^2$。下面以 4 选 1 数据选择器的设计说明其工作原理。

设 4 个数据输入端分别为 $D_0 \sim D_3$,另外,4 个数据端要求两个选择控制信号,分别为 $A_0$、$A_1$,输出为 $Y$。根据定义,4 选 1 数据选择器的真值表如表 4.3.7 所示。

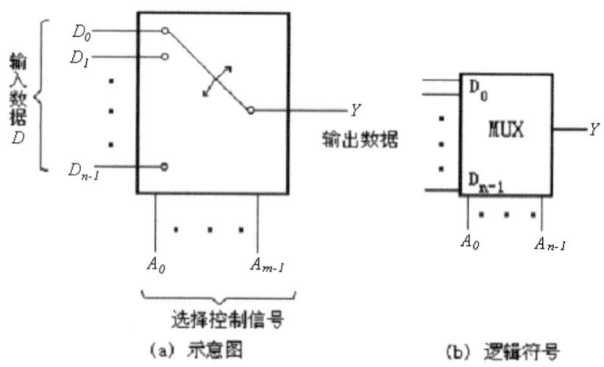

图 4.3.20  数据选择器示意框图和逻辑符号

由真值表可以直接写出输出的逻辑表达式:

$$Y = (\overline{A_1}\overline{A_0})D_0 + (\overline{A_1}A_0)D_1 + (A_1\overline{A_0})D_2 + (A_1A_0)D_3$$

表 4.3.7  4 选 1 数据选择器真值表

| A₁ | A₀ | D₃ | D₂ | D₁ | D₀ | Y |
|---|---|---|---|---|---|---|
| 0 | 0 | X | X | X | 0 | 0 |
| 0 | 0 | X | X | X | 1 | 1 |
| 0 | 1 | X | X | 0 | X | 0 |
| 0 | 1 | X | X | 1 | X | 1 |
| 1 | 0 | X | 0 | X | X | 0 |
| 1 | 0 | X | 1 | X | X | 1 |
| 1 | 1 | 0 | X | X | X | 0 |
| 1 | 1 | 1 | X | X | X | 1 |

⇒

| A₁ | A₀ | D | Y |
|---|---|---|---|
| 0 | 0 | D₀ | D₀ |
| 0 | 1 | D₁ | D₁ |
| 1 | 0 | D₂ | D₂ |
| 1 | 1 | D₃ | D₃ |

由逻辑表达式可以做出逻辑电路图。加有选通控制端 $\overline{S}$ 的 4 选 1 电路如图 4.3.21 所示。由图可见，$\overline{S}=0$ 时，电路工作；$\overline{S}=1$ 时，电路不工作，不管 D 取何值，Y 始终为 0。$A_0 \sim A_{m-1}$ 也称地址端，它们的编码组合给出了不同数据通道的地址。

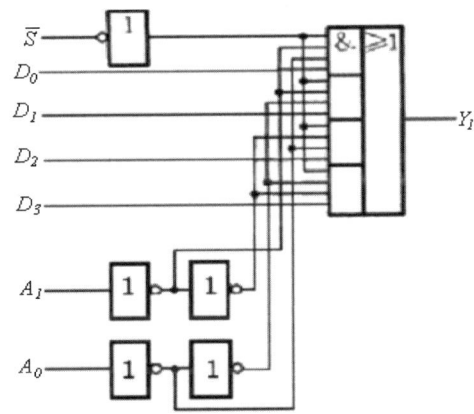

图 4.3.21  4 选 1 数据选择器电路图

常用的双 4 选 1 的数据选择器 74LS153 采用的就是如上所述的典型电路，只是它包含两个 4 选 1 的数据选择器。它的逻辑符号如图 4.3.22 所示。

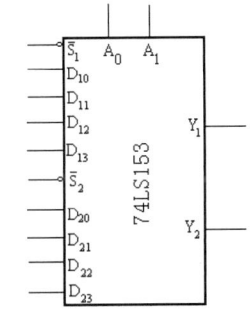

图 4.3.22  74LS153 的逻辑符号

其特点如下。

① 地址 $A_1$、$A_0$ 公用；

② 有两个独立的使能端 $\overline{S_1}$、$\overline{S_2}$；

③ 输出为原码。

CC4512 是 CMOS 构成的 8 选 1 数据选择器，它的功能表如表 4.3.8 所示。表中 DIS 端为三态控制端，INH 为禁制端。其逻辑符号如图 4.3.23 所示。

表 4.3.8  CC4512 功能表

| DIS | INH | $A_2$ | $A_1$ | $A_0$ | Y |
|---|---|---|---|---|---|
| 1 | × | × | × | × | Z |
| 0 | 1 | × | × | × | 0 |
| 0 | 0 | 0 | 0 | 0 | $D_0$ |
| 0 | 0 | 0 | 0 | 1 | $D_1$ |
| 0 | 0 | 0 | 1 | 0 | $D_2$ |
| 0 | 0 | 0 | 1 | 1 | $D_3$ |
| 0 | 0 | 1 | 0 | 0 | $D_4$ |
| 0 | 0 | 1 | 0 | 1 | $D_5$ |
| 0 | 0 | 1 | 1 | 0 | $D_6$ |
| 0 | 0 | 1 | 1 | 1 | $D_7$ |

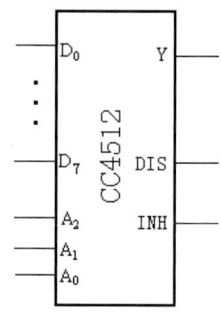

图 4.3.23  CC4512 逻辑符号

2. 数据分配器

和数据选择器相反，数据分配器（Demultiplexer）是把一路输入信号分配给多路输出。它的逻辑示意图和逻辑符号如图 4.3.24 所示。

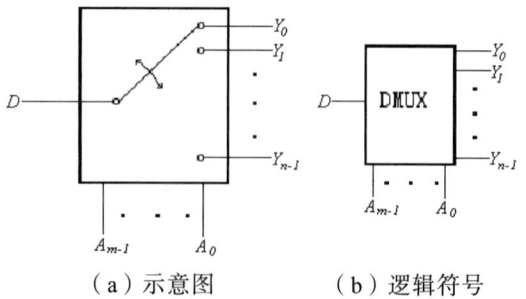

（a）示意图　　（b）逻辑符号

图 4.3.24  数据分配器示意图和逻辑符号

图中，D 为输入的一路数据，Y 为 n 路数据输出，$A_0 \sim A_{m-1}$ 为选择控制信号，即地址代码。它们的编码决定了数据送到哪一个输出端。下面以 4 路分配器说明它的工作原理。

一个 4 路分配器需要两个地址输入端，由分配器的功能可知，它的输出逻辑表达式为：

$$Y_0 = \overline{A_1}\,\overline{A_0}D$$
$$Y_1 = \overline{A_1}A_0D$$
$$Y_2 = A_1\overline{A_0}D$$
$$Y_3 = A_1A_0D$$

根据逻辑表达式可画出逻辑电路图，如图 4.3.25 所示。

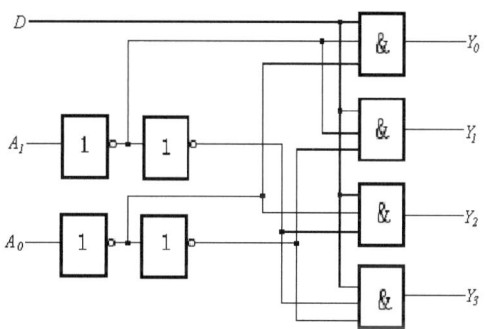

图 4.3.25　4 路分配器电路图

由图可见，数据分配器电路由译码器电路再加一个数据输入端构成。利用现有的译码器就可以得到数据分配器电路。

【例 4.3.3】利用译码器 74LS138 构成一个 8 路数据分配器。

**解**　由图 4.3.10 中 74LS138 的电路图可得译码器的输出表达式：

$$\overline{Y_0} = \overline{\overline{A_2}\,\overline{A_1}\,\overline{A_0}S_1S_2S_3}$$
$$\overline{Y_1} = \overline{\overline{A_2}\,\overline{A_1}A_0S_1S_2S_3}$$
$$\vdots$$
$$\overline{Y_7} = \overline{A_2A_1A_0S_1S_2S_3}$$

如果让 $\overline{S_2} = \overline{S_3} = 0, S_1 = D$，则当 $A_2A_1A_0 = 000$ 时，$\overline{Y_0} = \overline{D}$，其他输出均为 1；$A_2A_1A_0 = 001$ 时，$\overline{Y_1} = \overline{D}$，其他输出全为 1；以此类推。显然这就是一个 8 路的数据分配器，只是输出为 D 的反码。电路如图 4.3.26 所示。

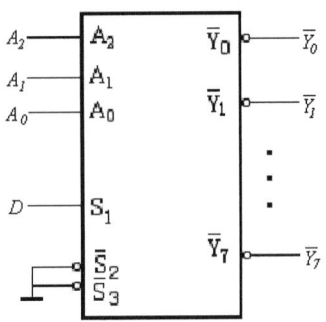

图 4.3.26 例 4.3.3 的逻辑电路图

### 4.3.4 加法器

1. 1 位加法器

（1）半加器（Half Adder）

半加器是进行 1 位二进制数相加的电路。由于不考虑低位的进位，只做本位两个数的相加，故称为半加。半加器有两个输入端，分别输入两个相加的数；两个输出端分别输出和数和向高位的进位。用 A、B 表示两个加数，用 S 和 C 表示和数和进位，则一个半加器的真值表如表 4.3.9 所示。

表 4.3.9 半加器真值表

| 输 入 | | 输 出 | |
| --- | --- | --- | --- |
| A | B | S | C |
| 0 | 0 | 0 | 0 |
| 0 | 1 | 1 | 0 |
| 1 | 0 | 1 | 0 |
| 1 | 1 | 0 | 1 |

由真值表得到输出 S 和 C 的逻辑函数表达式：

$$S = A\overline{B} + \overline{A}B = A \oplus B$$
$$C = AB$$

根据表达式可知，一个异或门和一个与门可组成半加器电路，如图 4.3.27 所示。

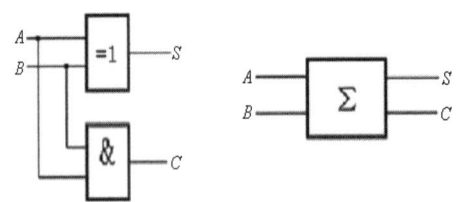

（a）半加器电路　　（b）半加器逻辑符号

图 4.3.27 半加器电路及逻辑符号

（2）全加器（Full Adder）

实际进行二进制相加时，除两个加数 A 和 B 外，还经常有低位的进位信号。有低位进位信号的加法器，称作全加器，其逻辑符号如图 4.3.28 所示。

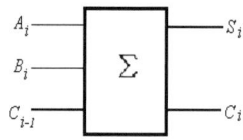

**图 4.3.28 全加器的逻辑符号**

$A_i$、$B_i$ 表示相加的两个二进制数，$C_{i-1}$ 表示低位的进位信号，$S_i$ 表示本位的和数，$C_i$ 表示本位向高位的进位信号。

1 位全加器的真值表如表 4.3.10 所示。由真值表可得 $S_i$ 和 $C_i$ 的卡诺图如图 4.3.29 所示。

**表 4.3.10 全加器真值表**

| 输 入 | | | 输 出 | |
|---|---|---|---|---|
| $A_i$ | $B_i$ | $C_{i-1}$ | $S_i$ | $C_i$ |
| 0 | 0 | 0 | 0 | 0 |
| 0 | 0 | 1 | 1 | 0 |
| 0 | 1 | 0 | 1 | 0 |
| 0 | 1 | 1 | 0 | 1 |
| 1 | 0 | 0 | 1 | 0 |
| 1 | 0 | 1 | 0 | 1 |
| 1 | 1 | 0 | 0 | 1 |
| 1 | 1 | 1 | 1 | 1 |

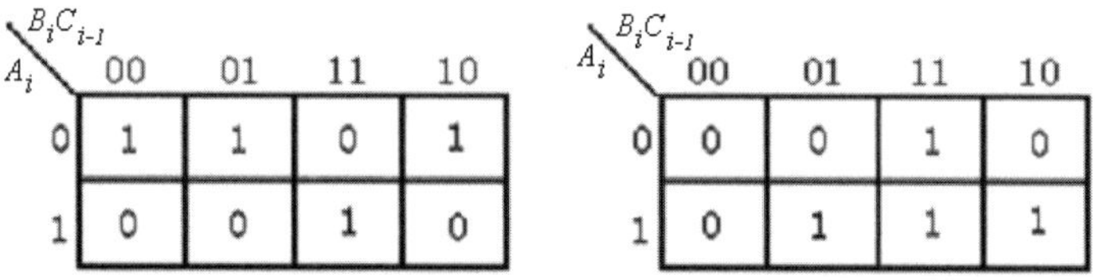

（a）$S_i$ 的卡诺图  （b）$C_i$ 的卡诺图

**图 4.3.29 $S_i$ 和 $C_i$ 的卡诺图**

由卡诺图得：

$$S_i = \overline{A_i}\,\overline{B_i}C_{i-1} + \overline{A_i}B_i\overline{C_{i-1}} + A_i\overline{B_i}\,\overline{C_{i-1}} + A_iB_iC_{i-1} = A_i \oplus B_i \oplus C_{i-1}$$

$$C_i = A_iB_i + A_iC_{i-1} + B_iC_{i-1} = (A_i + B_i)C_{i-1} + A_iB_i$$

根据逻辑表达式得到如图 4.3.30 所示的全加器的逻辑电路图。

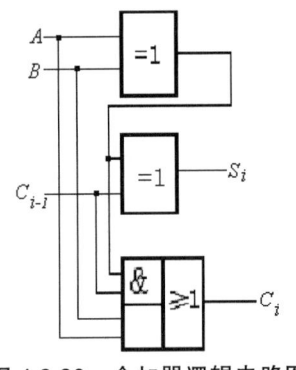

图 4.3.30　全加器逻辑电路图

2. 多位加法器

两个多位二进制数相加时,就要用多位加法器。

(1) 串行进位加法器

将多个 1 位全加器串联起来,就构成一个多位的加法器电路。图 4.3.31 就是一个串行进位的 4 位加法器电路。由于低位的进位信号逐位向高一位传送,故此电路称为串行进位加法器。

其中 $A_3 \sim A_0$、$B_3 \sim B_0$ 为相加的两个 4 位二进制数,其和为 $S_3 \sim S_0$,$C_3$ 为向高一位的进位信号。最低位全加器的 $C_{i-1}$ 接地。

这种电路的特点是电路结构简单,不足之处是完成一次运算所需的时间较长,在最不利的情况下,完成一次运算要经过 4 个全加器的传输时间才能得到可靠的运算结果。但在对运算速度要求不高的场合,这种加法器仍不失为一种可取的选择。

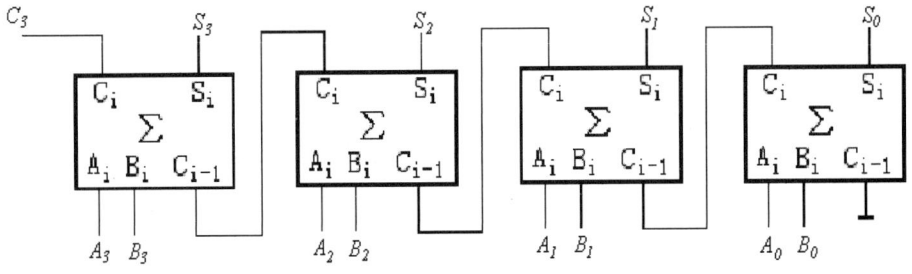

图 4.3.31　串行进位加法器电路

(2) 超前进位加法器

由于串行进位加法器的进位信号是逐级传递的,速度慢,级数越多,累加的延迟时间越长。采用超前进位加法器会大大提高运算速度。

超前进位加法器采用并行进位方式,进位信号不是逐位递进,而是直接由本位和低于本位的所有加数、被加数唯一地确定。下面具体分析一下超前进位信号产生的原理。

由 1 位全加器分析知道,进位输出信号为:

$$C_i = A_i B_i + A_i C_{i-1} + B_i C_{i-1} = (A_i + B_i) C_{i-1} + A_i B_i$$

定义 $A_i B_i$ 为进位生成函数 $G_i$;$A_i + B_i$ 为进位传递函数 $P_i$。其意义很明显,当 $A_i B_i = 1$ 时,本位产生了进位信号;当 $C_{i-1} = 1$ 则低位有进位,若本位 $A_i$ 或 $B_i$ 为 1,则将进位信号传递到进位输出。按递推方式，将上式展开，可得到 $C_i$ 的一般表达式为：

$$\begin{aligned} C_i &= G_i + P_i C_{i-1} \\ &= G_i + P_i(G_{i-1} + P_{i-1}C_{i-2}) \\ &= G_i + P_i G_{i-1} + P_i P_{i-1}(G_{i-2} + P_{i-2}C_{i-3}) \\ &\vdots \\ &= G_i + P_i G_{i-1} + P_i P_{i-1} G_{i-2} + \cdots + P_i P_{i-1} \cdots P_1 G_0 + P_i P_{i-1} \cdots P_0 C_0 \end{aligned}$$

由表达式知，每一位的进位输出由本位和低于本位的加数和被加数唯一地确定。进位信号产生所需要的时间只是几个门电路的传输延迟时间，因此大大提高了运算速度。根据 $C_i$ 的表达式和每一位和信号的输出表达式为：

$$S_i = A_i \oplus B_i \oplus C_{i-1}$$

构成的电路，即为超前进位加法器。74LS283 是常用的中规模集成 4 位超前进位加法器。它的逻辑电路图及逻辑符号如图 4.3.32 所示。

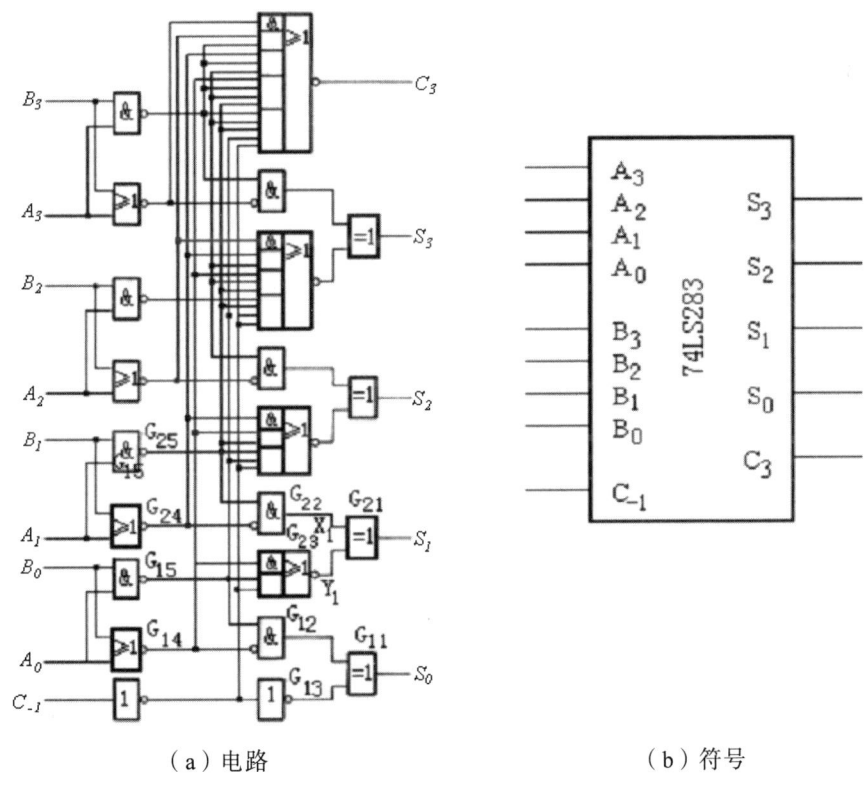

(a) 电路　　　　　　　　(b) 符号

图 4.3.32　74LS283 的逻辑电路图及逻辑符号

超前进位加法器运算时间的缩短是以电路的复杂为代价的。位数增加时，电路的复杂程度急剧上升。一般用扩展的方法增加位数。用两片 74LS283 很容易构成 8 位超前进位加法器，如图 4.3.33 所示。

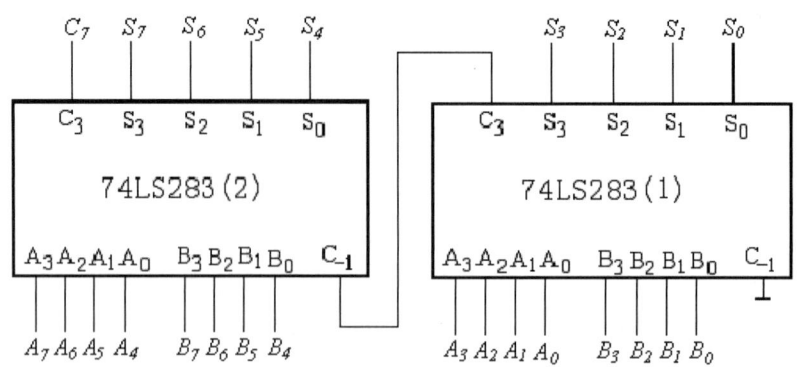

图 4.3.33 两片 74LS283 构成的 8 位超前进位加法器

### 4.3.5 数值比较器

能够比较两个数字大小的电路称为数值比较器。它是数字系统中常用的组合逻辑电路。在数字电路中，数字比较器的输入是要比较的二进制数，输出是比较的结果。两个多位数进行比较时，也要一位一位进行比较。因此，先分析一位比较器。

1.1 位数比较器

两个进行比较的二进制数都是一位数，这就是 1 位比较器。用 $A_i$、$B_i$ 表示输入信号，输出信号是比较的结果，显然有三种情况：$A_i>B_i$、$A_i<B_i$、$A_i=B_i$，分别用 $Y(A>B)$、$Y(A<B)$、$Y(A=B)$ 表示，并约定 $A_i>B_i$ 时，$Y(A>B)=1$；$A_i<B_i$ 时，$Y(A<B)=1$；$A_i=B_i$ 时，$Y(A=B)=1$。

根据以上约定，可列出一位比较器的真值表如表 4.3.11 所示。

表 4.3.11 一位比较器的真值表

| 输 入 | | 输 出 | | |
|---|---|---|---|---|
| $A_i$ | $B_i$ | $Y(A>B)$ | $Y(A<B)$ | $Y(A=B)$ |
| 0 | 0 | 0 | 0 | 1 |
| 0 | 1 | 0 | 1 | 0 |
| 1 | 0 | 1 | 0 | 0 |
| 1 | 1 | 0 | 0 | 1 |

由真值表可得到输出信号的逻辑表达式

$$Y(A>B) = A_i \overline{B_i}$$

$$Y(A<B) = \overline{A_i} B_i$$

$$Y(A=B) = \overline{A_i B_i} + A_i B_i = A_i \odot B_i$$

根据表达式可画出如图 4.3.34 所示的逻辑图。

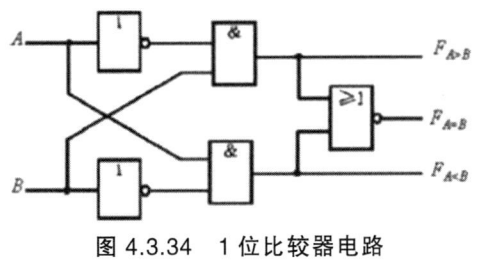

图 4.3.34　1 位比较器电路

**2. 多位比较器**

两个多位二进制数进行比较时,必定是从高位至低位逐位进行比较。如果高位能比较出数值大小,则比较结束;如果高位数值相等,再依次比较低位数值,直至比较出结果。这里以 4 位数值比较器为例,来说明多位比较器的原理。

设两个比较的数为 $A_3A_2A_1A_0$ 和 $B_3B_2B_1B_0$,比较结果同样为 Y($A>B$)、Y($A<B$) 和 Y($A=B$),则 4 位数值比较器的真值表如表 4.3.12 所示。

表 4.3.12　4 位数值比较器真值表

| 输入 | | | | 输出 | | |
|---|---|---|---|---|---|---|
| $A_3 B_3$ | $A_2 B_2$ | $A_1 B_1$ | $A_0 B_0$ | Y($A>B$) | Y($A<B$) | Y($A=B$) |
| $A_3>B_3$ | × | × | × | 1 | 0 | 0 |
| $A_3<B_3$ | × | × | × | 0 | 1 | 0 |
| $A_3=B_3$ | $A_2>B_2$ | × | × | 1 | 0 | 0 |
| $A_3=B_3$ | $A_2<B_2$ | × | × | 0 | 1 | 0 |
| $A_3=B_3$ | $A_2=B_2$ | $A_1>B_1$ | × | 1 | 0 | 0 |
| $A_3=B_3$ | $A_2=B_2$ | $A_1<B_1$ | × | 0 | 1 | 0 |
| $A_3=B_3$ | $A_2=B_2$ | $A_1=B_1$ | $A_0>B_0$ | 1 | 0 | 0 |
| $A_3=B_3$ | $A_2=B_2$ | $A_1=B_1$ | $A_0<B_0$ | 0 | 1 | 0 |
| $A_3=B_3$ | $A_2=B_2$ | $A_1=B_1$ | $A_0=B_0$ | 0 | 0 | 1 |

由表可得出输出的逻辑表达式为:

$$Y(A<B) = \overline{A_3}B_3\overline{B_1} + (A_3 \odot B_3)\overline{A_2}B_2 + (A_3 \odot B_3)(A_2 \odot B_2)\overline{A_1}B_1$$
$$+ (A_3 \odot B_3)(A_2 \odot B_2)(A_1 \odot B_1)\overline{A_0}B_0$$
$$Y(A=B) = (A_3 \odot B_3)(A_2 \odot B_2)(A_1 \odot B_1)(A_0 \odot B_0)$$
$$Y(A>B) = \overline{Y(A<B) + Y(A=B)}$$

Y($A>B$) 采用以上表达式是为了使电路简单。

4 位数值比较器 CC14585 就是按上述表达式制作的比较器,但是为了扩展功能,增加了 3 个扩展端以供片间连接时用。3 个扩展端分别是 I($A<B$)、I($A>B$)、I($A=B$)。它的逻辑图如图 4.3.35 所示。

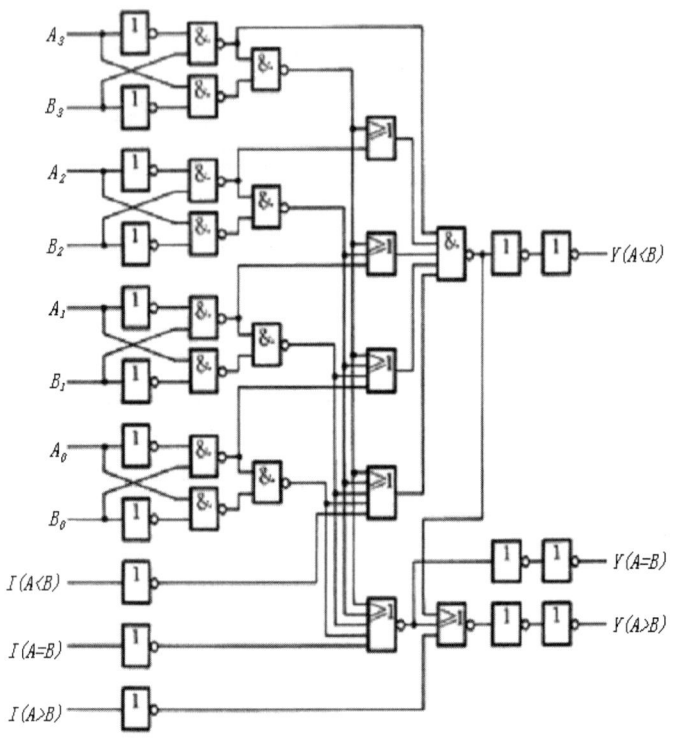

图 4.3.35 4位数值比较器 CC14585 的逻辑图

由逻辑图看出,输出表达式为:

$$Y(A<B) = \overline{A_3}B_3 + (A_3 \odot B_3)\overline{A_2}B_2 + (A_3 \odot B_3)(A_2 \odot B_2)\overline{A_1}B_1$$
$$+ (A_3 \odot B_3)(A_2 \odot B_2)(A_1 \odot B_1)\overline{A_0}B_0$$
$$+ (A_3 \odot B_3)(A_2 \odot B_2)(A_1 \odot B_1)(A_0 \odot B_0)I(A<B)$$
$$Y(A=B) = (A_3 \odot B_3)(A_2 \odot B_2)(A_1 \odot B_1)(A_0 \odot B_0)I(A=B)$$
$$Y(A>B) = \overline{Y(A<B) + Y(A=B) + I(A>B)}$$

由以上表达式可以看出,在比较两个4位二进制数时,应将扩展端 I(A<B) 接低电平,将 I(A>B) 和 I(A=B) 接高电平。在比较多于4位的数时,需要将两片以上的芯片组合成位数更多的比较器。图 4.3.36 就是由两片 CC14585 构成的 8 位数值比较器。

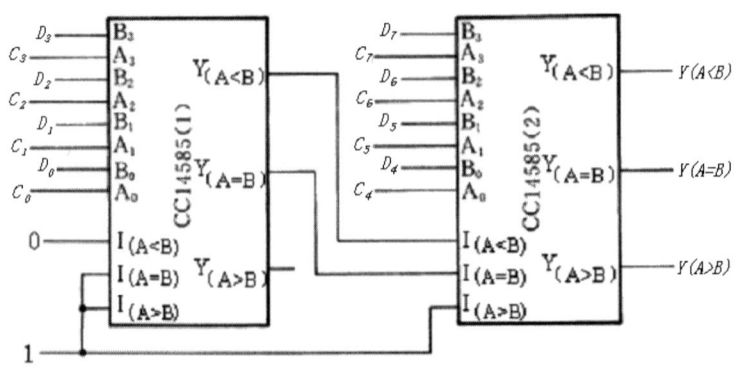

图 4.3.36 两片 CC14585 构成的 8 位数值比较器

图中，低位的输出 Y（A<B）和 Y（A>B）分别接高位的 I（A<B）和 I（A>B），而高位的 I（A<B）必须接高电平。这是因为 I（A>B）并未用于产生 Y（A>B）的输出信号，它仅仅是一个控制信号。当 I（A>B）=1 时，允许有 Y（A>B）信号输出；而当 I（A>B）=0 时，Y（A>B）被封锁在低电平，显然这是不能允许的。因此在正常工作时，应使 I（A>B）端接高电平。因为电路结构不同，扩展端用法也不相同，使用时应加以注意。

# 4.4 用中规模集成电路（MSI）设计组合逻辑电路

在前面讲到组合逻辑电路的设计时，所用器件主要是各种门电路，属于小规模集成电路。随着集成电路的发展，不断出现中大规模通用数字集成电路。利用中大规模集成芯片构成的数字电路不仅电路简单、体积小、可靠性高，而且可以节约人力物力，大大降低电路的成本。用 MSI 设计组合电路的方法与用门电路的设计过程类似，只是最后用 MSI 来实现。下面介绍如何用中规模集成电路设计组合逻辑电路。

## 4.4.1 用数据选择器设计组合逻辑电路

【例 4.4.1】用数据选择器实现 3 变量多数表决逻辑。

**解** ① 由题意知，输入变量有 3 个，分别设为 A、B、C，且同意为 1，不同意为 0；输出变量为 Z，通过为 1，否则为 0。

② 根据以上设定，列出表 4.4.1 所示的真值表。

表 4.4.1 例 4.4.1 的真值表

| 输 入 | | | 输 出 |
|---|---|---|---|
| A | B | C | Z |
| 0 | 0 | 0 | 0 |
| 0 | 0 | 1 | 0 |
| 0 | 1 | 0 | 0 |
| 0 | 1 | 1 | 1 |
| 1 | 0 | 0 | 0 |
| 1 | 0 | 1 | 1 |
| 1 | 1 | 0 | 1 |
| 1 | 0 | 1 | 1 |

（3）由真值表写出 Z 的逻辑表达式为

$$Z = \overline{A}BC + A\overline{B}C + AB\overline{C} + ABC \tag{4.4.1}$$

（4）把所求函数与所用器件的输出相比较，确定器件各端的连接方式。

若选用双 4 选 1 的数据选择器 74LS153，则输出 Y 的表达式是：

$$Y = (\overline{A_1}\overline{A_0})D_0 + (\overline{A_1}A_0)D_1 + (A_1\overline{A_0})D_2 + (A_1A_0)D_3 \tag{4.4.2}$$

把式（4.4.1）进行变换

$$Z = (\overline{AB})0 + (\overline{A}B)C + (A\overline{B})C + (AB)1 \qquad (4.4.3)$$

将式（4.4.2）和式（4.4.3）进行比较可知，只要令数据选择器的输入为：

$A_1 = A \qquad A_0 = B \qquad D_0 = 0 \qquad D_1 = D_2 = C \qquad D_3 = 1$

则数据选择器的输出 Z 就是所需要的逻辑函数 Y。

（5）画出电路图。

根据（4）的分析，做出的电路如图 4.4.1 所示。

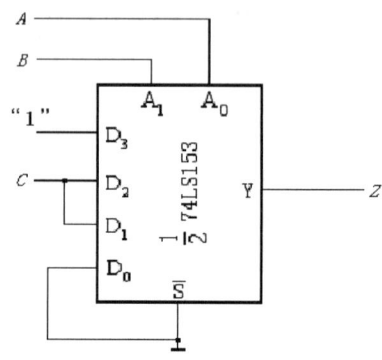

图 4.4.1　例 4.4.1 用 74LS153 完成的电路图

若选用 8 选 1 的数据选择器 CC4512，则输出 Y 为：

$$\begin{aligned}Y =\ & (\overline{A_2 A_1 A_0})D_0 + (\overline{A_2 A_1}A_0)D_1 + (\overline{A_2}A_1\overline{A_0})D_2 + (\overline{A_2}A_1 A_0)D_3 \\ & + (A_2\overline{A_1 A_0})D_4 + (A_2\overline{A_1}A_0)D_5 + (A_2 A_1\overline{A_0})D_6 + (A_2 A_1 A_0)D_7\end{aligned} \qquad (4.4.4)$$

把式（4.4.1）改写为：

$$\begin{aligned}Z =\ & (\overline{ABC})0 + (\overline{AB}C)0 + (\overline{A}B\overline{C})0 + (\overline{A}BC)1 \\ & + (A\overline{BC})0 + (A\overline{B}C)1 + (AB\overline{C})1 + (ABC)1\end{aligned} \qquad (4.4.5)$$

比较式（4.4.4）与式（4.4.5）可得：

$A_2 = A \qquad A_1 = B \qquad A_0 = C$

$D_0 = D_1 = D_2 = D_4 = 0 \qquad D_3 = D_5 = D_6 = D_7 = 1$

电路如图 4.4.2 所示。

由上面的例子可以看出：

① 用数据选择器可以设计组合逻辑函数，设计方法和用门电路设计组合逻辑电路基本相同；

② 具有 n 位地址端的数据选择器可设计输入变量数最多为 n+1 个的组合逻辑电路。如果地址端和输入变量数目相同，直接由输出写成最小项表达式即可。这时地址端作为输入变量，数据端 $D_0 \sim D_m$（$m=2^n$）非 0 即 1，如果地址端数少于输入变量数，这时地址端作为 n 个输入变量，$D_0 \sim D_m$ 为第 n+1 个输入变量的适当形式（包括原变量，反变量、0 和 1）。

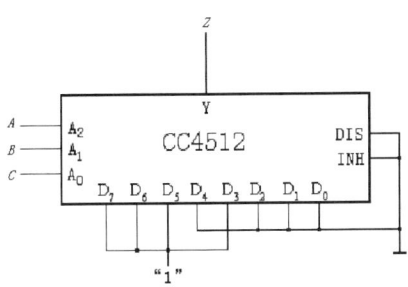

图 4.4.2　例 4.4.1 用 CC4512 完成的电路图

### 4.4.2　用译码器设计组合逻辑电路

任何一个组合逻辑函数都可以写成一个最小项表示式，而译码器的每一个输出都是地址输入端的一个最小项 m，或者是最小项的反函数 $\overline{m}$，因此如果把译码器的 n 个地址输入端作为输入变量，再把输出端利用附加的门电路进行适当组合，就可以产生任何形式的 n 变量组合逻辑函数。

**【例 4.4.2】** 利用 3 线—8 线译码器 74LS138 设计一个多输出端的组合逻辑电路，输出的逻辑函数式为：

$$\begin{aligned} Y_1 &= AB + \overline{A}BC \\ Y_2 &= A\overline{C} + \overline{A}BC \\ Y_3 &= B\overline{C} + \overline{A}B \end{aligned} \qquad (4.4.6)$$

**解**　① 先将式（4.4.6）化成最小项表示式：

$$\begin{aligned} Y_1 &= AB\overline{C} + ABC + \overline{A}BC = m_3 + m_6 + m_7 \\ Y_2 &= A\overline{B}\overline{C} + AB\overline{C} + \overline{A}BC = m_1 + m_4 + m_6 \\ Y_3 &= \overline{A}\overline{B}C + AB\overline{C} + \overline{A}BC + ABC = m_0 + m_1 + m_3 + m_7 \end{aligned} \qquad (4.4.7)$$

② 再将式（4.4.7）进一步转换。

因为 74LS138 的每一个输出都是一个最小项的取反，所以进一步把式（4.4.7）化为 $\overline{m}$ 的表述函数。

$$\begin{aligned} Y_1 &= m_3 + m_6 + m_7 = \overline{\overline{m_3}\,\overline{m_6}\,\overline{m_7}} \\ Y_2 &= m_1 + m_4 + m_6 = \overline{\overline{m_1}\,\overline{m_4}\,\overline{m_6}} \\ Y_3 &= m_0 + m_1 + m_3 + m_7 = \overline{\overline{m_0}\,\overline{m_1}\,\overline{m_3}\,\overline{m_7}} \end{aligned} \qquad (4.4.8)$$

③ 画出电路图

由图 4.3.10 和式（4.4.8）可知，只要令 74LS138 的 $A_2=A$、$A_1=B$、$A_0=C$，在输出端附加 3 个与非门，即可得到 $Y_1 \sim Y_3$ 的逻辑电路。电路如图 4.4.3 所示。

由本例题可以看出：

① 用 n 位地址端的译码器可设计输入变量最多为 n 个的组合电路；
② 设计过程中应把输出化成最小项表示式；
③ 译码器适合设计多输出的组合逻辑电路。

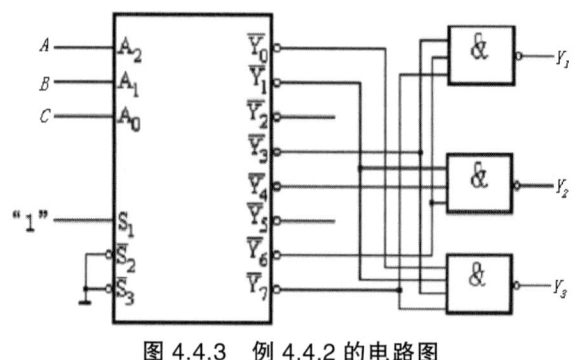

图 4.4.3 例 4.4.2 的电路图

### 4.4.3 用加法器设计码转换器

【例 4.4.3】设计一个码转换器电路，将输入的 8421BCD 码转换成余 3 码输出。

**解** 设输入的 8421BCD 码为 DCBA，输出的余 3 码为 $Y_3Y_2Y_1Y_0$，由表 1.3.1 知，$Y_3Y_2Y_1Y_0$ 和 DCBA 所代表的二进制数始终相差 0011，即十进制数 3，即

$$Y_3Y_2Y_1Y_0 = DCBA + 0011 \quad (4.4.9)$$

显然，用一片 4 位加法器 74LS283 便可得到需要的电路，如图 4.4.4 所示。

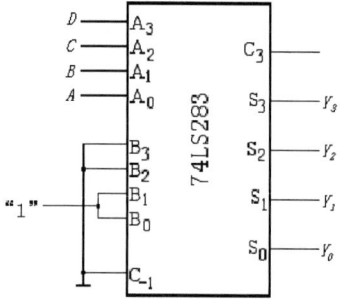

图 4.4.4 例 3.4.3 的电路图

由余 3 码转换成 8421BCD 码的电路如图 4.4.5 所示。

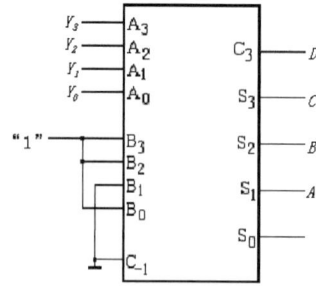

图 4.4.5 用 74LS283 实现余 3 码转换为 8421BCD 码

由加法器的特性知道，它是一个数值运算器，所以在变量相加或变量和常数相加的场合，用加法器来实现非常方便。

# 4.5 组合逻辑电路中的竞争—冒险

## 4.5.1 竞争—冒险的概念及其成因

在组合电路中，当输入信号改变时，由于输入信号变化先后不同，或者信号传输的路径不同，这些不同信号之间有竞争。由于竞争的结果，有可能造成输出信号的波形产生不应有的尖峰脉冲，这种现象称为竞争—冒险。如果电路的负载对脉冲敏感，就会造成逻辑错误。下面通过具体的例子来分析竞争—冒险的成因。

在图 4.5.1（a）中，稳态下，Y=1。但是在 A 从 0 跳变为 1、B 同时从 1 跳变为 0 时，而且 A 上升的比较快，B 下降的比较慢，在 A 上升到 $V_{IL(max)}$ 和 B 下降到 $V_{IL(max)}$ 之间的时间 $\Delta t$ 内，A、B 同时高于 $V_{IL(max)}$，于是在与门的输出端产生了极窄的 Y=1 的尖峰脉冲，即出现险象。反之，如果 B 下降得快，则不会出现冒险。

在图 4.5.1（b）的电路中，因信号传输路径不同，在输出端产生了不应有的负脉冲，它的宽度是一个非门的传输延迟时间 $t_{pd}$。但是 A 由 0 向 1 跳变时，不会出现冒险。

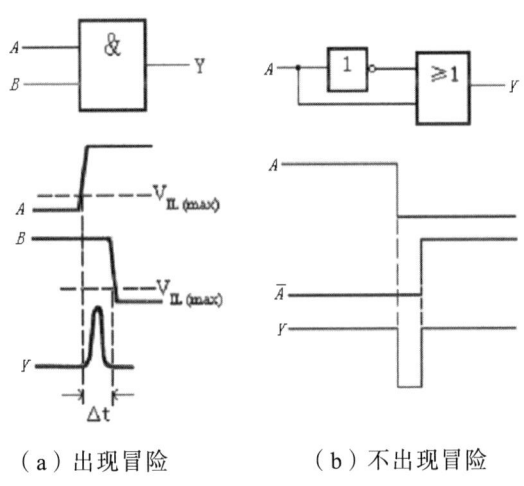

（a）出现冒险　　　　（b）不出现冒险

图 4.5.1　竞争—冒险的例子

由前面的例子看出，信号不能同时变化和信号传输路径不同是产生竞争—冒险的原因。通常把一个门电路的输入端出现两个或两个以上的信号向相反方向变化的现象称为竞争。竞争的存在有可能出现冒险现象。

## 4.5.2 检查竞争—冒险的方法

冒险的产生是由于存在着竞争，若没有竞争，电路的输出端也就不会出现冒险现象。然而对大多数组合逻辑电路来讲，竞争的存在是不可避免的，因此问题的关键是怎样能尽快讨论清楚电路是否存在冒险现象，以及冒险可能出现在什么时刻，以便能采取措施消除它。通常判断竞争—冒险现象有两种方法。

方法 1　在一定的条件下，简化输出函数的表达式。如果能简化成：
$$Y = A + \overline{A} \quad 或 \quad Y = A \cdot \overline{A}$$
则电路存在竞争—冒险。如图 4.5.1（a）和（b）。在 4.5.1（a）中，B 相当于 $\overline{A}$。

【例 4.5.1】判断图 4.5.2 中的电路是否存在竞争—冒险。设任何瞬间输入变量只可能有一个改变状态。

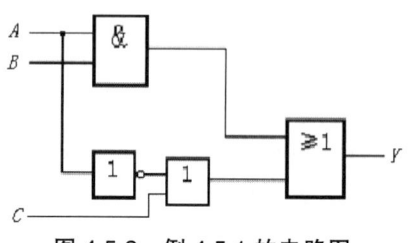

图 4.5.2　例 4.5.1 的电路图

**解**　写出电路输出的逻辑表达式：
$$Y = AB + \overline{A}C$$
当 B=C=1 时，上式变为：
$$Y = A + \overline{A}$$
故电路存在竞争—冒险。

方法 2　用卡诺图判断。

根据输出函数在化简过程中所画的图是否相邻，若有相邻图存在，则电路的输出端可能会出现冒险现象。

【例 4.5.2】已知一个 4 变量函数 F（A，B，C，D）=∑m（1，3，6，7，8，9，14，15），当用与门和或门实现时，是否会出现冒险现象？

**解**　利用卡诺图（图 4.5.3）求出输出的最简与—或式。

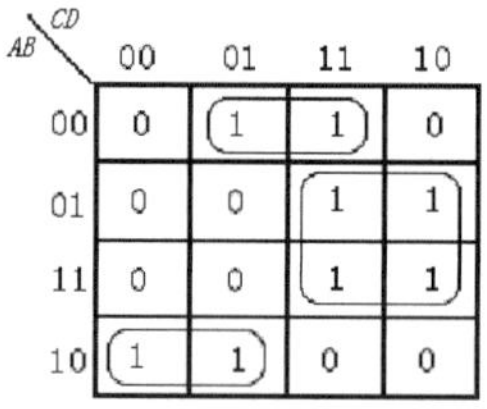

| AB\CD | 00 | 01 | 11 | 10 |
|---|---|---|---|---|
| 00 | 0 | 1 | 1 | 0 |
| 01 | 0 | 0 | 1 | 1 |
| 11 | 0 | 0 | 1 | 1 |
| 10 | 1 | 1 | 0 | 0 |

图 4.5.3　例 4.5.2 的卡诺图

$$Y = \overline{A}BD + BC + A\overline{BC}$$

从卡诺图上所画的 3 个圈看，$A\overline{BC}$ 圈和 BC 圈在 B=C=0，D=1 的位置相邻，在信号 A 变化时可能会出现冒险。$\overline{A}BD$ 圈和 BC 圈在 A=0，C=D=1 的位置相邻，在信号 B 变化时可能出现冒险现象。

实际上方法 2 与方法 1 是一致的。因为以上两种情况恰恰是：
$$Y = \overline{B} + B$$
或
$$Y = \overline{A} + A$$

### 4.5.3 消除竞争—冒险的方法

消除竞争—冒险的方法很多，这里仅介绍两种最常用的方法。

**1. 加滤波电容**

以图 4.5.2 的电路为例，当 B=C=1 时，Y = $\overline{A}$ + A 会出现竞争—冒险。若在输出端加一合适的电容 C，可消除冒险，如图 4.5.4 所示。

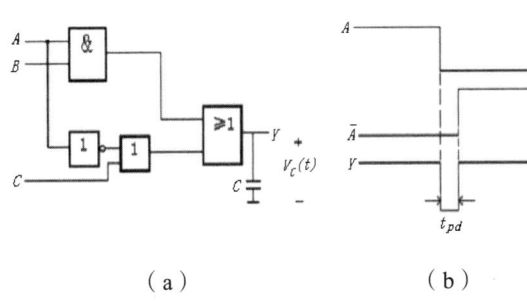

图 4.5.4 加滤波电容消除冒险

由图知，出现的干扰是一个负脉冲，其宽度为非门的传输延迟时间 $t_{pd}$。为了定量的分析 C 的大小，作如下设定：

设非门的 $t_{pd}$ = 10 ns，输出高电平 $V_{OH}$ =3.6V，输出低电平 $V_{OL}$ =0.1V，$V_{OH(min)}$ =2.8V，或门的输出电阻 $R_O$ =100Ω。

根据三要素公式：

$$V_C(t) = V_C(\infty) - [V_C(\infty) - V_C(0)]e^{-t/\tau} \quad (4.5.1)$$

其中 $V_C(\infty) = V_{OL}$，$V_C(0) = V_{OH}$，放电时间常数 $\tau = R_O C$。

$$V_C(t) = V_{OH(min)}$$

由式（4.5.1）得 t 的表达式为：

$$t = \tau \ln \frac{V_C(\infty) - V_C(0)}{V_C(\infty) - V_C(t)}$$

代入相应参数值：

$$10 \times 10^{-9} = 100 \times C \times \ln \frac{0.1 - 3.6}{0.1 - 2.8}$$

解得电容 C 值为：

$$C=385pF$$

即在电路输出端接入 385 pF 的滤波电容，就可以消除宽度约为 10 ns 的尖峰脉冲。

用加入滤波电容的方法简单、易行，但是由于电容的充放电作用，会使得正常的输出波形变差。

**2. 修正逻辑设计——加入冗余项**

这里仍以图 4.5.2 的电路为例，说明如何用加入冗余项的方法消除竞争—冒险。

图 4.5.2 电路的卡诺图如图 4.5.5 所示。

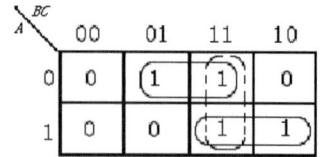

图 4.5.5  图 4.5.2 电路的卡诺图

若化简为最简与—或式,圈两个圈如图 4.5.5。由图知,在 B=C=1 时,A 跳变时可能出现冒险。如果不考虑一定要最简,可以加一个虚线表示的圈,于是函数表示为:

$$Y = AB + \overline{A}C + BC$$

按此表达式做出如图 4.5.6 所示电路即可消除冒险现象。

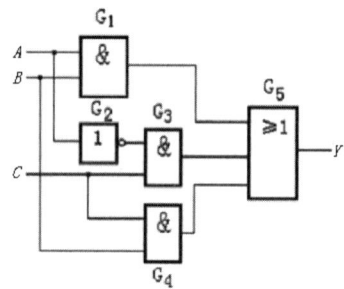

图 4.5.6  增加冗余项消除竞争—冒险

因为当 B=C=1 时,门 4 的输出为 1,无论 $G_1$ 和 $G_3$ 的输出如何在 $G_5$ 的输入端引发竞争,Y 始终为 1,从而避免了冒险现象的出现。

可见用增加冗余项的方法可消除电路的冒险现象。尽管使电路变得复杂,但提高了电路的可靠性。

## 4.6  组合逻辑电路的硬件描述语言实现

本章已经介绍了部分组合逻辑电路,而本节将基于硬件描述语言实现几个典型的组合逻辑电路。

### 4.6.1  编码器

编码器的作用可以看做是将输入的多个信号转换为较少数量的信号,一个 3 位二进制编码器有 8 个输入和 3 个输出,编码器将 8 个输入信号中最高位的输入转换为一个 3 位的二进制数输出。例 4.6.1 则根据上述逻辑,完成了相关硬件描述的 Verilog 程序编写。

【例 4.6.1】3 位 2 进制编码器—行为级建模方法。

```
1    module binary_encoder (
2        input [7:0] in,     // 8 个输入
3        output reg [2:0] out // 3 个输出
```

续表

```
4       );
5           always @（*）  begin
6               case （in）
7                   8'b00000001: out = 3'b000;  // 输入为 00000001，输出为 000
8                   8'b00000010: out = 3'b001;  // 输入为 00000010，输出为 001
9                   8'b00000100: out = 3'b010;  // 输入为 00000100，输出为 010
10                  8'b00001000: out = 3'b011;  // 输入为 00001000，输出为 011
11                  8'b00010000: out = 3'b100;  // 输入为 00010000，输出为 100
12                  8'b00100000: out = 3'b101;  // 输入为 00100000，输出为 101
13                  8'b01000000: out = 3'b110;  // 输入为 01000000，输出为 110
14                  8'b10000000: out = 3'b111;  // 输入为 10000000，输出为 111
15                  default: out = 3'bxxx;       // 非法输入
16              endcase
17          end
18      endmodule
```

在例 4.6.1 中，采用行为级建模方法，下面将进行详细分析：

① line 2～3：input [7:0] in：定义了一个 8 位的输入信号 in，表示 8 个输入；output reg [2:0] out：定义了一个 3 位的输出信号 out，用 reg 关键字表明该信号将在 always 块内赋值。

② line 5：always@（*）：表示每当输入信号 in 发生变化时执行后面的逻辑，@（*）表示敏感列表包含所有的输入变量。

③ line 6：case （in）：使用 case 语句，根据输入 in 的值来选择相应的输出

④ line 7～14：8'b00000001 等：当输入信号为 00000001，即第 0 位为高时，输出 out 为 000（即 0），根据输入的不同，输出不同的 3 位二进制编码；line 15：out = 3'b000 等：out 根据输入 in 的不同值赋不同的 3 位二进制输出。

⑤ line 15：default：默认情况下，当没有匹配到任何输入值时，输出设置为未定义 3'bxxx，这是一种防护措施。

通过分析例 4.6.1，可以看出该例将编码器的八位输入使用语句 input [7:0] in 定义，并直接用三位信号模拟编码器中的输出。除此以外，例 4.6.2 则使用了连续赋值语句 assign 实现编码器的设计，这是一种数据流描述方式，通过条件运算符（？：）实现了输入到输出的映射。

【**例 4.6.2**】3 位 2 进制编码器—数据流建模方法。

```
module binary_encoder（
    input [7:0] in,
    output [2:0] out
```

```
    );
    assign out =  ( in == 8'b00000001 )  ? 3'b000 :
                  ( in == 8'b00000010 )  ? 3'b001 :
                  ( in == 8'b00000100 )  ? 3'b010 :
                  ( in == 8'b00001000 )  ? 3'b011 :
                  ( in == 8'b00010000 )  ? 3'b100 :
                  ( in == 8'b00100000 )  ? 3'b101 :
                  ( in == 8'b01000000 )  ? 3'b110 :
                  ( in == 8'b10000000 )  ? 3'b111 :
                  3'bxxx;
endmodule
```

### 4.6.2 译码器

译码器的原理已经在 4.3.2 节进行介绍，主要根据输入的地址，选择对应的输出，例 4.6.3 提供了一种基于行为级建模的 3-8 线译码器的设计方法，其中由于采用了相同的建模方法，因此例 4.6.3 可以视为反向的例 4.6.1，其中：

采用 input [2:0] in：定义 3 位输入信号 in；
output reg [7:0] out：定义 8 位输出信号 out。

【例 4.6.3】3～8 译码器—行为级建模方法。

```
1    module decoder_3to8 (
2        input [2:0] in,    // 3 个输入
3        output reg [7:0] out  // 8 个输出
4    );
5        always @ ( * )  begin
6            case ( in )
7                3'b000: out = 8'b00000001;  // 输入为 000，输出为 00000001
8                3'b001: out = 8'b00000010;  // 输入为 001，输出为 00000010
9                3'b010: out = 8'b00000100;  // 输入为 010，输出为 00000100
10               3'b011: out = 8'b00001000;  // 输入为 011，输出为 00001000
11               3'b100: out = 8'b00010000;  // 输入为 100，输出为 00010000
12               3'b101: out = 8'b00100000;  // 输入为 101，输出为 00100000
13               3'b110: out = 8'b01000000;  // 输入为 110，输出为 01000000
14               3'b111: out = 8'b10000000;  // 输入为 111，输出为 10000000
15               default: out = 8'b00000000; // 默认情况
16           endcase
17       end
18   endmodule
```

行为级建模是 Verilog 硬件描述语言中的一种高层次建模方式，它不是通过硬件的具体结构，而是通过描述系统的操作行为来设计数字电路，侧重于描述系统"做什么"，而非"怎么做"。

它可以使用诸如 always 块、if-else、case、和循环等高级语句来完成逻辑电路的设计，而不需要明确描述逻辑门和连接关系。同时，由于行为级模型抽象了逻辑门和信号传输的细节，使得在设计过程中不必直接考虑硬件电路的物理实现，这对于初学者和大规模复杂电路设计非常有用。

为明确不同建模方法之间的区别，例 4.6.4 则使用结构级建模方法，实现了 3~8 线译码器的代码设计，从中可以看到例 4.6.4 中的 line 5~12 是该例与行为级建模的主要区别。

**【例 4.6.4】** 3~8 线译码器—结构级建模方法。

```
1    module decoder_3to8（
2        input [2:0] in,
3        output [7:0] out
4    ）；
     // 使用门电路实现
5        assign out[0] = ~in[2] & ~in[1] & ~in[0];
6        assign out[1] = ~in[2] & ~in[1] &  in[0];
7        assign out[2] = ~in[2] &  in[1] & ~in[0];
8        assign out[3] = ~in[2] &  in[1] &  in[0];
9        assign out[4] =  in[2] & ~in[1] & ~in[0];
10       assign out[5] =  in[2] & ~in[1] &  in[0];
11       assign out[6] =  in[2] &  in[1] & ~in[0];
12       assign out[7] =  in[2] &  in[1] &  in[0];
13   endmodule
```

例 4.6.4 区别于行为级建模和数据流建模，采用结构级建模的方法，因此在 line 5~12 中，采用基本逻辑门（与、或、非等）来实现复杂电路的设计，在例 4.6.4 中的译码器使用了多个 assign 语句，每个 assign 语句对应于一个输出，该输出由输入信号和逻辑操作计算得出。

### 4.6.3 竞争与冒险

例 4.6.5 和 4.6.6 给出了第 4.5 节中解释竞争与冒险现象的 Verilog 程序和 Testbench 程序。由于 Verilog 默认是零延迟仿真模型，因此没有延迟的逻辑电路很难在仿真中直接看到竞争与冒险现象，所以在例 4.6.5 的 line 7~8，为 ~a 加入了 2 个时间单位的延时，表示反相器的传播延时，模拟实际电路中 a 和~a 由不同路径所产生的传播延迟。

最终结果如图 4.6.1 所示，可以看到在 20ns 处，输出 y 出现了一个两个延时单位的短脉冲，这也就是所述的竞争与冒险现象。

**【例 4.6.5】** 竞争与冒险现象。

```
1    module comb_logic_with_hazard (
2        input a,      // 输入信号 a
3        input b,      // 输入信号 b
4        input c,      // 输入信号 c
5        output y      // 输出信号 y
6    );
7        wire not_a;   // 定义反相信号 not_a
8        assign #2 not_a = ~a;  // 反相器引入延时，模拟真实硬件中的信号传播延时
9        assign y = （a & b）|（not_a & c）; // 组合逻辑表达式
10   endmodule
```

**【例 4.6.6】** 竞争与冒险现象—Testbench 模块。

```
1    module tb_comb_logic;
2        reg a, b, c;           // 定义输入信号
1    module tb_comb_logic;
2        reg a, b, c;           // 定义输入信号
3        wire y;                // 定义输出信号
4        comb_logic uut (       // 实例化被测组合逻辑电路
5            .a（a），
6            .b（b），
7            .c（c），
8            .y（y）     );
9        initial begin          // 初始化输入信号，模拟不同的变化情况
10           a = 0; b = 0; c = 0;
11           #10 a = 1; b = 1; c = 0; // a 和 b 同时变化，可能会引发冒险
12           #10 a = 0; b = 0; c = 1; // a 在下降沿时，输出 y 可能会有竞争
13           #10 a = 1; b = 0; c = 1; // 观察冒险现象
14           #10 a = 0; b = 1; c = 0;
15           #10 $finish;              // 仿真结束
16       end
17       initial begin          // 监控信号的变化并打印输出
18           $monitor（"Time = %0t | a = %b, b = %b, c = %b | y = %b", $time, a, b, c, y）;
19       end
20   endmodule
```

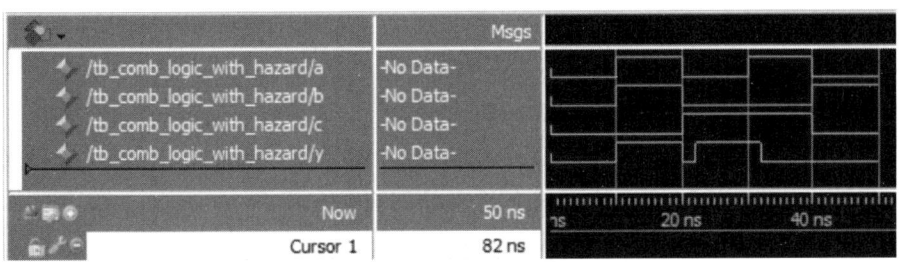

图 4.6.1 竞争与冒险仿真结果

## 4.7 小结

本章重点介绍了组合逻辑电路的分析方法和设计方法；常见组合逻辑电路的原理及应用；组合电路中竞争—冒险现象。前两个是需要重点掌握的内容。

组合逻辑电路的分析步骤为：

已知组合逻辑电路图──→写出逻辑表达式──→列出真值表──→说明电路的逻辑功能

用门电路设计组合逻辑电路的设计步骤为：

实际问题的逻辑抽象──→列出真值表──→写出逻辑表达式（一般是最简式）──→逻辑电路图

常用的中规模组合逻辑器件有：编码器、译码器、数据选择器、加法器、数值比较器等。为了扩展逻辑功能和使用的灵活性，一般组合逻辑器件都设计了附加的控制端。利用这些控制端，可以最大限度地发挥器件的潜力，还可以设计出其他的组合逻辑电路。

使用中规模集成逻辑器件设计其他的组合逻辑电路时，需要根据具体的逻辑问题选择器件。数据选择器适合设计只有一个输出端的电路，译码器适合设计多输出端的电路，加法器一般用于设计专用功能的电路。在具体的设计中，一般需要把组件的输出方程与所要求的逻辑问题的输出方程相比较，确定器件的输入变量、输出函数表达式，最后按所求结果连接电路即可。

竞争—冒险是组合逻辑电路在状态转换过程中经常会出现的一种现象。如果负载对尖峰脉冲敏感，则必须消除它。消除的方法有：加滤波电容和修改逻辑设计等。

最后，本章针对典型编码器和译码器设计了硬件描述语言程序，并对程序进行了验证。同时，也设计了对应程序，观察竞争与冒险现象。

## 习题

4.1 化简下列逻辑函数，并用最少的与非门实现它们。

（1）$Y_1 = A\overline{B} + A\overline{C}D + A\overline{C}$

（2）$Y_2 = A\overline{B} + \overline{A}C + B\overline{C}D + ABD$

（3）$Y_3(A, B, C) = \sum(m_0, m_2, m_3, m_4, m_6)$

（4）$Y_4(A, B, C, D) = \sum(m_0, m_2, m_8, m_{10}, m_{14}, m_{15})$

4.2 设 A 和 B 分别为一个 2 位的二进制数，试用门电路设计一个可以实现 Y=A·B 的算术运算电路。

4.3 判断逻辑函数 $F = \overline{A}BD + B\overline{D} + \overline{A}BC + A\overline{B}\overline{C}$，当输入变量 ABCD 按 0110→1100，1111→1010，0011→0110 变化时，是否存在静态功能冒险。

4.4 试用逻辑门电路设计一个代码转换电路，当输入控制信号 C=1 时，输入为 4 位二进制代码，输出为 4 位格雷码；当输入控制信号 C=0 时，输入为 4 位格雷码，输出为 4 位二进制代码。

4.5 试分析逻辑函数 $F = \overline{A}CD + A\overline{B}D + B\overline{C} + C\overline{D}$，当 A，B，C，D 单独一个改变状态时是否存在竞争冒险现象？如果存在竞争冒险现象，那么都发生在其他变量为何种取值的情况下？

4.6 试画出用数字显示译码器驱动七段数字显示器的系统连接图，要求：一共有 7 块显示器，小数点前有 4 位整数，后有 3 位小数。

4.7 用 4 位数值比较器和 4 位全加器构成 4 位二进制数转换成 8421 BCD 码的转换电在此基础上，试构成 6 位二进制数转换成 8421 BCD 码的电路。

4.8 试用 2 片双 4 选 1 数据选择器接成一个 16 选 1 数据选择器，连接时允许附加必要的门电路。

4.9 画出用 3 片 4 位数值比较器组成 12 位数值比较器的接线图。

4.10 设计一个组合逻辑电路，其输入是一个 3 位二进制数 $B = B_2B_1B_0$，其输出是 $Y_1 = 2B$，$Y_2 = B^2$。$Y_1$、$Y_2$ 也是二进制数。

4.11 用与非门设计一个 1 位全减器电路。输入为被减数、减数和来自低位的借位；输出为两数之差和向高位的借位信号。

4.12 用数据选择器设计一个路灯控制电路，要求能在四个不同的地方，都可以独立地控制灯的亮灭。

4.13 用与非门分别设计能实现下列代码转换的组合电路：
（1）将 8421BCD 码转换为格雷码（循环码）；
（2）将 8421BCD 码转换为余 3 码；
（3）将 8421BCD 码转换为 2421 码。

4.14 分别用与非门设计能实现下列功能的组合电路：
（1）四变量表决电路——输出与多数人的意见一致；
（2）四变量检偶电路——4 个变量中有偶数个时输出为 1，否则输出为 0。

4.15 用二—十进制编码器、译码器、发光二极管七段显示器，组成一个 1 位数码显示电路。当 0~9 十个输入端中某一个接地时，显示相应数码。选择合适的器件，画出连线图。

4.16 用数据选择器 74153 分别实现下列逻辑函数。
（1）$Y_1 = \sum(m_0, m_1, m_3, m_5, m_6, m_8, m_{10}, m_{12})$
（2）$Y_2 = \sum(m_0, m_2, m_4, m_5, m_6, m_7, m_8, m_9, m_{14}, m_{15})$

（3）$Y_3 = A\overline{B} + B\overline{C} + C\overline{D} + \overline{D}A$

（4）$Y_4 = \overline{BD} + \overline{CD} + \overline{AC}$

4.17 用 74LS138 和与非门设计一个全加器。

4.18 用数据选择器 CC4512 分别实现下列逻辑函数。

（1）$Y_1 = \sum(m_1, m_3, m_4, m_8)$

（2）$Y_2 = \sum(m_0, m_1, m_3, m_5, m_6, m_7, m_{10}, m_{12}, m_{15})$

4.19 若使用 4 位数值比较器 CC14585 组成十位数值比较器，需要用几片？各片之间应如何连接？

4.20 分析图 P4.20 所示电路的逻辑功能，写出输出逻辑表达式，列出真值表，说明电路完成何种逻辑功能。

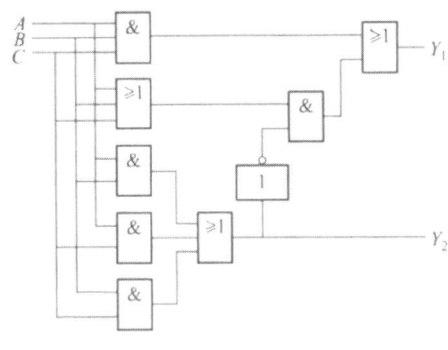

图 P4.20

4.21 分析图 P4.21 所示电路的逻辑功能，写出输出逻辑表达式，列出真值表，说明电路完成何种逻辑功能。

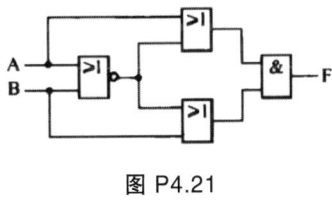

图 P4.21

4.22 分析图 P4.22 所示电路的逻辑功能，写出输出逻辑表达式，列出真值表，说明电路逻辑功能的特点。

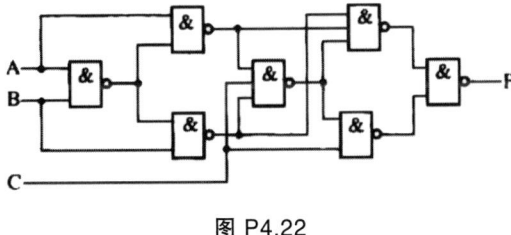

图 P4.22

4.23 分析图 P4.23 所示电路的逻辑功能，写出输出 $F_1$ 和 $F_2$ 的逻辑表达式，列出真值表，说明电路所完成的逻辑功能。

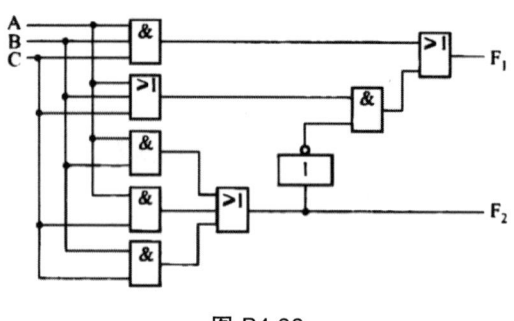

图 P4.23

4.24 写出图 P4.24 所示电路的逻辑函数表达式,其中以 $S_3$、$S_2$、$S_1$、$S_0$ 作为控制信号,A、B 作为数据输入,列表说明输出 Y 在 $S_3 \sim S_0$ 作用下与 A、B 的关系。

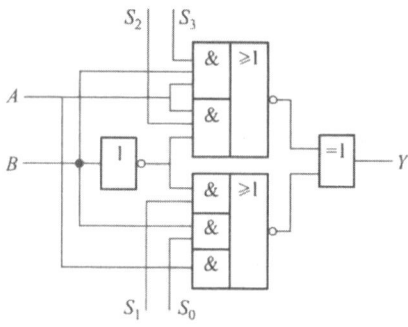

图 P4.24

4.25 由半加器和或门组成的电路如图 P4.25 所示。写出输出信号的逻辑表达式,并说明其功能。

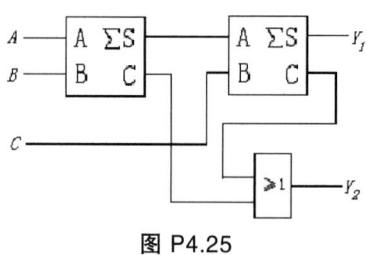

图 P4.25

4.26 人的血型有 A、B、AB、O 型。输血时输血者的血型与受血者血型必须符合图 P4.26 中指示的授受关系。用数据选择器 CC4512 设计一个逻辑电路,判断输血者与受血者的血型是否符合上述规定。(提示:可以用两个逻辑变量的四种取值表示输血者的血型。用另外两个逻辑变量的四种取值表示受血者的血型。)

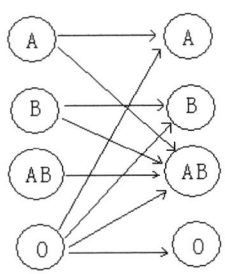

图 P4.26

4.27 一热水器如图 P4.27 所示，虚线表示水位。A、B、C 电极被水浸没时有信号输出。水面在 A、B 间时为正常状态，绿灯 G 亮；水面在 B、C 间或 A 以上时为异常状态，黄灯 Y 亮；水面在 C 以下时为危险状态，红灯 R 亮。用 74LS138 设计这一控制电路。

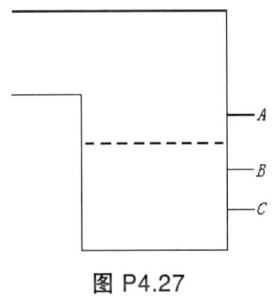

图 P4.27

4.28 图 P4.28 是一个多功能函数发生器电路。试写出当 $S_0S_1S_2S_3$ 为 0000～1111 16 种不同状态时输出 Y 的逻辑函数式。

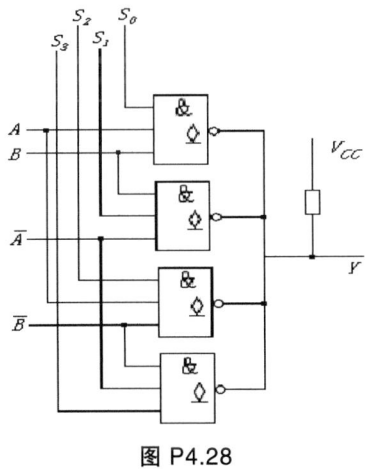

图 P4.28

4.29 写出图 P4.29（a）电路输出 Z 的逻辑函数式。4 选 1 数据选择器 74LS153 的逻辑图见图 P4.29（b）。

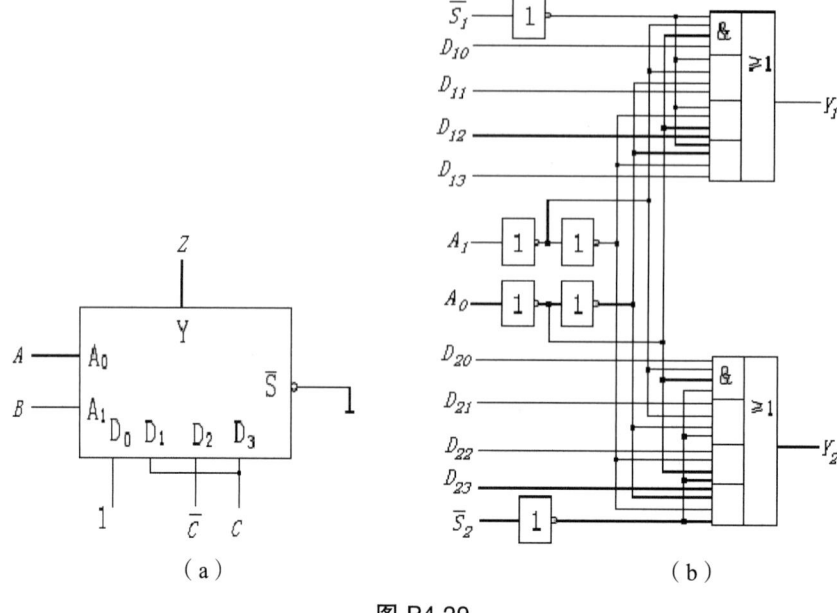

图 P4.29

4.30 由 3 线—8 线译码器 74LS138 构成的电路如图 P4.30 所示。写出输出函数的最简与—或式。

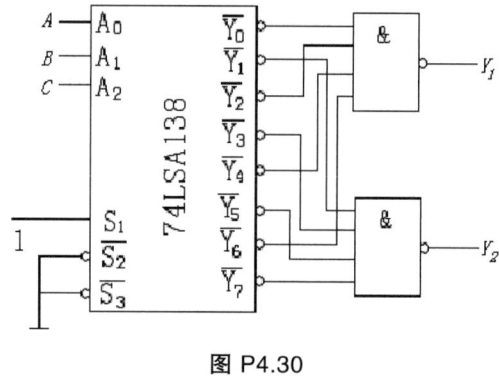

图 P4.30

4.31 用 8 选 1 数据选择器设计一个函数发生器电路,它的功能表如表 P4.31 所示。

表 P4.31

| $S_1$ | $S_0$ | Y |
|---|---|---|
| 0 | 0 | $A \cdot B$ |
| 0 | 1 | $A + B$ |
| 1 | 0 | $A \oplus B$ |
| 1 | 1 | $\overline{A}$ |

4.32 由译码器 74LSA138 和 8 选 1 数据选择器 74LS151 组成的电路如图 P4.32 所示,图中 $X_2X_1X_0$ 和 $Z_2Z_1Z_0$ 为两个 3 位二进制数。试分析此电路所完成的逻辑功能。

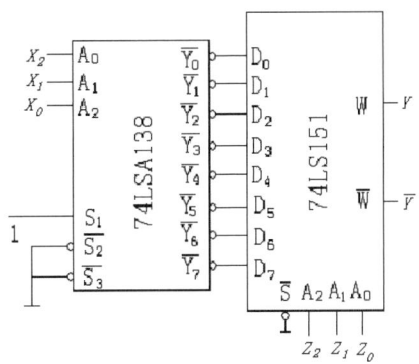

图 P4.32

4.33 试分析图 P4.33 电路中，当 A、B、C、D 单独一个改变状态时是否存在竞争—冒险现象？如果存在，那么都发生在其他变量为何种取值的情况下？

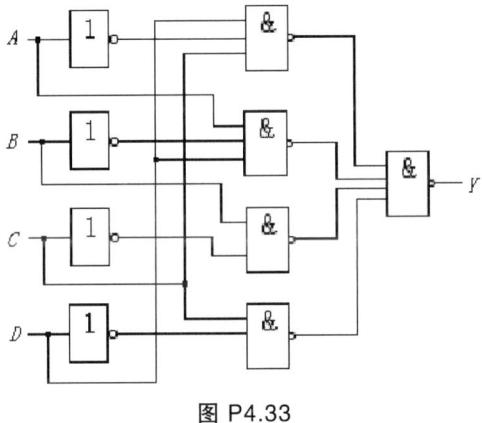

图 P4.33

# 第 5 章

# 触发器

**内容提要** 本章介绍构成数字系统的另一种基本逻辑单元——触发器。首先介绍基本的 RS 触发器、同步触发器以及触发器的逻辑功能及描述方法；然后介绍主从触发器、边沿触发器、CMOS 触发器；最后介绍触发器之间的相互转换以及应用电路，并给出了部分触发器的 Verilog 实现。

## 5.1 概 述

在前面的章节里，所讨论的各种集成电路均属于组合逻辑电路。在这些电路里，某一时刻的输出仅由该时刻的输入决定，而与以前的输出状态无关。

在数字系统中，另一类电路称为时序逻辑电路。时序电路的输出不仅与该时刻的输入有关，而且还与原来的输出状态有关。这就意味着时序电路必须具备"记忆"功能。而记忆功能的基本逻辑单元就是触发器(Flip-Flop，简称 FF)。或者说能够存储一位二值信号的基本单元电路称为触发器。为了实现记忆功能，触发器必须具备两个基本特点：

第一，具有两个能够自行保持的稳定状态，用来表示逻辑状态 0 和 1。所以触发器是一个双稳态电路。

第二，根据不同的输入信号可以把触发器置成 0 或 1 状态。

触发器有各种各样的分类方法：

按电路结构形式的不同，可分为基本 RS 触发器、同步触发器、主从触发器、边沿触发器等。不同的电路结构有不同的动作特点。

按触发器的功能分，可将触发器分为 RS 触发器、D 触发器、JK 触发器、T 触发器和 T'触发器 5 大类。

另外,根据存储数据的原理不同,又可把触发器分为静态触发器和动态触发器两大类。静态触发器是靠电路状态的自锁存储数据,而动态触发器是通过在 MOS 管极电容上存储电荷来存储数据的。本章只介绍静态存储器。

## 5.2 基本 RS 触发器

基本 RS 触发器是各种触发器中电路结构最简单的一种,也是构成其他复杂电路结构触发器的基本组成部分,有必要对它的电路结构、特点进行比较深入的了解。基本 RS 触发器又分与非型和或非型两种。

### 5.2.1 与非型基本 RS 触发器

1. 电路结构及逻辑符号

由两个与非门交叉耦合所构成的触发器称为与非型基本 RS 触发器。它的电路结构及逻辑符号如图 5.2.1 所示。

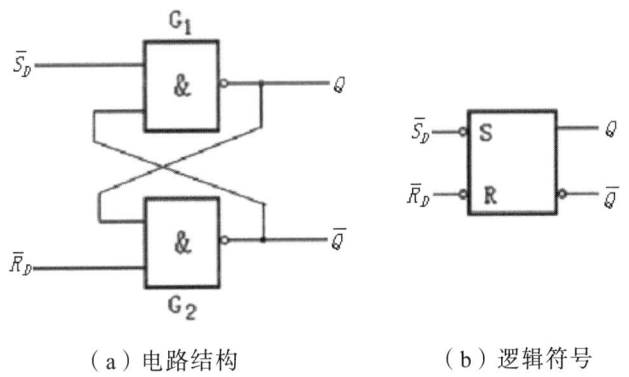

(a)电路结构　　　　(b)逻辑符号

图 5.2.1 与非型基本 RS 触发器电路结构和逻辑符号

$\overline{S}_D$ 和 $\overline{R}_D$ 为触发器的两个输入端,又称触发端。$\overline{R}_D$ 称为直接复位端或置 0 端,$\overline{S}_D$ 称为直接置位端或置 1 端。Q 和 $\overline{Q}$ 是两个输出端,亦称状态端。正常情况下,Q 和 $\overline{Q}$ 是两个互补的状态。通常定义 Q 端的状态为触发器的状态,即 Q=1 时,称触发器处于"1"状态;Q=0 时,称触发器处于"0"状态。触发器在输入信号变化时,可以从一个稳定状态转换到另外一个稳定状态。为了区别输入信号变化前后触发器的不同状态,把输入信号作用前的触发器状态称为初态(原态),用 $Q^n$ 表示;把输入信号作用后的触发器状态称为次态(新态),用 $Q^{n+1}$ 表示。

2. 工作原理

讨论触发器的工作原理,就是分析触发器的状态 Q 和输入信号之间的逻辑关系。对于图 5.2.1 所示的与非型基本 RS 触发器,分析如下:

(1)当 $\overline{S}_D = \overline{R}_D = 1$ 时

若原态 $Q^n=0$,由电路知 $\overline{Q}_{n+1}=1$,$Q^{n+1}=0$;若原态 $Q^n=1$,则 $Q^{n+1}=1$,$\overline{Q}^{n+1}=0$。所以,当 $\overline{S}_D=\overline{R}_D=1$ 时,触发器保持原态不变,即 $Q^{n+1}=Q^n$。

(2)当 $\overline{S}_D=0$,$\overline{R}_D=1$ 时

由电路知,此时 $Q^{n+1}=1$,$\overline{Q}^{n+1}=0$。在 $\overline{S}_D=0$ 的信号消失以后(即 $\overline{S}_D$ 回到 1),由于 $\overline{Q}$ 端的低电平加到 $G_1$ 的另一个输入端,使得 Q 端的 "1" 状态得以保持;同时 Q 端的 "1" 状态又反过来使 $\overline{Q}$ 端的 "0" 状态得以保持。所以当 $\overline{S}_D=0$,$\overline{R}_D=1$ 时,触发器置 1,即 $Q^{n+1}=1$。

(3)当 $\overline{S}_D=1$,$\overline{R}_D=0$ 时

由于电路的对称性,所以当 $\overline{S}_D=1$,$\overline{R}_D=0$ 时,触发器置 0,即 $Q^{n+1}=0$。

(4)当 $\overline{S}_D=\overline{R}_D=0$ 时

由电路可以看出,此时 Q 端和 $\overline{Q}$ 端均输出高电平,触发器既不是 0 状态,也不是 1 状态。而且在 $\overline{S}_D$ 和 $\overline{R}_D$ 同时消失(同时回到 1)以后,由于两个门的传输延迟时间不能预先确定,所以也无法断定触发器将回到 0 状态还是 1 状态,因此用 "×" 表示,即 $Q^{n+1}=×$。称为状态不定。

在正常工作时,不希望出现 $\overline{S}_D=0$,$\overline{R}_D=0$ 的输入信号,即必须遵守 $\overline{S}_D+\overline{R}_D=1$ 的约束条件。

由以上分析知,与非型基本 RS 触发器具有置 0、置 1 和保持的功能,但是输入信号不能同时为 0,是具有约束的触发器。由于是在输入信号 $\overline{R}_D=0$ 或 $\overline{S}_D=0$ 时,触发器置 0 或置 1,是输入低电平有效的触发器,所以在逻辑符号中,输入端处加一个小圆圈表示低电平有效。

3. 功能表

将触发器的次态 $Q^{n+1}$ 与输入信号之间和初态之间的关系列成真值表,这种含有状态变量的真值表称作触发器的功能表或特性表。由前面分析可知,与非型基本 RS 触发器的功能表如表 5.2.1 所示。

表 5.2.1 与非型基本 RS 触发器功能表

| $\overline{S}_D$ | $\overline{R}_D$ | $Q^n$ | $Q^{n+1}$ | 功能 |
|---|---|---|---|---|
| 0 | 0 | 0 | 1* | 不定 |
| 0 | 0 | 1 | 1* | 不定 |
| 0 | 1 | 0 | 1 | 置 1 |
| 0 | 1 | 1 | 1 | 置 1 |
| 1 | 0 | 0 | 0 | 置 0 |
| 1 | 0 | 1 | 0 | 置 0 |
| 1 | 1 | 0 | 0 | 保持 |
| 1 | 1 | 1 | 1 | 保持 |

\* 输入信号消失后状态不定。

### 4. 特性方程

将触发器的次态 $Q^{n+1}$ 与初态 $Q^n$ 和输入信号之间的逻辑关系用一个逻辑表达式来描述，这个表达式称作触发器的特性方程，把表 5.2.1 用卡诺图表示，通过化简便可得到与非型基本 RS 触发器的特性方程。考虑到约束条件，卡诺图如图 5.2.2 所示。

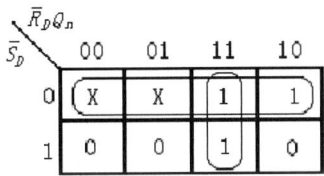

图 5.2.2　$Q^{n+1}$ 的卡诺图

由图求得特性方程：

$$\begin{cases} Q^{n+1} = S_D + \overline{R}_D Q^n \\ S_D \cdot R_D = 0 \quad （约束条件） \end{cases} \qquad (5.2.1)$$

### 5. 动作特点

下面通过一个具体的例子，说明基本 RS 触发器的动作特点。

【例 5.2.1】已知与非型基本 RS 触发器的输入信号波形如图 5.2.3（a）(b) 所示，画出输出端 Q 和 $\overline{Q}$ 的波形。

**解**　根据与非型基本 RS 触发器的电路图或者特性方程，可以找出每个时间段的 Q 和 $\overline{Q}$ 的相应状态，并画出它们的波形图如图 5.2.3（c）(d) 所示。

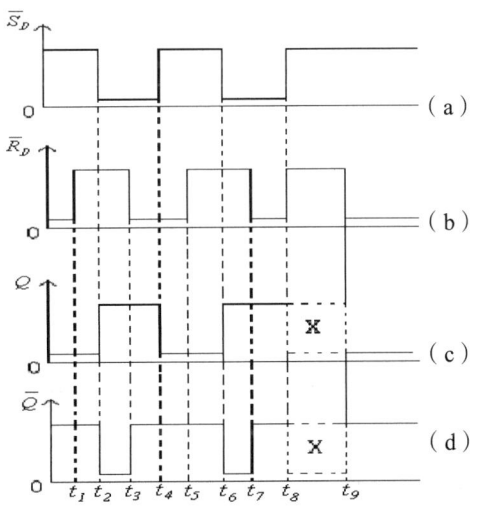

图 5.2.3　例 5.2.1 的波形图

从图 5.2.3 可以看到，在 $t_3 \sim t_4$ 和 $t_7 \sim t_8$ 的时间段，因为 $\overline{S}_D$ 和 $\overline{R}_D$ 同时为 0，所以 Q 和 $\overline{Q}$ 的状态同时为 1；但在 $t_4$ 时刻 $\overline{S}_D$ 跳变为 1，因此没有出现不确定状态，而在 $t_8$ 时刻 $\overline{S}_D$ 和 $\overline{R}_D$ 同时跳变为 1，所以 $t_8$ 后的状态不能确定，直到 $\overline{R}_D$ 跳变为 0，触发器状态置 0。

由于基本 RS 触发器的输入信号直接加在输出门上，所以输入信号在全部作用时间里，都能直接改变输出端 Q 和 $\bar{Q}$ 的状态，这就是基本 RS 触发器的动作特点。由例 5.2.1 更清楚地看出这一特性。因为这一缘故，所以把 $\bar{S}_D$ 叫作直接置位端，$\bar{R}_D$ 叫作直接复位端，并且把基本 RS 触发器叫作直接置位、复位的触发器。

### 5.2.2 或非型基本 RS 触发器

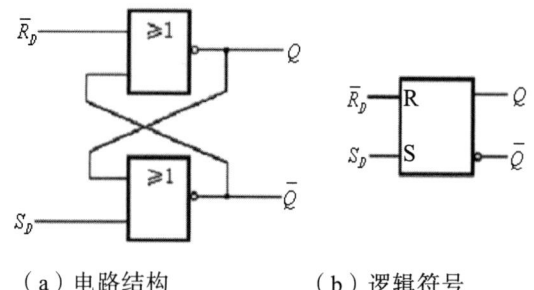

（a）电路结构　　　（b）逻辑符号

图 5.2.4　或非型基本 RS 触发器电路结构和逻辑符号

同样，用两个或非门交叉耦合构成的触发器称作或非型基本 RS 触发器。电路结构和逻辑符号如图 5.2.4 所示。$S_D$ 和 $R_D$ 分别为直接置位端和直接复位端。

和分析与非型基本 RS 触发器方法相同，可得如下结论：

① 当 $S_D = R_D = 0$ 时，触发器保持原态不变，即 $Q^{n+1}=Q^n$；

② 当 $S_D = 1$、$R_D = 0$ 时，触发器状态置 1，即 $Q^{n+1}=1$；

③ 当 $S_D = 0$、$R_D = 1$ 时，触发器状态置 0，即 $Q^{n+1}=0$；

④ 当 $S_D = R_D = 1$ 时，触发器的 $Q=\bar{Q}=0$，当 $S_D$ 和 $R_D$ 同时跳变 0 时（输入信号同时消失），触发器状态不确定，即 $Q^{n+1}=\times$。正常工作时，应避免 $S_D$ 和 $R_D$ 同时为 1，或者说约束条件为 $S_D \cdot R_D=0$。表 5.2.2 是或非型基本 RS 触发器的简化特性表。

表 5.2.2　或非型基本 RS 触发器特性表

| $S_D$ | $R_D$ | $Q^{n+1}$ | 功能 |
| --- | --- | --- | --- |
| 0 | 0 | $Q^n$ | 保持 |
| 0 | 1 | 0 | 置 0 |
| 1 | 0 | 1 | 置 1 |
| 1 | 1 | 0* | 不定 |

\* 不定态发生在 $S_D$、$R_D$ 同时变为 0 时。

由于触发器在 $S_D=1$ 或 $R_D=1$ 时置 1 或置 0，所以或非型基本 RS 触发器是输入高电平有效的触发器。

## 5.3 同步触发器

在数字系统中，常常要求某些触发器在同一时刻动作，为此需要在触发器中引入同步信号，使得触发器在同步信号达到时，才按输入信号改变状态，没有同步信号时，即使输入信号改变，触发器也无动作。通常把这个同步信号叫作时钟脉冲，简称时钟，用 CP（Clock Pulse）表示。受时钟信号控制的触发器称为同步触发器或时钟控制触发器。

### 5.3.1 同步 RS 触发器

1. 电路结构

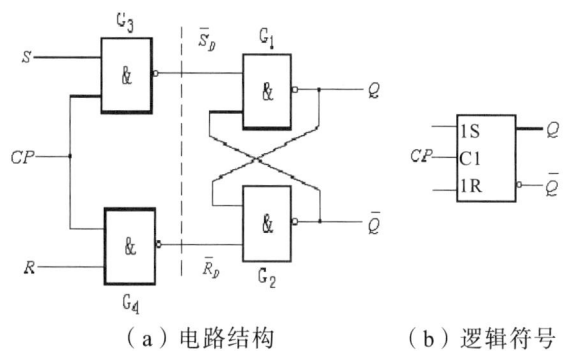

（a）电路结构　　　（b）逻辑符号

图 5.3.1　同步 RS 触发器电路结构和逻辑符号

同步 RS 触发器的电路如图 5.3.1（a）所示。它是在基本 RS 触发器的基础上加上两个与非门组成。与非门 $G_1$、$G_2$ 组成基本 RS 触发器，$G_3$、$G_4$ 组成输入控制电路。其逻辑符号如图 5.3.1（b）所示。

2. 工作原理

① 当 CP=0 时，与非门 $G_3$、$G_4$ 关闭（截止，输出为 1），无论 S、R 如何变化，也不会影响输出端的状态。即触发器保持原态不变，$Q^{n+1}=Q^n$。

② 当 CP=1 时，门 $G_3$、$G_4$ 打开，S、R 的信号通过反向后加到由 $G_1$ 和 $G_2$ 构成的基本 RS 触发器上，使 Q 和 $\overline{Q}$ 的状态随输入信号变化而变化。

由以上分析，可得到如表 5.3.1 所示的特性表。由表可知，同步 RS 触发器是输入高电平有效的触发器，约束条件是 S 和 R 不能同时为 1。

表 5.3.1　同步 RS 触发器的特性表

| CP | S | R | $Q^n$ | $Q^{n+1}$ | 功能 |
| --- | --- | --- | --- | --- | --- |
| 0 | × | × | 0 | 0 | 保持 |
| 0 | × | × | 1 | 1 | 保持 |
| 1 | 0 | 0 | 0 | 0 | 保持 |
| 1 | 0 | 0 | 1 | 1 | 保持 |
| 1 | 0 | 1 | 0 | 0 | 置 0 |
| 1 | 0 | 1 | 1 | 0 | 置 0 |

续表

| CP | S | R | $Q^n$ | $Q^{n+1}$ | 功能 |
|---|---|---|---|---|---|
| 1 | 1 | 0 | 0 | 1 | 置1 |
| 1 | 1 | 0 | 1 | 1 | 置1 |
| 1 | 1 | 1 | 0 | 1* | 不定 |
| 1 | 1 | 1 | 1 | 1* | 不定 |

\* CP 回到低电平后状态不定。

3. 特性方程

由特性表做出在 CP=1 时的 $Q^{n+1}$ 的卡诺图如图 5.3.2 所示。

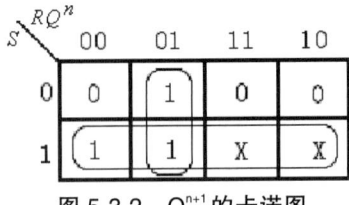

图 5.3.2　$Q^{n+1}$ 的卡诺图

根据卡诺图可求出同步 RS 触发器的特性方程为：

$$\begin{cases} Q^{n+1} = S + \overline{R}Q^n \\ S \cdot R = 0 \quad （约束条件） \end{cases} \quad (5.3.1)$$

值得注意的是：特性方程是在 CP=1 的条件下得到的。CP=0 时，方程不成立，输出保持原态不变。另外正常工作时，应避免 S、R 同时为 1 的情况，否则在时钟信号消失后，会出现状态不定。

带有异步端的同步 RS 触发器的逻辑符号如图 5.3.3（b）所示。图中 C1 表示控制关联，即 CP 为有效逻辑 1 时，标志为 1 的 S 和 R 输入端有效。

在使用触发器时，有时需要在输入信号到来之前，预先把触发器置成指定的状态，因此在实用的同步 RS 触发器电路中往往置有异步置位输入端和异步复位输入端，如图 5.3.3 所示。

图 5.3.3 中 $\overline{S}_D$ 和 $\overline{R}_D$ 分别是异步置位输入端和异步复位输入端。由图可见，只要在 $\overline{S}_D$ 或 $\overline{R}_D$ 端加入低电平，可立即将触发器置成 1 或置成 0，而不受时钟信号和输入信号的控制，因此成为异步输入端。正常工作时，应使 $\overline{S}_D$ 和 $\overline{R}_D$ 处于高电平。

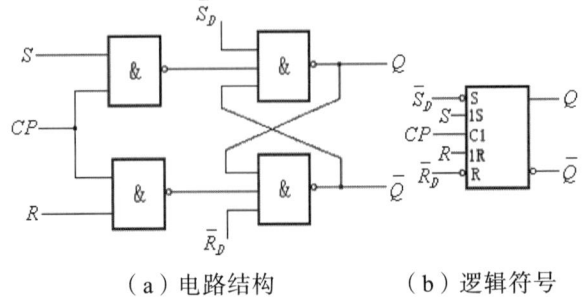

（a）电路结构　　　（b）逻辑符号

图 5.3.3　带有异步端的同步 RS 触发器电路结构和逻辑符号

4. 状态转换图

触发器的逻辑功能还可以用状态转换图来描述。它可以由特性表得到。同步 RS 触发器的状态转换图如图 5.3.4 所示。图中的两个圈表示触发器的两个稳定状态，圈内的数值 0 或 1 表示状态的取值。带箭头的连线表示状态的转换方向，连线旁的标注表示转换的条件。

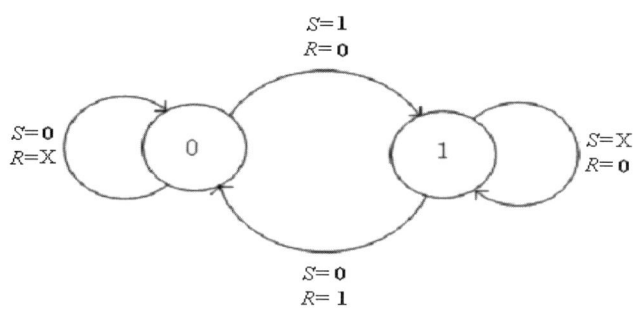

图 5.3.4　同步 RS 触发器的状态转换图

由图可见，如果触发器的初态为 0，则在输入为 S=1、R=0 的条件下，触发器将转到 1 态；若 S=0、R 为 0 或 1，则触发器继续维持在 0 状态。

【例 5.3.1】 在图 5.3.1 所示的同步 RS 触发器中，已知 CP、R 和 S 的电压波形如图 5.3.5（a）(b)(c) 所示，试画出 Q 和 $\overline{Q}$ 的波形。

**解**　根据触发器的功能，可逐段画出 Q 和 $\overline{Q}$ 的波形。

由给定的输入电压波形可见，在第一个 CP 高电平期间：先是 R=0，S=1，输出被置 Q=1，$\overline{Q}$=0；然后 R=S=1，输出被置成 Q=$\overline{Q}$=1；最后 R=1，S=0，输出为 Q=0，$\overline{Q}$=1。

在第二个 CP 高电平期间：先是 R=S=0，输出保持不变，继续维持 Q=0，$\overline{Q}$=1；然后 R=0，S=1，触发器置 1，Q=1，$\overline{Q}$=0；最后 R=S=0，触发器保持不变，Q=1，$\overline{Q}$=0。

根据以上分析，考虑到 CP=0 时，触发器保持不变的原则，画出的 Q 和 $\overline{Q}$ 的波形如图 5.3.5（d）(e) 所示。

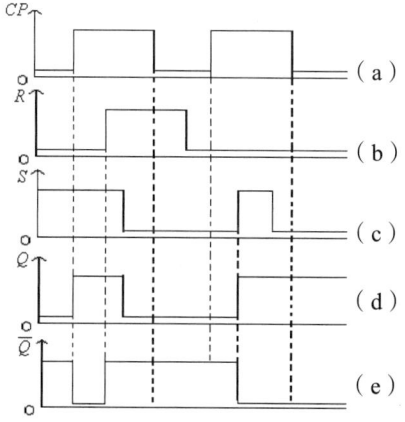

图 5.3.5　例 5.3.1 的波形图

## 5. 动作特点

由前面的分析知,同步 RS 触发器的动作特点是:在 CP=1 的全部时间内,触发器的状态随输入信号的变化而改变。同步触发器属于电平触发的触发器。

### 5.3.2 同步 D 触发器

**1. 同步 D 触发器的电路结构及工作原理**

同步 RS 触发器的输入 S、R 不能同时为 1,否则触发器会出现状态不定。为了避免 S、R 同时为 1 的情况出现,可以对同步 RS 触发器的电路稍加修改,就可以得到没有约束的触发器。

在同步 RS 触发器的 S 输入端接一个非门,非门的输出接 R 端,并且 S 用 D 表示,就构成了一个同步 D 触发器。它的电路结构及逻辑符号如图 5.3.6 所示。

由图可知,当 CP=0 时,门 $G_3$、$G_4$ 被封锁,输出端为 1,此时由 $G_1$、$G_2$ 构成的基本 RS 触发器的状态保持不变。在 CP=1 时,门 $G_3$、$G_4$ 打开,输出随 D 而变,从而触发器的状态也随之变化,如果 D=1,则 $Q^{n+1}=1$;若 D=0,则 $Q^{n+1}=0$。

由此可见,D 触发器具有置 0、置 1 的逻辑功能。当 D=0,且时钟到来时(由 0 变 1),将 0 存入触发器,CP 过后(由 1 变为 0)触发器保持 0 状态不变。反之亦然。当下一个时钟到来时,又将新的数据存入触发器。所以亦称 D 触发器为 D 锁存器。

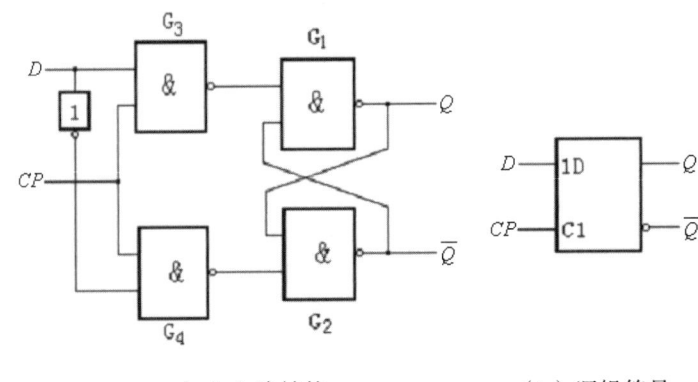

(a)电路结构　　　　　　(b)逻辑符号

图 5.3.6　同步 D 触发器的电路结构和逻辑符号

**2. 特征方程和状态转换图**

由 D 触发器的原理得到如表 5.3.2 所示的特性表。

表 5.3.2　同步 D 触发器的特性表

| D | $Q^n$ | $Q^{n+1}$ |
| --- | --- | --- |
| 0 | 0 | 0 |
| 0 | 1 | 0 |
| 1 | 0 | 1 |
| 1 | 1 | 1 |

根据特性表可直接写出同步 D 触发器的特性方程：
$$Q^{n+1}=D \tag{5.3.2}$$
D 触发器的状态转换图如图 5.3.7 所示。

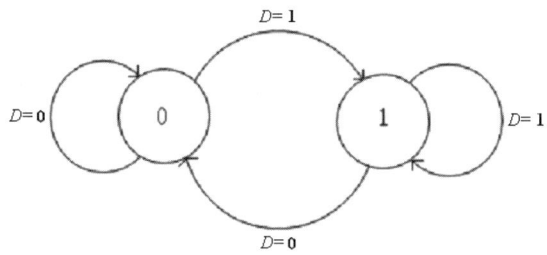

图 5.3.7 D 触发器的状态转换图

### 5.3.3 同步 JK 触发器

1. 电路结构

同步 JK 触发器的电路结构及逻辑符号如图 5.3.8 所示。它是在同步 RS 触发器的基础上，从 Q 和 $\overline{Q}$ 端引出两条反馈线加到门 $G_4$ 和 $G_3$ 的输入端，并把 S 和 R 分别用 J 和 K 来表示而得到的。

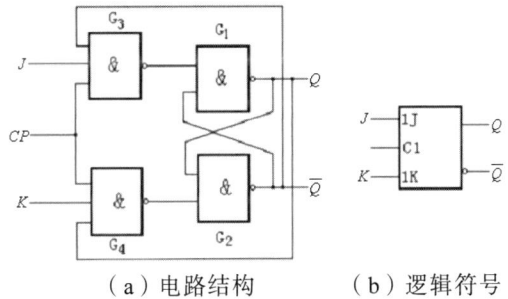

（a）电路结构　　（b）逻辑符号

图 5.3.8 同步 JK 触发器的电路结构和逻辑符号

2. 工作原理

① 当 CP=0 时，$G_3$ 和 $G_4$ 门被封锁，它们的输出均为 1，由 $G_1$ 和 $G_2$ 构成的基本 RS 触发器保持不变。即当 CP=0 时，JK 触发器保持不变。

② 当 CP=1 时，$G_3$ 和 $G_4$ 门打开，输入 J、K 和状态 Q 和 $\overline{Q}$ 决定了 Q 和 $\overline{Q}$ 的次态。而此时触发器相当于一个同步的 RS 触发器，只是 $S=J\overline{Q^n}$，$R=K Q^n$ 而已。把 $S=J\overline{Q^n}$ 和 $R=KQ^n$ 代入同步 RS 触发器的特性方程（5.3.1），就可以得到同步 JK 触发器的特性方程：

$$Q^{n+1} = S+\overline{R}Q^n = J\overline{Q^n} + \overline{KQ^n}Q^n \\ = J\overline{Q^n} + \overline{K}Q^n \tag{5.3.3}$$

由同步 JK 触发器的电路图或特性方程，都可以得到如表 5.3.3 的特性表。

表 5.3.3　同步 JK 触发器的特性表

| J | K | $Q^n$ | $Q^{n+1}$ | 功能 |
|---|---|---|---|---|
| 0 | 0 | 0 | 0 | 保持 |
|   |   | 1 | 1 |   |
| 0 | 1 | 0 | 0 | 置 0 |
|   |   | 1 | 0 |   |
| 1 | 0 | 0 | 1 | 置 1 |
|   |   | 1 | 1 |   |
| 1 | 1 | 0 | 1 | 翻转 |
|   |   | 1 | 0 |   |

由表看出，同步 JK 触发器除具有和 RS 触发器同样的功能外，解除了对输入信号的限制。当 J=K=1 时，$Q^{n+1}=\overline{Q^n}$，触发器处于翻转状态。

所以同步 JK 触发器的功能是：

JK=00 时，保持；

JK=01 时，置 0；

JK=10 时，置 1；

JK=11 时，翻转。

同步 JK 触发器的状态转换图如图 5.3.9 所示。

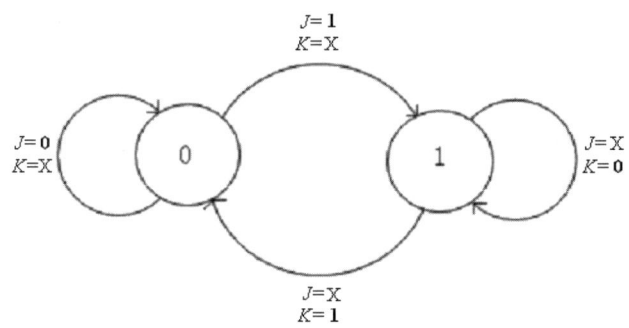

图 5.3.9　同步 JK 触发器的状态转换图

【例 5.3.2】已知同步 JK 触发器的时钟 CP 和输入 J、K 的波形如图 5.3.10（a）（b）（c）所示，触发器初态为 0，试画出 Q 和 $\overline{Q}$ 端的电压波形图。

**解**　根据同步 JK 触发器的功能，CP=0 时，触发器状态不变，CP=1 时，状态随 J、K 的变化而改变，即可做出 Q 和 $\overline{Q}$ 的波形如图 5.3.10（d）（e）所示。

例如，在第一个 CP=1 期间，首先 J=K=1，触发器翻转，Q=1，$\overline{Q}$=0；然后 J=1，K=0，触发器置 1，Q 继续维持 1；第二个时钟期间，J=0，Q=1，触发器置 0，Q=0，$\overline{Q}$=1；第三个时钟期间，首先 J=1，K=0，触发器置 1，然后 J=K=0，触发器保持 1 不变，最后 J=0，K=1 触发器置 0，Q=0，$\overline{Q}$=1。

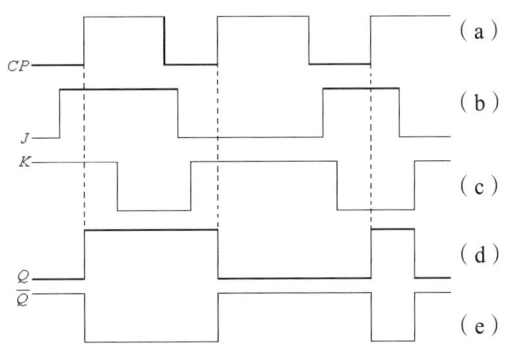

图 5.3.10 例 5.3.2 的波形图

### 5.3.4 同步 T 触发器和同步 T'触发器

**1. 同步 T 触发器**

将同步 JK 触发器的 J、K 端连在一起,并命名为 T 输入端,就构成了同步 T 触发器。图 5.3.11 所示是它的电路结构和逻辑符号。

由同步 JK 触发器的特性方程 5.3.3,代之以 J=K=T,便得到同步 T 触发器的特性方程:

$$Q^{n+1} = J\overline{Q^n} + \overline{K}Q^n = T\overline{Q^n} + \overline{T}Q^n = T \oplus Q^n \quad (5.3.4)$$

同步 T 触发器的功能表如表 5.3.4 所示。当 T=0 时,触发器保持不变,$Q^{n+1}=Q^n$;当 T=1 时,触发器翻转,$Q^{n+1}=\overline{Q^n}$。

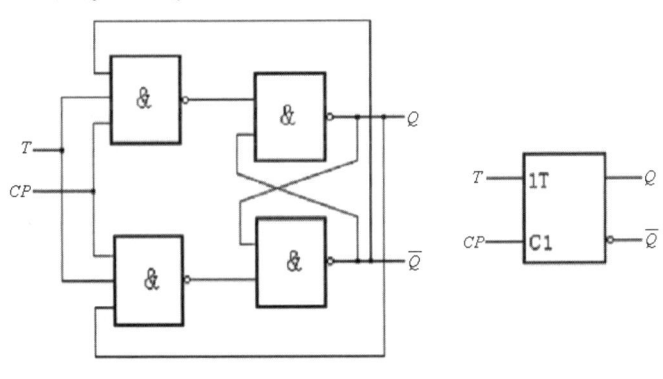

(a)电路结构　　　　(b)逻辑符号

图 5.3.11 同步 T 触发器电路结构和逻辑符号

表 5.3.4 同步 T 触发器的功能表

| T | $Q^n$ | $Q^{n+1}$ | 功能 |
|---|---|---|---|
| 0 | 0 | 0 | 保持 |
| 0 | 1 | 1 | 保持 |
| 1 | 0 | 1 | 翻转 |
| 1 | 1 | 0 | 翻转 |

同步 T 触发器的状态转换图如图 5.3.12 所示。

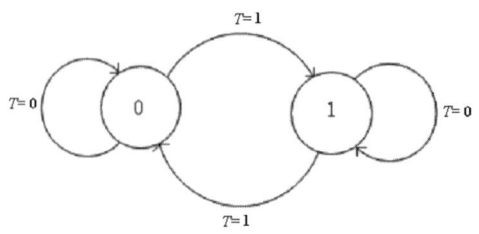

图 5.3.12　T 触发器的状态转换图

2. 同步 T′触发器

如果同步 T 触发器的输入端 T 恒接高电平 1，则触发器称为同步 T′触发器。显然同步 T′触发器的特性方程为：

$$Q^{n+1}=1\oplus Q^n = \overline{Q^n} \tag{5.3.5}$$

它的逻辑功能只有一种——翻转。同步 T′触发器又称为 1 位二进制计数器。

### 5.3.5　同步触发器的动作特点

1. 动作特点

前面介绍了按功能分的 5 种触发器：RS 触发器、D 触发器、JK 触发器、T 触发器和 T′触发器，它们的功能总结如表 5.3.5 所示。

表 5.3.5　各种同步触发器的功能比较

| 类型 | 特性方程 | 功能描述 |
|---|---|---|
| RS 触发器 | $Q^{n+1}=S+\overline{R}Q^n$ * | 置 0　置 1　保持 |
| D 触发器 | $Q^{n+1}=D$ | 置 0　置 1 |
| JK 触发器 | $Q^{n+1}=J\overline{Q^n}+\overline{K}Q^n$ | 置 0　置 1　保持　翻转 |
| T 触发器 | $Q^{n+1}=T\oplus Q^n$ | 保持　翻转 |
| T′触发器 | $Q^{n+1}=\overline{Q^n}$ | 翻转 |

\* RS 触发器的约束条件是 R·S = 0。

在这一节里，介绍的全部是同步触发器，以上的特性方程都是在 CP=1 时才成立的。它们共同的动作特点是：在 CP=0 时，无论输入信号如何变化，触发器的状态都不会改变；只有在 CP=1 时，触发器的状态才随输入信号的变化而改变，并且在 CP=1 的全部时间里都是如此。同步触发器的这种触发方式称作高电平触发方式。

2. 同步触发器的空翻

同步触发器在 CP 为高电平期间，都能够接收输入信号，改变状态。如果在 CP=1 的期间内，输入信号发生多次变化，则触发器的状态也必然会随之作多次翻转，如图 5.3.13 所示。这种在 CP 作用期间产生多次翻转的现象称为空翻。这一特点，降低了触发器的抗干扰能力。

为了克服空翻现象，必须使触发器在每一次 CP 作用期间，状态只改变一次，因此产生了无空翻的主从触发器和边沿触发器等新的电路结构。

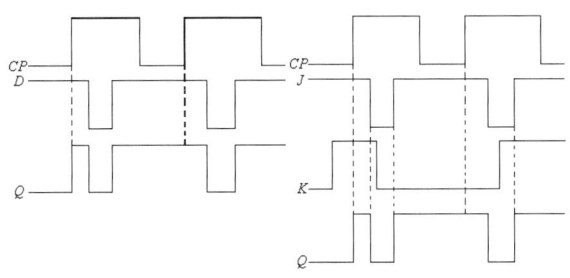

(a) 同步 D 触发器　　(b) 同步 JK 触发器

**图 5.3.13　同步触发器的空翻现象**

## 5.4　主从型触发器

为了克服空翻,提高触发器工作的可靠性,出现了主从结构的触发器。和同步触发器一样,主从型触发器可以具有不同的逻辑功能,但它们的基本电路是主从结构的 RS 触发器。所以这里先介绍主从型 RS 触发器。

### 5.4.1　主从型 RS 触发器

#### 1. 电路结构

主从型 RS 触发器由两个相同的同步 RS 触发器串联组成,但是它们的时钟信号相位相反,如图 5.4.1 所示。图中,$G_1 \sim G_4$ 门组成同步 RS 触发器称为从触发器,$G_5 \sim G_8$ 门组成同步 RS 触发器称为主触发器。主触发器由时钟信号 CP 触发,是高电平触发的同步触发器;从触发器是 $\overline{CP}$ 信号触发,是低电平触发的同步触发器。

#### 2. 工作原理

当 CP=1 时,门 $G_7$、$G_8$ 被打开,主触发器的状态 Q′和 $\overline{Q'}$ 根据 R、S 的不同而变化;与此同时,$G_3$、$G_4$ 门被封锁,从触发器的状态保持不变。

当 CP 由高电平返回低电平时,门 $G_7$、$G_8$ 被封锁,在 CP=0 的全部时间内,无论 R、S 如何变化,主触发器的状态始终不变,保持着 CP 下跳前的状态;此时 $G_3$、$G_4$ 门被打开,从触发器的状态由主触发器的状态 Q′和 $\overline{Q'}$ 决定。由电路知,从触发器的状态和主触发器的状态相同,即 Q=$\overline{\overline{Q'}}$。然后在 CP=0 的全部时间里,由于 Q′不变,所以 Q 也不会再变化。

由以上分析可知,当 CP=1 时,主触发器接收信号,状态 Q 随 R、S 变化;当 CP 的下跳沿到达时,主触发器把状态传给从触发器;在 CP=0 期间,从触发器的状态和主触发器的状态相同,且保持不变。这就保证了在 CP 的一个变化周期中,触发器的状态只可能改变一次,并且变化发生在时钟 CP 的下降沿。

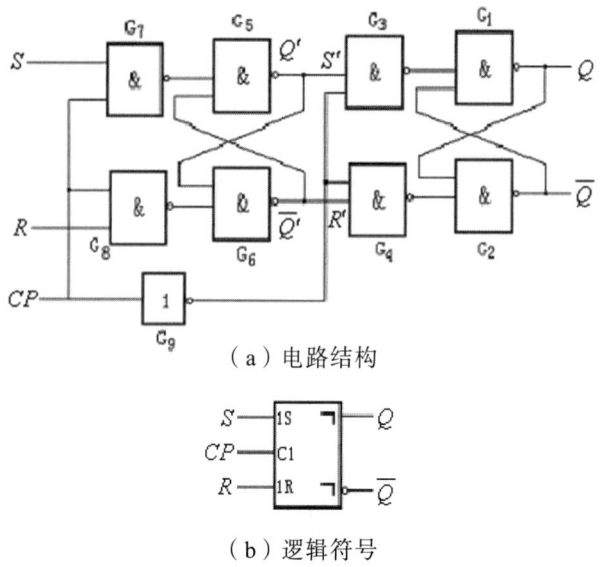

(a) 电路结构

(b) 逻辑符号

**图 5.4.1 主从型 RS 触发器的电路结构和逻辑符号**

例如，CP=0 时触发器的初始状态为 Q=0，当 CP 由 0 变为 1 后，若 S=1，R=0，则主触发器被置 1，即 Q'=1，$\overline{Q'}$=0，从触发器保持不变。当 CP 回到低电平时，从触发器的时钟信号 $\overline{CP}$=1，它的 S'（Q'）=1，R'（$\overline{Q'}$）=0，所以从触发器被置 1，即 Q=1。由此可见，触发器的功能仍然是 RS 触发器，只是它的状态变化被延迟了一段时间。逻辑符号中的"⌐"表示延迟输出，即 CP 返回 0 以后，输出状态才变化。因此输出状态的变化发生在 CP 信号的下降沿。

3. 主从型 RS 触发器的功能表和特性方程

根据以上分析，主从型 RS 触发器的特性表如表 5.4.1 所示。图中"⎍"表示 CP 下降沿到时钟状态变化。

**表 5.4.1 主从型 RS 触发器的特性表**

| CP | S | R | $Q^n$ | $Q^{n+1}$ | 功能 |
|---|---|---|---|---|---|
| × | × | × | × | $Q^n$ | |
| ⎍ | 0 | 0 | 0 | 0 | 保持 |
| ⎍ | 0 | 0 | 1 | 1 | |
| ⎍ | 0 | 1 | 0 | 0 | 置 0 |
| ⎍ | 0 | 1 | 1 | 0 | |
| ⎍ | 1 | 0 | 0 | 1 | 置 1 |
| ⎍ | 1 | 0 | 1 | 1 | |
| ⎍ | 1 | 1 | 0 | 1* | 不定 |
| ⎍ | 1 | 1 | 1 | 1* | |

*CP 回到低电平后状态不定。

因为电路的功能仍然是 RS 触发器，由特性表得到的主从型 RS 触发器的特性方程仍然是：

$$\begin{cases} Q^{n+1} = S + \overline{R}Q^n \\ R \cdot S = 0 \quad \text{（约束条件）} \end{cases} \quad (5.4.1)$$

由式（5.4.1）可见，主从型的 RS 触发器仍然是有约束的触发器。R、S 不能同时为 1，否则在 CP 下降沿到来时，会出现状态不定。

【例 5.4.1】在图 5.4.1 所示的主从型 RS 触发器中，若 CP、S 和 R 的电压波形如图 5.4.2（a）(b)（c）所示，设触发器的初态为 Q=0，试画出 Q 和 $\overline{Q}$ 端的电压波形。

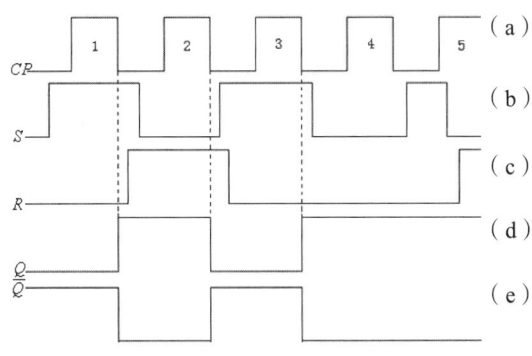

图 5.4.2　例 5.4.1 的波形图

**解** 所画 Q 和 $\overline{Q}$ 的波形示于图 5.4.2（d）(e) 中，其过程分析如下：

在第一个时钟 $CP_1$ 作用期间，S=1，R=0，主触发器置 1，在 CP 的下降沿到来时，主触发器的状态传给从触发器，所以 Q=1，一直维持到第二个时钟的下降沿到来。触发器置 0。

同理，$CP_2$ 期间，S=0，R=1，触发器置 0，$CP_2$ 下降沿到时，Q 由 1 跳变为 0。

$CP_3$ 期间，S=1，R=0，触发器置 1，$CP_3$ 下降沿到时，Q 由 0 跳变为 1。

$CP_4$ 期间，S=R=0，触发器状态保持不变，$CP_4$ 下降沿到时，Q 仍为 1。

$CP_5$ 期间，S、R 先为 1、0，再为 0、0，最后为 0、1，因此主触发器在 $CP_5$ 下降沿前的最终状态为 0，故 $CP_5$ 下降沿到时，Q 的状态也为 0，即 Q 由 1 跳变为 0。

当然也可以首先根据 R、S 的值，画出主触发器 Q′和 $\overline{Q'}$ 的波形。然后，根据 CP 下降沿到达时 Q′和 $\overline{Q'}$ 的状态即可画出 Q′、$\overline{Q'}$ 端的波形。无论采用哪种方法，都必须考虑在 CP=1 期间，主触发器的全部变化过程。主触发器可以变化多次，但只是 CP 下降沿到达前的最后状态传给从触发器。正因为这样，才保证了一个时钟周期内，触发器的状态只改变一次。

### 5.4.2　主从型 D 触发器

主从型 D 触发器的电路结构和逻辑符号如图 5.4.3 所示。由图可知，它只是在主从型 RS 触发器的基础上加了一个非门，便得 S=D，R=$\overline{D}$。

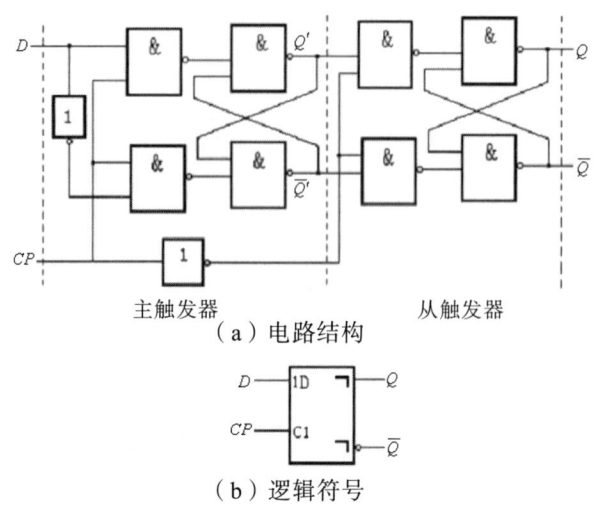

(a)电路结构

(b)逻辑符号

图 5.4.3 主从型 D 触发器的电路结构和逻辑符号

CP=1 期间，主触发器打开，接收输入信号 D，从触发器的时钟信号 $\overline{CP}$=0，其输出保持不变；CP 由 1 变为 0 时，主触发器被封锁，保持原态不变。从触发器的 $\overline{CP}$ 由 0 变为 1，其状态按主触发器接收的信号而改变。若 CP 下降沿到达前 D=1，则 $Q^{n+1}$=1，若 CP 下降沿到达前 D=0，则 $Q^{n+1}$=0，它的特性方程为：

$$Q^{n+1}=D$$

由以上分析可知，主从型 D 触发器避免了主从型 RS 触发器 S、R 同时为 1 的情况出现。它的状态变化是在时钟脉冲的下降沿完成的。

### 5.4.3 主从型 JK 触发器

1. 电路结构及工作原理

JK 触发器由于功能齐全，在数字系统中得到广泛应用。主从结构的 JK 触发器的电路和逻辑符号如图 5.4.4 所示。和同步 JK 触发器的结构类似，它是在主从型 RS 触发器的基础上增加了两条反馈线，使得 S=J$\overline{Q^n}$，R=KQ$^n$。

当 CP=1 时，J、K 的信息和 Q、$\overline{Q}$ 的状态共同决定主触发器的状态，同时因 $\overline{CP}$=0，主触发器的状态保持不变，而 $\overline{CP}$ 由 0 变 1，从触发器接收主触发器的信息并送到输出端。主触发器是一个同步的 JK 触发器，它决定触发器的功能；而从触发器只起一个信号传递作用。所以主从型 JK 触发器的特性方程和同步 JK 触发器相同：

$$Q^{n+1} = J\overline{Q^n} + \overline{K}Q^n$$

主从型 JK 触发器的简化特性表如表 5.4.2 所示。它的状态转换图和同步 JK 触发器也相同。

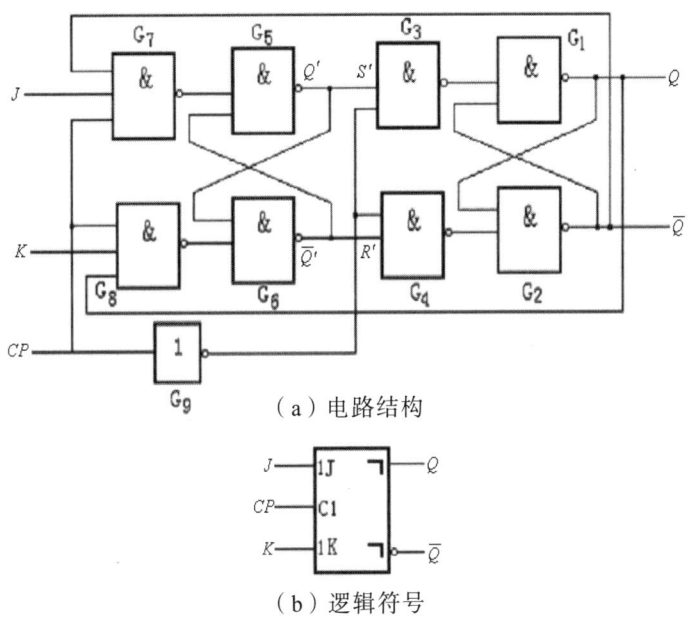

(a)电路结构

(b)逻辑符号

图 5.4.4 主从型 JK 触发器的电路结构和逻辑符号

【例 5.4.2】在图 5.4.4 的主从型 JK 触发器中，若 CP、J、K 的波形如图 5.4.5（a）（b）（c）所示，试画出 Q、$\bar{Q}$ 端的电压波形。假定触发器的初始状态为 $Q^n=0$。

表 5.4.2 主从型 JK 触发器简化特性表

| CP | J | K | $Q^{n+1}$ | 功能 |
|---|---|---|---|---|
| × | × | × | $Q^n$ | 保持 |
| ⎍↓ | 0 | 0 | $Q^n$ | 保持 |
| ⎍↓ | 0 | 1 | 0 | 置 0 |
| ⎍↓ | 1 | 0 | 1 | 置 1 |
| ⎍↓ | 1 | 1 | $\overline{Q^n}$ | 翻转 |

**解** 由于 J、K 的状态在 CP=1 期间没有变化，所以只要根据 CP 下降沿到达时的 JK 的状态就可以逐段画出 Q 和 $\bar{Q}$ 端的波形。Q 和 $\bar{Q}$ 的波形如图 5.4.5（d）（e）所示。

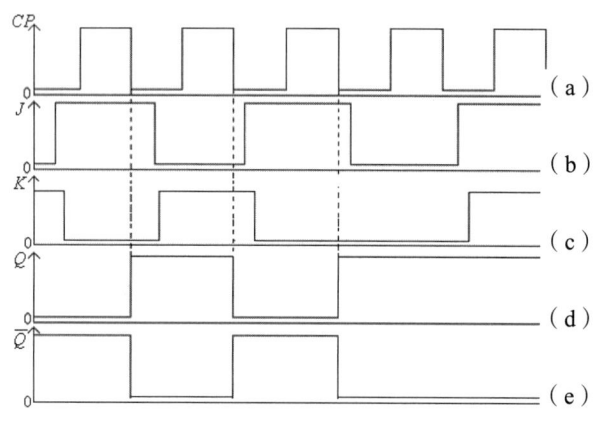

图 5.4.5 例 5.4.2 的波形图

**2. 主从型 JK 触发器的一次变化现象**

由例 5.4.2 可以看出，如果在 CP=1 期间 J、K 的信号不变化，则根据时钟的下降沿到达时 J、K 的状态，可以确定触发器的状态。但是如果在 CP=1 期间 J、K 的信号发生了变化，情况就不同了。这时必须考虑 CP=1 期间输入信号的全部变化过程。

图 5.4.6 给出了主从型 JK 触发器的 J、K 变化时，主触发器和从触发器的电压波形图。

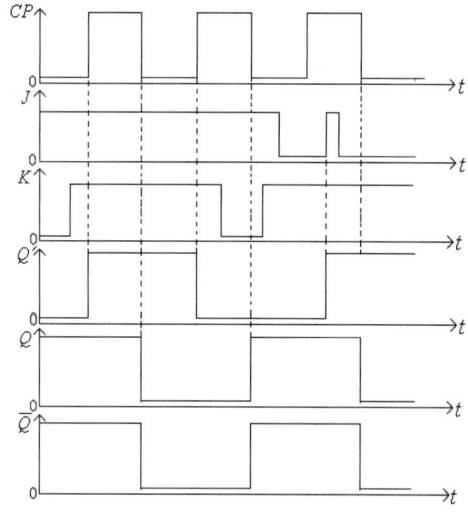

图 5.4.6 主从型 JK 触发器的一次变化现象

下面分析 3 个时钟周期间的主、从触发器的变化规律。假设触发器的初始状态 Q=0。

第一个时钟 $CP_1$ 期间，$CP_1$=0 时，Q=Q'=0。第一个 $CP_1$ 到时，J=K=1，主触发器翻转，Q' 由 1 变 0，由于 $CP_1$ 期间 J=K=1 不变，所以 Q'=1 一直延续到第二个时钟 $CP_2$ 的到来。而从触发器在 $CP_1$ 的下降沿到达时，接受主触发器的信号，由 0 变 1。

$CP_2$ 上升沿到达时，J=K=1，主触发器再次翻转，由 1 变 0，然后输入信号变为 J=1，K=0，是置 1 的信号，但主触发器不能变为 1。因为此时的从触发器仍是 Q=1，$\overline{Q}$=0，$\overline{Q}$=0 的信号将电路中的 $G_7$ 门封锁，置 1 信号（J=1）不起作用，所以主触发器保持不变，仍为 Q'=0，并一直维持到第三个 CP 的到来，在 CP$_2$ 的下降沿到达时，从触发器接收主触发器的 0 信号，由 1 变 0。

CP$_3$ 到来时，J=K=0，主触发器保持 0 不变；当 J、K 变为 J=K=1 时，主触发器翻转，Q'由 1 变 0；然后 J、K 改变为 J=0，K=1，由于此时 Q=0，电路中的 G$_8$ 门被封锁，置 0 信号不起作用，主触发器保持 Q'=1 不变。在 CP$_3$ 的下降沿到来时，从触发器接收 1 信号，由 0 变 1。

由以上分析可知，在 CP=1 期间，J、K 的变化可能引起主触发器的状态改变，但只能改变一次。这种现象称为主从型 JK 触发器的一次变化现象。

由于一次变化现象的存在，使得主从型 JK 触发器的抗干扰能力下降。如图 5.4.6 中，第三个时钟期间，J 的变化如果是一个干扰的正脉冲，显然影响了从触发器的正常输出电平。采用边沿触发器可提高触发器的抗干扰能力。

3. 集成主从型 JK 触发器

图 5.4.7 是集成主从型 JK 触发器 74H72 的电路结构和逻辑符号。

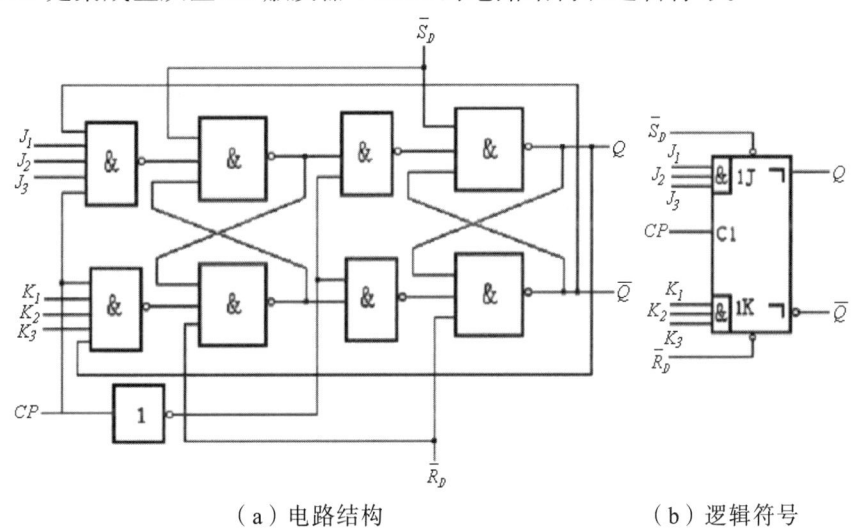

（a）电路结构　　　　　　（b）逻辑符号

图 5.4.7　集成主从型 JK 触发器 74H72 电路结构和逻辑符号

电路设有异步置 1 端 $\overline{S}_D$ 和异步置 0 端 $\overline{R}_D$，不受时钟控制，可直接使触发器置 1 或置 0。另外，为使用方便，J、K 端分别设有三个端子，其逻辑关系为：

$$J = J_1 \cdot J_2 \cdot J_3 \qquad K = K_1 \cdot K_2 \cdot K_3$$

74H72 的功能表如表 5.4.3 所示。

表 5.4.3　74H72 的功能表

| $\overline{S}_D$ | $\overline{R}_D$ | CP | J | K | $Q^{n+1}$ | 功能 |
|---|---|---|---|---|---|---|
| 0 | 1 | × | × | × | 1 | 异步置位 |
| 1 | 0 | × | × | × | 0 | 异步复位 |
| 1 | 1 | ⎍ | 0 | 0 | $Q^n$ | 保持 |

续表

| $\overline{S_D}$ | $\overline{R_D}$ | CP | J | K | $Q^{n+1}$ | 功能 |
|---|---|---|---|---|---|---|
| 1 | 1 | ⎍ | 0 | 1 | 0 | 置0 |
| 1 | 1 | ⎍ | 1 | 0 | 1 | 置1 |
| 1 | 1 | ⎍ | 1 | 1 | $\overline{Q^n}$ | 翻转 |

触发器正常工作时,应使 $\overline{S_D}=\overline{R_D}=1$,并且应避免 $\overline{S_D}$、$\overline{R_D}$ 同时为 0,否则,在负脉冲消失后会出现不确定状态。

4. 主从型触发器的动作特点

通过前面的分析可以看到,主从型触发器有两个动作特点:

① 触发器分两步动作。第一步,在 CP=1 期间,主触发器接收输入端的信号,被置成相应的状态,而从触发器保持不变;第二步,CP 的下降沿到来时,从触发器按照主触发器的状态变化,即 Q 和 $\overline{Q}$ 端的状态改变发生在 CP 的下降沿。

② 因为主触发器本身是一个同步触发器,所以在 CP=1 的全部时间里,输入信号都对主触发器的状态起控制作用。

由于以上的两个动作特点,在使用主从结构的触发器时,经常会遇到这样的情况:在 CP=1 期间,输入信号由于受到干扰发生多次变化后,CP 下降沿到达时从触发器不一定按此刻的输入信号来确定,而必须考虑 CP=1 期间里输入信号的变化过程才能确定触发器的次态。另外还需要注意的是,主从型 JK 触发器存在着一次翻转现象。这些使得主从型触发器在 CP 作用期间抗干扰能力下降。为了克服这一缺点,人们研制成功了各种边沿触发器。

## 5.5 边沿触发器

为了提高触发器的可靠性,增强抗干扰能力,希望触发器的次态仅仅取决于 CP 信号下降沿(或上升沿)到达时刻输入信号的状态,而在此之前和之后输入信号的变化对触发器的次态没有影响。这样的触发器称作边沿触发器。边沿触发器的电路结构有多种形式,如维持阻塞触发器、利用门电路传输延迟时间的边沿触发器、CMOS 传输门构成的边沿触发器等。

### 5.5.1 维持阻塞型 D 触发器

维持阻塞型触发器是边沿触发器的一种结构形式。当触发器置 1 时,利用内部产生的信号维持置 1 信号的存在,同时阻塞由于输入变化产生的置 0 信号,保证触发器可靠的置 1;当触发器置 0 时,维持置 0 信号,阻塞置 1 信号,以保证触发器可靠的置 0。采用维持阻塞结构可构成各种逻辑功能的触发器,但以维持阻塞型 D 触发器应用较广。

1. 电路结构和逻辑符号

图 5.5.1 是维持阻塞型 D 触发器的电路结构和逻辑符号。

由图可知,如果没有 $L_1 \sim L_3$ 这三条反馈线,触发器就是一个同步 D 触发器。加上了三条反馈线后,功能仍是 D 触发器,但动作特点发生了质的变化。$L_1$ 称为置 1 维持线,$L_2$ 称为置 0 维持线,$L_3$ 称为置 0 阻塞线,$L_4$ 称为置 1 阻塞线。

2. 工作原理

CP=0 期间,$G_3$、$G_4$ 被封锁,输出为 1,触发器的状态保持不变。但是门 $G_5$、$G_6$ 随 D 的变化而改变,相当于在接收信号。

当 CP 的上升沿到达时,门 $G_3$、$G_4$ 打开,触发器的状态随此时的 D 和 $\overline{D}$ 而变化,$Q^{n+1}=D$。

CP=1 期间 Q 会不会随 D 的变化而改变呢?分析如下:若 CP 的上升沿到达时 D=1,则触发器置 1,此时 $G_3$ 输出为 0,$G_4$ 输出为 1。$L_1$ 的作用使 $G_5$ 被封锁,即使在 CP=1 期间输入信号由 1 变 0,但 $G_5$ 的输出始终为 1,从而保证了 $G_3$ 的输出为 0,即维持了置 1 信号的存在,所以 $L_1$ 是置 1 维持线;另外,$L_3$ 线把 0 信号反馈到 $G_4$ 的输入端,使得 $G_4$ 被封锁,输出保持为 1,从而阻塞置 0 信号的产生,所以 $L_3$ 是置 0 阻塞线。

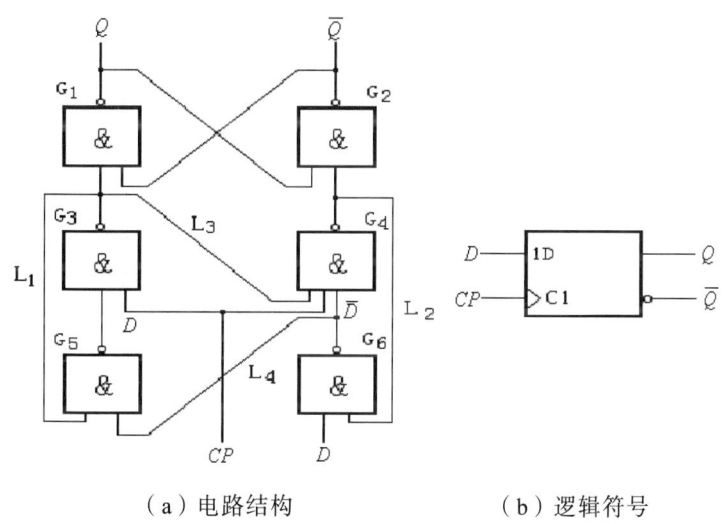

(a)电路结构　　　　　　(b)逻辑符号

图 5.5.1　维持阻塞型 D 触发器电路结构和逻辑符号

同样,若 CP 的上升沿到达时 D=0,则触发器置 0,此时 $G_3$ 输出为 1,$G_4$ 输出为 0。由于 $L_2$ 线的作用,维持了 $G_4$ 输出为 0,即维持了置 0 信号的存在;$L_4$ 线的作用,又保证了 $G_3$ 输出为 1,即阻塞了置 1 信号的产生。所以 $L_2$ 是置 0 维持线,$L_4$ 是置 1 阻塞线。它们的存在,使得即使 CP=1 期间,D 由 0 变 1,触发器也会保持 0 不变。

由以上的分析不难看出,图 5.5.1(a)所示的电路是一个上升沿触发的边沿 D 触发器,它的逻辑符号见图 5.5.1(b),时钟处的">"表示上升沿触发。它具有维持阻塞型的电路结构。触发器的状态由 CP 上升沿到达时的输入信号 D 决定,在 CP=0 和 CP=1 期间,无论 D 如何变化,触发器都保持不变。

3. 功能描述

维持阻塞型 D 触发器功能表如表 5.5.1 所示。

表 5.5.1 维持阻塞型 D 触发器功能表

| CP | D | $Q^{n+1}$ | 功能 |
|---|---|---|---|
| 0 | × | $Q^n$ | 保持 |
| 1 | × | $Q^n$ | 保持 |
| ↑ | 0 | 0 | 置 0 |
| ↑ | 1 | 1 | 置 1 |

从功能表得到 D 触发器的特性方程为：

$$Q^{n+1}=D$$

由于触发器的状态只在 CP 的上升沿到来时变化，所以边沿触发器的抗干扰能力强。

【例 5.5.1】在图 5.5.1（a）所示的维持阻塞 D 触发器中，如果 CP、D 的波形如图 5.5.2（a）（b）所示，设触发器的初态为 0，试画出 Q 和 $\overline{Q}$ 端的波形。

**解** 根据维持阻塞 D 触发器的工作特点可知，只有在 CP 上升沿到达时，触发器的状态才根据此时的 D 变化，其他时间保持不变。于是，可以画出 Q 的波形，把 Q 取反就是 $\overline{Q}$ 的波形。结果见图 5.5.2（c）（d）。如果第 3 个脉冲期间，D 受到一个负脉冲干扰，但不会影响 Q 的状态。

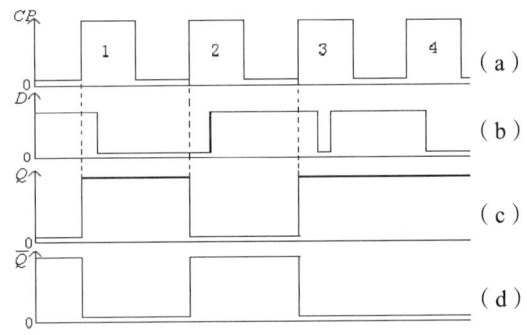

图 5.5.2 例 5.5.1 的波形图

4. 集成维持阻塞 D 触发器

常用的集成维持阻塞 D 触发器有 7474、74H74、74L74 和 74LS74，这四种触发器均为双 D 触发器。它们的功能相同，管脚排列相同。一个集成芯片内含有两个完全一样的 D 触发器，每个触发器的电路基本和图 5.5.1（a）电路相同，但是加有异步复位端和置位端。每一个 D 触发器的逻辑符号如图 5.5.3 所示。使用时，异步端 $\overline{R}_D$ 和 $\overline{S}_D$ 不能同时为 0，正常工作时，应使 $\overline{R}_D = \overline{S}_D = 1$。

为了使用方便，维持阻塞型的 D 触发器有时做成多输入端的形式，逻辑符号如图 5.5.4 所示，D 与 $D_1$、$D_2$ 的逻辑关系为 $D = D_1 \cdot D_2$。

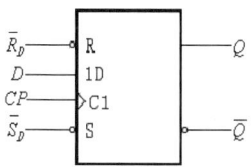
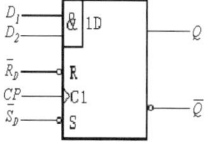

图 5.5.3　边沿 D 触发器 74LS74 逻辑符号　　　图 5.5.4　多输入端的维持阻塞 D 触发器逻辑符号

### 5.5.2　边沿 JK 触发器

1. 电路结构和逻辑符号

图 5.5.5 是利用传输延迟时间的负边沿 JK 触发器的电路结构和逻辑符号。

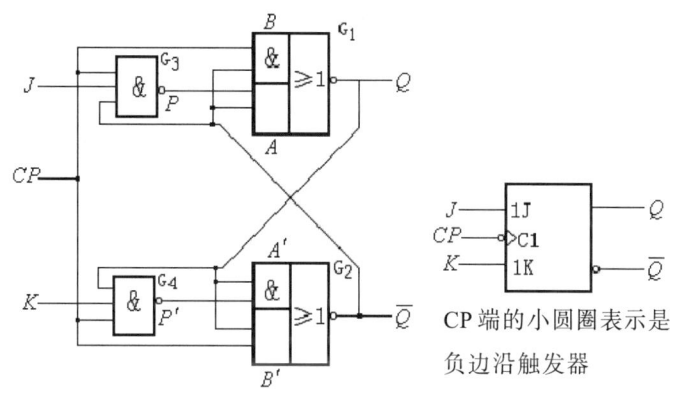

（a）电路结构　　　（b）逻辑符号

图 5.5.5　负边沿 JK 触发器电路结构和逻辑符号

它由两部分组成：一个是由与或非门 $G_1$、$G_2$ 组成的基本 RS 触发器，另一个是由 $G_3$ 和 $G_4$ 两个与非门组成的控制电路。$G_3$ 和 $G_4$ 门的传输延迟时间大于基本 RS 触发器的翻转时间。时钟信号 CP 一路送给 $G_3$、$G_4$ 门，另一路送给 B、B′门。

2. 工作原理

设触发器的初态为 Q=0，$\overline{Q}$=1。

当 CP=0 时，门 B、B′和门 $G_3$、$G_4$ 被封锁，不管 J、K 如何变化，$G_3$ 和 $G_4$ 门的输出始终保持为 1。这时门 A 和 A′是打开的，基本 RS 触发器的状态通过门 A 和 A′的交叉耦合得以保持。即在 CP=0 期间，触发器状态不变，$Q^{n+1}=Q^n$。

当 CP 由 0 变为 1 以后，首先门 B、B′解除封锁，基本 RS 触发器可以通过 B、B′继续保持原状态不变。同时 $G_3$、$G_4$ 门也解除了封锁。若此时输入置 1 信号，即 J=1，K=0，则经过 $G_3$、$G_4$ 门的传输延迟时间后，P=0，P′=1，因 Q=0，所以门 A 和 A′的输出均为 0，对基本 RS 触发器的状态没有影响。可见在 CP=1 期间，触发器仍保持原状态不变。

当 CP 下降沿到达时，门 B 和 B′立即被封锁，但由于 $G_3$、$G_4$ 门存在传输延迟时间，所以 P 和 P′的电平不会马上改变，因此瞬间出现门 A、B 的输出均为 0，使得 Q=1。通过门 A′使 $\overline{Q}$=0，即触发器置 1。由于 $G_3$ 门的传输延迟时间足够长，可以保证在 P 点的低电平消失前 $\overline{Q}$ 的低电平已经反馈到了门 A，所以在 P 点的低电平消失以后，触发器的 1

状态能够继续维持下去。

经过 $G_3$、$G_4$ 门的传输延迟时间后，P 和 P′都变为高电平，但对于基本 RS 触发器的状态并无影响。同时由于 CP=0 封锁了门 $G_3$ 和 $G_4$，所以 J、K 的信号变化也不会被接收。

对于其他 J、K 输入条件下触发器的动作情况可进行同样的分析，得到如表 5.5.2 所示的功能表。

表 5.5.2　图 5.5.5 触发器的功能表

| CP | J | K | $Q^n$ | $Q^{n+1}$ | 功能 |
|---|---|---|---|---|---|
| × | × | × | × | $Q^n$ | 保持 |
| ↓ | 0 | 0 | 0 | 0 | 保持 |
| ↓ | 0 | 0 | 1 | 1 | |
| ↓ | 0 | 1 | 0 | 0 | 置 0 |
| ↓ | 0 | 1 | 1 | 0 | |
| ↓ | 1 | 0 | 0 | 1 | 置 1 |
| ↓ | 1 | 0 | 1 | 1 | |
| ↓ | 1 | 1 | 0 | 1 | 翻转 |
| ↓ | 1 | 1 | 1 | 0 | |

由以上分析可知，触发器的状态仅取决于 CP 的下降沿到达时的输入逻辑，而在这以前和以后，输入信号的变化对触发器的状态无影响。所以，图 5.5.5（a）所示的电路是下降沿触发的边沿触发器。这一特点有效地提高了触发器的抗干扰能力。

【例 5.5.2】已知图 5.5.5 所示触发器的 CP 和 J、K 端的电压波形如图 5.5.6（a）（b）（c）所示。试画出 Q 端的波形。设触发器的初始状态为 0。

**解**　根据图 5.5.5 所示负边沿触发器的特点，触发器的状态变化只发生在 CP 下降沿到来时，并且按照此时的 J、K 信号变化。其他时间无论 J、K 如何变化，触发器均保持不变。按照此原则可知：

第 1 个 CP 下降沿到达时，触发器保持不变，Q=0；

第 2 个 CP 下降沿到达时，触发器翻转，Q=1；

第 3 个 CP 下降沿到达时，触发器置 1，Q=1；

第 4 个 CP 下降沿到达时，触发器置 0，Q=0。

画出的 Q 波形如图 5.5.6（d）所示。

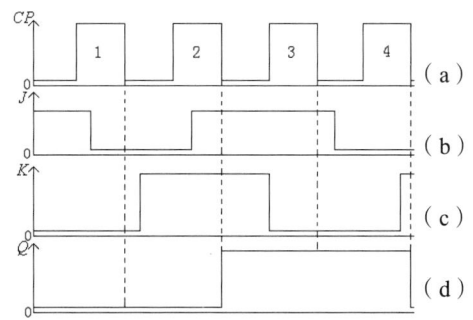

图 5.5.6 例 5.5.2 的波形图

### 5.5.3 CMOS 传输门构成的触发器

边沿触发器也可以由 CMOS 传输门构成。图 5.5.7 就是一种由 CMOS 传输门构成的上升沿触发的边沿 D 触发器。虽然这种电路在形式上也是一种主从结构，但是它和前面讲的主从结构触发器具有完全不同的动作特点。

图中反相器 $G_1$、$G_2$ 和传输门 $TG_1$、$TG_2$ 构成主触发器，反相器 $G_3$、$G_4$ 和传输门 $TG_3$、$TG_4$ 构成从触发器。$TG_1$ 和 $TG_3$ 分别为主触发器和从触发器的输入控制门。时钟脉冲 CP 和 $\overline{CP}$ 则控制传输门的导通和截止。

当 CP=0，$\overline{CP}$=1 时，$TG_1$ 和 $TG_4$ 导通，而 $TG_2$ 和 $TG_3$ 截止。D 端的输入信号送入主触发器中，使 $\overline{Q'}=\overline{D}$，而 $Q'=D$。但由于 $TG_2$ 截止，主触发器没有形成反馈连接，所以主触发器不能自行保持，$Q'$ 随 D 的状态改变而变化，可视为主触发器在 CP=0 期间接信号。此时 $TG_4$ 导通，所以从触发器维持原来状态不变，因 $TG_3$ 截止，使它与主触发器的联系被切断。

当 CP 的上升沿到达时，$TG_1$ 截止、$TG_2$ 导通。主触发器在 $TG_1$ 截止前的状态被保留下来。同时由于 $TG_3$ 导通，$TG_4$ 截止，主触发器的状态通过 $TG_3$ 和 $G_3$ 门送到输出端，使 $Q=Q'=D$（CP 上升沿到达时 D 的状态）。

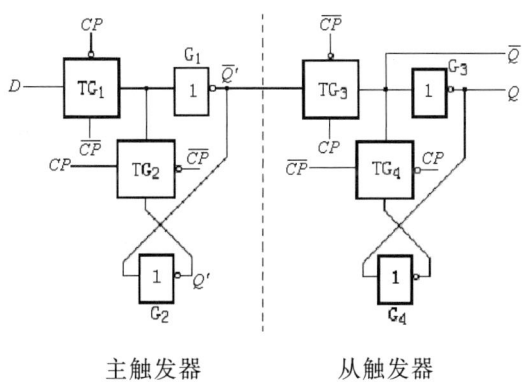

图 5.5.7 CMOS 传输门构成的边沿触发器

在 CP=1 期间，由于 TG₁ 截止，D 的变化不会传到 Q'端，因而从触发器的状态一直维持 CP 上升沿到达时 D 的状态。

由以上分析可知，这种触发器的动作特点是输出状态的转换发生在 CP 的上升沿，而且触发器的状态仅仅取决于 CP 上升沿到达时的输入状态。所以这是一个上升沿触发的边沿触发器。其特性表如表 5.5.3 所示。带有异步复位端和置位端的 COMS 边沿触发器逻辑符号如图 5.5.8 所示。

表 5.5.3 CMOS 边沿触发器的特性表

| CP | D | $Q^n$ | $Q^{n+1}$ |
|---|---|---|---|
| × | × | × | $Q^n$ |
| ↑ | 0 | 0 | 0 |
| ↑ | 0 | 1 | 0 |
| ↑ | 1 | 0 | 1 |
| ↑ | 1 | 1 | 1 |

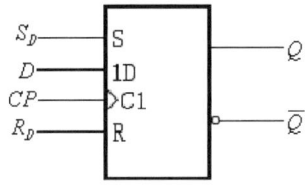

图 5.5.8 带有异步端的 CMOS 边沿触发器逻辑符号

## 5.6 触发器的逻辑功能及其描述方法

### 5.6.1 触发器逻辑功能的分类

在同步触发器一节，已经对触发器的功能分类进行了小结，此处仅作一下小结：触发器按逻辑功能的不同特点，分为 RS 触发器、JK 触发器、T 触发器、T'触发器和 D 触发器五种类型。描述其逻辑功能有特性表、特性方程和状态转换图三种方法。例如，对于 JK 触发器，其特性方程为：

$$Q^{n+1} = J\overline{Q^n} + \overline{K}Q^n$$

其特性表和状态转换图分别如表 5.6.1 和图 5.6.1 所示。

表 5.6.1　JK 触发器的特性表

| J | K | $Q^n$ | $Q^{n+1}$ |
|---|---|---|---|
| 0 | 0 | 0 | 0 |
| 0 | 0 | 1 | 1 |
| 0 | 1 | 0 | 0 |
| 0 | 1 | 1 | 0 |
| 1 | 0 | 0 | 1 |
| 1 | 0 | 1 | 1 |
| 1 | 1 | 0 | 1 |
| 1 | 1 | 1 | 0 |

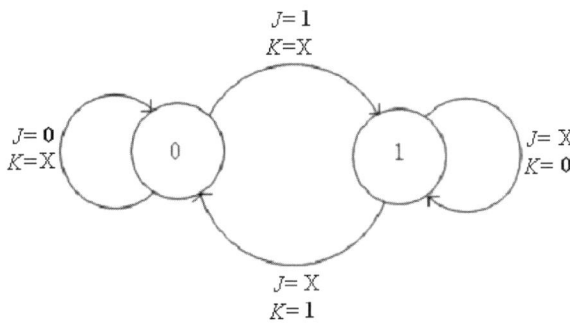

图 5.6.1　JK 触发器的状态转换图

### 5.6.2　触发器的电路结构和逻辑功能的关系

前面已经从逻辑功能和电路结构形式两个不同的角度对触发器进行了分类介绍。需要指出的是，触发器的逻辑功能和电路结构形式是两个不同的概念。逻辑功能是指触发器的次态和现在以及输入之间的逻辑关系，这种逻辑关系可以用特性方程、特性表或状态转换图给出。根据逻辑功能的不同特点，把触发器分为 RS、JK、D、T 等几种类型。

而基本 RS 触发器、同步型触发器、主从型触发器、边沿触发器是指电路结构的不同形式。由于电路结构形式的不同，带来了它们各自不同的动作特点。如边沿触发器是指触发器的状态转换发生在 CP 的上升沿（或下降沿），并且状态由上升沿（或下降沿）到达时的输入和现态决定。

同一种逻辑功能的触发器可以用不同的电路结构实现。反过来，用同一种电路结构形式可以做成不同逻辑功能的触发器。因此，逻辑功能与电路结构之间并无固定的对应关系，如基本 RS 触发器、同步 RS 触发器、主从型 RS 触发器，它们的逻辑功能相同。然而由于电路结构形式不同，它们的状态翻转时各有不同的动作特点。

### 5.6.3　不同类型触发器之间的转换

由各种触发器的功能比较可知，JK 触发器的逻辑功能最强，它包含了触发器的所有功能。例如，在需要 RS 触发器时，只要分别将 JK 触发器的 J、K 端当作 S、R 端使用，就可实现 RS 触发器的功能；只要将 J、K 连在一起当作 T 端使用，就可以实现 T 触发的功能，如图 5.6.2 所示。因此在集成触发器产品中，常见的有 D 触发器和 JK 触发器。需要时，可把一种类型的触发器转换成另一种类型的触发器。

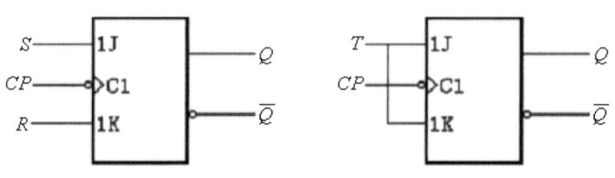

（a）用作 RS 触发器　　　（b）用作 T 触发器

图 5.6.2　将 JK 触发器用作 RS 触发器和 T 触发器

1. D 触发器转换成 JK 触发器

将 D 触发器转换成 JK 触发器可有不同方法。

（1）方法一

① 列特性表。

列出 JK 和 D 触发器的特性表如表 5.6.2 所示。

表 5.6.2　JK 触发器和 D 触发器的特性表

| $Q^n$ | $Q^{n+1}$ | J | K | D |
|---|---|---|---|---|
| 0 | 0 | 0 | × | 0 |
| 0 | 1 | 1 | × | 1 |
| 1 | 0 | × | 1 | 0 |
| 1 | 1 | × | 0 | 1 |

② 写出变换逻辑方程式。

因为是将 D 触发器转换为 JK 触发器，所以要写出 D 触发器的输入和 J、K 以及现态的逻辑函数。由特性表画出 D 的卡诺图如图 5.6.3 所示。

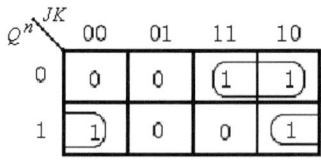

图 5.6.3　D 的卡诺图

由卡诺图得：

$$D = J\overline{Q^n} + \overline{K}Q^n = \overline{\overline{J\overline{Q^n}} \cdot \overline{\overline{K}Q^n}}$$

③ 画出逻辑图。

用给定的 D 触发器和 4 个与非门即可组成 JK 触发器。图 5.6.4 为其转换电路图。转换后的 JK 触发器动作特点和给定的触发器相同。

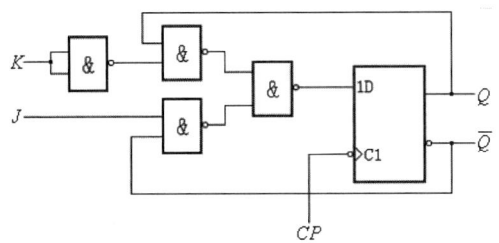

图 5.6.4 由 D 触发器转换成的 JK 触发器

（2）方法二

① 写出两种触发器的特征方程。

D 触发器：$Q^{n+1}=D$

JK 触发器：$Q^{n+1} = J\overline{Q^n} + \overline{K}Q^n$

② 比较两个特征方程，写出已知触发器的驱动。

因为给定的触发器和待求触发器有相同的输出端，所以特性方程应相同。比较两个方程，可得：

$$D = J\overline{Q^n} + \overline{K}Q^n$$

③ 画出逻辑图。

2. JK 触发器转换成 D 触发器

用方法二。

（1）写出两触发器的特性方程

$$Q^{n+1} = J\overline{Q^n} + \overline{K}Q^n$$

$$Q^{n+1} = D = D(\overline{Q^n} + Q^n) = D\overline{Q^n} + DQ^n$$

（2）比较两个方程，求出 J、K

由两式比较，得出：

$$J=D, \quad K=\overline{D}$$

（3）画出逻辑图

根据 J、K 的表达式，作出转换后的 D 触发器如图 5.6.5 所示。

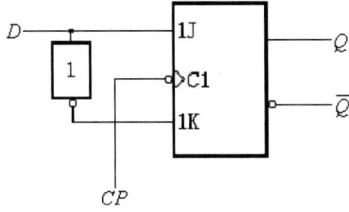

图 5.6.5 JK 触发器转换成 D 触发器

## 5.7 触发器的动态参数

为了保证触发器工作时能可靠地翻转，有必要分析一下它们的动态翻转过程，并找出对输入信号、时钟信号以及它们相互配合关系的要求。

这里以常用的集成维持阻塞 D 触发器 7474 为例来说明这些参数。7474 的电路及逻辑符号如图 5.7.1 所示。

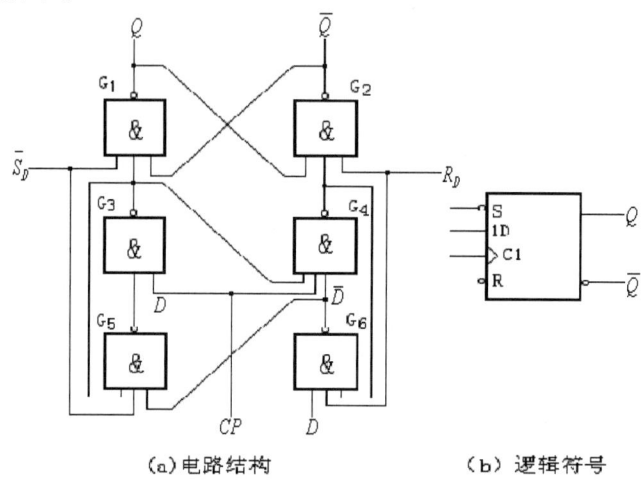

（a）电路结构　　　　（b）逻辑符号

图 5.7.1　集成维持阻塞 D 触发器 7474 电路结构和逻辑符号

1. 建立时间 $t_{set}$

为使触发器按预定情况翻转，要求输入信号在时钟脉冲有效沿到来之前提前一段时间建立起来，这段提前时间称为建立时间 $t_{set}$。对于 7474 来说，由于 CP 信号是加到 $G_3$ 和 $G_4$ 门上的，因而在 CP 的上升沿到达之前，$G_5$、$G_6$ 门的输出端状态必须稳定地建立起来。由图可知，输入信号到达 D 端后，要经过两个门的传输延迟时间才能使 $G_5$、$G_6$ 的输出状态稳定，所以 D 端的输入信号必须先于 CP 的上升沿到达，而且建立时间应满足：

$$t_{set} \geqslant 2t_{pd}$$

动态波形如图 5.7.2 所示。

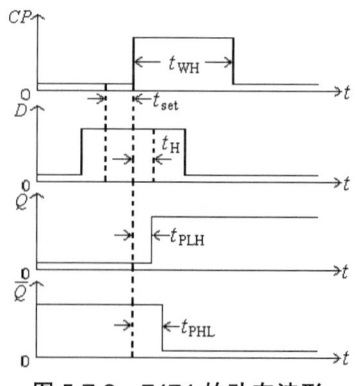

图 5.7.2　7474 的动态波形

## 2. 保持时间 $t_H$

在 CP 的上升沿到达后，为保证触发器正确翻转，还要使输入信号再保持一段时间，这段时间称为保持时间 $t_H$。

对于 7474 而言，在 D=0 的情况下，CP 上升沿到达后，还要等 $G_4$ 输出的低电平返回到门 $G_6$ 的输入端以后，D 端的低电平才允许改变，因此保持时间为：

$$t_{HL} \geqslant 1t_{pd}$$

而在 D=1 的情况下，CP 的上升沿到达后，$G_3$ 门的输出将 $G_4$ 门封锁，所以不要求输入信号继续保持，故输入高电平时的保持时间 $t_{HH}=0$。因此 7474 的保持时间：

$$t_H \geqslant 1t_{pd}$$

## 3. 传输延迟时间

从 CP 的有效沿开始到输出端状态稳定建立起来，这段时间称为传输延迟时间。由图 5.7.2 可以看出，输出由高电平变为低电平的传输延迟时间 $t_{PHL}$ 和由低电平变为高电平的传输延迟时间 $t_{PLH}$ 是不相同的。它们分别为：

$$t_{PHL}=3t_{pd}$$
$$t_{PLH}=2t_{pd}$$

## 4. 最高时钟频率 $f_{max}$

为保证触发器可靠翻转，所允许的时钟信号的最高频率称为最高时钟频率，也称作触发器的最高工作频率，用 $f_{max}$ 表示。它由时钟信号的高、低电平的宽度来决定。对于 7474 来说，为保证 $G_1 \sim G_4$ 门组成的同步 RS 触发器可靠的翻转，CP 高电平宽度 $t_{WH}$ 应大于触发器的传输延迟时间 $t_{PHL}$；为保证 CP 上升沿到达之前，门 $G_5$、$G_6$ 新的输出电平得以稳定建立，CP 低电平维持时间应不小于 $G_4$ 门的传输延迟时间和 $t_{set}$ 之和，即时钟低电平宽度：

$$t_{WL} \geqslant t_{set} + 1\, t_{pd}$$

因此最高时钟频率：

$$f_{max}=\frac{1}{t_{WH}+t_{WL}}=\frac{1}{t_{set}+1t_{pd}+t_{PHL}}=\frac{1}{6t_{pd}}$$

以上讨论中，假定所有门电路的传输时间是相等的，而实际情况并非如此，所以一些结果只用于定性说明有关的物理概念。手册上给出的 7474 的动态参数为：$t_{set}=20$ ns，$t_H=5$ ns，$t_{WH}=30$ ns，$t_{WL}=37$ ns，$f_{max}=15$ MHz。为了保证触发器在动态工作时可靠地翻转，尤其是在电路工作频率较高的情况下，要注意查阅这些参数，使输入信号、时钟信号在时间上的配合符合设计要求。

## 5.8　触发器的 Verilog 语言实现

本节将针对触发器的 Verilog 实现给出电路描述，并进行仿真测试。在 Verilog 中，D 触发器是一种基本的时序逻辑电路，用来存储一个二进制数位，输入包括时钟信号

（clk）、数据输入（d），并有输出信号（q），当时钟信号的上升沿（或下降沿，具体取决于设计）到来时，d 的输入值会被锁存到输出 q。

例 5.8.1 给出了一个基于结构级建模的 D 触发器描述方法，该 D 触发器的使能信号为高电平使能，该设计通过与门和反相器构建了一个 D 锁存器，用来存储和锁存输入 d 的值，其中 SR 锁存器模块是 D 触发器的核心部分，通过 S 和 R 信号的逻辑组合实现 q 和~q 的输出，仿真结果如图 5.8.1 所示。

【例 5.8.1】D 触发器—结构级建模—使能高电平触发。

```
1   module d_latch (
2       input wire d,
3       input wire en,
4       output wire q,
5       output wire nq
6   );
7       wire nd;        // 反相后的 d
8       wire s, r;      // SR latch 的输入
9       assign nd = ~d;          // 反相器生成 nd
10      assign s = en & d;       // 两个与门产生 S 和 R
11      assign r = en & nd;
12      sr_latch sr_latch_inst (      // SR 锁存器
13          .s ( s ),
14          .r ( r ),
15          .q ( q ),
16          .nq ( nq )
17      );
18  endmodule
19  module sr_latch (      // SR 锁存器
20      input wire s,
21      input wire r,
22      output wire q,
23      output wire nq
24  );
25      assign q = ~ ( r | nq );
26      assign nq = ~ ( s | q );
27  endmodule
```

在例 5.8.1 中：

① line 1~6：声明 D 触发器。module d_latch：定义一个名为 d_latch 的模块；input

wire d：d 是输入信号，用于表示数据；input wire en：en 是使能信号（可以类比为时钟信号），控制锁存器是否锁存数据；output wire q 和 output wire nq：q 是输出信号，nq 是 q 的反向输出，锁存器保持 q 和 nq 的状态。

② line 7：声明一个名为 nd 的中间信号，存储 d 的反向信号。

③ line 8：声明两个信号 s 和 r，分别作为后续 SR 锁存器的输入信号（Set 和 Reset）。

④ line 9：反相器，通过~操作符将 d 反相，并将结果赋给 nd。

⑤ line 10～11：两个与门的实现，分别用于生成 Set 和 Reset 信号。

⑥ line 12～17：实例化一个名为 sr_latch_inst 的 SR 锁存器模块，用于实现 Set-Reset 锁存器的逻辑功能

⑦ line 19～24：声明 SR 锁存器模块，s 是 Set（设置信号）r 是 Reset（复位信号），q 是输出信号，nq 是 q 的反向信号。

⑧ line 19～24：通过或非门生成 q 和 nq 信号。这里要注意 q 和 nq 是并行赋值计算的，q 和 nq 的新值实际上基于它们上一时刻的状态。

最终仿真结果如图 5.8.1 所示，可以看到在使能为高电平时，系统的输出 q 跟随 d 的变化而变化，在使能高电平时，系统输出 q 的值可以进行多次变化。

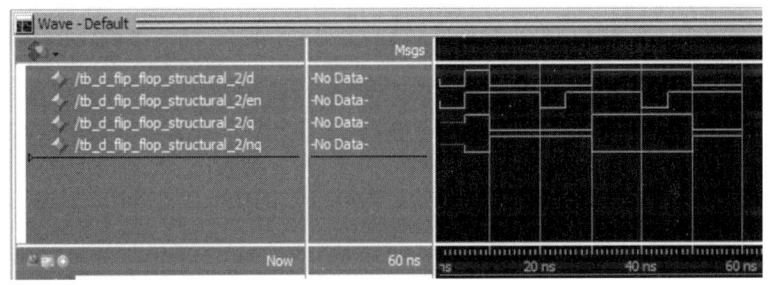

图 5.8.1 高电平触发 D 触发器仿真结果

例 5.8.1 中描述的触发器使用高电平触发，而例 5.8.2 边缘型 D 触发器的描述方法，采用行为级建模。

在例 5.8.2 中，应用 always @（posedge clk）指定了在时钟信号 clk 的上升沿时，d 的值被传递到 q。这意味着 D 触发器只在时钟的上升沿才会捕获数据，其他时间保持 q 的值不变。仿真结果如图 5.8.2 所示。

【例 5.8.2】边缘型 D 触发器—行为级建模。

```
1    module d_flip_flop （
2        input wire clk,      // 时钟信号
3        input wire d,        // 数据输入
4        output reg q         // 输出信号
5    ）；
        // 在时钟信号上升沿时，将 d 输入锁存到 q 输出
```

| | |
|---|---|
| 6 | always @（posedge clk） begin |
| 7 |     q <= d;        // 非阻塞赋值，用于时序逻辑 |
| 8 | end |
| 9 | endmodule |

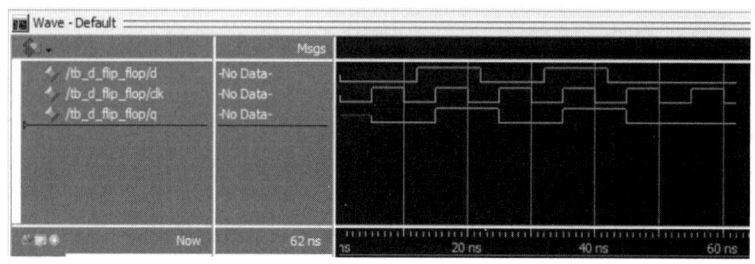

图 5.8.2　上升沿触发 D 触发器仿真结果

可以看到，行为级建模的方法在代码描述上较为简单，但该代码的抽象程度高，所体现的只能说是边沿型 D 触发器的功能，难以看出该系统的硬件结构。

因此，除了行为级建模外，还可通过结构级建模方法实现边缘型 D 触发器（DUT），例 5.8.3 通过组合两个 D 锁存器（主从锁存器）来实现上升沿触发的 D 触发器，代码如示下。

【例 5.8.3】边缘型 D 触发器—结构级建模。

| | |
|---|---|
| | // SR 锁存器模块 |
| 1 | module sr_latch （ |
| 2 |     input wire s, |
| 3 |     input wire r, |
| 4 |     output wire q, |
| 5 |     output wire nq |
| 6 | ）； |
| 7 |     reg q_reg; |
| 8 |     assign q = q_reg; |
| 9 |     assign nq = ~q_reg; |
| 10 |     always @（*） begin |
| 11 |         if （s && !r） |
| 12 |             q_reg = 1; |
| 13 |         else if （!s && r） |
| 14 |             q_reg = 0; |
| 15 |     end |

| | |
|---|---|
| 16 | endmodule |

// D 锁存器模块

| | |
|---|---|
| 17 | module d_latch（ |
| 18 |     input wire d, |
| 19 |     input wire en, |
| 20 |     output wire q |
| 21 | ）； |
| 22 |     wire s, r; |
| 23 |     assign s = en & d; |
| 24 |     assign r = en & ~d; |

    // 使用 SR 锁存器

| | |
|---|---|
| 25 |     sr_latch sr_inst（ |
| 26 |         .s（s）, |
| 27 |         .r（r）, |
| 28 |         .q（q）, |
| 29 |         .nq（） |
| 30 |     ）； |
| 31 | endmodule |

// 上升沿触发的 D 触发器（主从结构）

| | |
|---|---|
| 32 | module d_flip_flop（ |
| 33 |     input wire d, |
| 34 |     input wire clk, |
| 35 |     output wire q |
| 36 | ）； |
| 37 |     wire q_master; |

    // 主锁存器：时钟低电平时捕获数据

| | |
|---|---|
| 38 |     d_latch master_latch（ |
| 39 |         .d（d）, |
| 40 |         .en（~clk）,   // 时钟低电平时使能 |
| 41 |         .q（q_master） |
| 42 |     ）； |

    // 从锁存器：时钟高电平时将主锁存器的数据传递到输出

| | |
|---|---|
| 43 |     d_latch slave_latch（ |
| 44 |         .d（q_master）, |
| 45 |         .en（clk）,    // 时钟高电平时使能 |
| 46 |         .q（q） |

| | 续表 |
|---|---|
| 47　　　　　);<br>48　endmodule<br>46　　　　　.q（q）<br>47　　　　　);<br>48　endmodule | |

可以看到例 5.8.2 和例 5.8.3 实现的是相同的功能，但由于采用不同的建模方法，代码量不同。其中，例 5.8.2 只显示了行为，并没有将门电路的搭建方法进行介绍，对 EDA 软件预先设定的模块要求更高，而例 5.8.3 虽然代码复杂，但通过查阅代码可以明确看到系统是如何通过门电路实现边缘型 D 触发器，更适合硬件检查等相关应用场景。

## 5.9　小结

触发器是构成时序逻辑电路的基本逻辑单元。触发器的特点是可以保存 1 位二值信息，因此被称为存储单元或记忆单元。

由于触发器的状态随输入信号变化的规律不同，各种触发器在具体功能上有所差别。根据这些差别，将触发器分成 RS 触发器、JK 触发器、D 触发器、T 触发器和 T'触发器。触发器的逻辑功能可以用特性方程、特性表或状态转换图来描述。

根据电路结构的不同，又可以把触发器分成基本 RS 触发器、同步触发器、主从型触发器、边沿触发器等类型。由于电路不同带来了不同的动作特点，必须很好掌握这些特点，才能正确使用它们。

触发器的逻辑功能和电路结构之间的关系是：同一种逻辑功能的触发器可以用不同的电路结构来实现；同一种电路结构可以用来实现不同功能的触发器。

触发器之间可以相互转换，JK 触发器和 D 触发器用得最多。

为了保证触发器在动态工作时能可靠翻转，输入信号、时钟信号以及它们在时间上的相互配合应满足一定的要求。具体参数就是建立时间、保持时间、时钟信号的宽度和最高工作频率等。这些参数可以从手册上查到。

最后，本章基于不同的建模方法，构建了 D 触发器的描述方法，并进行了仿真验证。

习题

5.1　由两个与非门组成的基本触发器能否实现钟控？试说明理由。
5.2　主从触发器、维持—阻塞触发器及边沿触发器的脉冲工作特性有哪些特点？
5.3　写出 RS 触发器、JK 触发器、T 触发器和 D 触发器的特性方程。
5.4　试说明描述触发器逻辑功能的几种方法，分别叙述 D 触发器、JK 触发器、RS 触发器、T 触发器的逻辑功能。

5.5 触发器有哪几种常见的电路结构形式？它们各有什么样的动作特点？

5.6 触发器的逻辑功能和电路结构形式之间的关系如何？

5.7 由两个与非门构成的基本 RS 触发器的电路结构和输入如图 P5.7 所示，画出 Q 和 $\overline{Q}$ 端的波形。

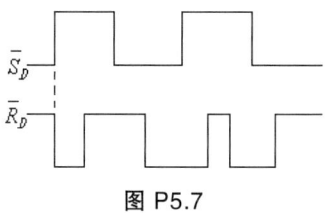

图 P5.7

5.8 由两个或非门构成的基本 RS 触发器的输入波形如图 P5.8 所示，画出输出 Q 和 $\overline{Q}$ 的波形。

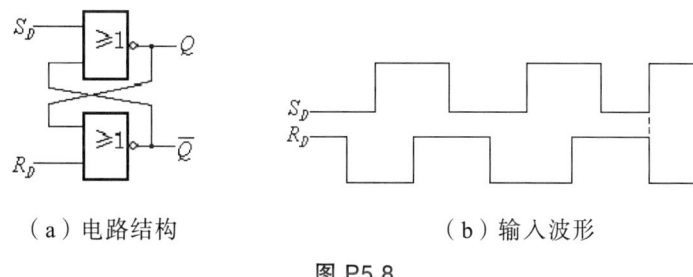

（a）电路结构　　　　　（b）输入波形

图 P5.8

5.9 图 P5.9（a）是一个防抖动输出的开关电路。当拨动开关 S 时，由于开关触点接通瞬间发生震颤。$\overline{S}_D$ 和 $\overline{R}_D$ 的电压波形如图 P5.9（b）所示，试画出 Q、$\overline{Q}$ 端对应的电压波形。

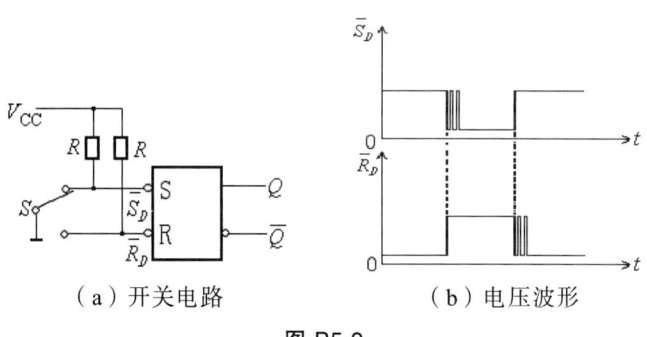

（a）开关电路　　　　　（b）电压波形

图 P5.9

5.10 主从 J-K 触发器的输入端波形如图 P5.10 所示，试画出输出端的工作波形。

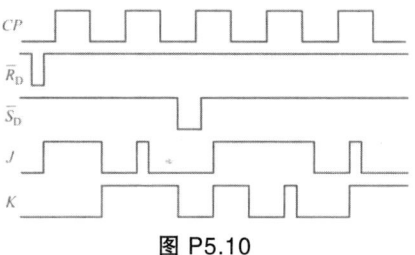

图 P5.10

5.11 试画出如图 P5.11 所示电路中输出 $v_{O1}$、$v_{O2}$ 的波形。

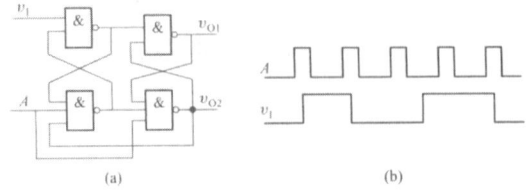

图 P5.11

5.12 试画出图 P5.12 所示电路中 $Q_2$ 的输出波形。

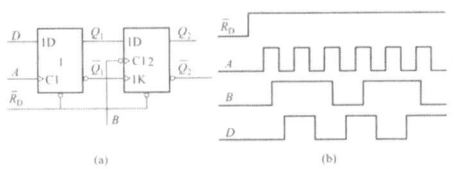

图 P5.12

5.13 图 P5.13 是用维持—阻塞式 D 触发器组成的电路，试画出在一系列 CP 信号作用下输出端 Y 对应的波形，假设触发器的初始状态均为 Q=0。

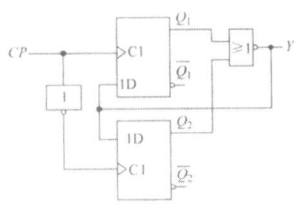

图 P5.13

5.14 图 P5.14 所示是由两个"与或非"门组成的电路，分析电路功能，列出特性表，写出特性方程并画出状态图。

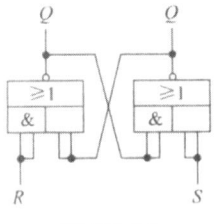

图 P5.14

5.15 若主从型 RS 触发器电路中，已知 CP、S、R 的波形如图 P5.15 所示，试画出 Q 和 $\overline{Q}$ 端的电压波形，假设触发器的初始状态 Q=0。

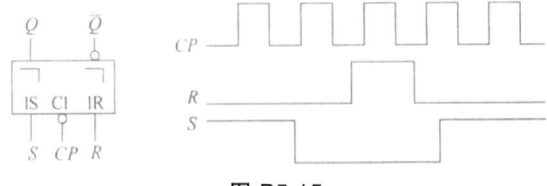

图 P5.15

5.16　图 P5.16 所示是维持—阻塞 D 触发器的脉冲分频电路，试画出 Q 端对应输出波形，设初始状态为 0。

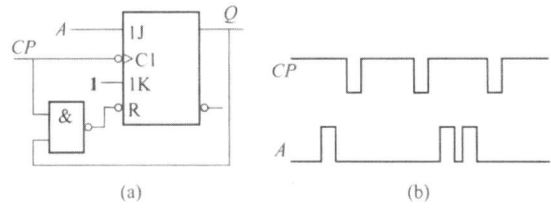

图 P5.16

5.17　在同步 RS 触发器中，若 CP、S、R 的电压波形如图 P5.17 所示。画出 Q 和 $\overline{Q}$ 端的波形，设触发器的初始状态为 Q=0。

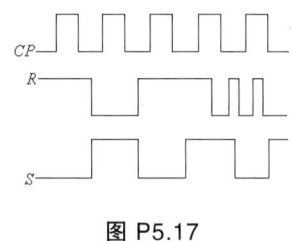

图 P5.17

5.18　同步 D 触发器的 CP 和 D 的波形如图 P5.18 所示。画出 Q 和 $\overline{Q}$ 端的波形，设触发器的初始状态为 0。

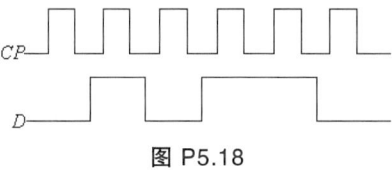

图 P5.18

5.19　主从型 JK 触发器输入波形如图 P5.19 所示，画出输出端 Q 和 $\overline{Q}$ 的波形，设触发器初始状态 Q=0。

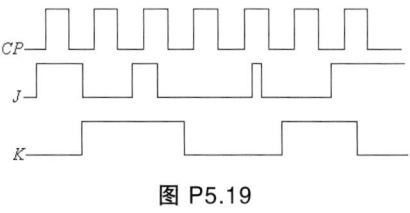

图 P5.19

5.20　主从型 JK 触发器组成图 P5.20（a）所示电路，输入波形如图 P5.20（b）所示，画出各触发器 Q 端的波形。

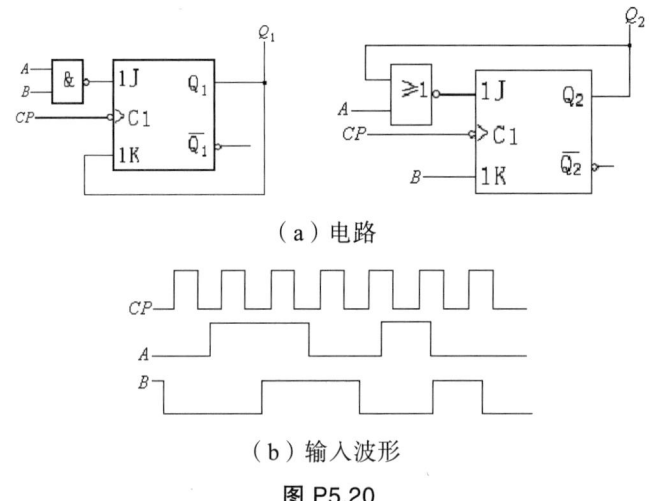

(a) 电路

(b) 输入波形

图 P5.20

5.21 主从型 RS 触发器电路如图 P5.21（a）所示。CP、$\overline{R}_D$、S、R 各输入的电压波形如图 P5.21（b）所示，画出 Q 端和 $\overline{Q}$ 端对应的电压波形。

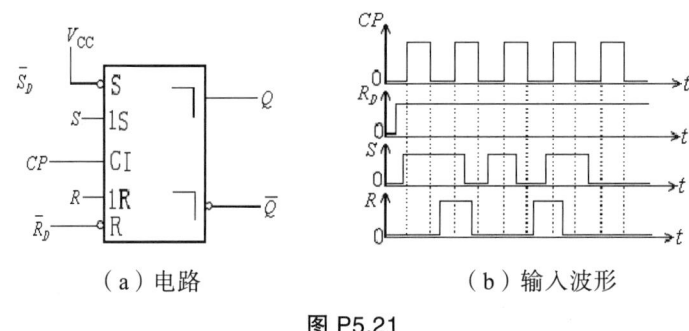

(a) 电路　　　　　(b) 输入波形

图 P5.21

5.22 维持阻塞 D 触发器构成图 P5.22（a）所示的电路，输入波形如图 P5.22（b）所示。画出各触发器 Q 端的波形，触发器的初态均为 0。

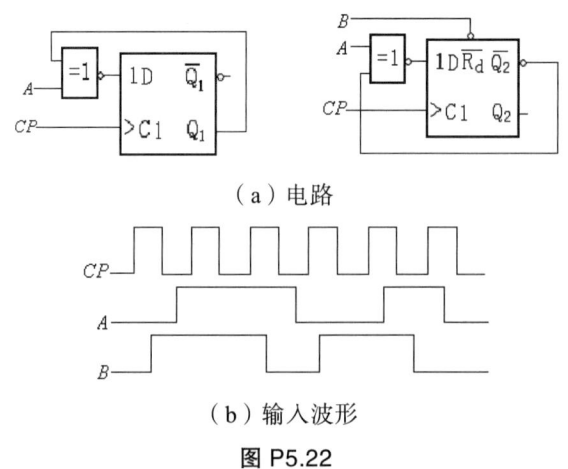

(a) 电路

(b) 输入波形

图 P5.22

5.23 已知 CMOS 边沿 D 触发器（图 P.23（a））各输入端的电压波形如图 P5.23（b）

所示，画出 Q 和 $\overline{Q}$ 端的电压波形。

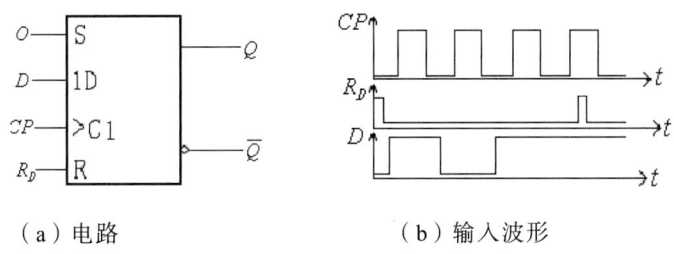

（a）电路　　　　　　　　（b）输入波形

图 P5.23

5.24　上升沿触发的维持阻塞型 D 触发器 74LS74 组成图 P5.24（a）所示电路，输入波形如图 P5.24（b）所示，画出 $Q_1$ 和 $Q_2$ 的波形，设 Q 初态为 0。

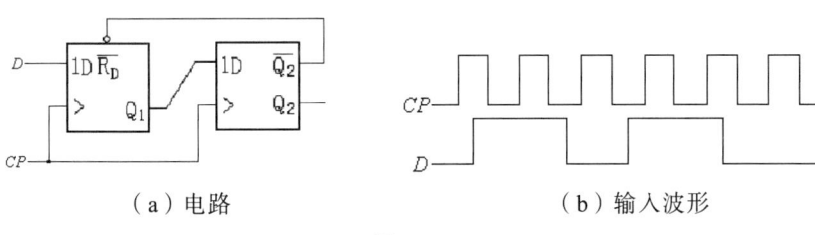

（a）电路　　　　　　　　（b）输入波形

图 P5.24

5.25　下降沿触发的边沿 JK 触发器 74LS112 组成的电路如图 P5.25 所示。

（1）分析电路功能，画出 $V_0 \sim CP$ 的时序图。

（2）电路输出 $V_0$ 的脉冲宽度 $T_W$ 和哪些因素有关？

（3）若已知门的 $t_{pd}=10\,\text{ns}$，触发器的 $t_{pd}=30\,\text{ns}$，要想得到 $T_W=70\,\text{ns}$ 的正脉冲，电路应作何改动？

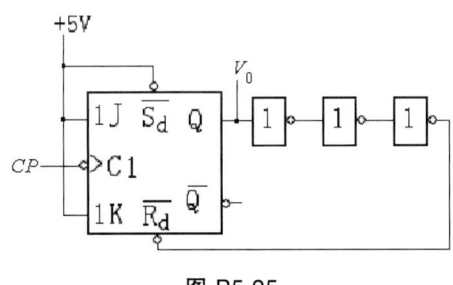

图 P5.25

# 第 6 章

## 时序逻辑电路分析与设计

**内容提要** 从第 4 章我们知道，所有的组合逻辑电路都有一个共同的特点：任一时刻电路的输出仅取决于当时电路的输入，与电路以前的输入和状态无关。在本章中，我们将要讨论另一种类型的逻辑电路——时序逻辑电路（简称时序电路）。在时序逻辑电路中，电路的输出不仅取决于当时电路的输入，还与以前电路的输入和状态有关，也就是说，时序逻辑电路具有记忆功能。首先概要介绍时序逻辑电路的特点、分类和功能，然后重点介绍时序逻辑电路的一般分析和设计方法，并给出了部分典型时序逻辑电路的硬件描述和仿真。

## 6.1 时序逻辑电路概述

### 6.1.1 时序逻辑电路的特点

数字逻辑电路可分为两种类型：组合逻辑电路和时序逻辑电路。组合逻辑电路的输出仅仅取决于当前时刻的输入变量，而与前一时刻的输出变量无关；而在时序逻辑电路中，任一时刻的输出不仅取决于该时刻输入变量，而且还与电路前一时刻的状态有关。因此，时序逻辑电路的分析与设计方法将不同于组合逻辑电路。

时序逻辑电路与组合逻辑电路相比，电路结构上有两个显著特点：第一，时序逻辑电路由组合逻辑电路和存储电路两部分组成,存储电路的输出端可实现电路状态的记忆；第二，存储电路输出反馈到组合电路的输入端，与外加输入信号共同决定组合电路当前时刻的输出。组合逻辑电路的输出有两部分：当前时刻外部输出和连接到存储电路输入端的激励信号,即内部输出,它将决定存储电路下一状态。

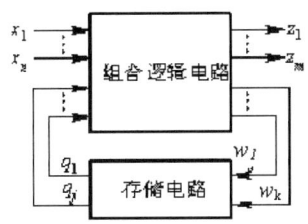

图 6.1.1 时序逻辑电路结构框图

在时序逻辑电路结构框图 6.1.1 中,X($x_1$,$x_2$,…,$x_n$)为外部输入信号;Q($q_1$,$q_2$,…,$q_j$)为存储电路的状态输出,也是组合逻辑电路的内部输入;Z($z_1$,$z_2$,…,$z_m$)为外部输出;W($w_1$,$w_2$,…,$w_k$)为存储电路的激励信号,也是组合逻辑电路的内部输出。在存储电路中,每一位输出 $q_i$(i = 1,2,…,j)称为一个状态变量,j 个状态变量可以组成 $2^j$ 个不同的内部状态。时序逻辑电路对于输入变量 n 时刻情况的记忆就是反映在状态变量 n+1 时刻的不同取值上,即不同的内部状态代表不同的输入变量的历史情况。

$$\begin{cases} z_1^n = f_1(x_1^n, x_2^n, \cdots, x_n^n, q_1^n, q_2^n, \cdots, q_j^n) \\ z_2^n = f_2(x_1^n, x_2^n, \cdots, x_n^n, q_1^n, q_2^n, \cdots, q_j^n) \\ \vdots \\ z_m^n = f_m(x_1^n, x_2^n, \cdots, x_n^n, q_1^n, q_2^n, \cdots, q_j^n) \end{cases} \quad (6.1.1)$$

$$\begin{cases} w_1^n = g_1(x_1^n, x_2^n, \cdots, x_n^n, q_1^n, q_2^n, \cdots, q_j^n) \\ w_2^n = g_2(x_1^n, x_2^n, \cdots, x_n^n, q_1^n, q_2^n, \cdots, q_j^n) \\ \vdots \\ w_k^n = g_k(x_1^n, x_2^n, \cdots, x_n^n, q_1^n, q_2^n, \cdots, q_j^n) \end{cases} \quad (6.1.2)$$

$$\begin{cases} q_1^{n+1} = h_1(w_1^n, w_2^n, \cdots, w_k^n, q_1^n, q_2^n, \cdots, q_j^n) \\ q_2^{n+1} = h_2(w_1^n, w_2^n, \cdots, w_k^n, q_1^n, q_2^n, \cdots, q_j^n) \\ \vdots \\ q_j^{n+1} = h_j(w_1^n, w_2^n, \cdots, w_k^n, q_1^n, q_2^n, \cdots, q_j^n) \end{cases} \quad (6.1.3)$$

其中,式(6.1.1)称为输出方程,式(6.1.2)称为驱动方程(或激励方程),式(6.1.3)称为状态方程。方程中的上标 n 和 n+1 表示相邻的两个离散时间(或称相邻的两个节拍),如 $q_1^n$、$q_2^n$、…、$q_j^n$ 表示存储电路中每个触发器的当前状态(也称现状态、初态或原状态),$q_1^{n+1}$、$q_2^{n+1}$、…、$q_j^{n+1}$ 表示存储电路中每个触发器的新状态(也称下一状态或次态)。式(6.1.1)(6.1.2)(6.1.3)可写成如下形式:

$$\begin{aligned} Z^n &= F(X^n, Q^n) \\ W^n &= G(X^n, Q^n) \\ Q^{n+1} &= H(W^n, Q^n) \end{aligned} \quad (6.1.4)$$

从式（6.1.4）不难看出：时序逻辑电路某时刻的输出 $Z^n$ 取决于该时刻的外部输入 $X^n$ 和内部状态 $Q^n$；而时序逻辑电路的下一状态 $Q^{n+1}$ 也取决于 $X^n$ 和 $Q^n$。时序逻辑电路的工作过程实质上就是在不同的输入条件下，内部状态和输出不断更新的过程。人们也习惯将式（6.1.4）写成如下形式：

$$Z = F(X, Q)$$
$$W = G(X, Q) \quad (6.1.5)$$
$$Q^{n+1} = H(W, Q)$$

### 6.1.2　时序逻辑电路的分类

**1. 按输出信号的特点分类**

可以分为米勒（Mealy）型和摩尔（Moore）型时序电路两种。Mealy 型时序电路的输出函数为 $Z = F(X, Q)$，即某时刻的输出决定于该时刻的外部输入 X 和内部状态 Q，如图 6.1.2（a）所示。图 6.1.2（b）所示为 Mealy 型串行加法器电路。在该电路中，$a_i$、$b_i$ 为串行数据输入，$s_i$ 为串行数据输出，$s_i = a_i + b_i + c_{i-1}$，或 $s_i = a_i + b_i + Q$。Moore 型时序电路的输出函数为 $Z = F(Q)$，如图 6.1.3（a）所示。图 6.1.3（b）所示为 Moore 型七进制计数器电路。

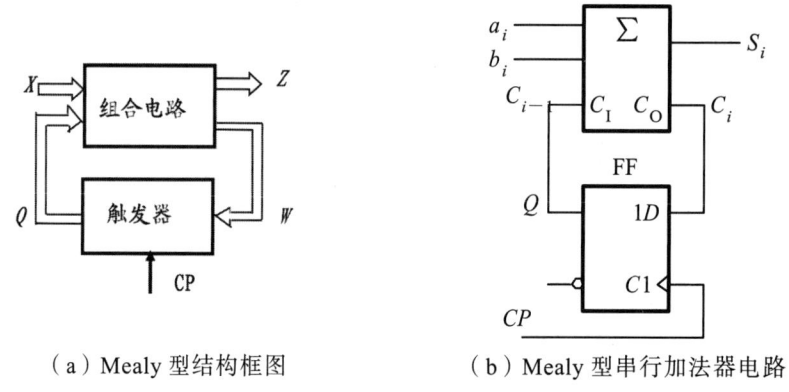

（a）Mealy 型结构框图　　（b）Mealy 型串行加法器电路

图 6.1.2　Mealy 型时序逻辑电路

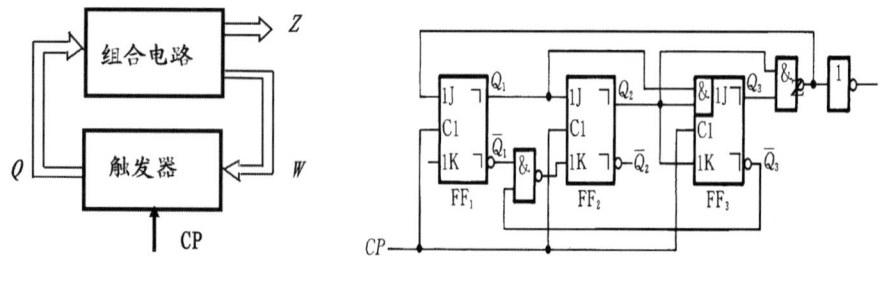

（a）Moore 型结构框图　　（b）Moore 型七进制计数器电路

图 6.1.3　Moore 型时序逻辑电路

## 2. 按控制时序状态的脉冲源分类

按控制时序状态的脉冲源分布可以分为同步时序逻辑电路和异步时序逻辑电路。

同步时序逻辑电路：存储电路里所有触发器由一个统一的时钟脉冲源控制。

异步时序逻辑电路：没有统一的时钟脉冲。

### 6.1.3 时序逻辑电路的功能描述

**1. 逻辑方程式**

$$Z = F(X, Q)$$
$$W = G(X, Q)$$
$$Q^{n+1} = H(Y, Q)$$

**2. 状态转移表**

状态转移表也称状态迁移表或状态表，是用列表的方式来描述时序逻辑电路输出 Z、次态 $Q^{n+1}$ 和外部输入 X、现态 Q 之间的逻辑关系。表 6.1.1 ~ 表 6.1.3 是时序逻辑电路状态表举例。

表 6.1.1 Mealy 型时序电路状态表

| $Q_1Q_0$ \ $X_1X_0$ | $Q_1^{n+1}Q_0^{n+1}/Z$ | | | |
|---|---|---|---|---|
| | 00 | 01 | 11 | 10 |
| 00 | 00/0 | 01/1 | 00/0 | 10/0 |
| 01 | 01/1 | 01/1 | 00/0 | 11/1 |
| 11 | 00/0 | 11/1 | 00/0 | 11/1 |
| 10 | 10/1 | 11/1 | 00/0 | 10/1 |

表 6.1.2 Moore 型时序电路状态表

| $Q_1Q_0$ \ X | $Q_1^{n+1}Q_0^{n+1}$ | | Z |
|---|---|---|---|
| | 0 | 1 | |
| 00 | 01 | 11 | 0 |
| 01 | 10 | 00 | 0 |
| 11 | 00 | 10 | 1 |
| 10 | 11 | 01 | 0 |

表 6.1.3 Moore 型时序电路简化状态表

| $Q_2$ | $Q_1$ | $Q_0$ | $Q_2^{n+1}$ | $Q_1^{n+1}$ | $Q_0^{n+1}$ |
|---|---|---|---|---|---|
| 0 | 0 | 0 | 0 | 0 | 1 |
| 0 | 0 | 1 | 0 | 1 | 0 |
| 0 | 1 | 0 | 0 | 1 | 1 |
| 0 | 1 | 1 | 1 | 0 | 0 |
| 1 | 0 | 0 | 1 | 0 | 1 |
| 1 | 0 | 1 | 1 | 1 | 0 |
| 1 | 1 | 0 | 1 | 1 | 1 |
| 1 | 1 | 1 | 0 | 0 | 0 |

3. 状态图

图 6.1.4（a）(b) 为状态图两种不同的常见表示方法，只因 Z 的位置不同。(c) 为不考虑输入、输出的简单表述。

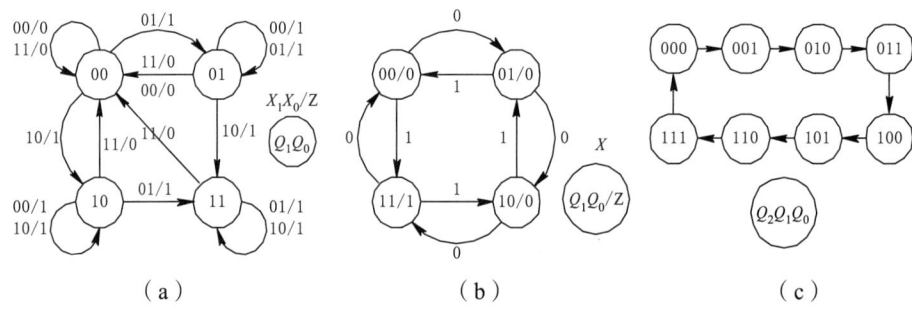

图 6.1.4 时序逻辑电路状态图

4. 时序图

时序图即为时序电路的工作波形图，它以波形的形式描述时序电路内部状态 Q、外部输出 Z 随输入信号 X 变化的规律，其具体画法将在下面讨论。

以上几种同步时序逻辑电路功能描述的方法，各有特点，但实质相同，且可以相互转换，它们都是同步时序逻辑电路分析和设计的主要工具。

## 6.2 时序逻辑电路的分析

### 6.2.1 同步时序逻辑电路的分析

1. 同步时序逻辑电路的一般分析方法

① 根据逻辑图求出时序电路的输出方程和各触发器的激励方程。

② 根据已求出的激励方程和所用触发器的特征方程，获得时序电路的状态方程。

③ 根据时序电路的状态方程和输出方程，建立状态转移表，进而画出状态图和波

形图。

④ 分析电路的逻辑功能。

**【例 6.2.1】**已知某同步时序电路的逻辑图如图 6.2.1 所示，试分析该电路的逻辑功能。

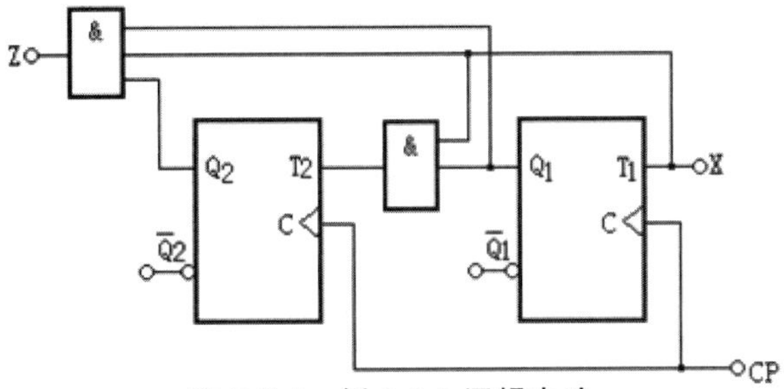


图 6.2.1　例 6.2.1 逻辑电路

**解**　（1）写出各触发器的激励方程和电路的输出方程

控制函数：$T_1{}^n = X^n$，$T_2{}^n = X^nQ_1{}^n$

输出函数：$Z^n = X^nQ_2{}^nQ_1{}^n$

（2）写状态方程

T 触发器的状态方程为：

$$Q^{n+1} = \overline{T}Q^n + T\overline{Q}^n = T \oplus Q^n$$

将 $T_{1n}$、$T_{2n}$ 代入则得到两个触发器的状态方程

$$\begin{cases} Q_1{}^{n+1} = T_1{}^n\overline{Q_1}{}^n + \overline{T_1}{}^nQ_1{}^n = X^n\ \overline{Q_1}{}^n + \overline{X}^n\ Q_1{}^n = X \oplus Q_1{}^n \\ Q_2{}^{n+1} = T_2{}^n\ \overline{Q_2}{}^n + \overline{T_2}{}^n\ Q_2{}^n = X^n\ Q_1{}^n\overline{Q_2}{}^n + \overline{X^n\ Q^n{}_1}\ Q_2{}^n \end{cases}$$

（3）作出电路的状态表及状态转换图

电路的状态表见表 6.2.1。

**表 6.2.1　电路的状态表**

| 现输入 | 现态 | | 现控制入 | | 次态 | | 现输出 |
|---|---|---|---|---|---|---|---|
| $X^n$ | $Q_2{}^n$ | $Q_1{}^n$ | $T_2{}^n$ | $T_1{}^n$ | $Q_2{}^{n+1}$ | $Q_1{}^{n+1}$ | $Z^n$ |
| 0 | 0 | 0 | 0 | 0 | 0 | 0 | 0 |
| 0 | 0 | 1 | 0 | 0 | 0 | 1 | 0 |
| 0 | 1 | 0 | 0 | 0 | 1 | 0 | 0 |
| 0 | 1 | 1 | 0 | 0 | 1 | 1 | 0 |
| 1 | 0 | 0 | 0 | 1 | 0 | 1 | 0 |
| 1 | 0 | 1 | 1 | 0 | 1 | 0 | 0 |
| 1 | 1 | 0 | 1 | 1 | 1 | 1 | 0 |
| 1 | 1 | 1 | 0 | 0 | 0 | 0 | 1 |

由状态表绘出状态图如图 6.2.2 所示。

第 6 章

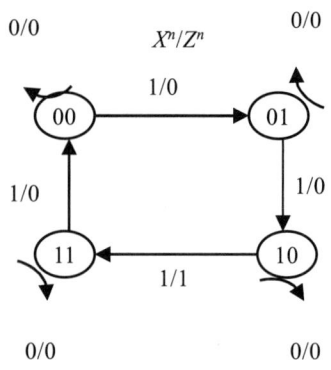

图 6.2.2 电路的状态图

由状态图得电路的逻辑功能：电路是一个可控模 4 计数器。X 端是控制端，时钟脉冲作为计数脉冲输入。X=1 时初态为 00 时，实现模 4 加计数；X=0 时保持原态。输出不仅取决于电路本身的状态，而且也与输入变量 X 有关。所以电路属于米勒型、可控模 4 计数器电路。

（4）作时序波形图

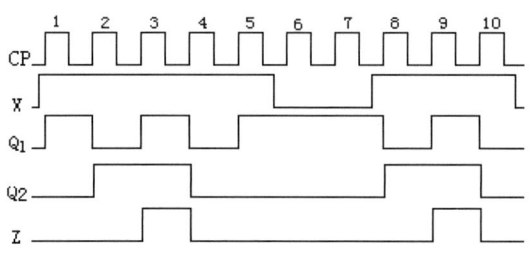

图 6.2.3 电路的时序波形图

初始状态 $Q_2^n Q_1^n$ 为 00，输入 X 的序列为 1111100111，如图 6.2.3 所示。

### 6.2.2 异步时序逻辑电路的分析

和同步时序逻辑电路不同，异步时序逻辑电路中各个触发器的时钟信号不是统一的。也就是说，异步时序逻辑电路中各个触发器的状态方程不是同时成立的。分析异步时序逻辑电路时，必须确定触发器的时钟信号是否有效。

分析异步时序逻辑电路的一般步骤如下。

① 根据逻辑图写方程，包括时钟方程、输出方程及各个触发器的驱动方程。

② 将驱动方程代入触发器的特性方程，得到各个触发器的状态方程。

③ 根据时钟方程、状态方程和输出方程进行计算，求出各种不同输入和现态情况下电路的次态和输出，根据计算结果列状态表。在计算的时候，要根据各个触发器的时钟方程来确定触发器的时钟信号是否有效。如果时钟信号有效，则按照状态方程计算触发器的次态；如果时钟信号无效，则触发器的状态不变。

④ 画状态图、时序图。

【例 6.2.2】分析图 6.2.4 所示的异步时序逻辑电路。

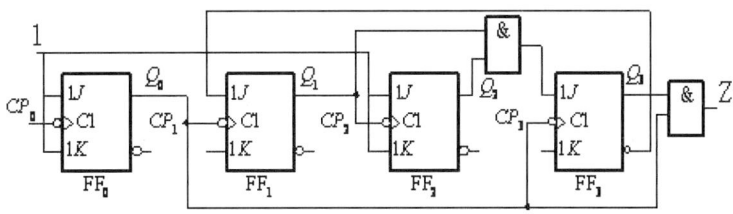

图 6.2.4 例 6.2.2 逻辑电路

**解** 由电路可写出其输出函数和激励函数为：

$$Z = Q_3Q_0$$
$$J_0 = K_0 = 1$$
$$J_1 = \overline{Q}_3, K_1 = 1$$
$$J_2 = K_2 = 1$$
$$J_3 = Q_2Q_1, K_3 = 1$$

结合 JK 触发器的特征方程 $Q^{n+1} = J\overline{Q} + \overline{K}Q$，可得新状态方程：

$$Q_0^{n+1} = \overline{Q}_0 CP_0$$
$$Q_1^{n+1} = \overline{Q}_3 \overline{Q}_1 CP_1$$
$$Q_2^{n+1} = \overline{Q}_2 CP_2$$
$$Q_3^{n+1} = Q_1 Q_2 \overline{Q}_3 CP_3$$

式中的 $CP_i$ 表示时钟信号，它不是一个逻辑变量。对下降沿动作的触发器而言，$CP_i=1$ 仅表示输入端有下降沿到达；对上升沿动作的触发器而言，$CP_i=1$ 仅表示输入端有上升沿到达；$CP_i=0$ 表示没有时钟信号有效沿到达，触发器保持原状态不变。该电路的状态表（表 6.2.2）须逐步完成，因为该状态表是针对 $CP_0$ 而列，$CP_0$ 仅加到 $FF_0$。因此，首先求出 $FF_0$ 的状态转换关系，从而就获得了 $CP_1$（$CP_3$）的变化情况；再求出 $FF_1$ 和 $FF_3$ 的状态转换关系，也获得了 $CP_2$ 的变化情况；最后求出 $FF_2$ 的状态转换关系。

例如，当 $Q_3Q_2Q_1Q_0=0111$ 时，$CP_0$ 到达（下降沿），$Q_0^{n+1}=0$ $CP_1$（$CP_3$）产生下降沿，可求得 $Q_1^{n+1}=0$，$Q_3^{n+1}=0$，此时 $CP_2$ 也产生下降沿，因而可求出 $Q_2^{n+1}=0$。这样，当 $Q_3Q_2Q_1Q_0=0111$，$CP_0$ 到达后，新状态为 $Q_3Q_2Q_1Q_0=1000$。由状态表 6.2.2 可画出脉冲异步十进制加法计数器的状态图如图 6.2.5 所示。由状态图可以看出，该电路是一个十进制加法计数器，并具有自启动能力。图 6.2.6 为该电路的工作波形图，图中标出了第八个时钟脉冲到达后，各触发器的状态转换过程。

表 6.2.2 脉冲异步十进制加法计数器状态表

| $Q_3$ | $Q_2$ | $Q_1$ | $Q_0$ | $Q_3^{n+1}$ | $Q_2^{n+1}$ | $Q_1^{n+1}$ | $Q_0^{n+1}$ | $CP_3$ | $CP_2$ | $CP_1$ | $CP_0$ | Z |
|---|---|---|---|---|---|---|---|---|---|---|---|---|
| 0 | 0 | 0 | 0 | 0 | 0 | 0 | 1 | 0 | 0 | 0 | 1 | 0 |
| 0 | 0 | 0 | 1 | 0 | 0 | 1 | 0 | 1 | 0 | 1 | 1 | 0 |
| 0 | 0 | 1 | 0 | 0 | 0 | 1 | 1 | 0 | 0 | 0 | 1 | 0 |

续表

| $Q_3$ | $Q_2$ | $Q_1$ | $Q_0$ | $Q_3^{n+1}$ | $Q_2^{n+1}$ | $Q_1^{n+1}$ | $Q_0^{n+1}$ | $CP_3$ | $CP_2$ | $CP_1$ | $CP_0$ | Z |
|---|---|---|---|---|---|---|---|---|---|---|---|---|
| 0 | 0 | 1 | 1 | 0 | 1 | 0 | 0 | 1 | 1 | 1 | 1 | 0 |
| 0 | 1 | 0 | 0 | 0 | 1 | 0 | 1 | 0 | 0 | 0 | 1 | 0 |
| 0 | 1 | 0 | 1 | 0 | 1 | 1 | 0 | 1 | 0 | 1 | 1 | 0 |
| 0 | 1 | 1 | 0 | 0 | 1 | 1 | 1 | 0 | 0 | 0 | 1 | 0 |
| 0 | 1 | 1 | 1 | 1 | 0 | 0 | 0 | 1 | 1 | 1 | 1 | 0 |
| 1 | 0 | 0 | 0 | 1 | 0 | 0 | 1 | 0 | 0 | 0 | 1 | 0 |
| 1 | 0 | 0 | 1 | 0 | 0 | 0 | 0 | 1 | 0 | 1 | 1 | 1 |
| 1 | 0 | 1 | 0 | 1 | 0 | 1 | 1 | 0 | 0 | 0 | 1 | 0 |
| 1 | 0 | 1 | 1 | 0 | 1 | 0 | 0 | 1 | 1 | 1 | 1 | 1 |
| 1 | 1 | 0 | 0 | 1 | 1 | 0 | 1 | 0 | 0 | 0 | 1 | 0 |
| 1 | 1 | 0 | 1 | 0 | 1 | 0 | 0 | 1 | 0 | 1 | 1 | 1 |
| 1 | 1 | 1 | 0 | 1 | 1 | 1 | 1 | 0 | 0 | 0 | 1 | 0 |
| 1 | 1 | 1 | 1 | 0 | 0 | 0 | 0 | 1 | 1 | 1 | 1 | 1 |

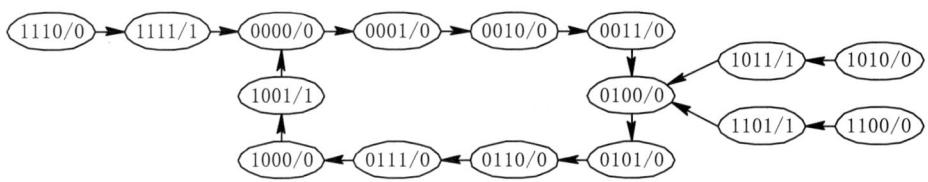

图 6.2.5　异步十进制加法计数器状态图

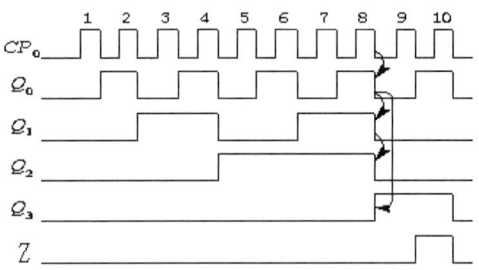

图 6.2.6　脉冲异步十进制加法计数器工作波形图

## 6.3　若干常用时序逻辑电路

### 6.3.1　寄存器和移位寄存器

1. 寄存器

寄存器用于寄存一组二进制代码,它被广泛用于各类数字系统和数字计算机中。因为一个触发器能存储 1 位二进制代码，所以用 n 个触发器组成的寄存器能存储一组 n 位二进制代码。对寄存器中使用的触发器只要求具有置 1 和置 0 的功能，因而无论是用基本 RS 结构的触发器，还是用数据锁存器、主从结构或边沿触发结构的触发器，都能组成寄存器。

（1）二拍接收四位数据寄存器

图 6.3.1 是由基本 RS 触发器构成的二拍接收四位数据寄存器。当清零端为逻辑 1，接收端为逻辑 0 时，寄存器保持原状态。当需将四位二进制数据存入数据寄存器时，需二拍完成：第一拍，发清零信号（一个负向脉冲），使寄存器状态为 0（$Q_3Q_2Q_1Q_0=0000$）；第二拍，将要保存的数据 $D_3D_2D_1D_0$ 送数据输入端（如 $D_3D_2D_1D_0=1101$），再送接收信号（一个正向脉冲），要保存的数据将被保存在数据寄存器中（$Q_3Q_2Q_1Q_0=1101$）。从该数据寄存器的输出端 $Q_3Q_2Q_1Q_0$ 可获得被保存的数据。

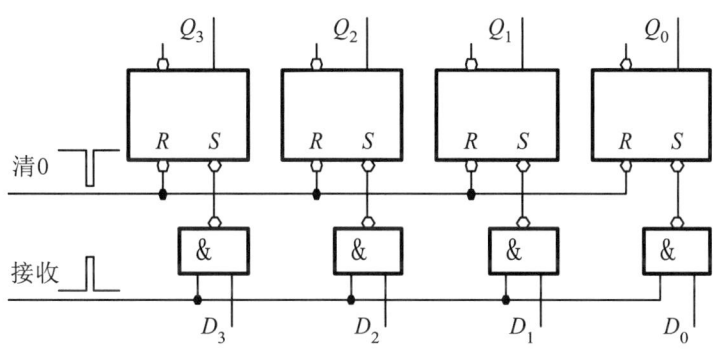

图 6.3.1　二拍接收四位数据寄存器

（2）单拍接收四位数据寄存器

图 6.3.2 是由数据锁存器构成的单拍接收四位数据寄存器。当接收端为逻辑 0 时，寄存器保持原状态；当需将四位二进制数据存入数据寄存器时，单拍即能完成需求——将要保存的数据 $D_3D_2D_1D_0$ 送数据输入端（如 $D_3D_2D_1D_0=1101$），再送接收信号（一个正向脉冲），要保存的数据将被保存在数据寄存器中（$Q_3Q_2Q_1Q_0=1101$）。同样从数据寄存器的输出端 $Q_3Q_2Q_1Q_0$ 可获得被保存的数据。

对于功能完善的触发器，如主从型 JK 触发器、维持阻塞型 D 触发器等，都可构成这类数据寄存器。

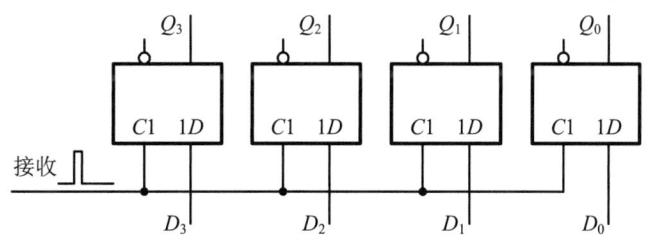

图 6.3.2　单拍接收四位数据寄存器

## 2. 移位寄存器

对于串行数据，则采用移位寄存器输入并加以保存。移位寄存器的功能和电路形式较多，按移位方向来分为左向移位寄存器、右向移位寄存器和双向移位寄存器；按接收数据的方式可分为串行输入移位寄存器和并行输入移位寄存器；按输出方式可分串行输出移位寄存器和并行输出移位寄存器。

（1）单向移位寄存器

图 6.3.3 所示的电路是由维持阻塞型 D 触发器组成的四位单向移位（右移）寄存器。在该电路中，$R_i$ 为外部串行数据输入（或称右移输入），$R_o$ 为外部输出（或称移位输出），输出端 $Q_3Q_2Q_1Q_0$ 为外部并行输出，CP 为时钟脉冲输入端（或称移位脉冲输入端，也称位同步脉冲输入端），清零端信号将使寄存器清零（$Q_3Q_2Q_1Q_0=0000$）。

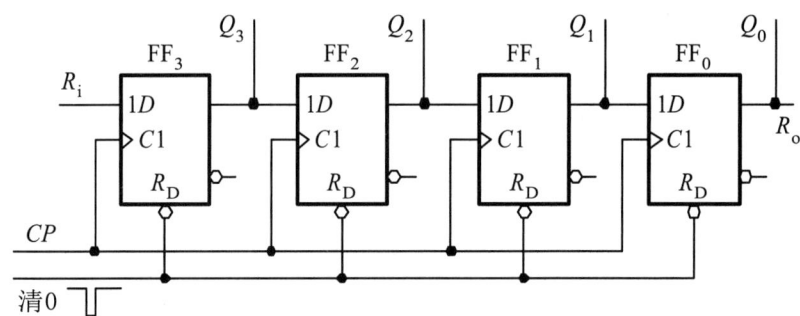

图 6.3.3　四位单向移位（右移）寄存器

在该电路中，各触发器的激励方程为：

$$D_3 = R_i,\ D_2 = Q_3,\ D_1 = Q_2,\ D_0 = Q_1$$

或

$$D_3 = R_i,\ D_n = Q_{n+1}(n = 0,\ 1,\ 2)$$

设输入 $R_i$=1011，则清零后在移位脉冲 CP 的作用下，移位寄存器中数码移动的情况如表 6.3.1 所示，各触发器输出端 $Q_3Q_2Q_1Q_0$ 的波形图如图 6.3.4 所示。

表 6.3.1　移位寄存器数码移动状况

| CP | $R_i$ | $Q_3$ | $Q_2$ | $Q_1$ | $Q_0$ |
|---|---|---|---|---|---|
| 0 | 0 | 0 | 0 | 0 | 0 |
| 1 | 1 | 1 | 0 | 0 | 0 |
| 2 | 0 | 0 | 1 | 0 | 0 |
| 3 | 1 | 1 | 0 | 1 | 0 |
| 4 | 1 | 1 | 1 | 0 | 1 |
| 5 | 0 | 0 | 1 | 1 | 0 |
| 6 | 0 | 0 | 0 | 1 | 1 |
| 7 | 0 | 0 | 0 | 0 | 1 |
| 8 | 0 | 0 | 0 | 0 | 0 |

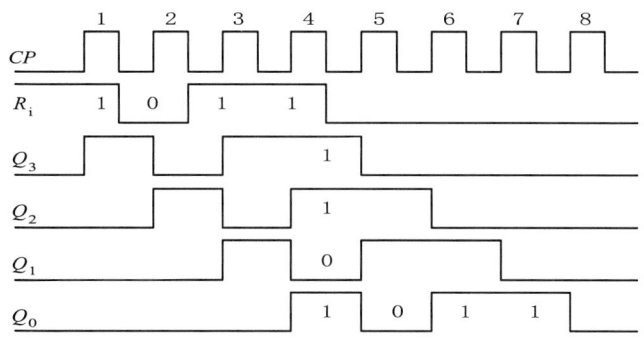

图 6.3.4 移位寄存器工作波形图

图 6.3.5 所示电路是由维持阻塞型 D 触发器组成的四位双向移位寄存器。在该电路中，$Q_5$ 为右移串行输入，$Q_0$ 为左移串行输入，$Q_1$ 为右移串行输出，$Q_4$ 为左移串行输出，输出端 $Q_4Q_3Q_2Q_1$ 为并行输出端，CP 为移位脉冲输入端，$D_4D_3D_2D_1$ 为并行数据输入端，M 端为工作方式控制端，清零端信号将使寄存器清零（$Q_4Q_3Q_2Q_1=0000$），接收信号将并行输入数据 $D_3D_2D_1D_0$ 写入移位寄存器中。本电路采用二拍接收并行数据的工作方式。

（2）双向移位寄存器

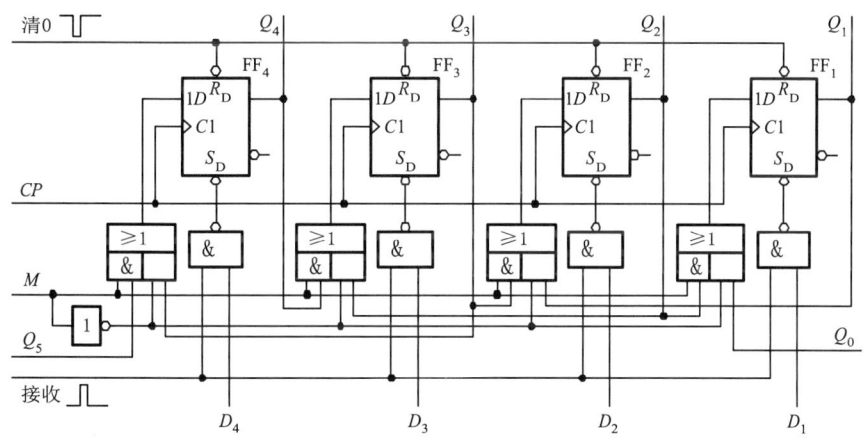

图 6.3.5 四位双向移位寄存器

由逻辑电路图可以写出组合电路的输出函数和激励函数。对于由 k 级触发器构成的移位寄存器来讲，其激励函数和次态方程分别为：

$$D_i = MQ_{i+1} + \overline{M}Q_{i-1}, \quad Q_i^{n+1} = MQ_{i+1} + \overline{M}Q_{i-1} \quad (i=1,2,\cdots,k)$$

当 M=1 时，$D_i = Q_{i+1}$，$Q_i^{n+1} = Q_{i+1}$，电路实现右移功能。
当 M=0 时，$D_i = Q_{i-1}$，$Q_i^{n+1} = Q_{i-1}$，电路实现左移功能。

### 6.3.2 计数器

计数器的主要功能是累计输入脉冲的个数。它不仅可以用来计数、分频，还可以对系统进行定时、顺序控制等，是数字系统中应用最广泛的时序逻辑部件之一。计数器是一个周期性的时序电路，其状态图有一个闭合环，闭合环循环一次所需要的时钟脉冲的个数称为计数器的模值 M。由 n 个触发器构成的计数器，其模值 M 一般应满足 $2^{n-1} <  M \leq 2^n$。

计数器有许多不同的类型。按时钟控制方式来分，有异步、同步两大类；按计数过程中数值的增减来分，有加法、减法、可逆计数器三类；按模值来分，有二进制、十进值和任意进制计数器。参见表 6.3.2。

表 6.3.2 计数器分类

| 名　　称 | 模　值 | 状态编码方式 | 自　启　动　情　况 | |
|---|---|---|---|---|
| 二进制计数器 | $M=2^n$ | 二进制码 | 无多余状态，能自启动 | |
| 十进制计数器 | $M=10$ | BCD 码 | 有 6 个多余状态 | 检查多余状态 |
| 任意进制计数器 | $M<2^n$ | 多种方式 | $2^n-M$ 个多余状态 | |
| 环型计数器 | $M=n$ | / | $2^n-n$ 个多余状态 | |
| 扭环型计数器 | $M=2n$ | / | $2^n-2n$ 个多余状态 | |

1. 同步二进制加法计数器

同步二进制加法计数器电路图如图 6.3.6 所示。

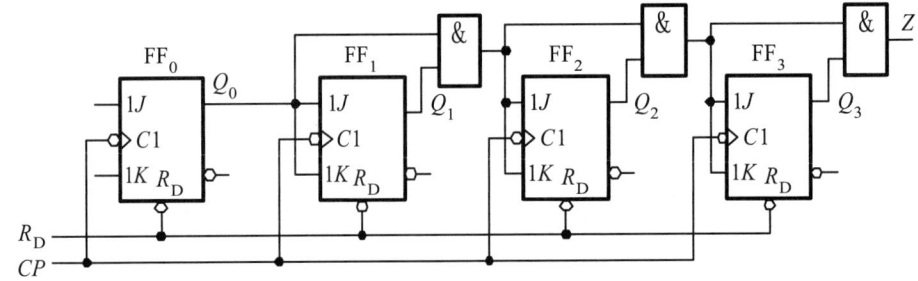

图 6.3.6　同步二进制加法计数器电路图

电路的输出函数和控制函数为：

$$Z = Q_3 Q_2 Q_1 Q_0$$
$$T_0 = J_0 = K_0 = 1$$
$$T_1 = J_1 = K_1 = Q_0 \quad (6.3.1)$$
$$T_2 = J_2 = K_2 = Q_1 Q_0$$
$$T_3 = J_3 = K_3 = Q_2 Q_1 Q_0$$

将控制函数代入 T 触发器的特征方程 $Q^{n+1} = T \oplus Q$，可得状态转移函数

$$Q_0^{n+1} = \overline{Q_0}$$
$$Q_1^{n+1} = Q_0 \oplus Q_1$$
$$Q_2^{n+1} = (Q_1 Q_0) \oplus Q_2 \quad (6.3.2)$$
$$Q_3^{n+1} = (Q_2 Q_1 Q_0) \oplus Q_3$$

同步二进制加法计数器状态表、状态图及波形图分别如表 6.3.3、图 6.3.7 和图 6.3.8 所示。

表 6.3.3 同步二进制加法计数器状态表

| CP | $Q_3$ | $Q_2$ | $Q_1$ | $Q_0$ | $Q_3^{n+1}$ | $Q_2^{n+1}$ | $Q_1^{n+1}$ | $Q_0^{n+1}$ | Z |
|---|---|---|---|---|---|---|---|---|---|
| 0 | 0 | 0 | 0 | 0 | 0 | 0 | 0 | 1 | 0 |
| 1 | 0 | 0 | 0 | 1 | 0 | 0 | 1 | 0 | 0 |
| 2 | 0 | 0 | 1 | 0 | 0 | 0 | 1 | 1 | 0 |
| 3 | 0 | 0 | 1 | 1 | 0 | 1 | 0 | 0 | 0 |
| 4 | 0 | 1 | 0 | 0 | 0 | 1 | 0 | 1 | 0 |
| 5 | 0 | 1 | 0 | 1 | 0 | 1 | 1 | 0 | 0 |
| 6 | 0 | 1 | 1 | 0 | 0 | 1 | 1 | 1 | 0 |
| 7 | 0 | 1 | 1 | 1 | 1 | 0 | 0 | 0 | 0 |
| 8 | 1 | 0 | 0 | 0 | 1 | 0 | 0 | 1 | 0 |
| 9 | 1 | 0 | 0 | 1 | 1 | 0 | 1 | 0 | 0 |
| 10 | 1 | 0 | 1 | 0 | 1 | 0 | 1 | 1 | 0 |
| 11 | 1 | 0 | 1 | 1 | 1 | 1 | 0 | 0 | 0 |
| 12 | 1 | 1 | 0 | 0 | 1 | 1 | 0 | 1 | 0 |
| 13 | 1 | 1 | 0 | 1 | 1 | 1 | 1 | 0 | 0 |
| 14 | 1 | 1 | 1 | 0 | 1 | 1 | 1 | 1 | 0 |
| 15 | 1 | 1 | 1 | 1 | 0 | 0 | 0 | 0 | 1 |

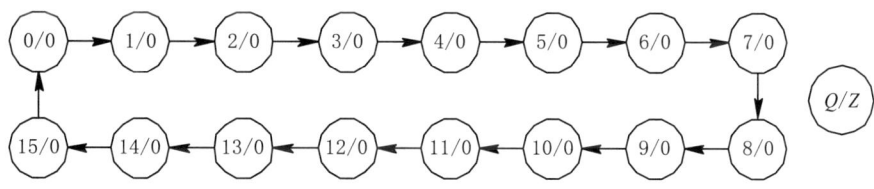

图 6.3.7 同步二进制加法计数器状态图

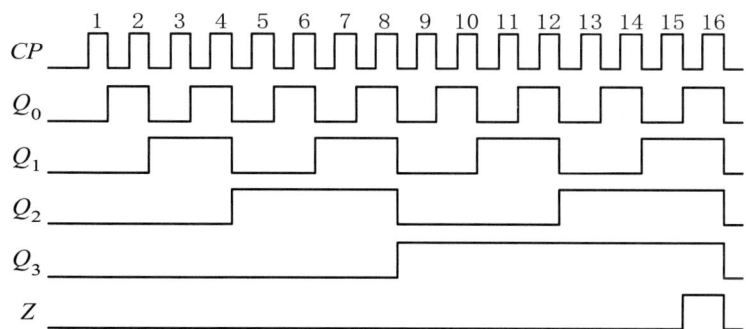

图 6.3.8 同步二进制加法计数器波形图

**2. 同步十进制可逆计数器（加减控制式）**

同步十进制可逆计数器的电路图如图 6.3.9 所示。

由逻辑电路可以写出其输出函数和激励函数为：

$$C = MQ_0Q_3$$
$$B = \overline{M}\,\overline{Q_0}\,\overline{Q_1}\,\overline{Q_2}\,\overline{Q_3}$$
$$T_0 = 1 \qquad (6.3.3)$$
$$T_1 = MQ_0\overline{Q_3} + \overline{\overline{M}\,\overline{Q_0}}\,\overline{\overline{Q_1}\,\overline{Q_2}\,\overline{Q_3}} = MQ_0\overline{Q_3} + \overline{M}\,\overline{Q_0}(Q_1 + Q_2 + Q_3)$$
$$T_2 = MQ_0Q_1 + \overline{\overline{M}\,\overline{Q_0}\,\overline{Q_1}}\,\overline{\overline{Q_2}\,\overline{Q_3}} = MQ_0Q_1 + \overline{M}\,\overline{Q_0}\,\overline{Q_1}(Q_1 + Q_2 + Q_3)$$
$$T_3 = M(Q_0Q_3 + Q_0Q_1Q_2) + \overline{M}\,\overline{Q_0}\,\overline{Q_1}\,\overline{Q_2}$$

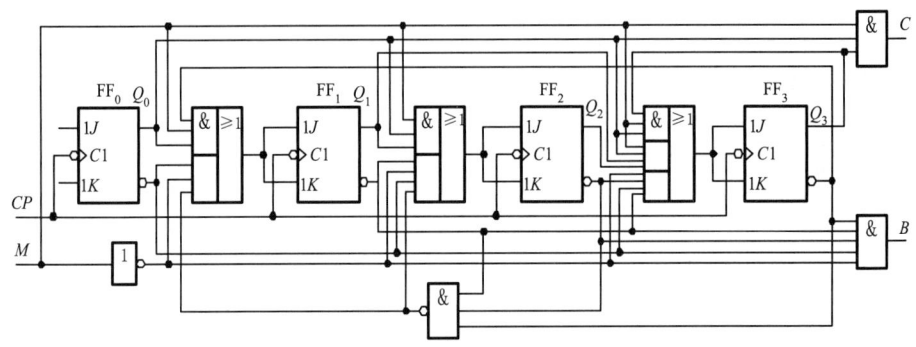

图 6.3.9 同步十进制可逆计数器电路图

由 T 触发器的特征方程（$Q^{n+1}=TQ$）和其激励函数可求得各触发器的状态方程。但由 T 触发器的特性表已知：当 T=1 时，触发器发生状态转换；当 T=0 时，触发器保持原状态，因此，根据 $T_i$ 及 $Q_i$ 的取值可直接求得 $Q_i^{n+1}$。由此，可得到该电路有效状态的转移情况如表 6.3.4 所示。根据表 6.3.4 可画出有效状态转移图如图 6.3.10 所示。当 M=1、初始状态为全 0 时的工作波形图如图 6.3.11 所示。该电路具有多余状态，对多余状态的检查如表 6.3.5 所示，不难看出该电路具有自启动特性。

表 6.3.4 同步十进制可逆计数器状态表一（有效状态）

| M | $Q_3$ | $Q_2$ | $Q_1$ | $Q_0$ | $T_3$ | $T_2$ | $T_1$ | $T_0$ | $Q_3^{n+1}$ | $Q_2^{n+1}$ | $Q_1^{n+1}$ | $Q_0^{n+1}$ | C | B |
|---|---|---|---|---|---|---|---|---|---|---|---|---|---|---|
| 1 | 0 | 0 | 0 | 0 | 0 | 0 | 0 | 1 | 0 | 0 | 0 | 1 | 0 | 0 |
| 1 | 0 | 0 | 0 | 1 | 0 | 0 | 1 | 1 | 0 | 0 | 1 | 0 | 0 | 0 |
| 1 | 0 | 0 | 1 | 0 | 0 | 0 | 0 | 1 | 0 | 0 | 1 | 1 | 0 | 0 |
| 1 | 0 | 0 | 1 | 1 | 0 | 1 | 1 | 1 | 0 | 1 | 0 | 0 | 0 | 0 |
| 1 | 0 | 1 | 0 | 0 | 0 | 0 | 0 | 1 | 0 | 1 | 0 | 1 | 0 | 0 |
| 1 | 0 | 1 | 0 | 1 | 0 | 0 | 1 | 1 | 0 | 1 | 1 | 0 | 0 | 0 |
| 1 | 0 | 1 | 1 | 0 | 0 | 0 | 0 | 1 | 0 | 1 | 1 | 1 | 0 | 0 |
| 1 | 0 | 1 | 1 | 1 | 1 | 1 | 1 | 1 | 1 | 0 | 0 | 0 | 0 | 0 |
| 1 | 1 | 0 | 0 | 0 | 0 | 0 | 0 | 1 | 1 | 0 | 0 | 1 | 0 | 0 |
| 1 | 1 | 0 | 0 | 1 | 1 | 0 | 0 | 1 | 0 | 0 | 0 | 0 | 1 | 0 |
| 0 | 0 | 0 | 0 | 0 | 1 | 0 | 0 | 1 | 1 | 0 | 0 | 1 | 0 | 1 |
| 0 | 0 | 0 | 0 | 1 | 0 | 0 | 0 | 1 | 0 | 0 | 0 | 0 | 0 | 0 |

续表

| M | $Q_3$ | $Q_2$ | $Q_1$ | $Q_0$ | $T_3$ | $T_2$ | $T_1$ | $T_0$ | $Q_3^{n+1}$ | $Q_2^{n+1}$ | $Q_1^{n+1}$ | $Q_0^{n+1}$ | C | B |
|---|---|---|---|---|---|---|---|---|---|---|---|---|---|---|
| 0 | 0 | 0 | 1 | 0 | 0 | 0 | 1 | 1 | 0 | 0 | 0 | 1 | 0 | 0 |
| 0 | 0 | 0 | 1 | 1 | 0 | 0 | 0 | 1 | 0 | 0 | 1 | 0 | 0 | 0 |
| 0 | 0 | 1 | 0 | 0 | 0 | 1 | 1 | 1 | 0 | 0 | 1 | 1 | 0 | 0 |
| 0 | 0 | 1 | 0 | 1 | 0 | 0 | 0 | 1 | 0 | 1 | 0 | 0 | 0 | 0 |
| 0 | 0 | 1 | 1 | 0 | 0 | 0 | 1 | 1 | 0 | 1 | 0 | 1 | 0 | 0 |
| 0 | 0 | 1 | 1 | 1 | 0 | 0 | 0 | 1 | 0 | 1 | 1 | 0 | 0 | 0 |
| 0 | 1 | 0 | 0 | 0 | 1 | 1 | 1 | 1 | 0 | 1 | 1 | 1 | 0 | 0 |
| 0 | 1 | 0 | 0 | 1 | 0 | 0 | 0 | 1 | 1 | 0 | 0 | 0 | 0 | 0 |

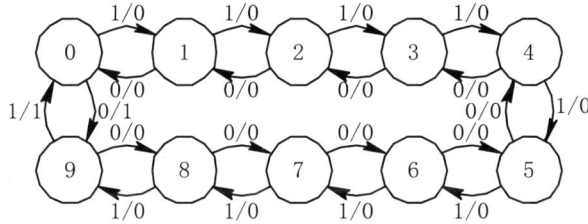

图 6.3.10 同步十进制可逆计数器状态图

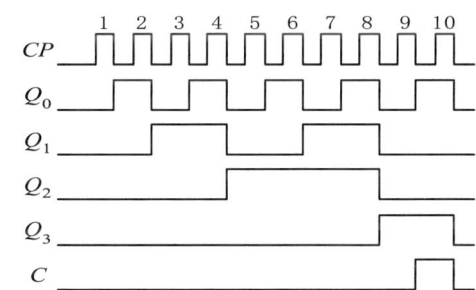

图 6.3.11 可逆计数器 M=1 时的波形图

表 6.3.5 同步十进制可逆计数器状态表二（无效状态）

| M | $Q_3$ | $Q_2$ | $Q_1$ | $Q_0$ | $T_3$ | $T_2$ | $T_1$ | $T_0$ | $Q_3^{n+1}$ | $Q_2^{n+1}$ | $Q_1^{n+1}$ | $Q_0^{n+1}$ | C | B |
|---|---|---|---|---|---|---|---|---|---|---|---|---|---|---|
| 1 | 1 | 0 | 1 | 0 | 0 | 0 | 0 | 1 | 1 | 0 | 1 | 1 | 0 | 0 |
| 1 | 1 | 0 | 1 | 1 | 1 | 1 | 0 | 1 | 0 | 1 | 1 | 0 | 1 | 0 |
| 1 | 1 | 1 | 0 | 0 | 0 | 0 | 0 | 1 | 1 | 1 | 0 | 1 | 0 | 0 |
| 1 | 1 | 1 | 0 | 1 | 1 | 0 | 0 | 1 | 0 | 1 | 0 | 0 | 0 | 0 |
| 1 | 1 | 1 | 1 | 0 | 0 | 0 | 0 | 1 | 1 | 1 | 1 | 1 | 0 | 0 |
| 1 | 1 | 1 | 1 | 1 | 1 | 1 | 0 | 1 | 0 | 0 | 1 | 0 | 1 | 0 |
| 0 | 1 | 0 | 1 | 0 | 0 | 0 | 1 | 1 | 1 | 0 | 0 | 1 | 0 | 0 |
| 0 | 1 | 0 | 1 | 1 | 0 | 0 | 0 | 1 | 1 | 0 | 1 | 0 | 0 | 0 |
| 0 | 1 | 1 | 0 | 0 | 0 | 1 | 1 | 1 | 1 | 0 | 1 | 1 | 0 | 0 |
| 0 | 1 | 1 | 0 | 1 | 0 | 0 | 0 | 1 | 1 | 1 | 0 | 0 | 0 | 0 |
| 0 | 1 | 1 | 1 | 0 | 0 | 0 | 1 | 1 | 1 | 1 | 0 | 1 | 0 | 0 |
| 0 | 1 | 1 | 1 | 1 | 0 | 0 | 0 | 1 | 1 | 1 | 1 | 0 | 0 | 0 |

### 6.3.3 序列信号发生器

图 6.3.12（a）所示为序列信号发生器的逻辑电路图。由图可见，该电路由三个 D 触发器构成的移位寄存器和与非门构成的组合电路组成。由电路可写出其输出函数和激励函数分别为：

$$Z = Q_2$$
$$D_0 = \overline{Q}_0\overline{Q}_1 + \overline{Q}_1 Q_2 + Q_1\overline{Q}_2, \quad D_1 = Q_0, \quad D_2 = Q_1$$

结合 D 触发器的特征方程 $Q_{n+1}=D$，可得新状态方程：

$$D_0^{n+1} = \overline{Q}_0\overline{Q}_1 + \overline{Q}_1 Q_2 + Q_1\overline{Q}_2, \quad Q_1^{n+1} = Q_0, \quad D_2^{n+1} = Q_1$$

分析可得状态图、波形图如图 6.3.12（b）（c）。状态表如表 6.3.6 所示，Z 为输出序列信号 000101110。

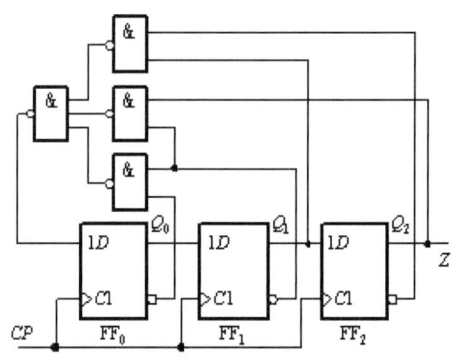

（a）逻辑电路图

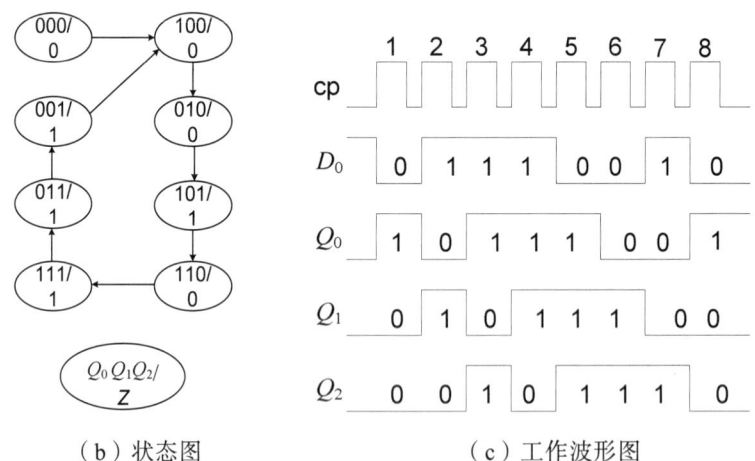

（b）状态图　　　　　　（c）工作波形图

图 6.3.12　序列信号发生器

表 6.3.6　序列信号发生器的状态表

| CP | $Q_0$ | $Q_1$ | $Q_2$ | $Q_2^{n+1}$ | $Q_1^{n+1}$ | $Q_0^{n+1}$ | Z |
|---|---|---|---|---|---|---|---|
| 0 | 0 | 0 | 0 | 1 | 0 | 0 | 0 |
| 1 | 1 | 0 | 0 | 0 | 1 | 0 | 0 |
| 2 | 0 | 1 | 0 | 1 | 0 | 1 | 0 |

续表

| CP | $Q_0$ $Q_1$ $Q_2$ | $Q_2^{n+1}$ $Q_1^{n+1}$ $Q_0^{n+1}$ | Z |
|---|---|---|---|
| 3 | 1 0 1 | 1 1 0 | 1 |
| 4 | 1 1 0 | 1 1 1 | 0 |
| 5 | 1 1 1 | 0 1 1 | 1 |
| 6 | 0 1 1 | 0 0 1 | 1 |
| 7 | 0 0 1 | 1 0 0 | 1 |
| 8 | 1 0 0 | 0 1 0 | 0 |

### 6.3.4 常用集成时序逻辑器件及其应用

#### 1. 集成计数器

集成计数器具有功能较完善、通用性强、功耗低、工作速率高且可以自扩展等许多优点，因而得到广泛应用。目前由 TTL 和 CMOS 电路构成的 MSI 计数器都有许多品种，表 6.3.7 列出了几种常用 TTL 型 MSI 计数器的型号及工作特点。

表 6.3.7 常用 TTL 型 MSI 计数器型号及工作特点

| 类型 | 名称 | 型号 | 预置 | 清 0 | 工作频率/MHz |
|---|---|---|---|---|---|
| 异步计数器 | 二—五—十进制计数器 | 74LS90<br>74LS290<br>74LS196 | 异步置9 高<br>异步置9 高<br>异步 低 | 异步 高<br>异步 高<br>异步 低 | 32<br>32<br>30 |
| | 二—八—十六进制计数器 | 74LS293<br>74LS197 | 无<br>异步 低 | 异步 高<br>异步 低 | 32<br>30 |
| | 双四位二进制计数器 | 74LS393 | 无 | 异步 高 | 35 |
| 同步计数器 | 十进制计数器 | 74LS160<br>74LS162 | 同步 低<br>同步 低 | 异步 低<br>同步 低 | 25<br>25 |
| | 十进制加/减计数器 | 74LS190<br>74LS168 | 异步 低<br>同步 低 | 无<br>无 | 20<br>25 |
| | 十进制加/减计数器（双时钟） | 74LS192 | 异步 低 | 异步 高 | 25 |
| | 四位二进制计数器 | 74LS161<br>74LS163 | 同步 低<br>同步 低 | 异步 低<br>同步 低 | 25<br>25 |
| | 四位二进制加/减计数器 | 74LS169<br>74LS191 | 同步 低<br>异步 低 | 无<br>无 | 25<br>20 |
| | 四位二进制加/减计数器（双时钟） | 74LS193 | 异步 低 | 异步 高 | 25 |

（1）异步集成计数器 74LS90

74LS90 是二—五—十进制异步计数器，其内部逻辑电路及传统逻辑符号如图 6.3.13 (a)(b) 所示。它包含两个独立的下降沿触发的计数器，即模 2（二进制）和模 5（五进制）计数器；异步清零端 R01、R02 和异步置 9 端 S91、S92 均为高电平有效。图 6.3.13 (c) 为 74LS90 的简化结构框图。采用这种结构可以增加使用的灵活性，74LS196、74LS293 等异步计数器多采用这种结构。

74LS90 的功能表如表 6.3.8 所示。从表中看出，当 R01R02=1，S91S92=0 时，无论时钟如何，输出全部清零；而当 S91S92=1 时，无论时钟和清零信号 R01、R02 如何，输出就置 9。这说明清零、置 9 都是异步操作，而且置 9 是优先的，所以称 R01、R02 为异步清零端，S91、S92为异步置9端。

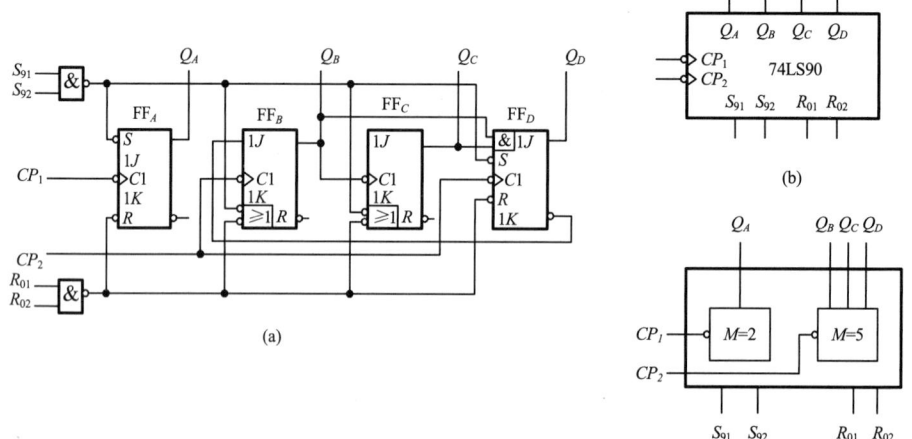

图 6.3.13 74LS90 计数器：a.逻辑图；b.传统逻辑符号；c.结构框图

表 6.3.8 74LS90 功能表

| 输入 | | | | | | 输出 | | | | 功能 |
|---|---|---|---|---|---|---|---|---|---|---|
| $R_{01}$ | $R_{02}$ | $S_{91}$ | $S_{92}$ | $CP_1$ | $CP_2$ | $Q_D$ | $Q_D$ | $Q_D$ | $Q_D$ | |
| 1 | 1 | 0 | X | X | X | 0 | 0 | 0 | 0 | 异步清0 |
| 1 | 1 | X | 0 | X | X | 0 | 0 | 0 | 0 | |
| X | X | 1 | 1 | X | X | 1 | 0 | 0 | 1 | 异步置9 |
| $R_{01}R_{02}=0$ | | $S_{91}S_{92}=0$ | | ↓ | X | 二进制 | | | | 计数 |
| | | | | X | ↓ | 无禁止 | | | | |
| | | | | ↓ | $Q_A$ | 8421BCD 码 | | | | |
| | | | | $Q_D$ | ↓ | 5421BCD 码 | | | | |

当满足 $R_{01}R_{02}=0$、$S_{91}S_{92}=0$ 时电路才能执行计数操作，根据 $CP_1$、$CP_2$ 的各种接法可以实现不同的计数功能。当计数脉冲从 $CP_1$ 输入，$CP_2$ 不加信号时，$Q_A$ 端输出 2 分频信号，即实现二进制计数。当 $CP_1$ 不加信号，计数脉冲从 $CP_2$ 输入时，$Q_D$、$Q_C$、$Q_B$ 实现五进制计数。实现十进制计数有两种接法。图 6.3.14（a）是 8421 BCD 码接法，先模 2 计数，后模 5 计数，由 $Q_D$、$Q_C$、$Q_B$、$Q_A$ 输出 8421 BCD 码，最高位 $Q_D$ 作进位输出。图 6.3.14（b）是 5421 BCD 码接法，先模 5 计数，后模 2 计数，由 $Q_A$、$Q_D$、$Q_C$、$Q_B$ 输出 5421 BCD 码，最高位 $Q_A$ 作进位输出，波形对称。两种接法的状态转换表（也称态序表）见表 6.3.9。

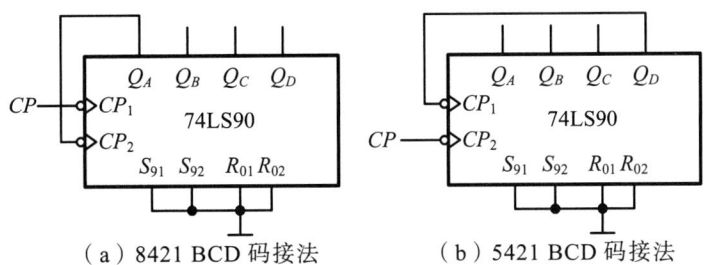

(a) 8421 BCD 码接法　　　（b) 5421 BCD 码接法

图 6.3.14　74LS90 构成十进制计数器的两种接法

表 6.3.9　两种接法的态序表

| CP 顺序 | 8421 BCD 码计数 | | | | 5421 BCD 码计数 | | | | 十进制 |
|---|---|---|---|---|---|---|---|---|---|
| | $Q_D$ | $Q_C$ | $Q_B$ | $Q_A$ | $Q_A$ | $Q_D$ | $Q_C$ | $Q_B$ | |
| 0 | 0 | 0 | 0 | 0 | 0 | 0 | 0 | 0 | 0 |
| 1 | 0 | 0 | 0 | 1 | 0 | 0 | 0 | 1 | 1 |
| 2 | 0 | 0 | 1 | 0 | 0 | 0 | 1 | 0 | 2 |
| 3 | 0 | 0 | 1 | 1 | 0 | 0 | 1 | 1 | 3 |
| 4 | 0 | 1 | 0 | 0 | 0 | 1 | 0 | 0 | 4 |
| 5 | 0 | 1 | 0 | 1 | 1 | 0 | 0 | 0 | 5 |
| 6 | 0 | 1 | 1 | 0 | 1 | 0 | 0 | 1 | 6 |
| 7 | 0 | 1 | 1 | 1 | 1 | 0 | 1 | 0 | 7 |
| 8 | 1 | 0 | 0 | 0 | 1 | 0 | 1 | 1 | 8 |
| 9 | 1 | 0 | 0 | 1 | 1 | 1 | 0 | 0 | 9 |

【例 6.3.1】试用 74LS90 实现模 54 计数器。

**解**　因一片 74LS90 的最大计数值为 10，故实现模 54 计数器需要用两片 74LS90。

① 大模分解法。

可将 M 分解为 54=6×9，用两片 74LS90 分别组成 8421 BCD 码模 6、模 9 计数器，然后级联组成 M=54 计数器，其逻辑图如图 6.3.15（a）所示。图中，模 6 计数器的进位信号应从 $Q_C$ 输出。

② 整体清零法。

先将两片 74LS90 用 8421 BCD 码接法构成模 100 计数器，然后加译码反馈电路构成模 54 计数器。过渡态 $Q'_D Q'_C Q'_B Q_D Q_C Q_B Q_A = 01010100$，所以译码逻辑方程为 $R_{01} R_{02} = R'_{01} R'_{02} = Q'_C Q'_A Q_C$。模 54 计数器的逻辑图如图 6.3.15（b）所示。

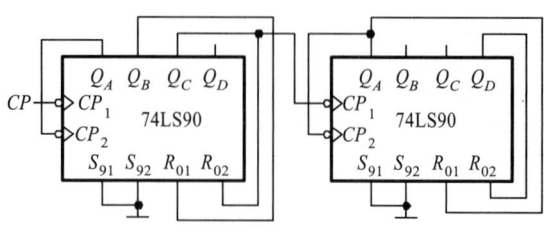

（a）大模分解法

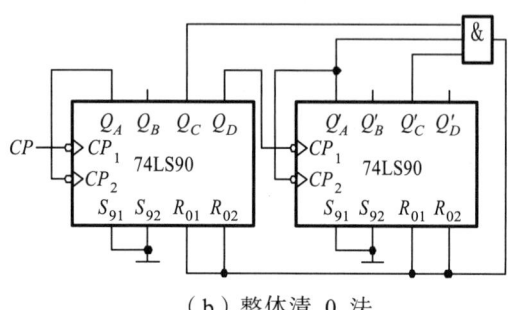

（b）整体清 0 法

图 6.3.15　例 6.3.1 用 74LS90 实现模 54 计数器逻辑图

（2）同步集成计数器 74161

74161 是模 16（四位二进制）同步计数器，具有计数、保持、预置、清零功能，其逻辑电路及传统逻辑符号分别如图 6.3.16（a）（b）所示。它由四个 JK 触发器和一些控制门组成，$Q_D$、$Q_C$、$Q_B$、$Q_A$ 是计数输出，$Q_D$ 为最高位。74LS161 与 74161 内部电路不同，但外部引脚图及功能表均相同。

74161 功能表如表 6.3.10 所示。

$O_C$ 为进位输出端，$O_C = Q_D Q_C Q_B Q_A T$，仅当 T=1 且计数状态为 1111 时，$O_C$ 才变高，并产生进位信号。

CP 为计数脉冲输入端，上升沿有效。

表 6.3.10　74161 功能表

| 输入 | | | | | | | | 输出 | | | |
|---|---|---|---|---|---|---|---|---|---|---|---|
| CP | $C_r$ | LD | P | T | D | C | B | A | $Q_D$ | $Q_C$ | $Q_B$ | $Q_A$ |
| X | 0 | X | X | X | X | X | X | X | 0 | 0 | 0 | 0 |
| ↑ | 1 | 0 | X | X | d | c | b | a | d | c | b | a |
| ↑ | 1 | 1 | 1 | 1 | X | X | X | X | 计 | 数 | | |
| X | 1 | 1 | 0 | 1 | X | X | X | X | 保 | 持 | | |
| X | 1 | 1 | X | 0 | X | X | X | X | 保持（$O_C$=0） | | | |

$C_r$ 为异步清零端，低电平有效，只要 $C_r$=0，立即有 $Q_D Q_C Q_B Q_A$ =0000，与 CP 无关。LD 为同步预置端，低电平有效，当 $C_r$=1，LD=0，在 CP 上升沿来到时，才能将预置输入端 D、C、B、A 的数据送至输出端，即 $Q_D Q_C Q_B Q_A$ =DCBA。

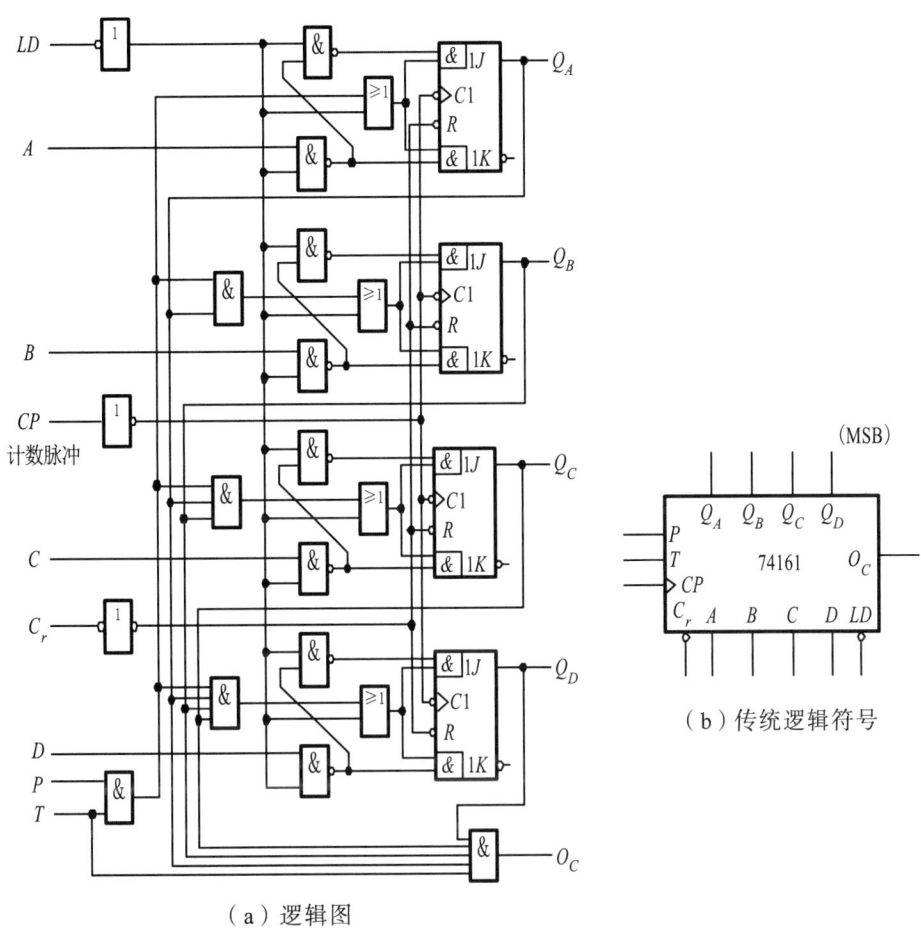

(a) 逻辑图

图 6.3.16 74161 计数器

P、T 为计数器允许控制端，高电平有效，只有当 $C_r=LD=1$，$P=T=1$，在 CP 作用下计数器才能正常计数。当 P、T 中有一个为低时，各触发器的 J、K 端均为 0，从而使计数器处于保持状态。P、T 的区别是 T 影响进位输出 $O_C$，而 P 则不影响 $O_C$。

74161 时序图如图 6.3.17 所示。

【例 6.3.2】试用 74161 实现模 60 计数器。

**解**  因一片 74161 最大计数值为 16，故实现模 60 计数器必须用两片 74161。

① 大模分解法。

可将 M 分解为 $60=6\times10$，用两片 74161 分别组成模 6、模 10 计数器，然后级联组成模 60 计数器，逻辑电路如图 6.3.18（a）所示。

② 整体置数法。

先将两片 74161 同步级联组成 $N=16^2=256$ 的计数器，然后用整体置数法构成模 60 计数器。图 6.3.18（b）为整体置 0 逻辑图，计数范围为 0~59，当计到 59（00111011）时同步置 0。图 6.3.18（c）为 $O_C$ 整体置数法逻辑图，计数范围为 196~255，计到 255（$O_C=1$）时使两片 LD 均为 0，下一个 CP 来到时置数，预置输入=256-M=196，故 D′C′B′A′DCBA=$(196)_{10}=(11000100)_2$。

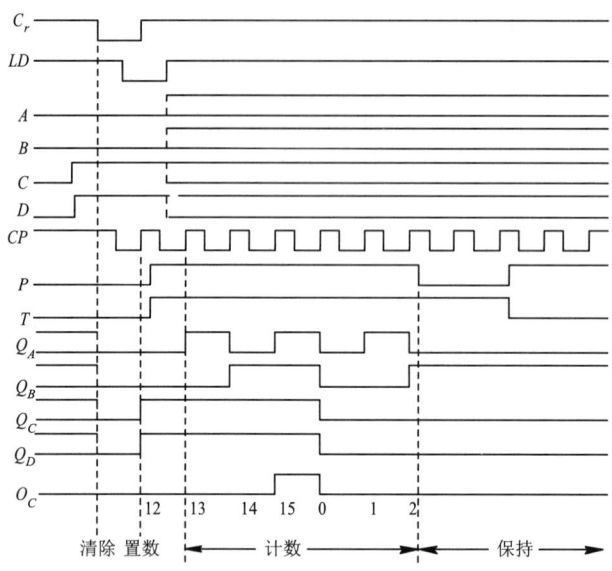

图 6.3.17　74161 时序图

通常，凡是具有预置功能的加（减）计数器都可以实现可编程分频器，只要用进位（或借位）输出去控制置数端，使加计数计到 $S_{N-1}$ 状态，或减计数计到 $S_0$ 状态时置数控制端有效，使计数器又进入 $S_i$ 预置状态。这样计数器总是在 $S_i \sim S_{N-1}$（或 $S_0$）共 M 个状态中循环，从而构成模 M 计数器。表 6.3.11 列出在不同工作条件下预置输入数的设置方式。表中 N 为最大计数值，M 为要求实现的模值。对同步置数加法计数器，预置值=N-M=[M]补，M=N-预=[预]补，即如果已知 M，只要求出[M]补（M 的各位求反，末位加 1），即可求得预置值；同理，若已知预置值，只要求出[预]补即可求得模 M 的值。可见用这种方法设计可编程分频器是很简便的。

表 6.3.11　可编程计数器预置输入数的设置

| 预置 | 异步预置 | 同步预置 |
| --- | --- | --- |
| 加法计数 | 预置值=N-M-1 | 预置值=N-M |
| 减法计数 | 预置值=M | 预置值=M-1 |

2. 常用集成寄存器

常用集成寄存器一类是由多个（边沿触发）D 触发器组成的触发型集成寄存器，如 74LS171（4D）、74LS175（4D）、74LS174（6D）、74LS273（8D）等。图 6.3.19（a）是 74LS171 的逻辑符号，其功能表如表 6.3.12 所示。其中 $C_r$ 为异步清零端，当 $C_r$=1 时，在 CP 上升沿作用下，输出 Q 接收输入代码，若 CP 无效时输出保持不变。

另一类是由带使能端（电位控制式）D 触发器构成的锁存型集成寄存器，如 74LS375（4D）、74LS363（8D）、74LS373（8D）等。

图 6.3.19（b）是 8D 锁存器 74LS373 的逻辑符号，其功能表见表 6.3.13。当 $EN_1EN_0$=10 时，输出 Q 随输入 D 变化，接收输入代码；当 $EN_1EN_0$=00 时锁存代码；当 $EN_0$=1 时，

输出端的三态门处于禁止状态，因此输出为高阻。

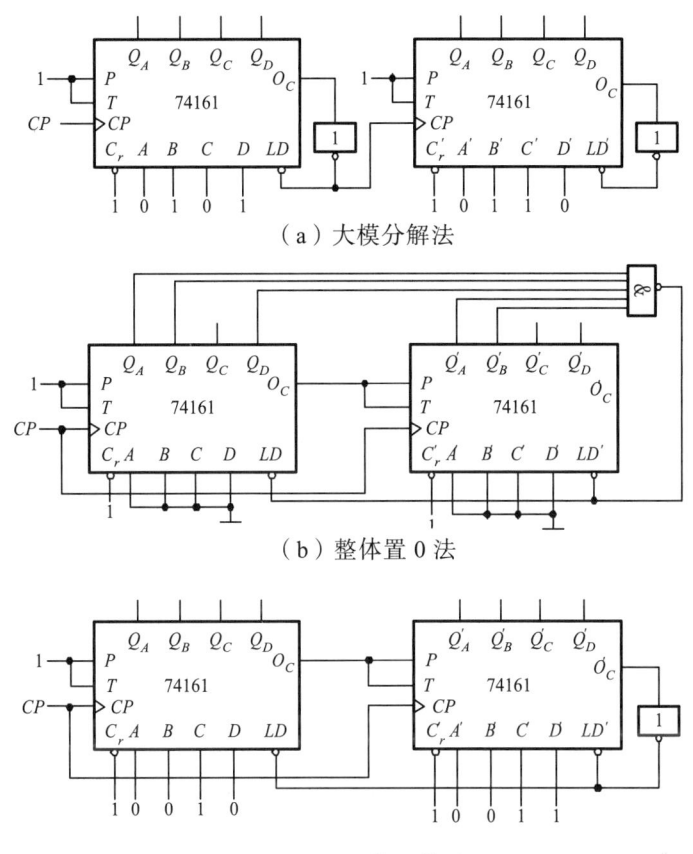

图 6.3.18　例 6.3.2 模 60 计数器逻辑图

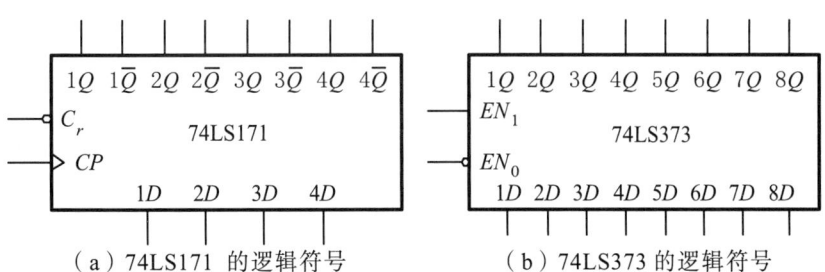

(a) 74LS171 的逻辑符号　　(b) 74LS373 的逻辑符号

图 6.3.19　集成寄存器

表 6.3.12　74LS171 功能表

| Cr | CP | D | $Q^{n+1}$ | $\overline{Q^{n+1}}$ |
|---|---|---|---|---|
| 0 | X | X | 0 | 1 |
| 1 | ↑ | 1 | 1 | O |
| 1 | ↑ | 0 | 0 | 1 |
| 1 | 0 | X | Q | $\overline{Q}$ |

表 6.3.13　74LS373 功能表

| 控制输出 | 使能输入 | 数码 | 输出 |
|---|---|---|---|
| $EN_0$ | $EN_1$ | D | $Q^{n+1}$ |
| 0 | 1 | 1 | 1 |
| 0 | 1 | 0 | 0 |
| 0 | 0 | X | Q |
| 1 | X | X | 高阻 |

3. 常用集成移位寄存器及应用

（1）四位双向移位寄存器 74LS194

74LS194 是四位通用移存器，具有左移、右移、并行置数、保持、清除等多种功能，其逻辑图、逻辑符号分别如图 6.3.20（a）（b）所示，时序图如图 6.3.21 所示，功能表如表 6.3.14 所示。

从其功能表和图 6.3.21 所示的时序图可以看出，只要 $C_r=0$，移存器无条件清 0。只有当 $C_r=1$，CP 上升沿到达时，电路才可能按 $S_1 S_0$ 设置的方式执行移位或置数操作：$S_1 S_0=11$ 为并行置数，$S_1 S_0=01$ 为右移，$S_1 S_0=10$ 为左移，时钟无效或虽然时钟有效，但 $S_1 S_0=00$ 则电路保持原态。

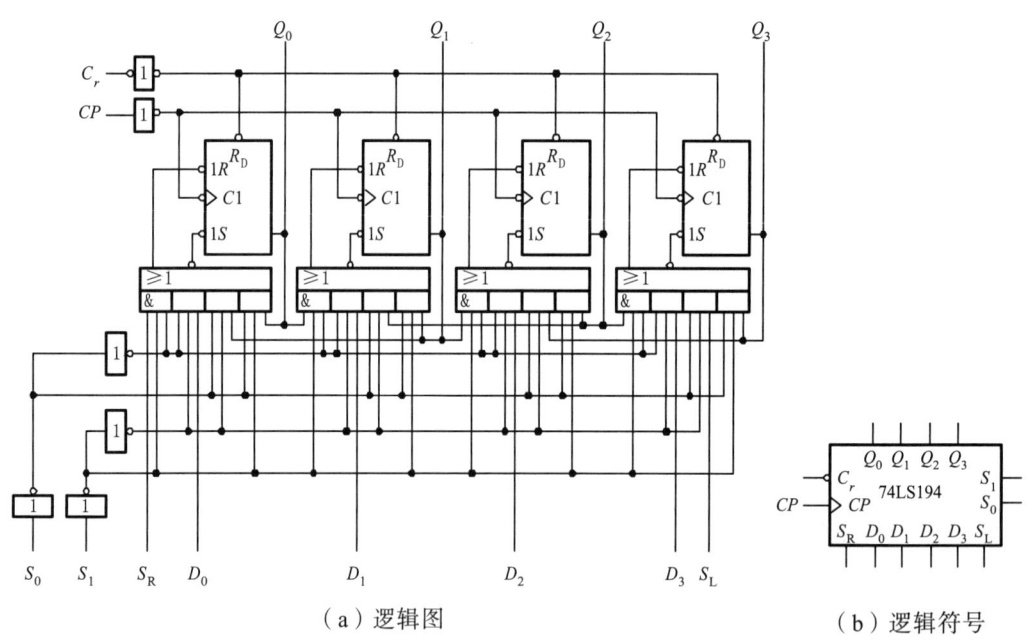

（a）逻辑图　　　　　　　（b）逻辑符号

图 6.3.20　74LS194 四位双向移位寄存器

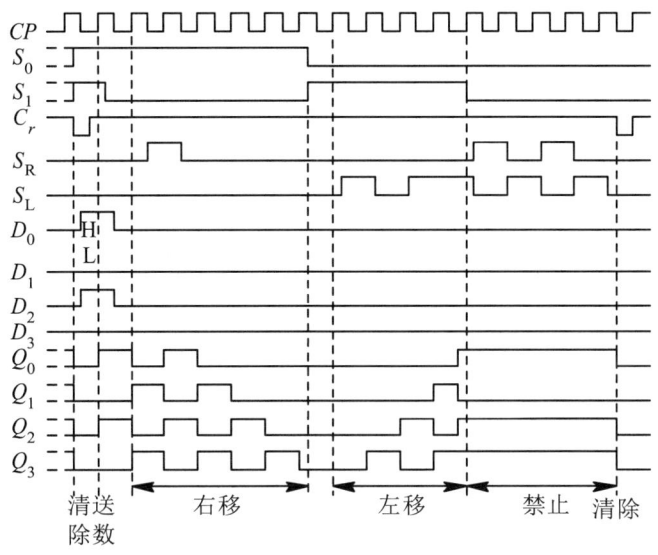

图 6.3.21 时序图

表 6.3.14 74LS194 功能表

| $C_r$ | $S_1$ | $S_0$ | CP | $S_L$ | $S_R$ | $D_0$ | $D_1$ | $D_2$ | $D_3$ | $Q_0$ | $Q_1$ | $Q_2$ | $Q_3$ |
|---|---|---|---|---|---|---|---|---|---|---|---|---|---|
| 0 | X | X | X | X | X | X | X | X | X | 0 | 0 | 0 | 0 |
| 1 | 0 | 0 | X | X | X | X | X | X | X | 保 | | | 持 |
| 1 | 0 | 1 | ↑ | X | $S_R$ | X | X | X | X | SR | $Q_0^n$ | $Q_1^n$ | $Q_2^n$ |
| 1 | 1 | 0 | ↑ | $S_L$ | X | X | X | X | X | $Q_1^n$ | $Q_2^n$ | $Q_3^n$ | SL |
| 1 | 1 | 1 | ↑ | X | X | a | b | c | d | a | b | c | d |
| 1 | X | X | 0 | X | X | X | X | X | X | 保 | | | 持 |

（2）集成移位寄存器的应用

① 实现数据的串—并转换。

在数字系统中，信息的传播通常是串行的，而处理和加工往往是并行的，因此经常要进行输入、输出的串、并转换。如图 6.3.22 和表 6.3.15 所示为七位串入—并出转换电路和状态表，图 6.3.23 和表 6.3.16 为七位并入—串出转换电路和状态表。

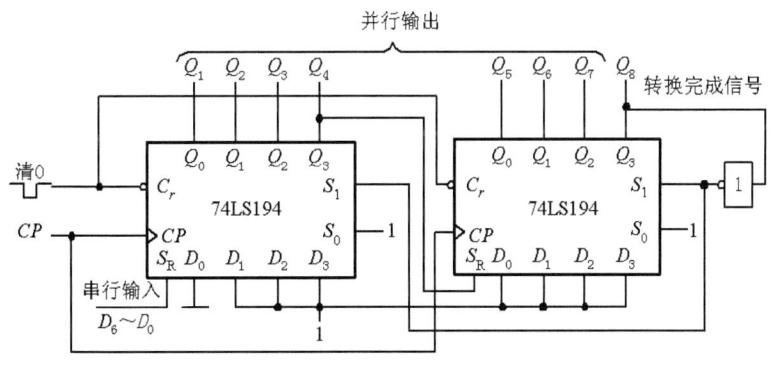

图 6.3.22 七位串入—并出转换电路

表 6.3.15 七位串入—并出状态表

| CP | $Q_1$ | $Q_2$ | $Q_3$ | $Q_4$ | $Q_5$ | $Q_6$ | $Q_7$ | $Q_8$ | 操作 |
|---|---|---|---|---|---|---|---|---|---|
| 0 | 0 | 0 | 0 | 0 | 0 | 0 | 0 | 0 | 清 0 |
| 1 | 0 | 1 | 1 | 1 | 1 | 1 | 1 | 1 | 置数 |
| 2 | $D_0$ | 0 | 1 | 1 | 1 | 1 | 1 | 1 | |
| 3 | $D_1$ | $D_0$ | 0 | 1 | 1 | 1 | 1 | 1 | |
| 4 | $D_2$ | $D_1$ | $D_0$ | 0 | 1 | 1 | 1 | 1 | 右移七次 |
| 5 | $D_3$ | $D_2$ | $D_1$ | $D_0$ | 0 | 1 | 1 | 1 | |
| 6 | $D_4$ | $D_3$ | $D_2$ | $D_1$ | $D_0$ | 0 | 1 | 1 | |
| 7 | $D_5$ | $D_4$ | $D_3$ | $D_2$ | $D_1$ | $D_0$ | 0 | 1 | |
| 8 | $D_6$ | $D_5$ | $D_4$ | $D_3$ | $D_2$ | $D_1$ | $D_0$ | 0 | |
| 9 | 0 | 1 | 1 | 1 | 1 | 1 | 1 | 1 | 置数 |

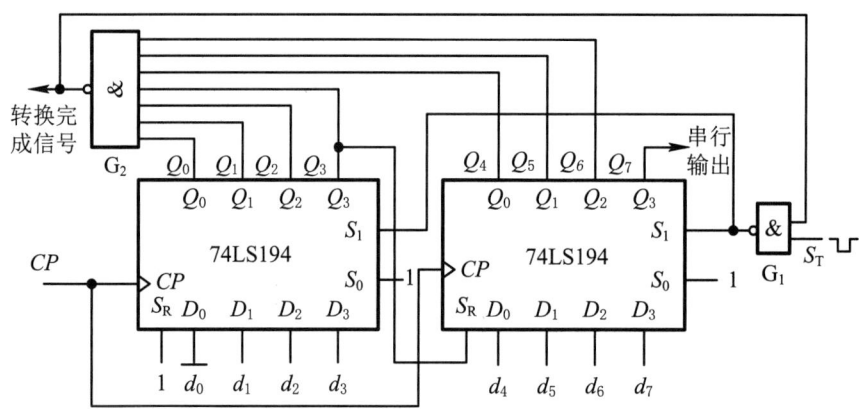

图 6.3.23 七位并入—串出转换电路

表 6.3.16 七位并入—串出状态表

| CP | $Q_0$ | $Q_1$ | $Q_2$ | $Q_3$ | $Q_4$ | $Q_5$ | $Q_6$ | $Q_7$ | 操作 |
|---|---|---|---|---|---|---|---|---|---|
| 1 | 0 | $d_1$ | $d_2$ | $d_3$ | $d_4$ | $d_5$ | $d_6$ | $d_7$ | 置数 |
| 2 | 1 | 0 | $d_1$ | $d_2$ | $d_3$ | $d_4$ | $d_5$ | $d_6$ | |
| 3 | 1 | 1 | 0 | $d_1$ | $d_2$ | $d_3$ | $d_4$ | $d_5$ | |
| 4 | 1 | 1 | 1 | 0 | $d_1$ | $d_2$ | $d_3$ | $d_4$ | 右移七次 |
| 5 | 1 | 1 | 1 | 1 | 0 | $d_1$ | $d_2$ | $d_3$ | |
| 6 | 1 | 1 | 1 | 1 | 1 | 0 | $d_1$ | $d_2$ | |
| 7 | 1 | 1 | 1 | 1 | 1 | 1 | 0 | $d_1$ | |
| 8 | 1 | 1 | 1 | 1 | 1 | 1 | 1 | 0 | |
| 9 | 0 | $d_1$ | $d_2$ | $d_3$ | $d_4$ | $d_5$ | $d_6$ | $d_7$ | 置数 |

② 构成移位型计数器。

移位型计数器一般框图如图 6.3.24 所示。

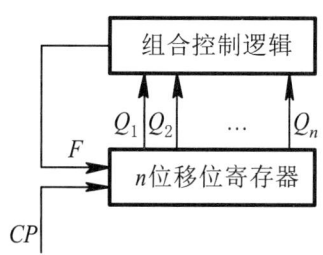

图 6.3.24 移位型计数器一般框图

移位型计数器的状态变化顺序必须符合移位的规律，即：

$$Q_1^{n+1} = D_1, \quad Q_i^{n+1} = Q_{i-1}(i = 2, \cdots, n)$$

环型计数器：n 位环型计数器由 n 位移存器组成，其反馈逻辑方程为 $D_1=Q_n$。图 6.3.25（a）是由 74LS194 构成的四位环型计数器，其输入方程为 $S_R=Q_3$，根据移位规律作出完全状态图如图 6.3.25（b）所示。

若电路的起始状态为 $Q_0Q_1Q_2Q_3=1000$，则电路中循环移位一个 1，环①为有效循环。若起始状态为 $Q_0Q_1Q_2Q_3=1110$，则电路中循环移位一个 0，环②为有效循环。可见，四位环型计数器实际上是一个模 4 计数器。

环型计数器结构很简单，其特点是每个时钟周期只有一个输出端为 1（或 0），因此可以直接用环型计数器的输出作为状态输出信号或节拍信号，不需要再加译码电路。但它的状态利用率低，n 个触发器或 n 位移存器只能构成 M=n 的计数器，有（2n-n）个无效状态。

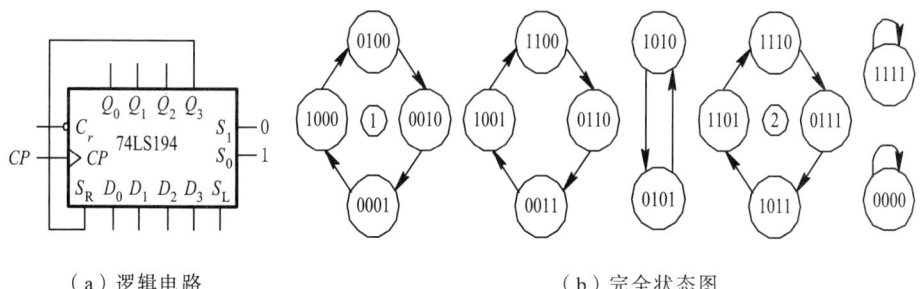

（a）逻辑电路　　　　　　　　　　（b）完全状态图

图 6.3.25 四位环型计数器

为了使环型计数器具有自启动特性，设计时要进行修正。图 6.3.26（a）是修正后的四位环型计数器，它利用 74LS194 的预置功能，并进行全 0 序列检测，有效地消除了无效循环，其状态图如图 6.3.26（b）所示。

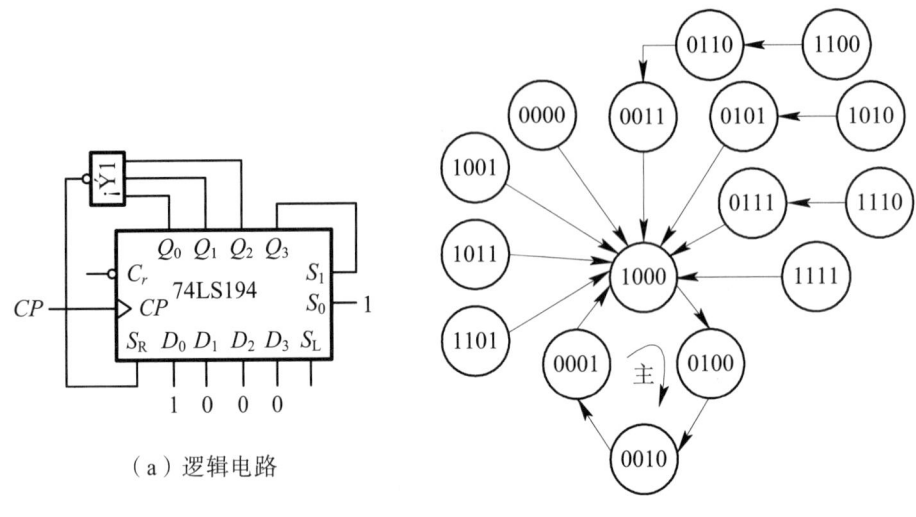

(a) 逻辑电路

(b) 完全状态图

图 6.3.26 有自启动特性的环型计数器

扭环计数器（也称循环码或约翰逊计数器）：n 位扭环计数器由 n 位移存器组成，其反馈逻辑方程为 $D_0 = \overline{Q}_n$。

n 位移存器可以构成 M=2n 计数器，无效状态为（$2^n-2n$）个。扭环计数器的状态按循环码的规律变化，即相邻状态之间仅有一位代码不同，因而不会产生竞争—冒险现象，且译码电路也比较简单。

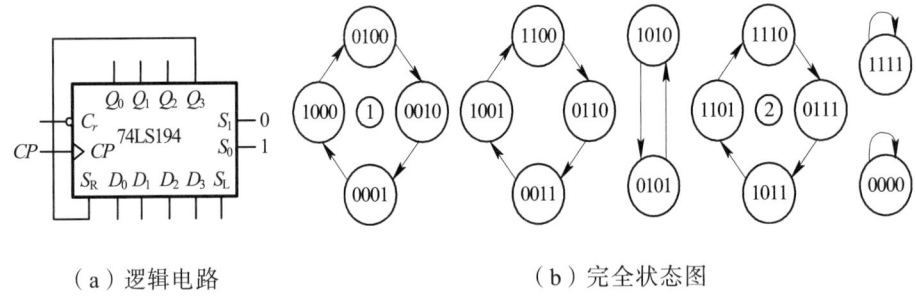

(a) 逻辑电路

(b) 完全状态图

图 6.3.27 扭环计数器

图 6.3.27 是由 74LS194 构成的四位扭环计数器和它的状态图。它有一个无效循环，不能自启动。有自启动特性的扭环计数器如图 6.3.28 所示。

扭环计数器输出波形的频率比时钟频率降低了 2n 倍，所以它可以用作偶数分频器。如果将反馈输入方程改为 $D_1 = \overline{Q_n Q_{n-1}}$，则可以构成奇数分频器，其模值为 M=2n-1。图 6.3.29 是用 74LS194 构成的 7 分频电路，其状态表如表 6.3.17 所示，其状态变化与扭环计数器相似，但跳过了全 0 状态。

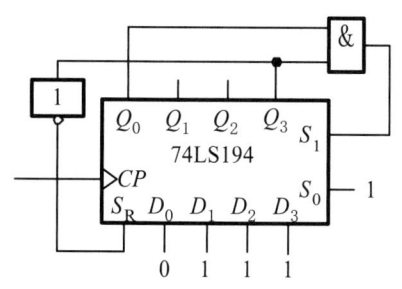 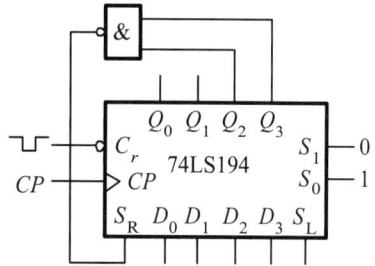

图 6.3.28 有自启特性的扭环计数器　　图 6.3.29 用 74LS194 构成的 7 分频电路

表 6.3.17　M=7 分频器状态表

| $Q_0$ | $Q_1$ | $Q_2$ | $Q_3$ |
|---|---|---|---|
| 0 | 0 | 0 | 0 |
| 1 | 0 | 0 | 0 |
| 1 | 1 | 0 | 0 |
| 1 | 1 | 1 | 0 |
| 1 | 1 | 1 | 1 |
| 0 | 1 | 1 | 1 |
| 0 | 0 | 1 | 1 |
| 0 | 0 | 0 | 1 |
| 1 | 0 | 0 | 0 |

## 6.4　同步时序电路的设计方法

同步时序电路的设计方法框图如图 6.4.1 所示。

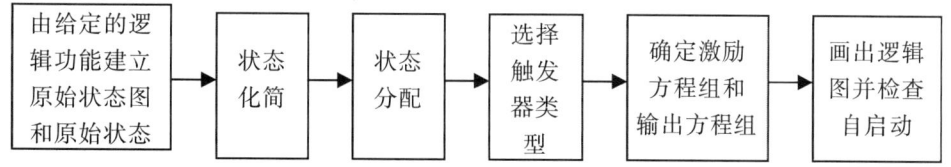

图 6.4.1　同步时序电路设计过程

### 6.4.1　建立原始状态图和原始状态表

根据设计命题要求初步画出的状态图和状态表，称为原始状态图和原始状态表，它们可能包含多余状态。从文字描述的命题到原始状态图的建立往往没有明显的规律可循，因此，在时序电路设计中这是较关键的一步。画原始状态图、列原始状态表一般按下列步骤进行。

① 分析题意，确定输入、输出变量。

② 设置状态。首先确定有多少种信息需要记忆，然后对每一种需要记忆的信息设置一个状态并用字母表示。

③ 确定状态之间的转换关系，画出原始状态图，列出原始状态表。

**【例 6.4.1】** 建立"110"序列检测器的原始状态图和原始状态表。

该电路的功能是：当连续输入"110"时，电路输出为 1，否则输出为 0。

**解** ① 确定输入变量和输出变量。

设该电路的输入变量为 X，代表输入串行序列，输出变量为 Z，表示检测结果。根据设计命题的要求，可分析出输入 X=011011111011，输出 Z = 010000010000。

② 设置状态。

状态是指需要记忆的信息或事件，由于状态编码还没有确定，所以它用字母或符号来表示。分析题意可知，该电路必须记住以下几件事：收到了一个 1；连续收到了两个 1；连续收到了三个 1。因此，加上初始状态，共需四个状态，并规定如下：

$S_0$：初始状态，表示电路还没有收到一个有效的 1。

$S_1$：表示电路收到了一个 1 的状态。

$S_2$：表示电路收到了连续两个 1 的状态。

$S_3$：表示电路收到了连续两个 1 后收到一个 0 的状态。

③ 画原始状态图，列原始状态表。

以每一个状态作为现态，分析在各种输入条件下电路应转向的新状态和输出。该电路有一个输入变量 X，因此，每个状态都有两条转移线，画状态图时应先从初始状态 $S_0$ 出发。当电路处于 $S_0$ 状态时，若输入 X=0，则输出 Z=0，电路保持 $S_0$ 状态不变，表示还未收到过 1；若输入 X=1，电路应记住输入了一个 1，因此，电路应转向新状态 $S_1$，输出 Z=0。当电路处于 $S_1$ 状态时，若输入 X=0，则输出 Z=0，电路回到 $S_0$ 状态重新开始；若输入 X=1，电路应记住连续输入了两个 1，因此，电路应转向新状态 $S_2$，输出 Z=0。以此类推，可以画出完整的原始状态图如图 6.4.2 所示，并可作原始状态表如表 6.4.1 所示。

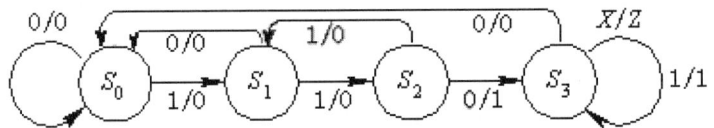

图 6.4.2　例 6.4.1 原始状态图

表 6.4.1　例 6.4.1 原始状态表

| S \ X | $S^{n+1}/Z$ | |
|---|---|---|
| | 0 | 1 |
| $S_0$ | $S_0$/0 | $S_1$/0 |
| $S_1$ | $S_0$/0 | $S_2$/0 |
| $S_2$ | $S_3$/1 | $S_2$/0 |
| $S_3$ | $S_0$/0 | $S_1$/0 |

**【例 6.4.2】** 建立一个余 3 码误码检测器的原始状态图。

余 3 码高位在前、低位在后串行地加到检测器的输入端。电路每接收一组代码，即在收到第四位代码时判断一下。若是错误代码，则输出为 1，否则输出为 0，电路又回到初始状态并开始接收下一组代码。

**解** ① 确定输入变量和输出变量。

输入变量 X 为串行输入余 3 码，高位在前，低位在后；

输出变量 Z 为误码输出。

（2）设置状态。

该电路属于串行码组检测，对输入序列每四位一组进行检测后才复位，以表示前一组代码已检测结束并准备下一组代码的检测，因此，初始状态表示电路已经可以准备开始检测一组代码。

本命题的状态图采用树形结构，从初始状态开始，每接收一位代码便设置一个状态。例如，电路处于初始状态 $S_0$，收到余 3 码的第一位（最高位），代码可能是 1，也可能是 0。

若为 0，状态转到 $S_1$ 分支；若为 1，状态转到 $S_2$ 分支。当电路分别处于 $S_1$ 或 $S_2$ 状态时，表示电路将接收第二位代码，当第二位代码到达，由 $S_1$ 派生出 $S_3$ 和 $S_4$ 分支，由 $S_2$ 派生出 $S_9$ 和 $S_{10}$ 分支。

若电路处于 $S_5$，表示已收到输入序列的高三位（余 3 码的高三位）为 000，因而，不论收到第四位数码是 0 还是 1，均应回到 $S_0$ 状态（一组代码检测结束），且输出 Z=1，表示收到的是错误代码。

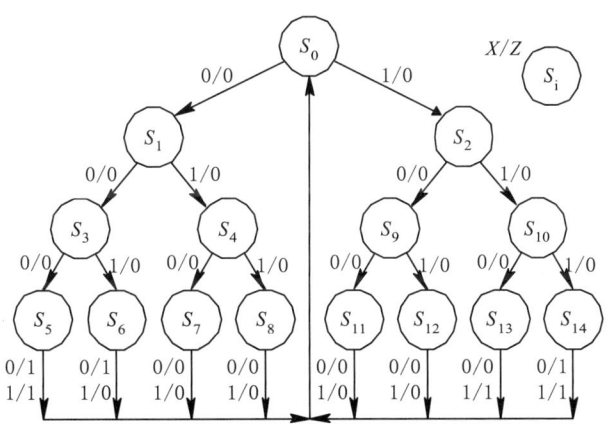

图 6.4.3　例 6.4.2 原始状态图

## 6.4.2　状态化简

在建立原始状态图和原始状态表时，将重点放在正确地反映设计要求上，因而往往可能会多设置一些状态，但状态数目的多少将直接影响到所需触发器的个数。对于具有 M 个状态的时序电路来说，所需触发器的个数 n 由下式决定：

$$2^{n-1} < M \leqslant 2^n$$

可见，状态数减少会使触发器的数目减少并简化电路。因此，状态化简的目的就是要消去多余状态，以得到最简状态图和最简状态表。

1. 状态的等价

设 $S_i$ 和 $S_j$ 是原始状态表中的两个状态，若分别以 $S_i$ 和 $S_j$ 为初始状态，加入任意的输入序列，电路均产生相同的输出序列，即两个状态的转移效果相同，则称 $S_i$ 和 $S_j$ 是等价状态或等价状态对，记作 [$S_iS_j$]。凡是相互等价的状态都可以合并成一个状态。

在状态表中判断两个状态是否等价的具体条件如下：

① 在相同的输入条件下都有相同的输出。

② 在相同的输入条件下次态也等价。这可能有三种情况：

一是，次态相同。

二是，次态交错。

三是，次态互为隐含条件。

例如，在表 6.4.2 所示的原始状态表中，对于状态 B 和 E，当输入 X=0 时，输出相同（输出都为 1），次态也相同（次态都为 E）；当输入 X=1 时，输出相同（输出都为 0），次态也相同（次态都为 C）。即可以确定，若分别以 B 和 E 为初始状态，加入任意的输入序列，电路均产生相同的输出序列。因此，状态 B 和 E 为等价状态，记作 [BE]。再看 F 和 G 两个状态。当输入 X=1 时，输出相同，次态也相同；当输入 X=0 时，次态交错。这说明无论以 F 还是以 G 为初始状态，在接收到输入 1 以前将不断地在 F 和 G 之间相互转换，且保持输出为 1；一旦收到了输入 1，则都转向 E。因此，从转移效果来看它们是相同的，这两个状态等价，记作 [FG]。

表 6.4.2 原始状态表

| X<br>S | $S^{n+1}/Z$ | |
|---|---|---|
| | 0 | 1 |
| A | B/0 | C/0 |
| B | E/1 | C/0 |
| C | D/1 | A/0 |
| D | E/1 | A/0 |
| E | E/1 | C/0 |
| F | G/1 | E/0 |
| G | F/1 | E/0 |

对于 A 和 C 这两个状态，当输入 X=1 时，输出相同，次态交错；当输入 X=0 时，输出相同，次态分别是 B 和 D，而 B 和 D 是否等价的隐含条件是 A 和 C 等价，这就是互为隐含条件的情况，其转移效果也是相同的，所以 A 和 C 等价，B 和 D 也等价，记作 [AC] [BD]。

等价状态具有传递性：若 $S_i$ 和 $S_j$ 等价，$S_i$ 和 $S_k$ 等价，则 $S_j$ 和 $S_k$ 也等价，记作 [$S_jS_k$]。相互等价状态的集合称为等价类，凡不被其他等价类所包含的等价类称为最大等价类。例如，根据等价状态的传递性可知，若有 [$S_iS_j$] 和 [$S_iS_k$]，则有 [$S_jS_k$]，它们都称为等价类，而只有 [$S_iS_jS_k$] 才是最大等价类。另外，在状态表中，若某一状态和其他状态都不等价，则其本身就是一个最大等价类。状态表的化简，实际就是寻找所有最大等价类，并将最大等价类合并，最后得到最简状态表。所以，表 6.4.2 中所有最大等价类为［AC］［BDE］［FG］，化简后的状态表如表 6.4.3 所示。

2. 隐含表化简

（1）作隐含表

隐含表是一种两项比较的直角三角形表，对于表 6.4.4 的原始状态表其隐含表简化状态如图 6.4.4（a）所示。隐含表的纵坐标为 B、C、D、E、F、G 六个状态（缺头），横坐标为 A、B、C、D、E、F 六个状态（少尾），表中的每一个小格用来表示一个状态对的等价比较情况。这种表格能保证每两个状态进行比较，而且可以逐步确定所有的等价状态，使用方便。

表 6.4.3　最简状态表

| S\X | $S^{n+1}/Z$ | |
|---|---|---|
| | 0 | 1 |
| A | B/0 | A/0 |
| B | B/1 | A/0 |
| F | F/1 | B/0 |

表 6.4.4　原始状态表

| S\X | $S^{n+1}/Z$ | |
|---|---|---|
| | 0 | 1 |
| A | C/0 | B/1 |
| B | F/1 | A/1 |
| C | G/0 | D/0 |
| D | D/1 | E/0 |
| E | C/1 | E/1 |
| F | G/0 | D/0 |
| G | C/1 | D/0 |

（2）顺序比较

对原始状态表中的每一对状态逐一比较，结果有三种情况：

① 状态对肯定不等价，在小格内填 ×。

② 状态对肯定等价，在小格内填 √。

③ 状态是否等价取决于隐含条件的，则把隐含状态对填入，需作进一步比较。按上述规则将表 6.4.4 顺序比较后，所得的隐含表如图 6.4.4（b）所示。

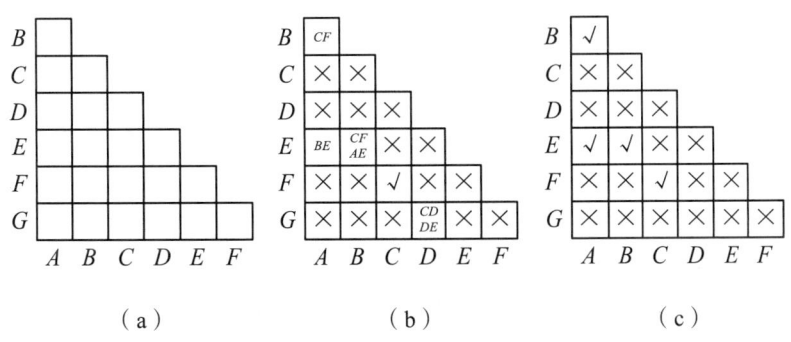

图 6.4.4　隐含表简化状态

（3）关联比较——对顺序比较中需要进一步比较的状态对进行比较

从图 6.4.4（c）可见，顺序比较后只有 C 和 F 已确定是等价状态对，记为［CF］。但 AB、AE、BE、DG 是否为等价状态对还需要检查其隐含状态对，其余状态均不等价。

状态 A 和 B 是否等价决定于隐含状态对 C、F。因为 C、F 为等价，所以状态 A 和 B 为等价状态对，记为 [AB]。状态 A 和 E 是否等价决定于隐含状态对 B、E，而状态 B 和 E 是否等价决定于隐含状态对 C、F 和 A、E，而已有 [CF]，故又回到了自身，所以有 [AE] 和 [BE]。

状态 D 和 G 是否等价决定于隐含状态对 C、D 和 D、E，而状态对 C、D 和 D、E 不等价，所以状态 D 和 G 不等价。

（4）找出最大等价类

根据以上求得的全部等价状态对，可求得该状态表的最大等价类为 [ABE][CF][D] 和 [G]。

（5）列出最简状态表

从每一个最大等价类中选出一个为代表，现分别从最大等价类 [ABE][CF][D] 和 [G] 中选出 A、C、D 和 G，作为简化后的四个状态，最后可作出最简状态表如表 6.4.5 所示。

表 6.4.5 最简状态表

| S \ X | $S^{n+1}/Z$ | |
|---|---|---|
| | 0 | 1 |
| A | C/0 | A/1 |
| C | G/0 | D/0 |
| D | D/1 | A/0 |
| G | C/1 | D/0 |

### 6.4.3 状态分配

状态分配是指将状态表中每一个字符表示的状态赋以适当的二进制代码，得到代码形式的状态表（二进制状态表），以便求出激励函数和输出函数，最后完成时序电路的设计。状态分配合适与否，虽然不影响触发器的级数，但对所设计的时序电路的复杂程度有一定的影响。然而，要得到最佳分配方案是很困难的。这首先是因为编码的方案太多，如果触发器的个数为 n，实际状态数为 M，则一共有 $2^n$ 种不同代码。若要将 $2^n$ 种代码分配到 M 个状态中去，并考虑到一些实际情况，有效的分配方案数为：

$$N = \frac{(2^n - 1)!}{(2^n - M)! n!}$$

可见，当 M 增大时，N 值将急剧增加，要寻找一个最佳方案很困难。此外，虽然人们已提出了许多算法，但也都还不成熟，因此在理论上这个问题还没解决。

在众多算法中，相邻法比较直观、简单，便于采用。它有三条原则，即符合下列条件的状态应尽可能分配相邻的二进制代码。

① 具有相同次态的现态。
② 同一现态下的次态。
③ 具有相同输出的现态。

三条原则以第一条为主，兼顾第二、第三条。

**【例 6.4.3】** 试对表 6.4.6 所示的状态表进行状态分配。

**解** 从表 6.4.6 所示状态表可见，它有四个状态 $S_1$、$S_2$、$S_3$、$S_4$，故电路使用两个触发器，即需要两个状态变量 $Q_1$、$Q_0$ 进行编码。为方便起见，通常用卡诺图来表示分配结果。

按原则一，$S_1S_2$、$S_2S_3$ 应分配相邻代码。

按原则二，$S_1S_3$、$S_1S_4$、$S_2S_3$ 应分配相邻代码。

按原则三，$S_2S_3$ 应分配相邻代码。

根据三条原则，将状态分配方案填入图 6.4.5 的编码表中，它仅未满足 $S_1S_3$ 相邻。所以，分配结果为 $S_1=00, S_2=01, S_3=11, S_4=10$。最后可得到二进制状态表如表 6.4.7 所示。

表 6.4.6 例 6.4.3 原始状态表

| S \ X | $S^{n+1}/Z$ | |
|---|---|---|
| | 0 | 1 |
| $S_1$ | $S_3/0$ | $S_1/0$ |
| $S_2$ | $S_1/0$ | $S_1/1$ |
| $S_3$ | $S_1/0$ | $S_4/1$ |
| $S_4$ | $S_2/1$ | $S_3/0$ |

表 6.4.7 例 6.4.3 二进制状态表

| $Q_0 Q_1$ \ X | $Q_0^{n+1} Q_1^{n+1}/Z$ | |
|---|---|---|
| | 0 | 1 |
| 00 | 11/0 | 00/0 |
| 01 | 00/0 | 00/1 |
| 11 | 00/0 | 10/1 |
| 10 | 01/1 | 11/0 |

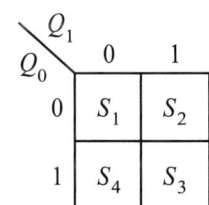

图 6.4.5 例 6.4.3 编码表

### 6.4.4 同步时序逻辑电路的设计举例

**【例 6.4.4】** 试用 JK 触发器完成"110"序列检测器的设计。

表 6.4.8 状态表

（a）原始状态

| S \ X | $S^{n+1}/Z$ | |
|---|---|---|
| | 0 | 1 |
| $S_0$ | $S_0/0$ | $S_1/0$ |
| $S_1$ | $S_0/0$ | $S_2/0$ |
| $S_2$ | $S_3/1$ | $S_2/0$ |
| $S_3$ | $S_0/0$ | $S_1/0$ |

（b）简化状态

| S \ X | $S^{n+1}/Z$ | |
|---|---|---|
| | 0 | 1 |
| $S_0$ | $S_0/0$ | $S_1/0$ |
| $S_1$ | $S_0/0$ | $S_2/0$ |
| $S_2$ | $S_0/1$ | $S_2/0$ |

（c）二进制状态

| $Q_1 Q_0$ \ X | $Q_1^{n+1} Q_0^{n+1}/Z$ | |
|---|---|---|
| | 0 | 1 |
| 00 | 00/0 | 01/0 |
| 01 | 00/0 | 11/0 |
| 11 | 00/1 | 11/0 |

**解** ① 状态化简。由表 6.4.8（a）原始状态表用直接观测法可知，$S_2$、$S_3$ 为等价状态对，简化后可得如表 6.4.8（b）最简状态表。

② 状态分配。该时序电路共有三个状态，采用两个 JK 触发器，0 状态变量为 $Q_1$、

$Q_0$。

按原则一,$S_1S_2$ 相邻;按原则二,$S_0S_1$ 和 $S_0S_2$ 相邻;按原则三,$S_0S_1$ 相邻。综合考虑后分配 $S_0S_1$ 和 $S_1S_2$ 相邻,这样就不能兼顾 $S_0S_2$ 相邻,状态分配编码表如图 6.4.6 所示。最后状态分配为 $S_0$=00,$S_1$=01,$S_2$=11。状态分配后得到如表 6.4.8(c)二进制状态表,它是一个非完全描述时序电路的设计。

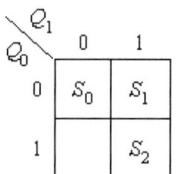

图 6.4.6 例 6.4.4 编码表

③ 确定激励函数和输出函数。根据状态表填写次态和输出函数卡诺图(图 6.4.7),从而求得次态和输出方程组,然后将各状态方程与所选用的触发器的特征方程对比,便可求出激励函数。这种方法称为状态方程法。

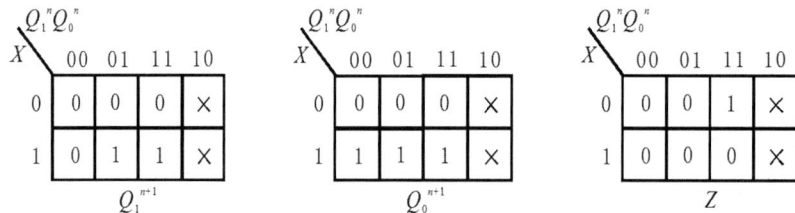

图 6.4.7 例 6.4.4 次态与输出函数卡诺图

当选用 JK 触发器时,为了使状态方程与触发器的特征方程便于对比,尽可能将状态方程写成 $Q_i^{n+1} = J_i\overline{Q_i} + \overline{K_i}Q_i$ 的形式,因此,必须将次态卡诺图按现态 $Q_i$=1 和 $Q_i$=0 分成两个子卡诺图,然后分别在子卡诺图中画圈简化,这样就可方便地求得 $Q_i$ 和 $\overline{Q_i}$ 的系数 $J_i$ 和 $\overline{K_i}$。

在图 6.4.7 中化简后得:

$$\begin{cases} Q_1^{n+1} = X^n Q_0^n \\ Q_0^{n+1} = X^n \\ Z = \overline{X^n Q_1^n} \end{cases}$$

最后的激励函数和输出函数为:

$$\begin{cases} J_1 = XQ_0 & K_1 = \overline{X} + \overline{Q_0} \\ J_0 = X & K_0 = \overline{X} \\ Z = \overline{X}Q_1 \end{cases}$$

④ 自启动检查。

⑤ 根据以上方程,画出"110"序列检测器的逻辑图如图 6.4.9 所示。

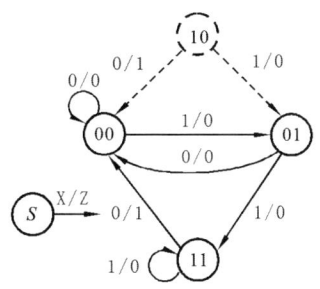

图 6.4.8 例 6.4.4 状态图

表 6.4.9 完全状态表

| $Q_1 Q_0$ \ $X$ | $Q_1^{n+1} Q_0^{n+1}/Z$ | |
|---|---|---|
| | 0 | 1 |
| 00 | 00/0 | 01/0 |
| 01 | 00/0 | 11/0 |
| 11 | 00/0 | 11/1 |
| 10 | 00/1 | 01/0 |

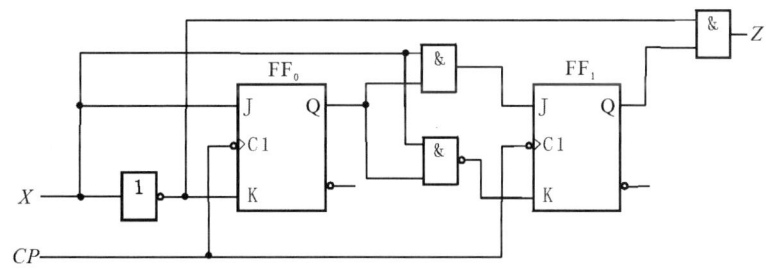

图 6.4.9 "110" 序列检测器逻辑图

【例 6.4.5】用 JK 触发器设计一个 8421BCD 码加法计数器。

**解** 该题的题意中即明确有 10 个状态,且是按 8421BCD 加法规律进行状态迁移,因为 $2^3<10<2^4$,所以需要四级触发器,其状态转移表如表 6.4.10 所示,由状态表做出每一级触发器的卡诺图,如图 6.4.10 所示。

表 6.4.10 例 6.4.5 状态迁移表

| $Q_4^n$ | $Q_3^n$ | $Q_2^n$ | $Q_1^n$ | $Q_4^{n+1}$ | $Q_3^{n+1}$ | $Q_2^{n+1}$ | $Q_1^{n+1}$ |
|---|---|---|---|---|---|---|---|
| 0 | 0 | 0 | 0 | 0 | 0 | 0 | 1 |
| 0 | 0 | 0 | 1 | 0 | 0 | 1 | 0 |
| 0 | 0 | 1 | 0 | 0 | 0 | 1 | 1 |
| 0 | 0 | 1 | 1 | 0 | 1 | 0 | 0 |
| 0 | 1 | 0 | 0 | 0 | 1 | 0 | 1 |
| 0 | 1 | 0 | 1 | 0 | 1 | 1 | 0 |
| 0 | 1 | 1 | 0 | 0 | 1 | 1 | 1 |

续表

| $Q_4^n$ | $Q_3^n$ | $Q_2^n$ | $Q_1^n$ | $Q_4^{n+1}$ | $Q_3^{n+1}$ | $Q_2^{n+1}$ | $Q_1^{n+1}$ |
|---|---|---|---|---|---|---|---|
| 0 | 1 | 1 | 1 | 1 | 0 | 0 | 0 |
| 1 | 0 | 0 | 0 | 1 | 0 | 0 | 1 |
| 1 | 0 | 0 | 1 | 0 | 0 | 0 | 0 |
| 1 | 0 | 1 | 0 | × | × | × | × |
| 1 | 0 | 1 | 1 | × | × | × | × |
| 1 | 1 | 0 | 0 | × | × | × | × |
| 1 | 1 | 0 | 1 | × | × | × | × |
| 1 | 1 | 1 | 0 | × | × | × | × |
| 1 | 1 | 1 | 1 | × | × | × | × |

由图 6.4.10（a）~（d）可得：

$$Q_4^{n+1} = Q_1^n Q_2^n Q_3^n \overline{Q_4^n} + \overline{Q_1^n} Q_4^n$$

$$Q_3^{n+1} = Q_1^n Q_2^n \overline{Q_3^n} + \overline{Q_1^n} Q_3^n + \overline{Q_2^n} Q_3^n$$

$$= Q_1^n Q_2^n \overline{Q_3^n} + \overline{Q_1^n Q_2^n} Q_3^n$$

$$Q_2^{n+1} = Q_1^n \overline{Q_4^n} \overline{Q_2^n} + \overline{Q_1^n} Q_2^n$$

$$Q_1^{n+1} = \overline{Q_1^n}$$

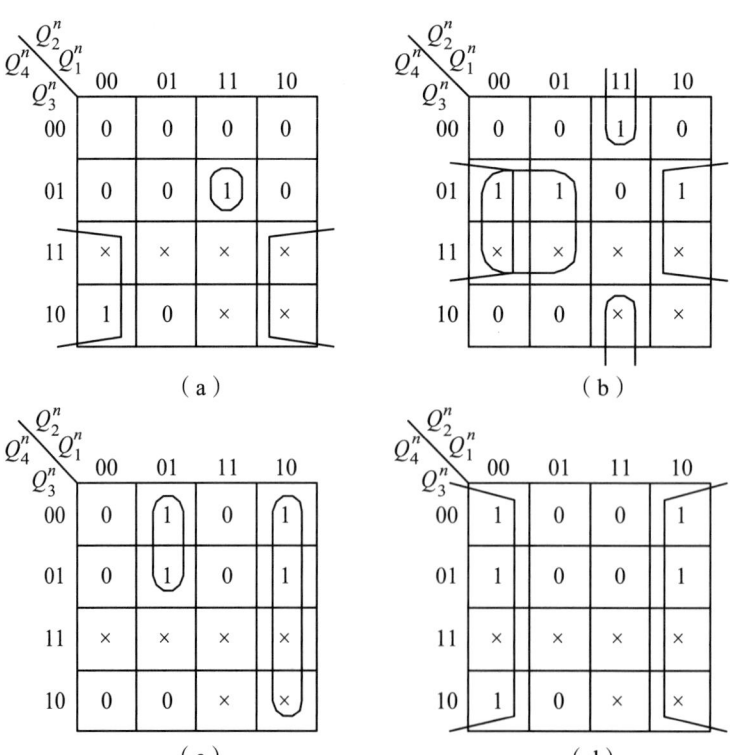

图 6.4.10 确定激励函数的次态卡诺图

由此得各触发器的激励方程为：

$$J_4 = Q_1^n Q_2^n Q_3^n \quad\quad K_4 = Q_1^n$$
$$J_3 = Q_1^n Q_2^n \quad\quad K_3 = Q_1^n Q_2^n$$
$$J_2 = Q_1^n \overline{Q_4^n} \quad\quad K_2 = Q_1^n$$
$$J_1 = K_1 = 1$$

由激励方程得如图 6.4.11 所示逻辑图。

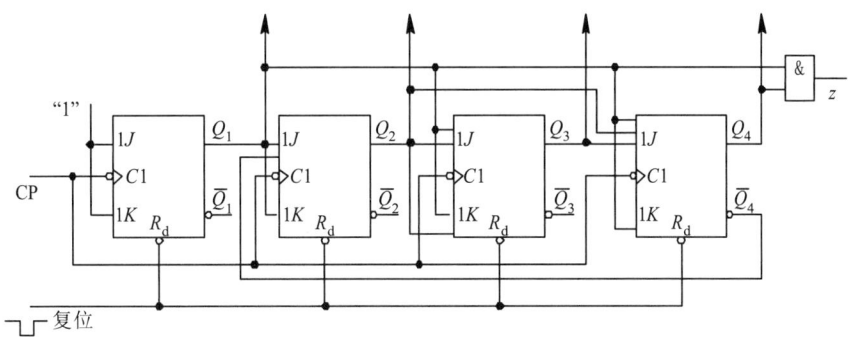

图 6.4.11　8421BCD 码加法计数器逻辑图

表 6.4.11 所示为检查自启动问题的列表，图 6.4.12 所示为电路的完全状态图，可见电路能实现自启动。

表 6.4.11　检查自启动问题

| $Q_4^n$ | $Q_3^n$ | $Q_2^n$ | $Q_1^n$ | $Q_4^{n+1}$ | $Q_3^{n+1}$ | $Q_2^{n+1}$ | $Q_1^{n+1}$ |
|---|---|---|---|---|---|---|---|
| 1 | 0 | 1 | 0 | 1 | 0 | 1 | 1 |
| 1 | 0 | 1 | 1 | 0 | 1 | 0 | 0 |
| 1 | 1 | 0 | 0 | 1 | 0 | 1 | 1 |
| 1 | 1 | 0 | 1 | 0 | 1 | 0 | 0 |
| 1 | 1 | 1 | 0 | 1 | 1 | 1 | 1 |
| 1 | 1 | 1 | 1 | 0 | 0 | 0 | 0 |

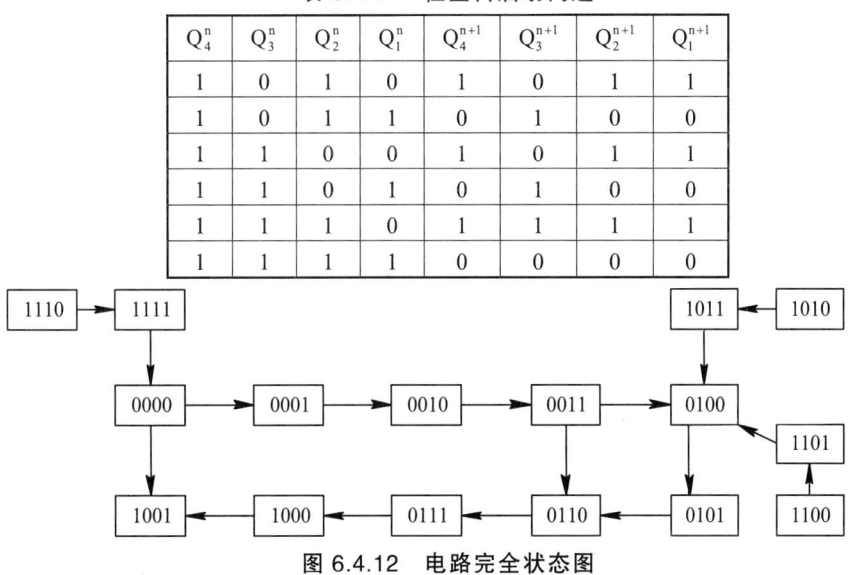

图 6.4.12　电路完全状态图

## 6.5　异步时序逻辑电路的设计

异步时序电路的设计过程和同步时序电路的设计过程基本相同。不过，在设计异步时序电路时,要为各个触发器选择时钟信号。选择合适的话,可以得到一个较简单的电路实现,使得电路更加经济可靠。从时钟触发器的特性可以知道,时钟信号有效是触发器状态发生变化的前提条件。当时钟信号无效时,无论驱动信号取值如何,触发器的状态都不会发生变化。

选择时钟一般根据以下原则进行:在触发器状态发生变化的时刻,必须有有效的时钟信号;在触发器状态不发生变化的其他时刻,最好没有有效的时钟信号。选择时钟考虑的对象一般为:外部的时钟信号,其他触发器的 Q 端和 $\overline{Q}$ 端。异步时序电路设计的一般步骤如下:

①分析逻辑功能要求,画符号状态转换图,进行状态化简。
②确定触发器数目和类型,进行状态分配,画状态转换图。
③根据状态转换图画时序图。
④利用时序图给各个触发器选时钟信号。
⑤根据状态转换图列状态转换表。
⑥根据所选时钟和状态转换表,列出触发器驱动信号的真值表。
⑦求驱动方程。
⑧检查电路能否自启动。如不能自启动,则进行修改。
⑨根据驱动方程和时钟方程画逻辑图,实现电路。

【**例 6.5.1**】用下降沿动作的 JK 触发器设计一个异步时序逻辑电路,要求其状态转换图如图 6.5.1 所示。

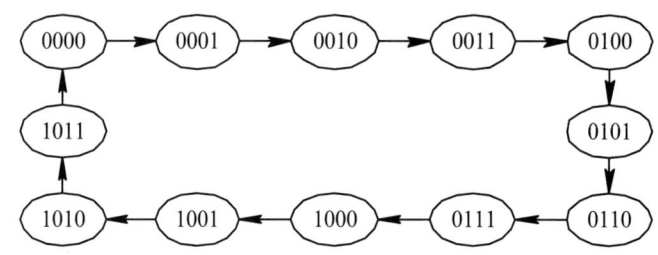

图 6.5.1 例 6.5.1 的状态转换图

**解** 由状态转换图可以看出,电路需要四个触发器。由状态转换图画出电路的时序图,如图 6.5.2 所示。

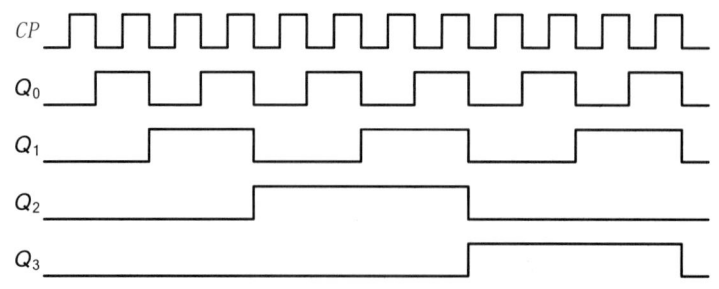

图 6.5.2 例 6.5.1 的时序图

根据图 6.5.2 所示的时序图来选定各个触发器的时钟信号。从图中可见，当 $Q_0$ 发生变化时，$CP_0$ 必须为下降沿，只有 CP 信号满足要求，因此选 CP 信号作为 $Q_0$ 触发器的时钟信号；当 $Q_1$ 发生变化时，$CP_1$ 必须为下降沿，有 CP 和 $Q_0$ 两个信号满足要求，由于 CP 有多余的下降沿而 $Q_0$ 没有，故选 $Q_0$ 信号作为 $Q_1$ 触发器的时钟信号；当 $Q_2$ 发生变化时，$CP_2$ 必须为下降沿，有 CP、$Q_0$ 和 $Q_1$ 三个信号满足要求，$Q_1$ 多余的下降沿个数最少，因此选 $Q_1$ 信号作为 $Q_2$ 触发器的时钟信号，当 $Q_3$ 发生变化时，$CP_3$ 必须为下降沿，也有 CP、$Q_0$ 和 $Q_1$ 这三个信号满足要求，同样选 $Q_1$ 信号作为 $Q_3$ 触发器的时钟信号。

表 6.5.1 例 6.5.1 异步时序逻辑电路的状态转换和驱动真值表

| $Q_3^n$ | $Q_2^n$ | $Q_1^n$ | $Q_0^n$ | $Q_3^{n+1}$ | $Q_2^{n+1}$ | $Q_1^{n+1}$ | $Q_0^{n+1}$ | $J_3$ | $K_3$ | $J_2$ | $K_2$ | $J_1$ | $K_1$ | $J_0$ | $K_0$ |
|---|---|---|---|---|---|---|---|---|---|---|---|---|---|---|---|
| 0 | 0 | 0 | 0 | 0 | 0 | 0 | 1 | × | × | × | × | × | × | 1 | × |
| 0 | 0 | 0 | 1 | 0 | 0 | 1 | 0 | × | × | × | × | 1 | × | × | 1 |
| 0 | 0 | 1 | 0 | 0 | 0 | 1 | 1 | × | × | × | × | × | × | 1 | × |
| 0 | 0 | 1 | 1 | 0 | 1 | 0 | 0 | 0 | × | 1 | × | × | 1 | × | 1 |
| 0 | 1 | 0 | 0 | 0 | 1 | 0 | 1 | × | × | × | × | × | × | 1 | × |
| 0 | 1 | 0 | 1 | 0 | 1 | 1 | 0 | × | × | × | × | 1 | × | × | 1 |
| 0 | 1 | 1 | 0 | 0 | 1 | 1 | 1 | × | × | × | × | × | × | 1 | × |
| 0 | 1 | 1 | 1 | 1 | 0 | 0 | 0 | 1 | × | × | 1 | × | 1 | × | 1 |
| 1 | 0 | 0 | 0 | 1 | 0 | 0 | 1 | × | × | × | × | × | × | 1 | × |
| 1 | 0 | 0 | 1 | 1 | 0 | 1 | 0 | × | × | × | × | 1 | × | × | 1 |
| 1 | 0 | 1 | 0 | 1 | 0 | 1 | 1 | × | × | × | × | × | × | 1 | × |
| 1 | 0 | 1 | 1 | 0 | 0 | 0 | 0 | × | 1 | 0 | × | × | 1 | × | 1 |
| 1 | 1 | 0 | 0 | × | × | × | × | × | × | × | × | × | × | × | × |
| 1 | 1 | 0 | 1 | × | × | × | × | × | × | × | × | × | × | × | × |
| 1 | 1 | 1 | 0 | × | × | × | × | × | × | × | × | × | × | × | × |
| 1 | 1 | 1 | 1 | × | × | × | × | × | × | × | × | × | × | × | × |

这样，得到各个触发器的时钟方程为：

$$CP0=CP, \quad CP1=Q0 \quad CP2=Q1, \quad CP3=Q1$$

确定了各个触发器的时钟方程后，接下来列出逻辑电路的状态转换表和驱动信号的真值表，如表 6.5.1 所示。由于状态转换图中不包含 1100、1101、1110、1111 这四个状态，当现态为这四个状态时，次态可先设定为任意状态，这会使求得的方程更加简单。求出驱动方程后，再来确定它们实际的次态，检查电路能否自启动。

列驱动信号的真值表时，要先根据给各个触发器选定的时钟信号，判断是否有效。如果时钟信号无效，则触发器的驱动信号可 0 可 1，对触发器的状态没有影响。例如，现态为 0000 时，来一个 CP 下降沿，电路的次态为 0001。由于 CP 为下降沿，则 $CP_0$ 有效，$Q_0$ 要由 0 变为 1，根据 JK 触发器的驱动特性，$J_0$ 必须为 1 而 $K_0$ 可 0 可 1；由于 $Q_0$ 由 0 变为 1，为上升沿，$CP_1$ 无效，$J_1$ 和 $K_1$ 可 0 可 1；$Q_1$ 不变，$CP_2$ 和 $CP_3$ 都无效，$J_2$、$K_2$、$J_3$、$K_3$ 都可 0 可 1。又如现态为 0011 时，来一个 CP 下降沿，电路的次态为 0100。由于 $CP_0$ 有效，$Q_0$ 要由 1 变为 0，根据 JK 触发器的驱动特性，$K_0$ 必须为 1 而 $J_0$ 可 0 可

1；由于 $Q_0$ 由 1 变为 0，为下降沿，$CP_1$ 有效，$Q_1$ 要由 1 变为 0，$K_1$ 必须为 1 而 $J_1$ 可 0 可 1；$Q_1$ 由 1 变为 0，为下降沿，$CP_2$ 和 $CP_3$ 有效，$Q_2$ 要由 0 变为 1，$J_2$ 必须为 1 而 $K_2$ 可 0 可 1；$Q_3$ 要维持 0，$J_3$ 必须为 0 而 $K_3$ 可 0 可 1。

根据表 6.5.1 画出各个触发器驱动信号的卡诺图，如图 6.5.3 所示。

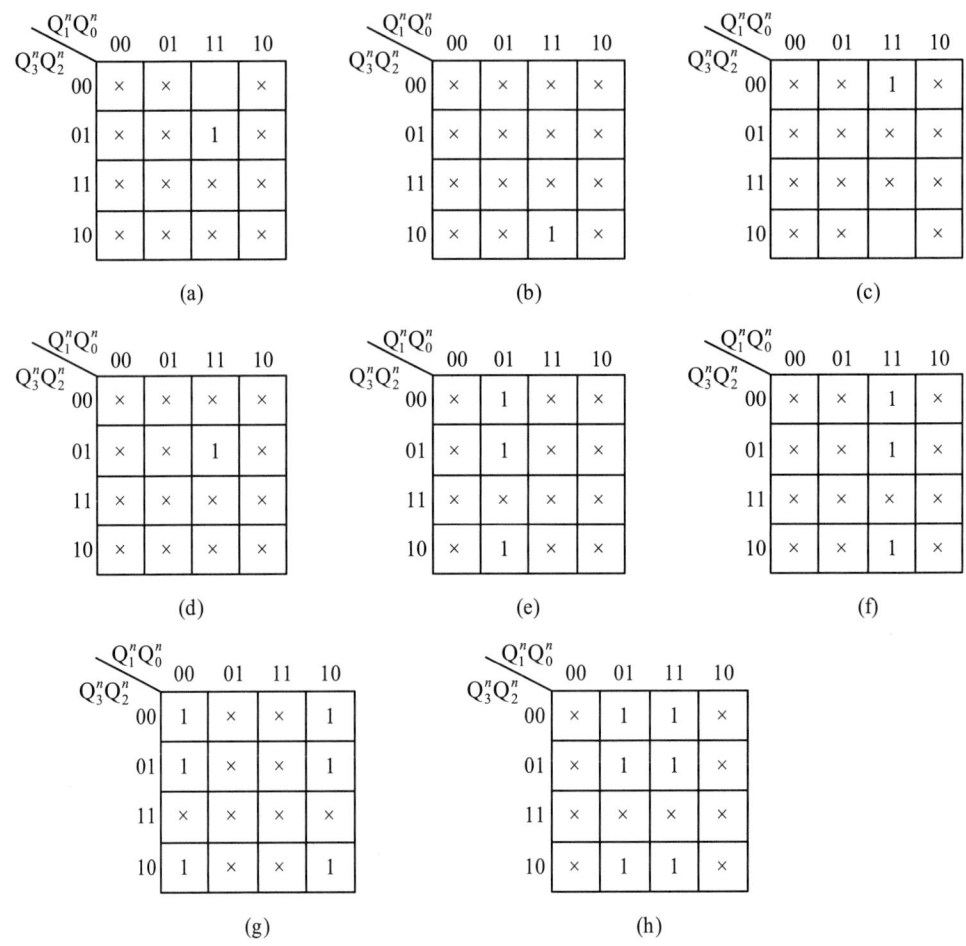

图 6.5.3　例 6.5.1 的卡诺图

由卡诺图求得各个触发器的驱动方程如下：

$$J_3=\overline{Q_2^n},\quad K_3=1$$
$$J_2=\overline{Q_3^n},\quad K_2=1$$
$$J_1=1,\quad K_1=1$$
$$J_0=1,\quad K_0=1$$

根据以上求得的驱动方程，可以计算出未使用状态，实际的次态，见表 6.5.2。

表 6.5.2　未使用状态的状态转换表

| $Q_3^n$ | $Q_2^n$ | $Q_1^n$ | $Q_0^n$ | $Q_3^{n+1}$ | $Q_2^{n+1}$ | $Q_1^{n+1}$ | $Q_0^{n+1}$ | CP | $CP_0$ | $CP_1$ | $CP_2$ | $CP_3$ |
|---|---|---|---|---|---|---|---|---|---|---|---|---|
| 1 | 1 | 0 | 0 | 1 | 1 | 0 | 1 | ↓ | ↓ | | | |
| 1 | 1 | 0 | 1 | 1 | 1 | 1 | 0 | ↓ | ↓ | ↓ | | |
| 1 | 1 | 1 | 0 | 1 | 1 | 1 | 1 | ↓ | ↓ | | | |
| 1 | 1 | 1 | 1 | 0 | 0 | 0 | 0 | ↓ | ↓ | ↓ | ↓ | ↓ |

按照表 6.5.2 的结果，将未使用状态加到状态转换图中，可以得到电路完整的状态转换图，如图 6.5.4 所示。

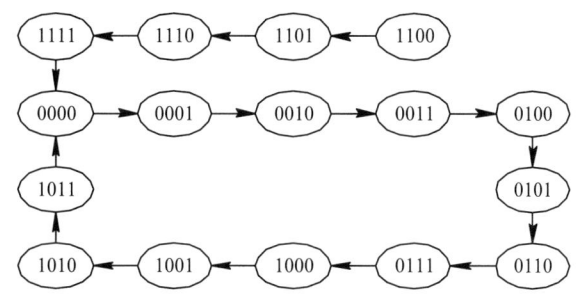

图 6.5.4　例 6.5.1 的完整状态转换图

由图 6.5.4 可见，电路能够自启动。

最后，根据驱动方程和时钟方程画出逻辑电路图，如图 6.5.5 所示。

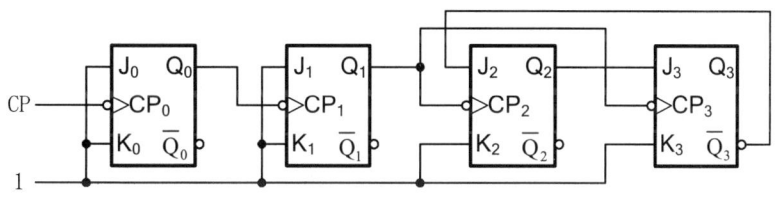

图 6.5.5　例 6.5.1 的逻辑图

# 6.6　时序逻辑电路的 Verilog 语言实现

本节将深入探讨时序逻辑电路的 Verilog 实现，包括计数器、序列发生器等典型时序电路的设计与实现。通过对时序逻辑电路的行为级、结构级和数据流建模方法的比较，读者将能够理解不同建模方法的适用场景和优势，从而在实际设计中做出更为明智的选择。

## 6.6.1　计数器

计数器和例 6.6.1 给出了一个 4 位二进制计数器，计数器采用 output reg [3:0] q：定义4位二进制输出信号；always @（posedge clk or posedge reset）：在时钟上升沿或重置信号的上升沿触发；if（reset）：如果重置信号为高电平，计数器会重置为 0；else q <= q + 1：否则，计数器在时钟上升沿时递增，最终，实验结果如图 6.6.1 所示。

【例 6.6.1】4位二进制计数器—行为级建模。

```
1   module counter_4bit (
2       input wire clk,           // 时钟信号
3       input wire reset,         // 重置信号
4       output reg [3:0] q        // 4 位输出计数
5   );
    // 时钟上升沿时执行计数器逻辑
6   always @ ( posedge clk or posedge reset ) begin
7       if （reset）
8           q <= 4'b0000;         // 当 reset 为高电平时，重置计数器
9       else
10          q <= q + 1;           // 否则在时钟上升沿时递增计数器
11  end
12  endmodule
```

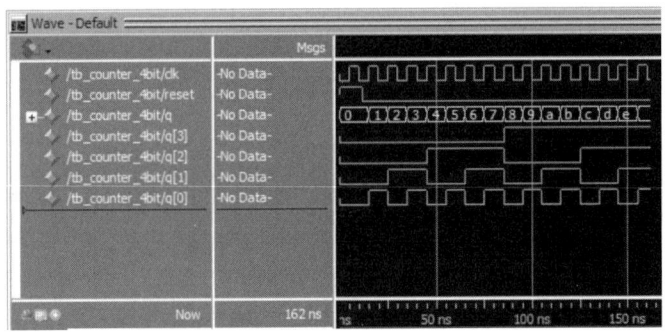

图 6.6.1　位二进制计数器仿真结果

### 6.6.2　序列信号发生器

本节将设计序列发生器，在时钟信号的上升沿时依次输出特定的 3-bit 循环序列，序列为：101 -> 111 -> 001 -> 011 -> 101。例 6.6.2 采用有限状态机（FSM）实现序列发生器的设计：

① line 6~9：定义状态常量，这里定义了 4 个状态，分别是 S0（101），S1（111），S2（001）和 S3（011），这些状态将按照定义的顺序进行状态转移。

② line 10：定义了一个 3 位的寄存器 state，用于存储当前的状态，这个寄存器在每个时钟周期更新其值，表示序列发生器当前所处的状态。

③ line 11~21：每当时钟上升沿（posedge clk）或重置信号上升沿（posedge reset）到来时，状态机更新状态；如果 reset 信号有效，则状态被强制设置为 S0；在正常工作

状态下，根据当前状态决定下一个状态，通过 case 语句定义状态转移路径；状态依次从 S0 → S1 → S2 → S3，再回到 S0，循环进行。

④ line 25：当状态改变时，将当前状态输出给 seq。

【例 6.6.2】基于 D 触发器的序列信号发生器—行为级建模。

```
1   module d_ff_seq_gen (
2       input wire clk,              // 时钟信号
3       input wire reset,            // 重置信号
4       output reg [2:0] seq         // 3 位输出信号
5   );
    // 状态定义
6       parameter S0 = 3'b101;
7       parameter S1 = 3'b111;
8       parameter S2 = 3'b001;
9       parameter S3 = 3'b011;
    // 当前状态寄存器
10      reg [2:0] state;
    // 状态转移逻辑
11      always @(posedge clk or posedge reset) begin
12          if (reset)
13              state <= S0;         // 重置时，回到初始状态 S0
14          else begin
            // 状态的顺序更新
15              case (state)
16                  S0: state <= S1; // 从 S0 转到 S1
17                  S1: state <= S2; // 从 S1 转到 S2
18                  S2: state <= S3; // 从 S2 转到 S3
19                  S3: state <= S0; // 从 S3 回到 S0
20                  default: state <= S0;
21              endcase
22          end
23      end
    // 输出逻辑
24      always @(state) begin
25          seq = state;             // 当前状态输出到 seq
26      end
27  endmodule
```

在例 6.6.2 的设计中，使用的是 Verilog 语言的行为级建模，因此没有使用明确的 D 触发器实例。然而，状态机的实现方式实际上是基于 D 触发器的思想。首先需要再次强调 D 触发器的本质，D 触发器是一种时序逻辑器件，它的行为非常简单：在每个时钟上升沿（或下降沿），它将输入信号 D 的值传递给输出 Q。如果时钟没有到达上升沿或下降沿，输出保持不变。然而，虽然没有，在此设计中存在 D 触发器的隐含体现。

① 时钟上升沿触发：程序中采用的 always @（posedge clk or posedge reset）表示这个逻辑在每个时钟的上升沿触发，这正是 D 触发器的工作方式。D 触发器在时钟的上升"锁存"输入信号的值。在这个设计中，state 就像是 D 触发器的输出，状态的更新在时钟上升沿发生。

这里体现了 D 触发器时钟同步的特性，D 触发器的一个显著特点是它在时钟上升沿锁存输入信号，并更新其输出。这个序列发生器的状态更新机制完全遵循了这种逻辑：状态机的状态只会在时钟上升沿（posedge clk）时发生变化，模拟了 D 触发器的行为。

② 状态存储：状态 state 通过 <= 操作符在时钟边沿被更新（非阻塞赋值），这模拟了 D 触发器的行为：上一个时钟周期输入的值在下一个时钟周期被锁存并输出。

而 D 触发器的核心功能是存储输入信号的值，然后在时钟边沿将其传递到输出。在这个设计中，状态 state 在时钟上升沿时更新，并且在下一个时钟周期输出。虽然我们没有显式地写出"D 触发器"，但是使用 <= 这样的非阻塞赋值在行为上与 D 触发器的特性完全一致。

③ 输出随状态变化：seq = state 这条语句在每次状态改变时，直接将状态输出给 seq。这模拟了 D 触发器的 Q 输出在每个时钟周期稳定输出当前状态。

当 reset 信号有效时，状态机的状态被强制设置为 S0，这是一个同步复位的实现方式。在 D 触发器的设计中，复位也是常见的设计逻辑，当 reset 有效时，它可以将触发器的输出设为某个固定状态。在这个例子中，这个功能与 D 触发器的行为一致。

因此，虽然这个例子中没有明确使用 D 触发器的原语（如 dff），但其基于时钟边沿的状态更新逻辑与 D 触发器的行为是相同的。每次状态更新都在时钟的上升沿进行，状态的存储和传递也体现了 D 触发器的特性。

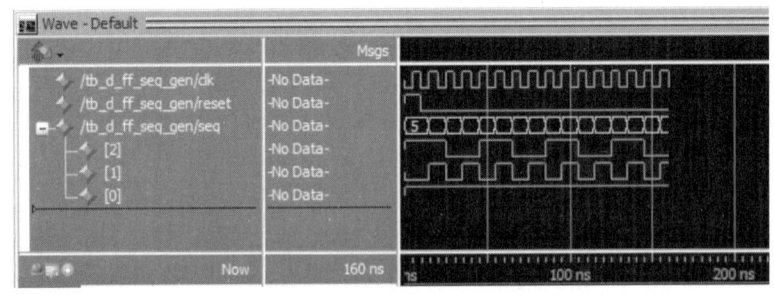

图 6.6.2 序列信号发生器仿真结果

在例 6.6.1 的序列发生器设计中，虽然通过有限状态机实现了序列生成器，但该实现并未明确展示出使用 D 触发器的结构。为了更明确地体现 D 触发器的使用，例 6.6.3 通过 D 触发器的结构级建模来具体描述状态的存储和更新过程，例中的每个状态位都使用 D 触发器来存储，以更接近实际硬件的设计方式来实现序列信号的存储和转移，下面的实现将展示如何通过使用 D 触发器来实现序列为：000-100-110-111-011-001-000 的发生器。

【例 6.6.3】基于 D 触发器的序列信号发生器—结构级建模。

```
1   module d_ff (
2       input wire clk,        // 时钟信号
3       input wire reset,      // 重置信号
4       input wire d,          // D 输入
5       output reg q           // Q 输出
6   );
    // D 触发器逻辑：在时钟上升沿时更新 Q
7       always @ ( posedge clk or posedge reset ) begin
8           if (reset)
9               q <= 1'b0;     // 重置信号时，输出 Q 置为 0
10          else
11              q <= d;        // 时钟上升沿时，将 D 的输入值赋给 Q
12      end
13  endmodule
14  module d_ff_seq_gen (
15      input wire clk,         // 时钟信号
16      input wire reset,       // 重置信号
17      output wire [2:0] seq   // 3 位输出信号
18  );
19      wire d2, d1, d0;        // D 输入信号
20      wire q2, q1, q0;        // Q 输出信号（存储状态）
    // 状态转移逻辑
21      assign d2 = q1;         // 状态转移：d2 是由上一状态 q1 决定的
22      assign d1 = q0;         // 状态转移：d1 是由上一状态 q0 决定的
23      assign d0 = ~q2;        // 状态转移：d0 是 q2 的反转
    // 3 个 D 触发器实例化，分别存储状态的每一位
24      d_ff ff2 ( .clk ( clk ), .reset ( reset ), .d ( d2 ), .q ( q2 ));
25      d_ff ff1 ( .clk ( clk ), .reset ( reset ), .d ( d1 ), .q ( q1 ));
26      d_ff ff0 ( .clk ( clk ), .reset ( reset ), .d ( d0 ), .q ( q0 ));
    // 输出当前状态值
27      assign seq = {q2, q1, q0};
28  endmodule
```

例 6.6.3 的设计方法就更加贴近硬件设计，下面将逐行进行介绍：

① line 1～6：d_ff 是一个基本的 D 触发器模块。它有 3 个输入：时钟 clk、重置信号 reset、数据输入 d，以及 1 个输出 q。

② line 7～12：当 reset 为高电平时，输出 q 被置为 0，模拟了触发器被重置的行为；在时钟上升沿时，如果没有重置信号，D 触发器将输入 d 的值赋给输出 q，实现数据的存储。

③ line 14～18：d_ff_seq_gen 是一个基于 D 触发器实现的 3 位序列发生器，输入信号包括 clk 和 reset，输出 seq 是一个 3 位的序列信号。

④ line 19～20：定义 D 触发器的输入和输出等中间信号。

⑤ line 21～23：描述对应的状态变化。

⑥ line 24～26：实例化三个 D 触发器，分别用于存储序列发生器的 3 位状态。ff2 存储第 3 位状态，输入为 d2，输出为 q2；ff1 存储第 2 位状态，输入为 d1，输出为 q1；ff0 存储第 1 位状态，输入为 d0，输出为 q0。

最终结果如图 6.6.3 所示，可以看到相关程序可以实现针对特定序列的序列发生器。

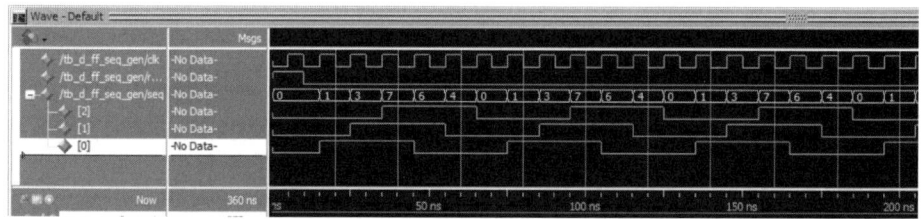

图 6.6.3 序列信号发生器—结构级建模

通过结构级建模和行为级建模实现序列发生器，能够体现 Verilog 程序设计中的灵活性和抽象层次的选择。在结构级建模中，设计者需要关注电路的具体结构和信号的连接，适合用于需要精确控制硬件实现的场景。而行为级建模则侧重于描述电路的功能逻辑，简化了设计过程，适合较为抽象的功能实现。在 Verilog 设计中，应根据项目需求选择合适的建模方法：对于简单的组合逻辑和精确硬件描述，结构级建模更为合适；而对于复杂逻辑或需要快速实现的功能，行为级建模则更高效。上述的原则也需要设计者在开发过程中不断的进行分析，以便不断提升针对硬件描述的编程能力。

# 6.7 小结

时序逻辑电路通常由记忆电路及组合电路两部分组成，具有记忆作用。时序逻辑电路可分为同步、异步、摩尔型和米勒型时序电路。

本章主要介绍了同步时序逻辑电路和异步时序逻辑电路的一般分析和设计方法。

同步时序逻辑电路的一般分析方法为：根据逻辑图求出时序电路的输出方程和各触发器的激励方程。根据已求出的激励方程和所用触发器的特征方程，获得时序电路的状态方程。根据时序电路的状态方程和输出方程，建立状态转移表，进而画出状态图和波形图。分析电路的逻辑功能。

同步时序逻辑电路的一般设计方法为：分析逻辑功能要求，画符号（原始）状态转换图。进行状态化简。确定触发器的数目，进行状态分配，画状态转换图。选定触发器的类型，求出各个触发器驱动信号和电路输出的方程。检查电路能否自启动。如不能自启动，则进行修改。画逻辑图并实现电路。

异步时序逻辑电路的一般分析步骤为：根据逻辑图写方程，包括时钟方程、输出方程及各个触发器的驱动方程。将驱动方程代入触发器的特性方程，得到各个触发器的状态方程。根据时钟方程、状态方程和输出方程进行计算，求出各种不同输入和现态情况下电路的次态和输出，根据计算结果列状态表。在计算的时候，要根据各个触发器的时钟方程来确定触发器的时钟信号是否有效。如果时钟信号有效，则按照状态方程计算触发器的次态；如果时钟信号无效，则触发器的状态不变。最后，画状态图、时序图。分析电路功能。

异步时序电路设计的一般步骤如下：分析逻辑功能要求，画符号状态转换图，进行状态化简。确定触发器数目和类型，进行状态分配，画状态转换图。根据状态转换图画时序图。利用时序图给各个触发器选时钟信号。根据状态转换图列状态转换表。根据所选时钟和状态转换表，列出触发器驱动信号的真值表。求驱动方程。检查电路能否自启动。如不能自启动，则进行修改。根据驱动方程和时钟方程画逻辑图，实现电路。

最后，本章给出了典型计数器和序列信号发生器的硬件描述，并进行了仿真验证。

## 习题

6.1 描述时序逻辑电路的逻辑方程有哪几类？

6.2 时序逻辑电路如何进行分类？

6.3 时序电路功能有哪几种描述方法？

6.4 试述同步时序电路的一般分析步骤。

6.5 时序电路如图 P6.5 所示，试分析其功能，并画出 X 序列为 1010 1100 的时序图，设起始态 $Q_2Q_1=00$。

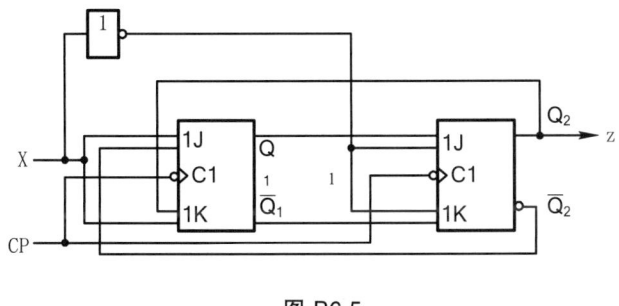

图 P6.5

6.6 时序电路如图 P6.6 所示,分析其功能。

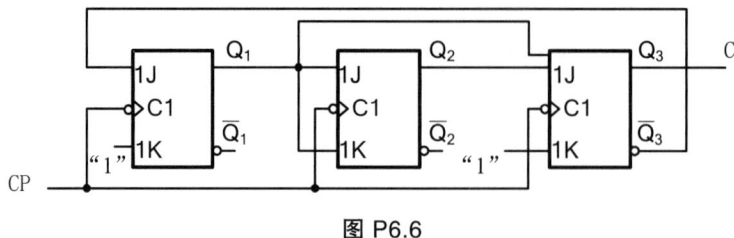

图 P6.6

6.7 分析图 P6.7 所示同步时序电路的功能,并画出电路的工作波形。

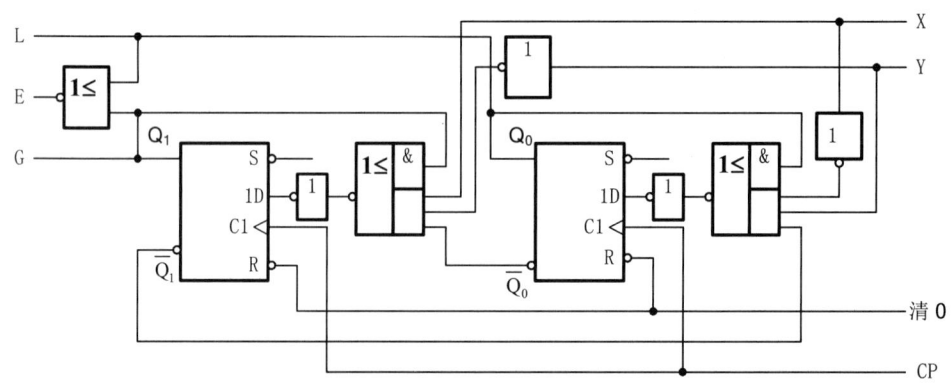

图 P6.7

6.8 异步时序电路如图 P6.8 所示,试分析其功能。

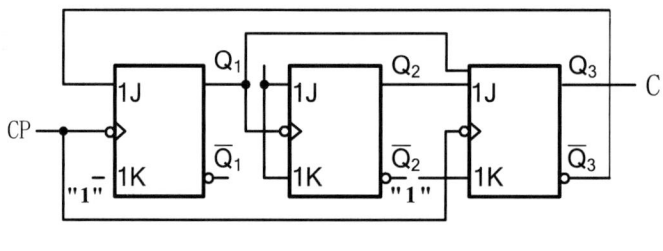

图 P6.8

6.9 分析图 P6.9 所示异步时序电路,指出其逻辑功能。

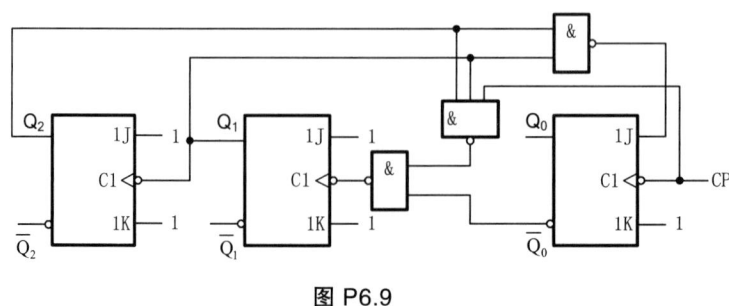

图 P6.9

6.10 分析图 P6.10 所示的异步时序逻辑电路，写出各类方程，列出状态表。

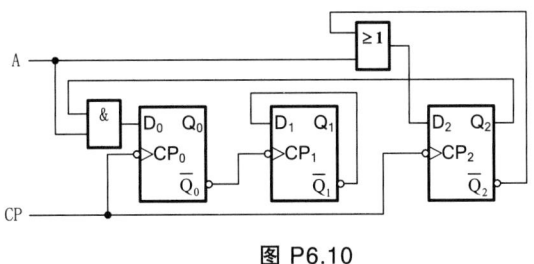

图 P6.10

6.11 用计数器 74163 实现图 P6.11 所示状态图描述的同步时序电路功能。

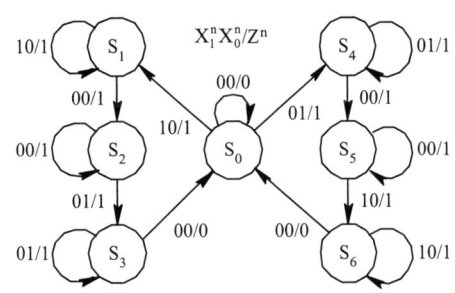

图 P6.11

6.12 图 P6.12 电路由两片 4 位二进制同步可预置加法计数器 74161 和少量逻辑门组成，试分析其功能。

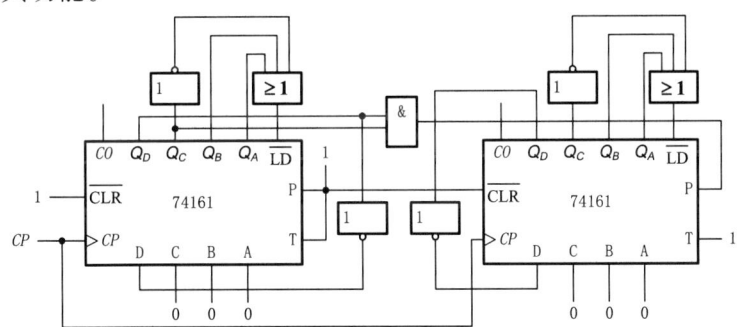

图 P6.12

6.13 用 74LS90 实现模 7 计数器。

6.14 用 74161 实现模 7 计数器。

6.15 试用 74LS90 实现模 40 计数器。

6.16 用 74LS161 及少量与非门组成由 00000001~00011000，M=24 的计数器。

6.17 图 P6.17 为可编程分频器，试分别求出 M=100 和 M=200 时的预置值；若 $I_7 \sim I_0 = 01101000$，试求 M 值。

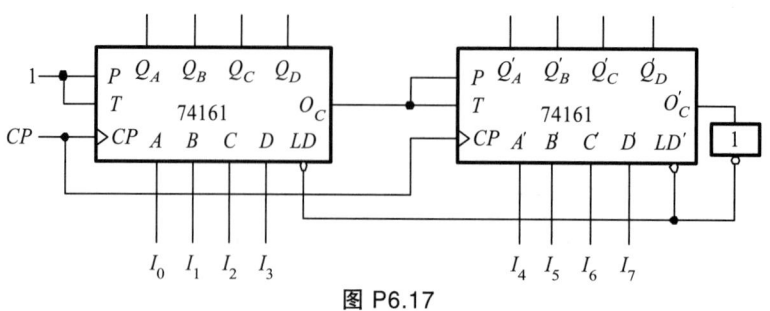

图 P6.17

6.18 用 74161 和多路选择器设计一个产生 1101000101 序列码的计数型序列码发生器。

6.19 用 74LS194 和门电路设计模 10 移位型计数器。

6.20 设计一个 00011101 序列发生器。

6.21 用 JK 触发器设计一个 8421BCD 码加法计数器。

6.22 某序列检测器有一个输入 X 和一个输出 Z，当收到的输入序列为"101"或"0110"时，在上述序列的最后一位到来时，输出 Z=1，其他情况下 Z=0，允许输入序列码重叠。试列出其原始状态表。

6.23 原始状态表如表 P6.23 所示，用隐含表法求最简状态表和状态图。

6.24 设计一个串行数据检测器，该电路具有一个输入端 X 和一个输出端 Z。输入为一连串随机信号，当出现"1111"序列时，检测器输出信号 Z=1，对其他任何输入序列，输出皆为 0。

6.25 用 D 触发器设计一个十一进制异步加法计数器。

表 P6.23

(a)

| $S^n$ \ $X^n$ | 0 | 1 |
|---|---|---|
| A | F/0 | G/1 |
| B | H/1 | C/0 |
| C | B/0 | F/0 |
| D | C/1 | D/0 |
| E | C/1 | E/0 |
| F | A/0 | C/1 |
| G | H/0 | A/0 |
| H | H/1 | C/0 |
| I | H/0 | D/0 |

$S^{n+1}/Z^n$

(b)

| $S^n$ \ $X_1^n X_2^n$ | 00 | 01 | 10 | 11 |
|---|---|---|---|---|
| A | D/0 | D/0 | A/0 | F/0 |
| B | C/1 | D/0 | F/0 | E/1 |
| C | C/1 | D/0 | A/0 | E/1 |
| D | D/0 | B/0 | A/0 | E/1 |
| E | C/1 | F/0 | A/0 | E/1 |
| F | D/0 | D/0 | F/0 | A/0 |
| G | G/0 | G/0 | A/0 | A/0 |
| H | B/1 | D/0 | A/0 | E/1 |

$S^{n+1}/Z^n$

# 第 7 章

## 脉冲波形的产生和整形

**内容提要** 在前面的讨论中，常常需要用到各种幅度、宽度以及具有陡峭边沿的脉冲信号，如触发器就需要时钟脉冲（CP），等等。事实上，现代电子系统都离不开脉冲信号。获取这些脉冲信号的方法通常有两种：直接产生和利用已有信号变换得到。与产生模拟信号要用模拟振荡器一样，产生脉冲信号要用脉冲振荡器。脉冲变换包括宽度、幅度、相位及上升时间和下降时间等，通过变换，使这些特性符合要求。

本章介绍常用的脉冲变换电路——单稳态触发器和施密特触发器，脉冲产生电路——多谐振荡器和通用的集成函数信号发生器，并为多谐振荡器进行了 Verilog 仿真测试。

## 7.1 概 述

### 7.1.1 脉冲产生电路和整形电路的特点

获得矩形脉冲的方法通常有两种：一种是用脉冲产生电路直接产生；另一种是对已有的信号进行整形，然后将它变换成所需要的脉冲信号。

脉冲产生电路能够直接产生矩形脉冲或方波，它由开关元件和惰性电路组成，开关元件的通断使电路实现不同状态的转换，而惰性电路则用来控制暂态变化过程的快慢。典型的矩形脉冲产生电路有双稳态触发电路、单稳态触发电路和多谐振荡电路三种类型。

双稳态触发电路具有两个稳定状态，两个稳定状态的转换都需要在外加触发脉冲的推动下才能完成。

单稳态触发电路只有一个稳定状态，另一个是暂时稳定状态，从稳定状态转换到暂稳态时必须由外加触发信号触发，从暂稳态转换到稳态是由电路自身完成的，暂稳态的持续时间取决于电路本身的参数。

多谐振荡电路能够自激产生脉冲波形，它的状态转换不需要外加触发信号触发，而完全由电路自身完成。因此它没有稳定状态，只有两个暂稳态。应注意掌握几种典型多谐振荡电路工作原理和振荡周期的计算方法。

脉冲整形电路能够将其他形状的信号，如正弦波、三角波和一些不规则的波形变换成矩形脉冲。施密特触发器就是常用的整形电路，它有两个特点：① 能把变化非常缓慢的输入波形整形成数字电路所需要的矩形脉冲；② 有两个触发电平，当输入信号达到某一额定值时，电路状态就会转换，因此它属于电平触发的双稳态电路。

### 7.1.2 脉冲电路的基本分析方法

图 7.1.1 是脉冲电路中常用的 RC 开关电路，可以从以下几个方面对它进行分析。

① 开关转换的一瞬间，电容器上电压不能突变，满足开关定理 $U_C(0+) = U_C(0-)$。

② 暂态过程结束后，流过电容器的电流 $i_C(\infty)$ 为 0，即电容器相当于开路。

③ 电路的时间常数 $\tau = RC$，$\tau$ 决定了暂态时间的长短。根据三要素公式，可以得到电压（或电流）随时间变化的方程为：

$$x(t) = x(\infty) + [x(0^+) - x(\infty)]e^{-t/\tau} \quad (7.1.1)$$

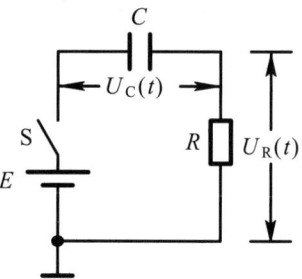

图 7.1.1　RC 开关电路

将电压值代入式（7.1.1），如果 $U(t_M) = U_T$，它是 $U(0^+)$ 和 $U(\infty)$ 之间的某一转换值，那么从暂态过程的起始值 $U(0^+)$ 变到 $U_T$ 所经历的时间 $t_M$（见图 7.1.2）可用下式计算：

$$t_M = RC \ln \frac{U(\infty) - U(0^+)}{U(\infty) - U_T} \quad (7.1.2)$$

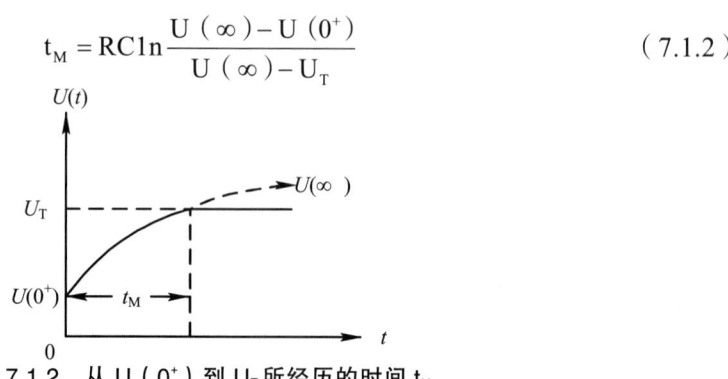

图 7.1.2　从 $U(0^+)$ 到 $U_T$ 所经历的时间 $t_M$

## 7.2 多谐振荡器

### 7.2.1 环形振荡器

1. 简单环形振荡器

简单环形振荡器电路如图 7.2.1 所示。

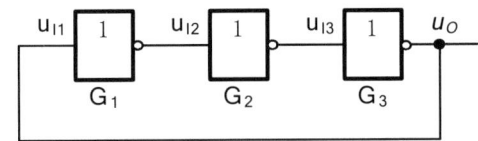

图 7.2.1 最简单的环形振荡器电路

假定由于某种原因(如电源波动或外来干扰)$u_{I1}$产生一个微小正跳变,则经过$G_1$门的传输时延$t_{pd}$后,$u_{I2}$会产生一个更大幅度的负跳变;再经过$G_2$门的传输时延$t_{pd}$后,$u_{I3}$将会产生一个更大幅度的正跳变;然后又经过$G_3$门的传输时延$t_{pd}$后,在输出端$u_O$产生一个更大幅度的负跳变,并反馈到$G_1$门的输入端。也就是说,自从$u_{I1}(u_O)$产生正跳变起,经过$3t_{pd}$的传输延迟时间后,$u_{I1}(u_O)$将产生一个更大幅度的负跳变。以此类推,再经过$3t_{pd}$时间后,$u_{I1}(u_O)$又会产生一个正跳变,如此周而复始,便产生了自激振荡。

图 7.2.2 是图 7.2.1 电路的工作波形,不难得出其振荡周期 $T = 6t_{pd}$。同理,由 N 个(N 为不小于 3 的奇数)非门首尾依次相连构成的环形电路都能产生自激振荡,若忽略各个门之间传输时延$t_{pd}$的差别,则其振荡周期为:

$$T = 2Nt_{pd} \tag{7.2.1}$$

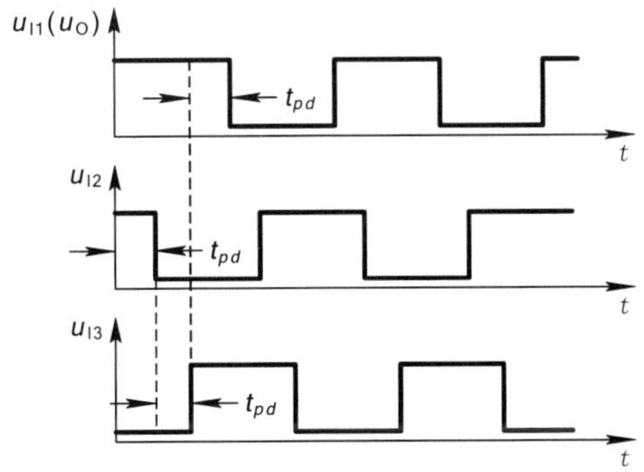

图 7.2.2 工作波形

2. 带 RC 延迟电路的环形振荡器

带 RC 延迟电路的环形振荡器如图 7.2.3 所示。

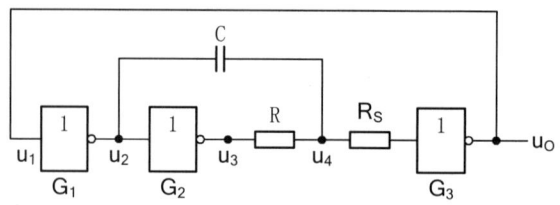

图 7.2.3　带 RC 延迟电路的环形振荡器

RC 延迟电路的加入不仅增大了传输延迟时间，降低了振荡频率，而且可以通过改变 R、C 的大小实现对振荡频率的调节。由于 RC 延迟电路的延迟时间远大于门电路的传输时延 $t_{pd}$，所以在分析电路时通常不考虑 $t_{pd}$ 的影响。另外，为了防止 $u_4$ 为负电平时流过 $G_3$ 门输入端箝位二极管的电流过大（不应超过 20 mA），通常在 $G_3$ 门的输入端串联一个 100 Ω 左右的限流电阻 $R_S$。

（1）工作过程

假设在 t = 0 时接通电源，电路的初始状态为 $u_1 = u_O = U_{OH}$，则 $G_1$ 门的输出 $u_2 = U_{OL}$，由于此时电容尚未充电，而且电容上的电压是不会发生突变的，所以 $G_3$ 门的输入 $u_4 = u_2 = U_{OL}$，从而使得 $G_3$ 门的输出 $u_O$ 维持在高电平。这就是电路的第一个状态。但这个状态是不稳定的，这是因为：对于 $G_2$ 而言，其输入 $u_2$ 为低电平，而其输出 $u_3$ 必为高电平，则 $u_3$ 就会通过电阻 R 对电容 C 充电，同时 $G_3$ 门的输入级也会通过电阻 $R_S$ 对电容 C 充电，如图 7.2.4（a）所示。随着充电的进行，$u_4$ 将按照指数规律逐渐上升，当 $u_4$ 上升到 $G_3$ 门的阈值电平 $U_{TH}$ 时，电路的状态发生翻转：$u_1 = u_O = U_{OL} \to u_2 = U_{OH} \to u_3 = U_{OL}$，由于电容上的电压不会发生突变，$u_4$ 将随 $u_2$ 产生一个正跳变，幅度升高到 $U_{TH}+(U_{OH}-U_{OL})$，从而使 $G_3$ 门的输出 $u_O$ 维持在低电平。这就是电路的第二个状态。

同样，电路的第二个状态也是不稳定的，电容 C 将通过电阻 R 放电，如图 7.2.4（b）所示。随着放电的进行，$u_4$ 将按照指数规律逐渐下降，当 $u_4$ 下降到 $G_3$ 门的阈值电平 $U_{TH}$ 时，电路的状态发生翻转：$u_1 = u_O = U_{OH} \to u_2 = U_{OL} \to u_3 = U_{OH}$，$u_4$ 将随 $u_2$ 产生一个负跳变，幅度下降到 $U_{TH}-(U_{OH}-U_{OL})$，从而使 $G_3$ 门的输出 $u_O$ 维持在高电平。即电路又返回到第一个状态。此后，电路又重复上述过程，不停地在两个暂稳态之间转换，形成了连续振荡，这样就在 $G_3$ 门的输出端产生了矩形脉冲信号。

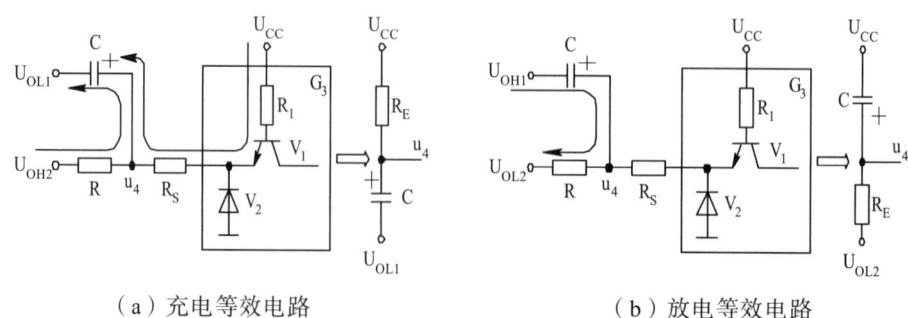

（a）充电等效电路　　　　　　　　（b）放电等效电路

图 7.2.4　图 7.2.3 电路中电容 C 充放电等效电路

（2）振荡周期的计算

①$T_1$ 的计算

对应于 $T_1$ 段有：

$$\tau_1 = R_E C$$
$$u_4(0+) = U_{TH} - (U_{OH} - U_{OL})$$
$$u_4(\infty) = U_E$$

根据 RC 电路暂态响应的公式，得：

$$T_1 = RC \ln \frac{U_E - [U_{TH} - (U_{OH} - U_{OL})]}{U_E - U_{TH}} \quad (7.2.2)$$

其中，$R_E$ 和 $U_E$ 是根据戴维南定理求得的等效电阻和等效电压源，它们分别为：

$$R_E = R // (R_1 + R_S) = \frac{R(R_1 + T_S)}{R + R_1 + R_S} \quad (7.2.3)$$

$$U_E = \left( \frac{U_{OH}}{R} + \frac{U_{CC} - U_{CE}}{R_1 + R_S} \right) \frac{R(R_1 + R_S)}{R + R_1 + R_S} = U_{OH} + \frac{R(U_{CC} - U_{BE} - U_{OH})}{R + R_1 + R_S} \quad (7.2.4)$$

②$T_2$ 的计算。

对应于 $T_2$ 段有：

$$\tau_2 = RC$$
$$u_4(0+) = U_{TH} + (U_{OH} - U_{OL})$$
$$u_4(\infty) = U_{OL}$$

根据 RC 电路暂态响应的公式，得：

$$T_2 = RC \ln \frac{U_{OL} - [U_{TH} + (U_{OH} - U_{OL})]}{U_{OL} - U_{TH}} \quad (7.2.5)$$

若 $R_1 + R_S \gg R$，则 $R_E \approx R$，$U_E \approx U_{OH}$，公式（7.2.2）和（7.2.5）就可化简为：

$$T_1 \approx RC \ln \frac{2U_{OH} - U_{TH} - U_{OL}}{U_{OH} - U_{TH}} \quad (7.2.6)$$

$$T_1 = RC \ln \frac{2U_{OL} - U_{TH} - U_{OH}}{U_{OL} - U_{TH}} \quad (7.2.7)$$

则图 7.2.3 电路的振荡周期 T 可近似为：

$$T = T_1 + T_2 \approx RC \left( \ln \frac{2U_{OH} - U_{TH} - U_{OL}}{U_{OH} - U_{TH}} + \ln \frac{2U_{OL} - U_{TH} - U_{OH}}{U_{OL} - U_{TH}} \right) \quad (7.2.8)$$

图 7.2.5 是图 7.2.3 所示电路的工作波形。

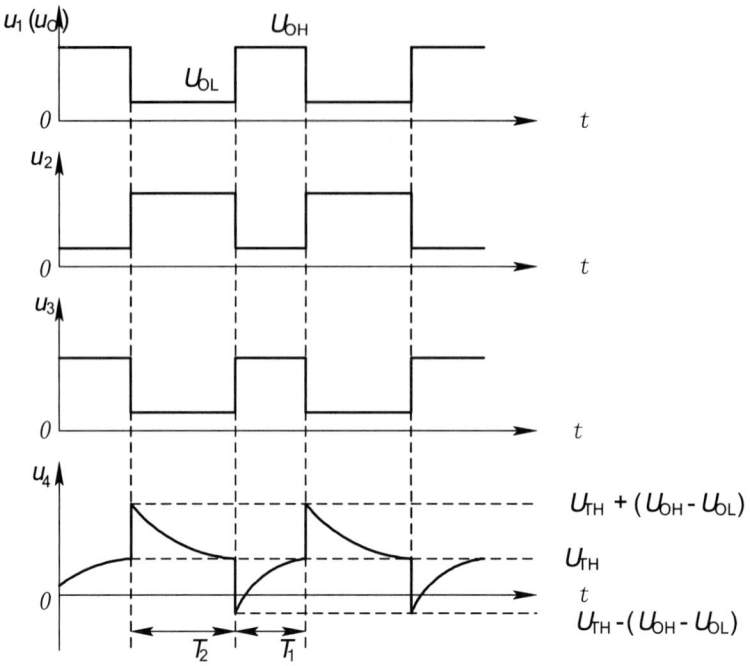

图 7.2.5　图 7.2.3 电路的工作波形

### 7.2.2　石英晶体振荡器

**1. 石英晶体的基本知识**

石英晶体振荡器的符号、等效电路和频率特性如图 7.2.6 所示。一类典型的石英晶体振荡器如图 7.2.7 所示。

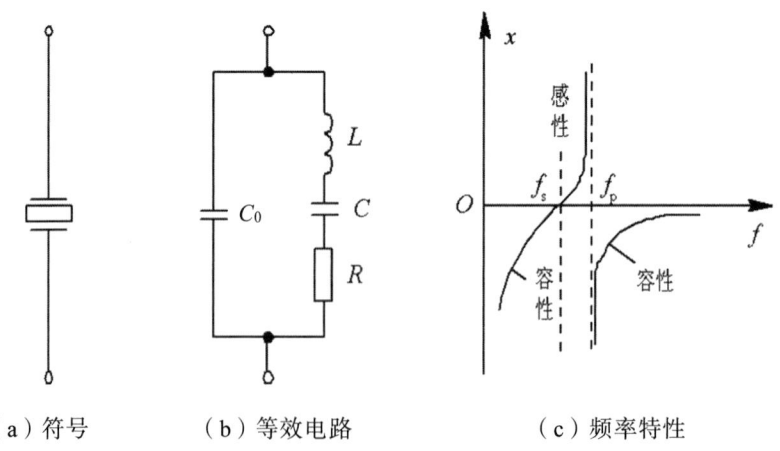

（a）符号　　（b）等效电路　　（c）频率特性

图 7.2.6　石英晶体谐振器

从石英晶体谐振器的等效电路可知，它有两个谐振频率，即当 L、C、R 支路发生谐振时，它的等效阻抗最小（等于 R）。串联谐振频率为：

$$f_s = \frac{1}{2\pi\sqrt{LC}} \tag{7.2.9}$$

当频率高于 $f_s$ 时，L、C、R 支路呈感性，可与电容 $C_0$ 发生并联谐振，并联谐振频率为：

$$f_p \approx \frac{1}{2\pi\sqrt{L\dfrac{CC_0}{C+C_0}}} = f_s\sqrt{1+\frac{C}{C_0}} \tag{7.2.10}$$

由于 $C \ll C_0$，因此 $f_s$ 和 $f_p$ 非常接近。

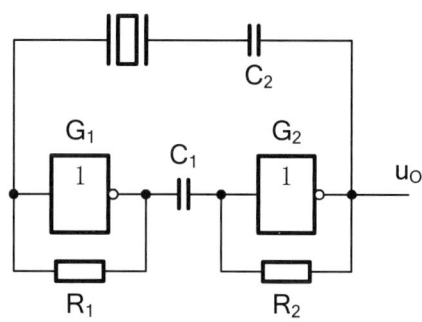

图 7.2.7　石英晶体振荡器

### 7.2.3　多谐振荡器的应用

【**例 7.2.1**】在图 7.2.3 所示的电路中，已知 $U_{OH}$=3.6 V，$U_{OL}$=0.3 V，$U_{TH}$=1.4 V，并且满足 $R_1+R_S \gg R$，试写出该电路振荡周期的表达式。若 R=180 Ω，C=3000 pF，则该电路的振荡频率是多少？

**解**　根据公式（7.2.8），电路的振荡周期为：

$$\begin{aligned}
T = T_1 + T_2 &\approx RC\left(\ln\frac{2U_{OH}-U_{TH}-U_{OL}}{U_{OH}-U_{TH}} + \ln\frac{2U_{OL}-U_{TH}-U_{OH}}{U_{OL}-U_{TH}}\right) \\
&= RC\left(\ln\frac{2\times 3.6-1.4-0.3}{3.6-1.4} + \ln\frac{2\times 0.3-1.4-3.6}{0.3-1.4}\right) \\
&= RC\ln 10
\end{aligned}$$

将 R=180 Ω、C=3000 pF 代入，可得电路的振荡频率为：

$$f = \frac{1}{T} = \frac{1}{180\times 3000\times 10^{-12}\times \ln 10} \approx 1206.37\text{kHz}$$

【**例 7.2.2**】作为一个应用实例，图 7.2.8（a）为一个两相时钟产生电路，图 7.2.8（b）为输出时钟信号的波形。

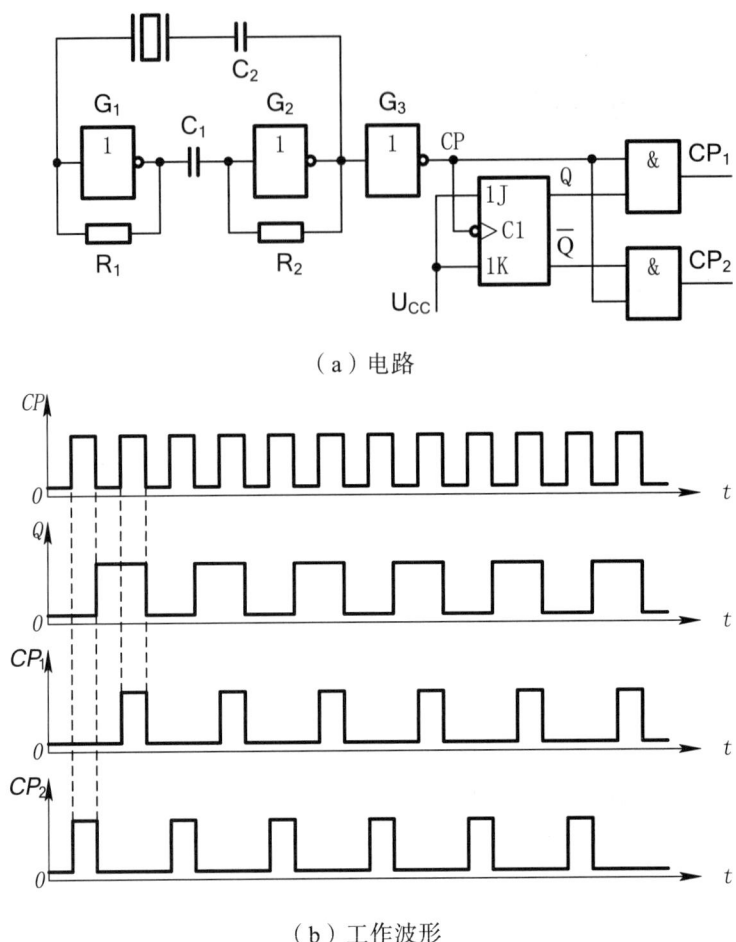

（a）电路

（b）工作波形

图 7.2.8 两相时钟产生电路

## 7.3 单稳态触发器

### 7.3.1 门电路构成的单稳态触发器

1. 微分型单稳态触发器

（1）工作过程

微分型单稳态触发器电路如图 7.3.1 所示。

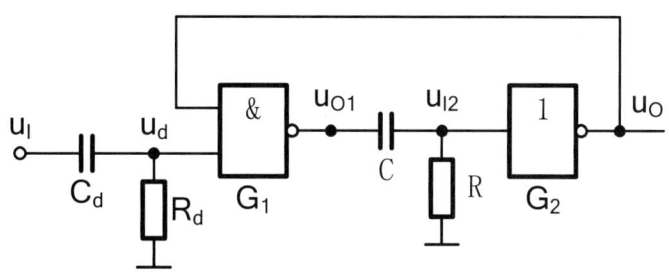

图 7.3.1　微分型单稳态触发器

电源接通后，在没有外来触发脉冲时（$u_I$ 为高电平）电路处于稳定状态：$u_{O1}=U_{OL}$，$u_O=U_{OH}$。为此，必须保证 $R_d>R_{ON}$（开门电阻），$R<R_{OFF}$（关门电阻）。根据图 7.3.2 所示的等效电路，非门 $G_2$ 的输入：

$$U_{I2} = \frac{R}{R+R_1}(U_{CC}-U_{BE}) \qquad (7.3.1)$$

为了讨论方便，假定 $u_{I2}=U_{OL}$，则此时电容 C 上没有电压。

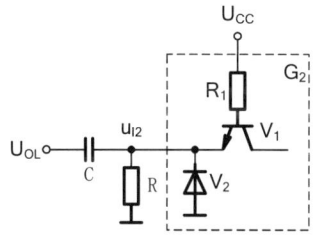

图 7.3.2　稳态时的部分电路

当 $u_I$ 端有负向脉冲输入时，由于电容上的电压不能突变，$u_d$ 将随 $u_I$ 产生幅度为（$U_{OH}-U_{OL}$）的负跳变，使 $G_1$ 门的输出 $u_{O1}$ 上跳到高电平 $U_{OH}$，如果不考虑 $G_1$ 门的输出电阻，则 $u_{I2}$ 也会产生与 $u_{O1}$ 相等幅度的正跳变，从而使电路的输出 $u_O$ 变为低电平，并反馈到 $G_1$ 门的输入端以维持这个新的状态。但这个状态是不稳定的，因为 $G_1$ 门的输出高电平将对电容 C 充电，如图 7.3.3（a）所示。随着充电过程的进行，$u_{I2}$ 逐渐降低，当 $u_{I2}$ 降低到阈值电平 $U_{TH}$ 后，将引发如下正反馈过程，其工作波形如图 7.3.4 所示。

$$u_{I2}\downarrow \rightarrow u_O\uparrow \rightarrow u_{O1}\downarrow$$

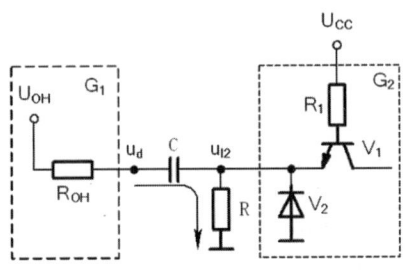

（a）充电等效电路

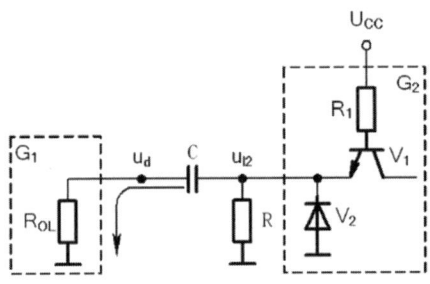

（b）放电等效电路

图 7.3.3　图 7.3.1 电路中电容 C 的充放电等效电路

（2）主要参数的计算

通常用以下几个参数来定量地描述单稳态触发器的性能。

①输出脉冲宽度 $T_w$。

根据以上的分析，输出脉冲宽度 $T_w$ 就等于从电容 C 开始充电到 $u_{I2}$ 降至阈值电平 $U_{TH}$ 的时间 $T_1$。在图 7.3.3（a）所示的电容 C 充电等效电路中，$R_{OH}$ 是 $G_1$ 门输出高电平时电路的输出电阻，当负载电流较大时，$R_{OH} \approx 100\Omega$，当负载电流较小时，$R_{OH}$ 可以忽略。对应于充电过程有：

$$\tau_1 = (R + R_{OH})C \tag{7.3.2}$$

$$u_{I2}(0_+) = \frac{R}{R + R_1}(U_{CC} - U_{BE}) + \frac{R}{R + R_{OH}}(U_{OH} - U_{OL}) \tag{7.3.3}$$

$$u_{I2}(\infty) = \frac{R}{R + R_1}(U_{CC} - U_{BE}) \tag{7.3.4}$$

根据 RC 电路暂态响应公式有：

$$T_w = T_1 = (R + R_{OH})C \ln \frac{\frac{R}{R + R_{OH}}(U_{OL} - U_{OH})}{\frac{R}{R + R_1}(U_{CC} - U_{BE}) - U_{TH}} \tag{7.3.5}$$

若 $\frac{R}{R + R_1}(U_{CC} - U_{BE}) = U_{OL}$，式（7.3.5）可化简为：

$$T_w = (R + R_{OH}) C \ln \frac{R(U_{OL} - U_{OH})}{(R + R_{OH})(U_{OL} - U_{TH})} \quad (7.3.6)$$

如果触发信号的脉冲宽度小于输出脉冲宽度，电路输入部分 $R_dC_d$ 微分电路就可以省略掉。

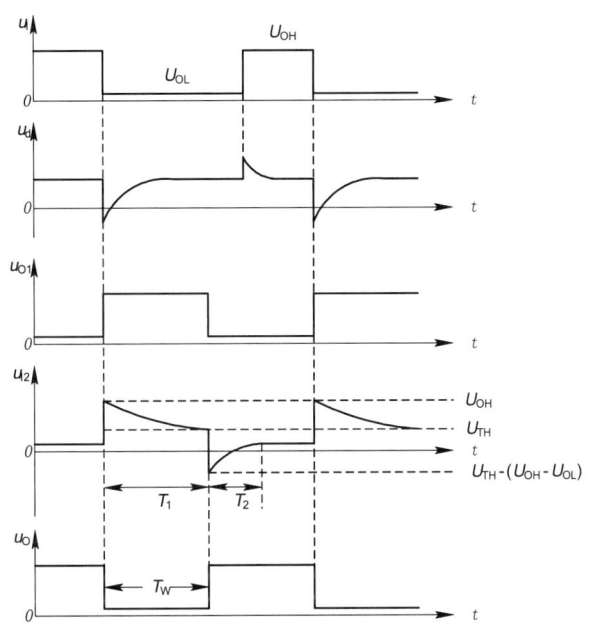

图 7.3.4　图 7.3.1 电路的工作波形

②输出脉冲幅度 $U_m$。

$$U_m = U_{OH} - U_{OL} \quad (7.3.7)$$

③恢复时间 $T_{re}$。

在暂稳态结束后，电路还需要一段恢复时间，以便将电容在暂稳态期间所充的电荷释放掉，使电路恢复到初始的稳定状态。一般：

$$T_{re} \approx (3 \sim 5)(R + R_{OL}) C \quad (7.3.8)$$

其中，$R_{OL}$ 是 $G_1$ 门输出低电平时电路的输出电阻。

④分辨时间 $T_d$

分辨时间是指，在保证电路正常工作的前提下，两个相邻的触发脉冲之间所允许的最小时间间隔。显然，电路的分辨时间应为输出脉冲宽度和恢复时间之和，即：

$$T_d = T_w + T_{re} \quad (7.3.9)$$

**2. 积分型单稳态触发器**

如图 7.3.5 所示电路是用 CMOS 门电路和 RC 积分电路组成的积分型单稳态触发器。

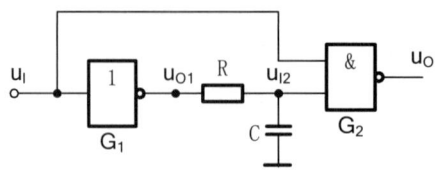

图 7.3.5 RC 积分型单稳态触发器

对于 CMOS 门电路，通常可以近似地认为 $U_{OH} = U_{CC}$、$U_{OL} = 0$，而且 $U_{TH} \approx U_{CC}/2$。在没有外来触发脉冲时（$u_I$ 为低电平），电路处于稳定状态：$u_{O1} = u_O = U_{OH}$，电容 C 上充有电压，即 $u_{I2} = U_{OH}$。

当有一个正向脉冲加到电路输入端时，$G_1$ 门的输出 $u_{O1}$ 从高电平下跳到低电平 $U_{OL}$，由于电容上的电压不能突变，$u_{I2}$ 仍为高电平，从而使 $u_O$ 变为低电平，电路进入暂稳态。在暂稳态期间，电容 C 将通过 R 放电，随着放电过程的进行，$u_{I2}$ 的电压逐渐下降，当下降到阈值电平 $U_{TH}$ 时，$u_O$ 跳回到高电平；等到触发脉冲消失后（$u_I$ 变为低电平），$u_{O1}$ 也恢复为高电平，$u_O$ 保持高电平不变，同时 $u_{O1}$ 开始通过电阻 R 对电容 C 充电，一直到 $u_{I2}$ 的电压升高到高电平为止，电路又恢复到初始的稳定状态，参见图 7.3.6。

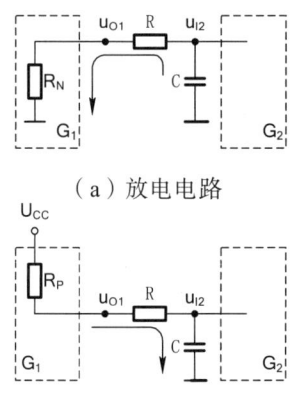

（a）放电电路

（b）充电电路

图 7.3.6 电容 C 充放电等效电路

输出脉冲的宽度 $T_w$ 等于从电容开始放电到 $u_{I2}$ 下降到阈值电平 $U_{TH}$ 所需要的时间。根据图 7.3.6（a）所示的放电等效电路有：

$$\tau = (R+R_N)C、u_{I2}(0+) = U_{CC}、u_{I2}(\infty) = 0$$

$R_N$ 是 $G_1$ 门输出低电平时 N 沟道 MOS 管的导通电阻，当 $R_N \ll R$ 时，$R_N$ 可忽略不计，则输出脉冲的宽度为：

$$T_w = RC \ln \frac{0 - U_{CC}}{0 - U_{TH}} = RC \ln 2 = 0.69RC \tag{7.3.10}$$

输出脉冲的幅度为：

$$U_m = U_{OH} - U_{OL} \approx U_{CC} \tag{7.3.11}$$

恢复时间 $T_{re}$ 等于 $u_{O1}$ 跳变到高电平后电容充电使 $u_{I2}$ 上升到高电平 $U_{OH}$ 所需要的时

间，一般取电容充电时间常数的 3～5 倍，则恢复时间为：

$$T_{re} \approx (3 \sim 5)(R + R_p)C \quad (7.3.12)$$

其中，$R_P$ 是 $G_1$ 门输出高电平时 P 沟道 MOS 管的导通电阻。

电路的分辨时间应为触发脉冲宽度和恢复时间之和，即：

$$T_d = T_w + T_{re} \quad (7.3.13)$$

与微分型单稳态触发器相比，积分型单稳态触发器的抗干扰能力较强。因为数字电路中的干扰多为尖峰脉冲的形式（幅度较大而宽度极窄），而当触发脉冲的宽度小于输出脉冲宽度时，电路不会产生足够宽度的输出脉冲。从另一个角度来说，为了使积分型单稳态触发器正常工作，必须保证触发脉冲的宽度大于输出脉冲的宽度。另外，由于电路中不存在正反馈过程，所以使输出脉冲的上升沿波形较差，为此可以在电路的输出端再加一级非门以改善输出波形，

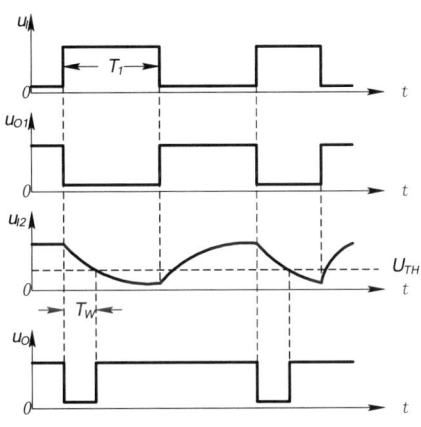

图 7.3.7 图 7.3.5 电路的工作波形

### 7.3.2 集成单稳态触发器

目前在 TTL 和 COMS 集成电路产品中都有单片集成的单稳态触发器。这种集成单稳态触发器除了少数用于定时的电阻、电容需要外接以外，其他电路都集成在一个芯片上，而且电路还附加了上升沿与下降沿触发控制功能，有的还带有清零功能，具有温度稳定性好、使用方便等优点，在数字系统中得到了广泛的应用。下面我们对集成单稳态触发器中的典型产品 74121 的功能和使用方法作简要的介绍。

74121 是一种典型的 TTL 集成单稳态触发器，其引脚图如图 7.3.8 所示（其中，14 脚 $U_{CC}$ 在集成电路产品手册中常写作 $U_{CC}$，下同），表 7.3.1 是它的功能表。

74121 是以微分型单稳态触发电路为核心，再加上输入控制电路和输出缓冲电路构成的。输入控制电路主要用于实现上升沿触发或下降沿触发的控制，输出缓冲电路则是为了提高单稳态触发器的负载能力。另外，芯片内部还有一个 2 kΩ 的内部定时电阻可供使用。在稳定状态下，单稳态触发器的输出 Q = 0、$\overline{Q}$ = 1；当有触发脉冲作用时，电路进入暂稳态，Q = 1、$\overline{Q}$ = 0。

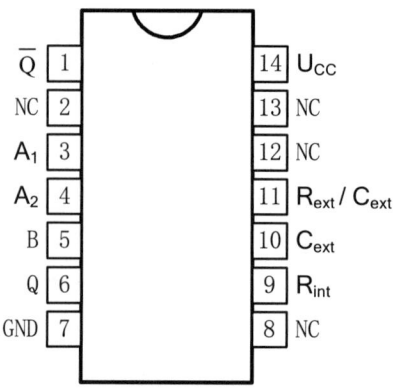

图 7.3.8 74121 的引脚图

表 7.3.1 74121 的功能表

| 输入 | | | 输出 | |
|---|---|---|---|---|
| $A_1$ | $A_2$ | B | Q | $\bar{Q}$ |
| 0 | Φ | 1 | 0 | 1 |
| Φ | 0 | 1 | 0 | 1 |
| Φ | Φ | 0 | 0 | 1 |
| 1 | 1 | Φ | 0 | 1 |
| 1 | ↓ | 1 | ⊓ | ⊔ |
| ↓ | 1 | 1 | ⊓ | ⊔ |
| ↓ | ↓ | 1 | ⊓ | ⊔ |
| 0 | Φ | ↑ | ⊓ | ⊔ |
| Φ | 0 | ↑ | ⊓ | ⊔ |

1. 触发方式

由 74121 的功能表（表 7.3.1）可知，触发信号可以加在 $A_1$、$A_2$ 或 B 中的任意一端。其中 $A_1$、$A_2$ 端是下降沿触发，B 端是上升沿触发。触发方式可以概括为以下三种。

① 在 $A_1$ 或 $A_2$ 端用下降沿触发，这时要求另外两个输入端必须为高电平；

② $A_1$ 和 $A_2$ 端同时用下降沿触发，并且 B 端为高电平；

③ 在 B 端用上升沿触发，同时 $A_1$ 和 $A_2$ 中至少有一个是低电平。图 7.3.9 为集成单稳态触发器 74121 的工作波形。

2. 定时

集成单稳态触发器 74121 的输出脉冲宽度取决于定时电阻和定时电容的大小。定时电容接在 74121 的 10、11 脚之间，如果使用的是电解电容，10 脚 $C_{ext}$ 接电容的正极。对于定时电阻，使用者可以有两种选择：一种是使用芯片内部 2 kΩ 的定时电阻，此时要将 9 脚 $R_{int}$ 接到电源 $U_{CC}$（14 脚）上，如图 7.3.10（a）所示；如果要获得较宽的输出脉冲，可采用外部定时电阻，将电阻接在 11 脚 $R_{ext}/C_{ext}$ 和 14 脚 $U_{CC}$ 之间，如图 7.3.10（b）所示。

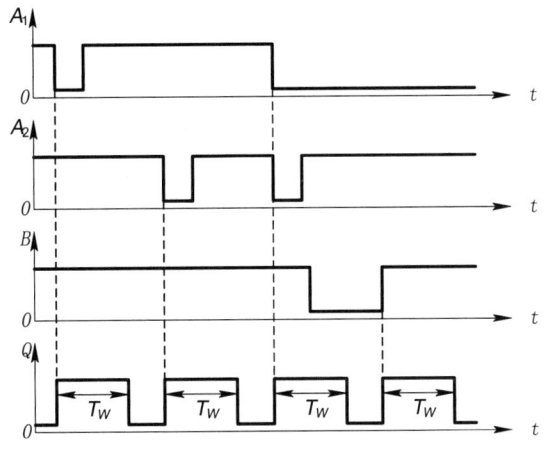

图 7.3.9 集成单稳态触发器 74121 的工作波形

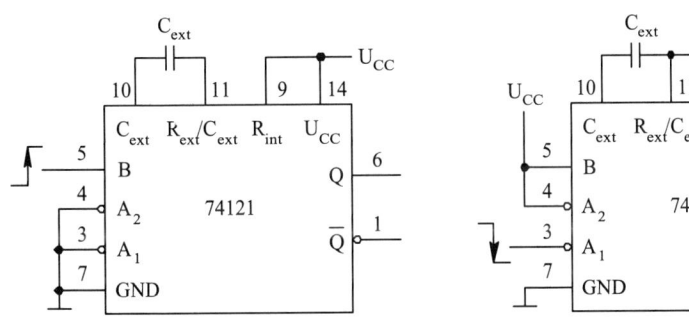

（a）使用内部电阻（上升沿触发）　　（b）使用外接电阻（下降沿触发）

图 7.3.10　74121 的外部连接方法

74121 的输出脉冲宽度可以用下式进行计算：

$$T_w \approx 0.7RC \tag{7.3.14}$$

其中，定时电阻 R 的取值范围可以从 1.4 kΩ 到 40 kΩ，定时电容 C 的取值范围可以从 0 到 1000 μF。通过选择适当的电阻、电容值，输出脉冲的宽度可以在 30 ns 到 28 s 范围内改变。

3. 74121 具有不可重触发性

根据触发特性，集成单稳态触发器可以分为可重触发单稳态触发器和不可重触发单稳态触发器两种。这两种触发器的主要区别是：可重触发单稳态触发器在暂稳态期间，只要有新的触发脉冲作用，电路就会被重新触发，使电路的暂稳态过程延长；而不可重触发单稳态触发器在暂稳态期间，将不接受新的触发脉冲的作用，只有当其返回到稳态后，才会被触发脉冲重新触发。74121 属于不可重触发单稳态触发器。两种单稳态触发器的工作波形如图 7.3.11 所示。

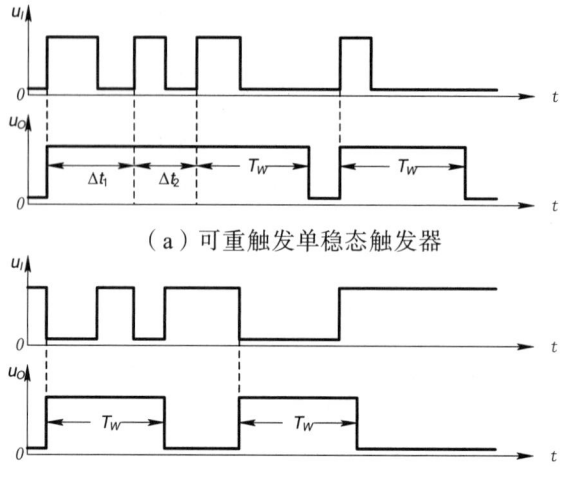

(a)可重触发单稳态触发器

(b)不可重触发单稳态触发器

图 7.3.11 两种单稳态触发器的工作波形

集成单稳态触发器除 74121 以外，还有其他一些产品。TTL 集成单稳态触发器中还有 74LS221、74LS122、74LS123 等，其中 74LS221 属于不可重触发单稳态触发器，74LS122、74LS123 属于可重触发单稳态触发器，在 74LS221、74LS123 中都有两个单稳态触发器。MC14528 是 CMOS 集成单稳态触发器中的典型产品，属于可重触发单稳态触发器。另外，有些集成单稳态触发器（如 74LS221、74LS122、74LS123、MC14528）上还设有清零端，通过在清零端输入低电平可以立即终止暂稳态过程，恢复稳定状态。

### 7.3.3 单稳态触发器的应用

1. 脉冲定时

由于单稳态触发器能够产生一定宽度 $T_w$ 的矩形脉冲，因此在数字系统中常用它来控制其他一些电路在 $T_w$ 这段时间内动作或不动作，从而起到定时的作用。例如，在图 7.3.12 中，将单稳态触发器的输出脉冲作为与门的一个输入，去控制与门另一个输入端的信号 clk 能否从与门输出。如果在与门的输出端再加一个计数器并将 $T_w$ 调整到 1s，就可以测出信号 clk 的频率。

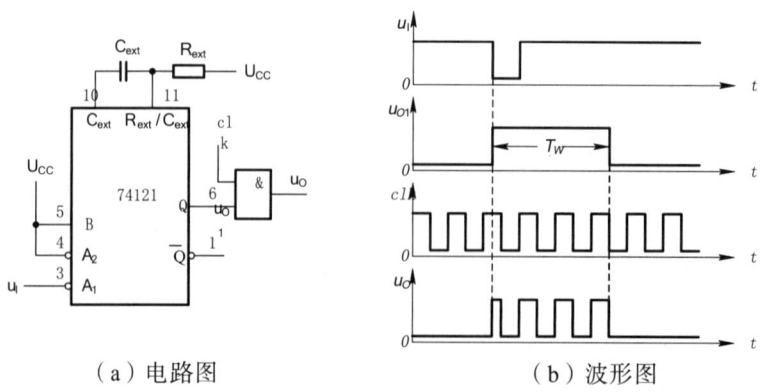

(a)电路图　　　　　(b)波形图

图 7.3.12 单稳态触发器做定时控制的应用

2. 脉冲延时

在数字系统中，有时要求将某个脉冲宽度为 $T_0$ 的信号延迟一段时间 $T_1$ 后再输出。利用单稳态触发器可以很方便地实现这种脉冲延时，其实现电路和波形图如图 7.3.13 所示。

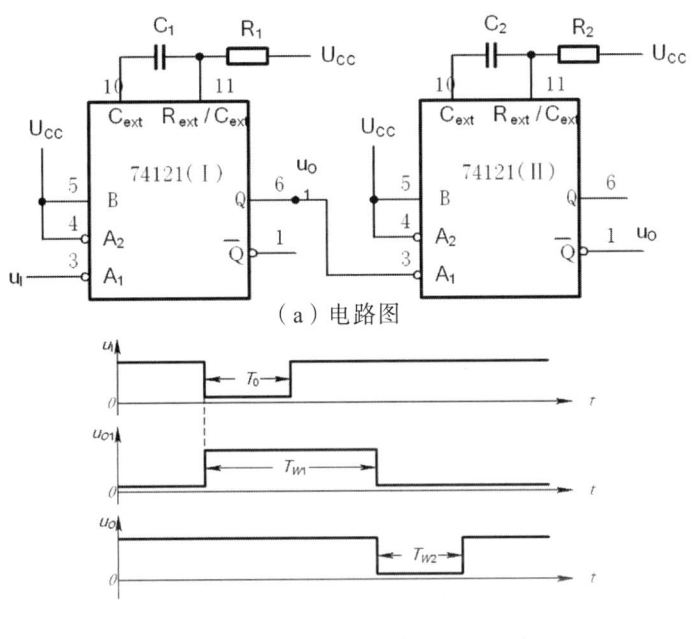

（a）电路图

（b）波形图

图 7.3.13 单稳态触发器脉冲延迟的应用

图中，$T_1 = T_{W1} \approx 0.7R_1C_1$，$T_0 = T_{W2} \approx 0.7R_2C_2$。

3. 脉冲整形

矩形脉冲在传输过程中可能会发生畸变，如边沿变缓、受到噪声干扰等（可参见图 7.4.6），我们可以采用单稳态触发器对其进行整形。只要将待整形的信号作为触发信号输入单稳态触发器，电路的输出端就可获得干净且边沿陡峭的矩形脉冲。上面介绍的集成单稳态触发器 74121 对输入脉冲有 1.2 V 的抗干扰容限，输入脉冲边沿上升/下降的速率最慢可以为 1 V/s。

## 7.4 施密特触发器

施密特触发器是脉冲波形变换中经常使用的一种电路，利用它可以将正弦波、三角波以及其他一些周期性的脉冲波形变换成边沿陡峭的矩形波。另外，它还可以用作脉冲鉴幅器、比较器。

施密特触发器是一种受输入信号电平直接控制的双稳态触发器。它有两个稳定状态，在外加信号的作用下，只要输入信号变化到某一电平时，电路就从一个稳定状态转换到另一个稳定状态，而且稳定状态的保持也与输入信号的电平密切相关。图 7.4.1 是这种电路的工作波形，其传输特性和逻辑符号如图 7.4.2 所示。可以看出，在输入信号上升的过程中，当其电平增大到 $U_{T+}$ 时，输出由低电平跳变到高电平，即电路从一个稳态转换到另一个稳态，我们把这一转换时刻的输入信号电平 $U_{T+}$ 称为正向阈值电压；在输入信号下降的过程中，当其电平减小到 $U_{T-}$ 时，电路又会自动翻转回原来的状态，输出由高电平跳变到低电平，这一时刻的输入信号电压 $U_{T-}$ 称为负向阈值电压。施密特触发器的正向阈值电压和负向阈值电压是不相等的，我们把两者之差定义为回差电压 $\Delta U_T$，即：

$$\Delta U_T = U_{T+} - U_{T-} \tag{7.4.1}$$

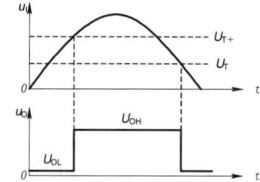

图 7.4.1 施密特触发器的工作波形

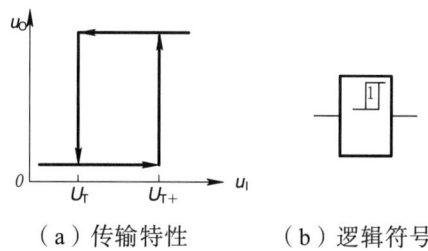

（a）传输特性　　（b）逻辑符号

图 7.4.2 施密特触发器的传输特性和逻辑符号

## 7.4.1 门电路构成的施密特触发器

图 7.4.3 所示电路是由 TTL 门电路构成的施密特触发器。图中 V 为电压偏移二极管，$R_1$、$R_2$ 为分压 0 电阻，电路的输出通过电阻 $R_2$ 进行正反馈。下面我们来分析电路的工作原理。

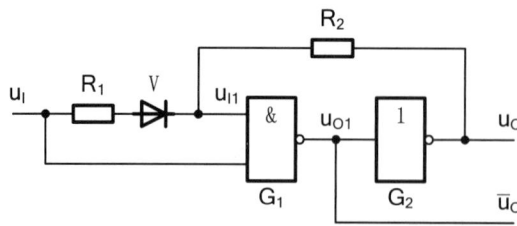

图 7.4.3 用门电路构成的施密特触发器

假设在接通电源后，电路输入为低电平 $u_I=U_{OL}$，则电路处于如下状态：$u_{O1}=U_{OH}$，$u_O=U_{OL}$。如果不考虑 $G_1$ 门的输入电流，$u_{I1}$ 的电压为：

$$u_{I1} = \frac{(u_I - U_D - U_{OL})R_2}{R_1 + R_2} + U_{OL}$$
$$= \frac{(u_I - U_D)R_2}{R_1 + R_2} + \frac{U_{OL}R_1}{R_1 + R_2} \approx \frac{(u_I - U_D)R_2}{R_1 + R_2}$$
（7.4.2）

其中，$U_D$ 为二极管的导通压降。当 $u_I$ 上升到门电路的阈值电压 $U_{TH}$ 时，由于 $u_{I1}$ 的电压还低于 $U_{TH}$，电路仍然保持这个状态不变；随着 $u_I$ 的继续升高，当 $u_{I1}$ 也上升到 $U_{TH}$ 时，电路将产生如下正反馈过程：

$$u_I \uparrow u_{I1} \uparrow \rightarrow u_{O1} \downarrow \rightarrow u_O \uparrow$$

结果使电路的状态迅速翻转为：$u_{O1}=U_{OL}$，$u_O=U_{OH}$，这是电路的另一个稳定状态。那么这一时刻的输入电压 $u_I$ 就是电路的正向阈值电压 $U_{T+}$，将 $u_I=U_{T+}$，$u_{I1}=U_{TH}$ 带入式（7.4.2）可得：

$$U_{T+} = U_D + (1 + R_1/R_2)U_{TH}$$
（7.4.3）

当 $u_I$ 从 $U_{T+}$ 再升高时，电路的状态不会发生改变。

当 $u_I$ 从高电平下降时，只要下降到 $u_I=U_{TH}$，由于电路中的正反馈作用，电路状态立刻发生翻转，回到初始的稳定状态。可见，电路的负向阈值电压 $U_{T-}=U_{TH}$。所以该电路的回差电压为：

$$\Delta U_T = U_{T+} - U_{T-} = U_D + \frac{R_1}{R_2}U_{TH}$$
（7.4.4）

因此，通过改变电阻 $R_1$ 和 $R_2$ 的比值，可以调整回差电压。

### 7.4.2 集成施密特触发器

由于性能稳定，所以在数字系统中集成施密特触发器被广泛采用。目前，各厂家已经生产出多种单片集成的施密特触发器产品。

74LS132 是一种典型的集成施密特触发器，其引脚排列和内部逻辑图如图 7.4.4（a）所示。74LS132 内部包括四个相互独立的两输入施密特触发器，每一个触发器都是以基本的施密特触发电路为基础，在输入端增加了与的功能，在输出端增加反向器，所以我们将其称为施密特触发的与非门，其逻辑符号如图 7.4.4（b）所示。

74LS132 的输出信号 Y 与输入信号 A、B 之间的逻辑关系为 $Y = \overline{AB}$。A、B 中只要有一个低于施密特触发器的负向阈值电平，输出 Y 就是高电平；只有当 A、B 同时高于正向阈值电平时，输出 Y 才为低电平。在使用+5 V 电源的条件下，集成施密特触发器 74LS132 的正向阈值电平 $U_{T+}$=1.5～2.0 V，负向阈值电平 $U_{T-}$=0.6～1.1 V，回差电压 $\Delta U_T$ 的典型值为 0.8 V。

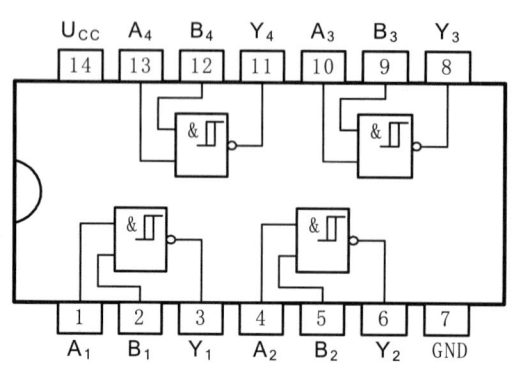
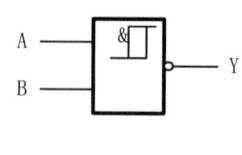

（a）74LS132 的引脚排列和内部逻辑图　　　（b）施密特触发与非门的逻辑符号

图 7.4.4　集成施密特触发器 74LS132

### 7.4.3　施密特触发器的应用

1. 波形变换

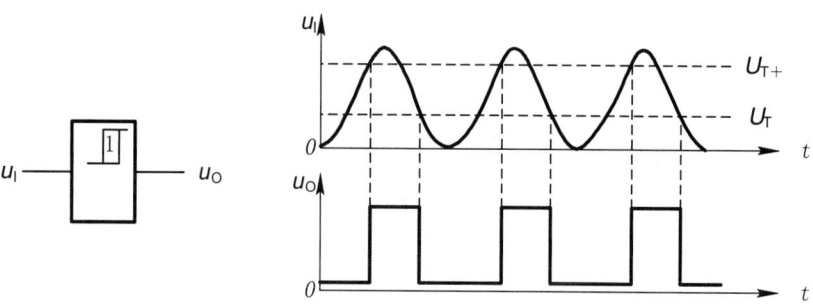

图 7.4.5　用施密特触发器实现波形变换

利用施密特触发器在状态转换过程中的正反馈作用，可以将边沿变化缓慢的周期性信号（如正弦波、三角波等）变换成边沿陡峭的矩形脉冲。在图 7.4.5 中，施密特触发器的输入是一个直流分量和正弦分量相叠加的信号，只要输入信号的幅度大于施密特触发器的正向阈值电压 $U_{T+}$，在触发器的输出端就可得到相同频率的矩形波。

2. 脉冲整形

矩形波经过传输后波形往往会发生畸变，其中比较常见的有图 7.4.6 所示的三种情况：矩形波的边沿变缓；在矩形波的边沿处产生振荡；矩形波叠加了干扰。无论哪一种情况，只要设置好合适的 $U_{T+}$ 和 $U_{T-}$，均能获得满意的整形效果。

3. 脉冲幅度鉴别

利用施密特触发器的输出取决于输入幅度的特点，可以将其用作脉冲幅度鉴别电路。如图 7.4.7 所示，在施密特触发器的输入端输入一系列幅度不等的矩形脉冲，根据施密特触发器的特点，对应于那些幅度大于 $U_{T+}$ 的脉冲，电路有脉冲输出；而对于幅度小于 $U_{T+}$ 的脉冲，电路则没有脉冲输出，从而达到幅度鉴别的目的。

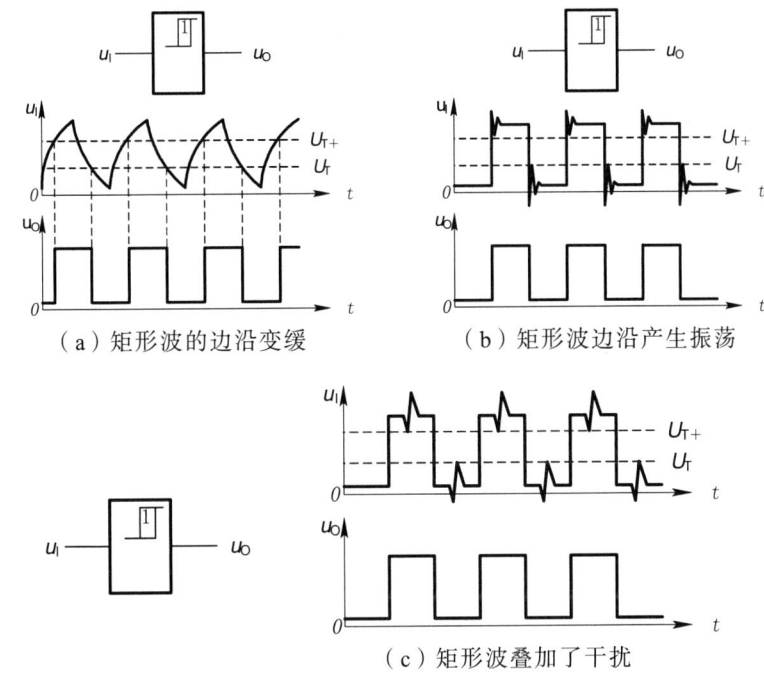

(a) 矩形波的边沿变缓　　　　（b) 矩形波边沿产生振荡

(c) 矩形波叠加了干扰

图 7.4.6　用施密特触发器实现脉冲整形

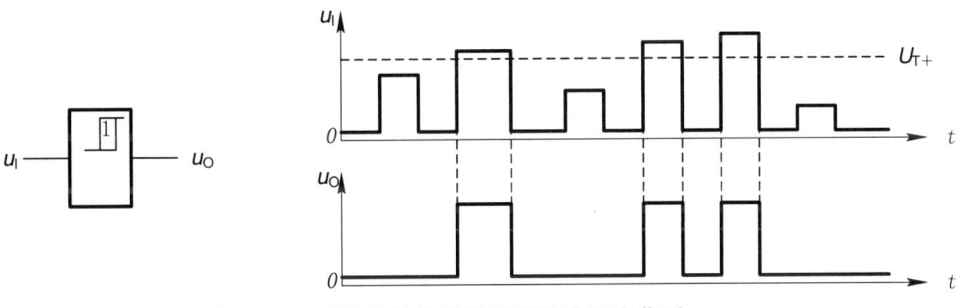

图 7.4.7　用施密特触发器实现脉冲幅度鉴别

## 7.5　集成函数信号发生器

### 7.5.1　集成函数发生器 ICL8038

图 7.5.1 为 ICL8038 的原理框图。其管脚图参见图 7.5.2。图 7.5.3 是 ICL8038 电路的基本接法。

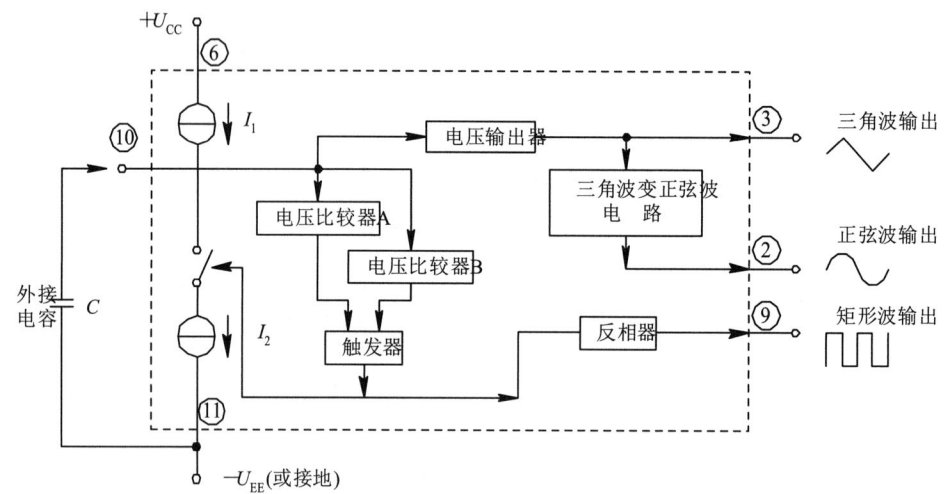

图 7.5.1 ICL8038 的原理框图

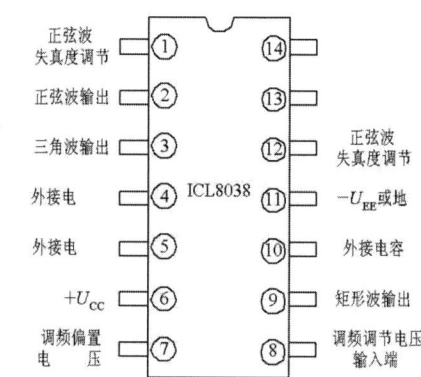

图 7.5.2 ICL8038 管脚图（顶视图）

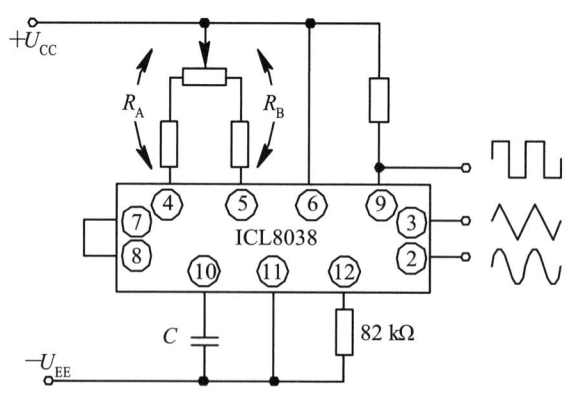

图 7.5.3 ICL8038 基本接法

ICL8038 电路的相关计算如下：

上升时间 $t_1$ 为：

$$t_1 = \frac{5}{3}R_A C \tag{7.5.1}$$

下降时间 $t_2$ 为:

$$t_2 = \frac{5}{3}\frac{R_A R_B}{2R_A - R_B}C \tag{7.5.2}$$

因此振荡周期为:

$$T = t_1 + t_2 = \frac{5}{3}R_A C\left(1 + \frac{R_B}{2R_A - R_B}\right) \tag{7.5.3}$$

振荡频率为:

$$f = \frac{1}{T} = \frac{1}{\frac{5}{3}R_A C\left(1 + \frac{R_B}{2R_A - R_B}\right)} \tag{7.5.4}$$

其中 $R_A$ 和 $R_B$ 的阻值宜在 $\frac{U_{CC} - U_8}{1mA} \sim \frac{U_{CC} - U_8}{10\mu A}$ 范围内 ("$U_{CC}-U_8$"是管脚⑥与管脚⑧之间的电压), 且 $R_B$ 应小于 $2R_A$。

当 $R_A = R_B$ 时, 管脚⑨、③和②的输出波形分别为矩形波、三角波和正弦波, 振荡频率为 $f = \frac{0.3}{R_A C}$。

调节电位器 $R_W$ 可使正弦波的失真度减小到 1.5%以下。用 100 kΩ 电位器接成可变电阻形式代替图 7.5.3 中的 82 kΩ 电阻, 调节它也可以减小正弦波的失真度。如果希望进一步减小正弦波的失真度, 可用图 7.5.4 所示的调整电路, 使正弦波的失真度减小到 0.5%左右。

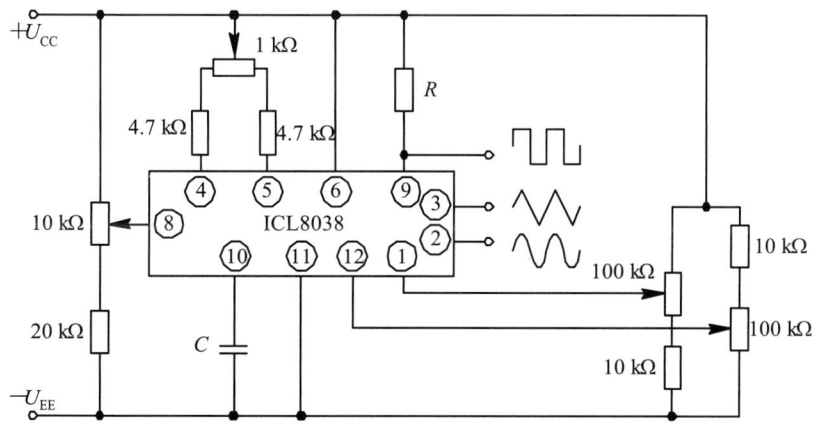

图 7.5.4 频率可调和失真小的函数发生器

### 7.5.2 高频精密函数波形发生器 MAX038

集成函数波形发生器一般都采用 ICL8038 或 5G8038，而它们只能产生 300 kHz 以下的中低频正弦波、矩形波和三角波，且频率与占空比不能单独调节，从而给使用带来很大不便，也无法满足高频精密信号源的要求。

MAX038 是 MAXIM 公司生产的单片高频精密函数波形发生器，能够产生 0.1Hz 至 20MHz 的正弦波、矩形波和三角波，最高频率可达 40 MHz，其压控振荡器的频率分粗调和细调两层控制。另外，MAX038 还包括占空比调整电路、波形同步电路、相位检测电路、波形切换开关和电压基准源等电路，所需外部元件少，使用很方便。具有高频特性好、频率范围宽、使用方便灵活的特点。在锁相环、压控振荡器、频率合成器、脉宽调制器等电路的设计上，MAX038 都是优先选择的器件。

1. 基本结构和工作原理

波形产生原理框图如图 7.5.5 所示。

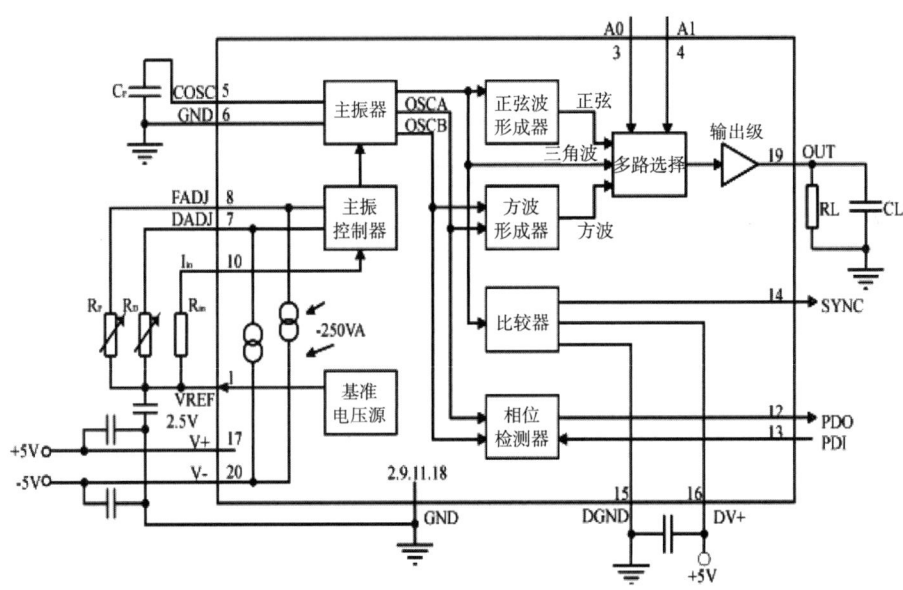

图 7.5.5 MAX038 原理框图

MAX038 管脚功能说明如下：

V+、V−：17、20 脚，正负电源端，分别接+5V、−5V 电源。
GND：2、6、9、11 和 18 脚均为模拟地。
A0、A1：3、4 脚，波形设定端，设置方法见表 7.5.1。

表 7.5.1 A0、A1 编码表

| A0 | A1 | 输出波形 |
| --- | --- | --- |
| * | 1 | 正弦波 |
| 0 | 0 | 矩形波 |
| 1 | 0 | 三角波 |

COSC：5 脚外接振荡电容端。
FADJ、DADJ：8、7 脚，分别为频率调节、占空比调节端。
$I_{IN}$：10 脚，振荡频率控制器的电流输入端。
PDI、PDO：13、12 脚，为相位比较器的输入、输出端。
SYNC：14 脚，同步输出端。
DV+、DGND：16、15 脚分别为数字电路的+5V 电源端和数字地。
OUT：19 脚，波形输出端。

MAX038 的工作原理为：在 COSC 与 GND 之间接上电容 $C_F$ 后，利用恒定电流 $I_{IN}$ 向 $C_F$ 充电和放电即可形成振荡，从而产生一个三角波和两个矩形波。$I_{IN}$ 是灌入 $I_{IN}$ 端的电流，它受 FADJ 端电压的控制。

振荡频率的计算公式为：

$$0f = \frac{I_{IN}}{C_F} \quad MAT \quad (7.5.5)$$

式中，$I_{IN}$ 的允许变化范围是 2~750 μA，在 10~400 μA 时性能最佳。$C_F$ 的容量范围为 20 pF 至 100 μF。

通过改变 FADJ 端的电压可对频率进行精细调节。假定 $U_{FADJ}$ 为 0V，标称输出频率为 f，在 $U_{FADJ}$ 保持恒定时，输出频率由下式确定：

$$f_O = f \times (1 - 0.2915 V_{FADJ}) \quad Mat \quad (7.5.6)$$

不作频率微调时，FADJ 端与地之间须接 12 kΩ 电阻。

改变 DADJ 端的电压，能够控制波形的占空比。$U_{DADJ}$ 为 0V 时，占空比为 50%。在 $U_{DADJ}$ 从+2.3V 变化到−2.3V 时，占空比将从 10%变为 90%。占空比严格等于 50%时，可消除波形失真。

**2. 波形产生电路**

基于 MAX038 的波形产生电路如图 7.5.6 所示。

波形产生电路的核心器件为 MAX038，它的输出波形有三种，由波形设定端 A0（3），A1（4）控制，其编码如表 7.5.1 所示。其中*表示任意状态。1 为高电平，0 为低电平。MAX038 的输出频率 $f_O$ 由 $I_{IN}$，FADJ 端电压和主振荡器 COSC 的外接电容器 $C_F$ 三者共同确定。当 $U_{FADJ}$=0V 时，输出频率 $f_O=I_{IN}/C_F$，$I_{IN}=U_{IN}/R_{IN}=2.5/R_{IN}$。当 $U_{FADJ}\neq 0V$ 时，输出频率 $f_O= f(1-0.2915U_{FADJ})$。由波段开关 SA2 选择不同的 $C_F$ 值，将整个输出信号分为五个频段：

① 1~10Hz
② 10~100Hz
③ 100~10000Hz
④ 1~20000kHz

每频段频率的调节由电位器 $R_P$ 和 $R_2$ 完成。$R_P$ 为粗调电位器，改变 $R_P$ 数值，使振荡电容器 $C_F$ 的充电电流 $I_{IN}$ 改变，从而使频率改变。$R_2$ 为细调电位器，它通过改变 $U_{FADJ}$ 的数值，使输出频率变化，它的变化范围较小，起微调作用。为简化电路，各种波形的占空比固定为 50%，这已能满足多数场合的使用要求。为此将 MAX038 的脚 7−DADJ

端接地。MAX038 的各种输出波形的幅度均为 2V（P－P）。

采用单片集成芯片 MAX038 来设计函数发生器。频率越高、产生波形种类越多的发生器性能越好，但器件成本和技术要求也大大提高，因此在满足工作要求的前提下，性价比高的发生器为首选。

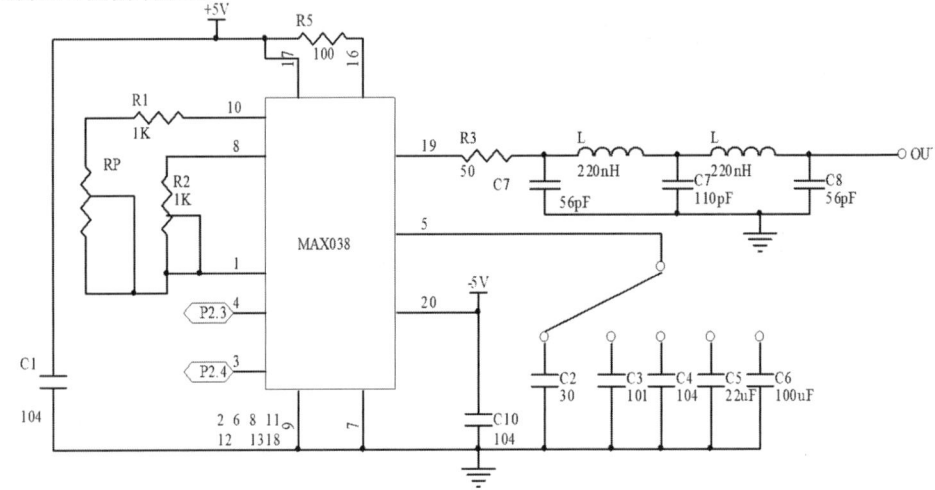

图 7.5.6　基于 MAX038 的波形产生电路

## 7.6　脉冲信号发生器的 Verilog 描述实现

本节将以环形振荡器为例，介绍脉冲信号发生器的 Verilog 实现，环形振荡器是一种常见的振荡电路，可以由奇数个反相器（如与非门）组成。

例 7.6.1 为环形振荡器的硬件描述，它的工作原理是将信号不断地在反相器之间传播，形成振荡。基于 Verilog 设计的仿真如下所示，在每个 assign 语句中引入了#1 延时，这表示信号在计算时会有 1ns 的延时，模拟实际硬件中的传播延迟

特别要注意的是采用 Verilog 语言描述数字逻辑电路的话，一般是默认无延时，如果不设定延时，环形振荡器电路中的反馈逻辑将不断变化，使仿真器陷入了一个无限循环或振荡现象，导致超出迭代限制而仿真失败，设定延时后的仿真结果如图 7.6.1 所示。

【例 7.6.1】环形振荡器。

```
1    module ring_oscillator （
2        output wire out,           // 输出振荡信号
3        input wire enable          // 启用振荡器
4    );
5        wire nand1_out, nand2_out, nand3_out;
     // 引入延时来模拟反馈路径的物理延时
6        assign #1 nand1_out = ~（nand3_out & enable）;   // 延时 1ns
7        assign #1 nand2_out = ~（nand1_out & enable）;   // 延时 1ns
```

| | | |
|---|---|---|
| 8 | assign #1 nand3_out = ~ ( nand2_out & enable ) ; | // 延时 1ns |
| 9 | assign out = nand3_out; | |
| 10 | endmodule | |

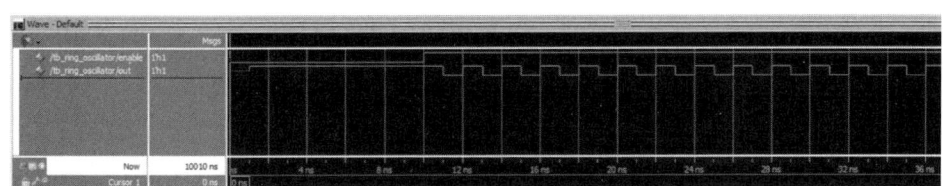

图 7.6.1　环振荡器 Verilog 仿真实现

## 7.7　小结

本章介绍了常用的脉冲变换电路——单稳态触发器和施密特触发器，脉冲产生电路——多谐振荡器和通用的集成函数信号发生器 ICL8038，高频精密函数波形发生器 MAX038。

单稳态触发电路只有一个稳定状态，另一个是暂时稳定状态，从稳定状态转换到暂稳态时必须由外加触发信号触发，从暂稳态转换到稳态是由电路自身完成的，暂稳态的持续时间取决于电路本身的参数。在掌握电路基本结构的基础上应注重电路参数的计算。

施密特触发器就是常用的整形电路，在掌握电路结构和工作原理的基础上，应注重了解其特点：① 能把变化非常缓慢的输入波形整形成数字电路所需要的矩形脉冲；② 有两个触发电平，当输入信号达到某一额定值时，电路状态就会转换，因此它属于电平触发的双稳态电路。

多谐振荡电路能够自激产生脉冲波形，它的状态转换不需要外加触发信号触发，而完全由电路自身完成。因此它没有稳定状态，只有两个暂稳态。应掌握几种典型多谐振荡电路工作原理和振荡周期的计算方法。

注重掌握集成函数信号发生器 ICL8038 和高频精密函数波形发生器 MAX038 的使用方法。

本章针对多谐振荡器给出了硬件描述和仿真实现。

## 习题

7.1　脉冲整形电路有哪几种主要电路形式，各自实现什么功能？

7.2　多谐振荡器可以产生什么形状的波形？

7.3　施密特触发器、单稳态触发器、多谐振荡器各有几个暂稳态？哪些能够自动保持稳定状态？

7.4　图 P7.4（a）所示是一个脉冲展宽电路，图中施密特触发电路和反相器均为

CMOS 电路。若已知输入信号 $V_i$ 的波形如图 P7.4（b）所示，并假定它的低电平持续时间比时间常数 RC 大得多，试定性画出 $V_C$ 和输出电压 $V_o$ 对应的波形。

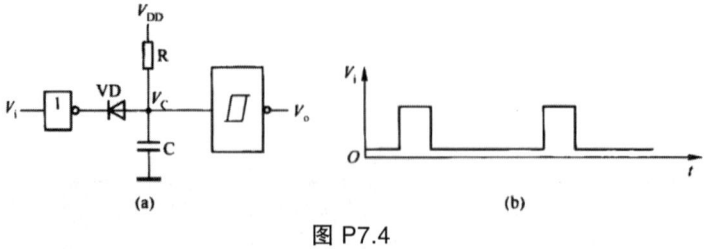

图 P7.4

7.5 施密特触发电路、单稳态触发电路、多谐振荡器，各有几个暂稳态、几个能够自动保持的稳定状态？

7.6 已知石英晶体振荡频率为 1MHz，画出电路图 P7.6 中 $u_O$ 和 F 两端的波形并计算频率。

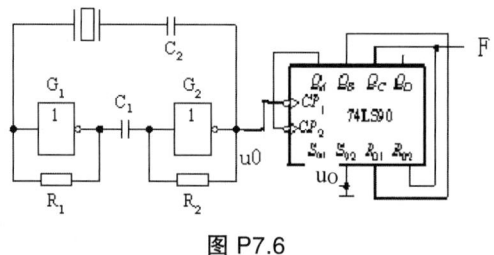

图 P7.6

7.7 施密特触发器的传输特性如图 P7.7（a）所示，输入波形如图 P7.7（b）所示，画出输出波形。

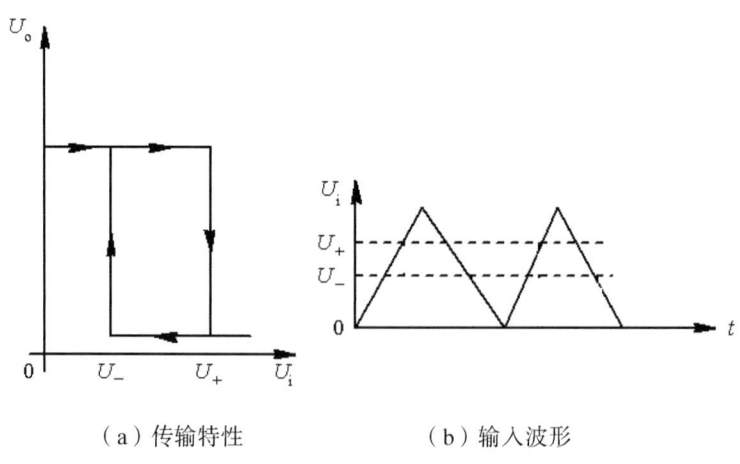

（a）传输特性　　　　（b）输入波形

图 P7.7

7.8 电路如图 P7.8（a）所示，试根据输入 $u_1$、$u_A$ 的波形（如图 7.8（b）所示），画出 $u_O$ 的波形，并说明该电路的功能。

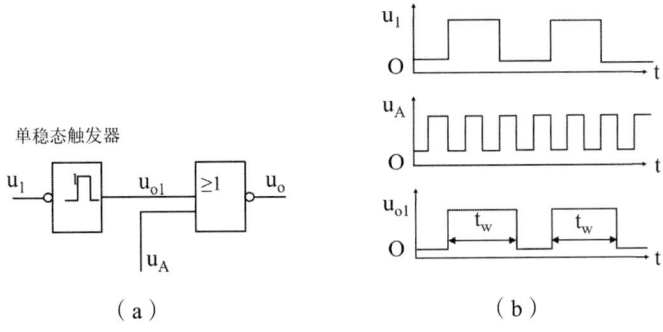

图 P7.8

# 第 8 章

## 半导体存储器和可编程逻辑器件

**内容提要** 本章将系统地介绍各种半导体存储器的结构和工作原理,并讲述几种典型的可编程逻辑器件的结构特点、工作原理、使用方法和 Verilog 仿真实现。

## 8.1 概 述

数字集成电路分类如图 8.1.1 所示。

### 1. 标准集成电路

标准集成电路是指那些逻辑功能固定的集成电路。它具有很强的通用性,其电路的电气指针、封装等在国内外均已标准化,并印有公开发行的用户手册,供大家选用。SSI、MSI、LSI 以及 VLSI 中那些完成基本功能和通用功能的集成电路,如与非门、异或门、触发器、加法器、乘法器、各类内存以及通用寄存器堆等,都属于标准集成电路。

当我们采用标准集成电路设计逻辑电路系统时,需要进行选片、系统设计和联机等方面的工作。虽然标准集成电路品种繁多,发展也很快,但用户只能在已生产的集成电路品种中选择,所以在改进和调试系统时需要修改印制版,从而使研制周期变长、成本增加。同时,采用标准集成电路的逻辑电路系统存在集成度低,可靠性、维护性差等缺点。

### 2. 微处理器

微处理器主要指通用的微处理机芯片。这类器件的功能由汇编语言或高级语言编写的程序来确定,也就是说,其结构由用户自己设置,故具有一定的灵活性。但该器件应用时需要用户设计专门的接口电路,且速度慢,所以它很难与其他类型的器件直接配合。

目前除用作 CPU 外，多用于实时处理系统。

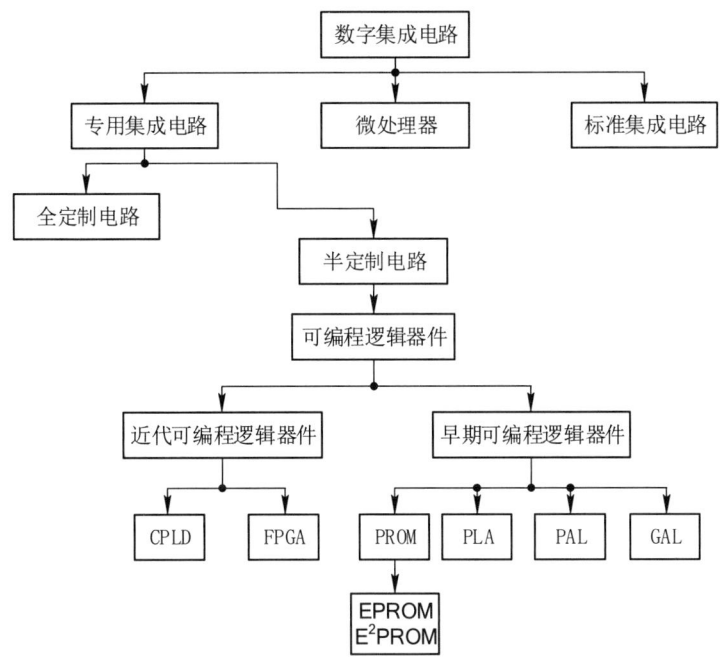

图 8.1.1　数字集成电路分类

3. 专用集成电路（ASIC）

ASIC 是指那些专门为某些用户设计的集成电路。当然，这种芯片不再具有通用性。专用集成电路又称用户定制电路，它可分成全定制电路（Full Custom Circuit）和半定制电路（Semi Custom Circuit）。

全定制电路：集成电路生产厂家完全按照用户的要求，从晶体管级开始设计，充分利用设计者本人和前人的经验，力求做到管芯面积最小、工作速度最快、功耗最小和各项电气指针符合用户的要求。这种电路设计和制造方法的优点：电路性能高，保密性好，占用体积小。其缺点：成本高，设计和试制周期长。

半定制电路：在设计和生产过程中，某些部分，如门阵列法中的门阵列母片、标准单元法中的库单元、可编程逻辑器件中的全功能芯片等，可以"预先加工"和"预先设计"乃至"预先制作"好，并可为所有用户选用。而另外一些部分，如版图的布局、布线和它所形成的版图只能符合特定用户的要求，不能共享。也就是说，只有一部分设计是按用户要求定做的，故称为半定制电路。这种电路在一定程度上既可满足用户"定制"要求，又能做到设计周期短、成本低。

本章讨论的可编程逻辑器件（Programmable Logic Devices，PLD）具有标准集成电路和半定制电路二者的特征。一方面，它的全功能集成电路块和标准集成电路一样，不同的生产厂家可以生产相同结构和品种的电路，并印有统一的用户手册，用户可以根据自己的需求来挑选不同的品种。另一方面，用户买到这种集成电路后不能马上使用，要根据自己的电路设计进行编程，再用专门的编程器将它们"烧制"成需要的电路。因此，从工厂生产、设计和销售的角度来看，它属于标准集成电路，从用户要做设计和"烧制"

的角度来看，它又属于半定制电路。

4. 半导体内存

半导体存储器以其容量大、体积小、功耗低、存取速度快、使用寿命长的特点，已广泛应用于数字系统。半导体存储器根据其用途分为只读存储器和随机内存两大类。

（1）只读存储器 ROM（Read Only Memory）

ROM 用于存放永久性的、不变的数据，如编写好的程序，不需要修改的数据表、函数或字符库等。

根据编程和擦除的方法不同，ROM 可分为掩模 ROM、可编程 ROM（PROM）和可擦除的可编程 ROM（EPROM）三种类型。本章中将逐一加以介绍。

（2）随机内存 RAM（Random Access Memory）

RAM 用于存放一些临时性的数据或中间结果，需要经常改变存储内容。RAM 工作时可以随时从任何一个指定的地址写入（存入）或读出（取出）信息。根据存储单元的工作原理不同，RAM 分为静态 RAM（SRAM）和动态 RAM（DRAM）。

## 8.2 可编程逻辑器件的表示方法和基本结构

可编程逻辑器件（PLD）是指一个集成电路群的集合名称，它包括了 PAL、GAL、EPLD、PLA、FPGA 等，统称作 PLD。但有的公司把自己生产的一个具体的品种也称为 PLD，则该公司的 PLD 被包括在我们介绍的 PLD 之中，是其中的一种器件。

PLD 异军突起，以设计制造周期短、成本低、可靠性高和保密性好等优点被越来越多的人们所接受，成为电子系统中广泛采用的器件。

根据可编程逻辑器件问世的时间，我们把 PROM、PLA、PAL 和 GAL 称为早期的可编程逻辑器件，把 CPLD 及 FPGA 称为近代的可编程逻辑器件。也有人把它们分别称为低密度 PLD 和高密度 PLD。PLD 产品种类很多，由于本书篇幅所限，本章仅介绍 PROM、PLA、PAL、GAL、FPGA 及 CPLD 等可编程逻辑器件的表示方法、基本电路结构及其基本应用。具体编程、开发应用请参考有关书籍。

典型的 PLD 一般都是由与数组、或数组，起缓冲驱动作用的输入逻辑和输出逻辑组成，其通用结构框图如图 8.2.1 所示。其中，每个输出数据都是输入的与或函数。与数组的输入线和或数组的输出线都排成数组结构，每个交叉处用逻辑器件或熔丝连接起来。逻辑编程的物理实现，一般都是通过熔丝或 PN 结的熔断和连接，或者对浮栅的充电和放电来实现的。

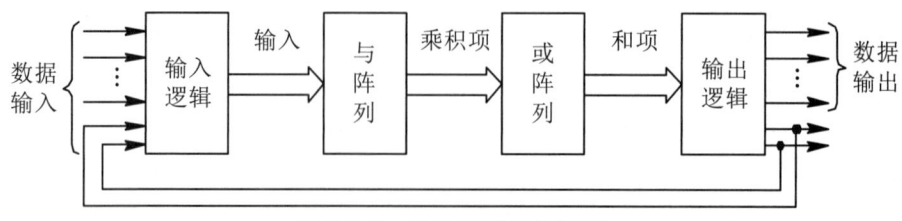

图 8.2.1　PLD 通用结构框图

## 8.2.1 可编程逻辑器件的表示方法

由于 PLD 的数组连接规模十分庞大，为了便于了解 PLD 的逻辑关系，PLD 的逻辑图中使用的是一种简化表示方法。PLD 数组交点处的几种连接方式如图 8.2.2 所示。联机交叉处有实点的，表示固定连接；联机交叉处有符号"×"的，表示编程连接；联机交叉处无任何符号的，表示不连接或是擦除单元。

图 8.2.2　PLD 连接方式的表示法

图 8.2.3 是可编程"与"数组和"或"数组中常用到的与门、或门、输入缓冲器、三态输出缓冲器及非门的表示方法。图 8.2.3（a）表示一个 3 输入的与门，其中 3 条竖线 A、B、C 均为输入项，输入到与门的一条横线称为乘积项线，输入线与乘积项线的交叉点和"与"数组中的交叉点相对应，这些交叉点都是编程点。

由图可见，输入 A 与乘积项线是固定连接，输入 B 与乘积项线不相连，输入 C 与乘积项线是编程连接，所以该与门的乘积项输出是：P=AC。同理，图 8.2.3（b）表示一个 3 输入的或门，它的输出是 $Y=P_1+P_2$。

图 8.2.3（c）表示输入缓冲器，它有两个互补输出，一个是 A，另一个是 $\overline{A}$。PLD 的输入往往要驱动若干个乘积项，也就是说，一个输入量的输出同时要接到几个晶体管的栅极（或基极）上，为了增加其驱动能力，就必须通过一缓冲器。不但如此，在与数组中往往还要用到输入变量的补项，这一功能也同时由驱动电路来完成，因此，在 PLD 中，每一个输入变量均通过一个具有互补输出的缓冲器。

当 I/O 端作为输出端时，常常用到具有一定驱动能力的三态控制输出电路。在 PLD 的逻辑电路中的三态控制输出电路有如图 8.2.3（d）表示的两种形式，一种是控制信号为高电平且反相输出；另一种是控制信号为低电平且反相输出。

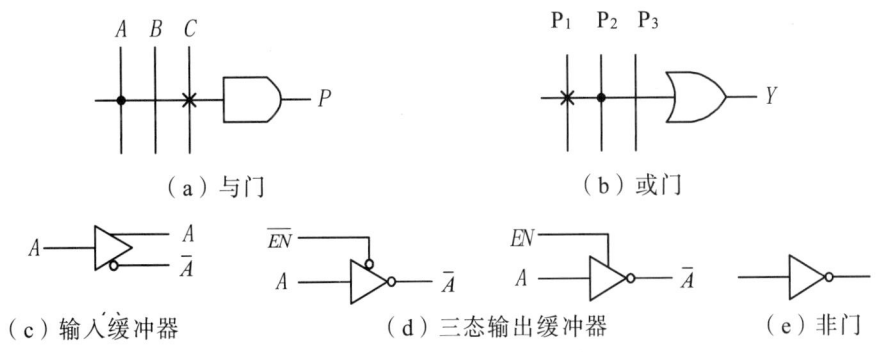

图 8.2.3　常用门电路在 PLD 中的表示法

如果当所有输入的原码和反码在乘积项处都打"×",即表示所有的连接点都是编程连接,如图 8.2.4(a)所示,那么就有 P = $A\bar{A}B\bar{B}$,此时可以简化为图 8.2.4(b)的表示方式。

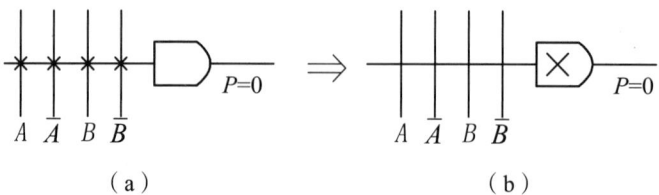

图 8.2.4　PLD 的默认表示方法

图 8.2.5 是一个简单的组合逻辑 $Y = I_1\bar{I}_2 + \bar{I}_1 I_2$,SSI 中的逻辑图和在 PLD 中的逻辑图实例。图 8.2.5(a)所示的组合逻辑电路,它的 PLD 表示法如图 8.2.5(b)所示。

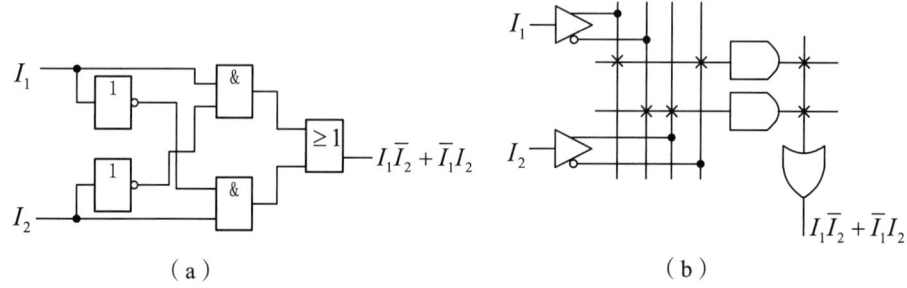

图 8.2.5　组合逻辑在 SSI 中和在 PLD 中的逻辑图

### 8.2.2　可编程逻辑器件的基本结构

**1. 可编程只读存储器**

可编程只读存储器(Programmable Read Only Memory,PROM)是最早的 PLD,它出现在 20 世纪 70 年代初。它包含一个固定的"与"数组和一个可编程的"或"数组,其基本结构如图 8.2.6 所示。

PROM 一般用来存储计算机程序和数据,它的输入是计算机内存地址,输出是存储单元的内容。由图可见,它的"与"数组是一个"全译码数组",即对某一组特定的输入 Ii(i=0,1,2)只能产生一个唯一的乘积项。因为是全译码,当输入变量为 n 个时,数组的规模为 2n,所以 PROM 的规模一般很大。

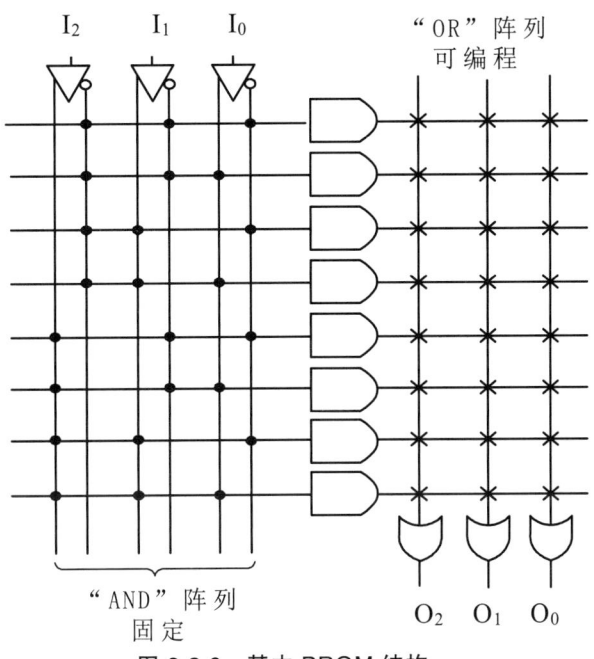

图 8.2.6 基本 PROM 结构

2. 可编程逻辑数组

虽然用户能对 PROM 所存储的内容进行编程,但 PROM 还存在某些不足,如:PROM 巨大数组的开关时间限制了 PROM 的速度;PROM 的全译码数组中的所有输入组合在大多数逻辑功能中并不使用。可编程逻辑数组(Programmable Logic Array,PLA),也称现场可编程逻辑数组(FPLA)的出现,弥补了 PROM 这些不足。它的基本结构为"与"数组和"或"数组,且都是可编程的,如图 8.2.7 所示。设计者可以控制全部的输入/输出,这为逻辑功能的处理提供了更有效的方法。然而,这种结构在实现比较简单的逻辑功能时还是比较浪费的,且 PLA 的价格昂贵,相应的编程工具也比较贵。

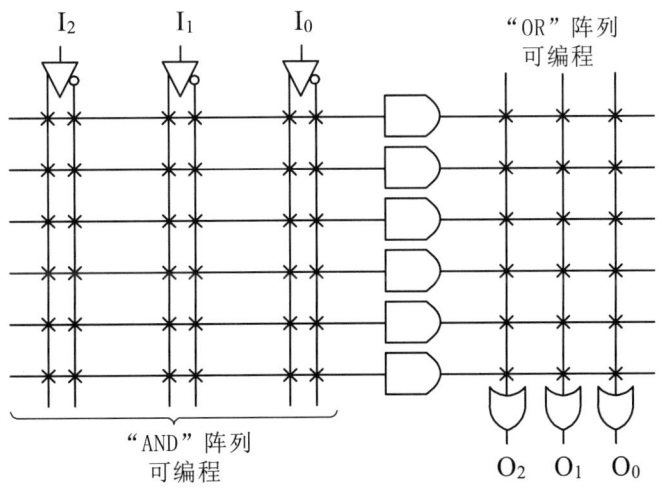

图 8.2.7 基本 PLA 结构

3. 可编程数组逻辑

可编程数组逻辑（Programmable Array Logic，PAL）既具有 PLA 的灵活性，又具有 PROM 易于编程的特点，其基本结构包含一个可编程的"与"数组和一个固定的"或"数组，如图 8.2.8 所示。PAL 器件"与"数组的可编程特性使输入项增多，而"或"数组的固定又使器件简化，所以这种器件得到了广泛应用。

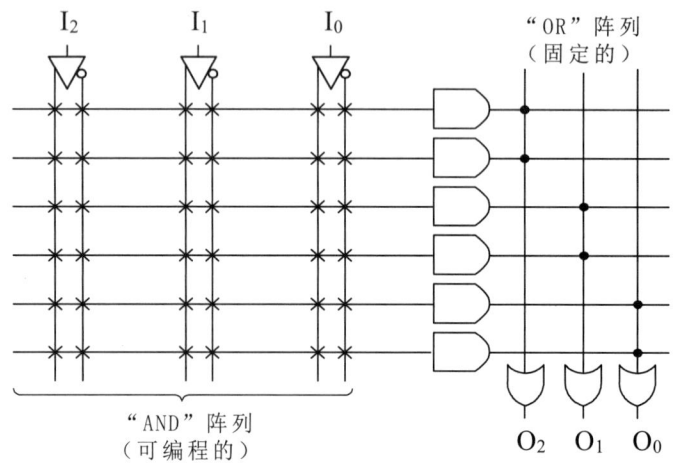

图 8.2.8　基本 PAL 结构

4. 通用数组逻辑

通用数组逻辑（General Array Logic，GAL），在 20 世纪 80 年代初期问世，一般认为它是第二代 PLD。它具有可擦除、可重复编程和可加密等特点。目前常用的 GAL 器件有 GAL16V8 和 GAL20V8 两种，它们能仿真所有的 PAL 器件。

GAL 器件的基本结构如图 8.2.9 所示。它与 PAL 器件相比，在结构上的显著特点是输出采用了宏单元（OLMC）。也就是说，PAL 器件的可编程"与"数组是送到一个固定的"或"数组上输出的，而 GAL 器件的可编程"与"数组则是送到 OLMC 上输出的。通过对 OLMC 单元的编程，器件能满足更多的逻辑电路要求，从而使它比 PAL 器件具有更多的功能，设计也更为灵活。

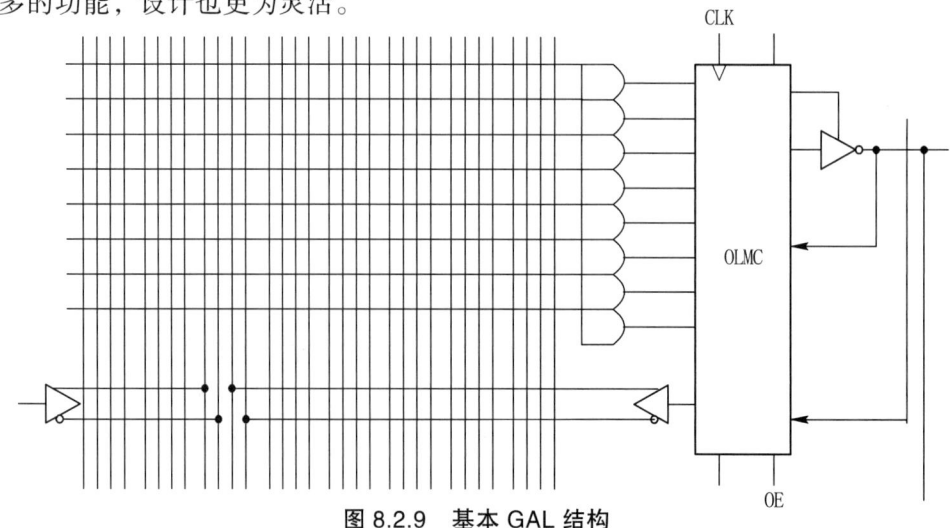

图 8.2.9　基本 GAL 结构

5. 现场可编程门阵列

现场可编程门阵列（Field Programmable Gate Array，FPGA）也称可编程门阵列（Programmable Gate Array，PGA），是近十几年加入到用户可编程技术行列中的器件。

它是超大规模集成电路（VLSI）技术发展的产物，它弥补了早期可编程逻辑器件利用率随器件规模的扩大而下降的不足。FPGA 器件集成度高，引脚数多，使用灵活。FPGA 由布线分隔的可编程逻辑块（或宏单元）（Configurable Logic Block，CLB）、可编程输入/输出块（Input/Output Block，IOB）和布线通道中可编程内部联机（Programmable Interconnect，PI）构成，其基本结构如图 8.2.10 所示。

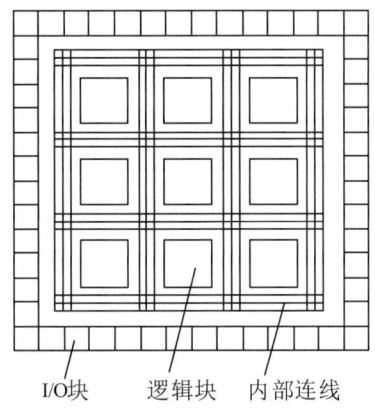

图 8.2.10　FPGA 基本结构

PLD 与 FPGA 之间的主要差别是 PLD 通过修改具有固定内部联机的电路的逻辑功能来进行编程，而 FPGA 可以通过修改 CLB 或 IOB 的功能来编程，也可以通过修改连接 CLB 的一根或多根内部联机的布线来编程。对于快速周转的样机，这些特性使得 FPGA 成为首选器件，而且 FPGA 比 PLD 更适合于实现多级的逻辑功能。

6. 复杂可编程逻辑器件

复杂可编程逻辑器件（Complex Programmable Logic Device，CPLD）是和 FPGA 同期出现的可编程器件。从概念上讲，CPLD 是由位于中心的互连矩阵把多个类似 PAL 的功能块（Function Block，FB）连接在一起，且具有很长的固定的布线资源的可编程器件，其基本结构如图 8.2.11 所示。它与 FPGA 在性能上和功能上的差别稍后再作介绍。

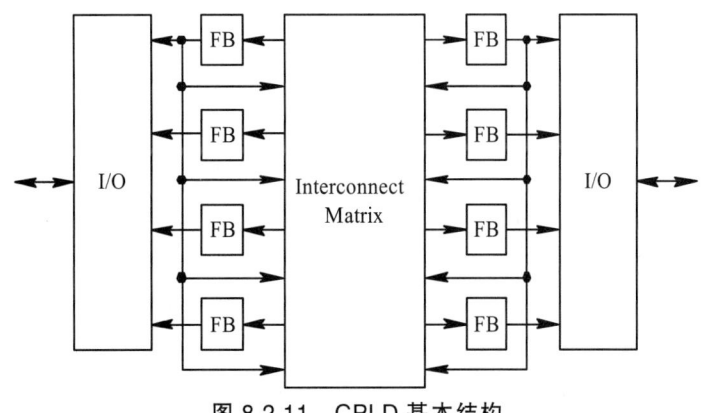

图 8.2.11　CPLD 基本结构

## 8.3 只读存储器

### 8.3.1 只读存储器的基本结构和原理

**1. 只读存储器（ROM）的结构**

只读存储器（ROM）是固定结构的内存，由工厂按需要存储的内容用掩模光刻的方法生产出来。用户不能改变所存内容，即不能写入，只能读出，故而得名。ROM 主要由地址译码器、存储矩阵和输出缓冲器三部分组成，其基本结构如图 8.3.1 所示。

存储矩阵是存放信息的主体，它由许多存储单元排列组成。每个存储单元存放一位二值代码（0 或 1），若干个存储单元组成一个"字"（也称一个信息单元）。地址译码器有 n 条地址输入线 $A_0 \sim A_{n-1}$，$2^n$ 条解码输出线 $W_0 \sim W_{2^n-1}$，每一条解码输出线 $W_i$ 称为"字线"，它与存储矩阵中的一个"字"相对应。因此，每当给定一组输入地址时，译码器只有一条输出字线 $W_i$ 被选中，该字线可以在存储矩阵中找到一个相应的"字"，并将字中的 m 位信息 $D_{m-1} \sim D_0$ 送至输出缓冲器。读出 $D_{m-1} \sim D_0$ 的每条数据输出线 $D_i$ 也称为"位线"，每个字中信息的位数称为"字长"。

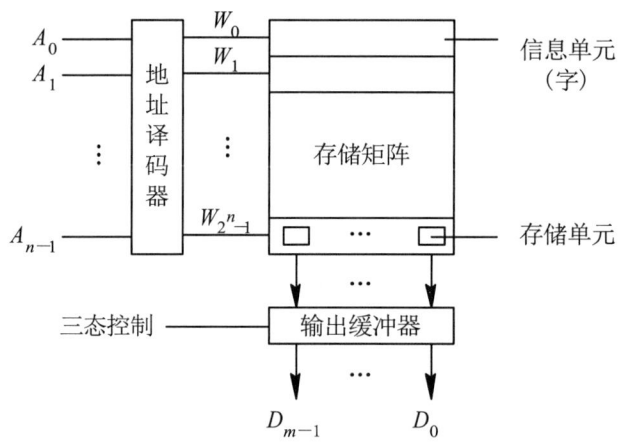

图 8.3.1 ROM 的基本结构

ROM 的存储单元可以用二极管构成，也可以用双极型三极管或 MOS 管构成。内存的容量用存储单元的数目来表示，写成"字数乘位数"的形式。对于图 8.3.1 的存储矩阵有 $2^n$ 个字，每个字的字长为 m，因此整个内存的存储容量为 $2^n \times m$ 位元。存储容量也习惯用 K（1K=1024）为单位来表示，如 1K×4、2K×8 和 64K×1 的内存，其容量分别是 1024×4 位、2048×8 位和 65536×1 位。

输出缓冲器是 ROM 的数据读出电路，通常用三态门构成，它不仅可以实现对输出数据的三态控制，以便与系统总线联接，还可以提高内存的带负载能力。

图 8.3.2 是具有两位地址输入和四位数据输出的 ROM 结构图，其存储单元用二极

管构成。图中，$W_0$~$W_3$ 四条字线分别选择存储矩阵中的四个字，每个字存放四位信息。制作芯片时，若在某个字中的某一位存入"1"，则在该字的字线 $W_i$ 与位线 $D_i$ 之间接入二极管，反之，就不接二极管。

读出数据时，首先输入地址码，并对输出缓冲器实现三态控制，则在资料输出端 $D_3$~$D_0$ 可以获得该地址对应字中所存储的数据。例如，当 $A_1A_0$=00 时，$W_0$=1，$W_1$=$W_2$=$W_3$=0，即此时 $W_0$ 被选中，读出 $W_0$ 对应字中的数据 $D_3D_2D_1D_0$=1001。同理，当 $A_1A_0$ 分别为 01、10、11 时，依次读出各对应字中的资料分别为 0111、1110、0101。因此，该 ROM 全部位址内所存储的资料可用表 8.3.1 表示。

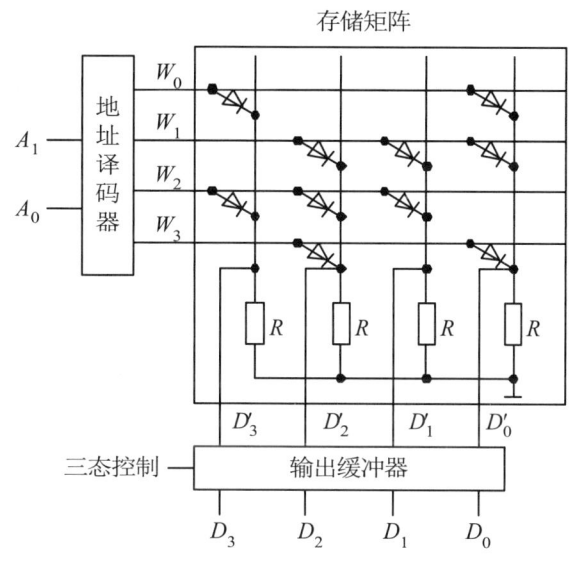

图 8.3.2 二极管 ROM 结构图

表 8.3.1 图 8.3.2 所示 ROM 的数据表

| 地址 | | 数据 | | | |
|---|---|---|---|---|---|
| $A_1$ | $A_0$ | $D_3$ | $D_2$ | $D_1$ | $D_0$ |
| 0 | 0 | 1 | 0 | 0 | 1 |
| 0 | 1 | 0 | 1 | 1 | 1 |
| 1 | 0 | 1 | 1 | 1 | 0 |
| 1 | 1 | 0 | 1 | 0 | 1 |

早期 ROM 的存储元件是二极管，其速度太慢，现在 ROM 的存储元件改为 MOS 管（图 8.3.3），或双极型三极管以提高速度。无论是什么结构的 ROM，都是通过设置或不设置存储元件来表示存入的资料是 1 还是 0。

**2. ROM 在组合逻辑设计中的应用**

从内存的角度看，只要将逻辑函数的真值表事先存入 ROM，便可用 ROM 实现该函数。例如，在表 8.3.1 的 ROM 数据表中，如果将输入地址 $A_1$、$A_0$ 看成两个输入逻辑变量，而将数据输出 $D_3$、$D_2$、$D_1$、$D_0$ 看成一组输出逻辑变量，则 $D_3$、$D_2$、$D_1$、$D_0$ 就是 $A_1$、

$A_0$ 的一组逻辑函数,表 8.3.1 就是这一组多输出组合逻辑函数的真值表,因此该 ROM 可以实现表 8.3.1 的四个函数($D_3$、$D_2$、$D_1$、$D_0$),其表达式为:

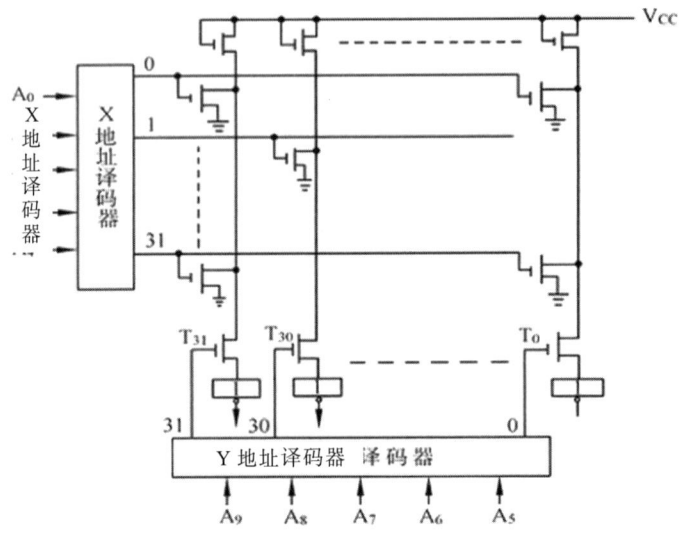

图 8.3.3 MOS 管 ROM 结构图

$$\begin{aligned} D_3 &= \overline{A_1}\,\overline{A_0} + A_1\overline{A_0} \\ D_2 &= \overline{A_1}A_0 + A_1\overline{A_0} + A_1A_0 \\ D_1 &= \overline{A_1}A_0 + A_1\overline{A_0} \\ D_0 &= \overline{A_1}\,\overline{A_0} + \overline{A_1}A_0 + A_1A_0 \end{aligned} \quad (8.3.1)$$

从组合逻辑结构来看,ROM 中的地址译码器形成了输入变量的所有最小项,即每一条字线对应输入地址变量的一个最小项。

在图 8.3.2 中,字线的逻辑表达式为 $W_0 = \overline{A_1}\,\overline{A_0}$,$W_1 = \overline{A_1}A_0$,$W_2 = A_1\overline{A_0}$,$W_3 = A_1A_0$,因此式(8.3.1)又可以写为:

$$\begin{aligned} D_3 &= W_0 + W_2 \\ D_2 &= W_1 + W_2 + W_3 \\ D_1 &= W_1 + W_2 \\ D_0 &= W_0 + W_1 + W_3 \end{aligned} \quad (8.3.2)$$

图 8.3.4 所示为 ROM 的数组框图,图 8.3.5 为其数组图。

用 ROM 实现逻辑函数一般按以下步骤进行:

① 根据逻辑函数的输入、输出变量数目,确定 ROM 的容量,选择合适的 ROM。

② 写出逻辑函数的最小项表达式,画出 ROM 的数组图。

③ 根据数组图对 ROM 进行编程。

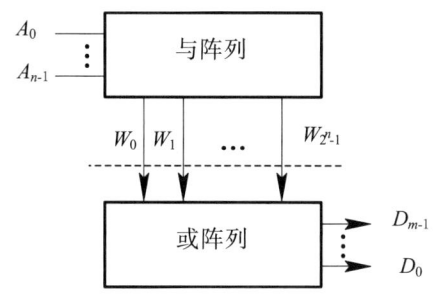

图 8.3.4 ROM 的数组框图

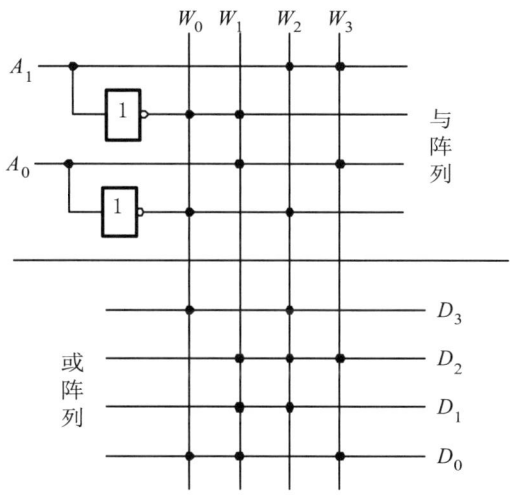

图 8.3.5 图 8.3.2 ROM 的数组图

【例 8.3.1】用 ROM 设计一个 4 位二进制代码转换为格雷码的代码转换电路。

**解** ① 输入是 4 位自然二进制代码 $B_3 \sim B_0$，输出是 4 位格雷码 $G_3 \sim G_0$，故选 $2^4 \times 4$ 的 ROM。

② 4 位二进制代码转换为格雷码的真值表，即 ROM 的编程资料表如表 8.3.2 所示。由此可写出输出函数的最小项之和式为：

$$G_3 = \sum m(8,9,10,11,12,13,14,15)$$
$$G_2 = \sum m(4,5,6,7,8,9,10,11)$$
$$G_1 = \sum m(2,3,4,5,10,11,12,13)$$
$$G_0 = \sum m(1,2,5,6,9,10,13,14)$$

表 8.3.2 二进制代码转换为格雷码的真值表

| 字 | 二进制码 | | | | 格雷码 | | | |
|---|---|---|---|---|---|---|---|---|
| | $B_3$ | $B_2$ | $B_1$ | $B_0$ | $G_3$ | $G_2$ | $G_1$ | $G_0$ |
| $W_0$ | 0 | 0 | 0 | 0 | 0 | 0 | 0 | 0 |
| $W_1$ | 0 | 0 | 0 | 1 | 0 | 0 | 0 | 1 |
| $W_2$ | 0 | 0 | 1 | 0 | 0 | 0 | 1 | 1 |

续表

| 字 | 二进制码 | | | | 格雷码 | | | |
|---|---|---|---|---|---|---|---|---|
| | $B_3$ | $B_2$ | $B_1$ | $B_0$ | $G_3$ | $G_2$ | $G_1$ | $G_0$ |
| $W_3$ | 0 | 0 | 1 | 1 | 0 | 0 | 1 | 0 |
| $W_4$ | 0 | 1 | 0 | 0 | 0 | 1 | 1 | 0 |
| $W_5$ | 0 | 1 | 0 | 1 | 0 | 1 | 1 | 1 |
| $W_6$ | 0 | 1 | 1 | 0 | 0 | 1 | 0 | 1 |
| $W_7$ | 0 | 1 | 1 | 1 | 0 | 1 | 0 | 0 |
| $W_8$ | 1 | 0 | 0 | 0 | 1 | 1 | 0 | 0 |
| $W_0$ | 0 | 0 | 0 | 0 | 0 | 0 | 0 | 0 |
| $W_1$ | 0 | 0 | 0 | 1 | 0 | 0 | 0 | 1 |
| $W_2$ | 0 | 0 | 1 | 0 | 0 | 0 | 1 | 1 |
| $W_3$ | 0 | 0 | 1 | 1 | 0 | 0 | 1 | 0 |
| $W_4$ | 0 | 1 | 0 | 0 | 0 | 1 | 1 | 0 |
| $W_5$ | 0 | 1 | 0 | 1 | 0 | 1 | 1 | 1 |
| $W_6$ | 0 | 1 | 1 | 0 | 0 | 1 | 0 | 1 |
| $W_7$ | 0 | 1 | 1 | 1 | 0 | 1 | 0 | 0 |
| $W_8$ | 1 | 0 | 0 | 0 | 1 | 1 | 0 | 0 |

③ 用 ROM 实现码组转换的数组图及其逻辑符号如图 8.3.6 所示。

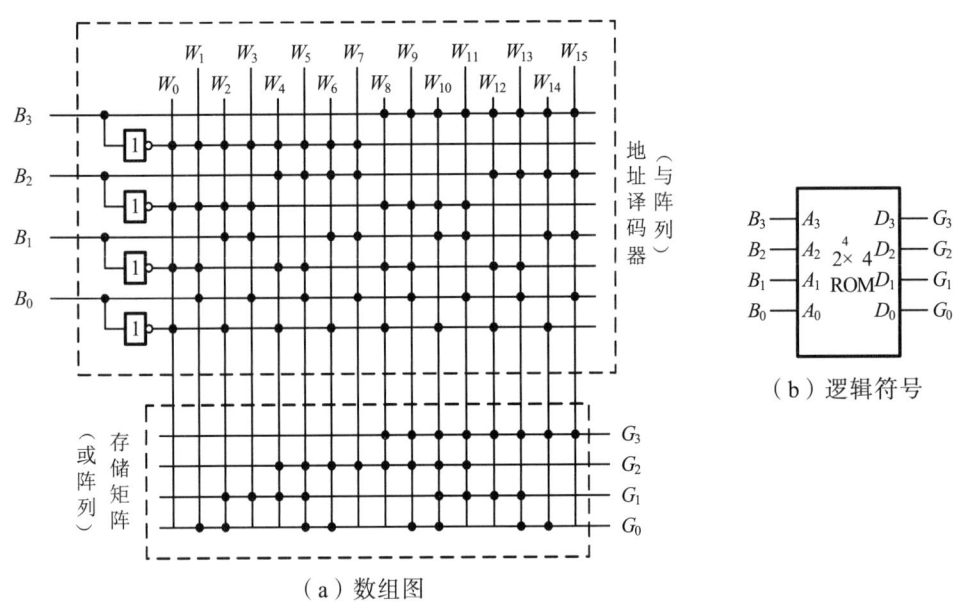

图 8.3.6　例 8.3.1 数组图及其逻辑符号

### 8.3.2　可编程只读存储器

可编程只读存储器（PROM）是在固定 ROM 的基础上发展起来的，它针对 ROM 存储内容不能改写的缺点进行了改进，使设计人员可以根据自己的需要来确定其存储内容，但基本原理不变。PROM 器件在物理结构上是双极型结构，其中又分为熔丝型和结破坏型。无论是熔丝型的 PROM，还是结破坏型的 PROM，都只能一次编程。

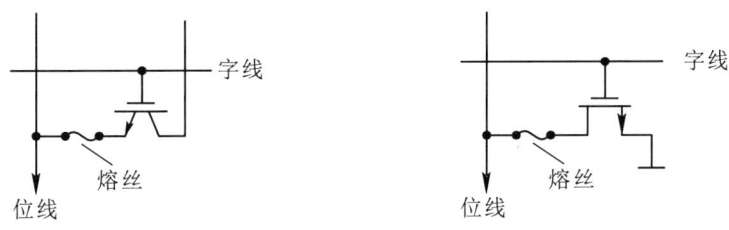

(a) 双极型三极管组成　　　　　　(b) MOS 管组成

图 8.3.7　熔丝型 PROM 存储单元

虽然 PROM 的结构仅比 ROM 多了一个写入控制电路，但在存储单元上的变化致使它在性能上比 ROM 有很大的不同。熔丝型 PROM 的存储单元是一个发射极连有一段镍络合金熔丝的三极管，如图 8.3.7 所示。其中，图 8.3.7（a）是双极型三极管组成的存储单元；图 8.3.7（b）是 MOS 管组成的存储单元。熔丝在正常工作电流下不会被熔断，但在几倍于工作电流的编程电流下就会立即熔断。

所有字线和位线交叉点上带熔丝的三极管组成了 PROM 的存储矩阵。在存储矩阵中，熔丝断了的三极管被选中时，不构成通路，无电流输出，表示存储信息为"0"；熔丝未断的三极管被选中时，构成通路，有电流输出，表示存储信息为"1"。一个未编程的熔丝型 PROM，其存储矩阵中的信息全部为"1"。所谓写入数据，即编程，就是设法把要存入"0"的那些存储单元的熔丝熔断。

图 8.3.8 是 32×8 位 PROM 的框图。一般说来，熔丝型 PROM 由地址缓冲译码驱动器、存储单元、钳位电路和读写电路四部分组成。

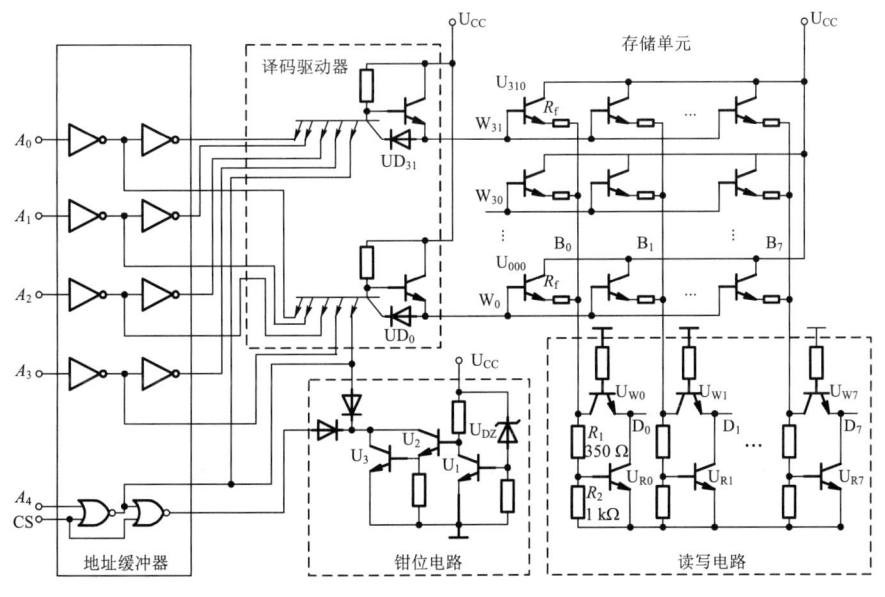

图 8.3.8　32×8 位 PROM 的框图

它们的功能分别是:

① 地址缓冲器由两级反相器组成,译码驱动器由两个三极管(其中一个是多发射极晶体管)、一个二极管和一个电阻组成。地址缓冲译码驱动器的作用是将输入地址 $A_0 \sim A_{n-1}$ 进行全译码,为驱动存储矩阵提供信号,以便对存储单元进行读写操作。片选信号 CS 用来控制 PROM 芯片的工作状态是工作还是被禁止。

② 存储单元由 $32 \times 8$ 个存储单元(带熔丝的三极管)组成。每行三极管基极连成一字线(或称行);每列三极管发射极连成一位线(或称列)。其作用是存储资料。

③ 钳位电路并联在地址缓冲器上。其作用是在读 PROM 存储的数据时,把地址译码驱动器的输出电压钳位在 2.1V。

④ 读写电路中每位都由两个三极管组成,一个为读出管,另一个为写入管。在对 PROM 写入数据时,写入"0"的存储单元对应的写入管饱和导通,该存储单元(带熔丝的三极管)的熔丝熔断,于是该存储单元被写为"0"。在读出 PROM 里存储的数据时,写入管截止,由读出管输出数据。

对 PROM 编程的实质是如何处理熔丝的熔断问题,即把存储单元的"1"改写为"0"。其编程工作过程是:首先把电源 $U_{CC}$ 提高到 6V,片选信号 CS 加低电平。其次,找出要写入"0"的单元地址,输入相应的地址代码,使相应的字线输出高电平。最后,在相应的位在线按规定加入高电压脉冲,对应的写入管饱和导通,这时就有较大的脉冲电流流过熔丝并将其熔断。这样就将"0"写入到了对应的存储单元。

在实际工作中,PROM 的编程是由编程器来实现的。不同的可编程逻辑器件由不同的编程器来实现编程。有关 PROM 编程器的使用方法不在本书范围之内,请参考相应的使用说明书。PROM 除熔丝型外还有结破坏型。结破坏型与熔丝型 PROM 的主要区别是存储单元。结破坏型 PROM 的存储单元是一对背靠背连接的二极管,如图 8.3.9 所示。

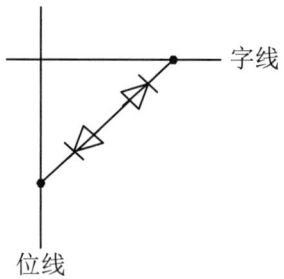

图 8.3.9 结破坏型 PROM 的存储单元

正常工作时,这对背靠背的二极管不导通,可认为存储信息为"0"。这样一个未编程的结破坏型 PROM 存储的信息为全"0"。编程时,对于那些写入"1"的存储单元,在其位在线加一 $100 \sim 150 \mathrm{mA}$ 的电流将该存储单元的反接二极管的 PN 结击穿短路,该存储单元只剩下一个正接的二极管,存储的信息变为"1"。对于写入"0"的存储单元,无需在位在线加电流。

无论是熔丝型的 PROM 还是结破坏型的 PROM,它存储的内容一旦被写入后就不能改变,即它只能一次编程。因此,PROM 不适合需要经常修改 ROM 中内容的场合。

### 8.3.3 可擦除可编程只读存储器

可擦除可编程只读存储器（Erasable Programmable Read-Only Memory，EPROM）在物理结构上是 MOS 型结构，它采用了特殊的 MOS 管做存储单元，能重复擦除和重复编程，满足了经常修改存储内容的需要。

根据存储内容擦除方式又可将其分为紫外线可擦除和电可擦除两种。通常把用紫外线或 X 射线擦除存储内容的可擦除可编程 ROM 称为 EPROM；把用电压信号快速擦除存储内容的可擦除可编程称为 E²PROM 或 EEPROM；把 20 世纪 80 年代末期问世的一种新型电可擦除的可编程 ROM 称为闪存（Flash Memory）。

1. EPROM

EPROM 与前面讲过的 PROM 在总体结构形式上没有大的区别，只是采用了不同的存储单元。早期的 EPROM 的存储单元使用了浮栅雪崩注入 MOS 管（Floating Gate Avalanche injection MOS，FAMOS），而目前的 EPROM 的存储单元多使用叠栅注入 MOS 管（Stacked gate Injection MOS，SIMOS）。

SIMOS 管的逻辑符号如图 8.3.10 所示，用它构成的存储单元如图 8.3.11 所示。它是一个 N 沟道增强型 MOS 管。它有两个重叠的多晶硅栅；上面的栅与字线相连，称为控制栅 $G_c$，用于控制读出和写入；下面的栅是浮栅 $G_f$，用于长期保存注入电荷。浮栅中的电子注入不是由雪崩效应完成，而是靠沟道注入。叠栅注入 MOS 管由此而得名。

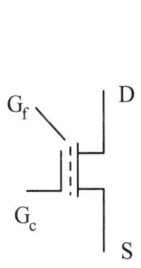

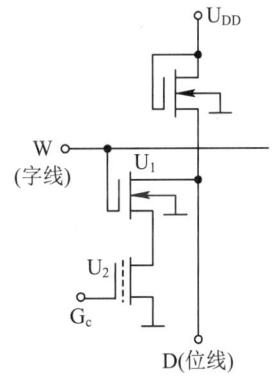

图 8.3.10　SIMOS 管逻辑符号图　　　8.3.11　SIMOS 构成的存储单元

写入资料前，浮栅 $G_f$ 不带电。如同普通的 N 沟道 MOS 管一样，如果在漏、源之间加上高的正电压（一般取 25V），同时在控制栅 $G_c$ 上加高压正脉冲（一般幅度为 25V，宽度为 50 ms 左右），那么电子就会穿过二氧化硅层到达浮栅，被浮栅 $G_f$ 俘获而形成注入电荷，相当于存储了资料"1"。未注入电荷的相当于存入了"0"。

当用紫外线或 X 射线照射 SIMOS 管时，则可在二氧化硅层感应出足够量的正电荷与浮栅中的负电荷中和，从而将原来存储的"1"擦除。对 EPROM 数据的擦除一般是用 12 mW/cm² 紫外灯，距芯片 3 cm 照射 10~20 min。为了便于擦除操作，EPROM 封装外壳上通常装有透明的石英盖板。

## 2. E²PROM

虽然用紫外线擦除的 EPROM 器件能多次改写存储内容，但它只能进行整体擦除，不能实现位擦除，且擦除速度慢，操作烦琐，频繁拔插器件会影响其可靠性。此外，还因为编程电压高于工作电压，容易因操作不慎造成 RAM 区内容被冲。为了克服这些缺点，又研制出了 E²PROM。

E²PROM 的存储单元使用了浮栅隧道氧化层 MOS 管（Floating Gate Tunnel Oxide MOS，简称 Flotox 管）。Flotox 管的逻辑符号如图 8.3.12 所示。Flotox 管和 SIMOS 管极其相似，它也是一个 N 沟道增强型 MOS 管，并且也有两个栅，即控制栅 $G_c$ 和浮栅 $G_f$。所不同的是，Flotox 管的浮栅与漏极之间有一个氧化层极薄的区域（厚度在 $2\times 10^{-8}$m 以下），这个区域称为隧道区。当隧道区的电场强度达到一定时（大于 107V/cm），浮栅与漏极之间便出现导电隧道，电子可以双向通过，形成电流，这种现象成为隧道效应。用 Flotox 管构成的存储单元如图 8.3.13 所示。未写入数据前，Flotox 管的浮栅 $G_f$ 上充有负电荷，所有的存储单元均为"1"态。

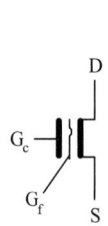

图 8.3.12  Flotox 管逻辑符号

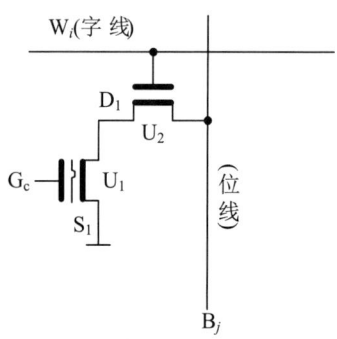

图 8.3.13  Flotox 构成的存储单元

E²PROM 工作在三种不同的状态，即读出、写入和擦除，由存储单元中的 Flotox 管的各个电极所加电压来决定。读出数据时，在控制栅 $G_c$ 上加+3V 电压，字线 $W_i$ 给出+5V 的正常高电平，选通管 $V_2$ 导通，根据 Flotox 管的浮栅 $G_f$ 上有无负电荷，读出"0"或"1"。有负电荷读出"1"，无负电荷读出"0"。

写入数据的实质就是使那些要写入"0"的存储单元的 Flotox 管浮栅放电，使 Flotox 管的开启电压降为 0V 左右，成为低开启电压管。因此，写入数据时，只需要在那些要写入"0"的存储单元的 Flotox 管控制栅 $G_c$ 接低电平，同时在相应的字线 $W_i$ 和位线 $B_j$ 上加+20V 左右、宽度为 10 ms 的脉冲电压，使浮栅 $G_f$ 上存储的负电荷通过隧道区放掉，便完成了写"0"操作。

擦除时，Flotox 管的控制栅 $G_c$ 和相应的字线 $W_i$ 上加+20V 左右、宽度为 10 ms 的脉冲电压，漏极接低电平，这时经 $G_c$ 与 $G_f$ 间的电容、$G_f$ 与漏极间的电容分压在隧道区，产生强电场，吸引漏极的电子通过隧道区达到浮栅，形成存储电荷，使存储单元回到未写入数据前的状态，即"1"态。

E²PROM 编程和擦除都是用电信号完成，而且所需电流很小，故可用普通电源供给。另外，E²PROM 可进行一次全部擦除，也可进行位擦除，擦除时间为 10 ms 内，并可多次改写。但擦除和写入电压仍高达+20 V 左右，且擦、写时间仍较长。

图 8.3.14 是 NCR 公司推出的串行 $E^2PROM$ 器件 59308 的结构框图。让我们来看看一个实际的 $E^2PROM$ 器件是如何实现各种操作的。它是一个 64×16 位的器件，有 4 条控制线，用 4 条指令来控制该器件的 4 种操作，即读、写、字擦除和整体擦除。每条指令由 9 位元组成，即 1 位启动位，2 位操作码和 6 位地址码，如表 8.3.3 所示。NCR 59308 通过 DI 引线以串行方式接收指令、位址和数据信息，且在时钟上升沿对位单元进行访问，数据则通过 DO 引线串行输出。

表 8.3.3 NCR 59308 指令表

| 操作 | 指令 | | |
|---|---|---|---|
| | 启动位 | 操作码 | 地址码 |
| 读 | 1 | 10 | $A_5 \sim A_0$ |
| 写 | 1 | 01 | $A_5 \sim A_0$ |
| 字擦除 | 1 | 11 | $A_5 \sim A_0$ |
| 整体擦除 | 1 | 00 | 10×××× |

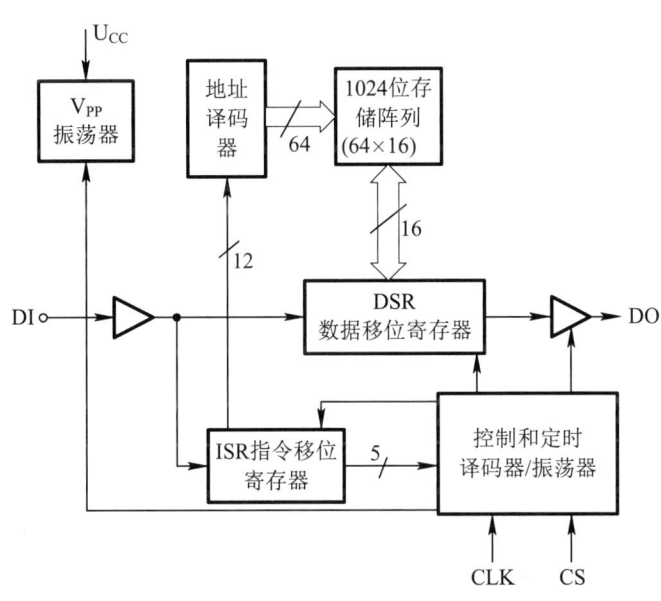

图 8.3.14 NCR 59308 结构框图

### 3. 闪存

闪存（Flash Memory）是新一代电信号擦除的可编程 ROM。它既吸收了 EPROM 结构简单、编程可靠的优点，又保留了 $E^2PROM$ 用隧道效应擦除快捷的特性，而且集成度可以做得很高。

图 8.3.15（a）是闪存采用的叠栅 MOS 管示意图。其结构与 EPROM 中的 SIMOS 管相似，两者区别在于浮栅与衬底间氧化层的厚度不同。在 EPROM 中氧化层的厚度一般为 30~40 nm，在闪存中仅为 10~15 nm，而且浮栅和源区重叠的部分是源区的横向扩散形成的，面积极小，因而浮栅和源区之间的电容很小，当 $G_c$ 和 S 之间加电压时，大部分电压将降在浮栅和源区之间的电容上。闪存的存储单元就是用这样一只单管组成的，如

图 8.3.15（b）所示。

闪存的写入方法和 EPROM 相同，即利用雪崩注入的方法使浮栅充电。

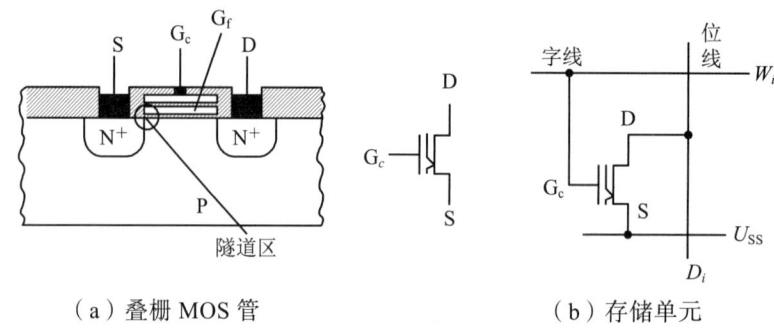

（a）叠栅 MOS 管　　　　　　　　（b）存储单元

图 8.3.15　闪存

在读出状态下，字线加上+5V，若浮栅上没有电荷，则迭栅 MOS 管导通，位线输出低电平；如果浮栅上充有电荷，则迭栅管截止，位线输出高电平。

擦除方法是利用隧道效应进行的，类似于 $E^2PROM$ 写 0 时的操作。在擦除状态下，控制栅处于 0 电平，同时在源极加入幅度为 12 V 左右、宽度为 100 ms 的正脉冲，在浮栅和源区间极小的重叠部分产生隧道效应，使浮栅上的电荷经隧道释放。但由于片内所有迭栅 MOS 管的源极连在一起，所以擦除时是将全部存储单元同时擦除，这是不同于 $E^2PROM$ 的一个特点。

## 8.4　随机存取内存

随机存取内存也称随机内存或随机读/写内存，简称 RAM。RAM 工作时可以随时从任何一个指定的地址写入（存入）或读出（取出）信息。根据存储单元的工作原理不同，RAM 分为静态 RAM 和动态 RAM。

### 8.4.1　静态随机内存

1. 基本结构

静态随机内存（SRAM）主要由存储矩阵、地址译码器和读/写控制电路三部分组成，其结构框图如图 8.4.1 所示。

存储矩阵由许多存储单元排列组成，每个存储单元能存放 1 位二值信息（0 或 1），在译码器和读/写电路的控制下，进行读/写操作。

地址译码器一般都分成行地址译码器和列位址译码器两部分，行位址译码器将输入地址代码的若干位 $A_0$~$A_i$ 译成某一条字线有效，从存储矩阵中选中一行存储单元；列地址译码器将输入地址代码的其余若干位（$A_{i+1}$~$A_{n-1}$）译成某一根输出线有效，从字线选中的一行存储单元中再选 1 位（或 n 位），使这些被选中的单元与读/写电路和 I/O（输入/输出端）接通，以便对这些单元进行读/写操作。

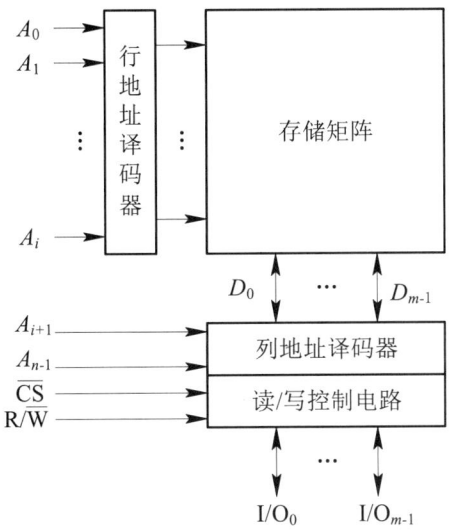

图 8.4.1 SRAM 的基本结构框图

读/写控制电路用于对电路的工作状态进行控制。$\overline{CS}$ 称为片选信号，当 $\overline{CS}=0$ 时，RAM 工作，$\overline{CS}=1$ 时，所有 I/O 端均为高阻状态，不能对 RAM 进行读/写操作，称为读/写控制信号。R/$\overline{W}$=1 时，执行读操作，将存储单元中的信息送到 I/O 端上；当 R/$\overline{W}$=0 时，执行写操作，加到 I/O 端上的数据被写入存储单元中。

2. SRAM 的存储单元

静态 RAM 的存储单元如图 8.4.2 所示。图 8.4.2（a）是由六个 NMOS 管（$V_1 \sim V_6$）组成的存储单元。$V_1$、$V_2$ 构成的反相器与 $V_3$、$V_4$ 构成的反相器交叉耦合组成一个 RS 触发器，可存储 1 位二进制信息。$Q$ 和 $\overline{Q}$ 是 RS 触发器的互补输出。$V_5$、$V_6$ 是行选通管，受行选线 X（相当于字线）控制，行选线 X 为高电平时 $Q$ 和 $\overline{Q}$ 的存储信息分别送至位线 $D$ 和位线 $\overline{D}$。$V_7$、$V_8$ 是列选通管，受列选线 Y 控制，列选线 Y 为高电平时，位线 $D$ 和 $\overline{D}$ 上的信息被分别送至输入输出线 I/O 和 $\overline{I/O}$，从而使位在线的信息同外部数据线相通。

读出操作时，行选线 X 和列选线 Y 同时为"1"，则存储信息 $Q$ 和 $\overline{Q}$ 被读到 I/O 线和 $\overline{I/O}$ 在线。写入信息时，X、Y 线也必须都为"1"，同时要将写入的信息加在 I/O 在线，经反相后 $\overline{I/O}$ 在线有其相反的信息，信息经 $V_7$、$V_8$ 和 $V_5$、$V_6$ 加到触发器的 $Q$ 端和 $\overline{Q}$ 端，也就是加在了 $V_3$ 和 $V_1$ 的栅极，从而使触发器触发，即信息被写入。

由于 CMOS 电路具有微功耗的特点，目前大容量的 SRAM 中几乎都采用 CMOS 存储单元，其电路如图 8.4.2(b)所示。CMOS 存储单元结构形式和工作原理与六管 NOMOS 相似，不同的是，两个负载管 $V_2$、$V_4$ 改用了 P 沟道增强型 MOS 管，图 8.4.2（b）中用栅极上的小圆圈表示 $V_2$、$V_4$ 为 P 沟道 MOS 管，栅极上没有小圆圈的为 N 沟道 MOS 管。

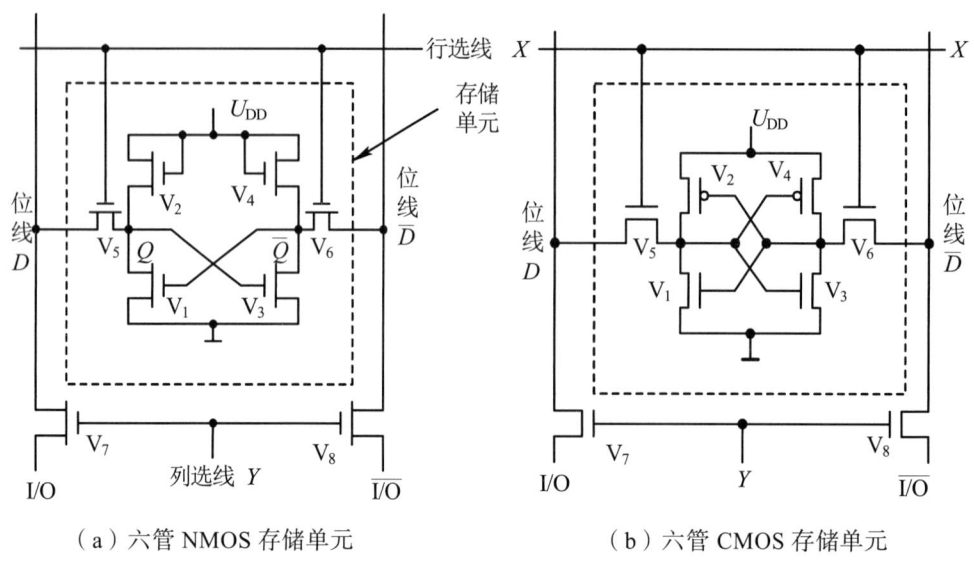

(a) 六管 NMOS 存储单元　　　　　　　(b) 六管 CMOS 存储单元

图 8.4.2　SRAM 存储单元

### 8.4.2　动态随机内存

动态随机内存（DRAM）的存储矩阵由动态 MOS 存储单元组成。动态 MOS 存储单元利用 MOS 管的栅极电容来存储信息，但由于栅极电容的容量很小，而漏电流又不可能绝对等于零，所以电荷保存的时间有限。为了避免存储信息的丢失，必须定时地给电容补充漏掉的电荷。通常把这种操作称为"刷新"或"再生"，因此 DRAM 内部要有刷新控制电路，其操作也比静态 RAM 复杂。尽管如此，由于 DRAM 存储单元的结构能做得非常简单，所用组件少，功耗低，所以目前已成为大容量 RAM 的主流产品。

动态 MOS 存储单元有四管电路、三管电路和单管电路等。四管和三管电路比单管电路复杂，但外围电路简单，一般容量在 4K 以下的 RAM 多采用四管或三管电路。图 8.4.3（a）为四管动态 MOS 存储单元电路。图中，$V_1$ 和 $V_2$ 为两个 N 沟道增强型 MOS 管，它们的栅极和漏极交叉相连，信息以电荷的形式储存在电容 $C_1$ 和 $C_2$ 上，$V_5$、$V_6$ 是同一列中各单元公用的预充管，$\phi$ 是脉冲宽度为 1μs 而周期一般不大于 2ms 的预充电脉冲，$C_{O1}$、$C_{O2}$ 是位在线的分布电容，其容量比 $C_1$、$C_2$ 大得多。

若 $C_1$ 被充电到高电位，$C_2$ 上没有电荷，则 $V_1$ 导通，$V_2$ 截止，此时 Q=0，$\overline{Q}$=1 这一状态称为存储单元的 0 状态；反之，若 $C_2$ 充电到高电位，$C_1$ 上没有电荷，则 $V_2$ 导通，$V_1$ 截止，Q=1，$\overline{Q}$=0，此时称为存储单元的 1 状态。当字选线 X 为低电位时，门控管 $V_3$、$V_4$ 均截止。在 $C_1$ 和 $C_2$ 上电荷泄漏掉之前，存储单元的状态维持不变，因此存储的信息被记忆。实际上，由于 $V_3$、$V_4$ 存在着泄漏电流，电容 $C_1$、$C_2$ 上存储的电荷将慢慢释放，因此每隔一定时间要对电容进行一次充电，即进行刷新。两次刷新之间的时间间隔一般不大于 20 ms。

在读出信息之前，首先加预充电脉冲 $\phi$，预充管 $V_5$、$V_6$ 导通，电源 $U_{CC}$ 向位在线的分布电容 $C_{O1}$、$C_{O2}$ 充电，使 D 和 $\overline{D}$ 两条位线都充到 $U_{CC}$。预充脉冲消失后，$V_5$、$V_6$ 截止，$C_{O1}$、$C_{O2}$ 上的信息保持。

要读出信息时，该单元被选中（X、Y 均为高电平），$V_3$、$V_4$ 导通，若原来存储单元处于 0 状态（Q=0，$\bar{Q}$=1），即 $C_1$ 上有电荷，$V_1$ 导通，$C_2$ 上无电荷，$V_2$ 截止，这样 $C_{O1}$ 经 $V_3$、$V_1$ 放电到 0，使位线 D 为低电平，而 $C_{O2}$ 因 $V_2$ 截止无放电回路，所以经 $V_4$ 对 $C_1$ 充电，补充了 $C_1$ 漏掉的电荷，结果读出资料仍为 D=1，$\bar{D}$=0；反之，若原存储信息为 1（Q=1，$\bar{Q}$=0），$C_2$ 上有电荷，则预充电后 $C_{O2}$ 经 $V_4$、$V_2$ 放电到 0，而 $C_{O1}$ 经 $V_3$ 对 $C_2$ 补充充电，读出资料为 D=0，$\bar{D}$=1，可见位线 D、$\bar{D}$ 上读出的电位分别和 $C_2$、$C_1$ 上的电位相同。同时每进行一次读操作，实际上也进行了一次补充充电即刷新。

写入信息时，首先该单元被选中，$V_3$、$V_4$ 导通，Q 和 $\bar{Q}$ 分别与两条位线连通。若需要写 0，则在位线 D 上加高电位，$\bar{D}$ 上加低电位。这样 D 上的高电位经 $V_4$ 向 $C_1$ 充电，使 Q=1，而 $C_2$ 经 $V_3$ 向 $\bar{D}$ 放电，使 $\bar{Q}$=0，于是该单元写入了 0 状态。

图 8.4.3（b）是单管动态 MOS 存储单元，它只有一个 NMOS 管和存储电容器 $C_S$，$C_O$ 是位在线的分布电容（$C_O$>>$C_S$）。显然，采用单管存储单元的 DRAM，其容量可以做得更大。写入信息时，字线为高电平，V 导通，位在线的数据经过 V 存入 $C_S$。

读出信息时也使字线为高电平，V 管导通，这时 $C_S$ 经 V 向 $C_O$ 充电，使位线获得读出的信息。设位在线原来的电位 $U_O$=0，$C_S$ 原来存有正电荷，电压 $U_S$ 为高电平，因读出前后电荷总量相等，因此有 $U_S C_S = U_O(C_S+C_O)$，因 $C_O$>>$C_S$，所以 $U_O$<<$U_S$。例如，读出前 $U_S$=5V，$C_S/C_O$=1/50，则位在线读出的电压将仅有 0.1V，而且读出后 $C_S$ 上的电压也只剩下 0.1V，这是一种破坏性读出。因此每次读出后，要对该单元补充电荷进行刷新，同时还需要高灵敏度读出放大器对读出信号加以放大。

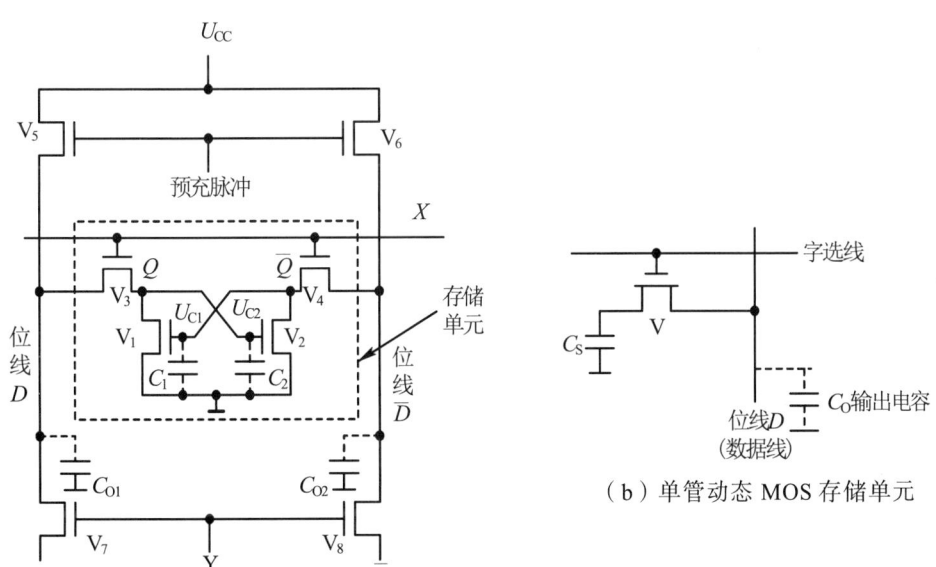

（a）四管动态 MOS 存储单元　　（b）单管动态 MOS 存储单元

图 8.4.3　动态 MOS 存储单元

### 8.4.3 内存容量的扩展

1. 位数的扩展

内存芯片的字长多数为 1 位、4 位、8 位等。当实际的存储系统的字长超过内存芯片的字长时，需要进行位元扩展。

位扩展可以利用芯片的并联方式实现，图 8.4.4 是用 8 片 1024×1 位的 RAM 扩展为 1024×8 位 RAM 的存储系统框图。图中 8 片 RAM 的所有地址线、R/$\overline{\text{W}}$、$\overline{\text{CS}}$ 分别对应并接在一起，而每一片的 I/O 端作为整个 RAM 的 I/O 端的一位。

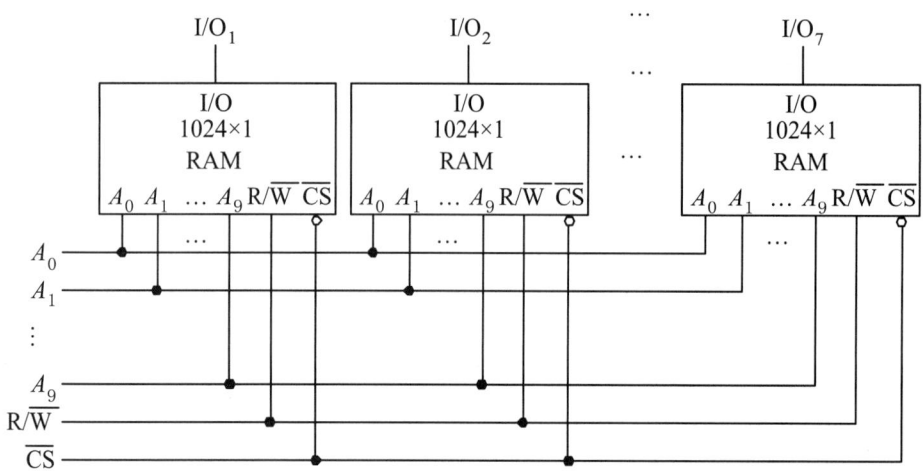

图 8.4.4 RAM 的位扩展连接法

ROM 芯片上没有读/写控制端 R/$\overline{\text{W}}$ 位扩展时其余引出端的连接方法与 RAM 相同。

2. 字数的扩展

字数的扩展可以利用外加译码器控制芯片的片选（$\overline{\text{CS}}$）输入端来实现。图 8.4.5 是用字扩展方式将 4 片 256×8 位的 RAM 扩展为 1024×8 位 RAM 的系统框图。图中，译码器的输入是系统的高位位址 $A_9$、$A_8$，其输出是各片 RAM 的片选信号。若 $A_9A_8=01$，则 RAM（2）片的 $\overline{\text{CS}}=0$，其余各片 RAM 的 $\overline{\text{CS}}$ 均为 1，故选中第二片。只有该片的信息可以读出，送到位在线，读出的内容则由低位地址 $A_7 \sim A_0$ 决定。显然，4 片 RAM 轮流工作，任何时候，只有一片 RAM 处于工作状态，整个系统字数扩大了 4 倍，而字长仍为 8 位。

ROM 的字扩展方法与上述方法相同。

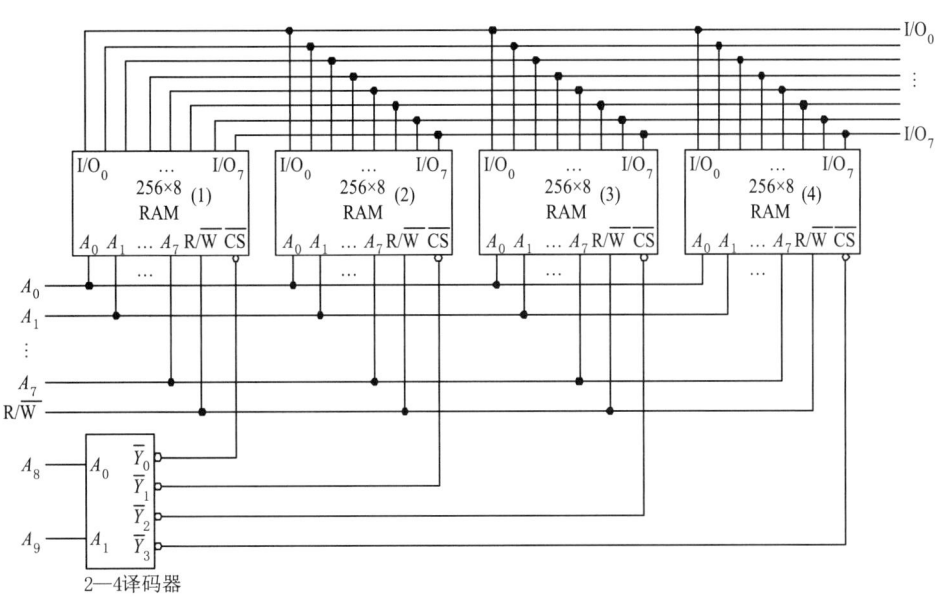

图 8.4.5 RAM 的字扩展举例系统框图

## 8.5 初级可编程逻辑器件

### 8.5.1 可编程逻辑数组

可编程逻辑数组（PLA）器件由"与"和"或"两级可编程数组组成。通过适当配置数组网格点上的二极管，"与"数组实现输入变量或输入反变量的任意逻辑积，"或"数组实现这些变量的任意逻辑和。PLA 器件的基本结构如图 8.2.7 所示。

"与"数组和"或"数组中二极管（在简化图中用 PLD 约定的黑点）的配置称为 PLA 图像。PLA 器件根据 PLA 图像产生方法，即编程方式，可分成掩膜 PLA 和现场可编程 PLA（FPLA）两类。掩膜 PLA 是在芯片制作过程中用掩膜确定二极管图像，它适用于需要大量同类图像和速度要求较高的情况。FPLA 是根据用户需要使用编程工具现场确定二极管图像，它适用于品种多而用量少的随机逻辑。FPLA 又分为熔丝型和结破坏型两种。

熔丝型 FPLA 的网格点由带熔丝的二极管单元组成，编程时把不需要二极管的熔丝熔断，使二极管无效。结破坏型 FPLA 的网格点由基极开路的晶体管单元组成（相当于一对背靠背二极管），编程时把需要二极管单元中的基极击穿短路，形成导通二极管。

下面通过一个用 PLA 实现组合逻辑函数的例子，来帮助我们理解 PLA 器件的结构。图 8.5.1 是一个编程后的 PLA 器件的结构图，它表达的逻辑函数为：

$$\begin{aligned}F_1 &= I_0\overline{I}_1I_3 + \overline{I}_0I_1I_2 + \overline{I}_1\overline{I}_3\\ F_2 &= \overline{I}_0\overline{I}_2I_3 + I_2I_3\\ F_3 &= I_0\overline{I}_1I_3 + \overline{I}_1\overline{I}_3 + I_0I_2\end{aligned} \tag{8.5.1}$$

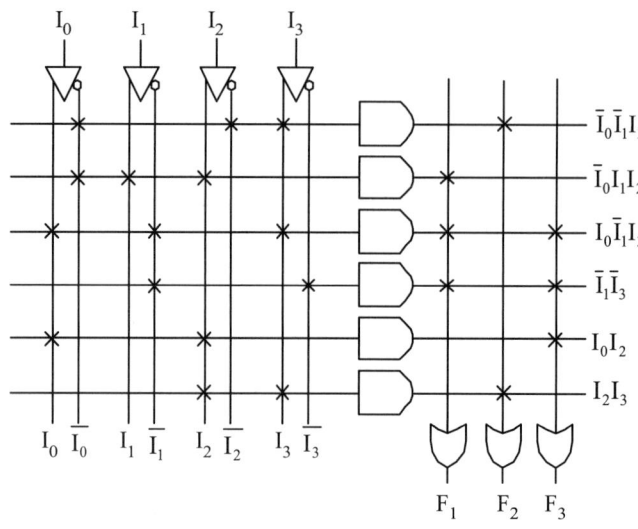

图 8.5.1 编程后的 PLA 器件的结构图

我们知道，PLA 器件所表达的逻辑函数是以"与—或"的形式出现的。从 PLA 器件的基本结构图（图 8.2.7）可知，乘积项对应于"与"数组的行线，输入变量对应于"与"数组的列线，输出函数对应于"或"数组的列线。通过"与"数组和"或"数组各网格点上二极管的不同编排（即编程），就能得到不同的逻辑函数，这就是可编程逻辑数组的含义。

### 8.5.2 可编程数组逻辑

可编程数组逻辑（PAL）器件的生产和应用始于 20 世纪 70 年代，它采用双极型 TTL 制作工艺和熔丝编程方式。其优点是速度快，与 CMOS 电路接口方便。

PAL 器件由可编程的"与"数组、固定的"或"数组和灵活多变的输出电路三部分组成。

我们不但可以通过对"与"逻辑数组编程得到各种组合逻辑电路，还可以通过选择输出电路中的触发器和回馈线构成不同形式的时序电路。由于 PAL 器件品种较多，本节只介绍 PAL 器件的基本结构和 PAL 器件有代表性的输出电路结构。

1. PAL 器件的基本结构

PAL 器件的核心部分是由可编程的"与"逻辑数组和固定的"或"逻辑数组组成的，基本结构图如图 8.5.2 所示。与 PROM 器件一样，PAL 中常用的可编程器件仍是由双极型 TTL 和熔丝串联而成的。因为"与"逻辑数组是可编程的，故在输入线与积项线交叉点处均有一带熔丝的双极型 TTL。未编程前，"与"逻辑数组的所有交叉点处的熔丝接通，即所有交叉点处均有符号 ×，如图 8.5.2 所示。应用正逻辑规则时，这种"与"逻辑数组是输入变量的"与"组合。即：

$$P_i = I_0 I_1 I_2 \cdots I_{n-1} \tag{8.5.2}$$

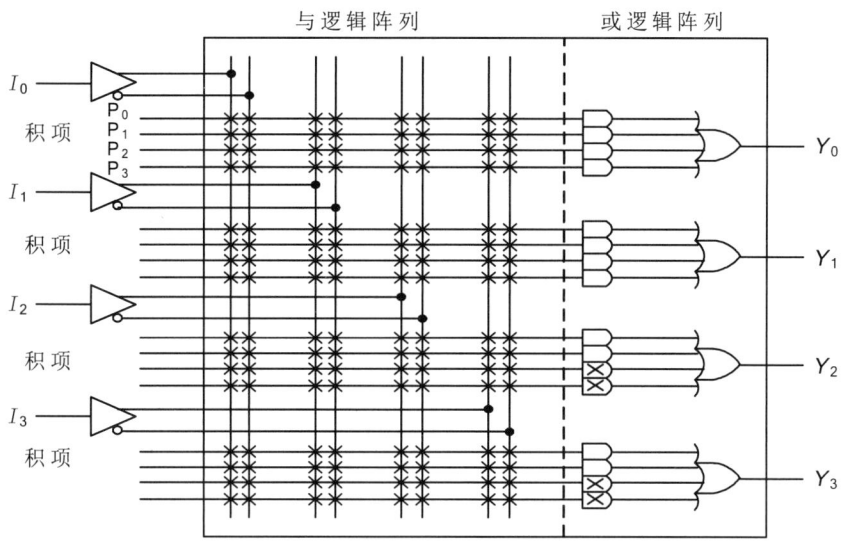

**图 8.5.2　PAL 器件的基本结构图**

因为输入线是否与积项线相连是根据熔丝的断开与否来确定的，所以，所谓编程，就是将有用的熔丝保留（用×表示），将无用的熔丝熔断，即得到所需的电路。

因为"或"逻辑数组是固定的（即不可编程的），故"或"逻辑数组的所有交叉点处没有熔丝。应用正逻辑规则时，这种"或"逻辑数组是积项的"或"组合。即：

$$Y_i = P_0 + P_1 + P_2 + \cdots + P_m \tag{8.5.3}$$

下面用一个例子说明如何用 PAL 器件来实现所要产生的逻辑函数。图 8.5.3 是一个编程后的 PAL 器件的结构图，它表达的逻辑函数为：

$$\begin{aligned}
Y_0 &= I_0 I_1 I_2 + I_1 I_2 I_3 + I_0 I_2 I_3 + I_0 I_1 I_3 \\
Y_1 &= \overline{I_0}\,\overline{I_1} + \overline{I_1}\,\overline{I_2} + \overline{I_2}\,\overline{I_3} + \overline{I_3} \\
Y_2 &= I_0 \overline{I_1} + \overline{I_0} I_1 \\
Y_3 &= I_0 I_1 + \overline{I_0}\,\overline{I_1}
\end{aligned} \tag{8.5.4}$$

**2．PAL 器件的输出结构**

在品种较多的 PAL 器件中，其"与"数组的结构是类同的，不同的是门阵规模的大小和输出电路的结构。常见的输出结构有组合型输出和寄存器型输出两类。

（1）组合型输出结构

组合输出型结构适用于组合电路。常见的有或门输出、或非门输出、与或门输出、与或非门输出以及带互补输出端的或门等。或门的输入端数不尽相同，一般在 2~8 个之间。有的输出还兼做输入端。组合型输出结构中包含专用输出结构和可编程输入/输出结构两种。

①专用输出结构。

图 8.5.3 给出的 PAL 电路属于这种结构，它的输出端是一个与或门。输出端只能输出信号，不能兼做输入。

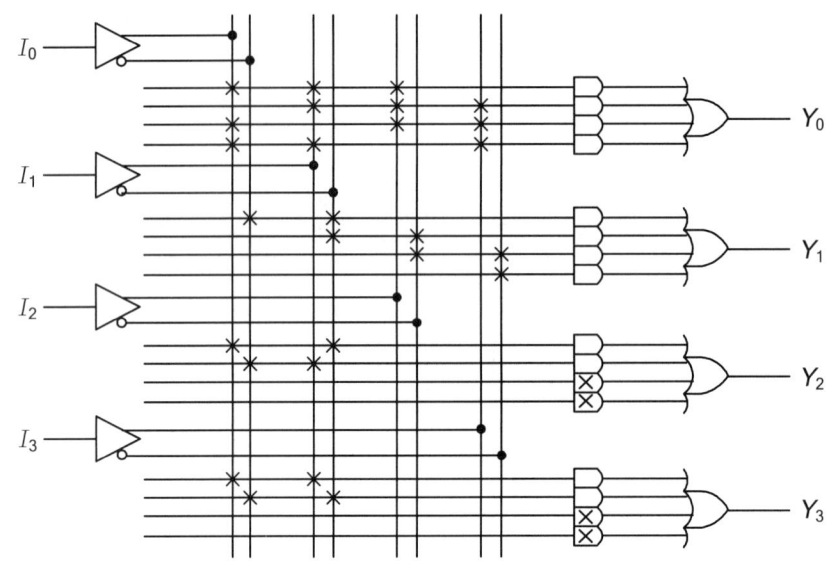

图 8.5.3　编程后的 PAL 器件结构图

② 可编程的输入/输出结构。

这种输出结构在或门之后增加了一个三态门，如图 8.5.4 所示。

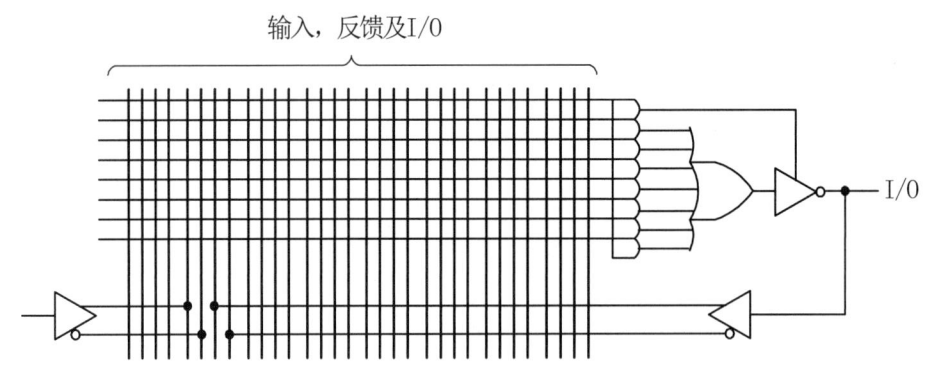

图 8.5.4　PAL 的可编程输入/输出结构

三态门的控制端由与数组中第一行的与门输出控制，各与门的输出结果由连接到该积项在线的输入信号确定。当三态门的控制端为零时，或门的输出不能通过三态门输出到 I/O 端，此时，三态门的输出为高阻态，对应的 I/O 端引线作输入用。来自 I/O 端引线的输入信号通过图中右边的回馈输入缓冲器送到可编程的与数组中。当三态门的控制端为高电平时，三态门为选通状态，或门的输出通过三态门输出到 I/O 端，同时该输出通过回馈输入缓冲器馈送到可编程的与数组中，故此时对应的 I/O 端引线同时具有输入、输出功能。由此可见，通过控制三态门，或门的输出不但可以输出到 I/O 端，还可以馈至与数组作为回馈输入，以实现更复杂的逻辑关系。这种结构为串行数据移位元的操作提供双向输出功能。

（2）寄存器型输出结构

寄存器输出型结构适用于组成时序电路。这种输出结构是在或门之后增加了一个由时钟上升沿触发的 D 触发器和一个三态门，并且 D 触发器的输出还回馈到可编程的与数组中进行时序控制。寄存器型输出结构中包含有寄存器输出、异或加寄存器输出和算术运算回馈三种结构。

① 寄存器输出结构。

寄存器输出结构如图 8.5.5 所示。其或门的输出接 D 触发器，D 触发器的 Q 端接三态缓冲器，D 触发器的端回馈到可编程的与数组。系统时钟的上升沿把或门的输出存入 D 触发器，三态缓冲器控制或门的输出是否被送到 I/O 端引线。因此，这种输出结构的 PAL 能记忆原来的状态，能更方便地实现时序逻辑。

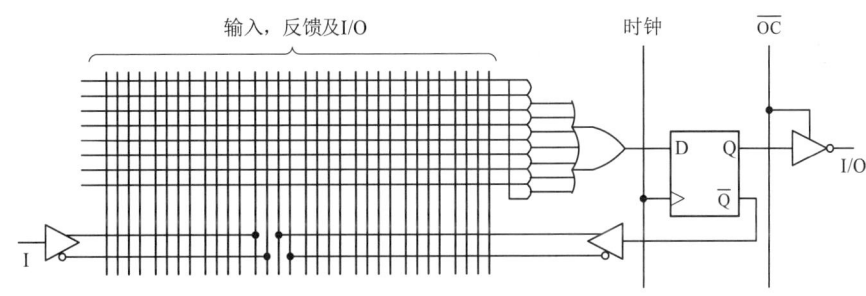

图 8.5.5　PAL 的寄存器输出结构

② 异或加寄存器输出结构。

异或加寄存器输出结构如图 8.5.6 所示。其输出部分有两个或门，它们的输出经一个异或门后，再接到 D 触发器经三态缓冲器输出。用这种结构的 PAL 实现二进制计数是很方便的，因为二进制计数器的次态方程可以写成相邻触发器状态的异或。

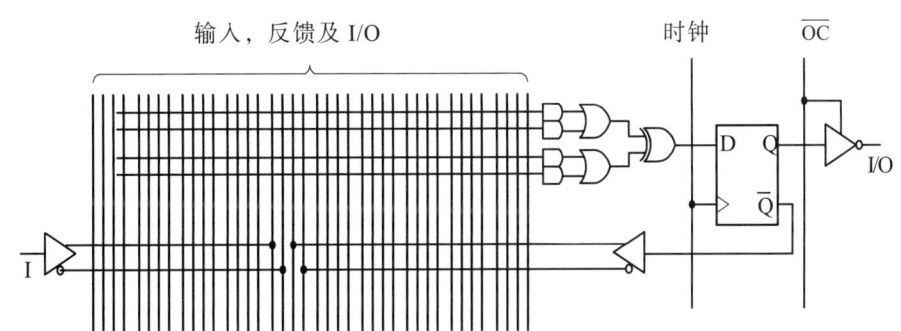

图 8.5.6　PAL 的异或加寄存器输出结构

③ 算术运算回馈结构。

算术运算回馈结构如图 8.5.7 所示。其特点是 D 触发器的输出和可编程的与数组的某一输入信号经过四种不同的或门运算后,回馈到可编程的与数组中,使得与数组的与门输入含有或运算因子。这四种不同的或门运算后得到信号。

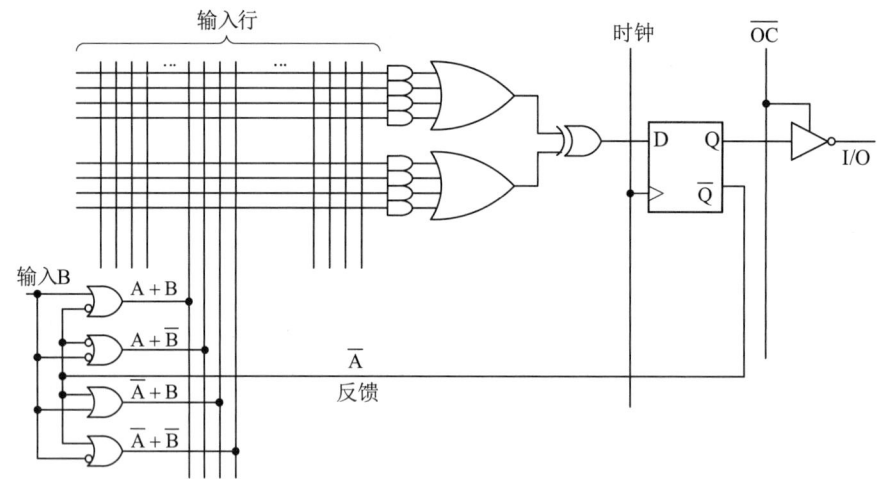

图 8.5.7  PAL 的算术运算回馈的输出结构

### 8.5.3  通用数组逻辑

PAL 器件已经给逻辑设计者带来了很大的灵活性,但是 PAL 器件采用熔丝工艺,一旦编程(烧录)后便不能改写。另外,虽说 PAL 器件的输出结构有多种形式,但对每一种型号的 PAL 器件来说,其输出结构是固定的,用户不能改变,且型号太多,通用性差,使设计者在选择最佳型号时遇到困难。

通用数组逻辑器件(GAL)不但弥补了上述不足,而且还能和 PAL 器件 100% 地兼容。表 8.5.1 列出了常用 GAL 器件 GAL16V8 和 GAL20V8 可替代的 PAL 器件。

表 8.5.1  带用 GAL 器件替代 PAL 器件表

| GAL<br>器件型号 | 替代的 PAL 器件型号 | | | | | | | |
|---|---|---|---|---|---|---|---|---|
| GAL16V8 | 10L8 | 12L6 | 14L4 | 16L2 | 16R4 | 16R6 | 16R8 | 16L8 |
| | 10H8 | 12H6 | 14H4 | 16H2 | 16RP4 | 16RP6 | 16RP8 | 16H8 |
| | 10P8 | 12P6 | 14P4 | 16P2 | | | | 16P8 |
| GAL20V8 | 14L8 | 16L6 | 18L4 | 20L2 | 20R4 | 20R6 | 20R8 | 20L8 |
| | 14H8 | 16H6 | 18H4 | 20H2 | 20RP4 | 20RP6 | 20RP8 | 20H8 |
| | 14P8 | 16P6 | 18P4 | 20P2 | | | | 20P8 |

**1. GAL 器件的电路结构**

GAL 器件是在前面已介绍过的 PROM、E²PROM、PLA 和 PAL 四种 PLD 器件基础上发展起来的可编程逻辑芯片。表 8.5.2 列出了它们的结构特点。

GAL器件在制造工艺上，采用了E²CMOS工艺，使其可以反复编程。在结构上，它不但直接继承了PAL器件的由一个可编程的"与"数组驱动一个固定的"或"数组的结构，而且还具有输出逻辑宏单元（Outlogic Macro Cell，OLMC）。通过对OLMC编程实现多种工作模式的输出，使用起来比PAL更加灵活方便。

表 8.5.2 四种PLD器件结构特点

| PLD器件 | 阵列 | | 编程次数 | 输出结构 |
|---|---|---|---|---|
| | "与"阵列 | "或"阵列 | | |
| PROM | 固定 | 可编程 | 一次 | 三态缓冲 |
| E²PROM | 固定 | 可编程 | 多次 | 三态缓冲 |
| PLA | 可编程 | 可编程 | 一次 | 三态缓冲 |
| PAL | 可编程 | 固定 | 一次 | 专用输出、可编程输入/输出、寄存器输出、异或加寄存器输出和算术运算反馈输出 |
| GAL | 可编程 | 固定 | 多次 | 用户定义 |

图8.2.9是GAL器件的基本结构图。常见的GAL器件，如GAL16V8和GAL20V8，其基本电路结构大致相同，只是器件引脚数和规模不同而已。现以GAL16V8为例，介绍GAL器件的结构和工作原理。

图8.5.8是GAL16V8的外引脚排列图。引脚1是时钟输入端，时钟信号不加入"与"逻辑数组，而是直接加到输出逻辑宏单元（OLMC），引脚2~9只能做输入端，引脚11是输出使能输入端，引脚12~19由三态门控制，既可以做输入也可以做输出。

GAL16V8的电路结构图如图8.5.9所示。它有一个32×64位的可编程"与"逻辑数组、8个输出逻辑宏单元（OLMC）、9个输入缓冲器、8个三态输出缓冲器和8个回馈/输入缓冲器。

GAL的"与"数组的每个交叉点上设有E²CMOS存储单元，编程和擦除都用电完成，并可反复编程。它没有独立的"或"数组，而是将或门放在各自的输出逻辑宏单元（OLMC）中。

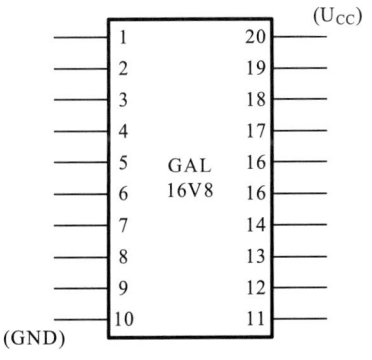

图 8.5.8 GAL16V8的外引脚排列图

## 2. 输出逻辑宏单元（OLMC）

输出逻辑宏单元（OLMC）是 GAL 比其他 PLD 器件更加灵活方便的关键，然而 GAL 的各种配置和 OLMC 的各种工作模式的设定则是通过结构控制字使 OLMC 中数据选择器和异或门得到不同的联机来实现的。因此，我们只有在了解 OLMC 结构的同时，熟悉 OLMC 结构控制字结构和结构控制字各位的功能，在逻辑设计中才能正确运用 GAL。

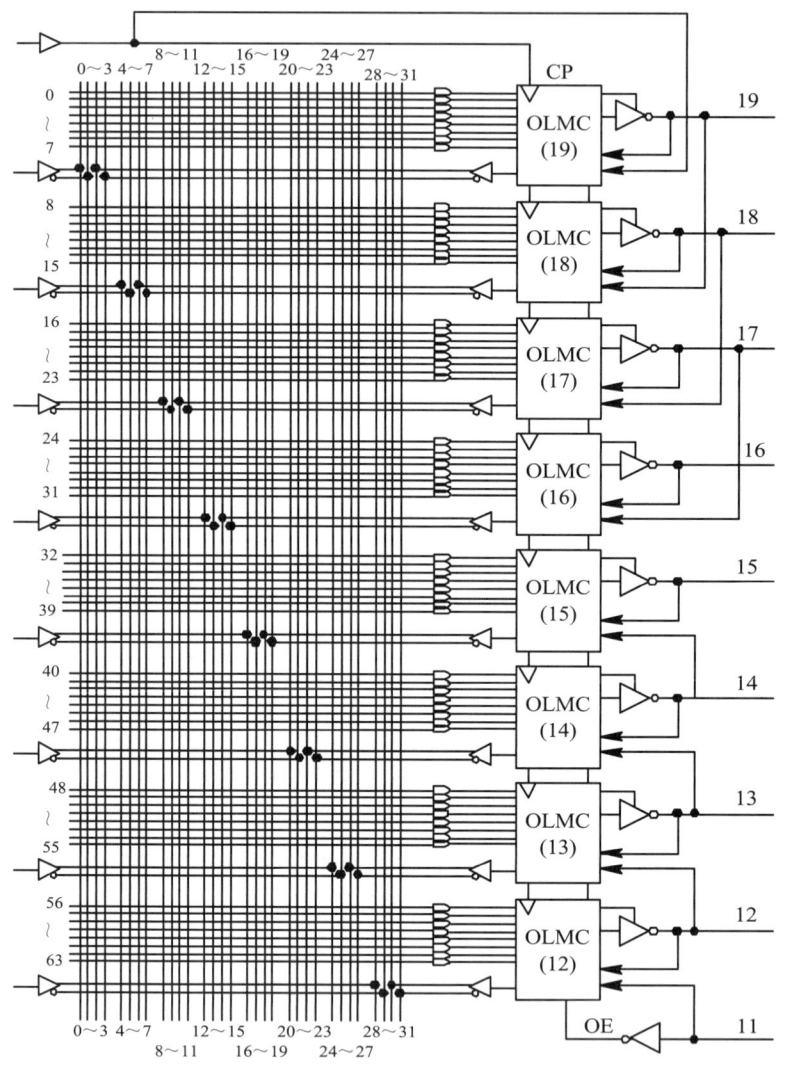

图 8.5.9　GAL16V8 的电路结构图

（1）OLMC 结构控制字

图 8.5.10 给出了 OLMC 结构控制字的结构。其中，XOR（n）、$AC_0$、$AC_1$（n）、SYN 和 PT 是结构控制字的字段助记符；XOR（n）和 $AC_1$（n）字段下面的数字，分别代表它们控制的 GAL16V8 中各 OLMC 的输出引线编号。OLMC 结构控制字各字段的功能如下：

同步字段 SYN：该字段只有 1 位，它与 $AC_0$ 和 $AC_1(n)$ 字段配合，决定 GAL 的输出工作模式。在 GAL 器件开始编程时，应首先确定 SYN 的状态。

结构控制字 $AC_0$ 字段：该字段只有 1 位，它为 8 个 OLMC 所共有，并和每个 OLMC(n) 中的 $AC_1(n)$ 配合在一起来控制 OLMC(n) 中的四个数据选择器。

结构控制字 $AC_1(n)$ 字段：该字段共有 8 位，每个 OLMC(n) 有各自的 $AC_1(n)$，这里，n 代表 OLMC 的输出端编号。例如，对于 GAL16V8 来说，n 取 12~19 中的任意一个数。

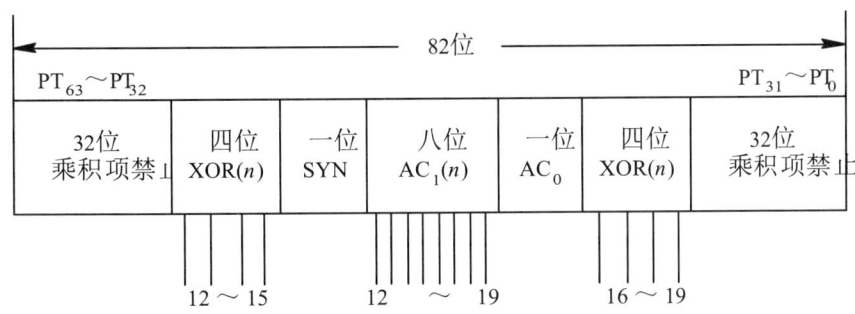

图 8.5.10　OLMC 结构控制字

极性控制字段 XOR(n)：该字段也有 8 位，每个 OLMC(n) 有各自的 XOR(n)。它通过 OLMC 里的异或门来控制每个 OLMC 的输出极性。即：XOR(n)=0，输出信号 O(n) 低电平有效；XOR(n)=1，输出信号 O(n) 高电平有效。

积项禁止字段 PT：该字段共有 64 位，屏蔽"与"数组 64 个积项中某些不用的乘积项。

对于 GAL16V8 来说，它控制 64 个乘积项 $PT_0$~$PT_{64}$。前面我们说过，GAL 器件给提供逻辑设计带来的灵活性，体现在它的"与"数组可编程、输出结构可编程以及输出极性也可编程。从上述的 OLMC 结构控制字各字段功能中不难看出，GAL 器件对"与"数组编程实质由乘积项禁止字段 PT 来完成；对其输出工作模式的定义（编程），实质由 SYN、$AC_0$ 和 $AC_1(n)$ 三个字段的不同组合来实现；输出极性的改变则由极性控制字段 XOR(n) 来决定。

在 SYN、$AC_0$ 和 $AC_1(n)$ 的组合控制下，OLMC 可以被定义为五种不同的工作模式，即专用输入方式、专用组合输出、带回馈组合输出、带寄存器的组合输出和寄存器输出。这五种不同的工作模式的电路图如图 8.5.11（a）~（e）所示。

表 8.5.3 给出了 OLMC 结构控制字中 SYN、$AC_0$、$AC_1(n)$ 和 XOR(n) 字段与 OLMC 的五种工作模式、输出极性的关系。

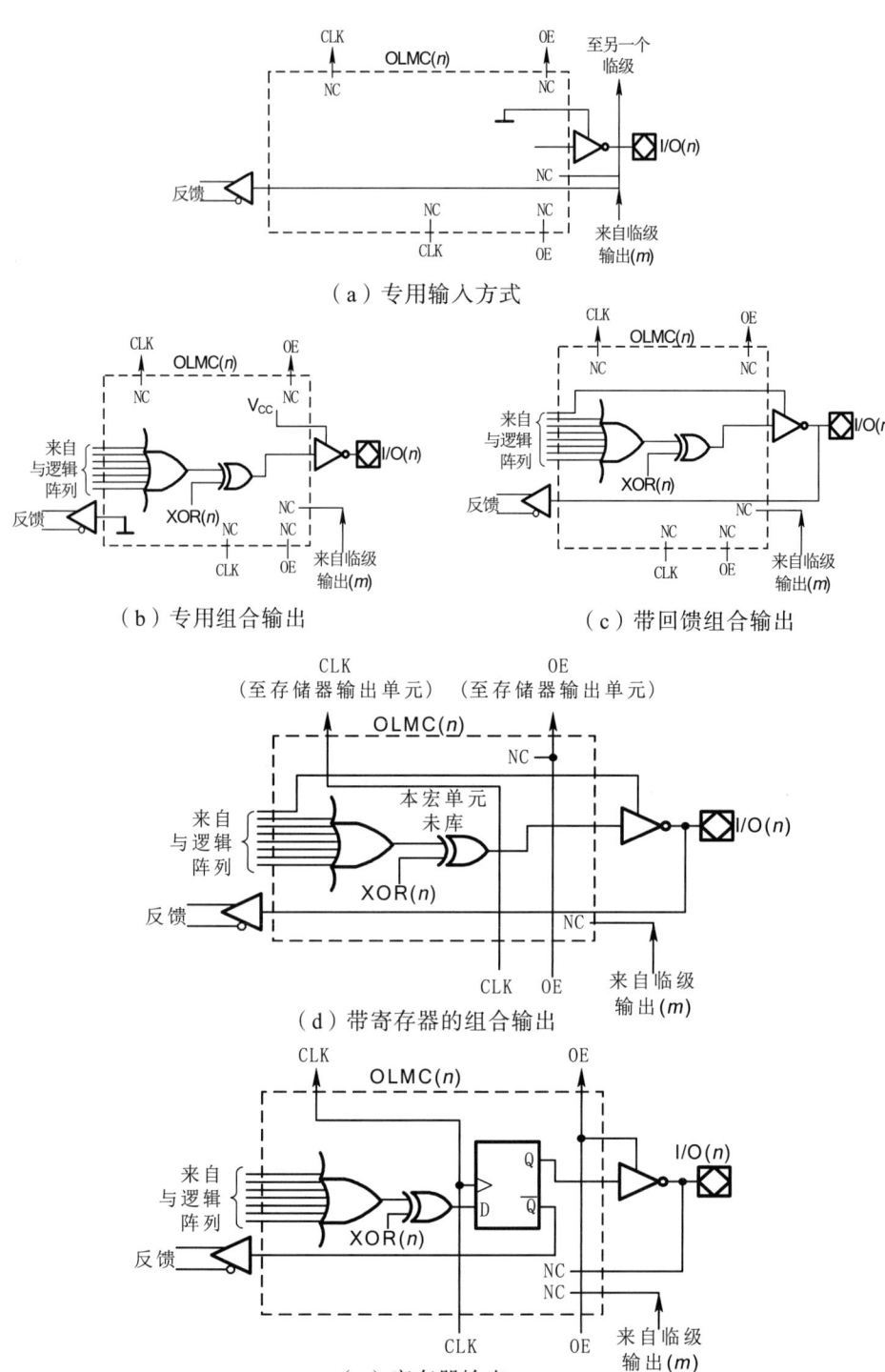

图 8.5.11 OLMC 输出五种工作模式的结构图

表 8.5.3　OLMC 结构控制字与其五种工作模式、输出极性的关系

| OLMC 结构控制字字段 | | | | OLMC 输出 | | 备注 |
|---|---|---|---|---|---|---|
| SYN | $AC_0$ | $AC_1(n)$ | XOR(n) | 工作模式 | 输出极性 | |
| 1 | 0 | 1 | / | 专用输入 | / | 1 和 11 脚为数据输入，三态门禁止 |
| 1 | 0 | 0 | 0 | 专用组合输出 | 低电平有效 | 1 和 11 脚为数据输入，三态门选通 |
| | | | 1 | | 高电平有效 | |
| 1 | 1 | 1 | 0 | 反馈组合输出 | 低电平有效 | 1 和 11 脚为数据输入，三态门选通信号是第一乘积项，反馈信号取自 I/O 端 |
| | | | 1 | | 高电平有效 | |
| 0 | 1 | 1 | 0 | 时序电路中的组合输出 | 低电平有效 | 1 脚接 CLK，11 脚接 $\overline{OE}$，至少另有一个 OLMC 为寄存器输出模式 |
| | | | 1 | | 高电平有效 | |
| 0 | 1 | 0 | 0 | 寄存器输出 | 低电平有效 | 1 脚接 CLK，11 脚接 $\overline{OE}$ |
| | | | 1 | | 高电平有效 | |

（2）输出逻辑宏单元（OLMC）结构

GAL16V8 的输出逻辑宏单元（OLMC）结构如图 8.5.12 所示。它包含有 4 个数据选择器，即输出数据选择器（OMUX）、乘积项数据选择器（PTMUX）、三态数据选择器（TSMUX）以及反馈数据选择器（FMUX），1 个异或门、1 个或门、1 个 D 触发器及一些门电路组成的控制电路。

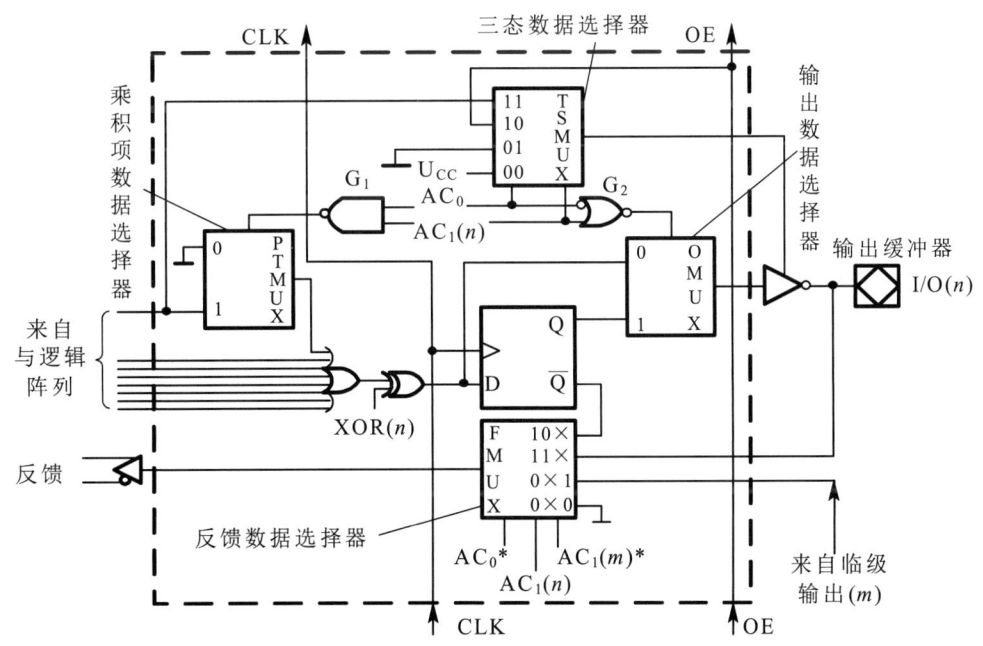

图 8.5.12　输出逻辑宏单元（OLMC）结构图

由图可见，或门用来产生不超过 8 项的与—或逻辑函数，它的 8 个输入端来自"与"逻辑数组，其中有 7 个直接来自"与"逻辑数组，有 1 个输入（也就是第一个输入）还要经过乘积项数据选择器（PTMUX）。

异或门用于控制输出函数的极性。当结构控制字中的 XOR（n）字段为 0 时，异或门的输出和或门的输出相同；当 XOR（n）字段为 1 时，异或门的输出和或门的输出相反。

输出数据选择器（OMUX）是一个二选一数据选择器。它根据结构控制字中的 $AC_0$ 和 $AC_1$（n）字段的状态决定 OLMC 是组合输出模式还是寄存器输出模式。当 $AC_0AC_1$（n）=00、01 或 11 时，$G_2$ 门输出为 0，异或门输出的"与—或"逻辑函数经输出数据选择器（OMUX）的"0"输入端，直接送到输出三态缓冲器，当 $AC_0AC_1$（n）=10 时，$G_2$ 门输出为 1，异或门输出的"与—或"逻辑函数寄存在 D 触发器中，其 Q 端输出的寄存器型结果送到输出数据选择器（OMUX）的"1"输入端后，再送到输出三态缓冲器。

乘积项数据选择器（PTMUX）也是一个二选一数据选择器。它根据结构控制字中的 $AC_0$ 和 $AC_1$（n）字段的状态决定来自"与"逻辑阵列的第一个乘积项是否作为或门的第一个输入。当 $AC_0AC_1$（n）=00、01 或 10 时，$G_1$ 门输出为 1，第一个乘积项作为或门的第一个输入；当 $AC_0AC_1$（n）=11 时，$G_1$ 门输出为 0，第一个乘积项不作为或门的第一个输入。

三态数据选择器（TSMUX）是一个四选一数据选择器。它的输出是输出三态缓冲器的控制信号。换句话说，输出数据选择器（OMUX）的结果能否出现在 OLMC 的输出端，是由 TSMUX 的输出来决定的。

从图 8.5.12 可知，$AC_0AC_1$（n）是 TSMUX 的地址输入信号，$U_{CC}$、地、OE 和来自"与"逻辑阵列的第一个乘积项是 TSMUX 的数据输入信号。它们之间的关系如表 8.5.4 所示。

表 8.5.4 TSMUX 的控制功能表

| $AC_0$ | $AC_1$（n） | TSMUX 输出 | 输出三态缓冲器的工作状态 |
|---|---|---|---|
| 0 | 0 | $U_{CC}$ | 工作态 |
| 0 | 1 | 地 | 高阻态 |
| 1 | 0 | OE | OE=1 时，为工作态<br>OE=0 时，为高阻态 |
| 1 | 1 | 第一个乘积项 | 第一个乘积项=1 时，为工作态<br>第一个乘积项=0 时，为高阻态 |

反馈数据选择器（FMUX）是一个八选一数据选择器。它的地址输入信号是 $AC_0AC_1$（n）$AC_1$（m）（n 表示本级 OLMC 编号，m 表示邻级 OLMC 编号）；它的数据输入信号只有四个，分别是：地、邻级 OLMC 输出、本级 OLMC 输出和 D 触发器 $\bar{Q}$ 输出。显然，它的作用是根据 $AC_0AC_1$（n）$AC_1$（m）的状态，在 4 个数据输入信号中选择其中一个作为反馈信号接回到"与"逻辑阵列中。FMUX 的控制功能如表 8.5.5 所示。

表 8.5.5　FMUX 的控制功能表

| $AC_0$ | $AC_1(n)$ | $AC_1(m)$ | 反　馈　信　号 |
|---|---|---|---|
| 1 | 0 | × | 本级 D 触发器 $\overline{Q}$ 端 |
| 1 | 1 | × | 本级 OLMC 输出 |
| 0 | × | 1 | 邻级 OLMC 输出 |
| 0 | × | 0 | 地 |

（3）GAL 器件的行地址映射图

当用户对 GAL 器件编程时，除了对"与"阵列编程外，还要对各个 OLMC 中的结构控制字、电子标签、加密、擦除方式等进行编程，所以有必要了解编程单元的地址分配情况。GAL16V8 的编程单元的地址分配如图 8.5.13 所示，因为它并不是编程单元实际的空间分布图，所以又把它称为行地址映射图。

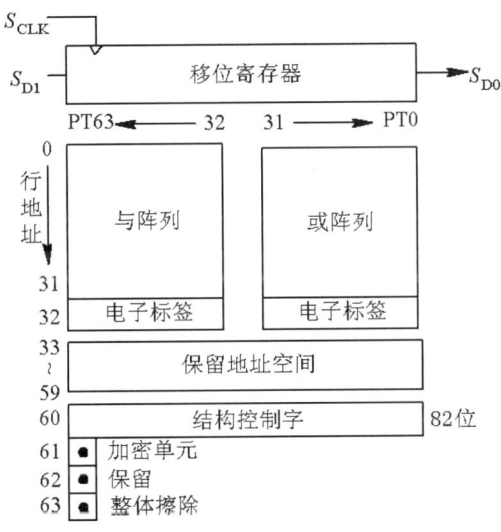

图 8.5.13　GAL16V8 的行地址映射图

用户可用的行地址共有 63 个，它们的含义是：

① 行地址 0~31 对应"与"阵列的 32 个输入。而每个行地址单元有 64 位，对应"与"阵列的 64 个积项。

② 行地址 32 是器件的电子标签字，也有 64 位，供用户存放各种备查信息，如用户或厂家代码、器件编程数据、编程器识别码和模式识别码等信息。用户可以在任何时间读出标签数据，与下述保密单元的状态无关。

③ 行地址 33~59 是保留给制造厂家使用的地址空间，用户不能使用。

④ 地址 60 是结构控制字，共有 82 位，用于设定 8 个 OLMC 的工作模式和 64 个乘积项的禁止。

⑤ 行地址 61 是保密单元，只有一位。该位一旦被编程，对"与"阵列的任何访问都无效，它可防止对"与"阵列的再次编程和检验，从而实现对电路设计结果的保密。这个单元只能在整体擦除时和阵列一起擦除，当然它不影响电子标签单元的读出。

⑥ 行地址 63 是整体擦除位，只有一位。在器件编程期间访问该行地址，意味着执行整体擦除操作，使器件恢复到位使用前的原始状态。

需要说明的是：应用可编程逻辑器件必须具备相应的软件开发工具和硬件开发工具。所谓软件开发工具，是指 PLD 专用的程序设计硬件描述语言和相应的汇编程序或编译程序；硬件开发工具就是编程器。不同的 PLD 器件有不同的软件开发工具和硬件开发工具。有关 PLD 器件的开发工具及应用，请参考有关资料。

### 8.5.4 初级可编程逻辑器件的应用

#### 1. PROM 器件的应用

PROM 器件主要应用于计算机、工业控制和自动测试等系统的智能设备中，用来存放监控程序和某些固定的数据信息，如数学函数表和字符发生器等。此外，还可以应用到其他一些逻辑设计中。下面介绍 PROM 快速乘法器为例来说明 PROM 在逻辑设计中的应用。

用 PROM 实现乘法器可以避免用门电路实现乘法器时电路的复杂性，同时也解决了用程序实现乘法器时的速度问题。用 PROM 实现乘法器的基本思想是：通过编程，在 PROM 中存放一份两个乘数所有的组合和乘积的对照表。该对照表是把相乘的两个二进制数顺序排列作为 PROM 的输入地址，其乘积存放在相应的存储单元中。表 8.5.6 给出了两个 2 位二进制数 $A_1A_0$ 和 $B_1B_0$ 相乘时，PROM 的输入地址和存储内容对照表。

表 8.5.6　2 位二进制数相乘 PROM 的输入地址和存储内容对照表

| 输入地址（两个乘数 $A_1A_0$　$B_1B_0$） | PROM 存储的内容（乘积） | 输入地址（两个乘数 $A_1A_0$　$B_1B_0$） | PROM 存储的内容（乘积） |
|---|---|---|---|
| 00　00 | 00　00 | 10　00 | 00　00 |
| 00　01 | 00　00 | 10　01 | 00　10 |
| 00　10 | 00　00 | 10　10 | 01　00 |
| 00　11 | 00　00 | 10　11 | 01　10 |
| 01　00 | 00　00 | 11　00 | 00　00 |
| 01　01 | 00　01 | 11　01 | 00　11 |
| 01　10 | 00　10 | 11　10 | 01　10 |
| 01　11 | 00　11 | 11　11 | 10　01 |

从表中不难看出，两个 n 位二进制数相乘所需的地址线为 n+n，相应的存储单元字长也为 n+n，PROM 需要的容量为 $2^{(n+n)} \times (n+n)$ 位。由此可见，当相乘的二进制数位数增加时，所需的 PROM 的容量会急剧增加，因此在实际设计中宜采用多个小容量的 PROM 来完成多位乘法运算。例如，图 8.5.14 是用 $2 \times 2$ 乘法器实现 $4 \times 4$ 乘法器的逻辑图。先把 4 位二进制数 $A_3A_2A_1A_0$ 和 $B_3B_2B_1B_0$ 分别分为高位和低位两部分，写成：

$$A_3A_2A_1A_0 = A_3A_200 + 00A_1A_0$$
$$B_3B_2B_1B_0 = B_3B_200 + 00B_1B_0$$

它们的乘积为：

$(A_3A_2A_1A_0)(B_3B_2B_1B_0)$
$=(A_3A_200+00A_1A_0)(B_3B_200+00B_1B_0)$
$=(A_3A_2\times 2^2+A_1A_0)(B_3B_2\times 2^2+B_1B_0)$
$=A_3A_2B_3B_2\times 2^4+(A_3A_2B_1B_0+A_1A_0B_3B_2)\times 2^2+A_1A_0B_1B_0$

然后用 4 个 $2\times 2$ 乘法器分别得到 4 个部分积：$A_3A_2B_3B_2$、$A_3A_2B_1B_0$、$A_1A_0B_3B_2$ 和 $A_1A_0B_1B_0$。

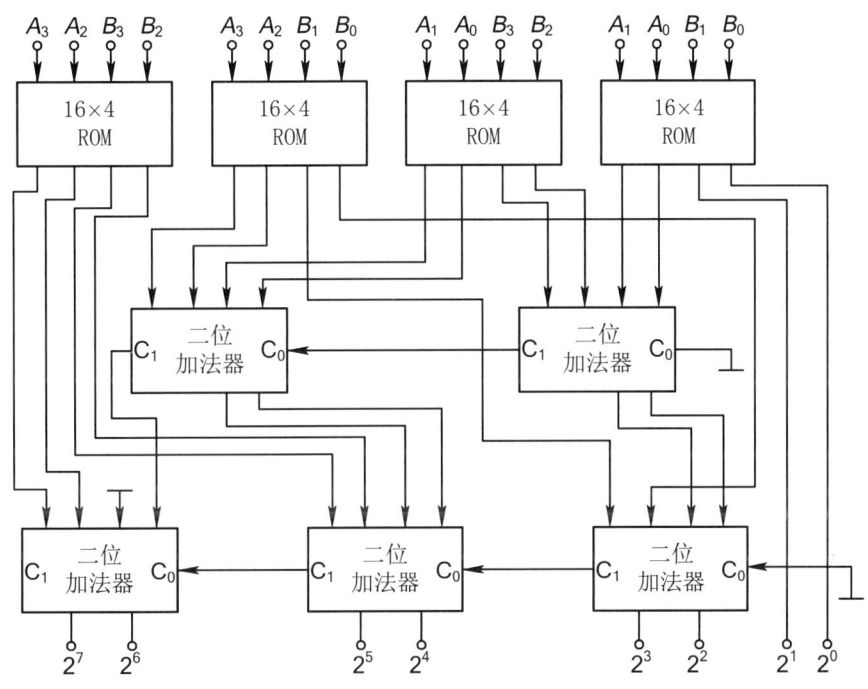

图 8.5.14 用 $2\times 2$ 乘法器实现 $4\times 4$ 乘法器的逻辑图

2. PLA 器件的应用

用 PLA 器件可以进行任何复杂的组合逻辑和时序逻辑设计。其设计方法是：先根据给定的逻辑关系，推导出逻辑方程或真值表，再把它们直接变换成与已规格化的电路结构相对应的 PLA 点阵图。下面以实例来介绍 PLA 器件在组合逻辑和时序逻辑设计中的应用。

（1）用 PLA 器件实现组合逻辑

PLA 器件在逻辑上可视为"与—或"二级结构的多输入/输出的逻辑电路，而任意复杂的组合逻辑函数，都可以变换成"积—和"形式，因此，任意复杂的组合逻辑函数都可以直接用 PLA 器件来实现。用 PLA 器件实现组合逻辑时，首先求出逻辑方程或真值表，并化简为最简"与—或"式。化简的目标是尽可能地减少"与"项，而每个"与"项中的变量数多少则是次要的。因为每减少了一个"与"项，就能减少一条字线。然后把化简后的逻辑方程，按照逻辑方程的"与"项，对应 PLA 器件中的"与"阵列；逻辑方程的"或"项，对应 PLA 器件中的"或"阵列的原则，画出 PLA 的点阵图。

下面用一个实例，将用 PLA 器件实现组合逻辑设计方法具体化。试用 PLA 器件实现 BCD 七段显示译码器。

首先，根据 8421BCD 和七段显示数码管字形的关系可得出 BCD 码七段数字译码器的真值表，如表 8.5.7 所示。

表 8.5.7 译码器真值表

| 数字 | BCD 码 | | | | 七段数码管字段 | | | | | | |
|---|---|---|---|---|---|---|---|---|---|---|---|
|  | D | C | B | A | a | b | c | d | e | f | g |
| 0 | 0 | 0 | 0 | 0 | 1 | 1 | 1 | 1 | 1 | 1 | 0 |
| 1 | 0 | 0 | 0 | 1 | 0 | 1 | 1 | 0 | 0 | 0 | 0 |
| 2 | 0 | 0 | 1 | 0 | 1 | 1 | 0 | 1 | 1 | 0 | 1 |
| 3 | 0 | 0 | 1 | 1 | 1 | 1 | 1 | 1 | 0 | 0 | 1 |
| 4 | 0 | 1 | 0 | 0 | 0 | 1 | 1 | 0 | 0 | 1 | 1 |
| 5 | 0 | 1 | 0 | 1 | 1 | 0 | 1 | 1 | 0 | 1 | 1 |
| 6 | 0 | 1 | 1 | 0 | 1 | 0 | 1 | 1 | 1 | 1 | 1 |
| 7 | 0 | 1 | 1 | 1 | 1 | 1 | 1 | 0 | 0 | 0 | 0 |
| 8 | 1 | 0 | 0 | 0 | 1 | 1 | 1 | 1 | 1 | 1 | 1 |
| 9 | 1 | 0 | 0 | 1 | 1 | 1 | 1 | 1 | 0 | 1 | 1 |

根据真值表，得出各字段逻辑方程：

$a = \bar{D}\bar{C}\bar{B}\bar{A} + \bar{D}\bar{C}B\bar{A} + \bar{D}\bar{C}BA + \bar{D}C\bar{B}A + \bar{D}CB\bar{A} + \bar{D}CBA + D\bar{C}\bar{B}\bar{A} + D\bar{C}\bar{B}A$

$b = \bar{D}\bar{C}\bar{B}\bar{A} + \bar{D}\bar{C}\bar{B}A + \bar{D}\bar{C}B\bar{A} + \bar{D}\bar{C}BA + \bar{D}C\bar{B}\bar{A} + \bar{D}CBA + D\bar{C}\bar{B}\bar{A} + D\bar{C}\bar{B}A$

$c = \bar{D}\bar{C}\bar{B}\bar{A} + \bar{D}\bar{C}\bar{B}A + \bar{D}\bar{C}BA + \bar{D}C\bar{B}\bar{A} + \bar{D}C\bar{B}A + \bar{D}CB\bar{A} + \bar{D}CBA + D\bar{C}\bar{B}\bar{A}$
$+ D\bar{C}\bar{B}A$

$d = \bar{D}\bar{C}\bar{B}\bar{A} + \bar{D}\bar{C}B\bar{A} + \bar{D}\bar{C}BA + \bar{D}C\bar{B}A + \bar{D}CB\bar{A} + D\bar{C}\bar{B}\bar{A} + D\bar{C}\bar{B}A$

$e = \bar{D}\bar{C}\bar{B}\bar{A} + \bar{D}\bar{C}B\bar{A} + \bar{D}CB\bar{A} + D\bar{C}\bar{B}\bar{A}$

$f = \bar{D}\bar{C}\bar{B}\bar{A} + \bar{D}C\bar{B}\bar{A} + \bar{D}C\bar{B}A + \bar{D}CB\bar{A} + D\bar{C}\bar{B}\bar{A} + D\bar{C}\bar{B}A$

$g = \bar{D}\bar{C}B\bar{A} + \bar{D}\bar{C}BA + \bar{D}C\bar{B}\bar{A} + \bar{D}C\bar{B}A + \bar{D}CB\bar{A} + D\bar{C}\bar{B}\bar{A} + D\bar{C}\bar{B}A$

在利用 PLA 实现上述真值表时，因为完全使用了标准的乘积项，所以不需要进行逻辑化简。若选用具有四个输入变量、七个输出变量和十个乘积项的 PLA 器件，即可实现表 8.5.7 所示的逻辑功能。根据各字段逻辑方程，按照逻辑方程的"与"项，对应 PLA 器件中的"与"阵列；逻辑方程的"或"项，对应 PLA 器件中的"或"阵列的原则，得到如图 8.5.15（b）所示的 PLA 点阵图。其中，输入是 BCD 码的变量 D、C、B 和 A，输出是七个字段（a~g）的控制电平。

（2）用 PLA 器件实现时序逻辑

时序逻辑电路可以用基本组合型的 PLA 来实现，也可以直接用带反馈触发器的 PLA 来实现。带反馈触发器的 PLA 和我们前面所学过的基本组合型 PLA 只是在输出方式上稍有不同：它的输出不是直接由"或"阵列输出，而是通过"或"阵列后接的一组 D 触发器输出的。显然，用它来实现时序逻辑会简单些。下面以五进制同步计数器的设计为例来说明用 PLA 实现同步时序电路的设计方法。

根据我们前面所学的时序电路可知，五进制同步计数器由三级触发器构成，各级触发器的激励方程为：

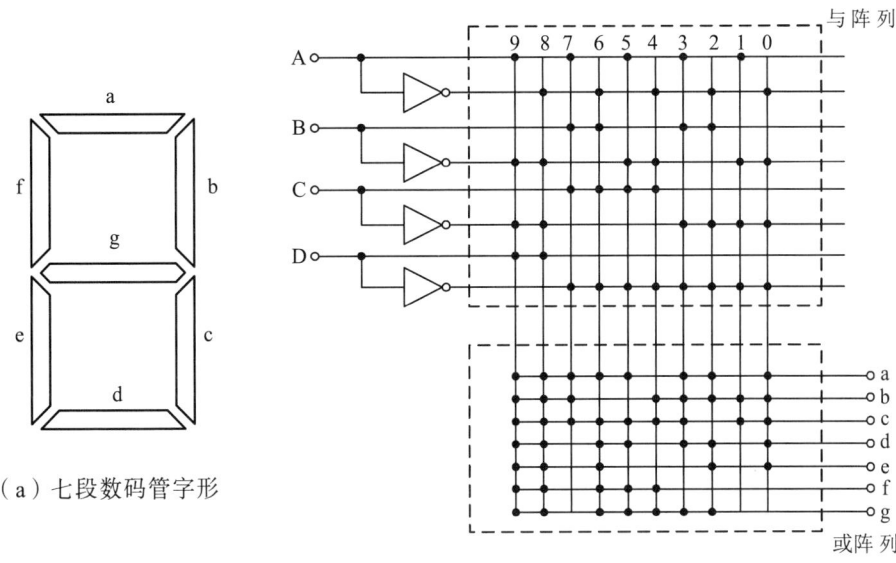

(a) 七段数码管字形　　　　　（b）PLA 点阵图

图 8.5.15　用 PLA 实现 8421BCD 七段显示译码器

$$D_0 = Q_0^{n+1} = \overline{Q}_2^n \overline{Q}_0^n$$
$$D_1 = Q_1^{n+1} = Q_1^n \overline{Q}_0^n + \overline{Q}_1^n Q_0^n$$
$$D_2 = Q_2^{n+1} = Q_1^n Q_0^n$$

若选用具有三个输入变量、三个输出变量和四个乘积项的 PLA 器件，则得到如图 8.5.16 所示的 PLA 点阵图。其中，输入是 D 触发器的初态 $Q_{n2}$、$Q_{n1}$ 和 $Q_{n0}$。

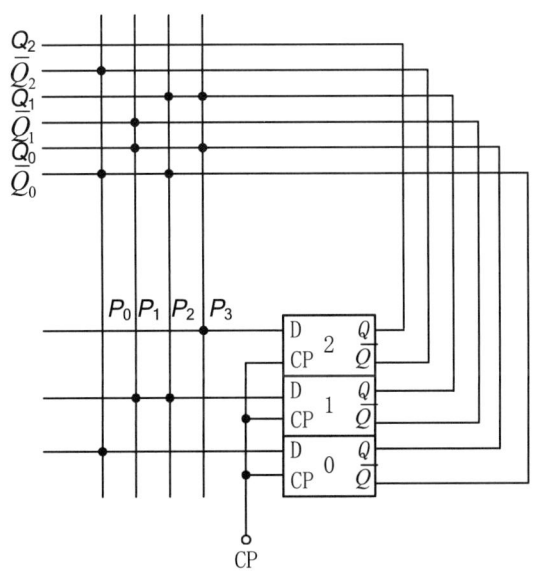

图 8.5.16　PLA 实现五进制计数器点阵图

3. PAL 器件的应用

随着 PAL 器件品种的增多，其应用也越来越广泛。目前，PAL 器件除了在一般逻辑设计中得到应用外，还被广泛地应用于数据检错和纠错、工业控制技术和计算机系统设计等领域。由于篇幅有限，本节只介绍 PAL 器件在一般逻辑设计中的应用，有关其他的应用，可参考有关书籍。

用 PAL 器件实现逻辑函数的过程与 PLA 的基本相似，也是先化简逻辑函数得到最简"与—或"式后，再画出 PAL 器件点阵图。由于 PAL 器件品种繁多，所以选择合适型号的 PAL 器件就成为应用中不可忽视的因素。选择器件主要考虑输入端、输出端数量是否恰当，乘积项数符不符合要求，寄存器数量够不够等因素。在实际应用中，还要考虑速度、功耗和输出极性等。

（1）用 PAL 器件实现编码转换器

编码转换器有多种实现方案，既可用 PROM、PLA，也可用 PAL。下面介绍如何用 PAL 实现 4 位二进制码到 4 位循环码的转换，作为 PAL 实现组合电路的一个实例。表 8.5.8 给出了 4 位二进制码到 4 位循环码的转换表，我们把 4 位二进制码的 $B_3$、$B_2$、$B_1$ 和 $B_0$ 看作输入，把 4 位循环码的 $G_3$、$G_2$、$G_1$ 和 $G_0$ 看作输出。

$$G_3 = B_3$$
$$G_2 = B_3\bar{B}_2 + \bar{B}_3B_2$$
$$G_1 = B_2\bar{B}_1 + \bar{B}_2B_1$$
$$G_0 = B_1\bar{B}_0 + \bar{B}_1B_0$$

这是一组有 4 个输入，4 个输出的组合逻辑函数，实现上述函数的 PAL 应该有 4 个以上输入端、4 个以上输出端（其中有 3 个输出包含两个以上的乘积项）的器件。

根据上述理由，选用 PAL14H4 比较合适。因为 PAL14H4 有 14 个输入端、4 个输出端，每个输出包含 4 个乘积项。图 8.5.17 是用 PAL14H4 实现 4 位二进制码到 4 位循环码转换的逻辑图。

表 8.5.8  4 位二进制码到四位循环码转换表

| 4 位二进制码 | | | | 4 位循环码 | | | | 4 位二进制码 | | | | 4 位循环码 | | | |
|---|---|---|---|---|---|---|---|---|---|---|---|---|---|---|---|
| $B_3$ | $B_2$ | $B_1$ | $B_0$ | $G_3$ | $G_2$ | $G_1$ | $G_0$ | $B_3$ | $B_2$ | $B_1$ | $B_0$ | $G_3$ | $G_2$ | $G_1$ | $G_0$ |
| 0 | 0 | 0 | 0 | 0 | 0 | 0 | 0 | 1 | 0 | 0 | 0 | 1 | 1 | 0 | 0 |
| 0 | 0 | 0 | 1 | 0 | 0 | 0 | 1 | 1 | 0 | 0 | 1 | 1 | 1 | 0 | 1 |
| 0 | 0 | 1 | 0 | 0 | 0 | 1 | 1 | 1 | 0 | 1 | 0 | 1 | 1 | 1 | 1 |
| 0 | 0 | 1 | 1 | 0 | 0 | 1 | 0 | 1 | 0 | 1 | 1 | 1 | 1 | 1 | 0 |
| 0 | 1 | 0 | 0 | 0 | 1 | 1 | 0 | 1 | 1 | 0 | 0 | 1 | 0 | 1 | 0 |
| 0 | 1 | 0 | 1 | 0 | 1 | 1 | 1 | 1 | 1 | 0 | 1 | 1 | 0 | 1 | 1 |
| 0 | 1 | 1 | 0 | 0 | 1 | 0 | 1 | 1 | 1 | 1 | 0 | 1 | 0 | 0 | 1 |
| 0 | 1 | 1 | 1 | 0 | 1 | 0 | 0 | 1 | 1 | 1 | 1 | 1 | 0 | 0 | 0 |

（2）用 PAL 实现计数器

用 PAL 可方便地实现时序电路。下面以用 PAL 实现具有置零且对输出进行三态控制功能的十进制计数器为例，介绍用 PAL 实现时序电路的设计方法。

十进制计数器的状态转换表如表 8.5.9 所示。在挑选用什么型号的 PAL 器件实现该计数器时，应该这么考虑：所用的器件至少应包含 4 个触发器、具有三态输出缓冲器和相应的"与—或"逻辑阵列。从手册上可以查到，PAL16R4 可以满足上述要求。因为它有 8 个变量输入端，4 个具有三态输出缓冲器的寄存器输出端和 4 个可编程 I/O 输出端。

因为 PAL16R4 的三态输出缓冲器具有反相作用，故对表 8.5.9 所示的十进制计数器转换状态表取反，才是 PAL16R4 中触发器的状态转换表，如表 8.5.10 所示。

根据表 8.5.10 并化简后可写出每个触发器 D 端的逻辑函数式。同时，考虑到要求具有置零功能，故应在 D 端的逻辑函数式中加一项置零输入信号 R。当 R=1，且时钟信号到达时，所有的触发器置 1，反相后的输出为 0000，才达到置零功能。

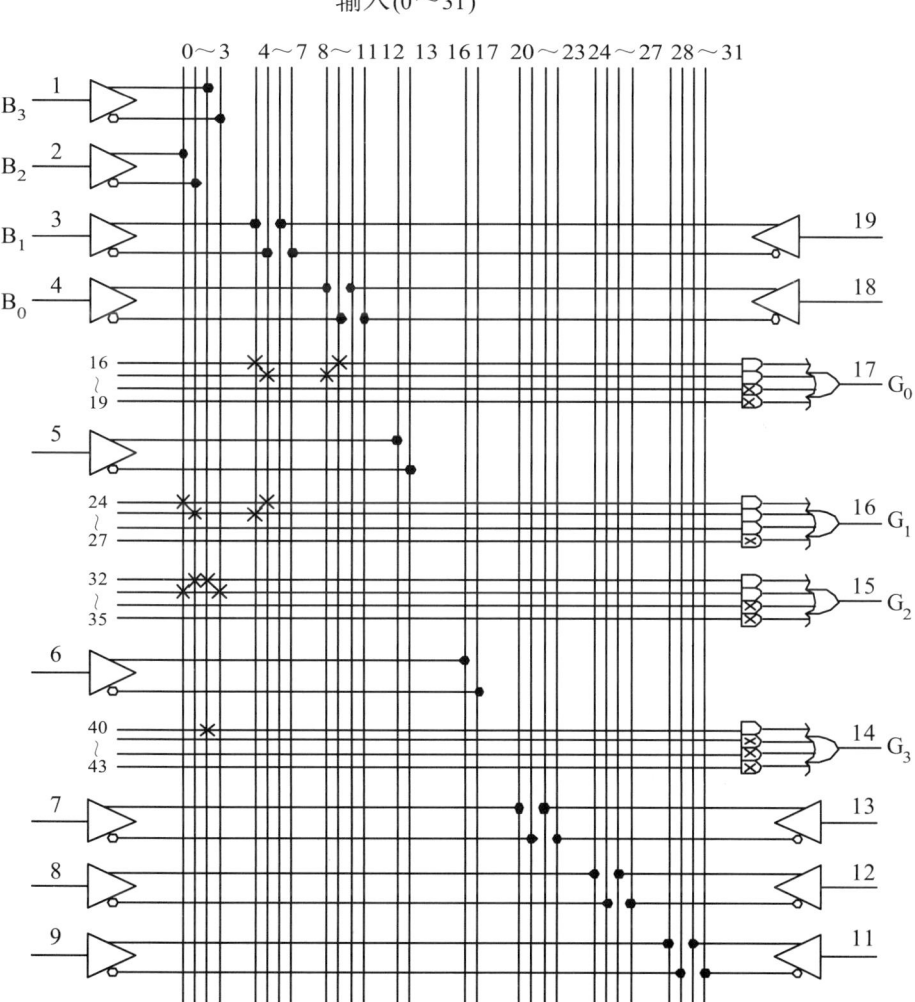

图 8.5.17　PAL14H4 实现 4 位二进制码到 4 位循环码转换的逻辑图

表 8.5.9 十进制计数器的状态转换表

| CP | $Y_3$ | $Y_2$ | $Y_1$ | $Y_0$ | C |
|---|---|---|---|---|---|
| 0 | 0 | 0 | 0 | 0 | 0 |
| 1 | 0 | 0 | 0 | 1 | 0 |
| 2 | 0 | 0 | 1 | 0 | 0 |
| 3 | 0 | 0 | 1 | 1 | 0 |
| 4 | 0 | 1 | 0 | 0 | 0 |
| 5 | 0 | 1 | 0 | 1 | 0 |
| 6 | 0 | 1 | 1 | 0 | 0 |
| 7 | 0 | 1 | 1 | 1 | 0 |
| 8 | 1 | 0 | 0 | 0 | 0 |
| 9 | 1 | 0 | 0 | 1 | 1 |
| 10 | 0 | 0 | 0 | 0 | 0 |

于是，每个触发器 D 端的逻辑函数式为：

$$D_3 = Q_3Q_2 + Q_3Q_0 + Q_1\overline{Q}_0 + R$$
$$D_2 = \overline{Q}_2\overline{Q}_1\overline{Q}_0 + Q_2Q_0 + Q_2Q_1 + R$$
$$D_1 = Q_1Q_0 + \overline{Q}_1\overline{Q}_0 + \overline{Q}_3 + R$$
$$D_0 = \overline{Q}_0 + R$$

表 8.5.10 PAL16R4 中触发器的状态转换表

| CP | $Q_3$ | $Q_2$ | $Q_1$ | $Q_0$ | C |
|---|---|---|---|---|---|
| 1 | 1 | 1 | 1 | 1 | 1 |
| 1 | 1 | 1 | 1 | 0 | 1 |
| 2 | 1 | 1 | 0 | 1 | 1 |
| 3 | 1 | 1 | 0 | 0 | 1 |
| 4 | 1 | 0 | 1 | 1 | 1 |
| 5 | 1 | 0 | 1 | 0 | 1 |
| 6 | 1 | 0 | 0 | 1 | 1 |
| 7 | 1 | 0 | 0 | 0 | 1 |
| 8 | 0 | 1 | 1 | 1 | 1 |
| 9 | 0 | 1 | 1 | 0 | 0 |
| 11 | 1 | 1 | 1 | 1 | 1 |

进位输出信号的逻辑函数式为：

$$\overline{C} = \overline{Q}_3\overline{Q}_0$$

按照上述逻辑函数式，编程后的 PAL16R4 的逻辑图如图 8.5.18 所示。

其中，1 脚接时钟输入；11 脚接输出缓冲器的三态控制信号 $\overline{OE}$；2 脚接置零输入信号 R，正常计数时，R 为 0；17、16、15 和 14 脚分别输出 $Y_3$、$Y_2$、$Y_1$ 和 $Y_0$；18 脚为 C 输出端。若从 $Y_3Y_2Y_1Y_0=0000$ 开始计数，则在输入十个时钟信号时，$\overline{C}$ 从低电平跳回到高电平，给出一进位输出信号。

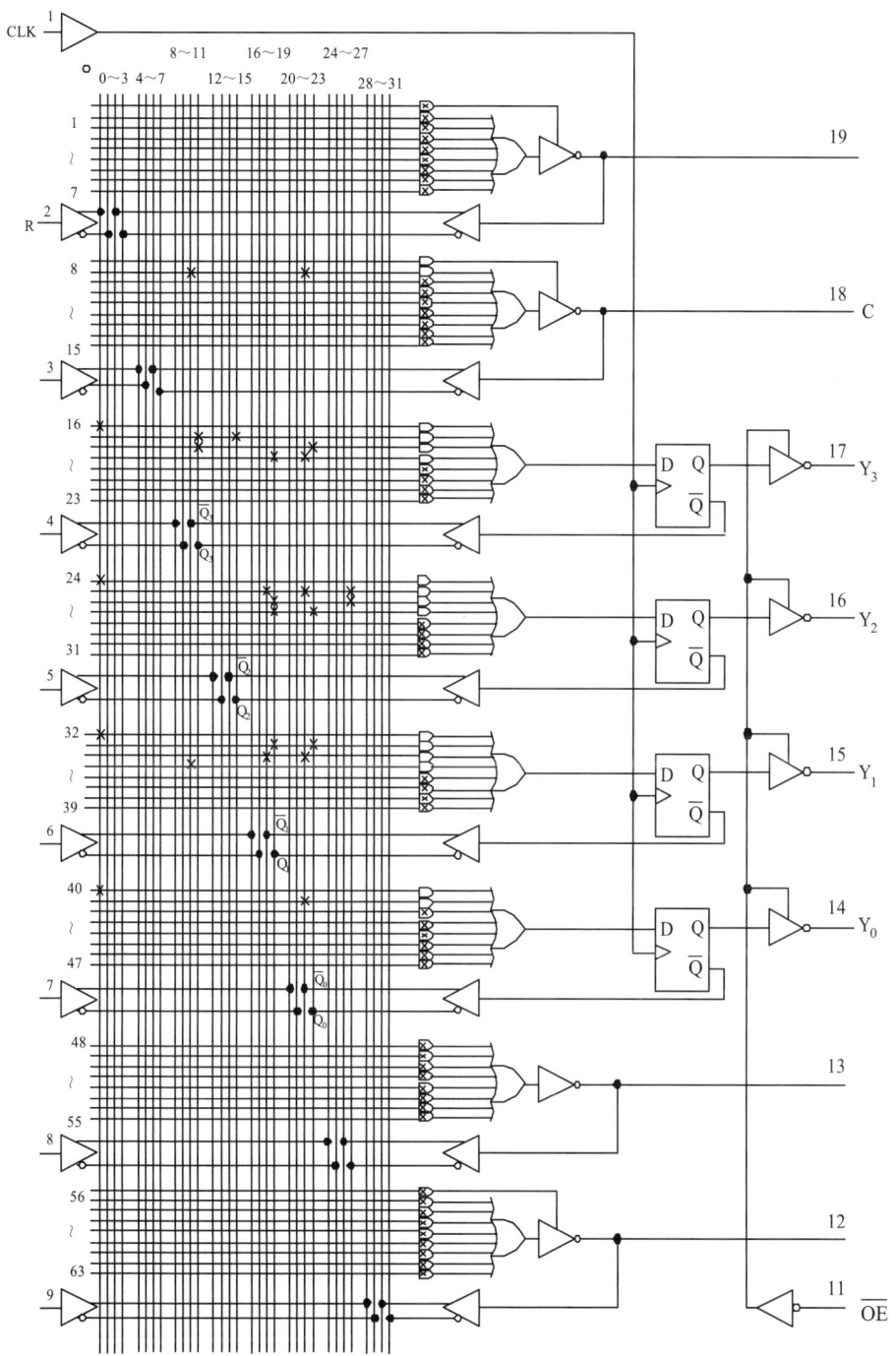

图 8.5.18 编程后的 PAL16R4 的逻辑图

4. GAL 器件的应用

用 GAL 设计电子系统的全过程如下：

① 根据设计要求写出逻辑函数表达式。

② 按 GAL 编程器使用的汇编语言（如 FM 或 ABEL 汇编语言）编写汇编源文件。

所谓 GAL 器件的编程，就是在 GAL 的端口给出地址信号、数据信号及编程电压等信息。如果没有相应的开发软件和硬件的支持，GAL 的编程几乎是不可能的。

③ 编程器的汇编软件 FASTMAP(FM.EXE)将用户的布尔代数式翻译成标准 JEDEC 码，并生目标文件（JED 文件）、熔断图文件（PLT 文件）及列表文件（LST 文件）。从输入的源文件（PLD 文件）产生目标文件（JED 文件）、熔断图文件（PLT 文件）及列表文件（LST 文件）等都由专门的软件实现。从输入的源文件（PLD 文件）产生目标文件（JED 文件）可以采用 Los Gatos 公司的 CUPL 软件包或 DATAI/O 公司的 ABEL 软件包，但将 JED 文件固化到 GAL 芯片上（或从 GAL 芯片得到 JED 文件），却因不同的编程系统而不一样。

由此可见，在应用 GAL 器件设计电子系统时，设计人员只需要写出逻辑函数表达式和编写汇编源文件，其他的工作都由编程器来完成。根据设计要求写出逻辑函数表达式方法与前面其他可编程器件应用中所介绍的方法相同。编写汇编源文件涉及汇编语言 FM 和 ABEL，因此对 GAL 器件应用在此不多介绍，有兴趣的读者可参考有关书籍。

## 8.6 现场可编程门阵列

现场可编程门阵列（FPGA）和 CPLD 都是在早期的可编程逻辑器件 PAL、GAL 等基础上发展起来的。与 PAL、GAL 相比，它们具有以下几个特点：

① PGA/CPLD 器件的集成度高、功能强。目前单片 FPGA/CPLD 的逻辑门数已达到十万门，完全可以满足芯片内集成系统的要求。

② PGA/CPLD 器件可靠性高、保密性好、重量轻、体积小、功耗低、速度快。

③ PGA/CPLD 器件具有可编程性和实现方案容易改动性，使得电路设计周期短，占领市场速度快。一方面，对 FPGA/CPLD 芯片制造商来说，FPGA/CPLD 软件包中不但有各种输入工具和仿真工具，而且还有版图设计工具和编程器等全线产品，芯片电路设计人员在很短的时间内就可完成电路的输入、编译、优化、仿真，直至最后芯片的制作（物理版图映射），使芯片占领市场速度快；另一方面，对 FPGA/CPLD 器件用户来说，FPGA/CPLD 芯片往往和 EPROM 配合使用，这样用户可以反复编程，或在外围电路不动的情况下用不同的 EPROM 实现不同的功能，这就大大加快了新产品的试制速度。FPGA/CPLD 设计周期短的特点，提高了企业在市场上的竞争能力和应变能力。

④ 用 FPGA/CPLD 器件设计的电子系统，研发成本相对较低。一方面，FPGA/CPLD 芯片在出厂之前都做过测试，不需要设计人员承担投片风险和费用；另一方面，设计人员只需在自己的实验室通过相关的软件来完成设计，节约了许多装配和调试费用。

⑤ 电路设计人员使用 FPGA/CPLD 设计电子系统时，不需具备专门的集成电路深层次的知识，如布局布线等，且 FPGA/CPLD 软件易学易用，这样，设计人员就能集中更多精力在电路设计方面。

上述的 FPGA/CPLD 所具备的特点，使得它们及其开发系统问世不久，就受到世界范围内电子设计人员的青睐。经过几十年的发展，许多公司都开发出了多种类型的

FPGA/CPLD，但在众多的产品中，Xilinx 公司的 FPGA 系列和 Altera 公司的 CPLD 系列在结构上最具代表性，因此，本章以 Xilinx 公司的 XC 系列为例介绍 FPGA 器件的结构和工作原理，以 Altera 公司的 FLEX10K 系列为例介绍 CPLD 器件的结构和工作原理。

Xilinx 公司的 XC 系列 FPGA 器件由三种可编程单元组成，即可编程逻辑块（Configurable Logic Block，CLB）、可编程输入/输出块（Input/Output Block，IOB）和可编程内部连线（Programmable Interconnect，PI），其结构框图如图 8.6.1 所示。IOB 位于芯片内部四周，为内部逻辑阵列与外部芯片封装引脚之间提供一个可编程的接口；CLB 组成了 FPGA 的核心阵列，完成用户指定的逻辑功能；PI 分布在芯片内部逻辑块之间，经编程后形成连线网络，为内部逻辑块提供相互连接，为它们传递逻辑。

XC2000 系列是 Xilinx 公司的第一代 FPGA，开发于 1985 年，随后，XC3000、XC4000 和 XC5000 系列相继问世。它们虽在规模上和功能上有所差异，但其基本原理大致相同。现以 XC2000 系列为例，介绍 FPGA 的电路结构和工作原理。

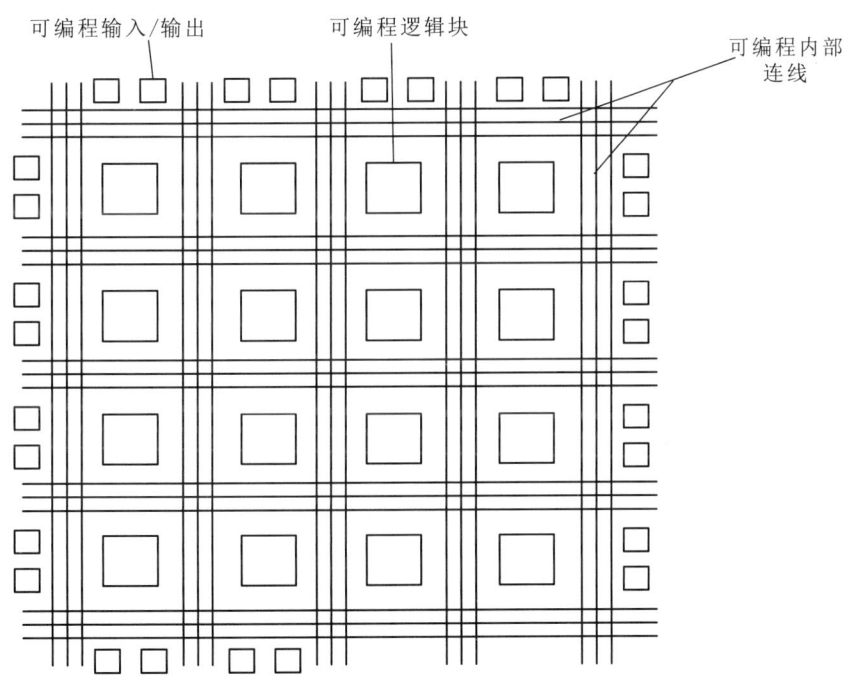

图 8.6.1 Xilinx XC 系列的 FPGA 结构框图

### 8.6.1 可编程逻辑块

可编程逻辑块（CLB）是实现用户所需逻辑的功能单元，以矩阵形式安排在器件的中心。例如，XC2064 由 64 个 CLB 排成 8×8 方阵。每个 CLB 实现单一的逻辑功能。多个 CLB 由可编程内部连线 PI 相互连接实现复杂的逻辑功能。

CLB 的结构如图 8.6.2 所示，每个 CLB 有四个通用输入端（A、B、C 和 D）、两个输出端（X 和 Y）和一个专用的时钟输入端（K）。由图可见，每个 CLB 包含一个组合逻辑块、一个存储单元和内部连线控制逻辑。

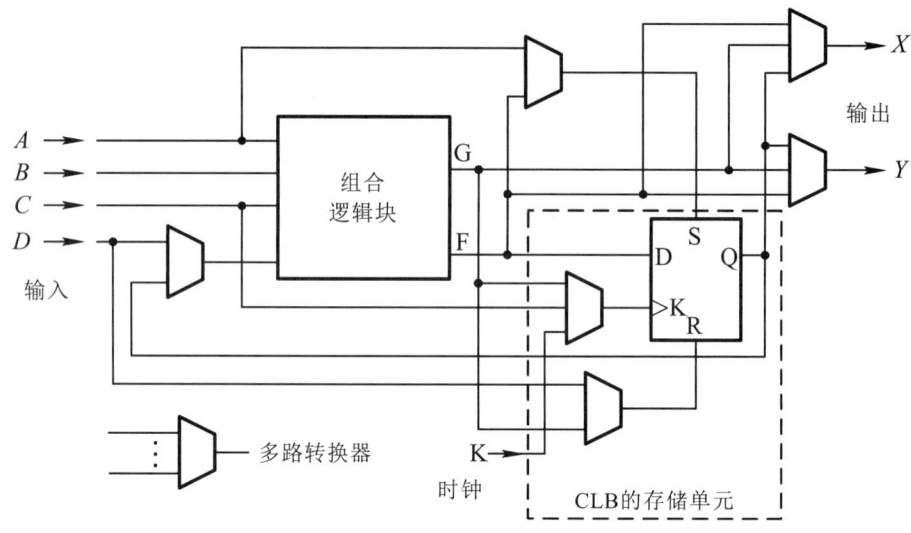

图 8.6.2　XC2000 系列中的 CLB 结构

1. 组合逻辑块

CLB 的组合逻辑块是通过一个（16 位的高速）查表存储器来实现多种组合逻辑函数的。编程后，每个 CLB 可构成如图 8.6.3 所示的三种组合逻辑形式，分别产生一个四输入变量的函数、两个三输入变量的函数和一个五输入变量的函数。输入变量可来自 CLB 的四个输入端，也可来自 CLB 内触发器的输出。其中，组合逻辑形式（a），可产生四输入变量的任意组合逻辑函数，且输出 F 和 G 相同。

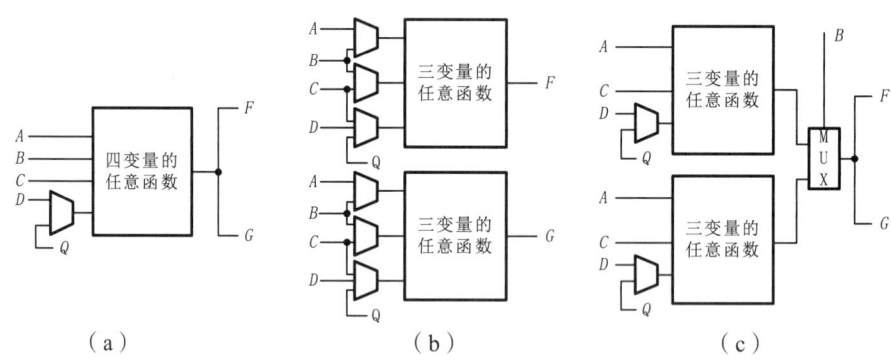

图 8.6.3　三种组合逻辑形式

四输入变量中 A、B、C 是固定的，而第四个输入变量则在输入变量 D 和 CLB 内触发器输出 Q 中二选一。组合逻辑形式（b），可产生两组独立的三输入变量的任意组合逻辑函数。

三输入变量中，第一个输入变量在输入变量 A 和 B 中二选一，第二个输入变量在输入变量 B 和 C 中二选一，第三个输入变量在输入变量 C、D 和 CLB 内的触发器输出 Q 中三选一。在组合逻辑形式（c）中，输入变量 B 为动态输入，输出为两个三变量函数的动态合并函数，且输出 F 和 G 相同。这种动态选择允许产生一些含四个输入变量 A、B、

C、D 和 CLB 内触发器输出 Q 的五变量函数。

2. 存储单元

CLB 的存储单元是一个可编程为边沿触发或电平触发的 D 触发器，如图 8.6.2 虚线框所示。这个 D 触发器的时钟在专用时钟 K、输入变量 C 和组合逻辑块输出 G 中三选一；要存储的数据直接由组合逻辑块输出 F 提供；异步置位控制信号可选择输入变量 A 或组合逻辑块输出 F；异步复位控制信号可选择输入变量 D 或组合逻辑块输出 G；另外，还可选择同步置位、复位方式。在 CLB 中所有置位和复位信号都是高电平有效的。

3. 内部连线控制逻辑

CLB 的内部连线控制逻辑就是图 8.6.2 中的那些多路开关，它完成对时钟信号、异步置位和复位信号的选择，以及对输出的选择控制等。在 CLB 的存储单元中，我们已讲过时钟信号、异步置位和复位信号的选择，在此不再赘述。从图 8.6.2 结构可知，CLB 的两路输出 X 和 Y，在多路开关的控制下，既可实现组合逻辑函数 F 或 G 的直接输出，也可选触发器 Q 的输出。

### 8.6.2 可编程输入/输出块

可编程输入/输出块（IOB）就是 FPGA 内部逻辑块与器件外部引脚之间的接口。一个 IOB 与一个外部引脚相连。在 IOB 的控制下，外部引脚可做输入、输出或双向信号之用。IOB 的结构框图如图 8.6.4 所示。每个 IOB 中含有一条可编程输入通道和一条可编程输出通道。

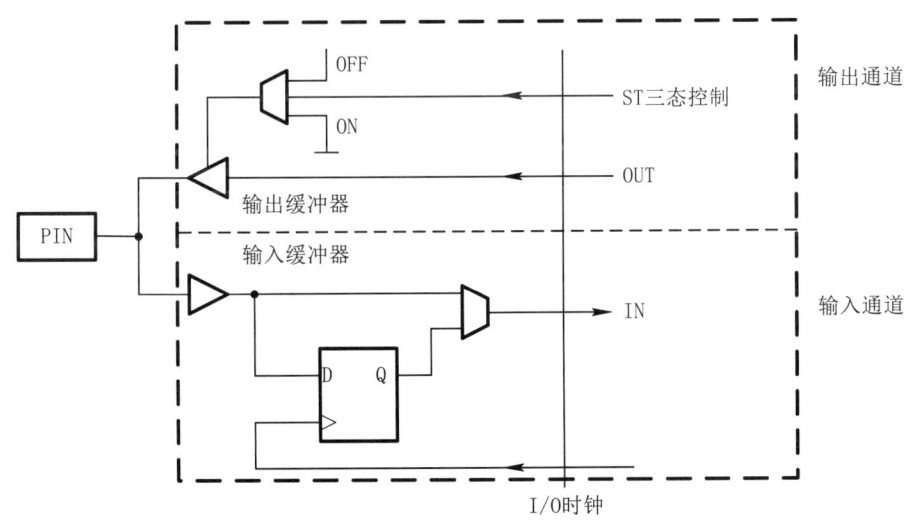

图 8.6.4　XC2000 系列的 IOB 结构框图

当外部引脚做输入端使用时，在编程数据的控制下，输出缓冲器不导通，输入信号经输入缓冲器，将输入信号的电平（TTL 的门槛电平为 1.4V，CMOS 的门槛电平为 2.2V）转化成芯片内部工作电平。缓冲输入信号被同时送到 D 触发器的输入端和多路开关的一个输入端。此时，在编程数据的控制下，用户可选择直接输入或寄存器输入方式。

当外部引脚用作输出端使用时，在编程数据的控制下，输出缓冲器导通，并可提供高达 4 mA 的高扇出电流。输出缓冲器控制信号在 OFF、ON 和 ST 中三选一，使输出缓冲器分别处于不导通、导通和三态控制状态。此时外部引脚可分别用作输入端、输出端和双向信号。

### 8.6.3 可编程内部连线

可编程内部连线（PI）是各个 IOB、CLB 的连接通道，在编程数据的控制下，它为 FPGA 芯片内的 CLB 之间、CLB 和 IOB 之间提供连接。PI 主要由金属线和可编程矩阵开关组成。为了适应不同的网络，PI 的互连方式有三种：即通用互连、长线互连和直接互连。它们的分布如图 8.6.5 所示。

通用互连主要用于 CLB 之间的连接，使用四根水平金属线段和五根垂直金属线段，水平金属线段和垂直金属线段的交叉处用矩阵开关连接。矩阵开关的作用如同一个可以实现多根导线转接的接线盒。通过对矩阵开关的编程，可以将来自任何方向上的一根导线转接至其他方向的某一根导线上，实现相邻金属线段的互连。图 8.6.6 是矩阵开关的结构图和矩阵开关在不同编程情况下的连接状态。

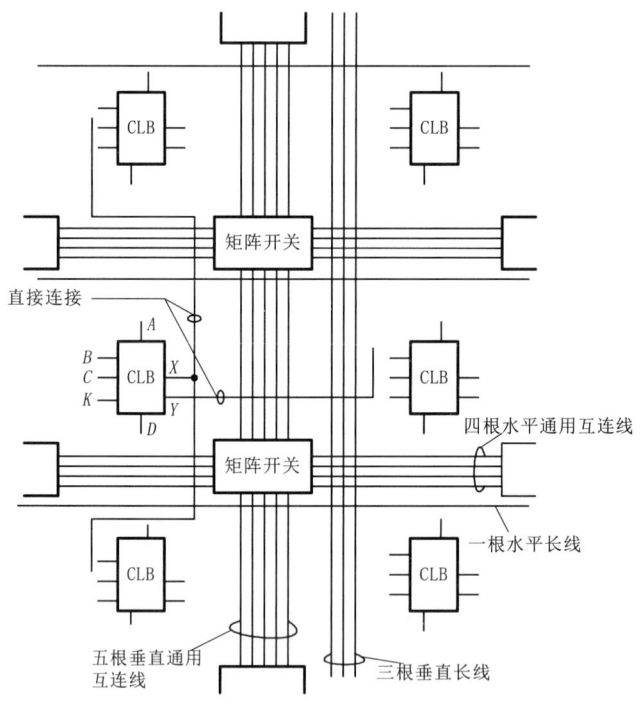

图 8.6.5　PI 的三种互连方式

在通用互连中，金属线段的长度和逻辑块的互连间距相当，而在长线连接中，使用一根水平线和三根垂直线贯穿整个互连区的长金属线段，如图 8.6.5 所示。其中，垂直长线中有一根是与 FPGA 内的一个全局缓冲器相连的，它将单一信号驱动到所有的逻辑块的 B 和 K 输入端。

长线互连不通过矩阵开关，它用于信号的长距离传输，或用于以最短路径传送到多个目的地的情况。

直接互连是实现相邻 CLB 和 IOB 互连的最有效方法，这种连接具有连线短、延迟小的特点，如图 8.6.5 所示。在直接互连中，每个 CLB 的输出 X 可直接连到与它上下相邻的 CLB 的输入中，其输出 Y 可直接连到其右边的 CLB 的输入。当然，也可以通过互连将 CLB 与相邻的 IOB 直接相连。

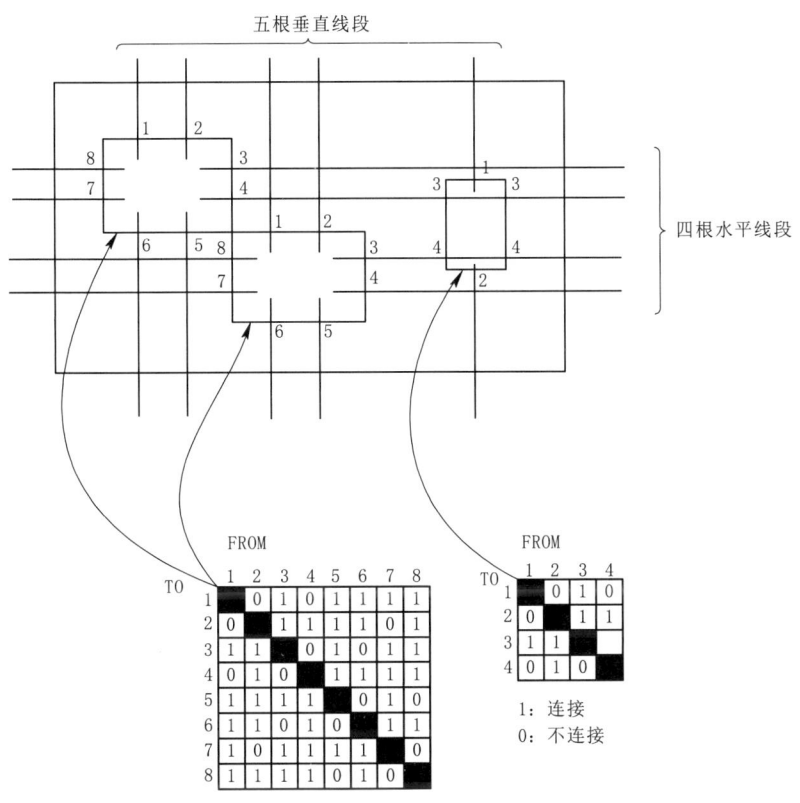

（a）矩阵开关结构图　（b）矩阵开关各种连接状态

图 8.6.6　矩阵开关

### 8.6.4　编程数据

FPGA 的工作状态完全由编程数据来控制，它存放在 FPGA 片内的独立静态存储器里。由于停电后，静态存储器中的数据不能保存，因此每次接通电源以后必须重新给静态存储器"装载"编程数据，这些编程数据通常存放在一片 EPROM 中，也可以存放在计算机的存储器中。将编程数据写入该静态存储器称为装载。整个装载过程是在 FPGA 片内的一个时序控制电路操作下自动进行的。装载过程在接通电源后自动开始，或由外加控制信号启动。有关装载的工作过程以及详细资料，请参考其他有关书籍。

FPGA 静态存储器的存储单元具有高密度、高可靠性和可充分测试的特点，其结构如图 8.6.7 所示。它由两个 CMOS 反相器和一个用于读/写数据的通道晶体管组成。在正常工作时，通道晶体管断开，以保持存储单元的稳定，而只有当结构生成时，才可向存储单元写入数据，在读回时才可读出数据。这点和普通的存储单元有所不同，因为普通的存储单元可以不断地读出和写入数据。

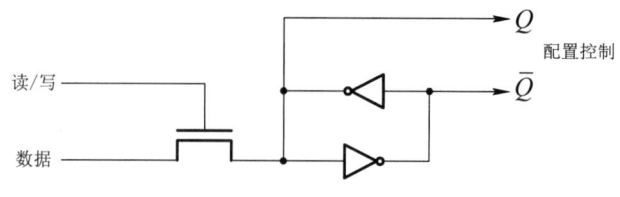

图 8.6.7　FPGA 静态存储器的存储单元结构

## 8.7　复杂可编程逻辑器件

Altera 公司的 FLEX10K 是工业界第一个嵌入式的 PLD，由于其具有高密度、低成本、低功耗等特点，所以脱颖而出成为当今该公司应用前景最好的复杂可编程逻辑器件（CPLD）器件系列。现以 FLEX10K 系列为例，介绍 CPLD 的电路结构和工作原理。

FLEX10K CPLD 由嵌入式阵列、逻辑阵列、快速通道和 I/O 单元四部分组成，其结构框图如图 8.7.1 所示。

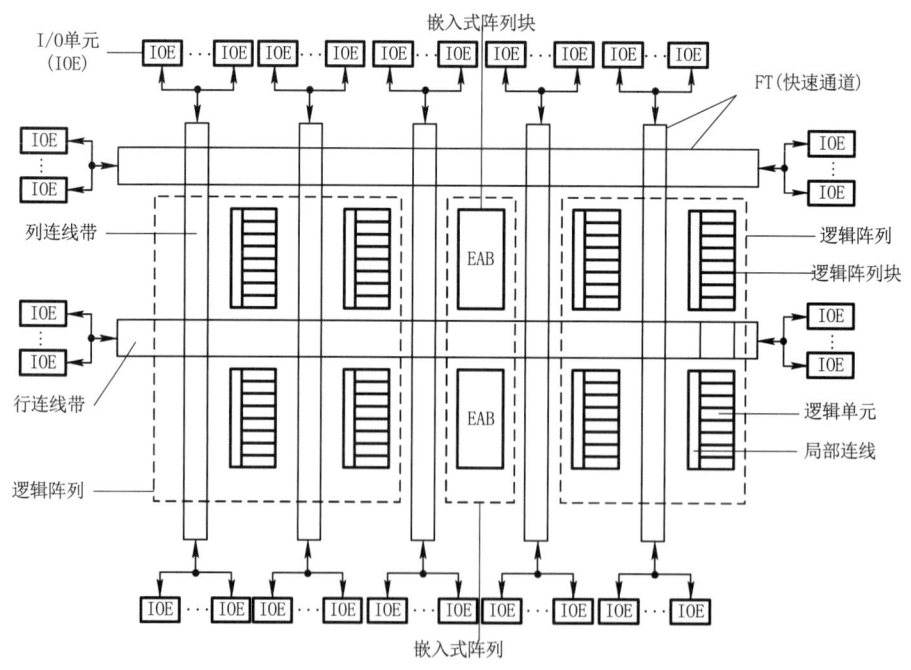

图 8.7.1　FLEX10K 系列 CPLD 结构框图

一系列的嵌入式阵列块（简称 EAB）构成嵌入式阵列，可为用户提供存储器或实现逻辑功能；一系列的逻辑阵列块（简称 LAB）构成逻辑阵列，每个 LAB 又包含八个逻辑单元（简称 LE）和一些连接线，主要作用是实现逻辑功能。快速通道（简称 FT）提供 CPLD 内部信号的互连以及器件引脚之间的信号互连；I/O 单元（简称 IOE）位于快速通道的行和列的末端，其作用是驱动 I/O 引脚。

### 8.7.1 嵌入式阵列块

图 8.7.2 是 FLEX10K 系列中的嵌入式阵列块（EAB）结构框图。每个 EAB 含有 2048bit 的 RAM、用于同步设计的输入寄存器、输出寄存器和地址寄存器。换句话说，EAB 就是一个在输入、输出口上带有寄存器的 RAM 块，其数据最大宽度为 8 bit，地址线最大宽度为 11 bit。EAB 的写使能信号（WE）可与输入时钟同步，也可以与输入时钟异步。EAB 的输出可以是寄存器输出，也可以是组合输出。

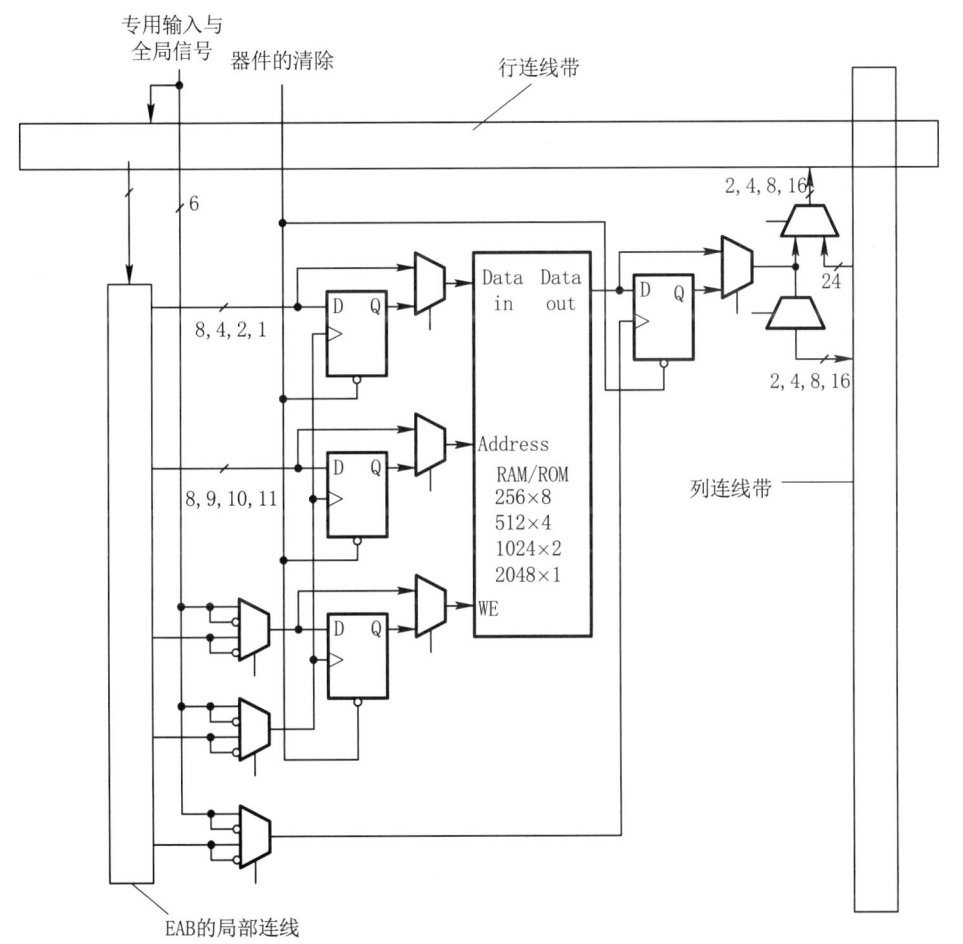

图 8.7.2　FLEX10K 系列 CPLD 的 EAB 结构框图

EAB 具有快速、可预测和可编程的性能，为设计者提供了在嵌入式阵列中实现完全可控的编程功能。利用它不仅可以非常方便地实现一些规模不太大的 FIFO、ROM、RAM 和双端口 RAM 等功能，还能够实现乘法器、矢量定标器和错误校正电路等的功能。除此之外，也可以应用于算术逻辑单元、数字滤波器、微控制器和微处理器。

1. 用 EAB 实现 RAM 功能

设计人员可以用标准的 EDA 工具或 Altera 公司的 MAX+PLUS Ⅱ 开发系统将 EAB 配制成各种尺寸的 RAM，其数据最大宽度为 8 bit，地址线最大宽度为 11 bit，容量为 2048 bit。图 8.7.3 给出了 EAB 可配制成的各种尺寸的 RAM 示意图。MAX+PLUS Ⅱ 开发系统可以在不需要任何附加逻辑的情况下，实现 EAB 自动级联，得到"更宽""更深"的 RAM。

EAB 还可以在一定的条件下，用特定的方法实现同步 RAM、异步 RAM 和仿真 ROM。

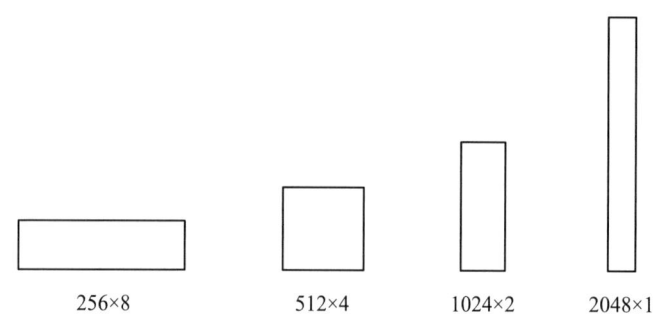

图 8.7.3 EAB 可配制成的各种尺寸的 RAM 示意图

2. 用 EAB 实现 FIFO 功能

通常在通信、打印机、微处理器等设备中，突发性的数据速率往往大于它们所能接受或处理的速率，因而需要一个先进先出缓冲器（FIFO）存储这些高速数据，直到较慢的处理进程准备好。

图 8.7.4 是 EAB 构成 FIFO 的结构图。由图可见，每个 EAB 中的 2048 bit RAM 作为数据存储区；输入寄存器作为读、写指针计数器存储单元；输出寄存器用来锁存数据。

交织的 EAB 存储功能允许构成更高的全局时钟速率和更大的 FIFO 区域。通过把同一个存储单元"分布"在不同的地址范围，在同一个 EAB 中可实现几个 FIFO。

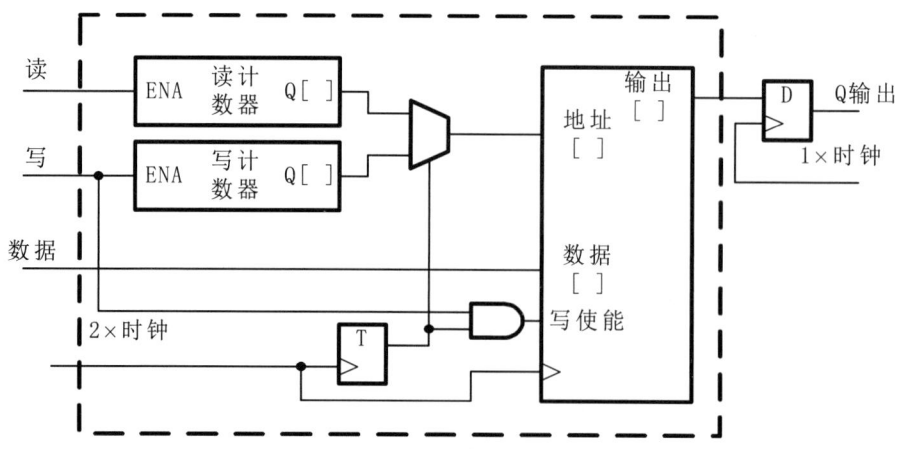

图 8.7.4 EAB 构成 FIFO 的结构图

3. EAB 实现逻辑功能

在只读模式下对 EAB 编程，嵌入式阵列可看作是一个大的查找表（Look Up Table，LUT），所以通过配置，EAB 可实现较复杂的逻辑功能，如对称乘法器、并行乘法器、时域多选乘法器、非对称乘法器、数字滤波器、二维卷积等。事实上，任何有规律重复的逻辑功能都可映射到 EAB 中。

### 8.7.2 逻辑单元与逻辑阵列块

1. 逻辑单元结构

逻辑单元（LE）的功能是实现相对简单的逻辑功能，而相对复杂的函数是在 EAB 中实现的。图 8.7.5 是 LE 结构图。每个 LE 含有一个四输入的 LUT、一个带有同步使能的可编程触发器、一个进位链和一个级联链、一个驱动局域的互连输出和一个驱动行或列的快速通道的互连输出。

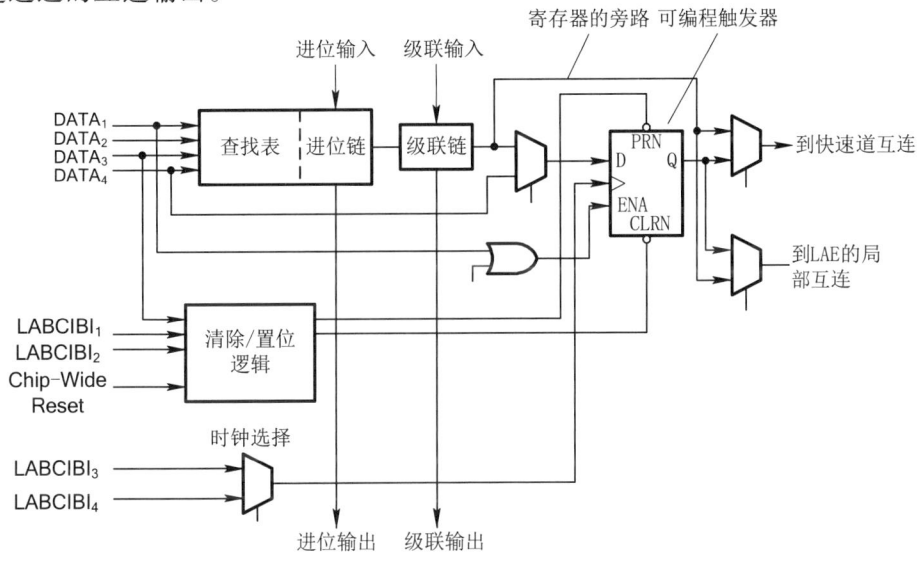

图 8.7.5　LE 结构图

LUT 是一种函数发生器，它能快速计算四个变量的任意函数。LE 中的可编程触发器可设置成 D 触发器、T 触发器、JK 触发器或 SR 触发器，在 LUT 的配合下，可方便地实现时序逻辑。该触发器的时钟、清零和置位信号可由专用的输入引脚、通用 I/O 引脚或任何内部逻辑驱动。当实现纯组合逻辑时，旁路该触发器，LUT 的输出直接接到 LE 的输出。

进位链把来自低位的进位信号送到高位，同时送到 LUT 和进位链的下一段，为 LE 之间提供了非常快（0.2 ns 左右）的向前进位功能，使得 FLEX10K 能够实现高速计算器和任意进位的加法器的功能。

级联链串接并行计算函数的相邻 LUT，使 FLEX10K 在最小延时情况下实现多输入逻辑函数。

2. 逻辑单元工作模式

逻辑单元（LE）有四种不同的工作模式，即正常模式、运算模式、加减计数模式和可清除计数模式。LE工作模式的选择由Altera公司的MAX+PLUSⅡ软件根据用户的设计自动完成。图8.7.6（a）~（d）显示出了这四种工作模式的结构图。

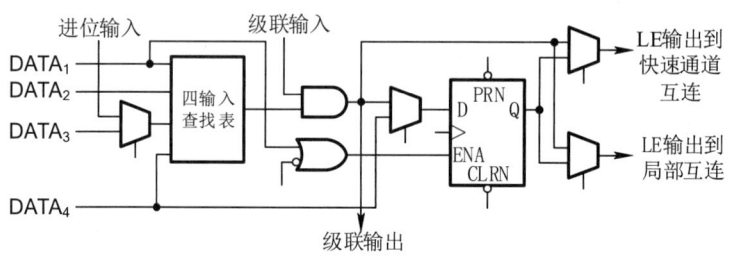

（a）正常模式

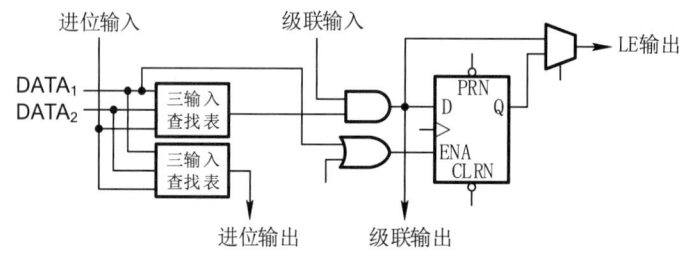

（b）运算模式

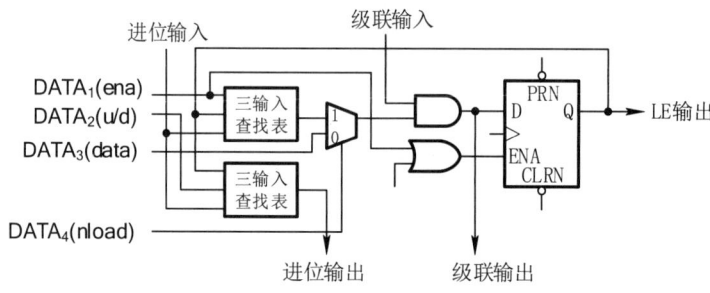

（c）加减计数器模式

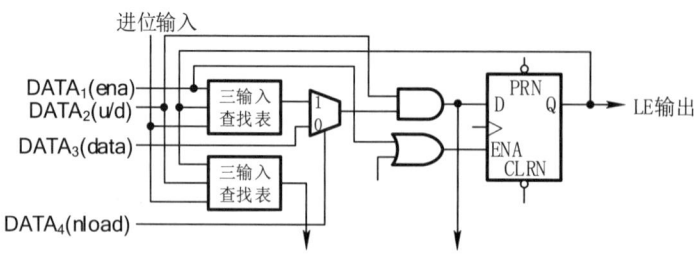

（d）可清除的计算模式

图8.7.6 LE的四种工作模式

正常模式提供一个四输入的LUT，适合于一般的逻辑应用和各种译码功能，充分发挥了级联链的优势。

运算模式提供两个三输入的 LUT，适合于完成加法器、累加器和比较器功能。

加/减计数模式提供计数器使能、时钟使能、同步加/减控制和数据加载选择，适合于可预置的同步加/减计数器。

可清除计数模式提供计数器和时钟使能和同步清除控制，适合同步清除计数功能。

**3. 逻辑阵列块**

一个逻辑阵列块（LAB）由 8 个 LE、进位链、级联链、LAB 控制信号以及 LAB 局部互连线组成。其结构框图如图 8.7.7 所示。LAB 构成了 FLEX10K 的"粗粒度"结构，具有有效的布线特性。它不仅能提高利用率，还能提高性能。

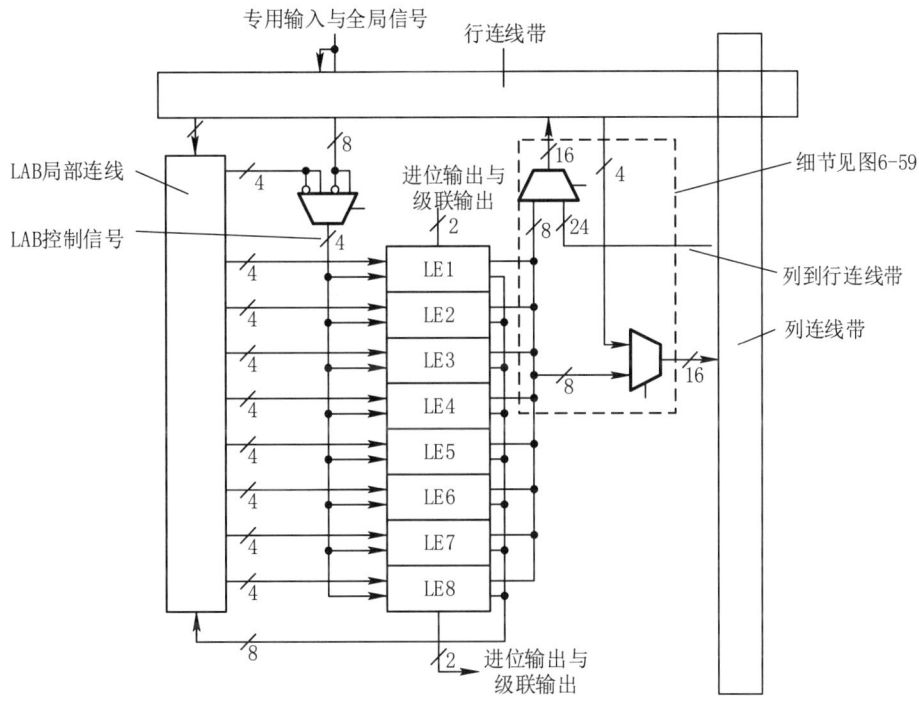

图 8.7.7 FLEX10K 的 LAB 结构框图

每个 LAB 提供 4 个控制信号供 8 个 LE 使用。其中两个控制信号可以用作时钟，另外两个用作清除/置位控制。LAB 时钟信号能由专用时钟的输入引脚、全局信号、I/O 信号或借助 LAB 局部互连的任何内部信号直接驱动。LAB 清除/置位控制信号也能够由全局控制信号、I/O 信号或内部信号驱动。全局控制信号主要用于公共时钟、清除或置位信号。它可以由任何 LAB 中的一个或多个 LE 形成，并直接驱动目标 LAB 的局部互连线，也可以利用 LE 的输出产生。

### 8.7.3 快速通道

快速通道（FT）是由一系列称为"行连线带"的水平连续式布线通道和称为"列连线带"的垂直连续式布线通道组成，它遍布整个 CPLD 器件，如图 8.7.8 所示。每行的 LAB 有一个专门的"行连线带"，它可以驱动 I/O 引脚或馈送到器件中的其他 LAB。"列连线带"布线于两列之间,它能驱动 I/O 引脚。这种布线结构是不可编程的,其主要作用是实现 LE 与 I/O 引脚之间的连接、LE 之间的连接、相邻 LAB 之间的连接以及相邻 EAB 之间的连接。

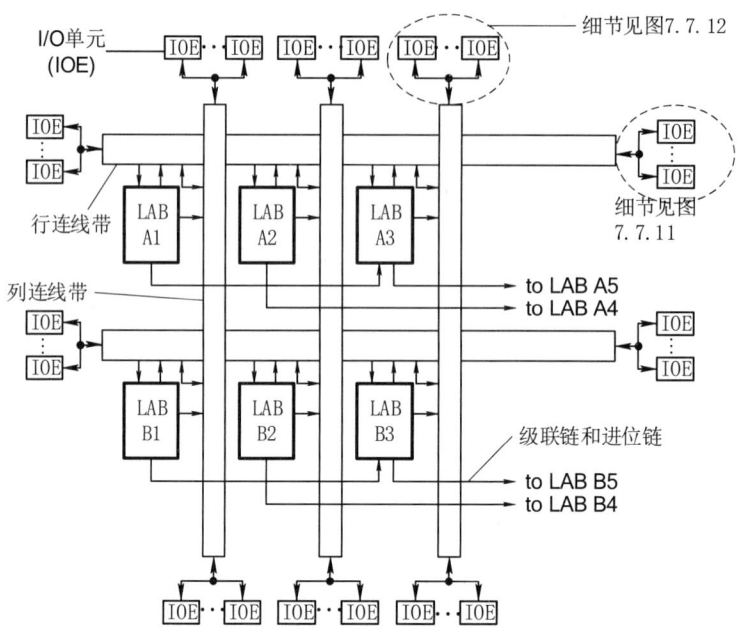

图 8.7.8　FLEX10KCPLD 的 FT 结构框图

图 8.7.9 是用 FT 实现 LE 与 I/O 引脚之间的连接和 LE 之间的连接示意图。由图可见,"行连线带"中的每一个行通道都连有一个四选一多路选择器,每个 LE 都连有一个二选一多路选择器,所以"行连线带"中的每一个行通道可以由 LE 驱动,也可以由三个"列连线带"中的任意一个驱动。

每列 LAB 有一个专用的"列连线带"承载本列中 LAB 的输出。来自"列连线带"的信号可能是 LE 的输出,也可能是 I/O 引脚的输入。"列连线带"可驱动 I/O 引脚或馈送到"行连线带"并把信号送到其他 LAB。在将"列连线带"信号送入 LAB 或 EAB 之前必须传送到"行连线带"。每个由 IOE 或 EAB 驱动的行通道能驱动一个特定的列通道。

为提高可布通率,"行连线带"包括了全长和半长通道。半长通道连接一行中一半的 LAB,全长通道连接一行所有 LAB。LAB 可由一行中的半长通道驱动,也可以由全长通道驱动。两个相邻的 LAB 由一个半长通道连接,这样,该行另一半就可以用作其他通道的一部分。

### 8.7.4　I/O 单元

一个 I/O 单元(IOE)包含一个双向 I/O 缓冲器和一个寄存器,其中,寄存器既可作为需要快速建立时间的外部数据的输入寄存器,也可以作为要求快速"时钟—输出"性能的数据的输出寄存器。但在某些情况下,用 LE 作为快速建立时间的输入寄存器更快些。IOE 的结构框图如 8.7.10 所示。I/O 引脚可以作为输入引脚、输出引脚或双向引脚。

编程器可以利用可编程的反向选择，在需要的时候对来自行、列连线带的信号反相。

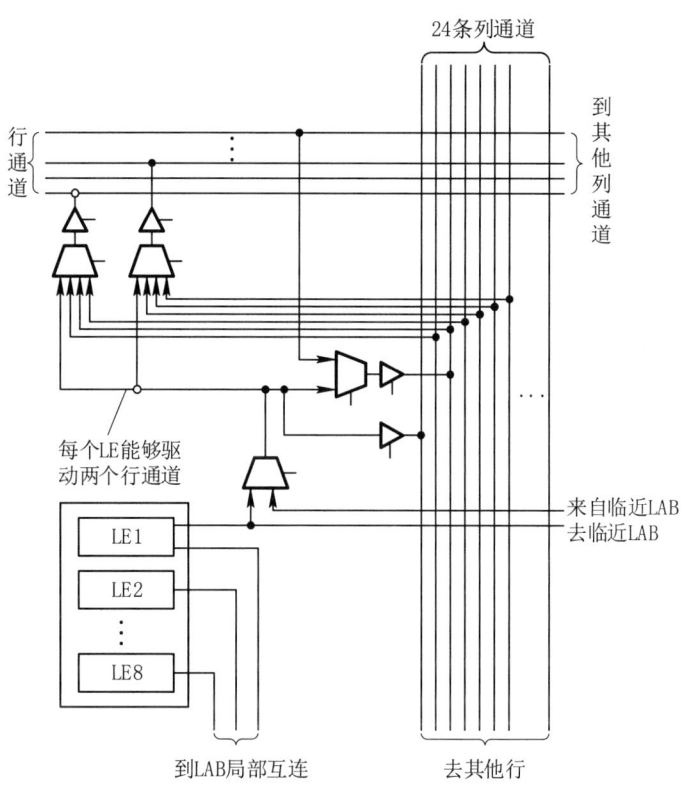

图 8.7.9 FT 实现 LAB 连接示意图

周边控制总线最多提供 12 个周边控制信号，可以配置成最多 8 个输出使能信号，或最多 6 个时钟使能信号，或最多 2 个时钟信号，或最多 2 个清除信号。每个 IOE 的时钟、清除、输出使能和时钟使能均由周边控制总线提供。

一个 I/O 单元（IOE）包含一个双向 I/O 缓冲器和一个寄存器，其中，寄存器既可作为需要快速建立时间的外部数据的输入寄存器，也可以作为要求快速"时钟—输出"性能的数据的输出寄存器。但在某些情况下，用 LE 作为快速建立时间的输入寄存器更快些。IOE 的结构框图如 8.7.10 所示。I/O 引脚可以作为输入引脚、输出引脚或双向引脚。编程器可以利用可编程的反向选择，在需要的时候对来自行、列连线带的信号反相。

周边控制总线最多提供 12 个周边控制信号，可以配置成最多 8 个输出使能信号，或最多 6 个时钟使能信号，或最多 2 个时钟信号，或最多 2 个清除信号。每个 IOE 的时钟、清除、输出使能和时钟使能均由周边控制总线提供。

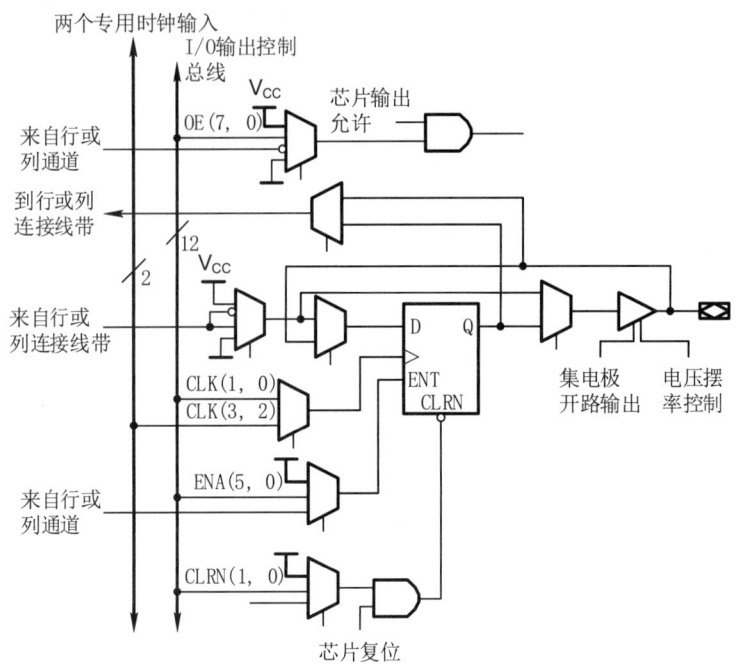

图 8.7.10　FLEX10K 的 IOE 结构框图

1. "行连线带"到 IOE 的连接

图 8.7.11 示出了 IOE 与"行连线带"的连接图。当 IOE 作为一个输入信号时,它可以驱动两个独立的行通道;当 IOE 作为一个输出信号时,其输出信号由一个对行通道进行选择的 m 选一多路选择器驱动,图中,m 表示每个 I/O 端子扇入的行通道数,n 表示每行扇入的通道数,n 和 m 的数值在 FLEX10K 的数据手册中可以查到,它们的值随器件型号变化。在 FLEX10K 系列的 CPLD 中,每个行通道最多与 8 个 IOE 相连,每个 IOE 最多能驱动两个行通道。

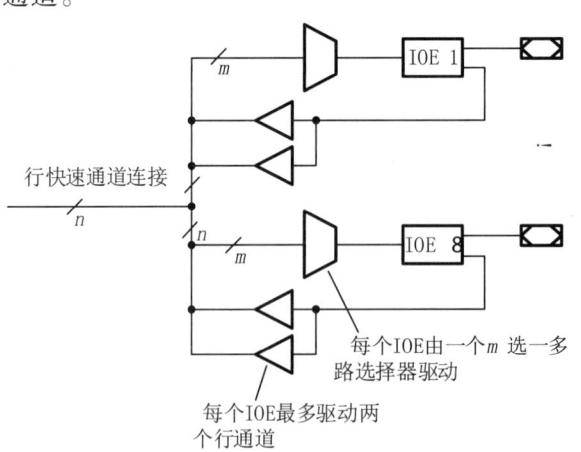

图 8.7.11　"行连线带"的连接图

2. "列连线带"到 IOE 的连接

图 8.7.12 显示出了 IOE 与"列连线带"的连接图。当 IOE 作为一个输入信号时,它

最多能够驱动两个独立列通道；当 IOE 作为一个输出信号时，其输出信号由一个对列通道进行选择的 m 选一多路选择器驱动。图中，m 表示每个 I/O 端子扇入的列通道数，n 表示每列扇入的通道数。n 和 m 的数值随器件中的列数变化，在 FLEX10K 的数据手册中可以查到。每个列通道与两个 IOE 相连。

### 8.7.5 FPGA 与 CPLD 比较

从前面的介绍可知：FPGA 由可编程逻辑块 CLB、可编程输入/输出块 IOB 和可编程内部连线三部分组成。CPLD 由可编程的嵌入式阵列、可编程的逻辑阵列、快速通道和 I/O 单元（IOE）四部分组成。二者在很大程度上具有类似之处，但由于内部结构上的差异导致了它们在功能与性能上的差别。其结构上的主要差异是：

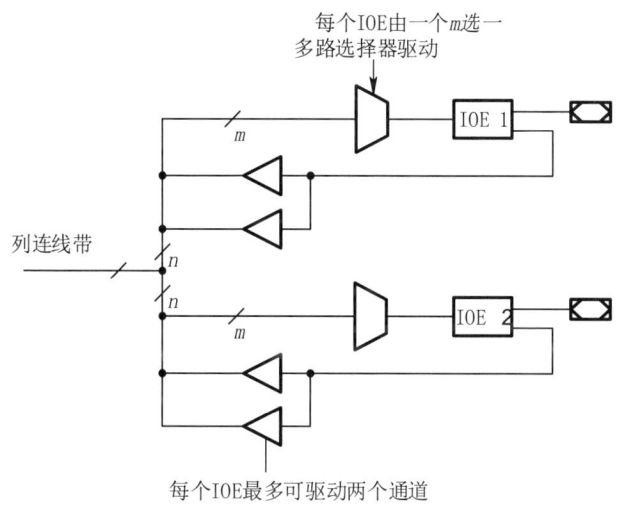

图 8.7.12  IOE 与"列连线带"的连接图

① 逻辑块。FPGA 可编程的逻辑块（CLB）其特点是扇入小，输入变量为 4~9 个，输出变量为 1~2 个，因而只是一个普通的逻辑单元，每个芯片有几十到上千个这样的单元。而 CPLD 的逻辑块（LAB）扇入较大，通常有数十个输入变量和一二十个输出端，每个芯片分成几块或十几块。显然，如此粗粒度的结构在使用时不如 FPGA 灵活。

② 互连结构。图 8.7.13 给出了 FPGA 和 CPLD 的互连结构。FPGA 的互连结构是分布式结构，如图 8.7.13（a）所示，其延迟与系统布局有关，如从 A 到 C 的互连延迟将大于 A 到 B 的互连延迟。而 CPLD 的互连结构为集总式的开关元件，如图 8.7.13（b）所示，其特点是等延迟。如 A、B、C 中任意两者之间的互连延迟是相等的。显然，这种结构给设计者带来了很大方便。

FPGA 与 CPLD 在功能和性能上的主要差别是：

① 布线能力。Altera CPLD 独特的内连线结构使其内连率很高，不需要人工布局布线来优化速度和面积。与 Xilinx FPGA 有限的布线线段相比，它更适合于电子系统设计自动化中芯片设计的可编程器件验证。

② 延迟可预测能力。Altera CPLD 的连续式布线结构决定了它的时序延迟是均匀的

和可预测的，即：设计输入不变的情况下，每次布局布线后其时序延迟是一定的。这与 Xilinx FPGA 分段式布线结构导致的不可预测延迟相比，更加方便了电路设计人员的设计。

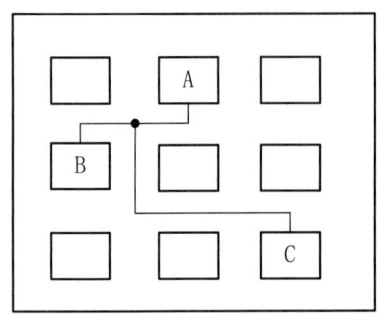
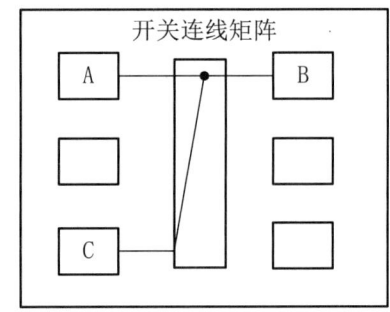

（a）FPGA 的互连结构　　　　　　　　（b）CPLD 的互连结构

图 8.7.13　FPGA 和 CPLD 互连结构比较

③ 适合场所。虽然 Altera CPLD 和 Xilinx FPGA 的集成度都可达到数十万门，但相比较而言，Altera CPLD 更适合于完成各类算法和组合逻辑，而 Xilinx FPGA 则更适合于完成时序较多的逻辑电路。

### 8.7.6　FPGA/CPLD 进行电路设计的一般流程

通过对 PROM、PLA、PAL 和 GAL 等早期可编程器件以及 FPGA 和 CPLD 等近代可编程器件的学习，我们清楚地认识到，可编程器件，尤其是 FPGA 和 CPLD 的问世和应用给电子系统无论是在设计方法上还是在实现的功能上都带来了一场革命性的变化。那么如何将可编程器件应用到电子系统中无疑是初学者最关心的问题。

一般说来，用 FPGA/CPLD 器件设计电子系统的设计流程分成四大部分，即应用设计、设计输入、设计实现和设计验证仿真。其中，应用设计和设计输入完全依赖设计人员，但设计实现和设计验证仿真则更多地由开发软件自动完成。

我们通过应用设计把应用需求用相应的电路形式表达。设计输入是把所做的应用设计输入到相应的 FPGA/CPLD 开发系统中，设计实现主要功能是 FPGA/CPLD 开发系统将输入设计经过一系列的处理得到编程数据；设计验证仿真的目的是在烧制 FPGA/CPLD 之前对所做的应用设计验证，以达到缩短开发周期、减少开发成本的目的。

图 8.7.14 是 FPGA/CPLD 系统应用的设计流程图。

我们还可将上述的设计流程进一步细化为八个步骤。

① 应用设计。此处的应用设计包含有两层含义：第一层含义是根据相关原理、相关知识和设计经验，用电路的形式来实现应用设计的需求；第二层含义是用 FPGA/CPLD 器件来设计电路。在传统设计中，设计人员是应用传统的原理图方法来表达用 FPGA/CPLD 器件实现的电路设计的。自 20 世纪 90 年代初，用 Verilog、ABEL、AHDL 和 VHDL 等硬件描述语言的方法来表达设计得到了广大工程设计人员的认可。

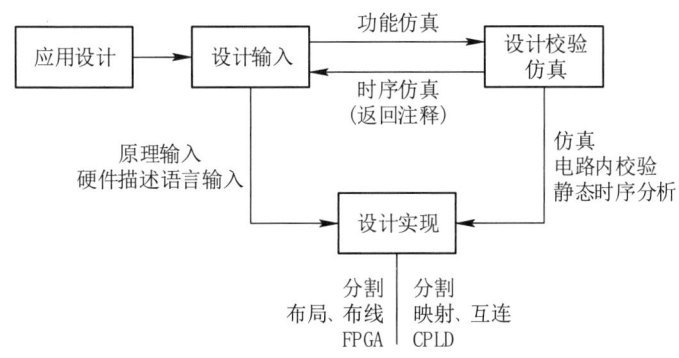

图 8.7.14 FPGA/CPLD 系统应用的设计流程图

② 设计输入。设计输入是 FPGA/CPLD 开发系统提供的一个电路逻辑图的输入环境，配置不同的接口，可以选用不同的绘图软件。设计输入既可以采用图形输入的方法，也可以采用硬件描述语言输入的方法。值得注意的是，当采用图形输入的方法时，设计人员必须熟悉相关 FPGA/CPLD 开发系统提供的元件库，一定要用此元件库里的元件来表达①中所做的设计；当采用硬件描述语言的方法时，设计人员必须熟悉相关硬件描述语言，用标准逻辑语言格式来表达①中所做的设计。

③ 前仿真，又称功能仿真。它是在布局布线前进行的，主要用于验证所设计的电路逻辑图有无错误，能否达到设计所需的功能，而不考虑因布局布线产生的时延对系统功能的影响。

④ 设计输入编译。设计输入之后，就有一个从高层次系统行为设计向低层次门级逻辑电路的转化编译的过程，即把设计输入的某种或某几种数据格式（网表）转化为底层软件能够识别的某种数据格式（网表），以求达到与其工艺无关的目的。

⑤ 设计输入优化。对于上述综合生成的网表，根据布尔方程功能等效的原则，用更小更快的综合结果替代一些复杂的单元，并与指定的库映射生成新的网表，这是硬件描述语言输入方法中，减小电路规模的一条必由之路。

⑥ 布局布线。当电路功能仿真被验证后，就开始布局布线。布局布线可由开发系统自动完成，也可手工进行。在实际的设计中二者兼而有之。

⑦ 后仿真。又称系统时延仿真。它是在布局布线后进行的仿真，主要用于验证由于不同的布线方式、分区规划而产生的各种延时对系统功能的影响，而且往往是考虑最坏的情况，即指恶劣的温度环境、电源供电等情况。

⑧ 烧制。烧制指的是把布局布线和后仿真完成之后得到的设计装入 FPGA/CPLD 芯片的过程。烧制后的 FPGA/CPLD 器件就是所设计的电子系统。

综上所述，对一个设计人员来说，要把 FPGA/CPLD 可编程器件应用到电子系统中，必须具备三个知识点：①了解 FPGA/CPLD 器件的结构和性能；②熟悉 FPGA/CPLD 器件的开发系统；③熟悉使用 FPGA/CPLD 器件的电子系统的描述方法，即原理图图形表达方法或硬件描述语言表达方法。三者缺一不可。

## 8.8 可编程逻辑器件的 Verilog 实现

本质上，FPGA 是一个可编程逻辑阵列，包含大量的逻辑单元（如 LUT、触发器等），通过编程配置连接以实现复杂的数字电路。简单的 Verilog 代码不能直接代表 FPGA 硬件，但可以作为描述 FPGA 上功能的起点。要准确反映 FPGA 的设计，可以通过以下几个关键方面入手，FPGA 的主要特点如下：

① 可配置性：FPGA 的核心是通过可编程互连实现各种逻辑操作。因此需要再 Verilog 代码中使用不同的输入组合生成多种逻辑操作，如加法、逻辑与或等。

② 并行计算：FPGA 能够同时运行多个逻辑单元。

③ 专用硬件模块：像乘法器、存储器等硬件单元也可以通过 FPGA 实现，此外 FPGA 的每个逻辑单元本质上是一个小型的查找表（LUT），可以用 Verilog 来模拟。

为了更贴近 FPGA 的概念，下面的例子展示了一个可配置的简单算术逻辑单元（ALU），并使用 Verilog 实现 FPGA 式的设计：

【例 8.8.1】ALU 模块。

```
1   module fpga_alu (
2       input wire [3:0] a,        // 4 位输入 a
3       input wire [3:0] b,        // 4 位输入 b
4       input wire [1:0] op,       // 操作选择 （00: 加法, 01: 减法, 10: 与, 11: 或）
1   module fpga_alu (
2       input wire [3:0] a,        // 4 位输入 a
3       input wire [3:0] b,        // 4 位输入 b
4       input wire [1:0] op,       // 操作选择 （00: 加法, 01: 减法, 10: 与, 11: 或）
5       output reg [3:0] result    // 4 位输出结果
6   );
7       always @ (*) begin
8           case (op)
9               2'b00: result = a + b;    // 加法
10              2'b01: result = a - b;    // 减法
11              2'b10: result = a & b;    // 与操作
12              2'b11: result = a | b;    // 或操作
13              default: result = 4'b0000;  // 默认输出 0
14          endcase
15      end
16  endmodule
```

在例 8.8.1 中，a 和 b 是 4 位输入操作数；op 是 2 位的操作选择信号，可以选择不同的算术或逻辑操作（加法、减法、与或或）。always@(*)块中的 case 语句根据 op 的值执行相应的操作，并将结果赋给 result。仿真结果如图 8.8.1 所示。

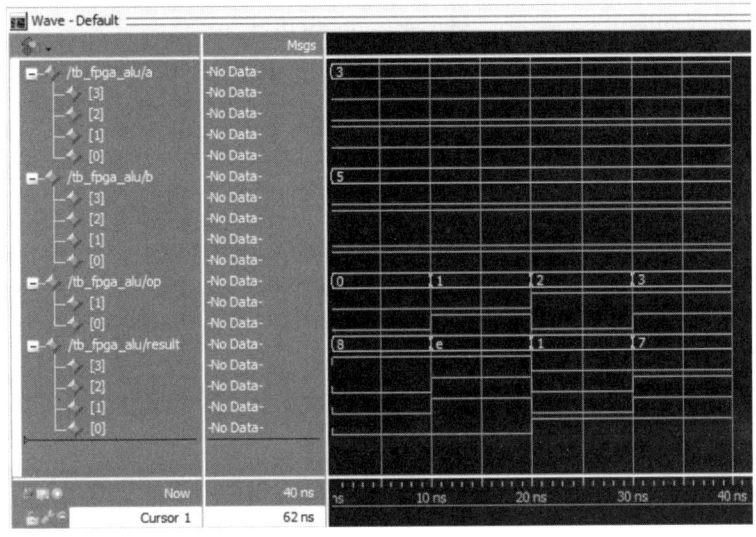

图 8.8.1　ALU 模块仿真结果

可以看到在例 8.8.1 中，通过输入选择（op），可以实现不同的操作，就像 FPGA 中的可编程逻辑单元（LUT）可以根据配置执行不同的逻辑，具备可配置逻辑。此外，FPGA 可以并行执行多个逻辑运算，虽然在这里我们展示的是一个简单的 ALU，但多个此类模块可以同时在 FPGA 上运行。

上面的设计尽管只是基础逻辑的实现，但它展示了 Verilog 如何模拟 FPGA 中的可编程逻辑单元，如果设计更复杂的 FPGA 系统，还可以添加更多的模块（如存储器、DSP 块等），并通过 LUT、触发器、时钟等关键元素进行更详细的配置。

## 8.9　小结

本章介绍了存储器 ROM 和 RAM。应掌握只读存储器（ROM）、静态存储器（SRAM）和动态存储器（DRAM）各自的结构、特点和工作原理。掌握不同类型可编程 ROM 的结构、工作原理。应了解可编程 ROM 应用广泛，不仅局限于数据的存储。学会灵活应用可编程 ROM。

本章还介绍了几种典型的可编程逻辑器件，着重分析了它们的结构和工作原理，如要实际使用，不同的可编程器件应有各自不同的开发环境、相应的 EDA 工具。有关知识可结合具体器件，参考对应的资料和文献。

本章介绍了 FPGA 的 Verilog 实现，并给出了仿真结果。

习题

8.1　可编程逻辑器件属于哪一类集成电路，有什么特点？

8.2 静态 RAM 和动态 RAM 各有什么优缺点？

8.3 ROM 和 RAM 的主要区别是什么？各自的用途？

8.4 与或阵列如图 P8.4 所示，写出 $F_1$、$F_2$ 表达式。

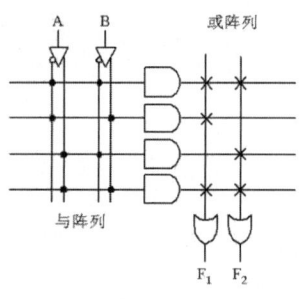

图 P8.4

8.5 用 ROM 实现下列组合逻辑函数。

$$F_1 = \overline{A}C + ABC$$
$$F_2 = \overline{B}\overline{C} + A\overline{C}$$
$$F_3 = \overline{B}\overline{C} + BC$$
$$F_4 = \overline{A}B\overline{C} + A\overline{B}\overline{C}$$

8.6 从存取方式上比较 SAM、RAM、ROM。

8.7 具有 16 位地址码，可同时存取 8 位数据的 RAM 集成片，其存储容量为多少？

8.8 试用 PAL 设计一个代码转换电路，将四位二进制代码转换成格雷码。

8.9 试用 ROM 实现一位二进制全加器，画出列阵图。

8.10 试用 ROM 设计一个实现 8421BCD 码到余 3 码转换的逻辑电路，画出列阵图。

8.11 用 PAL 实现逻辑函数：

$$\begin{cases} F_1(X_3, X_2, X_1) = \sum m(3,4,6,7) \\ F_2(X_3, X_2, X_1) = \sum m(0,2,3,4,7) \end{cases}$$

8.12 CPLD 的基本结构包括哪几部分？各部分的功能是什么？

8.13 简述 FPGA 的基本结构。若用 XC4000 系列的 FPGA 器件实现一个十进制同步计数器，问最少需占用几个 CLB？

# 第 9 章

# 数字系统设计

**内容提要** 本章将介绍数字系统的定义、一般结构。介绍数字系统的基本设计方法，数字系统设计的工具，以及 Verilog 仿真实现。

## 9.1 数字系统设计概述

### 9.1.1 数字系统定义

1. 什么是数字系统

在数字电子技术领域内，由各种逻辑器件构成的能够实现某种单一特定功能的电路称为功能部件级电路。例如，前面各章介绍的加法器、比较器、译码器、数据选择器、计数器、移位寄存器、存储器等就是典型的功能部件级电路，它们只能完成加法运算、数据比较、译码、数据选择、计数、移位寄存、数据存储等单一功能。而由若干数字电路和逻辑部件构成的、能够实现数据存储、传送和处理等复杂功能的数字设备，则称为数字系统（Digital System）。电子计算机就是一个典型的复杂数字系统。

2. 数字系统的一般结构

按照现代数字系统设计理论，任何数字系统都可按计算机结构原理从逻辑上划分为数据子系统（Data Subsystem）和控制子系统（Control Subsystem）两个部分，如图 9.1.1 所示。

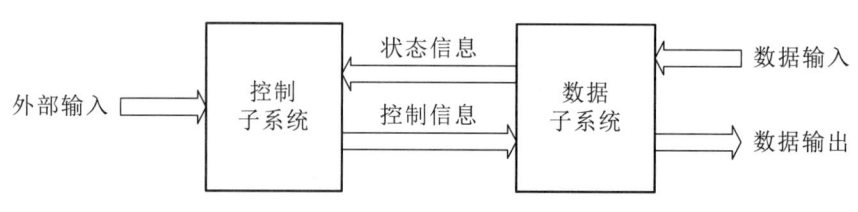

图 9.1.1 数字系统的一般结构

数据子系统是数字系统的数据存储与处理单元，数据的存储、传送和处理均在数据子系统中进行。它从控制子系统接收控制信息，并把处理过程中产生的状态信息提供给控制子系统。由于它主要完成数据处理功能且受控制器控制，因此也常把它叫作数据处理器或受控单元。

控制子系统习惯上称为控制器或控制单元，它是数字系统的核心。数据子系统只能决定数字系统能完成哪些操作，至于什么时候完成何种操作则完全取决于控制子系统。控制子系统根据外部控制信号决定系统是否启动工作，根据数据子系统提供的状态信息决定数据子系统下一步将完成何种操作，并发出相应的控制信号控制数据子系统实现这种操作。控制子系统控制数字系统的整个操作进程。

由此不难看出，在这种结构下，有无控制器就成为区分系统级设备和功能部件级电路的一个重要标志。凡是有控制器且能按照一定程序进行操作的，不管其规模大小，均称为数字系统；凡是没有控制器、不能按照一定程序进行操作的，不论其规模多大，均不能作为一个独立的数字系统来对待，至多只能算一个子系统。例如，数字密码锁，虽然仅由几片 MSI 器件构成，但因其中有控制电路，所以应该称之为数字系统。而大容量存储器，尽管其规模很大，存储容量可达数兆字节，但因其功能单一、无控制器，只能称之为功能部件而不能称为系统。

### 9.1.2 数字系统设计的一般过程

数字系统设计过程如图 9.1.2 所示。

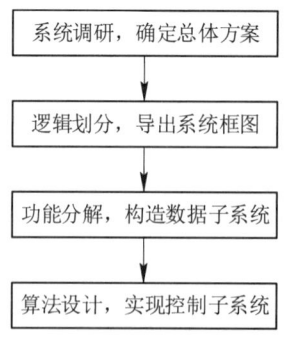

图 9.1.2 数字系统设计过程

1. 系统调研，确定总体方案

接受一个数字系统的设计任务后，首先应对设计课题进行充分的调研，深入了解待设计系统的功能、使用环境与使用要求，选取合适的工作原理与实现方法，确定系统设计的总体方案。这是整个设计工作中最为困难也最体现设计者创意的一个环节。因为同一功能的系统有多种工作原理和实现方法可供选择，方案的优劣直接关系到所设计的整个数字系统的质量，所以必须对可以采用的实现原理、方法的优缺点进行全面、综合的比较、评判，慎重地加以选择。总的原则是：所选择的方案既要满足系统的要求，又要结构简单，实现方便，具有较高的性能价格比。

2. 逻辑划分，导出系统框图

系统总体方案确定以后，可以根据数据子系统和控制子系统各自的功能特点，将系统从逻辑上划分为数据子系统和控制子系统两部分，导出包含有必要的数据信息、控制信息和状态信息的结构框图。逻辑划分的原则是，怎样更有利于实现系统的工作原理，就怎样进行逻辑划分。为了不使这一步的工作太过复杂，结构框图中的各个逻辑模块可以比较笼统、比较抽象，不必受具体芯片型号的约束。

3. 功能分解，构造数据子系统

逻辑功能划分后获得的数据子系统结构框图中的各个模块还比较抽象，功能也可能还比较复杂，必须进一步对这些模块进行功能分解，直到可用合适的芯片或模块来实现具体的存储和处理功能。适当连接这些芯片、模块，就可构造出数据子系统的详细结构。必须注意，为了简化控制子系统的设计，数据子系统不仅要结构简单、清晰，而且要便于控制。

4. 算法设计，实现控制子系统

根据导出的数据子系统结构，编制出数字系统的控制算法，得到数字系统的控制状态图，并采用同步时序电路设计的方法完成控制子系统的设计。

数字系统的控制算法反映了数字系统中控制子系统对数据子系统的控制过程，它与系统所采用的数据子系统的结构密切相关。例如，某个数字系统中有 10 次乘法操作，且参与乘法操作的数据可以同时提供。如果数据子系统有 10 个乘法器，则控制算法中就可以让这 10 次乘法操作同时完成；但如果数据子系统中只有一个乘法器，则控制算法就只能是逐个完成这 10 次乘法操作。因此，算法设计要紧密结合数据子系统的结构来进行。

一般来讲，数据子系统通常为人们熟悉的各种功能电路，无论是采用现成模块还是自行设计，都有一些固定的方法可循，不用花费太多精力。相对说来，控制子系统的设计要复杂得多。因此，人们往往认为数字系统设计的主要任务就是要设计一个好的控制子系统。

经过上述四个步骤后，数字系统设计在理论上已经完成。为了保证系统设计的正确性和可靠性，如果有条件的话，可以先采用 EDA 软件对所设计的系统进行仿真，然后再用具体器件搭设电路。搭设电路时，一般按自底向上的顺序进行。这样做，不仅有利于单个电路的调试，而且也有利于整个系统的联调。因此，严格地讲，数字系统设计的完整过程应该是"自顶向下设计，自底向上集成"。

必须指出，数字系统的上述设计过程主要是针对采用标准集成电路的系统而言的。实际上，除了采用标准集成电路外，还可以采用 PLD 器件或微机系统来实现数字系统，此时的设计过程会略有不同。例如采用 PLD 器件设计数字系统时，就没有必要将系统结构分解为一些市场上可以找到的基本模块；在编写出源文件并编译仿真后，通过"下载"

就可获得要设计的系统或子系统。

### 9.1.3 数字系统的总体方案与逻辑划分

1. 数字系统的总体方案

数字系统的总体方案的优劣直接关系到整个数字系统的质量与性能,需要根据系统的功能要求、使用要求及性能价格比周密思考后确定。下面通过两个具体实例进行说明。

**【例 9.1.1】** 某数字系统用于统计串行输入的 n 位二元序列 X 中"1"的个数,试确定其系统方案。

**解** 该数字系统的功能用软件实现最为方便,但此处仅讨论硬件实现问题。该系统看起来非常简单,但却无法用前面介绍的同步时序电路设计方法进行设计。因为无论从接收序列的可能组合数还是从收到"1"的个数来假设状态,其状态图或状态表都十分庞大。如果从接收序列的可能组合数来假设状态,则需要 $2^n$ 个状态;如果从当前接收到"1"的个数来假设状态,也需要 n+1 个状态。例如,n=255 时,分别需要设 $2^{255}$ 和 256 个状态,这样的设计规模是无法想象的。由此可见,时序电路的设计方法的确不适用于数字系统设计。

如果换一种思路,从实现"1"的统计功能所需要的操作入手,问题就可以迎刃而解。因为从实现"1"的统计功能所需要的操作来看,只需要这样几种操作:一是对 X 的数位进行累计;二是对接收到的 X 进行是 0 还是 1 的判断;三是当 X=1 时,使"1"数计数器加 1 计数;四是判断 X 的全部数位是否统计完毕,如果统计完毕,工作即告结束。具体统计过程与软件实现完全相同,即每接收 1 位 X,就判断一下该位是 0 还是 1,如果 X 为 0,"1"数计数器维持原态;如果 X 为 1,则"1"数计数器加 1,且每接收 1 位,位数计数器加 1。待 n 位 X 的各位全部判断、计数后,"1"数计数器的值就是 X 中"1"的个数。

从实现的角度看,这种方案需要 1 个控制器来控制整个统计过程。而为了实现统计功能,该方案至少还需要两个模 n+1 的计数器,其中一个计数器用于累计 X 中"1"的个数,另一个用于累计 X 的接收位数。

**【例 9.1.2】** 某数字系统用于 7 阶多项式求值:

$$P_7(x) = \sum_{i=0}^{7} p_i x^i$$

试确定该系统的总体方案。

**解** $P_7(x) = p_7 x^7 + p_6 x^6 + p_5 x^5 + p_4 x^4 + p_3 x^3 + p_2 x^2 + p_1 x + p_0$

实现该多项式求值,可用的方案较多,此处给出其中的 3 种方案。

方案 1

直接按上式计算多项式的值,则需要 6 个能计算 $x^i$ 的运算部件、7 个能够计算 $p_i x^i$ 的乘法器及 7 个加法器。该方案的优点是速度快,但硬件成本太高。因为仅实现 $x^i$ 运算的硬件成本就非常高。而且,如果采用该方案求值,没有、也不需要控制器,因此不能称为数字系统。

**方案 2**

将该多项式分解为 ax+b 形式的多个子计算，依次进行计算：

$P_7(x) = ((((((p_7x + p_6)x + p_5)x + p_4)x + p_3)x + p_2)x + p_1)x + p_0$

即首先计算 $p_7x + p_6$，然后计算 $(p_7x + p_6)x + p_5$，…，最后计算得到 $P_7(x)$。该方案每次仅完成 1 个 ax+b 的运算，共需 7 次计算才能求得 $P_7(x)$ 的值，运行时间较长，但硬件成本很低。如果不计存储器和用于循环次数控制的计数器、比较器，则该方案仅需要 1 个乘法器和 1 个加法器。这种分解方法称为何纳（Horner）算法。

**方案 3**

将该多项式分解为 ax+b 和 $x^2$ 形式的子计算，一次可同时进行几个计算：

$P7(x) = x4[x2(p7x + p6) + (p5x + p4)] + x2(p3x + p2) + (p1x + p0)$

设 $A = x^2 = x \times x$，$B = (p_1x + p_0)$，$C = (p_3x + p_2)$，$D = (p_5x + p_4)$，$E = (p_7x + p_6)$，$F = x^4 = A \times A$，则第 1 次首先并行计算 A、B、C、D、E 5 个子计算，第 2 次并行计算 F、AC+B=G、AE+D=H 等子计算，第 3 次通过计算 FH+G 就可得到 $P_7(x)$。如果不计存储器，该方案需要 5 个乘法器和 4 个加法器，硬件成本稍高，但运行时间很短。这种分解方法称为埃士纯（Estrin）算法。

**2. 数字系统的逻辑划分**

由于数据子系统和控制子系统的功能不同，因此，数字系统的逻辑划分并不太困难。凡是有关存储、处理功能的部分，一律纳入数据子系统；凡是有关控制功能的部分，一律纳入控制子系统。逻辑划分后，就可以根据功能需要画出整个系统的结构框图。

**【例 9.1.3】** 对例 9.1.1 中描述的统计串行输入的 n 位二元序列 X 中 "1" 的个数的数字系统进行逻辑划分，导出其系统结构框图，并简述其工作过程。

**解** 例 9.1.1 中，已经确定了该系统的总体方案。根据数据子系统和控制子系统的特点，用于统计 X 中 "1" 的个数的模 n+1 计数器（称为 "1" 数计数器）和用于记忆 X 的接收位数的模 n+1 计数器（称为位数计数器）都属于计数操作功能，应该纳入到数据子系统中；"1" 数计数器和位数计数器所需要的加 1 控制信号由控制器产生，位数计数器的输出 Q 作为反映 X 接收位数的状态信号提供给控制器。而 X 是 0 还是 1 的判断可以直接在控制器中完成，不必用比较器实现；统计过程是否结束，由控制器根据位数计数器提供的状态信号来决定。据此得到该系统的结构框图如图 9.1.3 所示。图中，st 是为便于操作而设的一个脉冲型启动信号，done 是为便于观察统计结果而设的一个状态输出信号，CLR 为两个计数器的清零控制信号，$CP_1$ 为 "1" 数计数器的计数时钟信号，$CP_2$ 为位数计数器的计数时钟信号，Q 为位数计数器提供给控制器的状态信号。

该系统的大致工作过程如下：系统加电时，系统处于等待状态，即当 st=0 时，系统不工作；当 st=1 时，系统启动工作，控制器输出 CLR 有效，将两个计数器清零，同时置输出状态信号 done 无效。

工作过程中，输入 X 与系统时钟 CP 同步。每来一个 CP 脉冲，控制器接收 1 位 X 输入，并根据接收到的 X 是 0 还是 1，决定是否输出 "1" 数计数器的计数时钟 $CP_1$ 脉冲；同时输出 1 个位数计数器计数时钟 $CP_2$ 脉冲，使位数计数器状态加 1。当 X 输入、统计完成时，位数计数器输出状态 Q 使控制器停止统计过程，并使输出状态信号 done 有效,告知使用者此时"1"数计数器时输出有效。如果此时控制器转入等待状态,则每来一个 st 脉冲就可以完成一次"1"数统计工作。

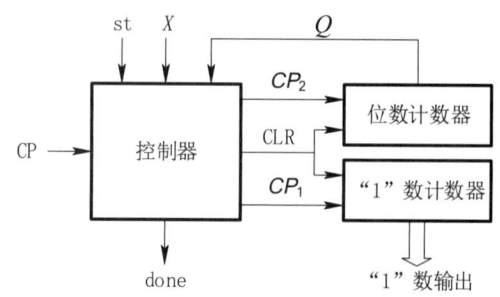

图 9.1.3  "1"数统计系统结构框图

【例 9.1.4】假设例 9.1.2 中描述的 7 阶多项式求值数字系统采用方案 2,试对该数字系统进行逻辑划分,导出其系统结构框图,并简述其工作过程。

**解**  方案 2 将 7 阶多项式 $P_7(x)$ 分解为 ax+b 形式的多个子计算,依次进行计算。显然,实现 ax+b 计算、a、b 选择和循环控制的电路部分应该属于数据子系统,而完成这些计算和选择功能所需的控制部分应该属于控制子系统。

为了便于理解,此处给出带有较详细的数据子系统结构的系统结构框图,如图 9.1.4 所示。其中,MUL 为乘法器,Σ 为加法器,MUX 为数据选择器,CTR 为循环次数计数器,R 为寄存器。MUX2 在计数器为 000~110 时,依次选取 $p_6$~$p_0$。st 为启动信号,done 为操作状态输出信号;CLR 为计数器 CTR 的清零信号,$CP_0$ 为 CTR 的计数时钟信号;$C_1$ 为 MUX1 的数据选择信号,0 选 $p_7$ 而 1 选 R;$C_2$ 为 R 寄存器的置数控制信号。这几个信号均由控制器产生。

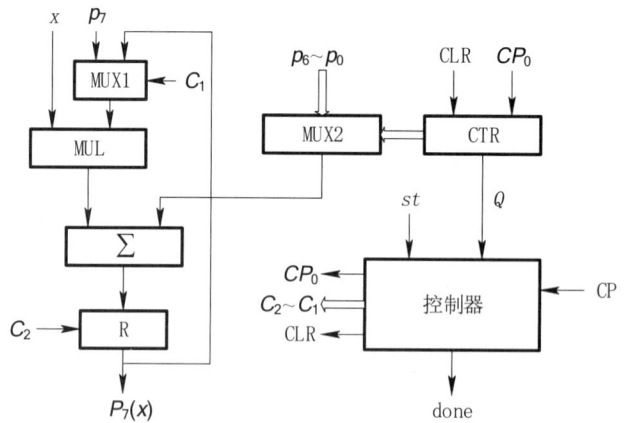

图 9.1.4  7 阶多项式求值系统结构框图

该系统的大致工作过程如下:

系统加电时,系统处于等待状态,即当 st=0 时,系统不工作,控制器输出 CLR 有效,将计数器清零;当 st=1 时,系统启动工作,置 CLR 和输出状态信号 done 无效,置 $C_1$=0,MUX1 选择 $P_7$。由于计数器清零,MUX2 选择 $P_6$ 控制器输出 $C_2$ 有效,将 $p_7x+p_6$ 的运算结果置入 R 寄存器中;输出 1 个 $CP_0$ 脉冲,使计数器加 1。

在接下来的工作过程中，数据子系统在控制器的控制下，$C_1=1$，MUX1 选择 R；依次选取相应的 a、b，计算 ax+b，并将计算结果置入 R 寄存器中。每计算 1 次 ax+b，计数器加 1。当计数器满 7 时，Q=1，计算结束，done 有效，告知使用者，此时 R 寄存器的数值就是多项式 $P_7(x)$ 的计算结果。如果此时控制器转入等待状态，则每来一个 st 脉冲就计算 1 次多项式的值。

【**例 9.1.5**】某数字系统采用牛顿—拉夫申（Newton-Raphson）迭代算法计算 a（$1/2 \leq a<1$）的倒数 $1/a$ 的近似值 Z，误差要求为 $|aZ-1| \leq e/2$。牛顿—拉夫申迭代算法的迭代公式为 $Z_{i+1}=Z_i(2-aZ_i)$，迭代初值为 $Z_0=1$。试对该数字系统进行逻辑划分，画出结构框图。

**解** 从牛顿—拉夫申迭代算法的迭代公式可见，该系统需要进行 $Z_{i+1}=Z_i(2-aZ_i)$ 的迭代运算和误差比较等操作。这类操作所需硬件应属于数据子系统范畴，而操作所需控制信号则由控制子系统产生。由此可得系统的结构框图如图 9.1.5 所示。图中，st 为系统启动信号，CP 为系统时钟脉冲，done 为输出状态信号，k 为误差比较输出状态信号。迭代结果 Z 满足误差要求时 k=0，迭代结束，控制器输出 done 有效，告知使用者输出 Z 有效。

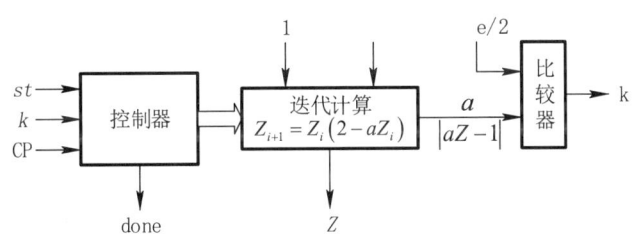

图 9.1.5 计算 1/a 的数字系统结构框图

### 9.1.4 数据子系统的构造方法

1. 数据子系统的组成

数据子系统的功能是实现数据的存储、传送和处理，通常由存储部件、运算（算子）部件、数据通路、控制点及条件组成。

存储部件用来存储各种数据，包括初始数据、中间数据和处理结果，常用触发器（寄存器）、计数器和随机存取存储器（RAM）来作存储部件。

运算部件用来对二进制数据进行变换和处理，常用的组合运算部件有加法器、减法器、乘法器、除法器、比较器等，常用的时序运算部件有计数器和移位寄存器等。

数据通路用来连接系统中的存储器、运算部件以及其他部件，常用导线和数据选择器等来实现。

控制点是数据子系统中接收控制信号的组件输入点，控制信号通过它们实现运算部件操作、数据通路选择以及寄存器的置数等控制操作。以集成触发器为例，其时钟输入端和异步清零、置 1 端均可作为控制点。

条件是数据子系统输出的一部分，控制子系统利用它来决定条件控制信号或别的操作序列。条件可以看作数据子系统提供给控制子系统的操作状态信息。

2. 数据子系统的构造方法

数据子系统一旦分离出来以后，接下来要做的工作就是如何选用适当的基本模块构造出数据子系统的实际结构。这里仍以前面介绍的两个数字系统为例介绍数据子系统的构造方法。

**【例 9.1.6】** 构造例 9.1.3 中的"1"数统计系统的数据子系统。

**解** "1"数统计系统的数据子系统较为简单，只要选取合适的计数器即可。假设二元序列 X 的长度为 255 位，则用 4 位二进制同步可预置加法计数器 74163 构成的数据子系统如图 9.1.6 所示，$\overline{CLR}$ 要求低电平有效。其中，74163-1 和 74163-2 构成模 256 的"1"数计数器；74163-3 和 74163-4 构成模 256 的位数计数器（其清零的工作由控制器来完成）。$CP_1$ 和 $CP_2$ 两个计数时钟由控制器产生，74163-4 的进位输出 C0 即为位数计数器向控制器提供的状态信息 Q。当 74163-4 的进位输出 C0 为 1 时，表示 X 的各位统计完毕，控制器停止输出计数时钟 $CP_1$ 和 $CP_2$，使计数器停止计数；同时输出状态信号 done 有效，表示"1"数统计完毕，"1"数计数器的 Q 端输出有效。

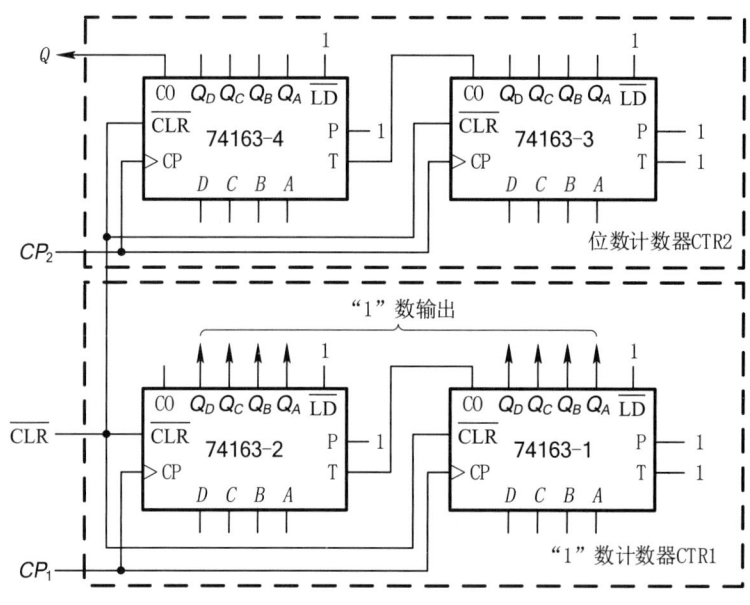

图 9.1.6 "1"数统计系统的数据子系统结构

**【例 9.1.7】** 构造例 9.1.5 中采用牛顿—拉夫申迭代算法 $Z_{i+1}= Z_i(2-aZ_i)$ 计算 $1/a$ 的近似值 Z 的数据子系统。

**解** 从牛顿—拉夫申迭代算法可见，算法本身每迭代一轮有两次乘法、一次减法，而误差比较时也有一次乘法、一次减法以及一次比较。误差比较的乘法与迭代时的一次乘法相同，共用一次乘法。这样，仅需两次乘法、两次减法和一次比较。由于乘法器代价较高，因此采用一个乘法器外加一个数据选择器（数据选择器用来选择乘数）来完成两次乘法运算。另外，还需采用几个寄存器来寄存初值和迭代结果：A 寄存器寄存 a，E 寄存器寄存误差值 e/2，Z 寄存器寄存结果 Z，W 寄存器寄存中间结果 $aZ_i$，Y 寄存器寄

存 $2-aZ_i$。这样，数据子系统所需硬件如下：

（1）存储部件

  A——寄存器，1 个，寄存 a；

  E——寄存器，1 个，寄存 e/2；

  W——寄存器，1 个，寄存 $aZ_i$；

  Y——寄存器，1 个，寄存 $2-aZ_i$；

  Z——寄存器，1 个，寄存结果 Z 及中间迭代结果 $Z_{i+1}$。

（2）运算部件

  MUL——乘法器，1 个；

  SUB——减法器，2 个，分别用于计算 $2-aZ_i$ 和 $|aZ_i-1|$；

  COMP——比较器，1 个，完成误差比较。

（3）数据通路

  MUX——数据选择器，2 个，分别用于选择 Z 寄存器和乘法。

（4）器的输入参数控制点（控制信号）

  $C_1$——A←a，将 a 置入寄存器 A 中；

  $C_2$——Z 输入参数选择，0 选初值"1"，1 选 $Z_{i+1}$；

  $C_3$——Z←MUX1，与 $C_2$ 配合将"1"或一轮迭代结果 $Z_{i+1}$ 置入寄存器 Z 中；

  $C_4$——MUL 的输入参数选择，0 选 A，1 选 Y；

  $C_5$——E←e/2，将 e/2 置入寄存器 E 中；

  $C_6$——W←$aZ_i$，将 $aZ_i$ 置入寄存器 W 中；

  $C_7$——-Y←$2-aZ_i$，将 $2-aZ_i$ 置入寄存器 Y 中。

（5）条件

  k——误差比较结果，满足误差要求时，k = 0；

  st——系统启动信号，st = 1 表示系统启动。

由此可得计算 1/a 近似值 Z 的一种数据子系统结构如图 9.1.7 所示。该数据子系统虽然比较复杂，但图中每一个小方框所对应的逻辑部件都不难找到，这里就不再描述用具体器件实现时的数据子系统结构了。不过需要指出的是，图中的减法器 SUB2 要求实现 $|aZ_i-1|$ 的功能，即不仅要完成减法运算，而且还要能取绝对值，这与减法器 SUB1 有所不同。

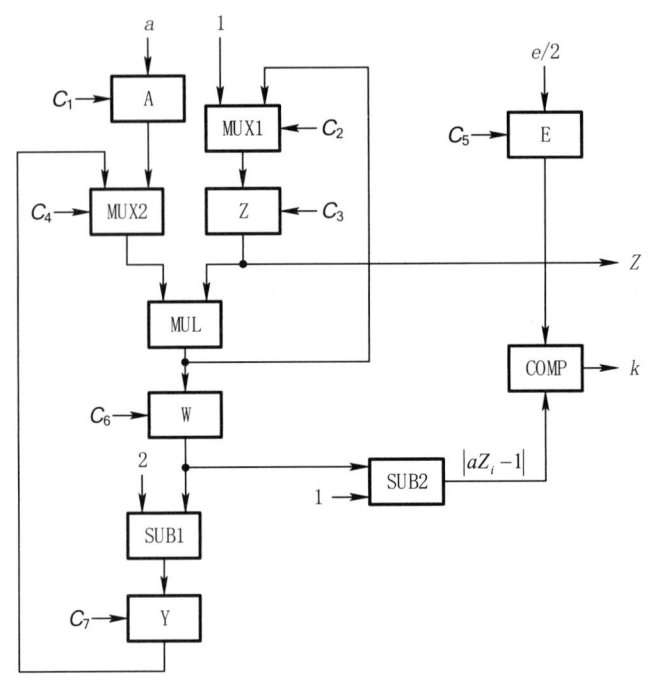

图 9.1.7　计算 1/a 近似值的数据子系统

## 9.2　控制子系统的设计工具

### 9.2.1　ASM 图

ASM 图是算法状态机图（Algorithmic State Machine Chart）的简称，是一种用来描述时序数字系统控制过程的算法流程图，其结构形式与计算机中的程序流程图非常相似。

算法状态机本质上是一个有限状态机（Finite State Machine）。有限状态机也称有限自动机或时序机，是一个抽象的数学模型，主要用来描述同步时序系统的操作特性。时序机理论不仅在数字系统设计和计算机科学中得到应用，而且在社会、经济、系统规划等学科领域也有着非常广泛的应用。

1. ASM 图的基本符号和结构

ASM 图由状态块（State Box）、判别块（Decision Box）、条件输出块（Conditional Output Box）和输入、输出路径（Entry or Exit Path）构成。输入、输出路径实际上就是一些带箭头的向线，由它们把状态块、判别块和条件输出块有机地连接起来，构成完整的 ASM 图。

状态块为矩形框，代表 ASM 图的一个状态。状态的名称及编码分别标在状态块的左、右上角（也可只标状态或编码），块内列出该状态下数据子系统进行的操作及控制器为实现这种操作而产生的控制信号输出（如果无数据操作和控制输出，状态块内为空白），如图 9.2.1 所示。该状态块表明，当电路处于 $S_5$（编码为 101）状态时，数据子系统应将 $X \oplus Y$ 的结果置入 P 寄存器中；为了实现这一操作，控制器应发出 $C_5$ 控制信号，且为高电平。有时为了简便，状态块内也可只列出控制信号而省略数据操作。

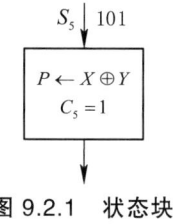

图 9.2.1　状态块

判别块为菱形框，用来表示 ASM 图的状态分支。判别块内列出判别条件，判别块的出口处列出满足的条件，如图 9.2.2 所示。该图说明此处的判别条件是 XY，当 XY=00 时，电路转向 $S_2$ 状态；当 XY=01 时，电路转向 $S_1$ 状态；当 XY=1Φ 时，电路转向 $S_4$ 状态。

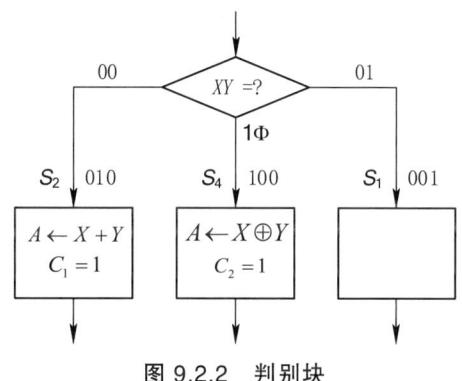

图 9.2.2　判别块

条件输出块为椭圆状或两端为圆弧线的框，用来表示 ASM 图的条件输出。条件输出块总是位于满足状态分支条件的支路上，当满足该分支条件时，立即执行条件输出块中规定的操作（这与状态块中的操作明显不同）。例如，图 9.2.3 中，SRLA 即为一个条件输出块。当 X=0 时，电路将转向 $S_1$ 状态；而当 X=1 时，将立即执行该条件输出块中规定的 SRLA 操作（将寄存器 A 的内容右移 1 位），然后转向 $S_2$ 状态。

电路状态的转换是在系统时钟脉冲 CP 的控制下进行的。当无 CP 脉冲到来时，系统将维持现在的状态不变。

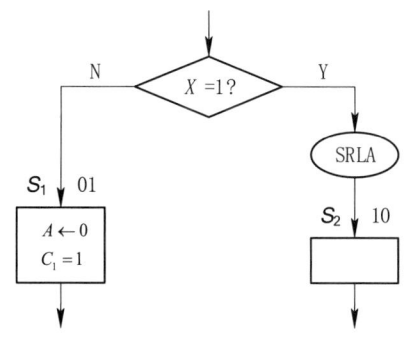

图 9.2.3　条件输出块

2. ASM 图应用举例

【例 9.2.1】 导出例 9.1.3 中的 "1" 数统计系统控制器的 ASM 图。

**解** 例 9.1.6 中已经导出了 "1" 数统计系统的数据子系统结构。为了适应 74163 的需要，清零控制信号 CLR 必须为低电平有效，计数时钟信号 $CP_1$ 和 $CP_2$ 必须为脉冲信号。根据前面确定的系统方案，得到该系统控制器的 ASM 图如图 9.2.4 所示。从图中可见，ASM 图的确与程序流程图非常相似。

为了减少状态、简化电路，ASM 图中的控制信号 $CP_1$、$CP_2$、CLR 及操作状态信号 done 全部由状态译码产生。有关的表达式中，$S_i$ 表示控制器处于状态 $S_i$ 时的状态译码，高电平有效。例如，状态信号 done 只在状态 $S_0$ 时才为 1，清零信号 CLR 只在状态 $S_1$ 时才为 0。

系统的控制过程可以从 ASM 图中一目了然。加电时，系统处于 $S_0$ 状态，操作状态信号 done=$S_0$=1，表示系统尚未开始计数工作或一次计数工作已经完成，等待启动。CP 时钟脉冲信号上升沿到来时，如果启动信号 st=0，继续等待；如果 st=1，系统启动，进入 $S_1$ 状态（done 因为状态译码输出无效而自然变为 0）。

在 $S_1$ 状态下，系统控制器输出清零信号 CLR 有效，将位数计数器和 "1" 数计数器清零。下一个 CP 时钟脉冲信号上升沿到来时，进入 $S_2$ 状态（CLR 因为状态译码输出无效而自然变为 1）。

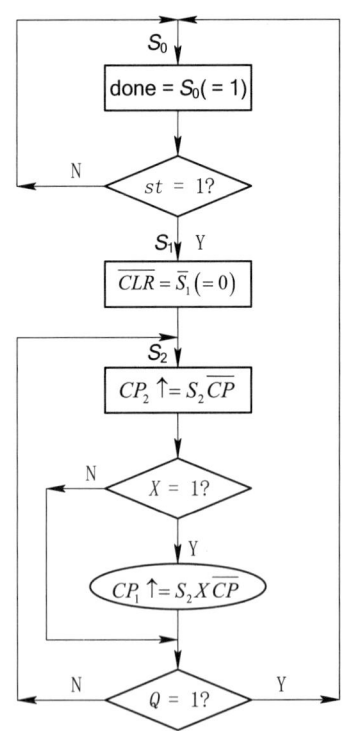

图 9.2.4 "1" 数统计系统控制器 ASM 图

在 $S_2$ 状态下，系统控制器输出位数计数器的 $CP_2$ 计数脉冲，使位数计数器在 CP 脉冲的下降沿（$CP_2$ 的上升沿，↑表示上升沿）时状态加 1。此时，如果 X=1，则同时产生

"1"数计数器的 $CP_1$ 计数脉冲，使"1"数计数器状态加 1；如果 X=0，则不产生 $CP_1$ 脉冲，"1"数计数器状态保持不变。下一个 CP 时钟脉冲信号上升沿到来时，如果位数计数器的状态输出 Q=0，说明 X 尚未收完，系统进入 $S_2$ 状态；如果位数计数器的状态输出 Q=1，说明 X 已经收完，系统进入 $S_0$ 状态，输出状态信号 done=1，告知使用者"1"数统计已经结束，"1"数计数器的内容即为 X 中"1"的个数。只要没来新的 st 启动脉冲，"1"数计数器的内容即 X 中"1"的个数将一直保持下来。

【**例 9.2.2**】导出例 9.1.4 中的 7 阶多项式求值系统控制器的 ASM 图。

**解** 图 9.1.4 中已经导出了 7 阶多项式求值系统的结构框图，为了便于对 ASM 图的理解，此处对数据子系统部分进行适当细化、修改，细化、修改后的系统结构框图如图 9.2.5 所示。

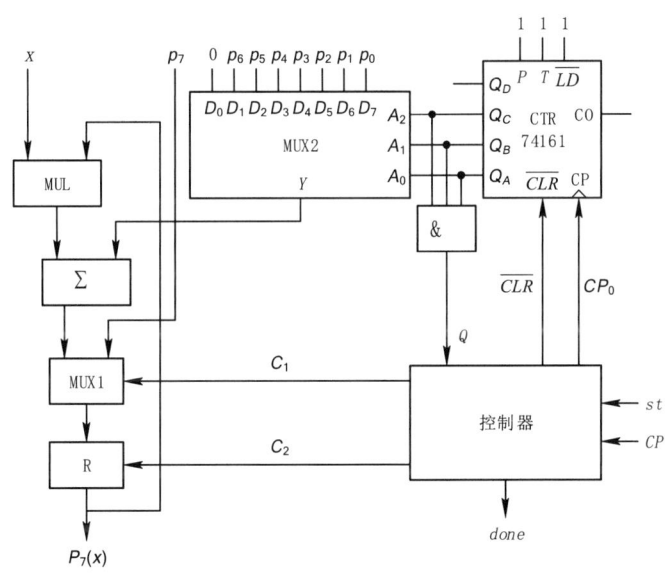

图 9.2.5　7 阶多项式求值系统的结构框图

修改部分说明，数据子系统的结构形式可以多种多样。由于 CTR 采用了 74161，所以 $\overline{CLR}$ 为低电平有效。因为数据位数较多，图中的 MUX 实际需要多个数据选择器才能实现。数据子系统的所有模块均可找到合适的芯片，为了保持电路简洁，此处不给出实际的电路连接图。系统控制器的 ASM 图如图 9.2.6 所示。

加电时，系统处于 $S_0$ 状态。控制器发出控制信号 $\overline{CLR}$ =0，将 74161 清零；done=1，表示系统等待启动（done 仅在 $S_0$ 状态时为 1；其他状态时，done=0）。如果启动信号 st=0，系统继续在 $S_0$ 状态等待；如果 st=1，则在下一个 CP 脉冲上升沿转入 $S_1$ 状态。

在 $S_1$ 状态下，控制器发出 $C_1$ 和 $C_2$ 信号，将 $p_7$ 存入 R 寄存器中。注意，$C_1$ 只在状态 $S_1$ 时为 0，使 MUX1 选择 $p_7$，其余状态下 $C_1$=1，MUX1 选择 ax+b；$C_2$ 的上升沿（CP 的下降沿）才将 $p_7$ 存入 R 寄存器中。当下一个 CP 脉冲上升沿到来时，系统转入 $S_2$ 状态。

在 $S_2$ 状态下，计数器 74161 在 $CP_0$ 上升沿状态加 1。当下一个 CP 脉冲上升沿到来时，系统转入 $S_3$ 状态。

在 $S_3$ 状态下，$C_2$ 的上升沿（CP 的下降沿）将 ax+b 的计算结果存入 R 寄存器中。由于 $C_2$ 在 $S_1$ 和 $S_3$ 状态时表达式不同，其总的表达式必须综合这两种情况，因此可用 $C_2 = S_1 CP + S_3 CP$ 来描述。如果此时 Q=0，说明尚未计算完，下一个 CP 脉冲上升沿到来时转入 $S_2$ 状态，继续计算过程；如果此时 Q=1，即计数器已经进入 111 状态，说明计算已经结束，下一个 CP 脉冲上升沿到来时系统转入 $S_0$ 状态，将计数器清零；同时使操作状态信号 done=1，表示计算已经结束，等待下一次启动。

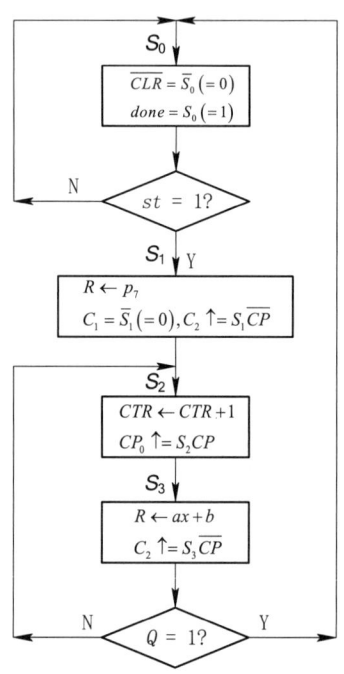

图 9.2.6  7 阶多项式求值系统控制器的 ASM 图

### 9.2.2  分组—按序算法语言

与 ASM 图用图形方式描述时序系统控制算法不同，算法语言是用语言文件方式描述数字系统的控制算法。常用的算法语言有 RTL（Register Transfer Language）、VHDL（VHSIC Hardware Description Language）和分组—按序算法语言（Group Sequential Algorithms Language），它们都属于硬件描述语言。硬件描述语言 HDL（Hardware Description Language）是一种能够描述硬件电路功能、信号连接关系及定时关系的语言，比电路原理图更好地描述硬件电路的特性。利用算法语言设计数字系统，其过程类似于程序设计。

与 VHDL 语言和 RTL 语言相比，分组—按序算法语言具有以下优点：
① 语法简单，语义明了，非常便于理解和使用；
② 在实现层次上用该语言描述的算法，可用硬件或微程序直接实现，非常便于系统

功能的实现;

③ 设计过程类似程序设计,稍具程序设计知识的人即可用它设计数字系统;

④ 采用这种算法设计的数字系统,运行速度较快,硬件成本较低,具有较高的性能价格比。

1. 分组—按序算法语言

分组—按序算法语言,简称 GSAL 语言,它与 RTL 语言非常接近。所谓分组—按序算法,是指包括很多子计算,且子计算被分成许多组,执行时组内并行、组间按序的算法,如图 9.2.7 所示。图中椭圆框中的每个小圈表示一个子计算,每个椭圆框中的子计算为一组。一个时间节拍系统只计算一组子计算,下一个时间节拍才按照顺序计算下一组子计算。

数字系统的大多数算法都属于分组—按序算法。例如,前面介绍的"1"数统计系统和 7 阶多项式求值系统中 ASM 图描述的控制算法,都是分组—按序算法。

分组—按序算法语言通常包括数据集、函数、指定、语句结构、模块化结构以及注释等。实现层次的数据集只能是比特矢量,而采用模块化结构只是为了便于算法的扩展。

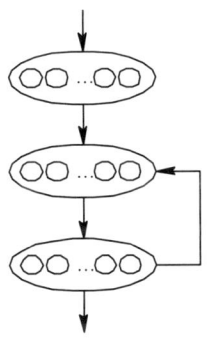

图 9.2.7 分组—按序算法

(1) 函数

函数也称算子,其抽象符号为 OP。它是数据子系统中的数据处理模块,可能是组合的,也可能是时序的。例如,"比较"算子是组合的,而"移位"算子就是时序的。

算子有一般函数和条件选择函数之分。

① 一般函数:常用大写字母串命名,例如,ADD(X, Y)就是一个"加法"算子,如果其输出为 Z,则可记为

$$Z:=ADD(X, Y) \tag{9.2.1}$$

其中,ADD(X, Y):= X+Y。符号":="用于说明或再命名。

② 条件选择函数:它的功能是根据条件的真假从可能的输出集合中选择一个输出,其语言结构为:

$$A \text{ if } a|B \text{ if } b|C \text{ if } c \cdots \tag{9.2.2}$$

此处,A、B、C 为输出集中的元素,a、b、c 为相应的条件,"|"为选择符。该式的含义是:如果条件 a 为真,则输出为 A;如果条件 b 为真,则输出为 B;如果条件 c 为真,则输出为 C。一般情况下,每次至多只有一个条件为真(取值为 1)。当所有条件均

为假时，函数值未定义。

条件选择函数可用逻辑门或数据选择器实现。四选一数据选择器的功能可以用条件选择函数描述如下：

$$D_0 \text{ if } \overline{A_1}\overline{A_0} \mid D_1 \text{ if } \overline{A_1}A_0 \mid D_2 \text{ if } A_1\overline{A_0} \mid D_3 \text{ if } A_1A_0$$

（2）指定

指定也称赋值，其功能就是将源值 S 赋给目标 D，需要由寄存器传送来实现。

指定有无条件指定和条件指定之分。

① 无条件指定：就是指这种指定的执行是无条件的，其语言结构为：

$$D \leftarrow S \tag{9.2.3}$$

无条件指定的实现结构如图 9.2.8（a）所示，图中 L 为置数使能输入端，高电平有效。

允许 A←A+B 这样的指定，意为 $A(t^{n+1}) = A(t^n) + B(t^n)$。

② 条件指定：就是指这种指定的执行是有条件的。它有两种语言结构为：

if c then D←S

if c then $D_1 \leftarrow S_1$ else $D_2 \leftarrow S_2$

它们的实现结构分别如图 9.2.8（b）和图 9.2.8（c）所示。假定寄存器置数控制 L 高电平有效。

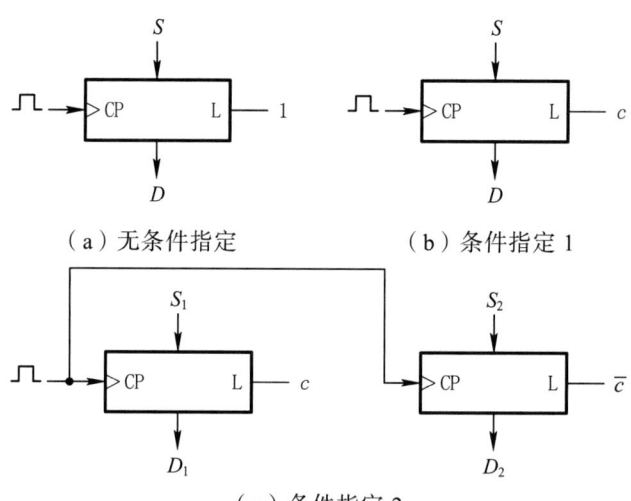

（a）无条件指定　　（b）条件指定 1

（c）条件指定 2

图 9.2.8　指定的实现结构

（3）语句结构

语句是算法的最小执行单位，是描述可同时实现的一组指定的语言结构，其格式为：

标号：指定 1 ‖ 指定 2 ‖ …… ‖ 指定 n；

标号是由字符串构成的语句标识，以冒号为结束标志。语句的标号可有可无。‖ 为各指定的间隔符（注意与条件选择函数的选择符"|"的区别），表示一种并列关系，与顺序无关。分号表示语句的结束。

在实现层次上，语句既可用硬件（Hardware）实现，又可用微程序（Micro Program）

实现。用硬件实现时，语句的标号用状态名表示；用微程序实现时，语句的标号用控制存储器中微指令的地址表示。

语句有显式和隐式两种执行顺序。

在显式顺序中，每条语句包含将要执行的下一条语句的标号，该标号作为语句的一部分列于全部指定之后，用右向箭头及标号表示：

$$\text{指定} \parallel \rightarrow \text{标号}; \qquad (9.2.4)$$

由于这种方法中明显地给出了语句的执行顺序，因此称为显式顺序。显式顺序可以是有条件的，也可以是无条件的。

【例 9.2.3】下面是一段显式算法，假定条件 a、b 不可能同时为真：

```
LP:     W←MUL（A，B）‖→CHEC；
CHEC:   if c then A←INC（A）‖→SAB；
SAB:    Y←XOR（A，B）‖→LP if a|CHEC if a|END if  ab；
END:    Z←ADD（W，Y）‖A←SUB（W，Y）；
```

通常，算法中的语句大多数是按照书写的先后顺序执行的，因此用不着像显式顺序那样，每条语句都给出将要执行的下一条语句的标号。

所谓隐式顺序，就是一般情况下，各条语句的执行顺序隐含于语句的书写顺序中；当需要脱离隐式顺序时，采用条件转移。例如上例中的显式算法，采用隐式顺序时可改写如下：

```
LP:     W←MUL（A，B）；
CHEC:   if c then A←INC（A）；
        Y←XOR（A，B）‖→LP if a| CHEC if b；
END:    Z←ADD（W，Y）‖A←SUB（W，Y）；
```

在微程序实现中，常用这种隐式顺序，以便缩短微指令长度，减少存储器容量，降低成本。

（4）注释

注释用于对算法或语句的说明，以便阅读、检查。

注释占用单独的行，且位于/*   */之间。

注释可有可无。

2．分组—按序算法语言应用举例

【例 9.2.4】编写 "1" 数求值系统的控制算法。

**解** 例 9.1.6 中已经导出了 "1" 数统计系统的数据子系统结构。根据前面确定的统计方法，得到其系统控制算法如下（每条语句后为解释性说明）：

```
WAIT: done=1‖→WAIT if st；  等待 st 启动脉冲。done=1 为组合输出；
      CTR1←0‖CTR2←0；       计数器清零
CN:   if X then CTR1←CTR1+1‖CTR2←CTR2+1‖→CN if Q|WAIT if Q；
```

如果 X=1，"1" 数计数器加 1，否则保持。位数计数器加 1，当 Q=1 时统计结束该控制算法并非唯一。例如，也可以采用下面的控制算法：

```
WAIT: done=1‖→WAIT  if  st ；        等待 st 启动脉冲
```

```
            CTR1←0 ‖ CTR2←0;           计数器清零
    CN:    if X then CTR1←CTR1+1;     若 X=1,则"1"计数器加 1
    CTR2←CTR2+1 ‖ →CN if Q| WAIT if Q;   位数计数器加 1,Q=1 时统计结束
```

由于两条语句才能完成 1 次统计,因此 X 的输入频率应为控制器 CP 频率的一半。

【例 9.2.5】编写 7 阶多项式求值系统的控制算法。

**解** 图 9.2.5 中已经导出了 7 阶多项式求值系统的结构框图。其控制算法如下:

```
WAIT: done=1 ‖ CTR←0 ‖ →WAIT if st;   done=1,计数器清零,等待 st 启动脉冲
            R←p₇;                     将 p₇ 置入 R 寄存器中
LOOP: CTR←CTR+1;                      循环次数计数器加 1
    R←ax+b ‖ →LOOP if  WAIT if Q;     将 ax+b 置入 R 寄存器中,Q=1 时统计
                                       结束
```

如果采用图 8.1.4 的数据子系统结构,控制算法可以修改如下:

```
WAIT: done=1 ‖ CTR←0 ‖ →WAIT if st;   done=1,计数器清零,等待 st
                                       启动脉冲
            R←p₇x+p₆;                 将 p₇x+p₆ 置入 R 寄存器中
LOOP: CTR←CTR+1;                      循环次数计数器加 1
    R←ax+b ‖ →LOOP if Q WAIT if Q;    将 ax+b 置入 R 寄存器中,
                                       Q=1 时统计结束
```

## 9.3 控制子系统的实现方法

实现控制子系统一般包括以下几个步骤:
① 根据所采用的数据子系统结构,导出合适的系统控制算法(ASM 图或算法文件);
② 根据导出的系统控制算法,画出系统的控制状态图(也可省略这一步);
③ 采用同步时序电路的设计方法或微程序设计方法,实现控制子系统。

### 9.3.1 硬件控制器的实现方法

硬件控制器的实现方法与同步时序电路的设计方法并无多大差别。由于常常以 MSI 计数器或移位寄存器为核心进行设计,所以一般情况下,这种实现方法不需要对控制状态图进行化简。使用计数器进行设计时,状态编码要注意按照计数器的规律进行编码,尽量多使用 MSI 计数器的计数功能来实现控制器的状态转换;使用移位寄存器进行设计时,状态编码要注意按照移位寄存器的规律进行编码,尽量多使用 MSI 移位寄存器的移位功能来实现控制器的状态转换。

【例 9.3.1】以 4 位二进制同步可预置加法计数器 74161 为核心,设计图 9.2.4 所示 ASM 图描述的"1"数统计系统控制器。

**解** 根据图 9.2.4 所示 ASM 图,得到"1"数统计系统的控制状态图如图 9.3.1 所示。状态转换条件中,原变量表示 1,反变量表示 0,这与时序电路的状态图有些不同。

在每个状态的右侧，大括号内给出了相应状态下控制器的有效输出，没有标出的控制信号表示无效。例如，done 只在状态 $S_0$ 时有效，输出为高电平，其他状态时 done 均为无效，输出为低电平。再如 $\overline{CLR}$，它只在状态 $S_1$ 时有效，输出为低电平；其他状态时，$\overline{CLR}$ 均为无效，输出为高电平。$CP_1$ 和 $CP_2$ 比较特殊，其中 $CP_2$ 在 $S_2$ 状态时为 $\overline{CP}$，$CP_1$ 在 $S_2$ 状态时为 $X\overline{CP}$；其他状态时，$CP_1$、$CP_2$ 均为 0。

由于只有 3 个状态，因此只需要两位二进制编码。采用 74161 时，只需要使用 $Q_BQ_A$ 即可。状态编码如下：

$$S_0\text{——}00,\ S_1\text{——}01,\ S_2\text{——}10$$

由此得到 74161 的控制激励表如表 9.3.1 所示。有关激励和控制信号的表达式为：

$$\overline{LD} = \overline{Q}_B, P = Q_A + st, T = 1, B = 0, A = Q$$
$$done = \overline{Q_A + Q_B}, \overline{CLR} = \overline{Q}_A, CP_1 = XQ_B\overline{CP}, CP_2 = Q_B\overline{CP}$$

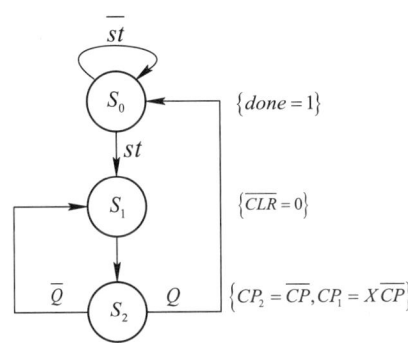

**图 9.3.1　"1"数统计系统的控制状态图**

用 74161 构成的 "1" 数统计系统控制器电路如图 9.3.2 所示。为了保证控制器一开始处于 $S_0$ 状态，加电后应先将 74161 清零。

**表 9.3.1　74161 控制激励表**

| 现态 PS | 条件 | | 次态 NS | 工作方式 | 激励 | | | | | | | 控制信号输出 | | | |
|---|---|---|---|---|---|---|---|---|---|---|---|---|---|---|---|
| $S_i$($Q_BQ_A$) | st | Q | $S_i$($Q_BQ_A$) | | $\overline{LD}$ | P | T | D | C | B | A | done | $\overline{CLR}$ | $CP_1$ | $CP_2$ |
| $S_0$(0 0) | 0 | φ | $S_0$(0 0) | 保持 | 1 | 0 | φ | φ | φ | φ | φ | 1 | 1 | 0 | 0 |
| | 1 | φ | $S_1$(0 1) | 计数 | 1 | 1 | 1 | φ | φ | φ | φ | 1 | 1 | 0 | 0 |
| $S_1$(0 1) | φ | φ | $S_2$(1 0) | 计数 | 1 | 1 | 1 | φ | φ | φ | φ | 0 | 0 | 0 | 0 |
| $S_2$(1 0) | φ | 0 | $S_1$(0 1) | 置数 | 0 | φ | φ | φ | φ | 0 | 1 | 0 | 1 | $X\overline{CP}$ | $\overline{CP}$ |
| | φ | 1 | $S_0$(0 0) | 置数 | 0 | φ | φ | φ | φ | 0 | 0 | 0 | 1 | $X\overline{CP}$ | $\overline{CP}$ |

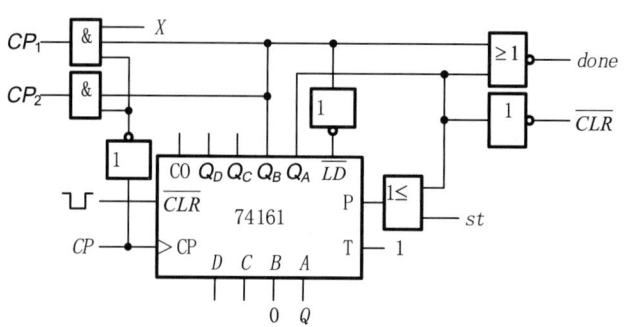

图 9.3.2 "1"数统计系统控制器电路

**【例 9.3.2】** 例 9.2.5 给出了图 9.2.5 所示 7 阶多项式求值系统的控制算法，试以 4 位二进制同步可预置双向移位寄存器 74194 为核心，设计该系统控制器。

**解** 将控制算法的每一条语句用一个状态表示，就可以得到系统的控制状态图，如图 9.3.3 所示。有关控制信号的定义如下：

CLR：CTR←0，低电平有效；

$CP_0$：CTR←CTR+1，上升沿有效；

$C_1$：MUX1 选择，0 选 $p_7$，1 选加法器输出（ax+b）；

$C_2$：R←MUX1，上升沿有效。

由于只有 4 个状态，因此只需要两位二进制编码。采用 74194 且使用右移方式时，只需使用 $Q_AQ_B$ 即可。状态编码如下：

$$S_0——00, S_1——10, S_2——11, S_3——01$$

由此得到 74194 的控制激励表，如表 9.3.2 所示。从中直接写出有关激励和控制输出表达式：

$$S_1 = \overline{Q}_A Q_B, \ S_0 = 1, \ S_R = \overline{Q}_B(Q_A + st), \ B = A = \overline{Q}$$

$$done = \overline{Q_A + Q_B}, \ \overline{CLR} = Q_A + Q_B, \ CP_0 = Q_A Q_B CP, \ C_1 = Q_B, \ C_2 = (Q_A \oplus Q_B)CP$$

表 9.3.2 74194 控制激励表

| 现态 PS | 条件 | 次态 NS | 工作 | 激励 | | | | | | | 控制信号输出 | | | | |
|---|---|---|---|---|---|---|---|---|---|---|---|---|---|---|---|
| $S_i$ ($Q_A Q_B$) | st Q | $S_i$ ($Q_A Q_B$) | 方式 | $S_1$ | $S_0$ | $S_R$ | A | B | C | D | done | $\overline{CLR}$ | $CP_0$ | $C_1$ | $C_2$ |
| $S_0$ (0 0) | 0 φ | $S_0$ (0 0) | 右移 | 0 | 1 | 0 | φ | φ | φ | φ | 1 | 0 | 0 | 0 | 0 |
| | 1 φ | $S_1$ (1 0) | 右移 | 0 | 1 | 1 | φ | φ | φ | φ | 1 | 0 | 0 | 0 | 0 |
| $S_1$ (1 0) | φ φ | $S_2$ (1 1) | 右移 | 0 | 1 | 1 | φ | φ | φ | φ | 0 | 1 | 0 | 0 | CP |
| $S_2$ (1 1) | φ φ | $S_3$ (0 1) | 右移 | 0 | 1 | 0 | φ | φ | φ | φ | 0 | 1 | CP | 1 | 0 |
| $S_3$ (0 1) | φ 0 | $S_2$ (1 1) | 置数 | 1 | 1 | φ | 1 | 1 | φ | φ | 0 | 1 | 0 | 1 | CP |
| | φ 1 | $S_0$ (0 0) | 置数 | 1 | 1 | φ | 0 | 0 | φ | φ | 0 | 1 | 0 | 1 | CP |

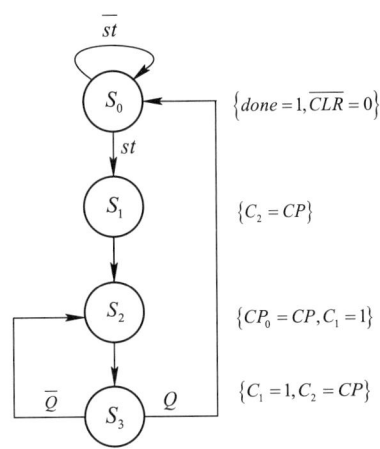

图 9.3.3 系统的控制状态图

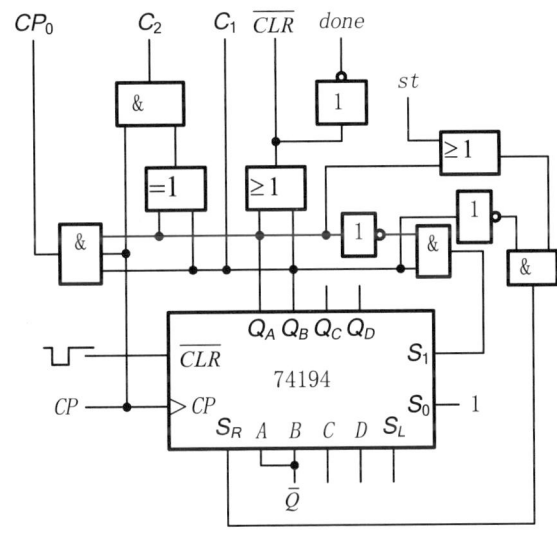

图 9.3.4 7 阶多项式求值系统控制器电路

## 9.3.2 微程序控制器的实现方法

在微程序控制器的实现方法中，控制算法中的每一条语句称为一条微指令（Micro-Instruction），每条微指令中的一个基本操作称为微操作。一条微指令可有多个微操作，它们的编码即为微指令的操作码。描述一个算法的全部微指令的有序集合就称为微程序。

微程序控制器实现方法的基本思想是：将反映系统控制过程的控制算法以微指令的形式存放在控制存储器中，然后一条条将它们取出并转化为系统的各种控制信号，从而实现预定的控制过程。这种实现方法称为微程序设计方法，用微程序方法设计的控制器称为微程序控制器。

微程序控制器的基本结构如图 9.3.5 所示。由图中可见，在微程序控制器中，条件与现态（PS）作 ROM 的地址，次态（NS）与控制信号作 ROM 的内容，寄存器作状态寄存器。p 个条件、n 位状态编码，要求 ROM 有 n+p 位地址、$2^{n+p}$ 个单元；n 位状态编码、m 个控制信号，要求 ROM 单元的字长为 n+m 位。这就意味着所选 ROM 的存储容量不少于 $2^{n+p} \times$（n+m）。

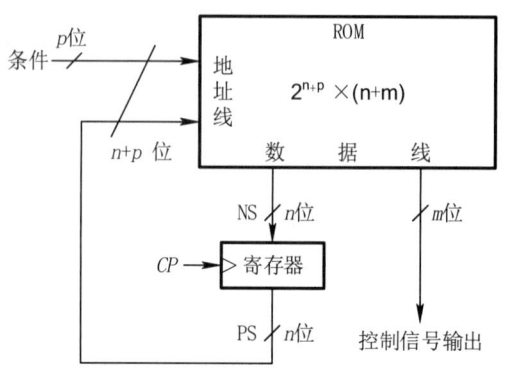

图 9.3.5　微程序控制器的基本结构

与硬件控制器相比，微程序控制器具有结构简单、修改方便、通用性强的突出优点。尤其是当系统比较复杂、状态很多时，微程序控制器的优势更加明显。当然，如果控制器非常简单、状态不多时，因控制存储器的浪费，使用微程序控制器反而有可能提高系统成本。因此，在决定采用微程序控制器前，应该估算一下系统的综合成本。

【例 9.3.3】用微程序设计方法实现图 9.3.3 所示的控制状态图描述的 7 阶多项式求值系统控制器。

**解**　从图 9.3.3 所示的系统控制状态图可见，该系统共有 4 个状态、2 个条件（st，Q）、5 个控制信号。4 个状态，需要 2 位二进制编码，即 n=2；2 个条件，5 个控制信号，即 p=2，m=5。因此，所需 ROM 的地址为 n+p=2+2=4 位，ROM 单元数为 $2^{n+p}=2^4=16$ 个，ROM 字长为 n+m=2+5=7 位，ROM 容量为 $2^{n+p} \times$（n+m）=16×7 位。EPROM 2732 和寄存器 74175 满足上述要求，构成分项式求值系统微程序控制器电路如图 9.3.6 所示。

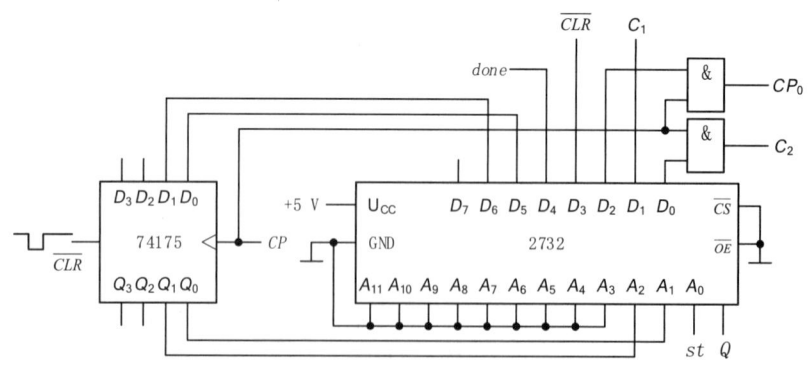

图 9.3.6　7 阶多项式求值系统微程序控制器电路

7 阶多项式求值系统微程序控制器 ROM 的地址—内容表如表 9.3.3 所示。

表 9.3.3  7 阶多项式求值系统微程序控制器 ROM 的地址—内容表

| 现态 | ROM 地址 | | | | 次态 | ROM 内容 | | | | | | 十六进制数 | |
|---|---|---|---|---|---|---|---|---|---|---|---|---|---|
| | $A_3$ | $A_2$ | $A_1$ | $A_0$ | | $D_6$ | $D_5$ | $D_4$ | $D_3$ | $D_2$ | $D_1$ | $D_0$ | 地址 | 内容 |
| PS | $Q_1$ | $Q_0$ | st | Q | NS | $Q_1$ | $Q_0$ | done | $\overline{CLR}$ | $CP_0$ | $C_1$ | $C_2$ | 地址 | 内容 |
| $S_0$ | 0 | 0 | 0 | 0 | $S_0$ | 0 | 0 | 1 | 0 | 0 | 0 | 0 | 0 | 10 |
| | 0 | 0 | 0 | 1 | $S_0$ | 0 | 0 | 1 | 0 | 0 | 0 | 0 | 1 | 10 |
| | 0 | 0 | 1 | 0 | $S_1$ | 0 | 1 | 1 | 0 | 0 | 0 | 0 | 2 | 30 |
| | 0 | 0 | 1 | 1 | $S_1$ | 0 | 1 | 1 | 0 | 0 | 0 | 0 | 3 | 30 |
| $S_1$ | 0 | 1 | 0 | 0 | $S_2$ | 1 | 0 | 0 | 1 | 0 | 0 | 1 | 4 | 49 |
| | 0 | 1 | 0 | 1 | $S_2$ | 1 | 0 | 0 | 1 | 0 | 0 | 1 | 5 | 49 |
| | 0 | 1 | 1 | 0 | $S_2$ | 1 | 0 | 0 | 1 | 0 | 0 | 1 | 6 | 49 |
| | 0 | 1 | 1 | 1 | $S_2$ | 1 | 0 | 0 | 1 | 0 | 0 | 1 | 7 | 49 |
| $S_2$ | 1 | 0 | 0 | 0 | $S_3$ | 1 | 1 | 0 | 1 | 1 | 1 | 0 | 8 | 6E |
| | 1 | 0 | 0 | 1 | $S_3$ | 1 | 1 | 0 | 1 | 1 | 1 | 0 | 9 | 6E |
| | 1 | 0 | 1 | 0 | $S_3$ | 1 | 1 | 0 | 1 | 1 | 1 | 0 | A | 6E |
| | 1 | 0 | 1 | 1 | $S_3$ | 1 | 1 | 0 | 1 | 1 | 1 | 0 | B | 6E |
| $S_3$ | 1 | 1 | 0 | 0 | $S_2$ | 1 | 0 | 0 | 1 | 0 | 1 | 1 | C | 4B |
| | 1 | 1 | 0 | 1 | $S_0$ | 0 | 0 | 0 | 0 | 1 | 0 | 1 1 | D | 0B |
| | 1 | 1 | 1 | 0 | $S_2$ | 1 | 0 | 0 | 1 | 0 | 1 | 1 | E | 4B |
| | 1 | 1 | 1 | 1 | $S_0$ | 0 | 0 | 0 | 0 | 1 | 0 | 1 1 | F | 0B |

# 9.4 数字系统设计举例

用数字系统设计方法实现 14 位二进制数密码锁系统。

密码锁在防盗保险箱、汽车防盗门等领域有着非常广泛的应用，其基本功能是：当使用者按序正确输入预置的密码时，才能打开密码锁。实际的密码锁一般使用十进制数密码，为了简单起见，此处使用二进制数密码。14 位二进制数密码共有 $2^{14}$（16384）种密码组合，密码性能介于 4~5 位十进制数密码之间，可以满足一般场合的使用要求。

1. 系统功能与使用要求

为了给设计者提供较大的设计灵活性，这里仅对 14 位二进制数密码锁系统提出一些最基本的功能和使用方面的要求：

① 具有密码预置功能；

② 密码串行输入，且输入过程中不提供密码数位信息；

③ 只有正好输入 14 位密码且密码完全正确时按下试开键，才能打开密码锁，否则，系统进入错误状态（死机）；

④ 在任何情况下按下 RST 复位键，均可使系统中断现行操作（包括开锁和死机），

返回初始状态（关锁）。

2. 系统方案

密码锁系统的操作功能主要有三个：一是正确接收逐位键入的密码并记录输入密码位数；二是对输入密码进行比较；三是在使用者按下试开键时决定是否开锁。从比较的方式看，有并行比较和串行比较之分，由此得出两种不同的系统方案。

（1）并行比较方案

在并行比较方案中，需要1个14位移位寄存器来寄存输入的14位二进制密码，并使用1个14位二进制数比较器来和预置的密码进行比较。完成这些功能的模块都属于数据子系统的范畴，而密码锁系统的各种控制信号则由控制子系统产生。由此不难得到密码锁系统的结构框图如图9.4.1所示。

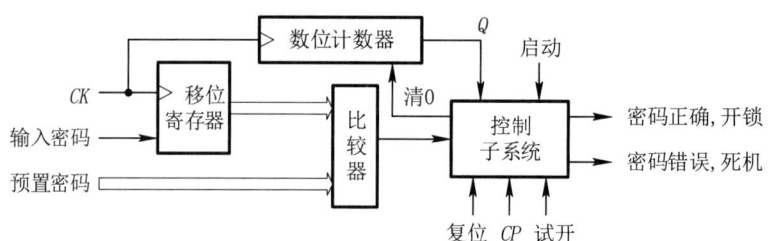

图9.4.1 密码锁系统并行比较方案框图

该方案的优点是思路清楚，控制简单，但需要1个寄存14位二进制数密码的移位寄存器及1个14位二进制数比较器，与串行比较方案相比，硬件成本较高。

（2）串行比较方案

与并行比较方案中收满14位密码才进行比较不同，在串行比较方案中，采用的是逐位比较。每输入1位密码，便与预置的该位密码进行比较。发现1位密码不对，系统便进入错误状态。由于是逐位比较，因此不需要保存输入的密码，只要1个1位比较器即可。最简单的1位比较器是异或门。由此可得串行比较方案的密码锁系统结构框图如图9.4.2所示。

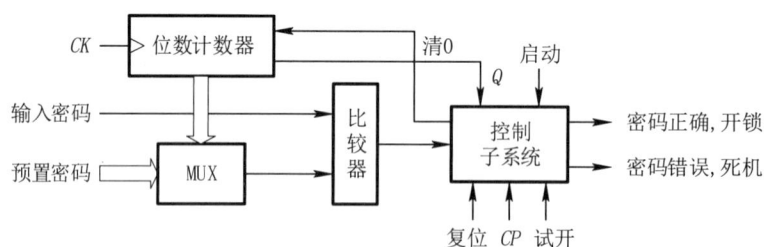

图9.4.2 密码锁系统串行比较方案框图

3. 数据子系统结构

由于串行比较方案所需硬件较少，性能价格比高，所以这里采用串行比较方案。对系统结构框图进行细化，就可得到密码锁系统的数据子系统结构。

（1）输入信号的产生

① 预置密码 $K_P$。

采用单刀双置开关。开关接向+5 V 时，表示该位密码预置为 1；开关接向地时，表示该位密码预置为 0。

② 输入密码 $K_I$。

为简单起见，也采用单刀双置开关。开关接向+5 V 时，表示该位输入密码为 1；开关接向地时，表示该位输入密码为 0。密码输入是以时钟信号 CK 来同步的。只有当 CK 脉冲到来时，输入密码才有效。

③ 时钟信号 CK。

采用按键开关，手动操作。按下该键时，为低电平；未按下该键时，为高电平。该信号经 1 个非门整形倒相后，作为输入密码的时钟信号 CK 使用。操作方法是，先将输入密码开关置于 0 或 1 位置，然后按下 CK 键，输入密码位即有效。

（2）存储部件

① 误码状态寄存器。

使用 D 触发器，其 Q 端输出为误码状态信号 e。当 e=0 时，表示未输入错误密码；当 e=1 时，表示已输入错误密码。在输入密码过程中，只要有 1 位密码输入错误或输入超过 14 位密码，e 就将为 1。开始工作时，该触发器应为 0。

② 密码数位计数器。

用 74161 作为密码数位计数器。开始工作时，该计数器应为 0。输入密码过程中，每输入 1 位密码，计数器加 1。该计数器具有三个作用：一是记录输入密码位数，并据此控制数据选择器从 14 位预置密码中选出相应数位密码供比较器进行比较；二是向控制器提供是否已输入 14 位密码的状态信号 Q，当输入密码满 14 位时 Q=1，否则 Q=0；三是当输入超过 14 位密码时，置位误码状态寄存器，并使 74161 维持在 15 位状态。Q 将和 e 共同决定密码锁系统是否开锁，是否进入错误状态。

（3）算子部件

数字密码锁系统的运算功能非常简单，只需要一种比较操作。且由于采用串行比较方案，用 1 个异或门就可实现比较功能。

（4）数据通路部件

由于采用串行比较方案，输入密码需要与预置密码进行逐位比较。使用十六选一数据选择器可以方便地实现这种预置密码选择功能，选择地址码由密码数位计数器提供。

（5）数据子系统结构

根据前面的设计考虑，可以构造出串行比较方案的密码锁数据子系统结构如图 9.4.3 所示。其中，RST 为控制器手动复位电路产生的复位信号，低电平有效。为控制器产生的清零复位信号，也为低电平有效。从图中可以看出以下几点：

① RST 和 CLR 中任意一个有效，密码位数计数器 74161 和 D 触发器都将清零。

② 误码状态寄存器的时钟信号由自身的 $\overline{Q}_0$ 进行控制。当无误码输入时，$\overline{Q}_0$=1，时钟信号得以通过。一旦出现错误输入，$\overline{Q}_0$=0，时钟信号不能到达误码状态寄存器，使误码状态得以保持，直到按下复位键才能清除。

③ 密码数位计数器 74161 的计数控制端 P 受 CO 控制，当输入第 15 位密码后，$Q_DQ_CQ_BQ_A$=1111，CO=1，非门输出为 0。一方面使 74161 因 P 为 0 而停止计数，另一方

面通过置位误码状态寄存器使 e 为 1，向控制器提供错误输入状态信号，表示使用者输入了不少于 15 位的密码。74161 的 $Q_D Q_C Q_B$ 同时作为是否已输入 14 位密码的状态信号 Q。

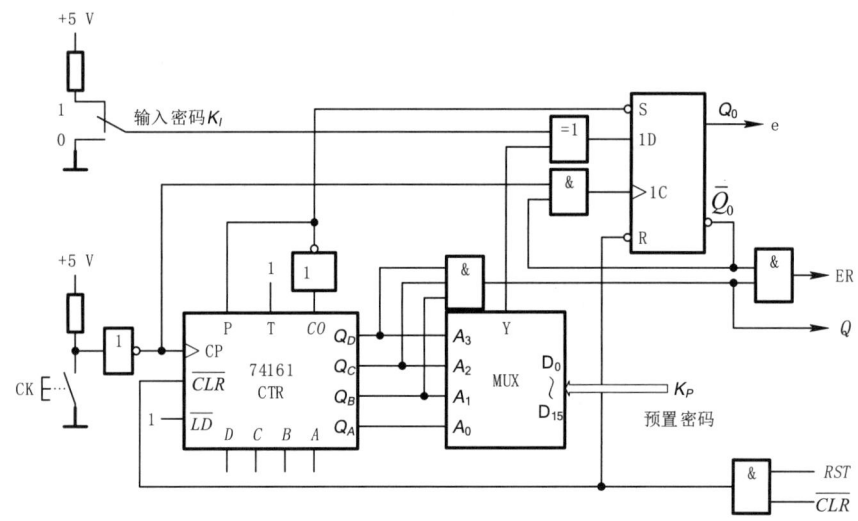

图 9.4.3 密码锁数据子系统结构

④ 将状态信号 Q 和误码信号 e 进行组合，产生控制器所需的是否开锁条件信号 ER。当有误码输入时，e=1；当输入密码未满 14 位时按下试开键，Q=0。这两种情况下 ER=0，表示不符合开锁条件，所以不能开锁，且使密码锁系统进入死机状态。只有当 ER=1 时，才表示使用者正好输入 14 位正确密码，控制器才能输出开锁信号，将密码锁打开。

4. 控制子系统

（1）输入信号产生

① 启动信号 ST。

采用按键开关。按下该键时，启动信号为低电平；未按下该键时，启动信号为高电平。规定启动信号为低电平有效。

② 试开锁信号 LK。

由于启动信号 ST 只在启动时有用，在密码输入过程中并无用处，因此，可用 ST 键兼作试开锁信号 LK 产生键。一旦密码输入过程中按下该键，即为试开锁信号 LK 有效。

③ 手动复位信号 RST。

采用按键开关。按下该键时，复位信号 RST 为低电平；未按下该键时，复位信号 RST 为高电平。规定复位信号 RST 为低电平有效。为了保证控制器严格按照算法工作，RST 仅可直接复位数据子系统，而不直接复位控制子系统。

（2）结构框图

密码锁控制器结构框图如图 9.4.4 所示。其中 LOCK 为开锁控制信号，LOCK=1 表示开锁，LOCK=0 表示关锁。

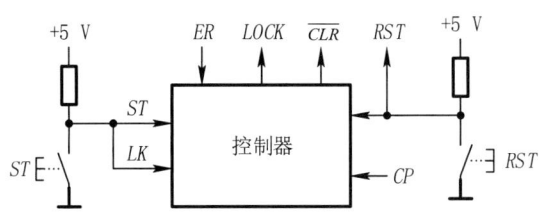

图 9.4.4 密码锁控制器框图

（3）系统控制算法

控制算法的编写与程序设计极其相似。根据密码锁数据子系统结构，可直接编写出与之适应的控制算法（并非唯一）。为了便于阅读，每条语句后面附有解释性说明。

$S_0$：CLR=0 ‖ →$S_0$ if ST；　　数据子系统清零，等待启动键按下

$S_1$：→$S_1$ if $\overline{ST}$；　　等待启动键松开，为试开键作准备

$S_2$：→$S_6$ if RST；　　等待手动输入密码。在此期间按下复位键，终止操作

$S_3$：→$S_2$ if $\overline{LK}$；　　查询是否按下试开键。如未按，继续输入密码

$S_4$：→$S_7$ if ER；　　按下试开键，若输入密码有错，进入错误状态

$S_5$：LOCK=1 ‖ →$S_5$ if RST；　　正确输入 14 位密码，开锁，直到复位才关锁

$S_6$：→$S_6$ if RST|→$S_0$ if $\overline{RST}$；　　等待复位键松开，复位结束返回初始状态

$S_7$：→$S_7$ if RST|→$S_6$ if $\overline{RST}$；　　维持错误状态，直到复位键按下才结束死机

（4）控制状态图

将控制算法的每条语句作为一个状态，且以语句标号作为状态名，就可画出密码锁系统的控制状态图，如图 9.4.5 所示。图中同时标出了各个状态下的有效控制信号输出（$S_0$ 状态时 CLR 有效，$S_5$ 状态时 LOCK 有效）。

（5）控制子系统的实现

此处选择硬件控制器实现方法，采用 74161 作为状态寄存器。从图 9.4.5 所示的控制状态图可知，密码锁系统共有 8 个状态，只需 3 位二进制编码，1 片 74161 便可满足使用要求。

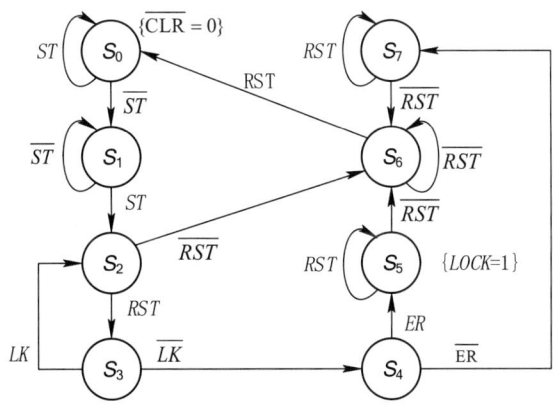

图 9.4.5 密码锁系统的控制状态图

用 $Q_C Q_B Q_A$ 进行状态编码，列出 74161 的控制激励表，如表 9.4.1 所示。由于本系统

条件较多，为了简化控制激励表，条件栏采用了另一种表示方法。由控制激励表可见，$\overline{CLR}$、LOCK、T、C、B、A 等用逻辑门实现比较方便，而 $\overline{LD}$ 和 P 用八选一数据选择器实现比较方便。

表 9.4.1  74161 控制激励表

| 现态（编码）$S_i$（$Q_C Q_B Q_A$） | 条件 | 次态（编码）$S_i$（$Q_C Q_B Q_A$） | 方式 | 激励 $\overline{LD}$ | P | T | D | C | B | A | 控制输出 $\overline{CLR}$ | LOCK |
|---|---|---|---|---|---|---|---|---|---|---|---|---|
| $S_0$（0 0 0） | ST=0 | $S_1$（0 0 1） | 计数 | 1 | 1 | 1 | Φ | Φ | Φ | Φ | 0 | 0 |
|  | ST=1 | $S_0$（0 0 0） | 保持 | 1 | 0 | Φ | Φ | Φ | Φ | Φ |  |  |
| $S_1$（0 0 1） | ST=0 | $S_1$（0 0 1） | 保持 | 1 | 0 | Φ | Φ | Φ | Φ | Φ | 1 | 0 |
|  | ST=1 | $S_2$（0 1 0） | 计数 | 1 | 1 | 1 | Φ | Φ | Φ | Φ |  |  |
| $S_2$（0 1 0） | RST=0 | $S_6$（1 1 0） | 置数 | 0 | Φ | Φ | Φ | 1 | 1 | 0 | 1 | 0 |
|  | RST=1 | $S_3$（0 1 1） | 计数 | 1 | 1 | 1 | Φ | Φ | Φ | Φ |  |  |
| $S_3$（0 1 1） | LK=0 | $S_4$（1 0 0） | 计数 | 1 | 1 | 1 | Φ | Φ | Φ | Φ | 1 | 0 |
|  | LK=1 | $S_2$（0 1 0） | 置数 | 0 | Φ | Φ | Φ | 0 | 1 | 0 |  |  |
| $S_4$（1 0 0） | ER=0 | $S_7$（1 1 1） | 置数 | 0 | Φ | Φ | Φ | 1 | 1 | 1 | 1 | 0 |
|  | ER=1 | $S_5$（1 0 1） | 计数 | 1 | 1 | 1 | Φ | Φ | Φ | Φ |  |  |
| $S_5$（1 0 1） | RST=0 | $S_6$（1 1 0） | 计数 | 1 | 1 | 1 | Φ | Φ | Φ | Φ | 1 | 1 |
|  | RST=1 | $S_5$（1 0 1） | 保持 | 1 | 0 | Φ | Φ | Φ | Φ | Φ |  |  |
| $S_6$（1 1 0） | RST=0 | $S_6$（1 1 0） | 保持 | 1 | 0 | Φ | Φ | Φ | Φ | Φ | 1 | 0 |
|  | RST=1 | $S_0$（0 0 0） | 置数 | 0 | Φ | Φ | Φ | 0 | 0 | 0 |  |  |
| $S_7$（1 1 1） | RST=0 | $S_6$（1 1 0） | 置数 | 0 | Φ | Φ | Φ | 1 | 1 | 0 | 1 | 0 |
|  | RST=1 | $S_7$（1 1 1） | 保持 | 1 | 0 | Φ | Φ | Φ | Φ | Φ |  |  |

$\overline{CLR}$、LOCK、T、B、A 的表达式如下：

$$\overline{CLR} = Q_C + Q_B + Q_A, \quad LOCK = Q_C \overline{Q_B} Q_A, \quad T = 1$$

$$C = \overline{\overline{Q_B} + Q_A} + Q_C \otimes Q_A, \quad B = \overline{Q_C Q_B} + Q_A, \quad A = \overline{Q_B + Q_A}$$

以 $Q_C Q_B Q_A$ 作为八选一数据选择器的地址选择码，得到 $\overline{LD}$ 和 P 的数据选择表如表 9.4.2 所示。

表 9.4.2  $\overline{LD}$ 和 P 的数据选择表

| $Q_C$ | $Q_B$ | $Q_A$ | $\overline{LD}$ | P |
|---|---|---|---|---|
| 0 | 0 | 0 | 1 | $\overline{ST}$ |
| 0 | 0 | 1 | 1 | ST |
| 0 | 1 | 0 | RST | 1 |
| 0 | 1 | 1 | $\overline{LK}$ | 1 |
| 1 | 0 | 0 | ER |  |

续表

| $Q_C$ | $Q_B$ | $Q_A$ | $\overline{LD}$ | P |
|---|---|---|---|---|
| 1 | 0 | 1 | 1 | $\overline{RST}$ |
| 1 | 1 | 0 | $\overline{RST}$ | 0 |
| 1 | 1 | 1 | $\overline{RST}$ | 0 |

根据有关的表达式和连接表，画出以 74161 为核心构成的 14 位二进制数密码锁系统控制器电路，如图 9.4.6 所示。为了保证控制器从 $S_0$ 状态开始工作，74161 加电后必须先清零。

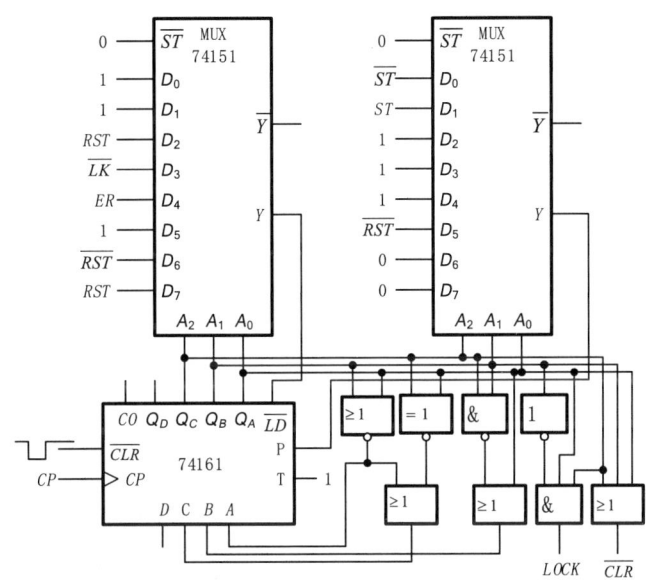

图 9.4.6　14 位二进制数密码锁系统控制器电路

## 9.5　数字系统的 Verilog 实现

在例 9.1.1 中，期望设计数字系统统计串行输入的 n 位二元序列 X 中"1"的个数，本节中的应用 Verilog 设计了相关数字电路，设计方法如例 9.5.1 所示。

【例 9.5.1】控制子系统设计。

| 1 | module count_ones （ |  |
|---|---|---|
| 2 | input wire clk, | // 时钟信号 |
| 3 | input wire reset, | // 重置信号 |
| 4 | input wire serial_in, | // 串行输入数据 |
| 5 | input wire load, | // 加载信号，指示是否开始统计 |

续表

```
6        output reg [7:0] count      // 统计"1"的个数，假设不超过 255
7    );
     // 状态定义
8        reg [3:0] bit_index;        // 当前位索引
9        always @（posedge clk or posedge reset） begin
10           if（reset）begin
11               count <= 8'b0;      // 重置计数器
12               bit_index <= 4'b0;  // 重置位索引
13           end else if（load）begin
14               if（bit_index < 4'b1000）begin // 统计 n 位（假设 n=8）
15                   count <= count + serial_in; // 累加当前位
16                   bit_index <= bit_index + 1;  // 移动到下一个位
17               end
18           end
19        end
20  endmodule
```

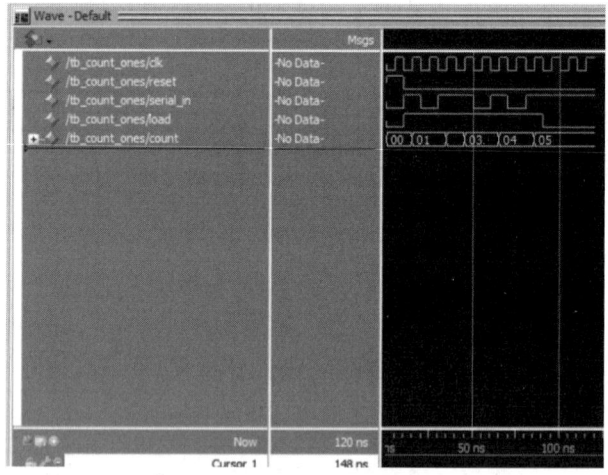

图 9.5.1 控制子系统仿真结果

其中：

① line 1~7：定义名为 count_ones 的模块。输入输出端口：clk：输入的时钟信号，用于同步电路；reset：输入的复位信号，当为高时重置状态；serial_in：输入的串行数据位，用于统计"1"的个数；load：控制信号，指示何时开始统计；count：输出的 8 位寄存器，存储统计的"1"的个数。

② line 8：定义一个 4 位寄存器 bit_index，用于跟踪当前正在处理的位的索引。

③ line 9：使用 always 块监测 clk 的上升沿和 reset 信号。

④ line 10~12：定义复位条件，如果 reset 为高，计数器 count 和位索引 bit_index 都被重置为 0。

⑤ line 13：定义加载条件，如果 reset 不为高且 load 为高，则进入统计逻辑。

⑥ line 14：定义位数限制，检查 bit_index 是否小于 8（4'b1000），以确保统计不超过 8 位。

⑦ line 15：定义计数逻辑，将当前输入位 serial_in 加到计数器 count 中。如果 serial_in 为 1，count 就加 1。

⑧ line 16：定义位索引更新，将 bit_index 加 1，以处理下一个输入位。

以此，例 9.5.1 设计了一个 count_ones 模块，实现了一个简单的统计功能，通过串行输入信号统计其中"1"的个数，并使用时钟同步和复位功能来控制状态的变化。整体结构清晰，并易于理解与扩展，仿真验证结果如图 9.5.1 所示。

## 9.6 小结

本章介绍了数字系统的定义和一般结构。在数字系统设计过程中，ASM 图的建立是整个过程中的关键步骤，这一步解决得好，以后各个步骤就比较容易解决。用 ASM 图描述一个数字系统不是唯一的，应选择最佳的 ASM 图方案。

数字系统由控制电路和受控电路组成，控制电路受同一时钟的控制。ASM 图表面上与通常的软件流程图非常相似，但 ASM 图表示事件的精确时间间隔序列，而一般的软件流程图没有时间的概念。

从上至下的设计方法是从宏观的总体要求入手，尽可能将数字系统划分为较简单的较小的子系统，再通过逻辑接口设计用各种划分的逻辑电路实现所要求的数字系统。数字系统的设计分为系统级设计和逻辑级设计两个阶段。系统级设计即原理性设计，是数字系统设计的关键步骤，也是最困难、最具有创造性的一步。画出 ASM 图是完成系统级设计的标志。

系统级设计的具体步骤是：
① 在详细了解设计任务的基础上，确定顶层系统的方案；
② 列出各个输入变量；
③ 列出各个输出变量；
④ 给定时钟周期 T；
⑤ 画出 ASM 图。

### 习题

9.1 什么是数字系统？
9.2 数字系统一般结构是怎样的？
9.3 叙述数字系统设计的一般过程。
9.4 ASM 图描述的是数字系统的什么内容？

9.5 画出满足如下条件的 ASM 图：当输入 XY=00 时，电路转向 $S_2$ 状态（010），数据子系统应将 X+Y 的结果置入 A 寄存器中控制器应发出 $C_1$ 控制信号；当 XY=01 时，电路转向 $S_1$ 状态（001）；当 XY=1Φ 时，电路转向 $S_4$ 状态（100），数据子系统应将 X⊕Y 的结果置入 A 寄存器中，控制器应发出 $C_2$ 控制信号。

# 第 10 章

# 数／模和模／数转换

**内容提要** 为了能用数字技术来处理模拟信号，必须把模拟信号转换成数字信号，才能送入数字系统进行处理。同时，往往还需把处理后的数字信号转换成模拟信号，作为最后的输出。本章介绍实现这两种功能的电路：数／模和模／数转换电路。

## 10.1 概 述

随着数字计算机的迅速发展，其应用越来越广，特别是计算机在自动控制、自动检测、通信、生物工程、医疗等其他领域中的广泛应用。由于数字计算机只能处理数字信号，因此需要将模拟信号转换成数字信号后才能送给数字系统进行处理。同时，往往还需要把处理后得到的数字信号再转换成相应的模拟信号，作为最后的输出。

我们把将数字信号转换成模拟信号的电路或器件称为数字—模拟转换器，又称 D/A 转换器或称 DAC；将模拟信号转换为数字信号的电路或器件称为模拟—数字转换器，又称 A/D 转换器或称 ADC。

为了保证数据处理的准确性，D/A 转换器和 A/D 转换器必须有足够的精度，同时，为了适应快速过程的控制和检测的需要，D/A 转换器和 A/D 转换器还必须有足够快的转换速度。因此，转换精度和转换速度乃是衡量 D/A 转换器和 A/D 转换器性能优劣的主要标志。

本章主要介绍 D/A 转换器和 A/D 转换器的基本原理和常见的典型电路。

目前常见的 D/A 转换器中有权电阻网络 D/A 转换器、倒 T 型电阻网络 D/A 转换器、权电流型 D/A 转换器等几种类型。

A/D 转换器的类型也有多种，可分为直接 A/D 转换器和间接 A/D 转换器两大类。在常见的直接 A/D 转换器中，又有并联比较型 A/D 转换器和反馈比较型 A/D 转换器两类。目前使用的间接 A/D 转换器大多都属于电压—时间变换型，如双积分型 A/D 转换器和电压—频率变换型两类。

## 10.2 D/A 转换器

### 10.2.1 D/A 转换器的基本工作原理

D/A 转换器（DAC）是将输入的二进制数字信号转换成模拟信号，以电压或电流的形式输出。因此，D/A 转换器可以看作是一个译码器。一般常用的线性 D/A 转换器，其输出模拟电压 U 和输入数字量 D 之间成正比关系，即 U=KD，式中 K 为常数。

D/A 转换器的一般结构如图 10.2.1 所示，图中数据锁存器用来暂时存放输入的数字信号。n 位寄存器的并行输出分别控制 n 个模拟开关的工作状态。通过模拟开关，将参考电压按权关系加到电阻解码网络。

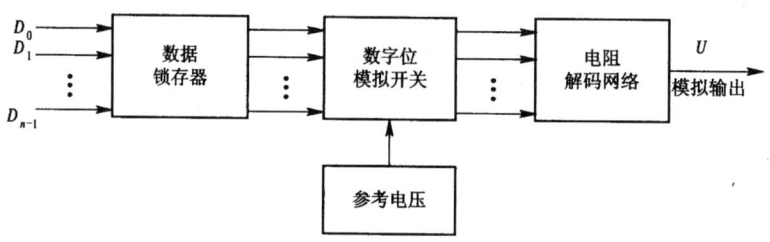

图 10.2.1　DAC 结构方框图

### 10.2.2 权电阻网络 D/A 转换器

1. 电路组成

图 10.2.2 所示为四位权电阻网络 D/A 转换器的原理图。它由权电阻网络 $2^0R$、$2^1R$、$2^2R$、$2^3R$，电子模拟开关 $S_0$、$S_1$、$S_2$、$S_3$，基准电压 $U_{REF}$ 及求和运算放大器组成。

2. 工作原理

电子模拟开关 $S_0 \sim S_3$ 受输入数字信号 $d_0 \sim d_3$ 控制，如果第 i 位数字信号 $d_i=1$，则 $S_i$ 接位置 1，相应的电阻 $R_i$ 和基准电压 $U_{REF}$ 接通；若 $d_i=0$，则 $S_i$ 接位置 0，$R_i$ 接地。求和运算放大器用于将权电阻网络流入 A 的电流 $i_\Sigma$ 转换为相应的模拟电压 $u_0$ 输出。调节反馈电阻 $R_F$ 的大小，可使输出的模拟电压 $u_0$ 符合要求。同时，求和运算放大器又是权电阻网络和输出负载的缓冲器。

$$u_0 = -R_F i_\Sigma = -R_F(I_3+I_2+I_1+I_0) = -R_F\left(\frac{U_{REF}}{2^0R}d_3 + \frac{U_{REF}}{2^1R}d_2 + \frac{U_{REF}}{2^2R}d_1 + \frac{U_{REF}}{2^3R}d_0\right) \quad (10.2.1)$$

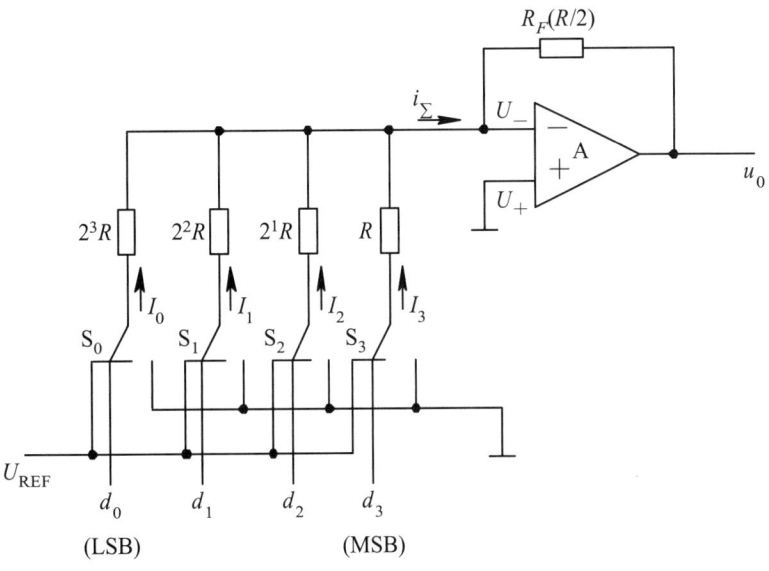

图 10.2.2 权电阻网络 D/A 转换器

取 $R_F=R/2$，则得到：

$$u_0 = -\frac{U_{REF}}{2^4}(d_3 2^3 + d_2 2^2 + d_1 2^1 + d_0 2^0) \tag{10.2.2}$$

对于 n 位的权电阻网络 D/A 转换器，当反馈电阻取为 R/2 时，输出电压的计算公式可写成：

$$\begin{aligned}u_0 &= -\frac{U_{REF}}{2^n}(d_{n-1} 2^{n-1} + d_{n-2} 2^{n-2} + \cdots + d_1 2^1 + d_0 2^0) \\ &= -\frac{U_{REF}}{2^n}\sum_{k=0}^{n-1} d_k 2^k\end{aligned} \tag{10.2.3}$$

**【例 10.2.1】** 在图 10.2.2 所示权电阻网络 D/A 转换器中，设 $U_{REF}=-8V$，$R_F=R/2$，试求：

① 当输入数字量 $d_3d_2d_1d_0=0001$ 时，输出电压值。
② 当输入数字量 $d_3d_2d_1d_0=0101$ 时，输出电压值。
③ 当输入最大数字量时，输出电压值。

**解** ① 根据式（10.2.2），可求得输入数字量 $d_3d_2d_1d_0=0001$ 时的输出电压为

$$u_0 = -\frac{U_{REF}}{2^4}(d_3 2^3 + d_2 2^2 + d_1 2^1 + d_0 2^0) = 0.5V$$

② 根据式（10.2.2），可求得输入数字量 $d_3d_2d_1d_0=0101$ 时的输出电压为：

$$u_0 = -\frac{U_{REF}}{2^4}(d_3 2^3 + d_2 2^2 + d_1 2^1 + d_0 2^0) = 2.5V$$

③ 根据式（10.2.2），可求得输入最大数字量 $d_3d_2d_1d_0=1111$ 时的输出电压为：

$$u_0 = -\frac{U_{REF}}{2^4}(d_3 2^3 + d_2 2^2 + d_1 2^1 + d_0 2^0) = 7.5V$$

权电阻网络 D/A 转换器的优点是电路结构比较简单，所用的电阻元件数较少。它的

缺点是各个电阻的阻值相差比较大，尤其是在输入信号的位数较多时，这个问题更突出。例如，当输入信号增加到八位时，如果取全电阻网络中最小的电阻为R=10 kΩ，那么最大的电阻阻值将达到$2^7R$（=1.28 MΩ），两者相差128倍之多。要想在极为宽广的阻值范围内保证每个电阻都有很高的精度是十分困难的，尤其对制作集成电路更加不利。为了克服权电阻网络 D/A 转换器中电阻阻值相差太大的缺点，常采用倒 T 型电阻网络 D/A 转换器。

### 10.2.3 倒 T 型电阻网络 D/A 转换器

1. 电路组成

如图 10.2.3 所示为四位 R—2R 倒 T 型电阻网络 D/A 转换器的原理图。和权电阻网络 D/A 转换器相比，除电阻网络结构呈倒 T 型外，电阻网络中只有 R、2R 两种阻值的电阻，这就给集成电路的设计和制作带来了很大的方便。

2. 工作原理

电子模拟开关 $S_0 \sim S_3$ 受输入数字信号 $d_0 \sim d_3$ 控制。如果第 i 位数字信号 $d_i=1$，$S_i$ 接求和运算放大器的虚地端；当 $d_i=0$ 时，$S_i$ 接地。可见，无论输入数字信号为 0 还是为 1，即无论各电子模拟开关接"0"端还是接"1"端，各支路的电流都直接流入地或流入求和运算放大器的虚地端，所以对于倒 T 型电阻网络来说，各 2R 电阻的上端相当于接地。由图 10.2.3 看出，基准电压 $U_{REF}$ 对地电阻为 R，其流出的电流 $i=U_{REF}/R$ 是固定不变的，而每个支路的电流依次为 I/2、I/4、I/8、I/16，因此，

$$I_\Sigma = \frac{I}{2}d_3 + \frac{I}{4}d_2 + \frac{I}{8}d_1 + \frac{I}{16}d_0 \qquad (10.2.4)$$

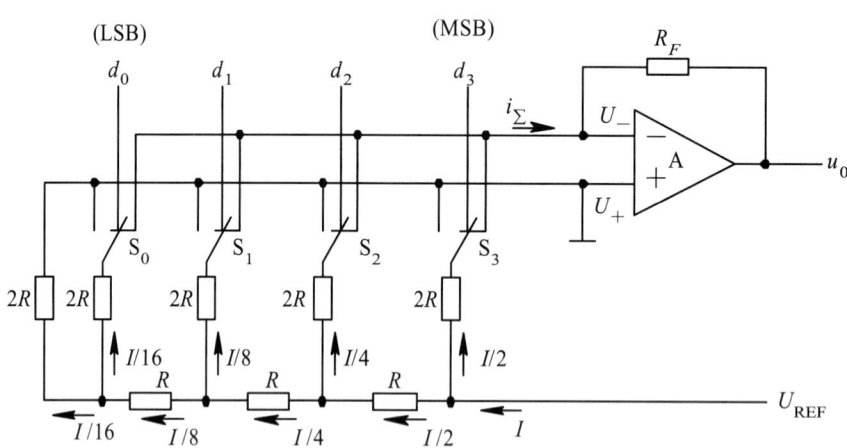

图 10.2.3　倒 T 型电阻网络 D/A 转换器

在求和放大器的反馈电阻阻值等于 R 的条件下输出电压为：

$$u_0 = -Ri_\Sigma = -\frac{U_{REF}}{2^4}(d_3 2^3 + d_2 2^2 + d_1 2^1 + d_0 2^0) \qquad (10.2.5)$$

对于 n 位输入的倒 T 型电阻网络 D/A 转换器，在求和放大器的反馈电阻阻值为 R 的

条件下，输出的模拟电压的计算公式为：

$$u_0 = -\frac{U_{REF}}{2^n}(d_{n-1}2^{n-1} + d_22^2 + d_{n-2}2^{n-2} + \cdots + d_12^1 + d_02^0) \quad (10.2.6)$$

由式（10.2.6）可看出，输出电压和输入数字量成正比。由于不论电子模拟开关接"0"端还是接"1"端，电阻 2R 的上端总是接地或接求和运算放大器的虚地端，因此流经 2R 支路上的电流不会随开关状态的变化而改变，它不需要建立时间，所以电路的转换速度提高了。倒 T 型电阻网络 D/A 转换器的电阻数量虽比权电阻网络多，但它只有 R 和 2R 两种阻值，因而克服了权电阻网络电阻阻值多，差别大的缺点，便于集成化。因此，R—2R 倒 T 型电阻网络 D/A 转换器得到了广泛的应用。

但无论是权电阻网络 D/A 转换器还是倒 T 型电阻网络 D/A 转换器，在分析的过程中，都把电子模拟开关当作理想开关处理，没有考虑它们的导通电阻和导通电压降。而实际上这些开关总有一定的导通电阻和导通电压降，而且每个开关的情况不完全相同。它们的存在无疑将引起转换误差，影响转换精度。为了克服这一问题，常采用权电流型 D/A 转换器。

### 10.2.4 权电流型 D/A 转换器

1. 电路组成

图 10.2.4 所示为四位权电流型 D/A 转换器的原理图。它由权电流 $I/16$、$I/8$、$I/4$、$I/2$，电子模拟开关 $S_0$、$S_1$、$S_2$、$S_3$，基准电压 $U_{REF}$ 及求和运算放大器组成。

2. 工作原理

电子模拟开关 $S_0 \sim S_3$ 受输入数字信号 $d_0 \sim d_3$ 控制，如果第 i 位数字信号 $d_i=1$，则相应的开关 $S_i$ 将权电流源接至运算放大器的反相输入端；若 $d_i=0$，其相应的开关将电流源接地。

恒电流源电路经常使用图 10.2.5 所示的电路结构形式。只要在电路工作时 $U_B$ 和 $U_{EE}$ 稳定不变，则三极管的集电极电流可保持恒定，不受开关内阻的影响。电流的大小近似为：

$$I_i = \frac{U_B - U_{EE} - U_{BE}}{R_E} \quad (10.2.7)$$

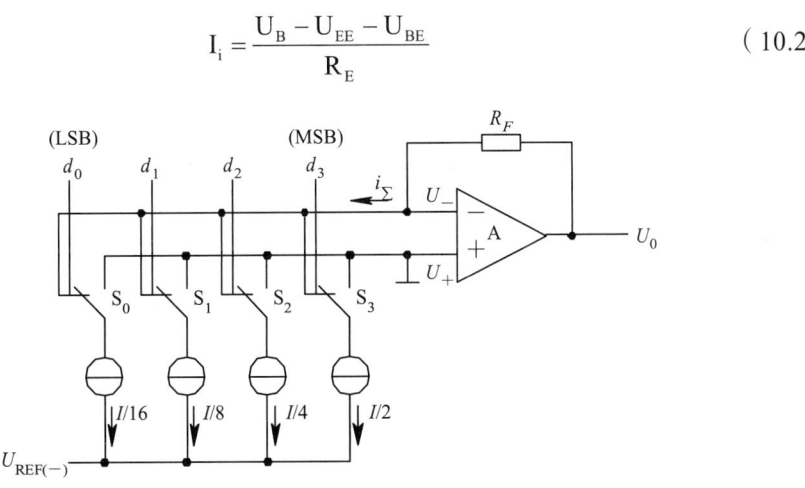

图 10.2.4　权电流型 D/A 转换器

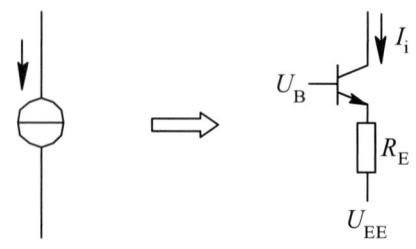

图 10.2.5 权电流 D/A 转换器中的电流源

$$u_0 = i_\Sigma R_F$$
$$= R_F(\frac{I}{2}d_3 + \frac{I}{4}d_2 + \frac{I}{8}d_1 + \frac{I}{16}d_0) \quad (10.2.8)$$
$$= \frac{R_F I}{2^4}(d_3 2^3 + d_2 2^2 + d_1 2^1 + d_0 2^0)$$

可见，输出电压 $u_0$ 正比于输入的数字量，实现了数字量到模拟量的转换。权电流 D/A 转换器各支路电流的叠加方法与传输方式和 R—2R 倒 T 型电阻网络 D/A 转换器相同，因而也具有转换速度快的特点。此外，由于采用了恒流源，每个支路电流的大小不再受开关内阻和压降的影响，从而降低了对开关电路的要求。

### 10.2.5　D/A 转换器的主要技术指标

**1. 分辨率**

分辨率是指输入数字量的最低有效位为 1 时，对应输出可分辨的电压变化量 ΔU 与最大输出电压之比，即：

$$分辨率 = \frac{\Delta U}{U_m} = \frac{1}{2^n - 1} \quad (10.2.9)$$

例如，10 位 D/A 转换器的分辨率可以表示为

$$\frac{1}{2^{10} - 1} = \frac{1}{1023} \approx 0.001$$

分辨率越高，转换时输出量就越平滑、连续，模拟信号还原越好。

如果输出模拟电压满量程为 10V，那么 10 位 D/A 转换器能够分辨的最小电压是 10/1023（≈0.009775）V，而八位 D/A 转换器能够分辨的最小电压是 10/255（≈0.039125）V，可见，D/A 转换器的位数越高，分辨输出电压的能力就越强。

**2. 转换精度**

转换精度是实际输出值与理论计算值之差。这种差值由转换过程的各种误差引起，主要是静态误差。它包括：

① 非线性误差。它是由电子开关导通的电压降和电阻网络电阻值偏差产生的，常用满刻度的百分数来表示。

② 比例系数误差。它是参考电压 $U_{REF}$ 的偏离引起的误差。以图 10.2.3 的倒 T 型电阻网络 D/A 转换器为例，如果 $U_{REF}$ 偏离标准值 $\Delta U_{REF}$，则输出将产生误差电压为：

$$\Delta u_{01} = -\frac{\Delta U_{REF}}{2^4}(d_3 2^3 + d_2 2^2 + d_1 2^1 + d_0 2^0) \quad (10.2.10)$$

这个结果说明，由 $U_{REF}$ 的变化所引起的误差和输入数字量的大小是成正比的。因此把由 $\Delta U_{REF}$ 引起的转换误差叫作比例系数误差。图 10.2.6 中以虚线表示出了当 $\Delta U_{REF}$ 一定时，输出的电压值偏离理论值的情况。

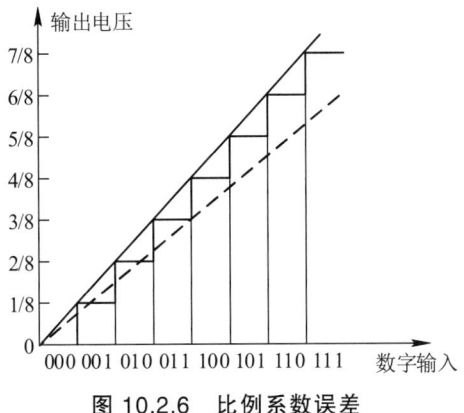

图 10.2.6 比例系数误差

③ 漂移误差。它是由运算放大器零点漂移产生的误差。当输入数字量为 0 时，由于运算放大器的零点漂移，输出的模拟电压并不为 0。这使实际输出电压值与理想电压值产生一个相对位移，如图 10.2.7 中虚线所示。

【例 10.2.2】在图 10.2.3 的倒 T 型电阻网络 D/A 转换器中，外接参考电压 $U_{REF}=-10$ V。为保证 $U_{REF}$ 偏离标准值所引起的误差小于 1/2LSB（最低有效位），试计算 $U_{REF}$ 的相对稳定度应取多少？

**解** 先计算对应于 1/2 LSB 输入的输出电压。由式（10.2.6）可知，当输入代码只有 LSB=1 而其余各位均为 0 时的输出电压为：

$$u_0 = -\frac{U_{REF}}{2^n}(d_{n-1}2^{n-1}+d_2 2^2+d_{n-2}2^{n-2}+\cdots+d_1 2^1+d_0 2^0)=-\frac{U_{REF}}{2^n}$$

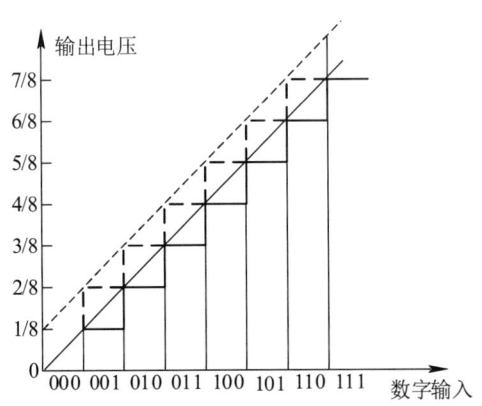

图 10.2.7 漂移误差

故与 1/2LSB 相对应的输出电压绝对值为：

$$\frac{1}{2} \times \frac{|U_{REF}|}{2^n} = \frac{|U_{REF}|}{2^{n+1}}$$

其次，计算由于参考电压 $U_{REF}$ 变化 $\Delta U_{REF}$ 所引起的输出电压变化 $\Delta u_O$，由式 (10.2.6) 可知，在 n 位输入的 D/A 转换器中，由 $\Delta U_{REF}$ 引起的输出电压变化应为：

$$\Delta u_O = -\frac{\Delta U_{REF}}{2^n}(d_{n-1}2^{n-1} + d_2 2^2 + d_{n-2}2^{n-2} + \cdots + d_1 2^1 + d_0 2^0)$$

而且在数字量所有各位全为 1 时 $\Delta u_O$ 最大。这时的输出电压绝对值为：

$$|\Delta u_O| = \frac{2^n - 1}{2^n}|\Delta U_{REF}| = \frac{2^{10} - 1}{2^{10}}|\Delta U_{REF}|$$

根据题意，$\Delta u_O$ 必须小于等于 1/2 LDB 对应的输出电压，于是得到：

$$|\Delta u_O| \leqslant \frac{1}{2^{11}}|U_{REF}|$$

$$\frac{2^{10} - 1}{2^{10}}|\Delta U_{REF}| \leqslant \frac{1}{2^{11}}|U_{REF}|$$

故得到参考电压 $U_{REF}$ 的相对稳定度为：

$$\frac{|\Delta U_{REF}|}{|U_{REF}|} \leqslant \frac{1}{2^{11}} \times \frac{2^{10}}{2^{10} - 1} \approx \frac{1}{2^{11}} = 0.05\%$$

3. 建立时间

从数字信号输入 DAC 到输出电流（或电压）达到稳态值所需的时间为建立时间。建立时间的大小决定了转换速度。目前，10~12 位单片集成 D/A 转换器（不包括运算放大器）的建立时间可以在 1μs 以内。

## 10.3　A/D 转换器

### 10.3.1　A/D 转换器的基本工作原理

在 A/D 转换器（ADC）中，因为输入的模拟信号在时间上是连续的，而输出的数字信号是离散的，所以转换只能在一系列选定的瞬间对输入的模拟信号取样，然后再把这些取样值转换成输出的数字量。因此，A/D 转换的过程是首先对输入的模拟电压信号取样，取样结束后进入保持时间，在这段时间内将取样的电压量化为数字量，并按一定的编码形式给出转换结果。然后，再开始下一次取样。

1. 取样与保持

取样是将时间上连续变化的信号转换为时间上离散的信号，即将时间上连续变化的模拟量转换为一系列等间隔的脉冲，脉冲的幅度取决于输入模拟量，其过程如图 10.3.1 所示。图中，$u_i(t)$ 是输入模拟信号，$s(t)$ 为取样脉冲，$u_o(t)$ 为取样后的输出信号。

在取样脉冲作用的周期 τ 内，取样开关接通，使 $u_o(t) = u_i(t)$，在其他时间（$T_s - \tau$）内，输出等于 0。因此，每经过一个取样周期，对输入信号取样一次，在输出端便得到输入信号的一个取样值。为了不失真地恢复原来的输入信号，根据取样定理，一个频率有限的模拟信号，其取样频率 $f_s$ 必须大于等于输入模拟信号包含的最高频率 $f_{max}$ 的两倍，即取样频率必须满足：

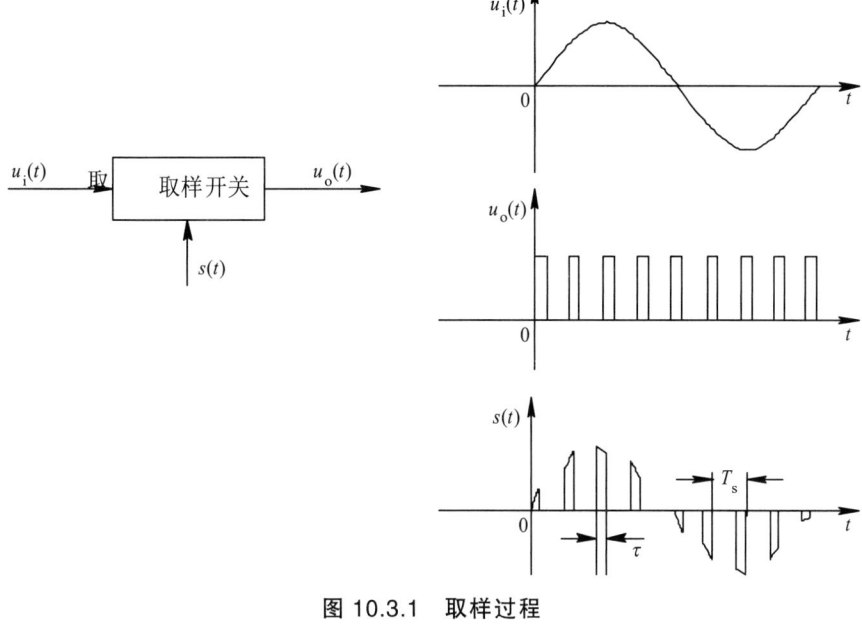

图 10.3.1 取样过程

$$f_s \geqslant 2f_{max} \quad (10.3.1)$$

模拟信号经取样后，得到一系列样值脉冲。取样脉冲宽度 τ 一般是很短暂的，在下一个取样脉冲到来之前，应暂时保持所取得的样值脉冲幅度，以便进行转换。因此在取样电路之后须加保持电路。图 10.3.2（a）是一种常见的取样保持电路，场效应管 V 为取样门，电容 C 为保持电容，运算放大器为跟随器，起缓冲隔离作用。在取样脉冲 s（t）到来的时间 τ 内，场效应管 V 导通，输入模拟量 $u_i$（t）向电容充电。

假定充电时间常数远小于 τ，那么电容 C 上的充电电压就能及时跟上 $u_i$（t）的采样值。采样结束，V 迅速截止，电容 C 上的充电电压就保持了前一次取样时间 τ 的输入 $u_i$（t）的值，一直保持到下一个取样脉冲到来为止。当下一个取样脉冲到来时，电容 C 上的电压 $u_o$（t）再按输入 $u_i$（t）变化。在输入一连串取样脉冲序列后，取样保持电路的缓冲放大器输出电压 $u'_o$（t）便得到如图 10.3.2（b）所示的波形。

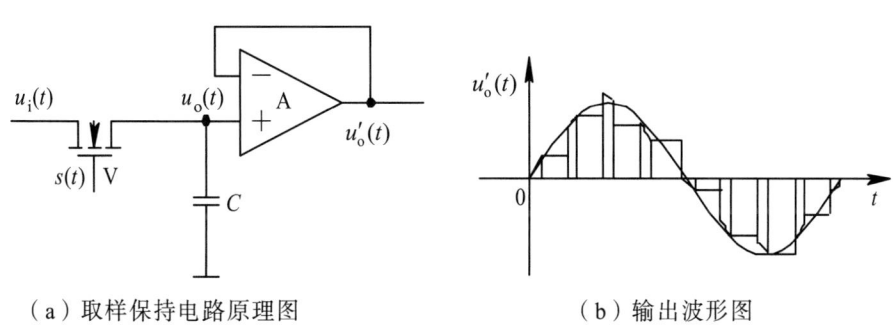

（a）取样保持电路原理图　　　　（b）输出波形图

图 10.3.2　取样保持电路及输出波形

2. 量化与编码

正如前面所讲，数字信号不仅在时间上是不连续的，而且在幅度上的变化也是不连续的。因此，任何一个数字量的大小都可用某个最小量单位的整数倍来表示。而采样—保持后的电压仍是连续可变的，在将其转换成数字量时，就必须把它与一些规定个数的离散电平进行比较，凡介于两个离散电平之间的取样值，可按某种方式近似地用这两个离散电平中的一个表示。

这种取整并归的方式和过程称为数值量化，简称量化。所取的最小数量单位叫作量化单位，用 $\Delta$ 表示。显然，数字信号最低有效位（LSB）的 1 所代表的数量大小就等于 $\Delta$。

把量化的结果用代码（可以是二进制，也可是其他进制）表示出来，称为编码。这些代码就是 A/D 转换的输出结果。量化的方法有两种：一种是只舍不入，另一种是有舍有入。

只舍不入的方法是：取最小量化单位 $\Delta = U_m/2^n$（其中，$U_m$ 为输入模拟电压的最大值；$n$ 为输出数字代码的位数），将 $0 \sim \Delta$ 之间的模拟电压归并到 $0 \cdot \Delta$，把 $\Delta \sim 2\Delta$ 之间的模拟电压归并到 $1 \cdot \Delta$，依次类推。这种方法产生的最大量化误差为 $\Delta$。例如，$0 \sim 1\text{V}$ 的模拟电压转换成 3 位二进制代码，则 $\Delta = 1/2^3 \text{V} = 1/8 \text{V}$，规定凡数值在 $0 \sim 1/8\text{V}$ 之间的模拟电压归并到 $0 \cdot \Delta$；用二进制数 000 表示，凡数值在 $(1/8 \sim 2/8)\text{V}$ 之间的模拟电压归并到 $1 \cdot \Delta$，用二进制数 001 表示；等等，如图 10.3.3（a）所示。不难看出，这种量化方法可能带来的最大量化误差可达 1/8 V。

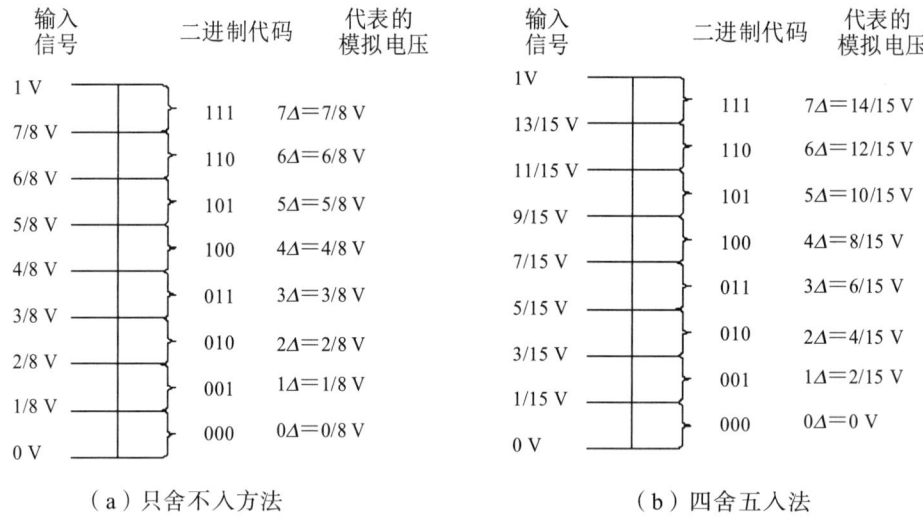

图 10.3.3　划分量化的两种方法及其编码

### 10.3.2　A/D 转换器的主要电路类型

ADC 电路分为直接法和间接法两大类。直接法是通过一套基准电压与取样保持电压进行比较，从而将模拟量直接转换成数字量。其特点是工作速度高，转换精度容易保证，调准也比较方便。

间接法是将取样后的模拟电压信号先转换成一个中间变量（时间 t 或频率 f），然后再将中间变量转换成数字量。其特点是工作速度较低，但转换精度可提高，且抗干扰性强。

常用的直接 A/D 转换器有并联比较型和反馈比较型两类。目前使用的间接 A/D 转换器多半都属于电压—时间变换型（简称 U-T 变换型）和电压—频率变换型（简称 U-F 变换型）。下面介绍常用的电路。

1. 并联比较型 A/D 转换器

并联比较型 A/D 转换器的电路结构如图 10.3.4 所示，它由电压比较器、寄存器和代码转换电路三部分组成。其输入为 $0 \sim U_{REF}$ 间的模拟电压，输出为 3 位二进制数码 $d_2d_1d_0$。

代码转换器是一个组合逻辑电路，根据表 10.3.1 可以写出代码转换电路输出与输入间的逻辑函数式：

$$\begin{cases} d_2 = Q_4 \\ d_1 = Q_6 + \overline{Q}_4 Q_2 \\ d_0 = Q_7 + \overline{Q}_5 Q_5 + +\overline{Q}_4 Q_3 + +\overline{Q}_2 Q_1 \end{cases} \quad (10.3.2)$$

按照式（10.3.2）即可得到图 10.3.4 中的代码转换电路。

表 10.3.1 并联比较型 A/D 转换器的转换关系

| 输入模拟电压 $u_i$ | 寄存器状态 | | | | | | | 数字量输出 | | |
|---|---|---|---|---|---|---|---|---|---|---|
| | $Q_7$ | $Q_6$ | $Q_5$ | $Q_4$ | $Q_3$ | $Q_2$ | $Q_1$ | $d_2$ | $d_1$ | $d_0$ |
| $(0 \sim \frac{1}{15})U_{REF}$ | 0 | 0 | 0 | 0 | 0 | 0 | 0 | 0 | 0 | 0 |
| $(\frac{1}{15} \sim \frac{3}{15})U_{REF}$ | 0 | 0 | 0 | 0 | 0 | 0 | 1 | 0 | 0 | 1 |
| $(\frac{3}{15} \sim \frac{5}{15})U_{REF}$ | 0 | 0 | 0 | 0 | 0 | 1 | 1 | 0 | 1 | 0 |
| $(\frac{5}{15} \sim \frac{7}{15})U_{REF}$ | 0 | 0 | 0 | 0 | 1 | 1 | 1 | 0 | 1 | 1 |
| $(\frac{7}{15} \sim \frac{9}{15})U_{REF}$ | 0 | 0 | 0 | 1 | 1 | 1 | 1 | 1 | 0 | 0 |
| $(\frac{9}{15} \sim \frac{11}{15})U_{REF}$ | 0 | 0 | 1 | 1 | 1 | 1 | 1 | 1 | 0 | 1 |
| $(\frac{11}{15} \sim \frac{13}{15})U_{REF}$ | 0 | 1 | 1 | 1 | 1 | 1 | 1 | 1 | 1 | 0 |
| $(\frac{13}{15} \sim 1)U_{REF}$ | 1 | 1 | 1 | 1 | 1 | 1 | 1 | 1 | 1 | 1 |

例如，假设模拟输入电压 $u_i$=3.8V，$U_{REF}$=8V。当模拟输入电压 $u_i$ 加到各级比较器时，由于，

$$\frac{7}{15}U_{REF} \approx 3.73V, \frac{9}{15}U_{REF} = 4.8V$$

因此比较器的输出 $C_7 \sim C_1$ 为 0001111。在时钟脉冲作用下，比较器的输出存入寄存器，经代码转换电路输出 A/D 转换结果：$d_2d_1d_0$=100。这也就是并联比较型 A/D 转换器的工作过程。

并联比较型 A/D 转换器的转换速度很快，其转换速度实际上取决于器件的速度和时钟脉冲的宽度。其缺点是电路复杂，对于一个 n 位二进制输出的并联比较型 A/D 转换

器，需 $2^n-1$ 个电压比较器和 $2^n-1$ 个触发器，代码转换电路随 n 的增大变得相当复杂。并联比较型 A/D 转换器的转换精度主要取决于量化电平的划分，分得越细，精度越高。但分得过细，使用的比较器和触发器数目就越大，电路就更加复杂。此外，转换精度还受参考电压的稳定度和分压电阻相对精度以及电压比较器灵敏度的影响。

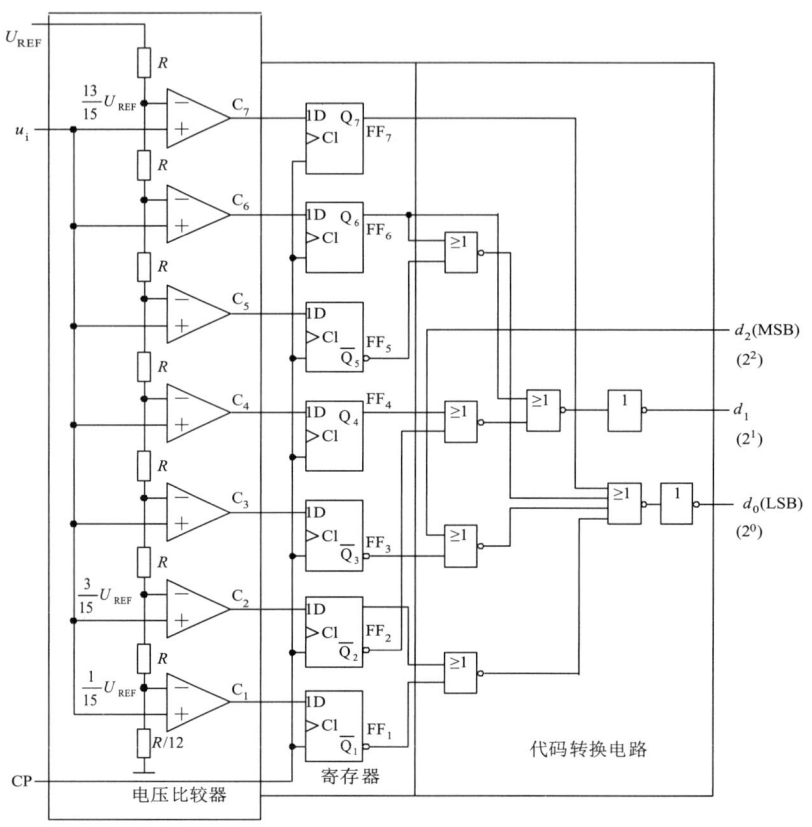

图 10.3.4 并联比较型 A/D 转换器

2. 反馈比较型 A/D 转换器

在反馈比较型 A/D 转换器中经常采用的有计数型和逐次渐近型两种方案。计数型 A/D 转换器的原理框图如图 10.3.5 所示。它由电压比较器、D/A 转换器、计数器以及输出寄存器等几部分组成。

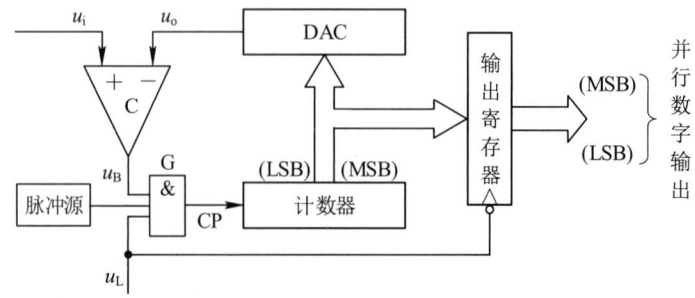

图 10.3.5 计数型 A/D 转换器原理框图

转换开始前先用复位信号将计数器置零，而且转换控制信号应停留在 $u_L=0$ 的状态。这时逻辑门被封锁，计数器不工作。计数器加给 D/A 转换器的是全 0 信号，因此 D/A 转换器输出的模拟电压 $u_o=0$。如果 $u_i$ 为正电压信号，则 $u_i>u_o$，比较器的输出电压 $u_B=1$。

当 $u_L$ 变成高电平时开始转换，脉冲源发出的脉冲经过逻辑门 G 加到计数器的时钟信号输入端 CP，计数器开始作加法计数。随着计数的进行，D/A 转换器输出的模拟电压 $u_O$ 也不断增加。当 $u_o$ 增至 $u_o=u_i$ 时，比较器的输出电压变成 $u_B=0$，将逻辑门 G 封锁，计数器停止计数。这时，计数器中所存的数字就是所求的输出信号。

由于在转换过程中，计数器中的数字不停地变化，因此不宜将计数器的状态直接作为输出信号。为此，在输出端设置了输出寄存器。在每次转换完成以后，用转换控制信号 $u_L$ 的下降沿将计数器输出的数字置入输出寄存器中，而以寄存器的状态作为最终的输出信号。计数型 A/D 转换器电路简单，但速度很慢，当输出为 n 位二进制数码时，最大转换时间为 $(2^n-1)\times T_{CP}$（$T_{CP}$ 为计数器时钟脉冲周期）。

为了提高转换速度，在计数型 A/D 转换器的基础上又产生了逐次渐近型 A/D 转换器。

逐次渐近型 A/D 转换器的原理框图如图 10.3.6 所示。它由电压比较器、D/A 转换器、寄存器、时钟脉冲源和控制逻辑等几部分组成。

这种转换是将转换的模拟电压 $u_o$ 与一系列基准电压比较。比较是从高位到低位逐位进行的，并依次确定各位数码是 1 还是 0。转换开始前，先将寄存器清零。转换控制信号 $u_L$ 变为高电平时开始转换，时钟信号首先将寄存器的最高位置 1，使其输出为 100…00，这个数字量被 D/A 转换器转换成相应的模拟电压 $u_o$，送至比较器与输入信号 $u_i$ 比较。若 $u_o>u_i$，说明寄存器输出的数码大了，应将最高位改为 0，同时设次高位为 1；若 $u_o \leq u_i$，说明寄存器输出的数码不够大，应将最高位设置的 1 保留，同时也设次高位为 1。

然后再按同样的方法进行比较，确定次高位的 1 是去掉还是保留。这样逐位比较下去，一直到最低位为止。比较完毕后，寄存器的状态就是转化后的数字输出。例如，一个待转换的模拟电压 $u_i=163$ mV，逐次渐近寄存器的数字量为八位，则整个比较过程如表 10.3.2 所示，D/A 转换器输出的 $u_o$ 反馈电压变化波形如图 10.3.7 所示。

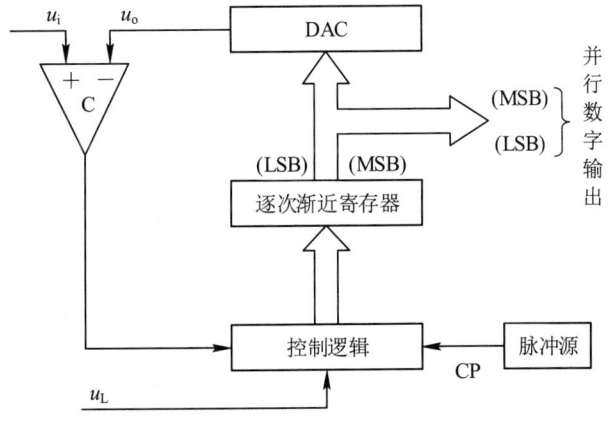

图 10.3.6 逐次渐近型 A/D 转换器的电路结构框图

表 10.3.2  $u_i=163$ mV 的逐次比较过程

| CP脉冲顺序 | $Q_7$ | $Q_6$ | $Q_5$ | $Q_4$ | $Q_3$ | $Q_2$ | $Q_1$ | $Q_0$ | 十进制读数 | 比较判别 | 该位数码的留或舍 |
|---|---|---|---|---|---|---|---|---|---|---|---|
| 1 | 1 | 0 | 0 | 0 | 0 | 0 | 0 | 0 | 128 | $u_i>u_o$ | 留 |
| 2 | 1 | 1 | 0 | 0 | 0 | 0 | 0 | 0 | 192 | $u_i<u_o$ | 舍 |
| 3 | 1 | 0 | 1 | 0 | 0 | 0 | 0 | 0 | 160 | $u_i>u_o$ | 留 |
| 4 | 1 | 0 | 1 | 1 | 0 | 0 | 0 | 0 | 176 | $u_i<u_o$ | 舍 |
| 5 | 1 | 0 | 1 | 0 | 1 | 0 | 0 | 0 | 168 | $u_i<u_o$ | 舍 |
| 6 | 1 | 0 | 1 | 0 | 0 | 1 | 0 | 0 | 164 | $u_i<u_o$ | 舍 |
| 7 | 1 | 0 | 1 | 0 | 0 | 0 | 1 | 0 | 162 | $u_i>u_o$ | 留 |
| 8 | 1 | 0 | 1 | 0 | 0 | 0 | 1 | 1 | 163 | $u_i=u_o$ | 留 |
| 结果 | 1 | 0 | 1 | 0 | 0 | 0 | 1 | 1 | 163 | | |

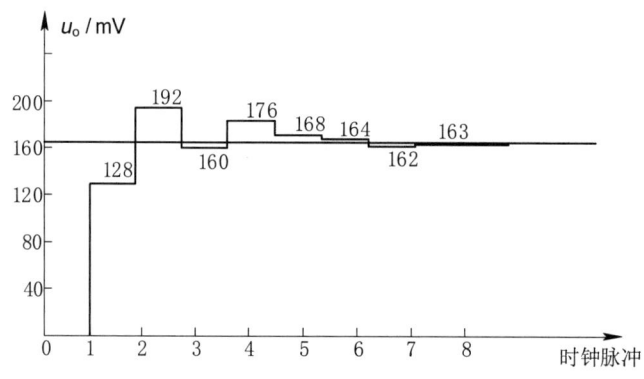

图 10.3.7  $u_i=163$ mV 逐次比较 $u_o$ 波形图

逐次渐近型 A/D 转换器具有较高的转换速度。对于一个 n 位逐次渐近型 A/D 转换器，转换一次需要时间为 $(n+2)T_{CP}$，位数越多，转换时间就相应增长。与并联比较型相比，它的速度要低一些，但所需硬件较少，因而对在速度要求不是特别高的场合，逐次渐近型 A/D 转换器的应用最为广泛。

逐次渐近型 A/D 转换器的精度主要取决于其中 D/A 转换器的位数和线性度、参考电压的稳定性和电压比较器的灵敏度。由于高精度的 D/A 转换器已能实现，故逐次渐近型 A/D 转换器可达到很高的精度。

3. 双积分型 A/D 转换器

双积分型 A/D 转换器的转换原理是将模拟电压 $u_i$ 转换成与其大小成正比的时间 T，再利用基准时钟脉冲通过计数器将 T 变换成数字量。图 10.3.8 是双积分型 A/D 转换器的原理框图。它包含积分器、比较器、计数器、控制逻辑和时钟信号源几部分。图 10.3.9 是这个电路的工作波形图。

下面讨论它的工作过程和这种 A/D 转换器的特点。

转换开始前（转换控制信号 $u_L=0$），先将计数器清零，并将开关 $S_2$ 合上，使积分电容器完全放电。当 $u_L=1$ 时开始转换。其转换过程分两个阶段进行。

（1）取样阶段

将开关 $S_1$ 接至输入信号电压 $u_i$ 一侧，则积分器的输出电压 $u_o$ 为：

$$u_o(t) = \frac{1}{C}\int_0^t -\frac{u_i}{R}dt = -\frac{u_i}{RC}t \qquad (10.3.3)$$

由式（10.3.3）可知，当输入模拟电压 $u_i$ 为正时，$u_o(t)<0$，所以比较器的输出 $C_0=1$，与门 G 打开，周期为 $T_{CP}$ 的时钟脉冲经与门 G 使 n 位加法计数器从零开始计数。当计满 $2^n$ 个时钟脉冲时，计数器回到全零状态，而触发器 $F_n$ 输出 Q 则由 0 变 1，从而使逻辑控制电路将开关 $S_1$ 由 $u_i$ 一侧改接到 $-U_{REF}$ 一侧。至此，取样阶段结束，并开始对基准电压 $-U_{REF}$ 进行反向积分。

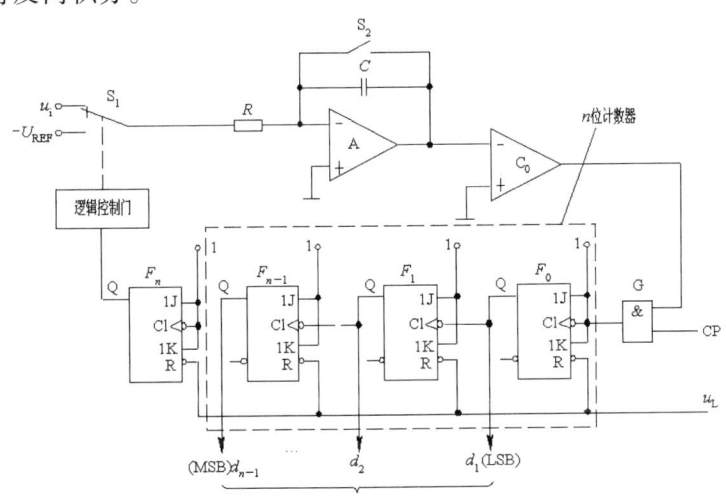

图 10.3.8 双积分型 A/D 转换器的原理框图

由上面的分析可知，取样阶段的积分时间为一常数，用 $T_1$ 表示，则：

$$T_1 = 2^n T_{CP} \qquad (10.3.4)$$

因而积分器的输出电压 $u_o(t)$ 为：

$$u_o(t) = -\frac{u_i}{RC}t = -\frac{u_i}{RC}\cdot 2^n \cdot T_{CP} \qquad (10.3.5)$$

因为 $2^n T_{CP}$ 不变，即 $T_1$ 固定，所以积分器的输出电压 $u_o(t)$ 与输入模拟电压 $u_i$ 成正比。

（2）比较阶段

开关 $S_1$ 接至基准电压 $-U_{REF}$ 一侧后，积分器向相反方向积分，计数器又开始从 0 计数，经过时间 $T_2$ 后积分器的输出电压上升到零，比较器的输出为低电平，将门 G 封锁，停止计数，转换结束。积分器的输出电压为：

$$\begin{cases} u_o = \dfrac{1}{C}\int_0^{T_2} \dfrac{U_{REF}}{R}dt - \dfrac{T_1}{RC}u_i = 0 \\ \dfrac{U_{REF}}{R}T_2 = \dfrac{u_i}{RC}T_1 \\ T_2 = \dfrac{T_1}{U_{REF}}u_i \end{cases} \qquad (10.3.6)$$

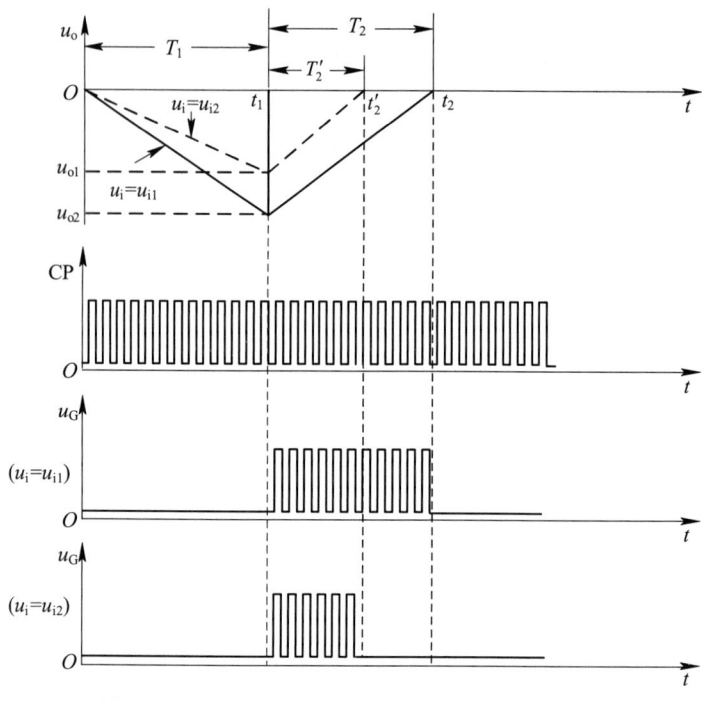

图 10.3.9 双积分型 A/D 转换器的工作波形

即

$$T_2 = \frac{2^n T_{CP}}{U_{REF}} u_i \quad (10.3.7)$$

可见，反向积分到 $u_o=0$ 的时间 $T_2$ 与输入信号 $u_i$ 成正比。在 $T_2$ 时间间隔内，计数器所计的脉冲数 D 为：

$$D = \frac{T_2}{T_{CP}} = \frac{2^n}{U_{REF}} u_i \quad (10.3.8)$$

由式（10.3.8）可见，计数器记录的脉冲数 D 与输入电压 $u_i$ 成正比，计数器记录 D 个脉冲后的状态就表示了 $u_i$ 的数字量的二进制代码，实现了 A/D 转换。

双积分型 A/D 转换器最突出的优点是工作性能比较稳定。由于每次转换用同一积分器进行两次积分，转换结果与 R、C 的参数无关，因此，R、C 参数的缓慢变化不影响电路的转换精度，而且也不要求 R、C 的数值十分准确。式（10.3.6）和式（10.3.8）还说明，在取 $T_1=NT_{CP}$ 的情况下，转换结果与时钟信号周期无关。只要每次转换过程中 $T_{CP}$ 不变，那么时钟周期在长时间里发生缓慢变化不会带来转换误差。

双积分型 A/D 转换器的另一个优点是抗干扰能力比较强。因为转换器的输入端使用了积分器，所以对平均值为零的各种噪声有很强的抑制能力。

双积分型 A/D 转换器的主要缺点是工作速度低，其转换速度一般为几十毫秒左右。尽管如此，在速度要求不高的场合，双积分型 A/D 转换器的应用仍然十分广泛。

### 10.3.3 A/D 转换器的主要技术指标

**1. 分辨率**

分辨率指 A/D 转换器对输入模拟信号的分辨能力。从理论上讲，一个 n 位二进制数输出的 A/D 转换器应能区分输入模拟电压的 $2^n$ 个不同量级，能区分输入模拟电压的最小差异为 $\frac{1}{2^n}$FSR（满量程输入的 $1/2^n$）。例如，A/D 转换器的输出为 10 位二进制数，最大输入信号为 5V，则其分辨率为：

$$分辨率 = \frac{1}{2^{10}} \times 5V = 4.88mV$$

**2. 转换速度**

转换速度是指完成一次转换所需的时间。A/D 转换器的转换速度主要取决于转换电路的类型，不同类型 A/D 转换器的转换速度相差很大。双积分型 A/D 转换器的转换速度最慢，需几十毫秒左右；逐次渐近型 A/D 转换器的转换速度较快，转换速度在几十微秒；并联型 A/D 转换器的转换速度最快，仅需几十纳秒时间。

### 10.3.4 集成 ADC 芯片简介

**1. ADC 芯片的选择原则**

目前，集成 ADC 芯片的种类繁多，性能各不相同。我们在选用集成 ADC 时，应该主要考虑以下几点。

① 输入模拟信号的特征，包括输入模拟信号的范围、输入方式（单端输入或差分输入）和模拟信号的最高有效频率等。

② 输入模拟通道，是单通道还是多通道。

③ 转换精度和转换速度，这是集成 ADC 最重要的两个性能指标。

④ 输出数字量的特征，包括数字量的编码方式（自然二进制码、补码、偏移二进制码、BCD 码等）、数字量的输出方式（串行输出或并行输出，三态输出、缓冲输出或锁存输出）以及逻辑电平的类型（TTL 电平、CMOS 电平或 ECL 电平等）。

⑤ 工作环境要求，这里主要是指 ADC 的工作电压、参考电压、工作温度、功耗、封装以及可靠性等性能要与应用系统相适应。

**2. ADC0809 简介**

ADC0809 是由美国国家半导体公司（NSC）生产的 8 位逐次逼近型 A/D 转换器，芯片内采用 CMOS 工艺。该器件具有与微处理器兼容的控制逻辑，可以直接与 Z80、8051、8085 等微处理器接口相连。其内部结构框参见图 10.3.10。

（1）ADC0809 的性能

① 8 位并行、三态输出；

② 转换时间：100 μs；

③ 转换误差：±1LSB；

④ TTL 标准逻辑电平；

⑤ 8个单端模拟输入通道，输入模拟电压范围 0 ~ +5 V；
⑥ 单一电源供电 +5 V；
⑦ 外接参考电压 0 ~ +5 V；
⑧ 功耗 15 mW；
⑨ 工作温度 0 ~ 70℃。

（2）ADC0809 的内部结构和引脚说明

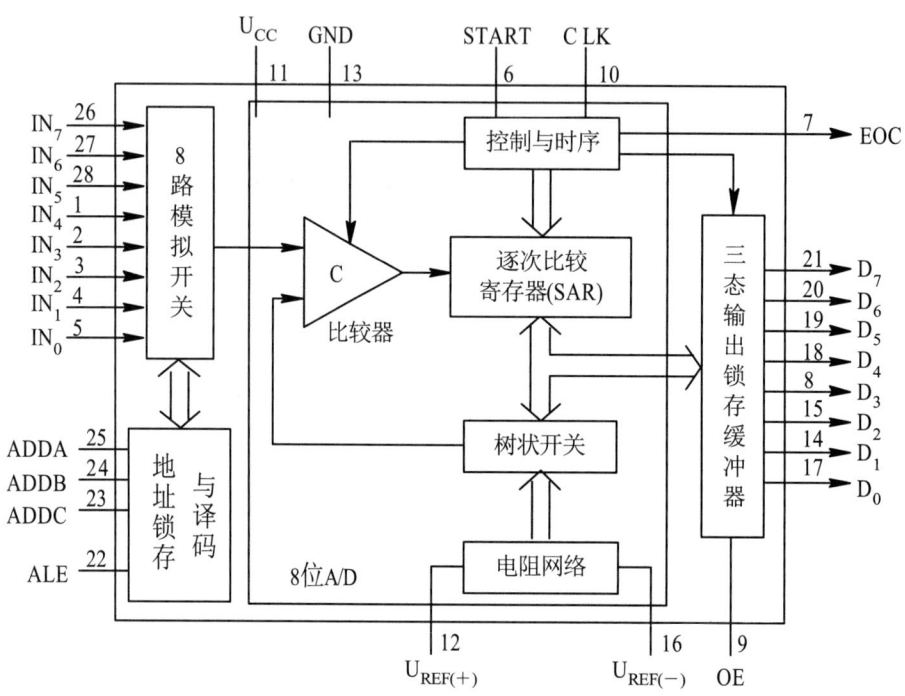

图 10.3.10　ADC0809 的内部结构框图

引脚说明：

① 输入模拟信号。

$IN_0 \sim IN_7$ 为 8 路模拟电压输入，可由 8 路模拟开关选择其中任何一路送至 8 位 A/D 转换电路进行转换。

② 输出数字信号。

$D_0 \sim D_7$ 为 A/D 转换器输出的 8 位二进制数。其中，$D_7$ 为最高位，$D_0$ 为最低位。

③ 地址信号。

ADDC、ADDB、ADDA 为 3 位地址信号。3 位地址经锁存和译码后，决定选择哪一路模拟电压进行 A/D 转换，对应关系如表 10.3.3 所示。

表 10.3.3　模拟输入信号的选择

| 地址 | | | 被选通的模拟信号 |
|---|---|---|---|
| ADDC | ADDB | ADDA | |
| 0 | 0 | 0 | $IN_0$ |
| 0 | 0 | 1 | $IN_1$ |
| 0 | 1 | 0 | $IN_2$ |
| 0 | 1 | 1 | $IN_3$ |
| 1 | 0 | 0 | $IN_4$ |
| 1 | 0 | 1 | $IN_5$ |
| 1 | 1 | 0 | $IN_6$ |
| 1 | 1 | 1 | $IN_7$ |

④ 控制与状态信号。

ALE 为地址锁存允许信号,它是 1 个正脉冲信号,在脉冲的上升沿将 3 位地址 ADDC、ADDB 和 ADDA 存入锁存器。CLK 为时钟脉冲输入,频率范围是 10～1280 kHz。START 为 A/D 转换的启动信号,它是 1 个正脉冲信号,在 START 的上升沿,将逐次比较寄存器清零,在 START 的下降沿开始转换。EOC 为转换结束标志,高电平有效。在 START 的上升沿到来后,EOC 变成低电平,表示正在进行 A/D 转换;A/D 转换结束后,EOC 跳到高电平。所以 EOC 可以作为通知数据接收设备开始读取 A/D 转换结果的启动信号,或者作为向微处理器发出的中断请求信号 INT（或 $\overline{INT}$）。OE 为输出允许信号,高电平有效。

⑤ 电源、地。

$U_{CC}$ 为工作电压源,$U_{REF(+)}$、$U_{REF(-)}$ 为基准电压源的正端和负端,GND 为接地。

（3）ADC0809 的工作过程

ADC0809 的工作过程大致如下:输入三位地址信号,地址信号稳定后,在 ALE 脉冲的上升沿将其锁存,从而选通将进行 A/D 转换的那路模拟信号;发出 A/D 转换的启动信号 START,在 START 的上升沿,将逐次比较寄存器清零,转换结束标志 EOC 变成低电平,在 START 的下降沿开始转换;转换过程在时钟脉冲 CLK 的控制下进行;转换结束后,转换结束标志 EOC 跳到高电平,在 OE 端输入低电平,转换结果输出。

如果在进行转换的过程中接收到新的转换启动信号（START）,则逐次逼近寄存器被清零,正在进行的转换过程被终止,然后重新开始新的转换。若将 START 和 EOC 短接,则可实现连续转换,但第一次转换须用外部启动脉冲。

ADC0809 典型应用中,与微处理器的连接关系如图 10.3.11 所示。

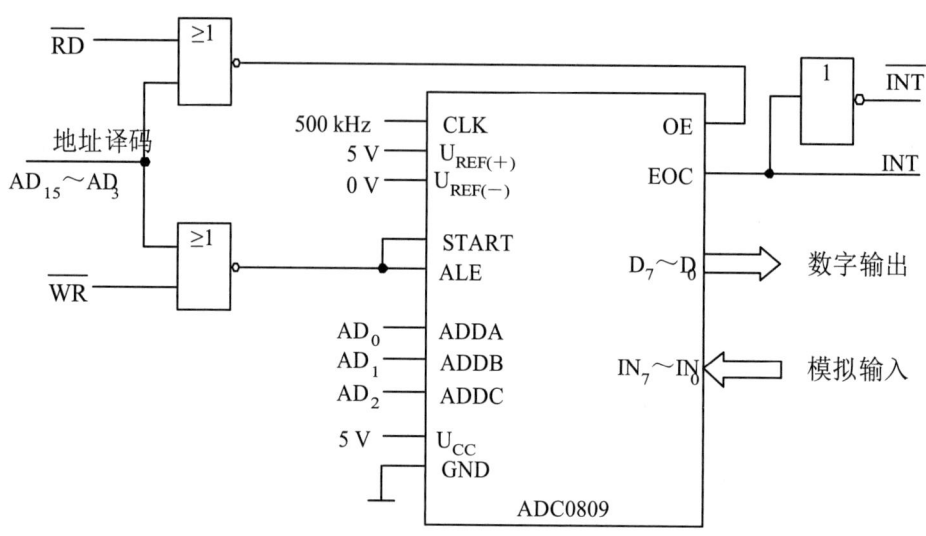

图 10.3.11 ADC00809 的典型连接图

## 10.4 小结

本章主要介绍了 D/A 转换器和 A/D 转换器的基本原理和常见的典型电路。D/A 转换器中主要介绍权电阻网络 D/A 转换器、倒 T 型电阻网络 D/A 转换器、权电流型 D/A 转换器等几种类型。A/D 转换器介绍了并联比较型 A/D 转换器、反馈比较型 A/D 转换器和双积分型 A/D 转换器。

本章应着重掌握各类 D/A 转换器和 A/D 转换器的结构、特点、工作原理。理解一些重要的参数指标，如：分辨率、转换精度、转换速度等。结合典型器件了解 A/D 转换器的使用。

### 习题

10.1 数字量与模拟量有什么区别？

10.2 一个 8 位的 D/A 转换器，当输入代码为 01100100 时产生 2.0V 的输出电压。求当输入代码为 10110011 时输出电压为多少伏？

10.3 影响 A/D 转换器转换精度的因素有哪些？

10.4 为使采样输出信号不失真地代表输入模拟信号，采样频率 $f_S$ 和输入模拟信号的最高频率 $f_{Imax}$ 的关系是什么？

10.5 已知某 D/A 转换器输入十位二进制数，最大满量程输出电压为 5V，试求分辨率和最小分辨电压。

10.6 ADC 转换误差如何定义？与哪些因素有关？

10.7 在十位倒 T 形电阻网络 D/A 转换器中，已知 R=10kΩ，R=5 kΩ，$U_{REF}$=-10V，

试求当数字量为 0110111001 时的输出模拟电压。

10.8 在 3 位逐次逼近型 A/D 转换器中,若 $U_{REF}$=10V,$u_1$=8.26V,求输出的数字量。

10.9 ADC0809 原理图和典型连接图如图 10.3.10 和图 10.3.11 所示,若对 IN0,IN3 进行循环采样,叙述其控制过程,画出控制信号时序图。

# 参考文献

[1] 杨颂华，冯毛官，孙万蓉，胡力山. 数字电子技术基础[M]. 西安：西安电子科技大学出版社，2000.

[2] 阎石. 数字电子技术基础（第四版）[M]. 北京：高等教育出版社，1998.

[3]（美）John F. Wakerly. 林生，金京林，葛红，王腾译. 数字设计原理与实践[M]. 北京：机械工业出版社，2003.

[4]（美）Charles H. Roth，Jr.. Fundamentals of Logic Design[M]. 北京：机械工业出版社，2003.

[5] 江晓安，董秀峰，杨松华. 数字电子技术[M]. 西安：西安电子科技大学出版社，2002.

[6] 高吉祥. 数字电子技术[M]. 北京：电子工业出版社，2003.

[7] 邓元庆，贾鹏. 数字电路与系统设计[M]. 西安：西安电子科技大学出版社，2003.

[8] 蔡良伟. 数字电路与逻辑设计[M]. 西安：西安电子科技大学出版社，2003.

[9] 唐竞新. 数字电子电路[M]. 北京：清华大学出版社，2003.

[10] 刘常澍主编. 数字逻辑电路[M]. 长沙：国防工业出版社，2002.

[11] 鲍可进，赵念强，赵不贿等. 数字逻辑电路设计[M]. 北京：清华大学出版社，2004.

[12] 高文换，张尊侨，徐振英，金平. 电子技术实验[M]. 北京：清华大学出版社，2004.

# 南开大学"十四五"规划精品教材丛书

## 哲学系列

| | |
|---|---|
| 世界科技文化史教程（修订版） | 李建珊 主编；贾向桐、张立静 副主编 |
| 实验逻辑学（第三版） | 李娜 编著 |
| 模态逻辑（第二版） | 李娜 编著 |

## 经济学系列

| | |
|---|---|
| 货币与金融经济学基础理论12讲 | 李俊青、李宝伟、张云 等编著 |
| 数理马克思主义政治经济学 | 乔晓楠 编著 |
| 旅游经济学（第五版） | 徐虹 主编 |

## 法学系列

| | |
|---|---|
| 知识产权法案例教程（第二版） | 张玲 主编；向波 副主编 |
| 新编房地产法学（第三版） | 陈耀东 主编 |
| 法理学案例教材（第二版） | 王彬 主编；李晟 副主编 |
| 环境法学（第二版） | 史学瀛 主编； |
| | 申进忠、刘芳、刘安翠 副主编 |
| 环境法案例教材（第二版） | 史学瀛 主编； |
| | 刘芳、申进忠、刘安翠、潘晓滨 副主编 |
| 家庭政策概论 | 吴帆 著 |

## 文学系列

| | |
|---|---|
| 西方文明经典选读 | 李莉、李春江 编著 |

**工学系列**

数字逻辑电路(修订版)　　　　　孙昊、李文宇、孙青林、杨文霞 著
实验室安全：科研人员必修课　　王满意、李长利 主编；
　　　　　　　　　　　　　　　杨晓峰、赵雨霄 副主编

**管理学系列**

旅游饭店财务管理（第六版）　　徐虹、刘宇青 主编
信息咨询概论　　　　　　　　　柯平 主编